Mathematik zum Studienbeginn

Arnfried Kemnitz

Mathematik zum Studienbeginn

Grundlagenwissen für alle technischen,
mathematisch-naturwissenschaftlichen
und wirtschaftswissenschaftlichen
Studiengänge

12. Auflage

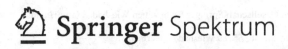

Springer Spektrum

Arnfried Kemnitz
Institut Computational Mathematics
Technische Universität Braunschweig
Braunschweig, Deutschland

ISBN 978-3-658-26603-5   ISBN 978-3-658-26604-2   (eBook)
https://doi.org/10.1007/978-3-658-26604-2

Die Deutsche Nationalbibliothek verzeichnet diese Publikation in der Deutschen Nationalbibliografie; detaillierte bibliografische Daten sind im Internet über http://dnb.d-nb.de abrufbar.

Springer Spektrum
© Springer Fachmedien Wiesbaden GmbH, ein Teil von Springer Nature 1998, 1999, 2000, 2001, 2002, 2004, 2006, 2009, 2010, 2011, 2014, 2019

Planung/Lektorat: Iris Ruhmann

Springer Spektrum ist ein Imprint der eingetragenen Gesellschaft Springer Fachmedien Wiesbaden GmbH und ist ein Teil von Springer Nature.
Die Anschrift der Gesellschaft ist: Abraham-Lincoln-Str. 46, 65189 Wiesbaden, Germany

Vorwort zur 12. Auflage

Aktuelle Erfahrungen mit unseren Studierenden zeigen, dass gerade in den ersten Hochschulsemestern bisweilen erhebliche Lücken im mathematischen Grundlagenwissen klaffen. Das Buch will helfen, mitunter persönlich frustrierende mathematische Verständnisschwierigkeiten in der ersten Phase des Studiums zu vermeiden.

Für zahlreiche Zuschriften mit konstruktiven Bemerkungen zu vorhergehenden Auflagen bedanke ich mich. In der 12. Auflage sind einige Textteile überarbeitet und kleinere Verbesserungen vorgenommen worden. Außerdem wurde auf mehrfachen Wunsch ein neues einführendes Kapitel über Gewöhnliche Differentialgleichungen hinzugefügt.

Braunschweig Arnfried Kemnitz
April 2019

Vorwort zur 11. Auflage

Auch die aktuellen Studien sowie eigene Lehrerfahrungen an der TU Braunschweig zeigen, dass das mathematische Grundlagenwissen zum Studienbeginn lückenhaft ist. Deshalb wurden für die 11. Auflage die einleitenden Abschnitte über Mengen sowie über Aussageformen und logische Zeichen deutlich erweitert. Außerdem werden in einem neuen Abschnitt grundlegende mathematische Beweisprinzipien erläutert und an verschiedenen Beispielen durchgeführt.

Braunschweig   Arnfried Kemnitz
März 2013

Vorwort zur 8. Auflage

Für die 8. Auflage wurden verschiedene Textteile überarbeitet und einige inhaltliche Änderungen vorgenommen. Inzwischen sind alle Abbildungen elektronisch neu erstellt und weiter verbessert.

Braunschweig   Arnfried Kemnitz
Februar 2009

Vorwort zur 5. Auflage

Der Text wurde weiter verbessert und an die neue Rechtschreibung angepasst. Dabei wurden an verschiedenen Stellen auch Hinweise und Vorschläge von Lesern aufgegriffen und berücksichtigt.

Der Autor bedankt sich für den sehr guten Zuspruch und die zahlreichen äußerst positiven Reaktionen auf das Buch.

Die Pisa-Studie hat deutlich aufgezeigt, dass ausreichende mathematische Kenntnisse, die für zahlreiche Studiengänge notwendig sind, zum Studienbeginn nicht unbedingt vorausgesetzt werden können. Es ist ein Hauptziel der „Mathematik zum Studienbeginn", mathematische Verständnis- und Wissenslücken zu schließen, um das Studium gut gerüstet beginnen zu können.

Braunschweig   Arnfried Kemnitz
Oktober 2002

Vorwort zur 2. Auflage

Nur wenige Monate nach Einführung erscheint eine 2. Auflage dieses Buches. Dies zeigt, dass das Konzept der „Mathematik zum Studienbeginn" von den Lesern angenommen wird.

Für zahlreiche Zuschriften mit konstruktiven Bemerkungen bedanke ich mich. Einige der Hinweise sind in dieser Auflage berücksichtigt. Auf mehrfachen Wunsch ist das Kapitel über Kombinatorik erweitert worden.

Braunschweig   Arnfried Kemnitz
Mai 1999

Vorwort zur 1. Auflage

Die Mathematik ist ein wichtiges Grundlagenfach für viele Studiengänge an Fachhochschulen, Technischen Hochschulen und Universitäten. Studierende vieler Fachrichtungen benötigen zum Beginn ihres Studiums gute mathematische Grundkenntnisse.

Dieses Buch wendet sich an Studentinnen und Studenten ingenieurwissenschaftlicher, technischer, wirtschaftswissenschaftlicher und mathematisch-naturwissenschaftlicher Studiengänge sowie an Lehramtsstudierende.

Eine internationale Studie von TIMSS (Third International Mathematics and Science Study), deren Ergebnisse im Frühjahr dieses Jahres veröffentlicht wurden, zum Wissensstand in Mathematik von Schülern der Abschlussklassen in 24 europäischen und außereuropäischen Ländern hat gezeigt, dass die deutschen Schüler nur einen Platz im unteren Mittelfeld einnehmen. Zum Beispiel hatten 30 % der befragten deutschen Schüler Schwierigkeiten beim Auflösen von Gleichungen mit einer Unbekannten.

Auch eigene Lehrerfahrungen in mathematischen Grundvorlesungen an der Technischen Universität Braunschweig zeigen, dass viele Studienbeginnerinnen und Studienbeginner Anfangsschwierigkeiten haben, wofür es eine Reihe unterschiedlicher Ursachen gibt. Viele dieser Schwierigkeiten beruhen darauf, dass der Schulstoff, der an den Hochschulen und Universitäten vorausgesetzt wird, nicht sicher beherrscht wird. Nicht selten führen solche Probleme in den mathematischen Grundlagen sogar zum Studienabbruch.

Das Buch will helfen, solche Anfangsschwierigkeiten zu vermeiden. Es enthält als einen Schwerpunkt einen Überblick des Schulstoffs. Vor allem die für die Mathematikausbildung des Studiums wichtigen Gebiete sind ausführlich und mit vielen Beispielen dargestellt. Die Grundlagen der Mathematik werden systematisch und methodisch aufbereitet präsentiert. Das Buch eignet sich deshalb sehr gut zum Selbststudium für die Vorbereitung auf das Hochschulstudium.

An vielen Hochschulen und Universitäten finden vor Beginn eines Wintersemesters Vorkurse oder Bruckenkurse in Mathematik statt. Diese Kurse wenden sich an Studienbeginner aller Mathematik anwendenden Fachrichtungen, vor allem also an die ingenieurwissenschaftlichen, mathematisch-naturwissenschaftlichen und wirtschaftswissenschaftlichen Studiengänge. In diesen Kursen sollen die für das Studium erforderlichen Kenntnisse in Mathematik aufgefrischt bzw. vervollständigt werden. Dieses Buch eignet sich wegen der grundlegenden Begriffserläuterungen mit vielen Beispielen sehr gut als Begleitbuch für einen solchen Brückenkurs oder Vorkurs.

Darüber hinaus werden als weiterer Schwerpunkt mathematische Grundlagen für die Anfangssemester behandelt wie Analytische Geometrie und Differential- und Integralrechnung. Deshalb ist das Buch auch als begleitendes Lehr- und Handbuch für die Grundvorlesungen von großem Interesse.

Alle behandelten Themen sind durchgängig verständlich dargestellt. Zahlreiche Beispiele sollen die Kenntnisse vertiefen, viele Abbildungen sollen mathematische Objekte visualisieren und Ergebnisse veranschaulichen. Großer Wert wurde auf Anschaulichkeit gelegt.

Die einzelnen Abschnitte können weitgehend unabhängig voneinander durchgearbeitet werden, Verweise erleichtern das Auffinden notwendiger Begriffserlüterungen.

Das Buch eignet sich auch gut als Nachschlagewerk für die Grundlagen der Mathematik, eben als *das* Mathematikbuch zum Studienbeginn.

Für Studierende ingenieurwissenschaftlicher Fachbereiche sind die im gleichen Verlag erschienenen Werke „Das Techniker Handbuch" (Hrsg. A. Böge), „Vieweg Handbuch Elektrotechnik" (Hrsg. W. Böge) sowie „Vieweg Lexikon Technik" (Hrsg. A. Böge) von großem Interesse, deren Mathematikabschnitte von Dr. F. Kemnitz bzw. vom Autor dieses Buches geschrieben wurden.

Der Autor bedankt sich bei Frau U. Schmickler-Hirzebruch vom Verlag Vieweg für die gute Zusammenarbeit. Mein besonderer Dank gilt meinen Kollegen Dr. W. Oelke, C. Thürmann und Dr. H. Weiß für die Mithilfe bei der Erstellung der reproduktionsfähigen Druckvorlage.

Braunschweig   Arnfried Kemnitz
August 1998

Inhaltsverzeichnis

Arithmetik

1

1.1 Mengen

Die in der Mathematik betrachteten Gegenstände werden oftmals durch Symbole, meistens Buchstaben, bezeichnet. Dabei kennzeichnen manche Symbole feste Dinge, zum Beispiel π das Verhältnis zwischen Umfang und Durchmesser eines beliebigen Kreises. Andere Symbole sind Veränderliche (auch Variable oder Platzhalter genannt), das heißt, sie können jeden Gegenstand einer Klasse von Gegenständen bezeichnen.

In der Mathematik wird jede Zusammenfassung von bestimmten wohlunterscheidbaren Objekten zu einer Gesamtheit eine Menge genannt. Eine Menge ist definiert, wenn feststeht, welche Objekte zu dieser Menge gehören und welche nicht. Die zur Menge gehörenden Objekte heißen ihre Elemente. Mengen werden meistens mit großen lateinischen Buchstaben bezeichnet und die Elemente mit kleinen Buchstaben.

Es gibt zwei Möglichkeiten, Mengen zu definieren:

- Durch Aufzählen ihrer Elemente, die in beliebiger Reihenfolge zwischen geschweiften Klammern (Mengenklammern) gesetzt sind und durch Kommata getrennt werden (sogenanntes Auflistungsprinzip zur Mengenbildung).
  Schreibweise: {Element 1, Element 2, …}.
- Durch Angabe einer die Elemente charakterisierenden Eigenschaft (oder mehrerer Eigenschaften) (sogenanntes Aussonderungsprinzip zur Mengenbildung).
  Schreibweise: $\{x\,|\,$ Eigenschaft(en) für $x\,\}$.

Eine Menge von Punkten heißt Punktmenge.

© Springer Fachmedien Wiesbaden GmbH, ein Teil von Springer Nature 2019
A. Kemnitz, *Mathematik zum Studienbeginn*,
https://doi.org/10.1007/978-3-658-26604-2_1

▶ **Beispiele:**

1. $A = \{1, 2, 3\}$ (die Menge A besteht aus den Elementen 1, 2 und 3)
2. $B = \{x \mid x^2 - 1 = 0\}$ (die Menge B besteht aus den Elementen x, für die $x^2 - 1 = 0$ gilt)
3. $B = \{1, -1\}$ (da $x^2 - 1 = 0$ die Lösungen $x = 1$ und $x = -1$ besitzt, kann man die Menge B auch in dieser Form schreiben)
4. $C = \{-1, 0, 1, 2, 3, 4, 5\}$ (die Menge C besteht aus den Elementen $-1, 0, 1, 2, 3, 4, 5$)
5. $D = \{1, 3, 5, 7, 9, 11, \ldots\}$ (die Menge D besteht aus den ungeraden positiven ganzen Zahlen)

Die Mengen A, B und C sind endliche Mengen (sie bestehen aus einer endlichen Anzahl von Elementen), die Menge D ist eine unendliche Menge.

Gehört ein Objekt a einer Menge M an, so schreibt man $a \in M$ (gelesen: a ist Element von M). Gehört a nicht zu M, so schreibt man $a \notin M$.

▶ **Beispiele:**

$2 \in A$; $2 \in C$; $4 \in C$; $4 \notin A$

Wenn jedes Element einer Menge M auch Element einer Menge N ist, so nennt man M Teilmenge von N und schreibt $M \subseteq N$ (oder $N \supseteq M$). Die Menge N heißt dann Obermenge von M. Nach dieser Definition ist offenbar jede Menge Teilmenge von sich selbst.

▶ **Beispiele:**

$A \subseteq C$; $A \subseteq A$

Wenn gleichzeitig alle Elemente von M in N und alle Elemente von N in M enthalten sind, so nennt man die Mengen gleich und schreibt $M = N$.

Dieses nennt man das Extensionalitätsaxiom oder Extensionalitätsprinzip der Mengenlehre. Daraus folgt unter anderem, dass bei der aufzählenden Darstellung einer Menge die Reihenfolge der Nennung der Elemente sowie eventuelle Mehrfachnennungen derselben Elemente ohne Bedeutung sind.

▶ **Beispiel:**

$\{2, 3, 5, 8\} = \{3, 5, 5, 8, 2, 3, 2, 2\}$

Für gleiche Mengen M und N, also für Mengen M und N mit $M = N$, gilt $M \subseteq N$ und $N \subseteq M$.

Eine Teilmenge M heißt echte Teilmenge einer Menge N, wenn $M \subseteq N$ und $M \neq N$ gilt. Man schreibt dann $M \subset N$.

▶ **Beispiel:**

$A \subset C$

Die Menge, die keine Elemente enthält, nennt man leere Menge und bezeichnet sie mit $\emptyset$ ($\emptyset = \{\}$). Die leere Menge ist eine Teilmenge jeder Menge.

▶ **Beispiele:**

$\emptyset = \{x | x \neq x\}; \quad \emptyset \subseteq A$

Die Anzahl der Elemente einer endlichen Menge M wird die Mächtigkeit oder die Kardinalität von M genannt und mit $|M|$ bezeichnet.

▶ **Beispiele:**

1. Für die Mengen aus dem ersten Beispiel gilt $|A| = 3$, $|B| = 2$ und $|C| = 7$.
2. Für $M = \{2, 4, 6, 8, 10\}$ gilt $|M| = 5$.
3. Für $N = \{1, 2, 3, \dots, 99, 100\}$ gilt $|N| = 100$.

Für Mengen A und B lassen sich folgende zweistellige (binäre) Operationen definieren. Diese Operationen können durch sogenannte Venn-Diagramme dargestellt werden.

- Die Vereinigung $A \cup B$ von A und B besteht aus denjenigen Elementen, die in A oder in B, also in mindestens einer der beiden Mengen A, B enthalten sind:

$$A \cup B = \{x | x \in A \text{ oder } x \in B\}$$

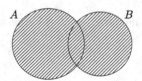

- Der Durchschnitt oder die Schnittmenge $A \cap B$ von A und B besteht aus denjenigen Elementen, die sowohl in A als auch in B, also gleichzeitig in beiden Mengen A, B enthalten sind:

$$A \cap B = \{x | x \in A \text{ und } x \in B\}$$

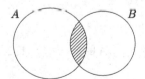

- Die Differenz $A \setminus B$ von A und B besteht aus denjenigen Elementen von A, die nicht auch in B liegen:

$$A \setminus B = \{x | x \in A \text{ und } x \notin B\}$$

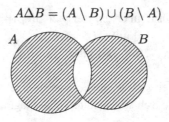

- Die symmetrische Differenz $A \triangle B$ von A und B besteht aus denjenigen Elementen von A, die nicht in B liegen, und außerdem aus denjenigen Elementen von B, die nicht in A liegen:

$$A \triangle B = (A \setminus B) \cup (B \setminus A)$$

▶ **Beispiel:**
  $A = \{1, 2, 3\}, \quad B = \{1, -1\}; A \cup B = \{-1, 1, 2, 3\}, \quad A \cap B = \{1\},$
  $A \setminus B = \{2, 3\}; \quad A \triangle B = \{-1, 2, 3\}$

Eine binäre Operation heißt kommutativ, wenn das Vertauschen der Mengen dasselbe Ergebnis liefert.

▶ **Beispiel:**
  $A \cup B = B \cup A$

Vereinigung, Durchschnitt und symmetrische Differenz sind kommutativ, die Differenz nicht.

Die disjunkte Vereinigung zweier Mengen A und B ist die Vereinigung zweier disjunkter Mengen, also zweier Mengen A, B mit $A \cap B = \emptyset$. Man schreibt dann auch $A \uplus B$.

▶ **Beispiel:**
  $A = \{1, 2, 3\}, B = \{-1, 5\}; \quad A \uplus B = \{-1, 1, 2, 3, 5\}$

Eine Partition einer Menge A ist eine Zerlegung von A in paarweise disjunkte, nichtleere Teilmengen $A_1, A_2, \ldots, A_n$ von A, also

$$A = A_1 \uplus A_2 \uplus \ldots \uplus A_n, \ A_i \neq \emptyset, \ i = 1, \ldots, n$$

(die Reihenfolge der Teilmengen A_i ist unerheblich).

▶ **Beispiel:**

$A = \{1, 2, 3, 4, 5, 6, 7\} = \{1, 4\} \uplus \{6\} \uplus \{2, 5, 7\} \uplus \{3\}$

1.2 Aussageformen und logische Zeichen

Die Logik ist die Lehre vom schlüssigen und folgerichtigen Denken. In der mathematischen Logik unterscheidet man zwischen Aussagenlogik und Prädikatenlogik.

Verbale oder schriftliche Äußerungen, denen ein eindeutiger Wahrheitswert, wahr oder falsch (Bezeichnungen: W oder F), zugeordnet ist, heißen Aussagen.

▶ **Beispiele:**

1. Paris ist die Hauptstadt Frankreichs. (W)
2. $7 - 3 = 4$. (W)
3. Die Sonne kreist um die Erde. (F)

Es gilt das sogenannte Prinzip der Zweiwertigkeit und das Prinzip vom ausgeschlossenen Dritten.

Ausrufe oder Fragen oder Äußerungen, deren Wahrheitswert noch von der Belegung von Variablen abhängen kann, sind keine Aussagen.

▶ **Beispiele:**

1. Was für ein schönes Wetter heute!
2. Welche Farbe hat die Wand?
3. Die Zahl x ist positiv.

Stellvertretend für sprachlich formulierte Aussagen benutzt man Aussagenvariablen, bezeichnet mit $P, Q, R, S, \ldots$ Eine Aussagenvariable kann damit die Werte wahr oder falsch annehmen. Man nennt Aussagenvariablen auch boolesche Variablen.

Aussagen bzw. Aussagenvariablen können mit Hilfe von logischen Zeichen zu neuen Aussagen bzw. Aussagenvariablen verknüpft (verbunden) werden. Die wichtigsten Aussagenverbindungen sind (Abb. 1.1).

In Abb. 1.2 sind die Wahrheitswerte von verknüpften Aussagen zusammengestellt. Solche Tabellen heißen Wahrheitstafeln.

Bezeichnung	Schreibweise	Bedeutung
Negation	$\neg P$	es gilt nicht P
Konjunktion	$P \wedge Q$	es gelten P und Q
Disjunktion	$P \vee Q$	es gilt P oder Q
Implikation	$P \implies Q$	wenn P gilt, dann gilt auch Q
Äquivalenz	$P \iff Q$	P gilt genau dann, wenn Q gilt

Abb. 1.1 Logische Zeichen

P	$\neg P$
W	F
F	W

P	Q	$P \wedge Q$	$P \vee Q$	$P \implies Q$	$P \iff Q$
W	W	W	W	W	W
W	F	F	W	F	F
F	W	F	W	W	F
F	F	F	F	W	W

Abb. 1.2 Wahrheitstafeln von verknüpften Aussagen

Die logischen Zeichen werden manchmal auch Junktoren genannt.

Der Junktor $\vee$ ist das nicht ausschließende oder (also nicht entweder … oder).

In der Implikation $P \implies Q$ heißt P Voraussetzung oder Prämisse und Q Behauptung oder Konklusion.

▶ **Beispiele:**

1. Für eine natürliche Zahl n ist die Implikation „6 teilt $n \implies$ 2 teilt n" wahr. Die umgekehrte Implikation gilt nicht.
2. „6 teilt n" und „2 teilt n und 3 teilt n" sind zwei äquivalente Aussagen.

Eine Aussageform ist ein mathematischer Ausdruck, in dem (freie) Variablen vorkommen.

Aussageformen erhalten einen Wahrheitswert, wenn allen in ihnen vorkommenden Variablen ein Wert zugeordnet wird.

▶ **Beispiele:**

1. Die Aussageform „$x - 3 = 5$" wird zu einer wahren Aussage, wenn man für x die Zahl 8 einsetzt ($x = 8$ ist die Lösung der Gleichung).
2. Die Aussageform „$x^2 = 1$" wird zu einer wahren Aussage, wenn man für x die Zahl 1 oder -1 einsetzt ($x_{1,2} = \pm 1$ sind die Lösungen der quadratischen Gleichung).
3. Die Aussageform „$x + 1 = 3$" wird zu einer falschen Aussage, wenn man für x die Zahl 1 einsetzt (denn die Lösung der Gleichung ist $x = 2$).

Eine Aussagenverbindung ist eine iterierte Verknüpfung von Aussagenvariablen (booleschen Variablen). Man nennt eine solche Aussagenverbindung auch eine boolesche Formel oder einen booleschen Ausdruck.

Bei Belegung der einzelnen Aussagenvariablen mit Wahrheitswerten kommt einer booleschen Formel ebenfalls ein Wahrheitswert zu.

► **Beispiele:**

1. $Q \wedge (\neg R \implies P)$

P	Q	R	$\neg R$	$\neg R \implies P$	$Q \wedge (\neg R \implies P)$
W	W	W	F	W	W
W	W	F	W	W	W
W	F	W	F	W	F
W	F	F	W	W	F
F	W	W	F	W	W
F	W	F	W	F	F
F	F	W	F	W	F
F	F	F	W	F	F

2. $(P \implies Q) \iff (\neg P \vee Q)$

P	Q	$\neg P$	$P \implies Q$	$\neg P \vee Q$	$(P \implies Q) \iff (\neg P \vee Q)$
W	W	F	W	W	W
W	F	F	F	F	W
F	W	W	W	W	W
F	F	W	W	W	W

Eine boolesche Formel (Aussagenverbindung) heißt erfüllbar, wenn eine Belegung der auftretenden Aussagenvariablen mit Wahrheitswerten W oder F existiert, so dass die Formel wahr ist. Unter einer solchen Belegung heißt die Formel dann erfüllt.

Eine boolesche Formel heißt Kontradiktion, wenn sie unter allen möglichen Belegungen der Aussagenvariablen falsch ist.

Eine boolesche Formel heißt Tautologie, wenn sie unter allen möglichen Belegungen der Aussagenvariablen wahr ist.

► **Beispiele:**

1. $Q \wedge (\neg R \implies P)$ ist erfüllbar (siehe Beispiel 1 oben).
2. $P \wedge \neg P$ ist eine Kontradiktion.
3. $(P \implies Q) \iff (\neg P \vee Q)$ ist eine Tautologie (siehe Beispiel 2 oben).
4. $P \vee \neg P$ ist eine Tautologie.

Eine Aussageform p ist ein Ausdruck, in dem freie Variablen x, y, ... über einem Grundbereich B auftreten (siehe oben). Eine solche Aussageform erhält einen Wahrheitswert (wird also eine Aussage), wenn

- die freien Variablen mit speziellen Werten aus B belegt werden oder
- die freien Variablen durch sogenannte Quantoren gebunden werden.

▶ **Beispiele:**

    1. $p(x)$: Die ganze Zahl x ist gerade.

        $p(1) : F$, $p(2) : W$ (denn 1 ist eine ungerade Zahl und 2 eine gerade Zahl)

    2. $q(x, y) : x \leq y$

        $q(2, 3) : W$, $q(3, 2) : F$ (denn es gilt $2 \leq 3$, aber nicht $3 \leq 2$)

Die wichtigsten Quantoren sind der Existenzquantor und der Allquantor.

1. Existenzquantor:

    $\exists x \in B : p(x)$: Es gibt (mindestens) ein $x \in B$, so dass $p(x)$ gilt.

    Schreibweise auch: $\bigvee\limits_{x \in B} p(x)$

2. Allquantor:

    $\forall x \in B : p(x)$: Für jedes $x \in B$ gilt $p(x)$.

    Schreibweise auch: $\bigwedge\limits_{x \in B} p(x)$

▶ **Beispiele:**

    1. $B = \{1, 2, 3, 4, 5, \ldots\}$, $p(x) : x > 2$

        $\exists x \in B : x > 2 : W$, $\forall x \in B : x > 2 : F$ (denn es gilt zum Beispiel $3 > 2$, aber nicht $2 > 2$ und $3 \in B$, $2 \in B$)

    2. $B = \{2, 3, 4, 5\}$, $p(x) :$ x ist Primzahl (lässt sich also nur durch 1 und sich selbst teilen)

        $\exists x \in B : p(x) : W$, $\forall x \in B : p(x) : F$ (denn zum Beispiel $3 \in B$ ist eine Primzahl, aber $4 \in B$ ist keine Primzahl)

1.3   Einteilung der Zahlen

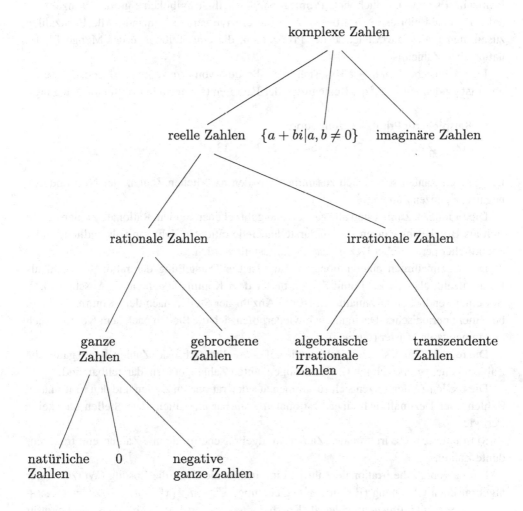

Einige der Zahlenbereiche werden häufig in Mengenschreibweise dargestellt:

$\mathbb{N} = \{1, 2, 3, \ldots\}$ Menge der natürlichen Zahlen
$\mathbb{Z} = \{\ldots, -3, -2, -1, 0, 1, 2, 3, \ldots\}$ Menge der ganzen Zahlen
$\mathbb{Q} = \{\frac{m}{n} | m, n \in \mathbb{Z}, n \neq 0\}$ Menge der rationalen Zahlen
$\mathbb{R}$ Menge der reellen Zahlen
$\mathbb{C} = \{z = a + bi | a, b \in \mathbb{R}, i = \sqrt{-1}\}$ Menge der komplexen Zahlen

Die natürlichen Zahlen sind die positiven ganzen Zahlen.

Eine Teilmenge der natürlichen Zahlen sind die Primzahlen. Eine Primzahl ist eine natürliche Zahl größer als 1, die nur durch 1 und durch sich selbst ohne Rest teilbar ist.

Die Primzahlen sind die Zahlen 2, 3, 5, 7, 11, 13, 17, 19, 23, 29,…, die Zahl 1 ist keine Primzahl. Es gibt unendlich viele Primzahlen, das heißt, es gibt keine größte Primzahl, zu jeder Primzahl gibt es noch größere. 2 ist die einzige gerade Primzahl. Alle Primzahlen zusammen bilden die Menge $\mathbb{P}$ der Primzahlen, die eine Teilmenge der Menge $\mathbb{N}$ der natürlichen Zahlen ist.

Jede natürliche Zahl $n \geq 2$ lässt sich in ein Produkt von Primzahlen zerlegen, die Zerlegung ist eindeutig bis auf die Reihenfolge der Faktoren (sogenannte Primfaktorzerlegung).

▶ **Beispiele zur Primfaktorzerlegung:**

$$100 = 2 \cdot 2 \cdot 5 \cdot 5 = 2^2 \cdot 5^2; \quad 546 = 2 \cdot 3 \cdot 7 \cdot 13$$

Die ganzen Zahlen setzen sich zusammen aus den natürlichen Zahlen, der Null und den negativen ganzen Zahlen.

Die rationalen Zahlen sind alle ganzen und gebrochenen Zahlen. Rationale Zahlen lassen sich als Brüche aus ganzen Zahlen darstellen. Jede rationale Zahl kann als endlicher oder unendlicher periodischer Dezimalbruch dargestellt werden.

Der Dezimalbruch einer rationalen Zahl ist die Darstellung der rationalen Zahl als Dezimalzahl, also als Zahl „mit Stellen hinter dem Komma" (siehe auch Abschn. 1.8.1). Bei einem endlichen Dezimalbruch ist die Anzahl der Stellen nach dem Komma endlich, bei einem periodischen Dezimalbruch wiederholen sich die Stellen nach dem Komma nach einem gewissen Muster (Periode).

Die reellen Zahlen sind alle Zahlen, die auf der reellen Achse der Zahlenebene (gaußsche Zahlenebene, vgl. Abschn. 1.12.1), der sogenannten Zahlengeraden, darstellbar sind.

Die reellen Zahlen setzen sich zusammen aus den rationalen Zahlen und den irrationalen Zahlen. Der Dezimalbruch einer irrationalen Zahl hat unendlich viele Stellen und keine Periode.

Man unterteilt die irrationalen Zahlen in algebraische irrationale Zahlen und transzendente Zahlen.

Eine algebraische irrationale Zahl ist eine irrationale Zahl, die Lösung (Wurzel) einer algebraischen Gleichung (Bestimmungsgleichung) $x^n + a_{n-1}x^{n-1} + a_{n-2}x^{n-2} + \ldots + a_1 x + a_0 = 0$ mit rationalen Zahlen als Koeffizienten $a_{n-1}, a_{n-2}, \ldots, a_1, a_0$ ist, wobei n für eine natürliche Zahl steht (Koeffizienten sind Beizahlen von Variablen, vgl. Abschn. 2.1). Irrationale Zahlen, die nicht algebraisch irrational sind, heißen transzendent.

Es gibt keine reelle Zahl, die Lösung der Gleichung $x^2 + 1 = 0$ ist. Deshalb werden die reellen Zahlen zu den komplexen Zahlen erweitert.

Komplexe Zahlen sind Zahlen der Form $z = a + bi$, wobei a und b reelle Zahlen sind und i die imaginäre Einheit, $i^2 = -1$ (i ist eine Lösung der algebraischen Gleichung $x^2 + 1 = 0$).

Eine komplexe Zahl z besteht also aus einem reellen Teil a (Realteil) und einem imaginären Teil b (Imaginärteil). Komplexe Zahlen z mit Realteil gleich 0 (also $a = 0$) heißen imaginäre Zahlen, die komplexen Zahlen z mit Imaginärteil gleich 0 (also $b = 0$) sind die reellen Zahlen.

Komplexe Zahlen lassen sich in der Zahlenebene darstellen.

▶ **Beispiele für ganze Zahlen:**

$38;\ -700\,632;\ 0;\ 105$

▶ **Beispiele für rationale Zahlen:**

$-2;\ \frac{3}{2} = 1{,}5;\ \frac{4}{3} = 1{,}3333\ldots = 1{,}\overline{3};\ -\frac{1}{8} = -0{,}125;$
$-\frac{16}{11} = -1{,}454545\ldots = -1{,}\overline{45}$ (der periodische Teil wird überstrichen)

▶ **Beispiele für reelle Zahlen:**

$-4;\ \frac{3}{4};\ 4 - \pi;\ e^3;\ \sqrt{3};\ \sin 5^0$

▶ **Beispiele für irrationale Zahlen:**

$\sqrt{3} = 1{,}732050808\ldots;\ \sqrt[3]{4} = 1{,}587401052\ldots;\ 5 - 2\sqrt{3} = 1{,}535898385\ldots;$
$-\pi = -3{,}141592654\ldots;\ e = 2{,}718281828\ldots$

▶ **Beispiele für algebraische irrationale Zahlen:**

$\sqrt{3}$ (denn $\sqrt{3}$ ist Lösung der Gleichung $x^2 - 3 = 0$);
$\sqrt[3]{4}$ (denn $\sqrt[3]{4}$ ist Lösung der Gleichung $x^3 - 4 = 0$);
$5 - 2\sqrt{3}$ (denn $5 - 2\sqrt{3}$ ist Lösung der Gleichung $x^2 - 10x + 13 = 0$)

▶ **Beispiele für transzendente Zahlen:**

$-\pi;\ e$

▶ **Beispiele für komplexe Zahlen:**

$3 + \sqrt{2}\,i;\ -1 + 5i;\ e + \pi^2 i;\ -4i$ (imaginäre Zahl); $3\sqrt{2}$ (reelle Zahl)

Ein hochgestellter Stern bedeutet die entsprechende Menge ohne die Null:

$\mathbb{Z}^* = \{\ldots, -3, -2, -1, 1, 2, 3, \ldots\} = \{x | x \in \mathbb{Z},\ x \neq 0\}:$
   Menge der ganzen Zahlen ohne die Null
$\mathbb{Q}^* = \{\frac{m}{n} | m, n \in \mathbb{Z}^*\} = \{x | x \in \mathbb{Q},\ x \neq 0\}:$
   Menge der rationalen Zahlen ohne die Null
$\mathbb{R}^* = \{x | x \in \mathbb{R},\ x \neq 0\}:$
   Menge der reellen Zahlen ohne die Null

Ein hochgestelltes Plus bedeutet die Menge der entsprechenden positiven Zahlen:

$\mathbb{Z}^+ = \mathbb{N} = \{1, 2, 3, \ldots\} = \{x | x \in \mathbb{Z},\ x > 0\}:$
   Menge der positiven ganzen Zahlen

$\mathbb{Q}^+ = \{\frac{m}{n}|m, n \in \mathbb{N}\} = \{x|x \in \mathbb{Q}, \ x > 0\}$:

Menge der positiven rationalen Zahlen

$\mathbb{R}^+ = \{x|x \in \mathbb{R}, \ x > 0\}$:

Menge der positiven reellen Zahlen

1.4 Grundrechenarten

Die vier Grundrechenarten sind die Addition, die Subtraktion, die Multiplikation und die Division.

Addition:	Summand plus Summand gleich Summe
Subtraktion:	Minuend minus Subtrahend gleich Differenz
Multiplikation:	Faktor mal Faktor gleich Produkt
Division:	Dividend geteilt durch Divisor gleich Quotient

▶ **Beispiele:**

$4 + 5 = 9$ (Addition); $\ 7 - 2 = 5$ (Subtraktion); $\ 3 \cdot 8 = 24$ (Multiplikation);

$87 : 3 = 29$ (Division)

Vereinbarung:

Der Multiplikationspunkt (Malpunkt) kann weggelassen werden zwischen zwei Variablen, zwischen einer Zahl und einer Variablen, zwischen einer Zahl und einer Klammer, zwischen einer Variablen und einer Klammer sowie zwischen zwei Klammern.

▶ **Beispiele:**

$a \cdot b = ab, \ 4 \cdot a = 4a, \ 2 \cdot (a + b) = 2(a + b), \ a \cdot (3 + a) = a(3 + a),$

$(a + b) \cdot (c - d) = (a + b)(c - d)$

Achtung: Der Multiplikationspunkt zwischen zwei Zahlen darf nicht weggelassen werden.

▶ **Beispiel:**

$3 \cdot 4 \neq 34$

Eine Variable oder Veränderliche oder Platzhalter ist eine Größe, die in der Regel verschiedene Werte annehmen kann. Variable werden durch Symbole dargestellt (meist lateinische Buchstaben). Variable sind zum Beispiel die Platzhalter für die gesuchten Lösungen von einer oder mehreren gegebenen Gleichungen.

1.5 Grundlegende Rechenregeln

1.5.1 Buchstabenrechnen

Buchstabenrechnen ist das Rechnen mit unbestimmten Zahlen. Formuliert man eine mathematische Aussage, die nicht nur für eine bestimmte Zahl, sondern für einen ganzen Zahlbereich oder sogar für alle Zahlen gilt, dann benutzt man statt einer Zahl einen Buchstaben. Der Buchstabe heißt unbestimmte Zahl.

▶ **Beispiele:**

1. $(a + b)^2 = a^2 + 2ab + b^2$ (binomische Formel, sie gilt für alle reellen Zahlen a, b)
2. $(a \cdot b) \cdot c = a \cdot (b \cdot c) = a \cdot b \cdot c$ (Assoziativgesetz bezüglich der Multiplikation, gilt für alle reellen Zahlen a, b, c)
3. $\sqrt[n]{a \cdot b} = \sqrt[n]{a} \cdot \sqrt[n]{b}$ (gilt für alle positiven reellen Zahlen a, b und alle natürlichen Zahlen $n \geq 2$)

1.5.2 Kehrwert, Quersumme

Der Kehrwert einer Zahl $a \neq 0$ ist die Zahl $\frac{1}{a}$. Man sagt statt Kehrwert auch reziproker Wert.

So ist zum Beispiel der Kehrwert von 3 gleich $\frac{1}{3}$, der Kehrwert von -17 ist $-\frac{1}{17}$, der Kehrwert von $\frac{1}{4}$ ist 4.

Die Quersumme einer ganzen Zahl ist die Summe ihrer Ziffern.

So ist zum Beispiel die Quersumme der Zahl 239 503 618 gleich $2+3+9+5+0+3+6+1+8 = 37$, die Quersumme von 3 972 611 028 ist $3+9+7+2+6+1+1+0+2+8 = 39$, und die Quersumme der Zahl 209 334 042 ist $2 + 0 + 9 + 3 + 3 + 4 + 0 + 4 + 2 = 27$.

1.5.3 Teilbarkeitsregeln

Die einzelnen Zeichen einer Zahl sind ihre Ziffern. Aus Eigenschaften der Ziffern lassen sich Teilbarkeitseigenschaften der Zahlen ableiten.

Eine ganze Zahl ist teilbar durch

- 2, wenn die letzte Ziffer durch 2 teilbar ist
- 3, wenn die Quersumme der Zahl (also die Summe der Ziffern) durch 3 teilbar ist
- 4, wenn die Zahl aus den letzten beiden Ziffern durch 4 teilbar ist
- 5, wenn die letzte Ziffer durch 5 teilbar ist (also 0 oder 5 ist)

- 6, wenn die letzte Ziffer durch 2 und die Quersumme der Zahl durch 3 teilbar ist
- 8, wenn die Zahl aus den letzten drei Ziffern durch 8 teilbar ist
- 9, wenn die Quersumme der Zahl durch 9 teilbar ist
- 11, wenn die alternierende Quersumme der Zahl (also die Summe der Ziffern, die abwechselnd positives und negatives Vorzeichen erhalten) durch 11 teilbar ist.

▶ **Beispiele:**

1. 2486 ist teilbar durch 2, denn 6 ist teilbar durch 2
2. 263 451 ist teilbar durch 3, denn die Quersumme $2+6+3+4+5+1 = 21$ ist teilbar durch 3
3. 2 563 488 ist teilbar durch 4, denn 88 ist teilbar durch 4
4. 823 620 ist teilbar durch 5, denn 0 ist teilbar durch 5
5. 2 598 018 ist teilbar durch 6, denn 8 ist teilbar durch 2 und die Quersumme $2+5+9+8+0+1+8 = 33$ ist teilbar durch 3
6. 524 299 168 ist teilbar durch 8, denn 168 ist teilbar durch 8
7. 11 929 545 ist teilbar durch 9, denn die Quersumme $1 + 1 + 9 + 2 + 9 + 5 + 4 + 5 = 36$ ist teilbar durch 9
8. 14 739 296 ist teilbar durch 11, denn die alternierende Quersumme $1 - 4 + 7 - 3 + 9 - 2 + 9 - 6 = 11$ ist teilbar durch 11

1.5.4 Punktrechnung vor Strichrechnung

Die Rechenzeichen $\cdot$ und : binden stärker als + und −, das heißt, Multiplikation und Division müssen vor Addition und Subtraktion ausgeführt werden.

$$a + b \cdot c = a + (b \cdot c)$$
$$a - b : c = a - (b : c)$$

▶ **Beispiele:**

$a : b \cdot c - d = (a : b) \cdot c - d; \quad 3 + 4 \cdot 5 - 6 = 3 + (4 \cdot 5) - 6 = 17$

$8 - 5 \cdot 4 \cdot 3 + 36 : 9 + 6 \cdot (12 + 2 \cdot 7) = 8 - 60 + 4 + 6 \cdot 26 = 108$

Die Klammern geben an, welcher Teil der Rechnung zuerst ausgeführt wird.

1.5.5 Potenzrechnung vor Punktrechnung

Potenzieren bindet stärker als Multiplizieren und Dividieren.

$$a \cdot b^2 = a \cdot (b^2)$$

Es gilt also $ab^2 \neq (ab)^2$.

▶ **Beispiele:**

$$a : b^2 - 3 \cdot 2^3 = \frac{a}{b^2} - 3(2^3) = \frac{a}{b^2} - 24; \quad 4 \cdot 5^3 - 7 \cdot 4^2 = 4 \cdot 125 - 7 \cdot 16 = 388$$

1.5.6 Grundgesetze der Addition und Multiplikation

1. *Kommutativgesetz (Vertauschungsgesetz)*
    Für reelle Zahlen gilt bezüglich der Addition und bezüglich der Multiplikation das Kommutativgesetz:

$$a + b = b + a; \quad a \cdot b = b \cdot a$$

Bei der Addition kann man also die Summanden vertauschen, bei der Multiplikation kann man die Faktoren vertauschen.

▶ **Beispiele:** $3 + 4 = 4 + 3$; $3 \cdot 4 = 4 \cdot 3$

2. *Assoziativgesetz (Verknüpfungsgesetz)*
    Für reelle Zahlen gilt bezüglich der Addition und bezüglich der Multiplikation das Assoziativgesetz:

$$(a + b) + c = a + (b + c) = a + b + c; \quad (a \cdot b) \cdot c = a \cdot (b \cdot c) = a \cdot b \cdot c$$

Bei der Addition kann man also Summanden beliebig verknüpfen (zusammenfassen), bei der Multiplikation kann man Faktoren beliebig verknüpfen.

▶ **Beispiele:** $(3 + 4) + 7 = 3 + (4 + 7) = 3 + 4 + 7$; $(3 \cdot 4) \cdot 7 = 3 \cdot (4 \cdot 7) = 3 \cdot 4 \cdot 7$

3. *Distributivgesetze (Zerlegungsgesetze)*
    Für reelle Zahlen gelten die Distributivgesetze:

$$(a+b) \cdot c = a \cdot c + b \cdot c; \qquad a \cdot (b+c) = a \cdot b + a \cdot c$$

▶ **Beispiele:** $(3+4) \cdot 7 = 3 \cdot 7 + 4 \cdot 7;\ 3 \cdot (4+7) = 3 \cdot 4 + 3 \cdot 7$

Aus diesen Grundgesetzen ergeben sich die wichtigen Regeln der Klammerrechnung.

1.5.7   Grundregeln der Klammerrechnung

Klammern gehören immer paarweise zusammen. Ein durch ein Klammerpaar zusammengefasster Ausdruck ist eine Einheit.

Wichtige Regeln der Klammerrechnung
- Ein Klammerpaar nach einem Pluszeichen kann weggelassen werden.

$$+(a+b) = a+b$$

- Beim Weglassen der Klammern nach einem Minuszeichen müssen alle zwischen den Klammern vorkommenden Vorzeichen umgedreht werden.

$$-(a+b) = -a-b$$
$$-(a-b) = -a+b$$

Vorzeichenregeln
Für die Multiplikation und die Division zweier reeller Zahlen a und b ($b \neq 0$) gelten die Vorzeichenregeln.

$$(+a) \cdot (+b) = (-a) \cdot (-b) = a \cdot b$$
$$a \cdot (-b) = (-a) \cdot b = -a \cdot b$$
$$\frac{+a}{+b} = \frac{-a}{-b} = \frac{a}{b}$$
$$\frac{+a}{-b} = \frac{-a}{+b} = -\frac{a}{b}$$

▶ **Beispiele:**

1. $(a + b) + (c - d + e) = a + b + c - d + e$
2. $(3 + 5 - 2) + (5 + 8) = 3 + 5 - 2 + 5 + 8 = 19$
3. $a + b - (c - d - e) = a + b - c + d + e$
4. $(4 + 7) - (-6 + 3 - 8) = 4 + 7 + 6 - 3 + 8 = 22$
5. $3a - (4b + 2c - 8d) + (3a - 5c) - (6a + 3b - d)$
   $\quad = 3a - 4b - 2c + 8d + 3a - 5c - 6a - 3b + d = -7b - 7c + 9d$
6. $3a(-4b) = -12ab$
7. $\dfrac{-4a + b}{-2} = 2a - \dfrac{1}{2}b$

1.5.8 Multiplikation mit Klammern

- Man multipliziert eine Zahl mit einer Summe (Differenz), indem man die Zahl mit jedem Glied multipliziert und die erhaltenen Produkte addiert (subtrahiert).

$$a(b + c) = ab + ac$$
$$a(b - c) = ab - ac$$
$$(a + b)c = ac + bc$$
$$(a - b)c = ac - bc$$

Fehlerwarnung: $(a \cdot b) \cdot c \neq ac \cdot bc$, sondern $(a \cdot b) \cdot c = abc$

- Enthalten alle Glieder einer Summe oder Differenz den gleichen Faktor, so kann man diesen ausklammern.

$$ab + ac = a(b + c)$$
$$ac - bc = (a - b)c$$

- Man multipliziert zwei Summen miteinander, indem man jedes Glied der einen Summe mit jedem Glied der anderen Summe multipliziert und die erhaltenen Produkte addiert.

$$(a + b)(c + d) = ac + ad + bc + bd$$
$$(a + b)(c - d) = ac - ad + bc - bd$$
$$(a - b)(c + d) = ac + ad - bc - bd$$
$$(a - b)(c - d) = ac - ad - bc + bd$$

Fehlerwarnung: $(a + b)^2 \neq a^2 + b^2$, sondern $(a + b)^2 = a^2 + 2ab + b^2$ (siehe Abschn. 1.5.10)

- Bei verschachtelten Klammern sind die Klammern immer von innen nach außen aufzulösen.

$$a(b+c(d+e)) = a(b+cd+ce) = ab+acd+ace$$

▶ **Beispiele:**

1. $3(200 + 7) = 3 \cdot 200 + 3 \cdot 7$
2. $6x^2(16x - 0{,}05y + 7{,}2z) = 96x^3 - 0{,}3x^2y + 43{,}2x^2z$
3. $(-\frac{p}{3} + \frac{q}{4} - \frac{r}{5})(-\frac{p}{2}) = \frac{1}{6}p^2 - \frac{1}{8}pq + \frac{1}{10}pr$
4. $abc - acd + ace = ac(b - d + e)$
5. $-5x^2 + 25xy - 35zx = -5x(x - 5y + 7z)$
6. $(3x - a)(a + 2b) = 3ax + 6bx - a^2 - 2ab$
7. $(x+5)(x-a+3) = x^2 - ax + 3x + 5x - 5a + 15 = x^2 - ax + 8x - 5a + 15$
8. $(x+2)(x-5) - (x-3)(x-7) = x^2 - 5x + 2x - 10 - (x^2 - 7x - 3x + 21)$
   $= x^2 - 3x - 10 - x^2 + 10x - 21 = 7x - 31$
9. $(x - 1)(a + 3)(2 - c) = (x - 1)(2a - ac + 6 - 3c)$
   $= 2ax - acx + 6x - 3cx - 2a + ac - 6 + 3c$
10. $(4x - y)(-2a(b - 4c) - 3bc) = (4x - y)(-2ab + 8ac - 3bc)$
    $= -8abx + 32acx - 12bcx + 2aby - 8acy + 3bcy$
11. $5(x - 2(x - y - 3y - 6x - 3y) + 2y) = 5(x - 2(-5x - 7y) + 2y)$
    $= 5(x + 10x + 14y + 2y) = 5(11x + 16y) = 55x + 80y$

1.5.9 Indizes, Summenzeichen, Produktzeichen

Ein Index (Plural Indizes) ist ein Zeichen, das an Symbole für Variable, Funktionen oder Operationen angebracht wird.

Bezeichnet man zum Beispiel Variablen mit x, dann kennzeichnet man verschiedene Variablen dadurch, dass man an das x verschiedene tiefgestellte Indizes anhängt: $x_1, x_2, x_3, \ldots$. Ein Index ist meistens eine Zahl.

Das Summenzeichen $\sum$ (entstanden aus dem griechischen Buchstaben für S) dient zur vereinfachten Darstellung von Summen (gesprochen: Summe über a_k von $k = 1$ bis $k = n$).

$$\sum_{k=1}^{n} a_k = a_1 + a_2 + a_3 + \ldots + a_n$$

Man erhält alle Summanden der Summe, wenn man in a_k für den Index k zunächst 1, dann 2 usw. und schließlich n setzt. Dieser Buchstabe k heißt Summationsindex und kann durch einen beliebigen anderen Buchstaben ersetzt werden. Es gilt also zum Beispiel

$$\sum_{k=1}^{n} a_k = \sum_{i=1}^{n} a_i = \sum_{j=1}^{n} a_j.$$

▶ **Beispiele:**

1. $\displaystyle\sum_{k=1}^{6} k^2 = 1^2 + 2^2 + 3^2 + 4^2 + 5^2 + 6^2$

2. $\displaystyle\sum_{i=1}^{3} \log(2i) = \log 2 + \log 4 + \log 6$

3. $\displaystyle\sum_{j=1}^{5} 6 = 6 + 6 + 6 + 6 + 6 = 5 \cdot 6 = 30$

Das Produktzeichen $\prod$ dient zur vereinfachten Darstellung von Produkten (gesprochen: Produkt über a_k von $k = 1$ bis $k = n$).

$$\prod_{k=1}^{n} a_k = a_1 \cdot a_2 \cdot a_3 \cdot \ldots \cdot a_n$$

Man erhält alle Faktoren des Produkts, wenn man in a_k für den Index k zunächst 1, dann 2 usw. und schließlich n setzt. Der Index k kann durch einen beliebigen anderen Buchstaben ersetzt werden. Zum Beispiel gilt $\displaystyle\prod_{k=1}^{n} a_k = \prod_{i=1}^{n} a_i = \prod_{j=1}^{n} a_j.$

▶ **Beispiele:**

1. $\displaystyle\prod_{k=1}^{7} k^2 = 1^2 \cdot 2^2 \cdot 3^2 \cdot 4^2 \cdot 5^2 \cdot 6^2 \cdot 7^2$

2. $\displaystyle\prod_{i=2}^{4} 3^i = 3^2 \cdot 3^3 \cdot 3^4 = 3^{2+3+4} = 3^9$

3. $\displaystyle\prod_{j=1}^{5} 4 = 4 \cdot 4 \cdot 4 \cdot 4 \cdot 4 = 4^5$

1.5.10 Binomische Formeln

Ein Binom ist ein zweigliedriger Ausdruck der Form $a + b$ oder $a - b$. Die Multiplikation von Binomen führt zu den binomischen Formeln (zwei Faktoren) und zum binomischen Lehrsatz (n Faktoren, $n \geq 1$ beliebig, vgl. Abschn. 10.2).

Die folgenden Rechenregeln heißen binomische Formeln oder binomische Gleichungen 2. Grades (a und b sind beliebige reelle Zahlen).

$$(a + b)^2 = a^2 + 2ab + b^2$$
$$(a - b)^2 = a^2 - 2ab + b^2$$
$$(a + b)(a - b) = a^2 - b^2$$

▶ **Beispiele:**

1. $21^2 = (20 + 1)^2 = 20^2 + 2 \cdot 20 \cdot 1 + 1^2 = 441$
2. $(2c + 3)^2 = (2c)^2 + 2 \cdot 2c \cdot 3 + 3^2 = 4c^2 + 12c + 9$
3. $19^2 = (20 - 1)^2 = 20^2 - 2 \cdot 20 \cdot 1 + 1^2 = 361$
4. $(2x - 5y)^2 = (2x)^2 - 2 \cdot 2x \cdot 5y + (5y)^2 = 4x^2 - 20xy + 25y^2$
5. $21 \cdot 19 = (20 + 1)(20 - 1) = 20^2 - 1^2 = 399$
6. $(3x + 4y)(3x - 4y) = (3x)^2 - (4y)^2 = 9x^2 - 16y^2$

1.5.11 Division mit Klammern

Man dividiert eine Summe (Differenz) durch eine Zahl, indem man jedes Glied durch die Zahl dividiert und die erhaltenen Quotienten addiert (subtrahiert):

$$(a + b) : c = a : c + b : c$$
$$(a - b) : c = a : c - b : c$$

▶ **Beispiele:**

1. $(10ax - 15bx) : 5x = 10ax : 5x - 15bx : 5x = 2a - 3b$
2. $(12a^2xy + 39ax^2y - 27axy^2) : 3axy = 12a^2xy : 3axy + 39ax^2y :$
   $3axy - 27axy^2 : 3axy = 4a + 13x - 9y$

1.6 Bruchrechnung

1.6.1 Definitionen

Ein Bruch ist eine Zahl, die durch einen Ausdruck $\frac{m}{n}$ (m geteilt durch n) dargestellt wird. Die Zahl m heißt Zähler und die Zahl n Nenner des Bruches.

Es gilt dabei $n \neq 0$, denn die Division durch Null ist nicht möglich. Die Division einer von Null verschiedenen Zahl durch Null ergibt keine Zahl.

Ein Bruch ist ein Quotient, der Zähler ist der Dividend, und der Nenner ist der Divisor.

$$\frac{m}{n} = m : n$$

Brüche, deren Zähler kleiner ist als der Nenner, heißen echte Brüche.

▶ **Beispiele:**

$$\frac{2}{3}; \quad \frac{1}{9}; \quad \frac{12}{13}$$

Brüche, bei denen der Zähler größer ist als der Nenner, heißen unechte Brüche.

▶ **Beispiele:**

$$\frac{3}{2}; \quad \frac{7}{3}; \quad \frac{12}{11}$$

Brüche mit dem Zähler 1 heißen Stammbrüche.

▶ **Beispiele:**

$$\frac{1}{3}; \quad \frac{1}{7}; \quad \frac{1}{243}$$

Ganzzahlige Anteile von Brüchen können vorgezogen werden.

▶ **Beispiele:**

$$\frac{15}{4} = 3\frac{3}{4}; \quad \frac{25}{17} = 1\frac{8}{17}$$

Fehlerwarnung: $1\frac{2}{3} \neq 1 \cdot \frac{2}{3}$. Richtig ist $1\frac{2}{3} = 1 + \frac{2}{3} = \frac{5}{3}$.

Der Kehrwert eines Bruches $\frac{p}{q}$ ist der Bruch $\frac{q}{p}$, also der Bruch, bei dem Zähler und Nenner

vertauscht sind, denn $\dfrac{1}{\frac{p}{q}} = \dfrac{q}{p}$.

▶ **Beispiele:**

Der Kehrwert von $\frac{16}{19}$ ist $\frac{19}{16}$; der Kehrwert von $\frac{1}{2}$ ist 2; der Kehrwert von

$-\frac{11}{3}$ ist $-\frac{3}{11}$.

1.6.2 Erweitern und Kürzen

$\frac{2}{3}, \frac{4}{6}, \frac{-6}{-9}$ sind verschiedene Schreibweisen desselben Bruchs. Der Übergang von einer Schreibweise zur anderen erfolgt durch Erweitern oder Kürzen.

Erweitern heißt, Zähler und Nenner eines Bruches mit derselben Zahl zu multiplizieren. Der Wert des Bruches bleibt durch Erweitern unverändert.

$$\frac{a}{b} = \frac{a \cdot c}{b \cdot c} = \frac{ac}{bc} \quad (c \neq 0)$$

▶ **Beispiele:**

$$\frac{2}{5} = \frac{2 \cdot 3}{5 \cdot 3} = \frac{6}{15}; \quad \frac{-3}{-4} = \frac{(-3) \cdot (-1)}{(-4) \cdot (-1)} = \frac{3}{4}; \quad \frac{ab^2}{c^3 d} = \frac{ab^2 e^3}{c^3 d e^3}$$

Fehlerwarnung: Unterscheide Erweitern und Multiplizieren!

▶ **Beispiel:**

Erweitern mit 3: $\quad \dfrac{2}{5} = \dfrac{2 \cdot 3}{5 \cdot 3} = \dfrac{6}{15}$

Multiplizieren mit 3: $\quad \dfrac{2}{5} \cdot 3 = \dfrac{2 \cdot 3}{5} = \dfrac{6}{5}$

Kürzen heißt, Zähler und Nenner eines Bruches durch dieselbe Zahl zu dividieren. Der Wert des Bruches bleibt durch Kürzen unverändert.

$$\frac{a}{b} = \frac{a:c}{b:c} \quad (c \neq 0)$$

▶ **Beispiele:**

$$\frac{27}{24} = \frac{27:3}{24:3} = \frac{9}{8}; \quad \frac{a^2bc^2}{a^3bc} = \frac{a^2bc^2 : a^2bc}{a^3bc : a^2bc} = \frac{c}{a}$$

Fehlerwarnung: Unterscheide Kürzen und Dividieren!

▶ **Beispiel:**

Kürzen durch 3: $\dfrac{6}{15} = \dfrac{6:3}{15:3} = \dfrac{2}{5}$

Dividieren durch 3: $\dfrac{6}{15} : 3 = \dfrac{6:3}{15} = \dfrac{2}{15}$

1.6.3 Addieren und Subtrahieren gleichnamiger Brüche

Gleichnamige Brüche (Brüche mit dem gleichen Nenner) werden addiert oder subtrahiert, indem man die Zähler addiert oder subtrahiert und den Nenner beibehält.

$$\frac{a}{c} + \frac{b}{c} = \frac{a+b}{c}; \quad \frac{a}{c} - \frac{b}{c} = \frac{a-b}{c}$$

▶ **Beispiele:**

$$\frac{3}{5} + \frac{4}{5} = \frac{3+4}{5} = \frac{7}{5}; \quad \frac{3x^2}{4yz} + \frac{x^2}{4yz} = \frac{4x^2}{4yz} = \frac{x^2}{yz}; \quad \frac{2}{7} - \frac{5}{7} = \frac{2-5}{7} = -\frac{3}{7}$$

1.6.4 Addieren und Subtrahieren ungleichnamiger Brüche

Ungleichnamige Brüche werden addiert oder subtrahiert, indem man sie auf den Hauptnenner bringt, also durch Erweitern gleichnamig macht. Der Hauptnenner ist das kleinste gemeinschaftliche Vielfache der Nenner.

$$\frac{a}{b} + \frac{c}{d} = \frac{a \cdot d}{b \cdot d} + \frac{c \cdot b}{d \cdot b} = \frac{ad + bc}{bd}; \qquad \frac{a}{b} - \frac{c}{d} = \frac{a \cdot d}{b \cdot d} - \frac{c \cdot b}{d \cdot b} = \frac{ad - bc}{bd}$$

▶ **Beispiele:**

1. $\dfrac{2}{3} + \dfrac{4}{5}$

Der Hauptnenner der Brüche $\dfrac{2}{3}$ und $\dfrac{4}{5}$ ist $3 \cdot 5$.

Addition der Brüche:

$$\frac{2}{3} + \frac{4}{5} = \frac{2 \cdot 5}{3 \cdot 5} + \frac{4 \cdot 3}{5 \cdot 3} = \frac{10 + 12}{15} = \frac{22}{15}$$

2. $\dfrac{3}{4} - \dfrac{5}{6}$

Der Hauptnenner der Brüche $\dfrac{3}{4}$ und $\dfrac{5}{6}$ ist $3 \cdot 4 = 12$.

Subtraktion der Brüche:

$$\frac{3}{4} - \frac{5}{6} = \frac{9}{12} - \frac{10}{12} = -\frac{1}{12}$$

3. $\dfrac{1}{3} + \dfrac{3}{5} + \dfrac{5}{6}$

Der Hauptnenner der Brüche $\dfrac{1}{3}, \dfrac{3}{5}, \dfrac{5}{6}$ ist $5 \cdot 6$.

Addition der Brüche:

$$\frac{1}{3} + \frac{3}{5} + \frac{5}{6} = \frac{1 \cdot 5 \cdot 2}{3 \cdot 5 \cdot 2} + \frac{3 \cdot 6}{5 \cdot 6} + \frac{5 \cdot 5}{6 \cdot 5} = \frac{10 + 18 + 25}{30} = \frac{53}{30}$$

4. $\dfrac{1}{4} + \dfrac{1}{6} - \dfrac{1}{9}$

Der Hauptnenner der Brüche $\dfrac{1}{4}, \dfrac{1}{6}, \dfrac{1}{9}$ ist $4 \cdot 9$.

Addition bzw. Subtraktion der Brüche:

$$\frac{1}{4} + \frac{1}{6} - \frac{1}{9} = \frac{1 \cdot 9}{4 \cdot 9} + \frac{1 \cdot 2 \cdot 3}{6 \cdot 2 \cdot 3} - \frac{1 \cdot 4}{9 \cdot 4} = \frac{9 + 6 - 4}{36} = \frac{11}{36}$$

5. $\dfrac{a - b}{2x} + \dfrac{a}{x} + \dfrac{b}{3y} + \dfrac{a + b}{4y}$

Der Hauptnenner der Brüche $\dfrac{a - b}{2x}, \dfrac{a}{x}, \dfrac{b}{3y}, \dfrac{a + b}{4y}$ ist $3 \cdot 4 \cdot xy$.

Addition der Brüche:

$$\frac{a-b}{2x} + \frac{a}{x} + \frac{b}{3y} + \frac{a+b}{4y} = \frac{(a-b)\cdot 6y}{2x \cdot 6y} + \frac{a \cdot 12y}{x \cdot 12y} + \frac{b \cdot 4x}{3y \cdot 4x} + \frac{(a+b)\cdot 3x}{4y \cdot 3x}$$

$$= \frac{(a-b)\cdot 6y + a \cdot 12y + b \cdot 4x + (a+b)\cdot 3x}{12xy}$$

$$= \frac{3ax + 18ay + 7bx - 6by}{12xy}$$

Fehlerwarnungen:

1. $\frac{a}{c} + \frac{b}{c} = \frac{a+b}{c}$ darf nicht verwechselt werden mit $\frac{a}{b} + \frac{a}{c} \neq \frac{a}{b+c}$, wie man zum Beispiel durch Einsetzen von $a = 1, b = 2, c = 3$ sofort bestätigt. Richtig ist

$$\frac{a}{b} + \frac{a}{c} = \frac{a \cdot c}{b \cdot c} + \frac{a \cdot b}{c \cdot b} = \frac{ac + ab}{bc} = \frac{a(b+c)}{bc}.$$

2. $\frac{a}{b} + \frac{c}{d} \neq \frac{a+c}{b+d}$, wie man zum Beispiel durch Einsetzen von $a = 1, b = 2, c = 3$, $d = 4$ bestätigt. Die Verwechslung mit $\frac{a}{b} \cdot \frac{c}{d} = \frac{a \cdot c}{b \cdot d}$ ist naheliegend.

1.6.5 Multiplizieren von Brüchen

Brüche werden miteinander multipliziert, indem man Zähler mit Zähler und Nenner mit Nenner multipliziert. Vor dem Multiplizieren sollte man kürzen.

$$\frac{a}{b} \cdot \frac{c}{d} = \frac{a \cdot c}{b \cdot d} = \frac{ac}{bd}$$

Sonderfall: Ein Bruch wird mit einer Zahl multipliziert, indem man den Zähler mit der Zahl multipliziert.

$$\frac{a}{b} \cdot c = \frac{a \cdot c}{b} = \frac{ac}{b}$$

▶ **Beispiele:**

1. $\frac{2}{3} \cdot \frac{4}{5} = \frac{2 \cdot 4}{3 \cdot 5} = \frac{8}{15}$

2. $1\frac{3}{4} \cdot 2\frac{2}{5} = \frac{7 \cdot 12}{4 \cdot 5} = \frac{7 \cdot 3}{1 \cdot 5} = \frac{21}{5}$

3. $\dfrac{a^2 - 1}{2b} \cdot \dfrac{12b}{ac - c} = \dfrac{(a + 1)(a - 1) \cdot 12b}{2b \cdot c(a - 1)} = \dfrac{6(a + 1)}{c}$

4. $\dfrac{15uv}{8w^2} \cdot 12w^3 = \dfrac{15uv}{8w^2} \cdot \dfrac{12w^3}{1} = \dfrac{15 \cdot 12 \cdot uvw^3}{8w^2} = \dfrac{45}{2} uvw$

Fehlerwarnung: $1\dfrac{3}{4} \cdot 2\dfrac{2}{5} \neq 1 \cdot 2 + \dfrac{3}{4} \cdot \dfrac{2}{5}$; richtig siehe Beispiel 2.

1.6.6   Dividieren von Brüchen

Man dividiert durch einen Bruch, indem man mit seinem Kehrwert multipliziert.

$$\frac{a}{b} : \frac{c}{d} = \frac{a}{b} \cdot \frac{d}{c} = \frac{ad}{bc}$$

Sonderfall: Ein Bruch wird durch eine Zahl dividiert, indem man den Zähler durch die Zahl dividiert oder den Nenner mit der Zahl multipliziert.

$$\frac{a}{b} : c = \frac{a}{b \cdot c} = \frac{a}{bc}$$

▶   **Beispiele:**

1. $\dfrac{2}{3} : \dfrac{4}{5} = \dfrac{2 \cdot 5}{3 \cdot 4} = \dfrac{5}{6}$

2. $\dfrac{22ax^2y^2}{27brs^2} : \dfrac{66x^2y}{18r^2s} = \dfrac{22 \cdot 18 \cdot ax^2y^2r^2s}{27 \cdot 66 \cdot bx^2yrs^2} = \dfrac{1 \cdot 2 \cdot ayr}{3 \cdot 3 \cdot bs} = \dfrac{2ary}{9bs}$

3. $8\dfrac{3}{4} : 7 = \dfrac{35}{4 \cdot 7} = \dfrac{5}{4}$

4. $\dfrac{35a^2}{43b^2} : 14a = \dfrac{35a^2}{43b^2} : \dfrac{14a}{1} = \dfrac{35a^2 \cdot 1}{43b^2 \cdot 14a} = \dfrac{5a}{86b^2}$

1.7 Potenz- und Wurzelrechnung

1.7.1 Definition der Potenz

Eine Zahl der Form a^x (gesprochen: a hoch x) heißt Potenz. Dabei ist a die Basis oder die Grundzahl und x der Exponent oder die Hochzahl der Potenz.

$$
\begin{aligned}
&a^x && \text{Potenz} \\
&a && \text{Basis (Grundzahl)} \\
&x && \text{Exponent (Hochzahl)}
\end{aligned}
$$

Ist die Basis a eine beliebige reelle Zahl und der Exponent x eine natürliche Zahl, dann steht a^x für die Vorschrift, die Basis a insgesamt x-mal mit sich selbst zu multiplizieren.

$$
a^x = a \cdot a \cdot a \cdot \ldots \cdot a \quad (x \text{ Faktoren}, \; x \in \mathbb{N})
$$

Man spricht vom Potenzieren für diese algebraische Operation.

Ist der Exponent x eine natürliche Zahl n, dann kann die Basis a eine beliebige reelle Zahl sein. Man nennt a^n dann n-te Potenz von a.

Ist der Exponent x eine beliebige reelle Zahl, dann ist die Potenz nur für positive Basen a definiert ($a \in \mathbb{R}^+$). Dabei sind Potenzen mit irrationalen Exponenten mit Hilfe eines Grenzübergangs erklärt (vgl. Abschn. 8.3).

$$
a^{\frac{p}{q}} = c \iff a^p = c^q
$$

Für negative Exponenten gilt

$$
a^{-m} = \frac{1}{a^m}
$$

Für die Exponenten 1 und 0 gilt

$$a^1 = a; \quad a^0 = 1 \quad (a \neq 0)$$

Eine spezielle Potenz für $k \in \mathbb{Z}$ ist

$$(-1)^k = \begin{cases} +1 & \text{falls } k \text{ gerade} \\ -1 & \text{falls } k \text{ ungerade} \end{cases}$$

▶ **Beispiele:**

1. $2^{\frac{3}{2}} = 2{,}8284\ldots$ Potenz mit Basis 2 und Exponent $\frac{3}{2} = 1{,}5$
2. $3^5 = 3 \cdot 3 \cdot 3 \cdot 3 \cdot 3 = 243$
3. $(-4)^3 = (-4) \cdot (-4) \cdot (-4) = -64$
4. $3^{-5} = \dfrac{1}{3^5} = \dfrac{1}{243}$
5. $6^0 = 1$
6. $\left(-\dfrac{1}{6}\right)^0 = 1$
7. $8^{\frac{4}{3}} = c \iff 8^4 = c^3 \iff c = 16$
8. $8^{-\frac{4}{3}} = c \iff 8^{-4} = c^3 \iff c = \frac{1}{16}$
9. $4^1 = 4, \ (-12)^1 = -12$
10. $(-1)^5 = -1, \ (-1)^4 = 1, \ (-1)^0 = 1, \ (-1)^{-11} = -1$

1.7.2 Regeln der Potenzrechnung

1. *Potenzrechnung vor Punktrechnung*

$$ba^n = b \cdot (a^n)$$

Soll erst Punktrechnung erfolgen, dann muss ein Klammerpaar gesetzt werden.

▶ **Beispiele:** $5 \cdot 3^4 = 5 \cdot 3 \cdot 3 \cdot 3 \cdot 3 = 5 \cdot (3^4); \quad (5 \cdot 3)^4 = 5 \cdot 3 \cdot 5 \cdot 3 \cdot 5 \cdot 3 \cdot 5 \cdot 3 = 15^4$

Fehlerwarnungen: $ba^n \neq (ba)^n$ für $a, b \neq 0, \ b, n \neq 1$.

2. *Addieren und Subtrahieren*
   Potenzen kann man nur addieren oder subtrahieren, wenn sie in Basis *und* Exponent
   übereinstimmen.

$$pa^n + qa^n = (p+q)a^n$$

▶ **Beispiel:** $2 \cdot 3^4 + 5 \cdot 3^4 = (2+5) \cdot 3^4 = 7 \cdot 3^4$

Fehlerwarnungen: $2^4 + 3^4 \neq 5^4$, $3^2 + 3^4 \neq 3^6$

3. *Multiplizieren und Dividieren bei gleicher Basis*
   Potenzen mit gleicher Basis werden multipliziert, indem man die Exponenten addiert
   (genauer: indem man die gemeinsame Basis mit der Summe der Exponenten potenziert).

$$a^n \cdot a^m = a^{n+m}$$

Potenzen mit gleicher Basis werden dividiert, indem man die Exponenten subtrahiert
(genauer: indem man die gemeinsame Basis mit der Differenz der Exponenten potenziert).

$$\frac{a^n}{a^m} = a^{n-m}$$

Der Wert einer Potenz bleibt erhalten, wenn man gleichzeitig die Basis durch ihren
Kehrwert und das Vorzeichen des Exponenten durch das entgegengesetzte ersetzt.

$$\left(\frac{a}{b}\right)^{-n} = \left(\frac{b}{a}\right)^{n}$$

Fehlerwarnungen: $3^6 \cdot 3^4 \neq 3^{6\cdot4} = 3^{24}$, $3^{12} : 3^4 \neq 3^{12:4} = 3^3$, $a^{-2} \neq -a^2$

▶ **Beispiele:**

1. $3^6 \cdot 3^4 = 3 \cdot 3 \cdot 3 \cdot 3 \cdot 3 \cdot 3 \cdot 3 \cdot 3 \cdot 3 \cdot 3 = 3^{10} = 3^{6+4}$

2. $\dfrac{3^6}{3^4} = \dfrac{3 \cdot 3 \cdot 3 \cdot 3 \cdot 3 \cdot 3}{3 \cdot 3 \cdot 3 \cdot 3} = 3 \cdot 3 = 3^2 = 3^{6-4}$

3. $3^5 : 3^4 = 3^{5-4} = 3^1 = 3$

4. $3^4 : 3^4 = 3^{4-4} = 3^0 = 1$

5. $\left(\dfrac{3}{2}\right)^4 : \left(\dfrac{3}{2}\right)^6 = \left(\dfrac{3}{2}\right)^{4-6} = \left(\dfrac{3}{2}\right)^{-2} = \left(\dfrac{2}{3}\right)^2$

4. *Multiplizieren und Dividieren bei gleichem Exponenten*

Potenzen mit gleichem Exponenten werden multipliziert, indem man die Basen multipliziert (genauer: indem man das Produkt der Basen mit dem gemeinsamen Exponenten potenziert).

$$a^n \cdot b^n = (a \cdot b)^n$$

Fehlerwarnung: $a^n \cdot b^n \neq (ab)^{2n}$ (außer in Sonderfällen wie $n = 0$), zum Beispiel: $2^3 \cdot 5^3 \neq 10^6$

Potenzen mit gleichem Exponenten werden dividiert, indem man die Basen dividiert (genauer: indem man den Quotienten der Basen mit dem gemeinsamen Exponenten potenziert).

$$\frac{a^n}{b^n} = \left(\frac{a}{b}\right)^n$$

Fehlerwarnung: $\dfrac{a^n}{b^n} \neq \dfrac{a}{b}$ (außer in Sonderfällen) im Gegensatz zu $\dfrac{a \cdot n}{b \cdot n} = \dfrac{a}{b}$

Umkehrungen

Ein Produkt wird potenziert, indem man die einzelnen Faktoren potenziert (genauer: indem man die Potenzen der einzelnen Faktoren miteinander multipliziert).

$$(a \cdot b)^n = a^n \cdot b^n$$

Ein Bruch wird potenziert, indem man Zähler und Nenner einzeln potenziert (genauer: indem man die Potenzen von Zähler und Nenner durcheinander dividiert).

$$\left(\frac{a}{b}\right)^n = \frac{a^n}{b^n}$$

Fehlerwarnung: Die Berechnung von $(a + b)^n$ darf nicht verwechselt werden mit der von $(a \cdot b)^n$. Es gilt $(a \cdot b)^n = a^n \cdot b^n$, aber $(a + b)^n \neq a^n + b^n$ (außer in Sonderfällen).

▶ **Beispiele:**

1. $2^4 \cdot 5^4 = 2 \cdot 2 \cdot 2 \cdot 2 \cdot 5 \cdot 5 \cdot 5 \cdot 5 = (2 \cdot 5) \cdot (2 \cdot 5) \cdot (2 \cdot 5) \cdot (2 \cdot 5) = (2 \cdot 5)^4 = 10^4 = 10\,000$

2. $\dfrac{3^4}{5^4} = \left(\dfrac{3}{5}\right)^4 = 0{,}6^4 = 0{,}1296$

3. $30^5 = (3 \cdot 10)^5 = 3^5 \cdot 10^5 = 243 \cdot 100\,000 = 24\,300\,000 = 2{,}43 \cdot 10^7$

4. $0{,}3^5 = \left(\dfrac{3}{10}\right)^5 = \dfrac{3^5}{10^5} = \dfrac{243}{100\,000} = 0{,}00243 = 2{,}43 \cdot 10^{-3}$

5. *Potenzieren einer Potenz*
Eine Potenz wird potenziert, indem man die Exponenten multipliziert (genauer: indem man die Basis mit dem Produkt der Exponenten potenziert).

$$(a^n)^m = a^{n \cdot m}$$

Bei der Potenz einer Potenz kann man die Exponenten miteinander vertauschen.

$$(a^n)^m = (a^m)^n$$

Fehlerwarnung: $(2^3)^4 \neq 2^7$

▶ **Beispiele:**

1. $(2^3)^4 = (2 \cdot 2 \cdot 2) \cdot (2 \cdot 2 \cdot 2) \cdot (2 \cdot 2 \cdot 2) \cdot (2 \cdot 2 \cdot 2) = 2^{3 \cdot 4} = 2^{12}$
2. $(3^4)^2 = 81^2 = 6561 = 9^4 = (3^2)^4$

▶ **Beispiele zur gestamen Potenzrechnung:**

1. $ar^p + bs^p - cr^p + ds^p = (a - c)r^p + (b + d)s^p$

2. $x^{3m-1} x^{m+1} = x^{3m-1+m+1} = x^{4m}$

3. $\dfrac{8^2 \cdot 5^2}{8^2 + 6^2} = \dfrac{(4 \cdot 2)^2 \cdot 5^2}{64 + 36} = \dfrac{4^2 \cdot (2 \cdot 5)^2}{100} = 4^2 = 16$

4. $\dfrac{5a^{x+y}b^{3u+v}}{7c^2} : \dfrac{5c^4}{28a^{y-x}b^{v-2u}} = \dfrac{5 \cdot 28 \cdot a^{x+y}a^{y-x}b^{3u+v}b^{v-2u}}{7 \cdot 5 \cdot c^2c^4} = \dfrac{4a^{2y}b^{u+2v}}{c^6}$

   $(c \neq 0)$

5. $(-u^2)^3 = (-1)^3 u^{2\cdot3} = -u^6, (-u^3)^2 = (-1)^2 u^{3\cdot2} = u^6,$

   $((-u)^2)^3 = ((-1)^2 u^2)^3 = (u^2)^3 = u^{2\cdot3} = u^6$

6. $\left(\dfrac{5a^{-1}}{-2^2b^{-3}}\right)^{-4} = \begin{cases} \left(-\dfrac{5b^3}{2^2a}\right)^{-4} = \left(-\dfrac{4a}{5b^3}\right)^4 = \dfrac{256a^4}{625b^{12}} \\[4mm] \dfrac{5^{-4}a^4}{(-1)^{-4}2^{-8}b^{12}} = \dfrac{2^8a^4}{5^4b^{12}} = \dfrac{256a^4}{625b^{12}} \end{cases}$ $(a, b \neq 0)$

7. $\left(\dfrac{2}{3}x^{-1} - 3x\right)\left(3x^{-1} - \dfrac{2}{3}x\right) = 2x^{-2} - \dfrac{4}{9} - 9 + 2x^2 = \dfrac{2}{x^2} - 9\dfrac{4}{9} + 2x^2$ $(x \neq 0)$

1.7.3   Definition der Wurzel

Eine Zahl der Form $\sqrt[n]{a} = a^{\frac{1}{n}}$ (gesprochen: n-te Wurzel aus a) heißt Wurzel. Dabei heißt a Radikand der Wurzel und ist eine reelle Zahl größer als 0, und n heißt Wurzelexponent und ist eine natürliche Zahl größer als 1.

$\sqrt[n]{a}$	Wurzel
$a > 0$	Radikand
$n > 1$	Wurzelexponent

Die Wurzel $\sqrt[n]{a}$ ist definiert als die eindeutig bestimmte Zahl $x \geq 0$ mit $x^n = a$. Die n-te Wurzel aus $a \geq 0$ ist also die nichtnegative reelle Zahl, deren n-te Potenz gleich a ist.

$$\sqrt[n]{a} = x \iff x^n = a$$

Man spricht vom Radizieren oder Wurzelziehen für diese algebraische Operation.

Ist der Wurzelexponent gleich 2, so heißt $\sqrt[2]{a} = \sqrt{a}$ (der Wurzelexponent 2 braucht nicht geschrieben zu werden) Quadratwurzel (oder einfach Wurzel) aus a; $\sqrt[3]{a}$ heißt Kubikwurzel aus a.

Bemerkungen:

1. Nach der Definition der Wurzel ist die Wurzel aus einer positiven Zahl wieder eine positive Zahl: $\sqrt{a^2} = |a|$ für jede reelle Zahl a (zum Absolutbetrag $|a|$ einer Zahl a vgl. Abschn. 1.11.2). Es gilt daher zum Beispiel nur $\sqrt{4} = 2$, nicht auch $\sqrt{4} = -2$. Dagegen hat die Gleichung $x^2 = 4$ die Lösungen $x_1 = +\sqrt{4} = +2$ und $x_2 = -\sqrt{4} = -2$.

2. Für ungerade n (zum Beispiel $n = 3$) kann die n-te Wurzel auch für negative Zahlen a eindeutig definiert werden, denn die n-te Potenz einer negativen Zahl ist selbst negativ. Zum Beispiel gilt $\sqrt[3]{-27} = -3$.

3. Wegen $\sqrt[n]{a} = a^{\frac{1}{n}}$ ergeben sich die Regeln der Wurzelrechnung aus den entsprechenden Regeln der Potenzrechnung.

Wegen der besonderen Bedeutung werden die übertragbaren Regeln hier in Wurzelschreibweise wiederholt.

1.7.4 Regeln der Wurzelrechnung

1. *Addieren und Subtrahieren*
Wurzeln kann man nur addieren oder subtrahieren, wenn sie in Radikand *und* Wurzelexponent übereinstimmen.

$$p \sqrt[n]{a} + q \sqrt[n]{a} = (p + q) \sqrt[n]{a}$$

▶ **Beispiel:** $2 \cdot \sqrt[4]{3} + 5 \cdot \sqrt[4]{3} = (2 + 5) \cdot \sqrt[4]{3} = 7 \cdot \sqrt[4]{3}$

Fehlerwarnungen: $\sqrt[4]{2} + \sqrt[4]{3} \neq \sqrt[4]{5}$, $\sqrt[3]{2} + \sqrt[4]{2} \neq \sqrt[7]{2}$ (beides lässt sich nicht zusammenfassen)

2. *Multiplizieren und Dividieren bei gleichem Radikanden*
Wurzeln mit gleichem Radikanden und den Wurzelexponenten n, m werden multipliziert, indem man aus dem in die $(m + n)$-te Potenz erhobenen Radikanden die nm-te Wurzel zieht (denn $\sqrt[n]{a} \cdot \sqrt[m]{a} = a^{\frac{1}{n}} \cdot a^{\frac{1}{m}} = a^{\frac{1}{n} + \frac{1}{m}} = a^{\frac{m+n}{n \cdot m}} = \sqrt[n \cdot m]{a^{m+n}}$).

$$\sqrt[n]{a} \cdot \sqrt[m]{a} = \sqrt[n \cdot m]{a^{m+n}}$$

▶ **Beispiel:** $\sqrt[3]{4096} \cdot \sqrt[4]{4096} = \begin{cases} 16 \cdot 8 = 128 \\ \sqrt[12]{4096^7} = 2^7 = 128 \end{cases}$

Fehlerwarnung: $\sqrt[3]{a} \cdot \sqrt[4]{a} \neq \sqrt[12]{a}$, $\sqrt[3]{a} \cdot \sqrt[4]{a} \neq \sqrt[12]{a^2}$, $\sqrt[3]{a} \cdot \sqrt[4]{a} \neq \sqrt[7]{a}$
(richtig: $\sqrt[3]{a} \cdot \sqrt[4]{a} = \sqrt[3 \cdot 4]{a^{4+3}} = \sqrt[12]{a^7}$)

Wurzeln mit gleichem Radikanden und den Wurzelexponenten n und m werden dividiert, indem man aus dem in die $(m - n)$-te Potenz erhobenen Radikanden die nm-te Wurzel zieht (denn $\frac{\sqrt[n]{a}}{\sqrt[m]{a}} = \frac{a^{\frac{1}{n}}}{a^{\frac{1}{m}}} = a^{\frac{1}{n} - \frac{1}{m}} = a^{\frac{m-n}{n \cdot m}} = \sqrt[n \cdot m]{a^{m-n}}$).

$$\frac{\sqrt[n]{a}}{\sqrt[m]{a}} = \sqrt[n \cdot m]{a^{m-n}}$$

▶ **Beispiel:** $\dfrac{\sqrt[3]{4096}}{\sqrt[4]{4096}} = \begin{cases} 16 : 8 = 2 \\ \sqrt[3 \cdot 4]{4096^{4-3}} = \sqrt[12]{4096} = \sqrt[12]{2^{12}} = 2 \end{cases}$

3. *Multiplizieren und Dividieren bei gleichem Wurzelexponenten*
   Wurzeln mit gleichem Wurzelexponenten werden multipliziert, indem man die Radikanden multipliziert (genauer: indem man die Wurzel aus dem Produkt der Radikanden zieht) (denn $\sqrt[n]{a} \cdot \sqrt[n]{b} = a^{\frac{1}{n}} \cdot b^{\frac{1}{n}} = (ab)^{\frac{1}{n}} = \sqrt[n]{ab}$).

$$\sqrt[n]{a} \cdot \sqrt[n]{b} = \sqrt[n]{ab}$$

▶ **Beispiel:** $\sqrt[3]{8} \cdot \sqrt[3]{27} = \begin{cases} 2 \cdot 3 = 6 \\ \sqrt[3]{8 \cdot 27} = \sqrt[3]{216} = 6 \end{cases}$

Fehlerwarnung: $\sqrt[n]{a} + \sqrt[n]{b} \neq \sqrt[n]{a + b}$ (außer in Sonderfällen); der gegebene Ausdruck lässt sich nicht vereinfachen

Wurzeln mit gleichem Wurzelexponenten werden dividiert, indem man die Radikanden dividiert (genauer: indem man die Wurzel aus dem Quotienten der Radikanden zieht) (denn $\frac{\sqrt[n]{a}}{\sqrt[n]{b}} = \frac{a^{\frac{1}{n}}}{b^{\frac{1}{n}}} = (\frac{a}{b})^{\frac{1}{n}} = \sqrt[n]{\frac{a}{b}}$).

$$\frac{\sqrt[n]{a}}{\sqrt[n]{b}} = \sqrt[n]{\frac{a}{b}}$$

▶ **Beispiel:** $\sqrt[3]{8} : \sqrt[3]{27} = \begin{cases} 2 : 3 = \dfrac{2}{3} \\ \sqrt[3]{\dfrac{8}{27}} = \dfrac{2}{3} \end{cases}$

Umkehrungen

Man zieht die Wurzel aus einem Produkt, indem man die Wurzel aus den einzelnen Faktoren zieht (genauer: indem man die Wurzeln aus den einzelnen Faktoren miteinander multipliziert).

$$\sqrt[n]{ab} = \sqrt[n]{a} \cdot \sqrt[n]{b}$$

▶ **Beispiel:** $\sqrt{36} = \begin{cases} 6 \\ \sqrt{4} \cdot \sqrt{9} = 2 \cdot 3 = 6 \end{cases}$

Fehlerwarnung: $\sqrt[n]{a + b} \neq \sqrt[n]{a} + \sqrt[n]{b}$ (außer in Sonderfällen)

Man zieht die Wurzel aus einem Bruch, indem man sie aus Zähler und Nenner einzeln zieht (genauer: indem man die Wurzeln aus Zähler und Nenner durcheinander dividiert).

$$\sqrt[n]{\frac{a}{b}} = \frac{\sqrt[n]{a}}{\sqrt[n]{b}}$$

Spezialfall

$$\sqrt[n]{\frac{1}{a}} = \frac{1}{\sqrt[n]{a}}$$

▶ **Beispiele:**

1. $\sqrt[3]{\dfrac{8}{27}} = \sqrt[3]{8} : \sqrt[3]{27} = 2 : 3 = \dfrac{2}{3}$

2. $\sqrt[4]{\dfrac{1}{625}} = \dfrac{1}{\sqrt[4]{625}} = \dfrac{1}{5}$

4. *Radizieren und Potenzieren einer Wurzel*

   Man zieht die Wurzel aus einer Wurzel, indem man die Wurzelexponenten multipliziert (genauer: indem man aus dem Radikanden die Wurzel mit dem aus dem Produkt beider Wurzelexponenten gebildeten neuen Wurzelexponenten zieht) (denn $\sqrt[n]{\sqrt[m]{a}} = (a^{\frac{1}{m}})^{\frac{1}{n}} = a^{\frac{1}{mn}} = \sqrt[m \cdot n]{a}$).

$$\sqrt[n]{\sqrt[m]{a}} = \sqrt[m \cdot n]{a}$$

▶ **Beispiele:** $\sqrt[4]{\sqrt[3]{4096}} = \begin{cases} \sqrt[4]{16} = 2 \\ \sqrt[12]{4096} = 2 \end{cases}$

Fehlerwarnung: $\sqrt[3]{\sqrt[5]{7}} \neq \sqrt[8]{7}$ (richtig: $\sqrt[3]{\sqrt[5]{7}} = \sqrt[15]{7}$)

Bei der Wurzel aus einer Wurzel kann man die Wurzelexponenten miteinander vertauschen (denn $\sqrt[n]{\sqrt[m]{a}} = a^{\frac{1}{mn}} = a^{\frac{1}{nm}} = \sqrt[m]{\sqrt[n]{a}}$).

$$\sqrt[n]{\sqrt[m]{a}} = \sqrt[m]{\sqrt[n]{a}}$$

▶ **Beispiele:**

1. $\sqrt[4]{\sqrt[3]{4096}} = \begin{cases} \sqrt[4]{16} = 2 \\ \sqrt[3]{\sqrt[4]{4096}} = \sqrt[3]{8} = 2 \end{cases}$

2. $\sqrt[3]{\sqrt[4]{27}} = \sqrt[4]{\sqrt[3]{27}} = \sqrt[4]{3}$

Eine Wurzel wird potenziert, indem man den Radikanden potenziert (genauer: indem man die Wurzel aus der Potenz des Radikanden zieht) (denn $(a^{\frac{1}{n}})^m = a^{\frac{m}{n}} = (a^m)^{\frac{1}{n}}$).

$$(\sqrt[n]{a})^m = \sqrt[n]{a^m}$$

▶ **Beispiele:**

1. $(\sqrt[3]{8})^4 = \begin{cases} 2^4 = 16 \\ \sqrt[3]{8^4} = \sqrt[3]{4096} = 16 \end{cases}$

2. $(\sqrt[4]{4})^2 = \sqrt[4]{16} = 2$

Umkehrung

Man zieht die Wurzel aus einer Potenz, indem man die Wurzel aus der Basis in die entsprechende Potenz erhebt.

$$\sqrt[n]{a^m} = (\sqrt[n]{a})^m$$

▶ **Beispiel:** $\sqrt{4^3} = \begin{cases} \sqrt{64} = 8 \\ (\sqrt{4})^3 = 2^3 = 8 \end{cases}$

Spezialfall

$$(\sqrt[n]{a})^n = \sqrt[n]{a^n} = a$$

▶ **Beispiel:** $(\sqrt[5]{3})^5 = \sqrt[5]{3^5} = 3$

Exponenten und Wurzelexponenten kann man gegeneinander kürzen.

$$\sqrt[np]{a^{nq}} = (\sqrt[np]{a})^{nq} = \sqrt[p]{a^q} = (\sqrt[p]{a})^q$$

▶ **Beispiel:** $\sqrt[12]{2^8} = \sqrt[3]{2^2} = \sqrt[3]{4}$

5. *Rationalmachen des Nenners*

Zum Rationalmachen des Nenners eines Bruches erweitert man den Bruch so, dass die Wurzel im Nenner wegfällt.

$$\frac{a}{\sqrt{b}} = \frac{a\sqrt{b}}{b}$$

▶ **Beispiele:**

1. $\dfrac{a^2}{\sqrt{a}} = \dfrac{a^2 \cdot \sqrt{a}}{\sqrt{a} \cdot \sqrt{a}} = \dfrac{a^2 \cdot \sqrt{a}}{a} = a\sqrt{a}$

2. $\dfrac{a}{\sqrt[3]{a}} = \dfrac{a \cdot \sqrt[3]{a^2}}{\sqrt[3]{a} \cdot \sqrt[3]{a^2}} = \dfrac{a \cdot \sqrt[3]{a^2}}{a} = \sqrt[3]{a^2}$

3. $\dfrac{x + \sqrt{y}}{x - \sqrt{y}} = \dfrac{(x + \sqrt{y})(x + \sqrt{y})}{(x - \sqrt{y})(x + \sqrt{y})} = \dfrac{(x + \sqrt{y})^2}{x^2 - y} = \dfrac{x^2 + 2x\sqrt{y} + y}{x^2 - y}$

► **Beispiele zur gesamten Wurzelrechnung:**

1. $(\sqrt[3]{6})^3 = 6$

2. $(\sqrt[4]{4})^2 = \sqrt[4]{4^2} = 4^{\frac{2}{4}} = 4^{\frac{1}{2}} = \sqrt{4} = 2$

3. $\dfrac{\sqrt[3]{24}}{\sqrt[3]{3}} = \sqrt[3]{\dfrac{24}{3}} = \sqrt[3]{8} = \sqrt[3]{2^3} = 2$

4. $\sqrt[4]{\dfrac{1}{256}} = \dfrac{1}{\sqrt[4]{256}} = \dfrac{1}{\sqrt[4]{4^4}} = \dfrac{1}{4}$

5. $\sqrt[2]{\sqrt[3]{64}} = \sqrt[2\cdot3]{64} = \sqrt[6]{64} = 2$

6. $\sqrt[3]{2} \cdot \sqrt[5]{2} = \sqrt[15]{2^{3+5}} = \sqrt[15]{2^8}$

7. $(\sqrt{0{,}5})^{-2} = (0{,}5)^{\frac{1}{2}(-2)} = (0{,}5)^{-1} = \dfrac{1}{0{,}5} = 2$ oder

   $(\sqrt{0{,}5})^{-2} = \dfrac{1}{(\sqrt{0{,}5})^2} = \dfrac{1}{0,5} = 2$

8. $(-2^{\frac{3}{4}})^2 = +2^{\frac{3}{2}} = \sqrt{2^3} = \sqrt{2^2 \cdot 2} = 2\sqrt{2}$

9. $(\sqrt{18} + \sqrt{2})^2 - (\sqrt{18} - \sqrt{2})^2 = 18 + 2\sqrt{36} + 2 - (18 - 2\sqrt{36} + 2)$
   $= 4\sqrt{36} = 4 \cdot 6 = 24$

10. $(\sqrt{5} + \sqrt{3})^3 = 5\sqrt{5} + 15\sqrt{3} + 9\sqrt{5} + 3\sqrt{3} = 14\sqrt{5} + 18\sqrt{3}$

11. $(3\sqrt{2} - 2\sqrt[3]{3})(7\sqrt[3]{2} + 5\sqrt{3}) = 21\sqrt[6]{2^5} + 15\sqrt{6} - 14\sqrt[3]{6} - 10\sqrt[6]{3^5}$

12. $\dfrac{a}{a + \sqrt{a}} = \dfrac{a(a - \sqrt{a})}{(a + \sqrt{a})(a - \sqrt{a})} = \dfrac{a(a - \sqrt{a})}{a^2 - a} = \dfrac{a(a - \sqrt{a})}{a(a - 1)} = \dfrac{a - \sqrt{a}}{a - 1}$

13. $\dfrac{x}{\sqrt[3]{xy^2}} = \dfrac{x \cdot \sqrt[3]{x^2y}}{\sqrt[3]{xy^2}\sqrt[3]{x^2y}} = \dfrac{x \cdot \sqrt[3]{x^2y}}{xy} = \dfrac{1}{y}\sqrt[3]{x^2y}$

14. $\dfrac{a - 2}{\sqrt{a^2 - 4}} = \dfrac{(a - 2)\sqrt{a^2 - 4}}{\sqrt{a^2 - 4}\sqrt{a^2 - 4}} = \dfrac{(a - 2)\sqrt{a^2 - 4}}{a^2 - 4} = \dfrac{(a - 2)\sqrt{a^2 - 4}}{(a - 2)(a + 2)} = \dfrac{\sqrt{a^2 - 4}}{a + 2}$

15. $\sqrt[4]{\sqrt[5]{1024}} = \sqrt[20]{2^{10}} = 2^{\frac{10}{20}} = 2^{\frac{1}{2}} = \sqrt{2}$

16. $\sqrt{9\sqrt[3]{\dfrac{1}{18}}} = \sqrt[6]{\dfrac{9^3}{18}} = \sqrt[6]{\dfrac{3^6}{18}} = \begin{cases} \dfrac{3}{\sqrt[6]{18}} \\[2mm] \sqrt[6]{\dfrac{3^4}{2}} = \dfrac{1}{2}\sqrt[6]{2^5 \cdot 3^4} \end{cases}$

1.8   Dezimalzahlen und Dualzahlen

Es gibt verschiedene Möglichkeiten zur Darstellung von Zahlen. Die einzelnen Zeichen zur Darstellung von Zahlen sind die Zahlzeichen oder Ziffern. Grundsätzlich unterscheidet man zwischen sogenannten Positions- oder Stellenwertsystemen und Additionssystemen. Bei einem Positionssystem ist der Wert einer Ziffer abhängig von der Position dieser Ziffer innerhalb der Zahl. Bei Additionssystemen wird der Wert aller Zahlzeichen einfach addiert, um den Wert der Zahl festzulegen.

Ein Beispiel für ein Positionssystem ist unser Dezimalsystem, ein Beispiel für ein Additionssystem ist das römische Zahlensystem.

1.8.1   Dezimalsystem

Die heute übliche Schreibweise der Zahlen ist die Dezimalschreibweise, das heißt, es gibt 10 verschiedene Ziffern (0, 1, 2, ..., 9) zur Darstellung der Zahlen. Jede Ziffer hat den zehnfachen Stellenwert der ihr rechts folgenden Ziffer. Im Dezimalsystem dargestellte Zahlen nennt man Dezimalzahlen.

▶   **Beispiel:**

$$3607 = 3 \cdot 10^3 + 6 \cdot 10^2 + 0 \cdot 10^1 + 7 \cdot 10^0 = 3000 + 600 + 0 + 7$$

Der Wert einer Ziffer innerhalb der Zahl ergibt sich also folgendermaßen: Die Einerstelle bleibt unverändert (Multiplikation mit $10^0 = 1$), die Zehnerstelle wird mit $10^1 = 10$, die Hunderterstelle wird mit $10^2 = 100$, die Tausenderstelle wird mit $10^3 = 1000$, ..., die n-te Stelle wird mit 10^{n-1} multipliziert.

Das Dezimalsystem (auch Zehnersystem genannt) ist also ein Positionssystem zur Basis 10. Eine solche Schreibweise wurde erst möglich nach Einführung der Null (für „nichts").

Unser Zahlensystem wurde im ersten Jahrtausend nach der Zeitenwende in Indien entwickelt. Es gelangte über den arabischen Raum zunächst nach Spanien und dann nach Mitteleuropa, wo noch bis zum 16. Jahrhundert mit dem römischen Zahlensystem gerechnet wurde. Wegen dieses Ursprungs nennt man unsere Ziffern auch indisch-arabische Ziffern.

Im Dezimalsystem lassen sich auch rationale und reelle Zahlen darstellen. Die Darstellung einer reellen (rationalen oder irrationalen) Zahl als Dezimalzahl nennt man auch Dezimalbruch (vgl. auch Abschn. 1.3)

► **Beispiel:**

$$486,2545 = 4 \cdot 10^2 + 8 \cdot 10^1 + 6 \cdot 10^0 + 2 \cdot 10^{-1} + 5 \cdot 10^{-2} + 4 \cdot 10^{-3} + 5 \cdot 10^{-4}$$
$$= 400 + 80 + 6 + 0,2 + 0,05 + 0,004 + 0,0005$$

Der Wert einer Ziffer innerhalb der Zahl ergibt sich dadurch, dass die n-te Stelle vor dem Komma mit 10^{n-1} und die m-te Stelle nach dem Komma mit 10^{-m} multipliziert wird.

Ist $a = a_n a_{n-1} \ldots a_2 a_1 a_0, a_{-1} a_{-2} \ldots a_{-m}$ eine Zahl mit den Ziffern $a_n, a_{n-1}, \ldots, a_2,$ a_1, a_0 vor dem Komma und den Ziffern $a_{-1}, a_{-2}, \ldots, a_{-m}$ nach dem Komma, dann gilt also

$$a = \sum_{i=-m}^{n} a_i 10^i \qquad (*)$$

Die Stellen mit $i \geq 0$ bilden den ganzen Teil, die mit $i < 0$ den gebrochenen Teil der Zahl.

Für andere Zahlensysteme, nämlich Positionssysteme zur Basis B, gilt $(*)$ ganz analog, wenn man 10 durch die entsprechende Basis B ersetzt (zum Beispiel $B = 2$ für das Dualsystem).

1.8.2 Dualsystem

Das Dualsystem ist ein System zur Darstellung der Zahlen, in dem es nur zwei Ziffern (0 und 1) gibt. Das Dualsystem wird deshalb manchmal auch Binärsystem oder Zweiersystem genannt. Es ist ein Positionssystem zur Basis 2. Der Wert einer Ziffer ist also abhängig von der Position innerhalb der Zahl. Jede Ziffer hat den doppelten Stellenwert der ihr rechts folgenden Ziffer. Im Dualsystem dargestellte Zahlen nennt man Dualzahlen.

► **Beispiel:**

Der Dualzahl 1 001 101 entspricht die Dezimalzahl
$$1 \cdot 2^6 + 0 \cdot 2^5 + 0 \cdot 2^4 + 1 \cdot 2^3 + 1 \cdot 2^2 + 0 \cdot 2^1 + 1 \cdot 2^0 = 64 + 0 + 0 + 8 + 4 + 0$$
$$+1 = 77.$$

Die Umrechnung von einem Zahlensystem in ein anderes wird als Konvertierung bezeichnet. Werden mehrere Zahlensysteme gleichzeitig benutzt, so ist es zur Vermeidung von Irrtümern üblich, die Basis als Index anzuhängen.

▶   **Beispiel:**

$$1\,001\,101_2 = 77_{10}$$

Die Darstellung reeller Zahlen im Dualsystem ist analog der Darstellung im Dezimalsystem. Der Wert einer Ziffer innerhalb der Zahl ergibt sich dadurch, dass die n-te Stelle vor dem Komma mit 2^{n-1} und die m-te Stelle nach dem Komma mit 2^{-m} multipliziert wird.

▶   **Beispiel:**

$$101\,100\,011{,}1011_2 = 1 \cdot 2^8 + 1 \cdot 2^6 + 1 \cdot 2^5 + 1 \cdot 2 + 1 \cdot 1 + 1 \cdot 2^{-1} + 1 \cdot 2^{-3} + 1 \cdot 2^{-4}$$

$$= 256 + 64 + 32 + 2 + 1 + \frac{1}{2} + \frac{1}{8} + \frac{1}{16} = 355\,\frac{11}{16} = 355{,}6875_{10}$$

Dualsysteme sind sehr bedeutend in Elektrotechnik und Datenverarbeitung. Computer sind zeichenverarbeitende Maschinen. Die externen Zeichen (Buchstaben, Ziffern, Sonderzeichen) werden intern im Binärcode in Form von Bitfolgen dargestellt. Ein Bit (Abkürzung von Binary Digit) ist die kleinste darstellbare Informationseinheit mit den Werten 0 und 1. Acht Bit werden zur nächsthöheren Einheit, dem Byte, zusammengefasst. Zahlen werden in Computern in mehreren aufeinanderfolgenden Bytes dargestellt. Die interne Durchführung arithmetischer Operationen erfolgt im Computer also im Dualsystem.

Andere Zahlensysteme, die im Zusammenhang mit der Nutzung von Computern eine Rolle spielen, sind das Oktalsystem (Positionssystem zur Basis 8) mit den Ziffern 0, 1, 2, 3, 4, 5, 6, 7 und das Hexadezimalsystem (Positionssystem zur Basis 16) mit den Ziffern 0, 1, 2, 3, 4, 5, 6, 7, 8, 9, A, B, C, D, E, F (die Buchstaben A,…, F stehen für die Werte 10,…, 15).

1.8.3   Runden

Als Dezimalstellen einer Dezimalzahl bezeichnet man die Stellen nach dem Komma. Runden ist das Verkürzen einer Dezimalzahl, also die Darstellung einer Dezimalzahl mit einer vorgegebenen Anzahl von Dezimalstellen.

Rundungsregel
Ist die erste weggelassene Ziffer 0, 1, 2, 3, 4, dann bleibt die letzte geschriebene Ziffer unverändert. Ist die erste weggelassene Ziffer 5, 6, 7, 8, 9, dann erhöht sich die letzte geschriebene Ziffer um 1.

Ist die gerundete Zahl kleiner als die ursprüngliche Zahl (die erste weggelassene Ziffer ist dann 0, 1, 2, 3 oder 4), spricht man von Abrunden. Ist die gerundete Zahl jedoch größer als die ursprüngliche Zahl (die erste weggelassene Ziffer ist dann 5, 6, 7, 8 oder 9), so spricht man von Aufrunden.

▶   **Beispiele:**

1. $3,456 \approx 3,46$ (aufgerundet)
2. $23,699 \approx 23,70$ (aufgerundet)
3. $14,3449 \approx 14,34$ (abgerundet)
4. $17,2496389 \approx 17,2496$ (auf 4 Dezimalstellen gerundet)

1.9   Logarithmen

1.9.1   Definition des Logarithmus

Eine Zahl der Form $\log_a b$ (gesprochen: Logarithmus b zur Basis a) heißt Logarithmus. Dabei heißt b Numerus des Logarithmus und ist eine reelle Zahl größer als 0, und a heißt Basis des Logarithmus und ist eine positive reelle Zahl ungleich 1.

$\log_a b$	Logarithmus b zur Basis a
$b > 0$	Numerus
$a > 0,\ a \neq 1$	Basis

Der Logarithmus $\log_a b$ ist definiert als die eindeutige Lösung x der Gleichung $a^x = b$.

$$\log_a b = x \iff a^x = b$$

Der Logarithmus $x = \log_a b$ ist also der Exponent zu der Basis a, für den die Potenz a^x gleich dem Numerus b ist.

Aus der Definition folgt (denn $a^1 = a$ und $a^0 = 1$)

$$\log_a a = 1; \qquad \log_a 1 = 0$$

▶ **Beispiele:**

1. $\log_2 8 = x \implies x = 3$ denn $2^3 = 8$
2. $\log_4 16 = x \implies x = 2$ denn $4^2 = 16$
3. $\log_7 7 = x \implies x = 1$ denn $7^1 = 7$
4. $\log_5 1 = x \implies x = 0$ denn $5^0 = 1$
5. $\log_3 81 = x \implies x = 4$ denn $3^4 = 81$
6. $\log_5 5^7 = x \implies x = 7$ denn $5^7 = 5^7$
7. $\log_{10} 1000 = x \implies x = 3$ denn $10^3 = 1000$
8. $\log_2 0{,}5 = x \implies x = -1$ denn $2^{-1} = \dfrac{1}{2} = 0{,}5$
9. $\log_a 8 = 1 \implies a = 8$ denn $8^1 = 8$
10. $\log_a \dfrac{1}{125} = -3 \implies a = 5$ denn $5^{-3} = \dfrac{1}{125}$
11. $\log_a \dfrac{3}{5} = -1 \implies a = \dfrac{5}{3}$ denn $\left(\dfrac{5}{3}\right)^{-1} = \dfrac{3}{5}$
12. $\log_{10} b = -1 \implies b = 0{,}1$ denn $10^{-1} = \dfrac{1}{10} = 0{,}1$
13. $\log_4 b = \dfrac{5}{2} \implies b = 32$ denn $4^{\frac{5}{2}} = \sqrt{4^5} = 2^5 = 32$

1.9.2 Spezielle Basen

Logarithmen zur Basis $a = 10$ heißen Zehnerlogarithmen oder dekadische Logarithmen oder briggssche Logarithmen (nach dem englischen Mathematiker Henry Briggs, 1556-1630). Man schreibt statt $\log_{10} b$ auch einfach $\lg b$.

$$\log_{10} b = \lg b$$

Logarithmen mit der eulerschen Zahl $e = 2{,}71828182\ldots$ als Basis (vgl. Abschn. 8.4.5) werden natürliche Logarithmen oder nepersche Logarithmen (nach dem schottischen Mathematiker John Neper [Napier], 1550–1617) genannt. Man schreibt $\ln b$ für $\log_e b$.

$$\log_e b = \ln b$$

Die eulersche Zahl e ist der Grenzwert der Folge $(1 + \frac{1}{n})^n$ (vgl. Abschn. 8.1.5):

$$e = \lim_{n \to \infty} (1 + \tfrac{1}{n})^n = 2{,}7182818284\ldots.$$

Sie hat ihren Namen nach dem Schweizer Mathematiker Leonhard Euler (1707-1783). Die eulersche Zahl ist eine irrationale Zahl.

Logarithmen zur Basis $a = 2$ heißen Zweierlogarithmen oder binäre Logarithmen oder duale Logarithmen. Man schreibt statt $\log_2 b$ manchmal auch ld b.

$$\log_2 b = \text{ld } b$$

▶   **Beispiele:**

1. $\log_2 32 = \text{ld} 32 = x$ $\implies x = 5$ denn $2^5 = 32$
2. $\text{ld}\sqrt{2} = x$ $\implies x = \frac{1}{2}$ denn $2^{\frac{1}{2}} = \sqrt{2}$
3. $\log_{10} 10\,000 = \lg 10\,000 = x \implies x = 4$ denn $10^4 = 10\,000$
4. $\lg 0,01 = x$ $\implies x = -2$ denn $10^{-2} = 0,01$
5. $\log_e 5 = \ln 5 = x$ $\implies x = 1,6094\ldots$ denn $e^{1,6094\ldots} = 5$

1.9.3   Regeln der Logarithmenrechnung

1. Der Logarithmus eines Produkts ist gleich der Summe der Logarithmen der einzelnen Faktoren. Oder: Addiert man zum Logarithmus einer Zahl u den Logarithmus einer Zahl v, dann erhält man als Summe den Logarithmus des Produkts uv.

$$\log_a (u \cdot v) = \log_a u + \log_a v$$

Beweis:
Setze $\log_a u = x$, $\log_a v = y \implies \log_a u + \log_a v = x + y$
$a^x = u$, $a^y = v \implies u \cdot v = a^x \cdot a^y = a^{x+y} \implies \log_a(u \cdot v) = x + y$

▶   **Beispiel:**
$\log_2 256 = \text{ld } 256 = \text{ld } (4 \cdot 64) = \text{ld } 4 + \text{ld } 64 = 2 + 6 = 8$

2. Der Logarithmus eines Bruches (Quotienten) ist gleich der Differenz der Logarithmen von Zähler (Dividend) und Nenner (Divisor). Oder: Subtrahiert man vom Logarithmus einer Zahl u den Logarithmus einer Zahl v, dann erhält man als Differenz den Logarithmus des Bruches (Quotienten) $\frac{u}{v}$.

$$\log_a \frac{u}{v} = \log_a u - \log_a v$$

Beweis:
Setze $\log_a u = x,\ \log_a v = y \implies \log_a u - \log_a v = x - y$
$a^x = u,\ a^y = v \implies \dfrac{u}{v} = \dfrac{a^x}{a^y} = a^{x-y} \implies \log_a \dfrac{u}{v} = x - y$

▶ **Beispiel:**

$$\log_3 \frac{9}{243} = \log_3 9 - \log_3 243 = 2 - 5 = -3$$

3. Der Logarithmus einer Potenz ist gleich dem mit dem Exponenten multiplizierten Logarithmus der Basis. Oder: Multipliziert man den Logarithmus einer Zahl u mit einer Zahl r, dann erhält man den Logarithmus der Potenz u^r.

$$\log_a(u^r) = r \cdot \log_a u$$

Beweis:
Setze $\log_a u = x \implies a^x = u \implies u^r = (a^x)^r = a^{rx} \implies rx = \log_a(u^r) = r\log_a u$

▶ **Beispiele:**

1. $\log_2 8^3 = 3\log_2 8 = 3\log_2 2^3 = 3 \cdot 3 = 9$
2. $\lg 10\,000 = \lg 10^4 = 4\lg 10 = 4$

4. Der Logarithmus einer Wurzel ist gleich dem durch den Wurzelexponenten dividierten Logarithmus des Radikanden. Oder: Dividiert man den Logarithmus einer Zahl u durch eine Zahl n, dann erhält man den Logarithmus der Wurzel $\sqrt[n]{u}$.

$$\log_a \sqrt[n]{u} = \frac{1}{n}\log_a u$$

Beweis:
Wegen $\sqrt[n]{u} = u^{\frac{1}{n}}$ folgt $\log_a \sqrt[n]{u} = \log_a u^{\frac{1}{n}} = \frac{1}{n} \cdot \log_a u$ aus der Potenzregel.

▶ **Beispiele:**

1. $\log_5 \sqrt[3]{5} = \frac{1}{3} \log_5 5 = \frac{1}{3}$

2. $\log_2 \sqrt[3]{64} = \frac{1}{3} \cdot \log_2 64 = \frac{1}{3} \cdot \log_2 2^6 = \frac{1}{3} \cdot 6 = 2$

5. Aus den Regeln ergeben sich die folgenden Spezialfälle (denn $\log_a \frac{1}{v} = \log_a 1 - \log_a v = 0 - \log_a v$).

$$\log_a(a^r) = r$$

$$\log_a \frac{1}{v} = -\log_a v$$

1.9.4 Zusammenhang von Logarithmen mit verschiedenen Basen

Für Logarithmen mit verschiedenen Basen a und c gilt folgende Umrechnungsregel

$$\log_a u = \frac{\log_c u}{\log_c a}$$

Beweis:

Setze $\log_a u = x$. Es folgt $a^x = u$, also auch $\log_c a^x = \log_c u$. Nach der Potenzregel ergibt sich $x \log_c a = \log_c u$ und nach x aufgelöst $x = \frac{\log_c u}{\log_c a}$. Wegen $x = \log_a u$ folgt die Behauptung: $\log_a u = \frac{\log_c u}{\log_c a}$.

Logarithmen zu verschiedenen Basen (a und c) unterscheiden sich also nur durch einen konstanten Faktor $\left(\frac{1}{\log_c a}\right)$.

Für $c = u = b$ ergibt sich der Spezialfall

$$\log_a b = \frac{1}{\log_b a}$$

▶ **Beispiele:**

1. $\ln u = \dfrac{1}{\lg e} \cdot \lg u = \dfrac{1}{0,4342\ldots} \cdot \lg u$

2. $\lg u = \dfrac{1}{\ln 10} \cdot \ln u = \dfrac{1}{2,3025\ldots} \cdot \ln u$

3. $\log_5 u = \dfrac{1}{\lg 5} \cdot \lg u = \dfrac{1}{0,6989\ldots} \cdot \lg u$

4. $\ln 1000 = \dfrac{1}{\lg e} \cdot \lg 1000 \approx \dfrac{1}{0,4342944819} \cdot 3 \approx 6,907755279$

1.9.5 Dekadische Logarithmen

Die dekadischen Logarithmen (auch Briggssche Logarithmen oder Zehnerlogarithmen genannt) haben den Vorteil, dass man mit den Logarithmen der Dezimalzahlen zwischen 1 und 10 über die Logarithmen aller positiven reellen Zahlen verfügt.

Begründung: Jede reelle Zahl x lässt sich durch Abspalten einer Zehnerpotenz 10^k mit ganzzahligem k in der Form $x = 10^k \cdot \bar{x}$ mit $1 \le \bar{x} < 10$ schreiben. Dabei ist $\bar{x}$ durch die Ziffernfolge von x bestimmt, während 10^k die Größenordnung von x angibt. Logarithmieren ergibt $\lg x = \lg(10^k \cdot \bar{x}) = \lg(10^k) + \lg \bar{x} = k + \lg \bar{x}$ mit $0 \le \lg \bar{x} < 1$ (also $\lg \bar{x} = 0, \ldots$). Man nennt k die Kennzahl und die Ziffernfolge hinter dem Komma von $\lg \bar{x}$ die Mantisse des Logarithmus von x.

Von einer vor dem Komma n-stelligen Zahl ist die Kennzahl $n - 1$ (also um 1 kleiner). Für Zahlen kleiner als 1 sind die Kennzahlen negativ.

Logarithmentafeln enthalten in der Regel nur die Mantisse.

Alle Zahlen, die sich nur durch Zehnerpotenzen unterscheiden, haben die gleiche Mantisse, aber unterschiedliche Kennzahlen.

▶ **Beispiel:**

1. $\lg 2250 = \lg(1000 \cdot 2,25) = \lg(10^3 \cdot 2,25) = \lg 10^3 + \lg 2,25$
   $\approx 3 + 0,3522 = 3,3522$

2. $\lg 0,0315 = \lg(3,15 \cdot \frac{1}{100}) = \lg(3,15 \cdot 10^{-2}) = \lg 3,15 + \lg 10^{-2}$
   $\approx 0,4983 - 2$

3. $\lg 2000 = \lg(10^3 \cdot 2) = \lg 10^3 + \lg 2 \approx 3 + 0,3010 = 3,3010,$
   $\lg 200 \approx 2,3010, \quad \lg 20 \approx 1,3010, \quad \lg 2 \approx 0,3010,$
   $\lg 0,2 \approx 0,3010 - 1, \quad \lg 0,02 \approx 0,3010 - 2, \quad \lg 0,002 \approx 0,3010 - 3$

1.10   Mittelwerte

1.10.1 Arithmetisches Mittel

Das arithmetische Mittel $\bar{x}_a = \bar{x}$ zweier reeller Zahlen a und b ist die Hälfte ihrer Summe.

$$\bar{x} = \frac{a+b}{2}$$

Das arithmetische Mittel $\bar{x}_a = \bar{x}$ von n reellen Zahlen $a_1, a_2, \ldots, a_n$ ist

$$\bar{x} = \frac{a_1 + a_2 + \ldots + a_n}{n}$$

▶   **Beispiele:**

1. Das arithmetische Mittel von 3 und 17 ist $\dfrac{3+17}{2} = 10$.

2. Das arithmetische Mittel von $6, -4, 3, 12, 5, 2$ ist
    $$\frac{6-4+3+12+5+2}{6} = 4.$$

1.10.2 Geometrisches Mittel

Das geometrische Mittel $\bar{x}_g$ zweier positiver reeller Zahlen a und b ist die Quadratwurzel aus ihrem Produkt.

$$\bar{x}_g = \sqrt{a \cdot b}$$

Das geometrische Mittel $\bar{x}_g$ von n positiven reellen Zahlen $a_1, a_2, \ldots, a_n$ ist

$$\bar{x}_g = \sqrt[n]{a_1 \cdot a_2 \cdot \ldots \cdot a_n}$$

▶ **Beispiele:**
   1. Das geometrische Mittel von 3 und 12 ist $\sqrt{3 \cdot 12} = 6$.
   2. Das geometrische Mittel von 3, 5, 9, 15 ist $\sqrt[4]{3 \cdot 5 \cdot 9 \cdot 15} = \sqrt[4]{2025} = 3\sqrt[4]{25}$.

1.10.3 Harmonisches Mittel

Das harmonische Mittel $\bar{x}_h$ zweier von Null verschiedener reeller Zahlen a und b ist Zwei geteilt durch die Summe ihrer Kehrwerte.

$$\bar{x}_h = \frac{2}{\frac{1}{a} + \frac{1}{b}}$$

Das harmonische Mittel $\bar{x}_h$ von n von Null verschiedenen reellen Zahlen $a_1, a_2, \ldots, a_n$ ist

$$\bar{x}_h = \frac{n}{\frac{1}{a_1} + \frac{1}{a_2} + \ldots + \frac{1}{a_n}}$$

▶ **Beispiele:**
   1. Das harmonische Mittel von 3 und 6 ist $\dfrac{2}{\frac{1}{3} + \frac{1}{6}} = \dfrac{2}{\frac{1}{2}} = 4$.

   2. Das harmonische Mittel von 3, 4, 6, 12 ist $\dfrac{4}{\frac{1}{3} + \frac{1}{4} + \frac{1}{6} + \frac{1}{12}} = \dfrac{4}{\frac{10}{12}} = \dfrac{24}{5} = 4{,}8$.

1.10.4 Quadratisches Mittel

Das quadratische Mittel $\bar{x}_q$ zweier reeller Zahlen a und b ist die Quadratwurzel der halben Summe ihrer Quadrate.

$$\bar{x}_q = \sqrt{\frac{a^2 + b^2}{2}}$$

Das quadratische Mittel $\bar{x}_q$ von n reellen Zahlen $a_1, a_2, \ldots, a_n$ ist

$$\bar{x}_q = \sqrt{\frac{a_1^2 + a_2^2 + \ldots + a_n^2}{n}}$$

▶ **Beispiele:**

1. Das quadratische Mittel von 1 und 7 ist $\sqrt{\frac{1^2 + 7^2}{2}} = \sqrt{25} = 5$.

2. Das quadratische Mittel von $2, 6, 10, 16$ ist $\sqrt{\frac{2^2 + 6^2 + 10^2 + 16^2}{4}} = \sqrt{\frac{396}{4}} = \sqrt{99}$.

1.11 Ungleichungen

1.11.1 Definitionen und Rechenregeln

Zwischen zwei reellen Zahlen a und b besteht genau eine der drei Beziehungen: $a = b$ (a ist gleich b), $a < b$ (a ist kleiner als b), $a > b$ (a ist größer als b). Der Winkelhaken ist dabei immer nach der größeren Seite hin geöffnet.

$$a, b \in \mathbb{R} : \quad a = b \ \text{oder} \ a < b \ \text{oder} \ a > b$$

Wegen dieser Eigenschaft nennt man die Menge $\mathbb{R}$ der reellen Zahlen geordnet.

Im Falle $a \neq b$ (a ungleich b) gilt genau eine der beiden Ungleichungen $a < b$ oder $a > b$.

$$a \neq b \implies a < b \ \text{oder} \ a > b$$

Die Ungleichung $a \leq b$ bedeutet, dass a kleiner oder gleich b ist (a ist also nicht größer als b), und die Ungleichung $a \geq b$ bedeutet entsprechend, dass a größer oder gleich b ist (b ist also nicht größer als a).

Ist $a < b$ und $b < c$, dann kann man die beiden Ungleichungen fortlaufend schreiben: $a < b < c$. Man nennt dies fortlaufende Ungleichung oder Ungleichungskette.

$$a < b < c \iff a < b \text{ und } b < c$$

Entsprechend schreibt man zum Beispiel $a < x$ und $x \leq b$ zusammenfassend als $a < x \leq b$. Fortlaufende Ungleichungen werden oft benutzt, um einen Bereich oder ein Intervall anzugeben, aus dem eine Größe x gewählt werden darf oder gewählt werden soll.

Eigenschaften von Ungleichungen:
1. $a \leq a$ (Reflexivität)
2. $a \leq b$ und $b \leq c \implies a \leq c$ (Transitivität)
3. $a \leq b$ und $b \leq a \implies a = b$ (Antisymmetrie)

Rechenregeln für Ungleichungen:
- Eine Ungleichung kann von beiden Seiten gelesen werden:
  $a < b \iff b > a$ für alle $a, b \in \mathbb{R}$
- Auf beiden Seiten einer Ungleichung darf dieselbe Zahl addiert werden:
  $a \leq b \implies a + c \leq b + c$ für alle $a, b, c \in \mathbb{R}$
- Zwei gleichgerichtete Ungleichungen dürfen addiert werden:
  $a \leq b$ und $c \leq d \implies a + c \leq b + d$ für alle $a, b, c, d \in \mathbb{R}$,
  $a < b$ und $c \leq d \implies a + c < b + d$ für alle $a, b, c, d \in \mathbb{R}$
- Eine Ungleichung darf mit einer nichtnegativen Zahl multipliziert werden:
  $a \leq b$ und $c \geq 0 \implies ac \leq bc$ für alle $a, b \in \mathbb{R}$
  Wird eine Ungleichung mit einer negativen Zahl multipliziert, so dreht sich das Ungleichheitszeichen um:
  $a \leq b$ und $c \leq 0 \implies ac \geq bc$ für alle $a, b \in \mathbb{R}$
- Bildet man auf beiden Seiten einer Ungleichung den Kehrwert, so dreht sich das Ungleichheitszeichen um:
  $$a \leq b \implies \frac{1}{a} \geq \frac{1}{b} \quad \text{für alle } a, b \in \mathbb{R}^*$$

Aus der Multiplikationsregel folgt im besonderen (Multiplikation mit -1), dass das Vertauschen der Vorzeichen auf beiden Seiten einer Ungleichung das Ungleichheitszeichen umdreht: $a < b \implies -a > -b$.

▶ **Beispiele:**
  1. $3 \leq 3$; $5 \geq 5$; $-12{,}2 \leq -12{,}2$
  2. $3 \leq 5, 5 \leq 6 \implies 3 \leq 6$; $-4 \geq -5, -5 \geq -7{,}1 \implies -4 \geq -7{,}1$
  3. $3 \leq 3, 3 \geq 3 \implies 3 = 3$
  4. $3 < 5 \iff 5 > 3$; $-1 > -2 \iff -2 < -1$
  5. $5 \leq 7 \implies 5 + 2 \leq 7 + 2$; $4 > 1 \implies 4 - 3 > 1 - 3$

6. $3 < 4,\ 7 < 9 \implies 3+7 < 4+9;\quad 4 \geq 3,\ -2 \geq -5 \implies 4-2 \geq 3-5$

7. $5 \leq 7 \implies 5 \cdot 3 \leq 7 \cdot 3;\quad -3 > -4 \implies -3 \cdot 2 > -4 \cdot 2$

8. $4 > 2 \implies 4 \cdot (-2) < 2 \cdot (-2);\quad 6 \leq 7 \implies 6 \cdot (-1) \geq 7 \cdot (-1)$
   $\implies -6 \geq -7$

9. $2 < 3 \implies \dfrac{1}{2} > \dfrac{1}{3};\quad -5 > -6 \implies -\dfrac{1}{5} < -\dfrac{1}{6}$

1.11.2 Absolutbetrag

Der Betrag oder Absolutbetrag $|a|$ einer Zahl a stellt auf der Zahlengeraden den Abstand der Zahl a vom Nullpunkt dar. Da Abstände nicht negativ sind, gilt $|a| = a$ für $a \geq 0$ und $|a| = -a$ für $a < 0$.

$$|a| = \begin{cases} a & \text{für } a \leq 0 \\ -a & \text{für } a < 0 \end{cases}$$

Beträge sind nicht negativ.

Eigenschaften:

1. $|-a| = |a|$

2. $|a| \geq 0;\quad |a| = 0 \iff a = 0$

3. $|a \cdot b| = |a| \cdot |b|$

4. $\left|\dfrac{a}{b}\right| = \dfrac{|a|}{|b|}$ für $b \neq 0$;\quad $\left|\dfrac{1}{b}\right| = \dfrac{1}{|b|}$ für $b \neq 0$

5. $|a^n| = |a|^n$ für $n \in \mathbb{N}$;\quad $\left|\dfrac{1}{a^n}\right| = \dfrac{1}{|a|^n}$ für $n \in \mathbb{N}, a \neq 0$

6. $|a + b| \leq |a| + |b|$ (sogenannte Dreiecksungleichung)

▶ **Beispiele:**

1. $|4{,}3| = 4{,}3;\quad |-2| = 2;\quad |-\pi| = \pi;\quad |0| = 0$

2. $|3 \cdot 4| = |3| \cdot |4| = 3 \cdot 4 = 12;\quad |(-3) \cdot 4| = |-3| \cdot |4| = 3 \cdot 4 = 12$

3. $\left|\dfrac{-2}{3}\right| = \dfrac{|-2|}{|3|} = \dfrac{2}{3}$; $\left|\dfrac{1}{-4}\right| = \dfrac{1}{|-4|} = \dfrac{1}{4}$

4. $|(-3)^5| = |-3|^5 = 3^5$; $\left|\dfrac{1}{(-2)^3}\right| = \dfrac{1}{|-2|^3} = \dfrac{1}{2^3}$

5. $|4 + 2| \leq |4| + |2| \implies 6 \leq 4 + 2 = 6$; $|5 - 3| \leq |5| + |-3| \implies 2 \leq 5 + 3 = 8$

1.11.3 Intervalle

Es seien a und b zwei reelle Zahlen mit $a < b$. Die Menge aller reellen Zahlen x, die die fortlaufende Ungleichung $a < x < b$ erfüllen, heißt Intervall oder Zahlenintervall mit den Endpunkten oder Randpunkten a und b (genauer: offenes und beschränktes Intervall).

Gehört der Randpunkt nicht selbst zum Intervall, so spricht man von einem offenen Intervallende, im entgegengesetzten Fall von einem abgeschlossenen Intervallende.

Die Angabe eines Intervalls erfolgt durch seine Randpunkte a und b, indem diese in Klammern gesetzt werden. Eine eckige Klammer steht für ein abgeschlossenes Intervallende, eine runde für ein offenes Intervallende. Gehören beide Randpunkte zu dem Intervall, so heißt es abgeschlossen. Gehört nur einer der Randpunkte (also entweder a oder b) zum Intervall, so heißt es halboffen. Gehört keiner der Randpunkte zum Intervall, so heißt es offen.

Intervalle dienen der Beschreibung von Zahlenmengen. Man unterscheidet beschränkte und nicht beschränkte Intervalle.

Bei einem beschränkten Intervall sind die Intervallgrenzen a und b reelle Zahlen. Es besteht aus allen reellen Zahlen x, die zwischen diesen beiden Grenzen liegen.

	$[a, b] = \{x \mid x \in \mathbb{R} \text{ und } a \leq x \leq b\}$	(abgeschlossenes Intervall)
Beschränkte Intervalle	$(a, b) = \{x \mid x \in \mathbb{R} \text{ und } a < x < b\}$	(offenes Intervall)
	$[a, b) = \{x \mid x \in \mathbb{R} \text{ und } a \leq x < b\}$	(halboffenes Intervall)
	$(a, b] = \{x \mid x \in \mathbb{R} \text{ und } a < x \leq b\}$	(halboffenes Intervall)

Das Symbol mit der Schreibweise ∞ heißt unendlich und steht für „beliebig groß". Das Symbol $-\infty$ heißt entsprechend minus unendlich und steht für „beliebig klein". Die Symbole ∞ und $-\infty$ sind keine reellen Zahlen; $-\infty$ ist kleiner als jede reelle Zahl, ∞ ist größer als jede reelle Zahl.

Bei einem nicht beschränkten Intervall ist mindestens eine der Intervallgrenzen $-\infty$ oder ∞. Solche Intervalle können durch eine Ungleichung beschrieben werden.

$$[a, \infty) \quad = \{x \,|\, x \in \mathbb{R} \text{ und } x \geq a\} \quad \text{(halboffenes Intervall,} \\ \text{nach rechts unbeschränkt)}$$

$$(a, \infty) \quad = \{x \,|\, x \in \mathbb{R} \text{ und } x > a\} \quad \text{(offenes Intervall,} \\ \text{nach rechts unbeschränkt)}$$

Nicht
beschränkte
Intervalle

$$(-\infty, a] \quad = \{x \,|\, x \in \mathbb{R} \text{ und } x \leq a\} \quad \text{(halboffenes Intervall,} \\ \text{nach links unbeschränkt)}$$

$$(-\infty, a) \quad = \{x \,|\, x \in \mathbb{R} \text{ und } x < a\} \quad \text{(offenes Intervall,} \\ \text{nach links unbeschränkt)}$$

$$(-\infty, \infty) = \{x \,|\, x \in \mathbb{R}\} \quad \text{(offenes Intervall,} \\ \text{nach links und nach rechts} \\ \text{unbeschränkt)}$$

▶ **Beispiele:**

1. $[3, 4] = \{x \,|\, x \in \mathbb{R} \text{ und } 3 \leq x \leq 4\}$
   Alle reellen Zahlen zwischen 3 und 4; sowohl 3 als auch 4 gehören zum Intervall.

2. $[3, 4) = \{x \,|\, x \in \mathbb{R} \text{ und } 3 \leq x < 4\}$
   Alle reellen Zahlen zwischen 3 und 4; 3 gehört zum Intervall, 4 jedoch nicht.

3. $(3, 4] = \{x \,|\, x \in \mathbb{R} \text{ und } 3 < x \leq 4\}$
   Alle reellen Zahlen zwischen 3 und 4; 3 gehört nicht zum Intervall, aber 4.

4. $(3, 4) = \{x \,|\, x \in \mathbb{R} \text{ und } 3 < x < 4\}$
   Alle reellen Zahlen zwischen 3 und 4; weder 3 noch 4 gehören zum Intervall.

5. $[3, \infty) = \{x \,|\, x \in \mathbb{R} \text{ und } x \geq 3\}$
   Alle reellen Zahlen größer oder gleich 3 gehören zum Intervall (3 gehört dazu).

6. $(3, \infty) = \{x \,|\, x \in \mathbb{R} \text{ und } x > 3\}$
   Alle reellen Zahlen größer als 3 gehören zum Intervall (3 gehört nicht dazu).

7. $(-\infty, 4] = \{x \,|\, x \in \mathbb{R} \text{ und } x \leq 4\}$
   Alle reellen Zahlen kleiner oder gleich 4 gehören zum Intervall (4 gehört dazu).

8. $(-\infty, 4) = \{x \,|\, x \in \mathbb{R} \text{ und } x < 4\}$
   Alle reellen Zahlen kleiner als 4 gehören zum Intervall (4 gehört nicht dazu).

9. $(-\infty, \infty) = \{x \,|\, x \in \mathbb{R}\}$
   Alle reellen Zahlen gehören zum Intervall.

1.12   Komplexe Zahlen

1.12.1 Algebraische Form

Im Bereich der reellen Zahlen besitzt die Gleichung $x^2 + 1 = 0$ keine Lösung. Ebenso stellen $\sqrt{-3}$ oder $\sqrt[4]{-6}$ keine reellen Zahlen dar.

Falls eine quadratische Gleichung keine reelle Lösung besitzt, ist es trotzdem möglich, Lösungen anzugeben und zwar komplexe Zahlen als Lösungen. Zur Darstellung dieser komplexen Zahlen wird eine Erweiterung des Bereichs der reellen Zahlen vorgenommen.

Ausgangspunkt ist die imaginäre Einheit i, deren Quadrat gleich -1 ist: $i^2 = -1$.

$$\text{Imaginäre Einheit } i \qquad i^2 = -1$$

Für die imaginäre Einheit gilt

$$i^2 = -1, \; i^3 = -i, \; i^4 = 1$$
$$i^{4n-3} = i, \; i^{4n-2} = -1, \; i^{4n-1} = -i, \; i^{4n} = 1 \quad (n \in \mathbb{N})$$

Die Zahlen i und $-i$ sind Lösungen der quadratischen Gleichung $x^2 + 1 = 0$.

Mit dieser imaginären Einheit i und zwei reellen Zahlen a und b stellt $z = a + bi$ eine komplexe Zahl dar.

$$z = a + bi, \; a, b \in \mathbb{R}, \; i^2 = -1$$

Eine komplexe Zahl z besteht also aus einem reellen Teil a (Realteil) und einem imaginären Teil b (Imaginärteil).

Wenn a und b alle möglichen reellen Werte durchlaufen, dann werden alle möglichen komplexen Zahlen z erzeugt. Alle komplexen Zahlen bilden zusammen die Menge $\mathbb{C}$ der komplexen Zahlen.

$$\mathbb{C} = \{z = a + bi \,|\, a, b \in \mathbb{R}\}$$

Komplexe Zahlen z mit Realteil gleich 0 (also $a = 0$) heißen imaginäre Zahlen, die komplexen Zahlen z mit Imaginärteil gleich 0 (also $b = 0$) sind die reellen Zahlen. Die komplexen Zahlen umfassen also die imaginären Zahlen und die reellen Zahlen.

$$z = a + bi \qquad \text{komplexe Zahlen}$$

$$z = bi \;\; (a = 0) \qquad \text{imaginäre Zahlen}$$

$$z = a \;\; (b = 0) \qquad \text{reelle Zahlen}$$

Komplexe Zahlen $z = a+bi$ und $\bar{z} = a-bi$, also mit gleichem Realteil und entgegengesetzt gleichem Imaginärteil, heißen konjugiert komplex (siehe Abb. 1.3).

Komplexe Zahlen sind nicht mehr auf einer Zahlengeraden, sondern nur noch in einer Zahlenebene, der sogenannten gaußschen Zahlenebene, darstellbar (Name nach dem deutschen Mathematiker Carl Friedrich Gauß, 1777–1855) (siehe Abb. 1.4).

Dabei wird in einem kartesischen Koordinatensystem der Ebene (siehe Abschn. 7.1.1) der Realteil a von z auf der Abszissenachse und der Imaginärteil b von z auf der Ordinatenachse abgetragen. Jeder komplexen Zahl entspricht ein Punkt der Ebene und umgekehrt. Die Zuordnung von Zahl und Punkt ist eineindeutig. Die reellen Zahlen liegen auf der Abszissenachse, die imaginären Zahlen liegen auf der Ordinatenachse. Deshalb nennt man die Abszissenachse auch reelle Achse und die Ordinatenachse imaginäre Achse.

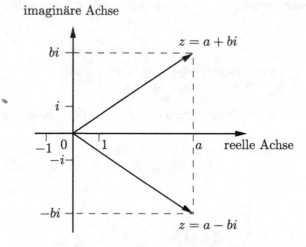

Abb. 1.3 Konjugiert komplexe Zahlen z und $\bar{z}$ in algebraischer Form

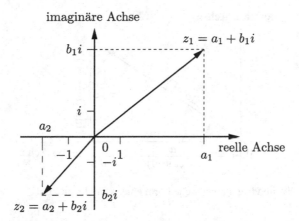

Abb. 1.4 Darstellung komplexer Zahlen in der gaußschen Zahlenebene

Die Darstellung einer komplexen Zahl in der Form $z = a + bi$, bei der kartesische Koordinaten verwendet werden, heißt algebraische Form. Daneben gibt es für die Darstellung der komplexen Zahlen die trigonometrische Form und die Exponentialform.

1.12.2 Trigonometrische Form

Neben der Darstellung der komplexen Zahlen in algebraischer Form gibt es die Darstellung in trigonometrischer Form (vgl. Abschn. 6.2): $z = r(\cos \varphi + i \sin \varphi)$.

Dabei heißt r Modul oder Absolutbetrag (also $r = |z|$) und φ Argument der komplexen Zahl z. Der (orientierte) Winkel φ wird im Bogenmaß (vgl. Abschn. 3.10.9) gemessen und ist nur bis auf Vielfache von 2π bestimmt. Deshalb wählt man meist für φ das halboffene Intervall $(-\pi, \pi]$, also $-\pi < \varphi \leq \pi$.

$$z = r(\cos \varphi + i \sin \varphi), \ r \in \mathbb{R}, \ r \geq 0, \ -\pi < \varphi \leq \pi$$

Für $\varphi = 0$ ergeben sich die positiven reellen Zahlen, für $\varphi = \pi$ die negativen reellen Zahlen, für $\varphi = \frac{\pi}{2}$ die positiven imaginären Zahlen und für $\varphi = -\frac{\pi}{2}$ die negativen imaginären Zahlen.

Statt trigonometrischer Form sagt man mitunter auch goniometrische Form der komplexen Zahlen (Abb. 1.5).

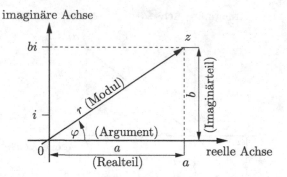

Abb. 1.5 Algebraische und trigonometrische Form einer komplexen Zahl z

Für die Darstellung der komplexen Zahlen in der Ebene werden für die trigonometrische Form Polarkoordinaten (siehe Abschn. 7.1.2) verwendet, wohingegen für die algebraische Form kartesische Koordinaten (siehe Abschn. 7.1.1) benutzt werden.

Für den Zusammenhang zwischen algebraischer und trigonometrischer Form gilt (vgl. Abb. 1.5)

$$r = \sqrt{a^2 + b^2}, \ \tan\varphi = \frac{b}{a}$$
$$a = r\cos\varphi, \ b = r\sin\varphi$$

Derselbe Zusammenhang gilt für die kartesischen Koordinaten und die Polarkoordinaten eines Punktes in der Ebene.

Multiplizieren, Dividieren, Potenzieren und Radizieren komplexer Zahlen lassen sich in der trigonometrischen Form einfacher durchführen.

1.12.3 Addieren und Subtrahieren komplexer Zahlen

Komplexe Zahlen $z_1 = a_1 + b_1 i$ und $z_2 = a_2 + b_2 i$ werden addiert, indem man die Realteile addiert und die Imaginärteile addiert (Abb. 1.6).

$$z_1 + z_2 = (a_1 + b_1 i) + (a_2 + b_2 i) = (a_1 + a_2) + (b_1 + b_2)i$$

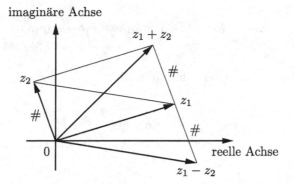

Abb. 1.6 Addition und Subtraktion komplexer Zahlen z_1 und z_2 (die mit # gekennzeichneten Strecken sind parallel und gleich lang)

Komplexe Zahlen $z_1 = a_1 + b_1 i$ und $z_2 = a_2 + b_2 i$ werden voneinander subtrahiert, indem man die Realteile subtrahiert und die Imaginärteile subtrahiert (Abb. 1.6).

$$z_1 - z_2 = (a_1 + b_1 i) - (a_2 + b_2 i) = (a_1 - a_2) + (b_1 - b_2)i$$

Die Summe konjugiert komplexer Zahlen $z = a + bi$ und $\bar{z} = a - bi$ ist reell, die Differenz konjugiert komplexer Zahlen ist imaginär.

$$z + \bar{z} = (a+bi) + (a-bi) = 2a, \ z - \bar{z} = (a+bi) - (a-bi) = 2bi$$

▶ **Beispiele:**

1. $z_1 + z_2 = (2{,}66 + 0{,}89i) + (-0{,}81 + 1{,}49i) = 1{,}85 + 2{,}38i$
2. $z_1 - z_2 = (2{,}66 + 0{,}89i) - (-0{,}81 + 1{,}49i) = 3{,}47 - 0{,}60i$
3. $z + \bar{z} = (2{,}4 + 0{,}9i) + (2{,}4 - 0{,}9i) = 4{,}8$
4. $z - \bar{z} = (2{,}4 + 0{,}9i) - (2{,}4 - 0{,}9i) = 1{,}8i$

1.12.4 Multiplizieren komplexer Zahlen

Komplexe Zahlen $z_1 = a_1 + b_1 i$ und $z_2 = a_2 + b_2 i$ in algebraischer Form werden wie algebraische Summen multipliziert (denn $z_1 \cdot z_2 = (a_1 + b_1 i)(a_2 + b_2 i) = a_1 a_2 + a_1 b_2 i + b_1 a_2 i + b_1 b_2 i^2 = (a_1 a_2 - b_1 b_2) + (a_1 b_2 + a_2 b_1)i$ wegen $i^2 = -1$).

$$z_1 \cdot z_2 = (a_1 + b_1 i)(a_2 + b_2 i) = (a_1 a_2 - b_1 b_2) + (a_1 b_2 + a_2 b_1)i$$

Das Produkt konjugiert komplexer Zahlen ist reell.

$$z \cdot \bar{z} = (a + bi)(a - bi) = a^2 + b^2$$

▶ **Beispiele:**

1. $z_1 \cdot z_2 = (3 + 4i)(5 - 2i) = (3 \cdot 5 - 4 \cdot (-2)) + (3 \cdot (-2) + 5 \cdot 4)i = 23 + 14i$
2. $z \cdot \bar{z} = (2{,}4 + 0{,}9i)(2{,}4 - 0{,}9i) = (2{,}4)^2 + (0{,}9)^2 = 5{,}76 + 0{,}81 = 6{,}57$

Komplexe Zahlen $z_1 = r_1(\cos\varphi_1 + i\sin\varphi_1)$ und $z_2 = r_2(\cos\varphi_2 + i\sin\varphi_2)$ in trigonometrischer Form werden multipliziert, indem man die Moduln (r_1 und r_2) multipliziert und die Argumente (φ_1 und φ_2) addiert.

$$z_1 \cdot z_2 = r_1(\cos\varphi_1 + i\sin\varphi_1) \cdot r_2(\cos\varphi_2 + i\sin\varphi_2)$$
$$= r_1 r_2 [\cos(\varphi_1 + \varphi_2) + i\sin(\varphi_1 + \varphi_2)]$$

Beweis:
$$z_1 \cdot z_2 = r_1(\cos\varphi_1 + i\sin\varphi_1) \cdot r_2(\cos\varphi_2 + i\sin\varphi_2)$$
$$= r_1 r_2 [(\cos\varphi_1 \cos\varphi_2 - \sin\varphi_1 \sin\varphi_2) + (\cos\varphi_1 \sin\varphi_2 + \sin\varphi_1 \cos\varphi_2)i]$$
$$= r_1 r_2 [\cos(\varphi_1 + \varphi_2) + i\sin(\varphi_1 + \varphi_2)],$$

denn $\cos\varphi_1 \cos\varphi_2 - \sin\varphi_1 \sin\varphi_2 = \cos(\varphi_1 + \varphi_2)$ und $\cos\varphi_1 \sin\varphi_2 + \sin\varphi_1 \cos\varphi_2 = \sin(\varphi_1 + \varphi_2)$ (siehe Abschn. 6.6).

▶ **Beispiele:**

3. $z_1 = 3(\cos 20° + i\sin 20°)$, $z_2 = 7(\cos 65° + i\sin 65°)$
   $\implies z_1 \cdot z_2 = 3(\cos 20° + i\sin 20°) \cdot 7(\cos 65° + i\sin 65°)$
   $= 21(\cos 85° + i\sin 85°)$
4. $z_1 = 5(\cos 30° + i\sin 30°) = \frac{5}{2}\sqrt{3} + \frac{5}{2}i$; $z_2 = 13(\cos 60° + i\sin 60°)$
   $= \frac{13}{2} + \frac{13}{2}\sqrt{3}i$

(denn $\sin 30° = \cos 60° = \dfrac{1}{2}$ und $\sin 60° = \cos 30° = \dfrac{1}{2}\sqrt{3}$). Es folgt

$z_1 \cdot z_2 = 5(\cos 30° + i \sin 30°) \cdot 13(\cos 60° + i \sin 60°) = 65(\cos 90° + i \sin 90°) = 65i$ oder

$$z_1 \cdot z_2 = \left(\frac{5}{2}\sqrt{3} + \frac{5}{2}i\right)\left(\frac{13}{2} + \frac{13}{2}\sqrt{3}i\right)$$

$$= \frac{65}{4}\sqrt{3} - \frac{65}{4}\sqrt{3} + \left(\frac{65 \cdot 3}{4} + \frac{65}{4}\right)i = 65i$$

1.12.5 Dividieren komplexer Zahlen

Komplexe Zahlen $z_1 = a_1 + b_1 i$ und $z_2 = a_2 + b_2 i$ in algebraischer Form werden dividiert, indem man mit der konjugiert komplexen Zahl des Nenners (Divisors) erweitert.

$$\frac{z_1}{z_2} = \frac{a_1 + b_1 i}{a_2 + b_2 i} = \frac{a_1 a_2 + b_1 b_2}{a_2^2 + b_2^2} + \frac{b_1 a_2 - a_1 b_2}{a_2^2 + b_2^2}i \quad (z_2 \neq 0)$$

Beweis:

$$\frac{z_1}{z_2} = \frac{a_1 + b_1 i}{a_2 + b_2 i} = \frac{(a_1 + b_1 i)(a_2 - b_2 i)}{(a_2 + b_2 i)(a_2 - b_2 i)} = \frac{a_1 a_2 + b_1 b_2 + (b_1 a_2 - a_1 b_2)i}{a_2^2 + b_2^2}$$

$$= \frac{a_1 a_2 + b_1 b_2}{a_2^2 + b_2^2} + \frac{b_1 a_2 - a_1 b_2}{a_2^2 + b_2^2}i$$

Der Quotient konjugiert komplexer Zahlen ist wieder eine komplexe Zahl.

$$\frac{z}{\bar{z}} = \frac{a + bi}{a - bi} = \frac{a^2 - b^2}{a^2 + b^2} + \frac{2ab}{a^2 + b^2}i \quad (z \neq 0)$$

▶ **Beispiele:**

1. $\dfrac{z_1}{z_2} = \dfrac{3 + 4i}{5 - 2i} = \dfrac{3 \cdot 5 + 4 \cdot (-2)}{5^2 + (-2)^2} + \dfrac{4 \cdot 5 - 3 \cdot (-2)}{5^2 + (-2)^2}i = \dfrac{15 - 8}{25 + 4} + \dfrac{20 + 6}{25 + 4}i$

   $= \dfrac{7}{29} + \dfrac{26}{29}i$

2. $\dfrac{z}{\bar{z}} = \dfrac{2,4+0,9i}{2,4-0,9i} = \dfrac{(2,4)^2-(0,9)^2}{(2,4)^2+(0,9)^2} + \dfrac{2\cdot 2,4\cdot 0,9}{(2,4)^2+(0,9)^2} i$

$\quad = \dfrac{5,76-0,81}{5,76+0,81} + \dfrac{4,32}{5,76+0,81} i = \dfrac{4,95}{6,57} + \dfrac{4,32}{6,57} i$

3. $\dfrac{1}{i} = \dfrac{1\cdot(-i)}{i\cdot(-i)} = -i$

Komplexe Zahlen $z_1 = r_1(\cos\varphi_1 + i\sin\varphi_1)$ und $z_2 = r_2(\cos\varphi_2 + i\sin\varphi_2)$ in trigonometrischer Form werden dividiert, indem man die Moduln (r_1 und r_2) dividiert und die Argumente (φ_1 und φ_2) subtrahiert.

$$\frac{z_1}{z_2} = \frac{r_1(\cos\varphi_1 + i\sin\varphi_1)}{r_2(\cos\varphi_2 + i\sin\varphi_2)} = \frac{r_1}{r_2}[\cos(\varphi_1 - \varphi_2) + i\sin(\varphi_1 - \varphi_2)]$$

Beweis:

$$\frac{z_1}{z_2} = \frac{r_1(\cos\varphi_1 + i\sin\varphi_1)}{r_2(\cos\varphi_2 + i\sin\varphi_2)} = \frac{r_1}{r_2}\frac{(\cos\varphi_1 + i\sin\varphi_1)(\cos\varphi_2 - i\sin\varphi_2)}{(\cos\varphi_2 + i\sin\varphi_2)(\cos\varphi_2 - i\sin\varphi_2)}$$

$$= \frac{r_1}{r_2}\frac{\cos\varphi_1\cos\varphi_2 + \sin\varphi_1\sin\varphi_2 + (\sin\varphi_1\cos\varphi_2 - \cos\varphi_1\sin\varphi_2)i}{\sin^2\varphi_2 + \cos^2\varphi_2}$$

$$= \frac{r_1}{r_2}[\cos(\varphi_1 - \varphi_2) + i\sin(\varphi_1 - \varphi_2)]$$

denn $\cos\varphi_1\cos\varphi_2 + \sin\varphi_1\sin\varphi_2 = \cos(\varphi_1 - \varphi_2)$, $\sin\varphi_1\cos\varphi_2 - \cos\varphi_1\sin\varphi_2 = \sin(\varphi_1 - \varphi_2)$ und $\sin^2\varphi + \cos^2\varphi = 1$ (siehe Abschn. 6.6).

▶ **Beispiele:**

4. $z_1 = 3(\cos 20° + i\sin 20°)$, $z_2 = 7(\cos 65° + i\sin 65°)$

$\Longrightarrow \dfrac{z_2}{z_1} = \dfrac{7(\cos 65° + i\sin 65°)}{3(\cos 20° + i\sin 20°)} = \dfrac{7}{3}(\cos 45° + i\sin 45°)$

5. $z_1 = 5(\cos 30° + i\sin 30°) = \dfrac{5}{2}\sqrt{3} + \dfrac{5}{2}i$,

$z_2 = 13(\cos 60° + i\sin 60°) = \dfrac{13}{2} + \dfrac{13}{2}\sqrt{3}i$

Es folgt

$\dfrac{z_1}{z_2} = \dfrac{5(\cos 30° + i\sin 30°)}{13(\cos 60° + i\sin 60°)} = \dfrac{5}{13}(\cos(-30°) + i\sin(-30°))$

$\quad = \dfrac{5}{13}(\cos 30° - i\sin 30°) = \dfrac{5}{13}\left(\dfrac{1}{2}\sqrt{3} - \dfrac{1}{2}i\right) = \dfrac{5}{26}\sqrt{3} - \dfrac{5}{26}i$

oder

$$\frac{z_1}{z_2} = \frac{\frac{5}{2}\sqrt{3} + \frac{5}{2}i}{\frac{13}{2} + \frac{13}{2}\sqrt{3}i} = \frac{\left(\frac{5}{2}\sqrt{3} + \frac{5}{2}i\right)\left(\frac{13}{2} - \frac{13}{2}\sqrt{3}i\right)}{\left(\frac{13}{2} + \frac{13}{2}\sqrt{3}i\right)\left(\frac{13}{2} - \frac{13}{2}\sqrt{3}i\right)}$$

$$= \frac{\frac{65}{4}\sqrt{3} - \frac{65}{4}\cdot 3\,i + \frac{65}{4}i + \frac{65}{4}\sqrt{3}}{169} = \frac{5}{26}\sqrt{3} - \frac{5}{26}i$$

1.12.6 Potenzieren komplexer Zahlen

Ist n eine nichtnegative ganze Zahl, so wird die n-te Potenz z^n von z wie üblich durch $z^0 = 1$, $z^n = z^{n-1} \cdot z$ definiert.

▶ **Beispiele:**

1. $z^3 = (a+bi)^2(a+bi) = a^3 - 3ab^2 + (3a^2b - b^3)\,i$
2. $z^4 = (a+bi)^3(a+bi) = [a^3 - 3ab^2 + (3a^2b - b^3)i](a+bi)$
   $= a^4 - 6a^2b^2 + b^4 + (4a^3b - 4ab^3)\,i$

Einfacher lässt sich das Potenzieren komplexer Zahlen in der trigonometrischen Form durchführen. Mit Hilfe der Additionstheoreme für die trigonometrischen Funktionen (vgl. Abschn. 6.6) erhält man die Formel von Moivre (nach dem französischen Mathematiker Abraham de Moivre, 1667–1754).

$$z^n = [r(\cos\varphi + i\sin\varphi)]^n = r^n(\cos n\varphi + i\sin n\varphi) \quad (n \in \mathbb{N})$$

Eine komplexe Zahl in trigonometrischer Form wird also in die n-te Potenz erhoben, indem man den Modul (r) in die entsprechende Potenz r^n erhebt und das Argument (φ) mit dem Exponenten n multipliziert.

▶ **Beispiel:**

3. $z = 5(\cos 30° + i\sin 30°) = \frac{5}{2}\sqrt{3} + \frac{5}{2}i$

$$z^4 = \left[\frac{5}{2}\sqrt{3} + \frac{5}{2}i\right]^4$$

$$= \left(\frac{5}{2}\sqrt{3}\right)^4 - 6\left(\frac{5}{2}\sqrt{3}\right)^2\left(\frac{5}{2}\right)^2 + \left(\frac{5}{2}\right)^4 + \left[4\left(\frac{5}{2}\sqrt{3}\right)^3 \cdot \frac{5}{2} - 4\frac{5}{2}\sqrt{3}\left(\frac{5}{2}\right)^3\right]i$$

$$= \frac{625 \cdot 9}{16} - \frac{6 \cdot 25 \cdot 3 \cdot 25}{4 \cdot 4} + \frac{625}{16} + \left[\frac{4 \cdot 125 \cdot 3 \cdot \sqrt{3} \cdot 5}{8 \cdot 2} - \frac{4 \cdot 5 \cdot \sqrt{3} \cdot 125}{2 \cdot 8} \right] i$$

$$= -\frac{625}{2} + \frac{625 \cdot \sqrt{3}}{2} i$$

$$z^4 = [5(\cos 30° + i \sin 30°)]^4 = 5^4 (\cos 120° + i \sin 120°)$$

$$= 5^4 (-\sin 30° + i \cos 30°) = 5^4 \left(-\frac{1}{2} + \frac{1}{2} \sqrt{3}\, i \right) = -\frac{625}{2} + \frac{625 \cdot \sqrt{3}}{2} i$$

Die Moivresche Formel lässt sich durch vollständige Induktion beweisen. Ihre Gültigkeit lässt sich schrittweise bis auf reelle Exponenten ausdehnen.

1.12.7 Radizieren komplexer Zahlen

Die n-te Wurzel $\sqrt[n]{z}$ einer komplexen Zahl z ist definiert als eine komplexe Zahl w, deren n-te Potenz gleich z ist, also eine Lösung der Gleichung $w^n = z$.

Setzt man $z = r(\cos \varphi + i \sin \varphi)$ und $w = \rho(\cos \psi + i \sin \psi)$, dann folgt mit der Formel von Moivre $w^n = \rho^n(\cos n\psi + i \sin n\psi)$ und wegen $w^n = z = r(\cos \varphi + i \sin \varphi)$ weiter $\rho^n = r$, $\cos n\psi = \cos \varphi$, $\sin n\psi = \sin \varphi$. Aus $\rho^n = r$ ergibt sich $\rho = \sqrt[n]{r}$, während es für $\cos n\psi = \cos \varphi$, $\sin n\psi = \sin \varphi$ wegen $\cos \varphi = \cos(\varphi + 2k\pi)$, $\sin \varphi = \sin(\varphi + 2k\pi)$ genau n verschiedene Lösungen $\psi_k = \dfrac{\varphi + 2k\pi}{n}$, $k = 0, 1, 2, \ldots, n-1$, gibt.

Somit gilt:

Für $n \in \mathbb{N}$ besitzt die Gleichung $w^n = z = r(\cos \varphi + i \sin \varphi)$ genau n verschiedene Lösungen $w_0, w_1, \ldots, w_{n-1}$ (die n-ten Wurzeln aus z).

$$w_k = \sqrt[n]{r} \left(\cos \frac{\varphi + 2k\pi}{n} + i \sin \frac{\varphi + 2k\pi}{n} \right), \quad k = 0, 1, \ldots, n-1$$

Die n-te Wurzel aus z ist also nicht eindeutig. Für $k = 0$ ergibt sich der sogenannte Hauptwert w_0 der n-ten Wurzel.

Hauptwert $\qquad\qquad w_0 = \sqrt[n]{r} \left(\cos \dfrac{\varphi}{n} + i \sin \dfrac{\varphi}{n} \right)$

Stellt man die n-ten Wurzeln w_k, $k = 0, 1, 2, \ldots, n-1$ in der gaußschen Zahlenebene dar, so ergeben sich die Eckpunkte eines regelmäßigen n-Ecks mit dem Mittelpunkt im Koordinatenursprung. Die Punkte liegen auf einem Kreis mit dem Radius $\rho = \sqrt[n]{r}$. Der Hauptwert w_0 besitzt das Argument $\dfrac{\varphi}{n}$. Durch wiederholte Drehung um den Winkel $\dfrac{2\pi}{n}$ erhält man die weiteren Lösungen.

▶ **Beispiel:**

$z = 2{,}985984(\cos 60° + i \sin 60°) = (1{,}2)^6(\cos 60° + i \sin 60°)$, $n = 6$
(Abb. 1.7)

Wegen $\sqrt[n]{r} = \sqrt[6]{(1{,}2)^6} = 1{,}2$ und $\dfrac{\varphi}{n} = \dfrac{60°}{6} = 10°$ lauten die sechsten Wurzeln aus z:

$w_0 = 1{,}2(\cos 10° + i \sin 10°)$, $\quad w_1 = 1{,}2(\cos 70° + i \sin 70°)$

$w_2 = 1{,}2(\cos 130° + i \sin 130°)$, $\quad w_3 = 1{,}2(\cos 190° + i \sin 190°)$

$w_4 = 1{,}2(\cos 250° + i \sin 250°)$, $\quad w_5 = 1{,}2(\cos 310° + i \sin 310°)$

Die n-ten Wurzeln aus $z = 1$ sind die sogenannten n-ten Einheitswurzeln.

n-te Einheitswurzeln	Lösungen von $w^n = z = 1$

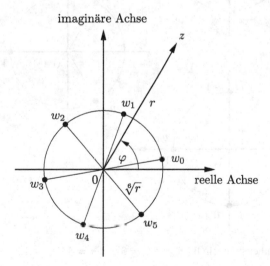

Abb. 1.7 Die sechsten Wurzeln $w_0, w_1, \ldots, w_5$ aus $z = (1, 2)^6(\cos 60° + i \sin 60°)$

▶ **Beispiele:** (Abb. 1.8)

1. $n = 2:\ z = w^2 = 1$
   $w_0 = 1(\cos 0° + i \sin 0°) = 1;\quad w_1 = 1(\cos 180° + i \sin 180°) = -1$
2. $n = 3:\ z = w^3 = 1$
   $w_0 = 1(\cos 0° + i \sin 0°) = 1$

   $w_1 = 1(\cos 120° + i \sin 120°) = 1(-\cos 60° + i \sin 60°) = -\dfrac{1}{2} + \dfrac{1}{2}\sqrt{3}\,i$

   $w_2 = 1(\cos 240° + i \sin 240°) = 1(-\cos 60° - i \sin 60°) = -\dfrac{1}{2} - \dfrac{1}{2}\sqrt{3}\,i$
3. $n = 4:\ z = w^4 = 1$
   $w_0 = 1(\cos 0° + i \sin 0°) = 1$
   $w_1 = 1(\cos 90° + i \sin 90°) = i$
   $w_2 = 1(\cos 180° + i \sin 180°) = -1$
   $w_3 = 1(\cos 270° + i \sin 270°) = -i$

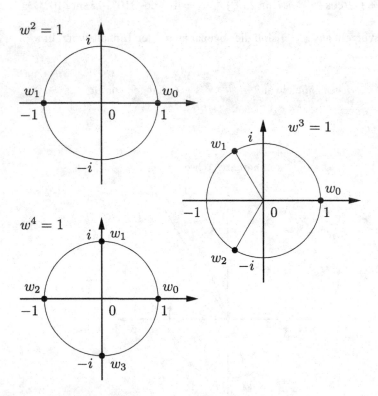

Abb. 1.8 Die n-ten Einheitswurzeln für $n = 2, n = 3$ und $n = 4$

1.12.8 Eulersche Formel

Die eulersche Formel für komplexe Zahlen z verknüpft die Exponentialfunktion (vgl. Abschn. 5.7.1) und die trigonometrischen Funktionen (siehe Abschn. 6.1) miteinander (nach dem Schweizer Mathematiker Leonhard Euler, 1707–1783). Dabei ist e die eulersche Zahl (vgl. Abschn. 1.8).

$$e^{iz} = \cos z + i \sin z, \ z \in \mathbb{C}$$

Für reelle Zahlen x (die reellen Zahlen sind eine Teilmenge der komplexen Zahlen) gilt $e^{ix} = \cos x + i \sin x$.

Setzt man $x = \varphi$, dann erhält man die sogenannte Exponentialform der komplexen Zahlen.

$$z = r(\cos \varphi + i \sin \varphi) = r e^{i\varphi}$$

Dabei ist r der Modul und φ das Argument der komplexen Zahl z.

Für das Produkt und den Quotienten zweier komplexer Zahlen $z_1 = r_1 \cdot e^{i\varphi_1}$ und $z_2 = r_2 \cdot e^{i\varphi_2}$ ergibt sich

$$z_1 \cdot z_2 = r_1 \cdot e^{i\varphi_1} \cdot r_2 \cdot e^{i\varphi_2} = r_1 \cdot r_2 \cdot e^{i(\varphi_1 + \varphi_2)}$$

$$\frac{z_1}{z_2} = \frac{r_1}{r_2} \frac{e^{i\varphi_1}}{e^{i\varphi_2}} = \frac{r_1}{r_2} e^{i(\varphi_1 - \varphi_2)} \quad (z_2 \neq 0)$$

▶ **Beispiel für eine komplexe Zahl in verschiedenen Formen:**

$$z = 2\left(\frac{1}{2} + \frac{\sqrt{3}}{2} i\right) = 1 + \sqrt{3}\, i \qquad \text{(algebraische Form)}$$

$$= 2\left(\cos \frac{\pi}{3} + i \sin \frac{\pi}{3}\right) \qquad \text{(trigonometrische Form)}$$

$$= 2 e^{i \frac{\pi}{3}} \qquad \text{(Exponentialform)}$$

1.13   Beweisprinzipien

Mathematische Aussagen müssen in der Regel bewiesen werden. Dazu gibt es unterschiedliche Beweisverfahren. Ein Beweis ist eine endliche Folge mathematisch korrekter Schlussfolgerungen, aus denen auf die Gültigkeit der zu beweisenden Aussage geschlossen werden kann.

Jeder mathematische Satz kann auf eine oder mehrere Implikationen reduziert werden. In einer Implikation wird die Konklusion (Behauptung) Q aus der Prämisse (Voraussetzung) P abgeleitet. Die Prämisse P besteht oftmals aus mehreren Voraussetzungen: $P = P_1 \wedge \ldots \wedge P_n$.

Es gibt verschiedene Beweisprinzipien.

1.13.1 Direkter Beweis

Hier wird $P \implies Q$ bewiesen.

Die Konklusion wird dabei auf direktem Weg, im Allgemeinen über eine Kette von Schlüssen, aus der Prämisse abgeleitet: $P \implies S_1, S_1 \implies S_2, \ldots, S_{n-1} \implies S_n, S_n \implies Q$.

Es soll folgende Aussage direkt bewiesen werden:

Ist n eine ungerade natürliche Zahl, so ist auch n^2 ungerade.

Beweis:

$n \in \mathbb{N}, n$ ungerade $\implies \exists k \in \mathbb{N}_0 : n = 2k + 1$

$\implies n^2 = (2k+1)^2 = 4k^2 + 4k + 1 = 2(2k^2 + 2k) + 1 = 2l + 1, \ l = 2k^2 + 2k \in \mathbb{N}_0$

$\implies n^2$ ungerade

1.13.2 Beweis durch Kontraposition

Hier wird $\neg Q \implies \neg P$ bewiesen. Aus dem logischen Gegenteil der Behauptung wird also das logische Gegenteil der Voraussetzung abgeleitet.

Es wird dabei die Tatsache benutzt, dass $P \implies Q$ und $\neg Q \implies \neg P$ aussagenlogisch äquivalent sind.

Es soll folgende Aussage durch Kontraposition bewiesen werden:

Ist $3n + 2$ eine ungerade Zahl, so ist auch n ungerade.

Beweis:

$n \in \mathbb{Z}$, n gerade $\implies \exists k \in \mathbb{Z} : n = 2k$
$\implies 3n + 2 = 3(2k) + 2 = 6k + 2 = 2(3k + 1) = 2l, \; l = 3k + 1 \in \mathbb{Z}$
$\implies 3n + 2$ gerade

1.13.3 Widerspruchsbeweis (indirekter Beweis)

Hier wird $\neg(P \wedge \neg Q)$ bewiesen.

Beim Widerspruchsbeweis oder indirekten Beweis wird $P_1 \wedge \dots \wedge P_n \implies Q$ dadurch bewiesen, dass angenommen wird, dass Q nicht gilt. Es muss dann gezeigt werden, dass $\neg Q$ im Widerspruch zu mindestens einer der Voraussetzungen $P_1, \dots, P_n$ steht (Q gilt, wenn $\neg Q$ zu einem Widerspruch führt).

Es wird hier benutzt, dass $P \implies Q$ und $\neg(P \wedge \neg Q)$ aussagenlogisch äquivalent sind.

Es soll folgende Aussage mit einem Widerspruchsbeweis bewiesen werden:

$\sqrt{2}$ ist irrational.

Beweis:

Annahme: $\sqrt{2}$ ist rational.
Annahme $\implies \sqrt{2} = \dfrac{a}{b}$ mit teilerfremden $a, b \in \mathbb{N}$ (kein gemeinsamer Faktor > 1)

$\implies 2 = \dfrac{a^2}{b^2} \implies 2b^2 = a^2 \implies a^2$ gerade
$\implies a$ gerade (Kontraposition der Aussage von Abschn. 1.13.1)
$\implies a = 2k \implies 2b^2 = 4k^2 \implies b^2 = 2k^2$
$\implies b^2$ gerade $\implies b$ gerade.
Somit haben a und b den gemeinsamen Faktor 2 und sind damit nicht, wie oben angenommen, teilerfremd – ein Widerspruch.

1.13.4 Beweis mit vollständiger Induktion

Diese Beweismethode kann angewendet werden, wenn man Aussagen über natürliche Zahlen beweisen möchte. Ein Beweis mit vollständiger Induktion, dass eine Aussage $S(n)$ (eine Eigenschaft oder eine Formel) für alle natürlichen Zahlen $n \geq m$ (also von m an) richtig ist, besteht aus drei Schritten:

1. Induktionsanfang (Induktionsverankerung):
   Zeige, dass die Aussage für das kleinste $m \in \mathbb{N}$, für das sie formuliert ist (meist $m = 1$), wahr ist, das heißt, beweise $S(m)$.

2. Induktionsvoraussetzung (Induktionsannahme):

   Die Aussage $S(n)$ ist wahr für eine beliebige natürliche Zahl $n \in \mathbb{N}$, $n \geq m$ (n beliebig, aber fest).

3. Induktionsschluss (Induktionsschritt):

   Unter Benutzung der Induktionsannahme wird gezeigt, dass die Aussage $S(n)$ dann auch für $n + 1$ richtig ist, das heißt, aus $S(n)$ folgt $S(n + 1)$. Man muss in diesem Schritt also $S(n + 1)$ beweisen. Man nennt diesen Schritt auch Schluss von n auf $n + 1$.

Man beachte, dass sowohl der Induktionsanfang als auch der Induktionsschluss durchgeführt werden müssen. Der Induktionsschluss von n auf $n + 1$ macht den Nachweis der Gültigkeit für $n = m$ (Induktionsanfang) nicht überflüssig.

Es soll folgende Aussage mit vollständiger Induktion bewiesen werden:

Für alle natürlichen Zahlen n gilt $\ \ 1 + 2 + 3 + \ldots + n = \dfrac{n \cdot (n + 1)}{2}$.

Beweis der Behauptung mit vollständiger Induktion:

Induktionsanfang (IA):

Für $n = 1$ ist die Behauptung richtig, denn auf beiden Seiten des Gleichheitszeichens steht 1: $\ \ 1 = \dfrac{1 \cdot 2}{2} = 1$

Induktionsannahme (IV):

Für eine beliebige natürliche Zahl n ist die Behauptung richtig:

$$1 + 2 + 3 + \ldots + n = \frac{n \cdot (n + 1)}{2}$$

Induktionsschluss (IS) (von n auf $n + 1$):

Addiert man auf beiden Seiten der Induktionsannahme $n + 1$, so folgt

$$1 + 2 + 3 + \ldots + n + (n + 1) = \frac{n \cdot (n + 1)}{2} + (n + 1)$$
$$= (n + 1) \cdot \left(\frac{n}{2} + 1\right) = \frac{(n + 1)(n + 2)}{2} = \frac{(n + 1)[(n + 1) + 1]}{2}$$

Aus der Richtigkeit der Annahme für n folgt somit auch die Richtigkeit für $n + 1$. Damit gilt die Formel für alle $n \geq 1$.

Es müssen sowohl $S(m)$ als auch $S(n + 1)$ bewiesen werden. Der Induktionsschluss allein kann gelingen, obwohl die Aussage $S(n)$ für alle $n \in \mathbb{N}$ falsch ist.

▶ **Beispiel:**

Die Aussage $1 + 2 + 3 + \ldots + n = \frac{1}{2}n(n + 1) + k$ ist für $k \neq 0$ falsch, jedoch gelingt der Beweis des Induktionsschlusses für alle k wie in der vorhergehenden Aussage.

Bei manchen Beweisen gelingt es nicht, aus der Gültigkeit der Eigenschaft $S(n)$ auf die Gültigkeit der Eigenschaft $S(n + 1)$ zu schließen. Dann hilft mitunter eine Variante, die auch starke vollständige Induktion genannt wird.

1. IA: Beweise $S(m)$ für $m \in \mathbb{N}$.
2. IV: Annahme: $S(k)$ gilt für alle $k \in \mathbb{N}$ mit $m \leq k \leq n$.
3. IS: Beweise $S(n+1)$.

Es soll folgende Aussage mit starker vollständiger Induktion bewiesen werden:

Jede natürliche Zahl $n \geq 2$ besitzt einen Primteiler (also einen Teiler, der eine Primzahl ist).

Beweis:

IA: $n = 2 : 2$ ist ein Teiler von 2 und $2 \in \mathbb{P} \implies S(2)$ gilt

IV: $S(k)$ gilt für alle natürlichen Zahlen k mit $2 \leq k \leq n$

IS: $n + 1 = p \in \mathbb{P} \implies$ die Primzahl p teilt $n + 1$
$\quad\quad n + 1 \notin \mathbb{P} \implies n + 1 = a \cdot b$ mit $2 \leq a \leq n$, $2 \leq b \leq n$
$\quad\quad$ IV $\implies \exists q \in \mathbb{P} : q$ teilt $a \implies q$ teilt $n + 1$
$\quad\quad$ Zusammen: $S(n+1)$ gilt.

Gleichungen

2

2.1 Gleichungsarten

Ein Term ist ein mathematischer Ausdruck, der aus Zahlen, Variablen, Rechenzeichen (mathematischen Operationen) und möglicherweise noch anderen mathematischen Symbolen (zum Beispiel Funktionswerten) besteht.

Will man ausdrücken, dass ein Term T_1 zu einem anderen Term T_2 äquivalent (gleichwertig) ist, so schreibt man

Gleichung	$T_1 = T_2$

Eine solche Darstellung heißt Gleichung. Die linke Seite der Gleichung ist T_1, die rechte Seite der Gleichung ist T_2.

Mit Hilfe von Gleichungen lassen sich quantitative Beziehungen in Natur und Technik beschreiben. Meist liegen jedoch in der Praxis auftretende Aufgaben nicht in Form von Gleichungen zwischen Termen vor, sondern sie werden als Textgleichungen mit Worten beschrieben. Daraus muss dann durch eine Übersetzung in die formale Sprache der Mathematik eine mathematische Beziehung hergestellt werden.

Die Überlegenheit der mathematischen Symbolik zeigt folgendes Beispiel:

- Textgleichung: Den Umfang eines Kreises berechnet man, indem man das Produkt aus dem Verhältnis von Umfang eines beliebigen Kreises zu seinem Durchmesser $\left(\frac{U}{d} = \pi\right)$ und dem Kreisradius (r) mit 2 multipliziert (vgl. Abschn. 3.10).
- Termgleichung: $U_{Kreis} = 2\pi r$.

© Springer Fachmedien Wiesbaden GmbH, ein Teil von Springer Nature 2019
A. Kemnitz, *Mathematik zum Studienbeginn*,
https://doi.org/10.1007/978-3-658-26604-2_2

Man unterscheidet drei verschiedene Arten von Gleichungen:

- Identische Gleichungen
- Bestimmungsgleichungen
- Funktionsgleichungen

Eine identische Gleichung oder Identität ist eine Gleichung zwischen zwei algebraischen Ausdrücken, die bei Einsetzen beliebiger Zahlenwerte anstelle der darin aufgeführten Buchstabensymbole erhalten bleibt.

▶ **Beispiele für identische Gleichungen (Identitäten):**

1. $a(b+c) = ab + ac$
2. $(a+b)(c+d) = ac + ad + bc + bd$
3. $(a+b)^2 = a^2 + 2ab + b^2$
4. $\dfrac{a}{b} + \dfrac{c}{d} = \dfrac{ad + bc}{bd}$
5. $a^n a^m = a^{n+m}$
6. $\sqrt[n]{c}\,\sqrt[n]{d} = \sqrt[n]{cd}$
7. $\log_a(xy) = \log_a x + \log_a y$
8. $e^{ix} = \cos x + i \sin x$

Eine Bestimmungsgleichung ist eine Gleichung, in der Variable (Unbekannte) auftreten, die durch eine Rechnung bestimmt werden sollen. Mit Hilfe zulässiger Rechenoperationen sollen alle Werte der Variablen aus dem zugrunde liegenden Zahlenbereich zu bestimmen, für die die Gleichung erfüllt ist. Man nennt diese Werte Lösungen oder auch Wurzeln der Gleichung. Alle Lösungen zusammen bilden die Lösungsmenge L der Bestimmungsgleichung. Eine Gleichung hat keine, eine oder mehrere Lösungen.

Eine Bestimmungsgleichung ist also nur für einige spezielle Werte der Variablen erfüllt.

▶ **Beispiele für Bestimmungsgleichungen:**

1. $x + 2 = 3$ Lösung: $x = 1$

                            Lösungsmenge: $L = \{1\}$

2. $x + 2 = x + 3$ Keine Lösung

                            Lösungsmenge: $L = \{\} = \emptyset$

3. $2x + 1 = x^2 - 2$ Lösungen: $x = 3$ und $x = -1$

                            Lösungsmenge: $L = \{-1, 3\}$

4. $5x^2 - 5 = x^3 - x$ Lösungen: $x = 5$, $x = 1$ und $x = -1$

                            Lösungsmenge: $L = \{-1, 1, 5\}$

5. $11 - \sqrt{x + 3} = 6$ Lösung: $x = 22$

                                         Lösungsmenge: $L = \{22\}$

6. $3^x = 4^{x-2} \cdot 2^x$ Lösung: $x = \dfrac{4\log 2}{3\log 2 - \log 3} \approx 2{,}826780$

                                         Lösungsmenge: $L = \left\{ \dfrac{4\log 2}{3\log 2 - \log 3} \right\}$

7. $\lg(6x + 10) - \lg(x - 3) = 1$ Lösung: $x = 10$

                                         Lösungsmenge: $L = \{10\}$

8. $\sin^2 x - 1 = -0{,}5$ Lösung: $x = 45° + k \cdot 180°, \ k \in \mathbb{Z}$

                                         Lösungsmenge: $L = \{x \,|\, x = 45° + k \cdot 180°, \ k \in \mathbb{Z}\}$

Die Bestimmungsgleichungen werden unterteilt in algebraische Gleichungen und in transzendente Gleichungen.

In einer algebraischen Gleichung werden mit der oder den Variablen nur algebraische Rechenoperationen vorgenommen; sie werden addiert, subtrahiert, multipliziert, dividiert, potenziert oder radiziert. Sowohl die auftretenden Zahlen (Koeffizienten genannt) als auch die Lösungen können aber transzendente Zahlen sein. Jede algebraische Gleichung mit genau einer Variablen x lässt sich in der allgemeinen Form

$$a_n x^n + a_{n-1} x^{n-1} + a_{n-2} x^{n-2} + \cdots + a_1 x + a_0 = 0$$

schreiben. Die Zahlen $a_n, a_{n-1}, a_{n-2}, \ldots, a_1, a_0$ heißen Koeffizienten (Beizahlen) der Gleichung. Sie stehen für beliebige reelle oder komplexe Zahlen.

Ist x^n die höchste auftretende Potenz der Variablen x, so heißt die Gleichung vom Grad n. Algebraische Gleichungen vom Grad 1 heißen auch lineare Gleichungen, Gleichungen vom Grad 2 quadratische Gleichungen und Gleichungen vom Grad 3 kubische Gleichungen.

Der sogenannte Fundamentalsatz der Algebra sagt aus, dass jede algebraische Gleichung n-ten Grades genau n (reelle oder komplexe) Lösungen (Wurzeln) besitzt.

Alle Bestimmungsgleichungen, die nicht algebraisch sind, heißen transzendent (deutsch: übersteigend). Sie haben ihren Namen daher, dass sie im allgemeinen schwieriger aufzulösen sind als die algebraischen Gleichungen. Sie erfordern Auflösungsmethoden, die die Mittel der Algebra übersteigen.

Beispiele für transzendente Gleichungen sind Exponentialgleichungen, logarithmische Gleichungen und trigonometrische Gleichungen.

Bei den ersten fünf Beispielen handelt es sich um algebraische Bestimmungsgleichungen, bei den letzten drei Beispielen um transzendente Gleichungen.

Eine Funktionsgleichung dient dazu, eine Funktion zu definieren. Eine Funktion beschreibt den Zusammenhang zwischen verschiedenen veränderlichen Größen. Eine Funktionsgleichung enthält in der Regel zwei oder mehr Variable, die durch die Gleichung einander zugeordnet werden.

Funktionen werden ausführlich im Kap. 5 behandelt.

▶   **Beispiele für Funktionsgleichungen:**

1. $y = 2x + 1$
2. $y = -x^2 + x - 5$
3. $y = 2x^2 - x - 3\sqrt{x} + 4$
4. $y = \sin x$
5. $y = 2^x - 5x + 1$

2.2   Äquivalente Umformungen

Oft ist es möglich, eine gegebene Gleichung durch zulässige Rechenoperationen in eine Gleichung zu überführen, die die gleiche Lösungsmenge wie die Ausgangsgleichung besitzt, aber einfacher zu lösen ist. Eine solche Umformung heißt äquivalent. Man nennt auch die beiden Gleichungen äquivalent (gleichwertig).

Bei den zulässigen Rechenoperationen ist darauf zu achten, dass sie gleichzeitig auf beiden Seiten einer Gleichung durchgeführt werden, zum Beispiel die Addition einer Konstanten oder die Multiplikation mit einer Konstanten.

Grundregeln für äquivalente Umformungen:

- Addition einer Zahl (hier a) auf beiden Seiten einer Gleichung

$$x - a = b \quad | + a$$
$$x = b + a$$

- Subtraktion einer Zahl (hier a) von beiden Seiten einer Gleichung

$$x + a = b \quad | - a$$
$$x = b - a$$

- Multiplikation beider Seiten einer Gleichung mit der gleichen Zahl (hier mit a); Bedingung: $a \neq 0$

$$\frac{x}{a} = b \quad | \cdot a$$
$$x = b \cdot a$$

- Division beider Seiten einer Gleichung durch die gleiche Zahl (hier durch a); Bedingung: $a \neq 0$

$$ax = b \qquad | : a$$
$$x = \frac{b}{a}$$

▶ **Beispiele:**

1. $5x - 6 = 29 \,|+6$ (Addition auf beiden Seiten)
   $\qquad 5x = 35 \,|:5$ (Division auf beiden Seiten)
   $\qquad\quad x = 7$
   Alle Gleichungen sind äquivalent mit der Lösungsmenge $L = \{7\}$.

2. $\quad 5x - 20 = 60 - 11x \,|+11x$ (Addition auf beiden Seiten)
   $16x - 20 = 60 \qquad\quad |+20$ (Addition auf beiden Seiten)
   $\qquad 16x = 80 \qquad\quad |:16$ (Division auf beiden Seiten)
   $\qquad\quad\; x = 5$
   Alle vier Gleichungen sind äquivalent mit der Lösungsmenge $L = \{5\}$.

3. $\qquad\qquad \dfrac{2}{x} - \dfrac{1}{x-1} = \dfrac{1}{x+2}$ $(x \neq 0,1,-2) \,|\cdot x(x-1)(x+2)$
   $\qquad\qquad\qquad\qquad$ (Hauptnenner)
   $2(x-1)(x+2) - x(x+2) = x(x-1)$
   $2(x^2 + x - 2) - (x^2 + 2x) = x^2 - x$
   $\qquad\qquad\quad x^2 - 4 = x^2 - x \,|-x^2 + x$
   $\qquad\qquad\quad\; x - 4 = 0 \quad\; |+4$
   $\qquad\qquad\qquad\; x = 4$
   Alle Gleichungen sind äquivalent mit der Lösungsmenge $L = \{4\}$.

4. $4x^2 - x + 3 = 6x^2 + x - 1 \qquad\qquad\qquad |-(4x^2 - x + 3)$
   $\qquad\quad 0 = 6x^2 + x - 1 - 4x^2 + x - 3 \,|$ Zusammenfassen
   $\qquad\quad 0 = 2x^2 + 2x - 4 \qquad\qquad\quad |:2$
   $\qquad\quad 0 = x^2 + x - 2 \qquad\qquad\qquad |$ Vertauschen der Seiten
   $x^2 + x - 2 = 0$
   Berechnen der Lösungen der quadratischen Gleichung:
   $r_{1,2} = -\dfrac{1}{2} \pm \sqrt{\dfrac{1}{4} + 2} - \dfrac{1}{2} \pm \dfrac{3}{2} \implies x_1 = 1,\; x_2 = -2$
   Alle Gleichungen sind äquivalent mit der Lösungsmenge $L = \{1, -2\}$.

5. $\qquad\; \sqrt{x+8} = x + 2 \qquad |$ Quadrieren
   $\qquad\quad x + 8 = (x+2)^2 \quad |$ Klammer „beseitigen"
   $\qquad\quad x + 8 = x^2 + 4x + 4 \,|-(x+8)$
   $\qquad\qquad\; 0 = x^2 + 3x - 4 \,|$ Vertauschen der Seiten
   $x^2 + 3x - 4 = 0$

Berechnen der Lösungen der quadratischen Gleichung:

$$x_{1,2} = -\frac{3}{2} \pm \sqrt{\frac{9}{4} + 4} = -\frac{3}{2} \pm \frac{5}{2} \implies x_1 = 1, \; x_2 = -4$$

$x_1 = 1$ erfüllt die Ausgangsgleichung wegen $\sqrt{1+8} = 1+2$, dagegen ist $x_2 = -4$ keine Lösung der Ausgangsgleichung, denn es ist $\sqrt{-4+8} \neq -4+2$.

Somit: Das Quadrieren ist keine äquivalente Umformung!

2.3   Lineare Gleichungen

Eine lineare Gleichung oder Gleichung ersten Grades ist eine algebraische Gleichung, in der die Variable x in keiner höheren als der ersten Potenz vorkommt.

Jede lineare Gleichung lässt sich durch äquivalente Umformungen überführen in die äquivalente Gleichung

$$ax + b = 0, \, a \neq 0$$

Diese Gleichung heißt allgemeine Form der linearen Gleichung. Durch Division durch $a \neq 0$ erhält man die sogenannte Normalform der linearen Gleichung.

$$x + \frac{b}{a} = x + c = 0, \, c = \frac{b}{a}$$

Die Lösung der linearen Gleichung ist $x = -c = -\frac{b}{a}$. Für die Lösungsmenge gilt also:

$$L = \{-c\} = \left\{ -\frac{b}{a} \right\}.$$

Allgemeines Verfahren zur Bestimmung der Lösung:

Man „beseitigt" zunächst alle Klammern und Brüche und ordnet dann die Glieder so, dass alle Glieder mit der Variablen x links vom Gleichheitszeichen und alle anderen rechts davon stehen:

$$a(bx + c) = d(ex + f)$$
$$abx + ac = dex + df$$
$$abx - dex = df - ac$$
$$x(ab - de) = df - ac$$
$$x = \frac{df - ac}{ab - de}$$

($ab \neq de$ ist Bedingung, denn durch 0 darf nicht dividiert werden.)

▶ **Beispiel:**

$$3(x + 2) = 5(-2x + 9)$$
$$3x + 6 = -10x + 45$$
$$3x + 10x = 45 - 6$$
$$13x = 39$$
$$x = 3$$

Probe:
$$3(3 + 2) = 5(-6 + 9)$$
$$3 \cdot 5 = 5 \cdot 3$$
$$15 = 15$$

Grundsätzlich sollte eine Probe durchgeführt werden. Dabei ist jede Seite der Gleichung einzeln auszurechnen. Der berechnete Wert für x sollte stets in die Ausgangsgleichung eingesetzt werden.

Fehlerwarnung: Nach Einsetzen der Lösung sollen nicht die gleichen Umformungen wie bei der Hauptrechnung vorgenommen werden, da sonst leicht ein möglicher Fehler wiederholt werden kann.

2.4   Proportionen

Eine Sonderstellung unter den linearen Gleichungen mit einer Variablen nehmen die Proportionen wegen ihrer vielseitigen Anwendbarkeit ein.

Eine Proportion ist eine Verhältnisgleichung

$$a : b = c : x$$

oder mit $x = d$

$$a : b = c : d$$

und in Bruchschreibweise

$$\frac{a}{b} = \frac{c}{d}$$

(gesprochen: a verhält sich zu b wie c zu d).

Treten in einer Proportion gleiche Innenglieder oder gleiche Außenglieder auf, so heißt die Proportion stetig. Im Fall gleicher Innenglieder, also $a : b = b : c$, nennt man b mittlere Proportionale.

Sind von den Gliedern einer Proportion drei bekannt, dann lässt sich die vierte Proportionale berechnen. Sind zum Beispiel a, b, c bekannt und d gesucht, so gilt $d = \dfrac{bc}{a}$.

▶ **Beispiele:**

1. Welche Kraft F dehnt eine Feder um $4\,\mathrm{cm}$, wenn die Kraft $3\,\mathrm{N}$ (Newton) eine Dehnung um $2\,\mathrm{cm}$ bewirkt?

   Ansatz *(Hookesches Gesetz):* $F : 4\,\mathrm{cm} = 3\,\mathrm{N} : 2\,\mathrm{cm}$

   Auflösung nach F: $F = \dfrac{4\,\mathrm{cm} \cdot 3\,\mathrm{N}}{2\,\mathrm{cm}} = 6\,\mathrm{N}$

   Antwort: Die Kraft $6\,\mathrm{N}$ bewirkt die Dehnung um $4\,\mathrm{cm}$.

2. Wie weit kommt ein Flugzeug in $2\,\tfrac{1}{2}\,\mathrm{h}$, wenn es $10\,\mathrm{km}$ in $45\,\mathrm{s}$ zurücklegt?

   Ansatz *(Bewegung mit konstanter Geschwindigkeit):* $x : 9000\,\mathrm{s} = 10\,\mathrm{km} : 45\,\mathrm{s}$

   Auflösung nach x: $x = \dfrac{9000\,\mathrm{s} \cdot 10\,\mathrm{km}}{45\,\mathrm{s}} = 2000\,\mathrm{km}$

   Antwort: Das Flugzeug fliegt $2000\,\mathrm{km}$ weit.

Die Proportion $a : b = c : d$ lässt sich verschieden umformen. Äquivalente Formen sind

$$d : c = b : a$$
$$a : c = b : d$$
$$d : b = c : a$$
$$b : a = d : c$$
$$a \cdot d = b \cdot c$$

Aus der Proportion $a : b = c : d$ lassen sich weitere Proportionen ableiten, etwa durch Addition oder Subtraktion von 1 auf beiden Seiten. Man nennt ein solches Umformen der Proportion korrespondierende Addition oder korrespondierende Subtraktion (Bedingung in allen Fällen: Nenner ungleich 0).

$$\frac{a+b}{b} = \frac{c+d}{d}; \quad \frac{a}{a+b} = \frac{c}{c+d}; \quad \frac{a-b}{b} = \frac{c-d}{d}; \quad \frac{a}{a-b} = \frac{c}{c-d}$$

Dies sind Sonderfälle des allgemeinen Gesetzes der korrespondierenden Addition und Subtraktion. Aus $a : b = c : d$ folgt für beliebige reelle Zahlen p, q, r, s (r und s dürfen nicht gleichzeitig 0 sein)

$$\frac{pa + qb}{ra + sb} = \frac{pc + qd}{rc + sd}$$

▶ **Beispiele:**

3. $\quad \dfrac{5}{4} = \dfrac{5 + x}{x} \qquad$ Nenner vom Zählersubtrahieren
    (korrespondierende Subtraktion):

    $\dfrac{5 - 4}{4} = \dfrac{5 + x - x}{x} \qquad$ Vereinfachen:

    $\dfrac{1}{4} = \dfrac{5}{x} \qquad$ Nach x auflösen (Multiplikation der Gleichungmit $4x$):

    $x = 20$

    Die Lösung ist $x = 20$, wie die Probe bestätigt.

4. $5x : (4 - x) = 30 : 9 \qquad$ In Bruchschreibweise:

    $\dfrac{5x}{4 - x} = \dfrac{30}{9} \qquad$ Addition von $\frac{1}{5}$ des Zählers zum Nenner
    (korrespondierende Addition):

    $\dfrac{5x}{4 - x + \frac{5x}{5}} = \dfrac{30}{9 + \frac{30}{5}} \qquad$ Vereinfachen:

    $\dfrac{5x}{4} = \dfrac{30}{15} \ (= 2) \qquad$ Multiplikation mit $\frac{4}{5}$:

    $x = \dfrac{8}{5}$

    Die Lösung ist $x = \dfrac{8}{5}$.

Probe:

$$\frac{5 \cdot \frac{8}{5}}{4 - \frac{8}{5}} = \frac{30}{9} \quad \Longleftrightarrow \quad \frac{8}{2\frac{2}{5}} = \frac{10}{3} \quad \Longleftrightarrow \quad 8 \cdot \frac{5}{12} = \frac{10}{3} \quad \Longleftrightarrow \quad \frac{10}{3} = \frac{10}{3}$$

2.5   Quadratische Gleichungen

2.5.1   Definitionen

Eine quadratische Gleichung oder Gleichung zweiten Grades ist eine algebraische Gleichung, in der die Variable x in keiner höheren als der zweiten Potenz vorkommt.

Jede quadratische Gleichung lässt sich durch äquivalente Umformungen überführen in die Gleichung

$$\text{Allgemeine Form} \qquad ax^2 + bx + c = 0, a \neq 0$$

Diese Gleichung heißt allgemeine Form der quadratischen Gleichung.

Durch Division durch $a \neq 0$ erhält man die sogenannte Normalform der quadratischen Gleichung (mit $p = \dfrac{b}{a}$, $q = \dfrac{c}{a}$).

$$\text{Normalform} \qquad x^2 + px + q = 0$$

2.5.2   Lösungsverfahren

Sonderfälle
Ist $q = 0$, also $x^2 + px = 0$, dann erhält man durch Ausklammern von x die Produktform $x(x + p) = 0$. Da ein Produkt genau dann gleich 0 ist, wenn mindestens einer der Faktoren gleich 0 ist, ergeben sich daraus die Lösungen $x_1 = 0$, $x_2 = -p$.

$$\text{Sonderfall } q = 0 \qquad \begin{array}{l} \text{Gleichung:} \quad x^2 + px = 0 \\[2mm] \text{Lösungen:} \quad x_1 = 0, \; x_2 = -p \end{array}$$

Fehlerwarnung: Man darf nicht durch x dividieren. Division durch 0 ist verboten. Die Lösung $x = 0$ ginge sonst verloren.

▶   **Beispiel:** $x^2 - 5x = 0 \implies$ Lösungen: $x_1 = 0$, $x_2 = 5$

Ist $p = 0$, also $x^2 + q = 0$, dann liegt eine sogenannte rein quadratische Gleichung vor. Durch Subtraktion von q auf beiden Seiten der Gleichung, also $x^2 = -q$, und anschließendes Radizieren erhält man die Lösungen $x_1 = +\sqrt{-q}$, $x_2 = -\sqrt{-q}$.

Sonderfall $p = 0$	Gleichung: $x^2 + q = 0$ Lösungen: $x_1 = +\sqrt{-q}$, $x_2 = -\sqrt{-q}$

Für $q < 0$ ergeben sich zwei reelle Lösungen, für $q = 0$ die (doppelt zu zählende) Lösung $x = 0$, für $q > 0$ zwei rein imaginäre Lösungen, und zwar $x_1 = i\sqrt{q}$, $x_2 = -i\sqrt{q}$ (x_1 und x_2 sind konjugiert komplex).

▶ **Beispiele:**

1. $x^2 - 9 = 0$
   $q = -9 < 0 \implies$ zwei reelle Lösungen: $x_1 = 3$, $x_2 = -3$

2. $x^2 + 16 = 0$
   $q = 16 > 0 \implies$ zwei imaginäre Lösungen: $x_1 = 4i$, $x_2 = -4i$

Für die Sonderfälle $c = 0$ und $b = 0$ der allgemeinen Form der quadratischen Gleichung ergeben sich die Lösungen ganz analog.

Sonderfall $c = 0$	Gleichung: $ax^2 + bx = 0$ Lösungen: $x_1 = 0$, $x_2 = -\dfrac{b}{a}$

Sonderfall $b = 0$	Gleichung: $ax^2 + c = 0$ Lösungen: $x_1 = +\sqrt{-\dfrac{c}{a}}$, $x_2 = -\sqrt{-\dfrac{c}{a}}$

Normalform

Die Lösungen der Normalform $x^2 + px + q = 0$ der quadratischen Gleichung bestimmt man mit der Methode der „quadratischen Ergänzung". Zunächst bringt man q auf die rechte Seite der Gleichung, das heißt, von beiden Seiten der Gleichung wird q subtrahiert. Auf beiden Seiten addiert man dann die quadratische Ergänzung $(\frac{p}{2})^2$ des Terms $x^2 + px$. Damit wird die linke Seite der Gleichung zu einem „vollständigen Quadrat" (binomische Formel). Durch Radizieren und anschließender Subtraktion von $\frac{p}{2}$ ergeben sich dann die Lösungen x_1 und x_2 der Gleichung.

Bestimmung der Lösungen:

$$x^2 + px + q = 0$$
$$x^2 + px = -q$$
$$x^2 + px + \left(\frac{p}{2}\right)^2 = \left(\frac{p}{2}\right)^2 - q$$
$$\left(x + \frac{p}{2}\right)^2 = \left(\frac{p}{2}\right)^2 - q$$
$$\left(x + \frac{p}{2}\right)^2 = \frac{p^2}{4} - q$$
$$x + \frac{p}{2} = \pm\sqrt{\frac{p^2}{4} - q}$$
$$x = -\frac{p}{2} \pm \sqrt{\frac{p^2}{4} - q}$$

Daraus ergibt sich

$$x_1 = -\frac{p}{2} + \sqrt{\frac{p^2}{4} - q}, \quad x_2 = -\frac{p}{2} - \sqrt{\frac{p^2}{4} - q}$$

Normalform

Gleichung: $x^2 + px + q = 0$

Lösungen: $x_1 = -\frac{p}{2} + \sqrt{\frac{p^2}{4} - q}, \quad x_2 = -\frac{p}{2} - \sqrt{\frac{p^2}{4} - q}$

Die Gleichung $x_{1,2} = -\frac{p}{2} \pm \sqrt{\frac{p^2}{4} - q}$ für die Lösungen nennt man auch (p, q)-Formel.

(p, q)-Formel

$$x_{1,2} = -\frac{p}{2} \pm \sqrt{\frac{p^2}{4} - q}$$

▶ **Beispiele:**

1. (ausführlich)

$$x^2 + 12x + 35 = 0$$
$$x^2 + 12x = -35$$
$$x^2 + 12x + 6^2 = -35 + 6^2$$
$$(x + 6)^2 = 1$$
$$x + 6 = \pm 1$$
$$x = -6 \pm 1$$

Lösungen: $x_1 = -6 + 1 = -5$, $x_2 = -6 - 1 = -7$
Es sind zwei Proben durchzuführen!

2. (mit (p, q)-Formel)

$25x^2 + 13 = 70x$

Sortieren und Dividieren durch 25 zum Beschaffen der Normalform:
$$x^2 - \frac{14}{5}x + \frac{13}{25} = 0 \implies p = -\frac{14}{5} \text{ und } q = \frac{13}{25}.$$
Einsetzen in die (p, q)-Formel ergibt die Lösungen:

$$x_1 = \frac{7}{5} + \sqrt{\left(\frac{7}{5}\right)^2 - \frac{13}{25}} = \frac{7}{5} + \sqrt{\frac{36}{25}} = \frac{7}{5} + \frac{6}{5} = \frac{13}{5},$$

$$x_2 = \frac{7}{5} - \frac{6}{5} = \frac{1}{5}$$

Es sind zwei Proben durchzuführen!

Den Radikanden in der (p, q)-Formel nennt man die Diskriminante D der Normalform der quadratischen Gleichung.

Diskriminante der Normalform	$D = \dfrac{p^2}{4} - q$

Die Lösungen der Normalform lassen sich auch mit Hilfe der Diskriminante schreiben.

Normalform	Gleichung: $x^2 + px + q = 0$ Lösungen: $x_{1,2} = -\dfrac{p}{2} \pm \sqrt{D}$, $D = \dfrac{p^2}{4} - q$

Der Wert der Diskriminante D bestimmt die Anzahl der reellen Lösungen der quadratischen Gleichung. Für $D > 0$ existieren zwei reelle Lösungen x_1 und x_2, für $D = 0$ gibt es eine reelle Lösung (Doppellösung $x_1 = x_2$), für $D < 0$ hat die quadratische Gleichung keine reelle Lösung, es existieren zwei komplexe Lösungen x_1 und x_2 (x_1 und x_2 sind konjugiert komplex zueinander).

▶   **Beispiele:**

3. $2x^2 - 10x + 12 = 0$ (allgemeine Form)

$x^2 - 5x + 6 = 0$ (Normalform)

$p = -5, q = 6 \implies D = \dfrac{p^2}{4} - q = \dfrac{25}{4} - 6 = \dfrac{1}{4}$

$D > 0 \implies$ zwei reelle Lösungen

Lösungen: $x_{1,2} = -\dfrac{p}{2} \pm \sqrt{\dfrac{p^2}{4} - q} = -\dfrac{p}{2} \pm \sqrt{D} = -\dfrac{-5}{2} \pm \sqrt{\dfrac{1}{4}} = \dfrac{5}{2} \pm \dfrac{1}{2}$

$\implies x_1 = \dfrac{5}{2} + \dfrac{1}{2} = 3, \; x_2 = \dfrac{5}{2} - \dfrac{1}{2} = 2$

4. $-9x^2 + 18x - 9 = 0$ (allgemeine Form)

$x^2 - 2x + 1 = 0$ (Normalform)

$p = -2, q = 1 \implies D = \dfrac{p^2}{4} - q = \dfrac{4}{4} - 1 = 0$

$D = 0 \implies$ Doppellösung $x_1 = x_2$

Lösung: $x_1 = x_2 = -\dfrac{-2}{2} = 1$

5. $3x^2 - 36x + 120 = 0$ (allgemeine Form)

$x^2 - 12x + 40 = 0$ (Normalform)

$p = -12, q = 40 \implies D = \dfrac{p^2}{4} - q = \dfrac{(-12)^2}{4} - 40 = \dfrac{144}{4} - 40 = -\dfrac{16}{4} = -4$

$D < 0 \implies$ zwei konjugiert komplexe Lösungen

Lösungen: $x_{1,2} = -\dfrac{-12}{2} \pm \sqrt{-4} = 6 \pm \sqrt{-4} = 6 \pm 2\sqrt{-1} = 6 \pm 2i$

$\implies x_1 = 6 + 2i, \; x_2 = 6 - 2i$

Allgemeine Form

Die Lösungen der allgemeinen Form $ax^2 + bx + c = 0$ der quadratischen Gleichung erhält man durch Setzen von $p = \dfrac{b}{a}, \; q = \dfrac{c}{a}$ in der (p, q)-Formel.

Allgemeine Form:

Gleichung: $ax^2 + bx + c = 0, a \neq 0$

Lösungen: $x_1 = \dfrac{1}{2a}\left(-b + \sqrt{b^2 - 4ac}\right), \; x_2 = \dfrac{1}{2a}\left(-b - \sqrt{b^2 - 4ac}\right)$

▶ **Beispiel:**

1. $2x^2 - 10x + 12 = 0$
   $a = 2, \ b = -10, \ c = 12$

   Lösungen:

   $$x_1 = \tfrac{1}{4}\left(-(-10) + \sqrt{(-10)^2 - 4 \cdot 2 \cdot 12}\right) = \tfrac{1}{4}\left(10 + \sqrt{100 - 96}\right)$$

   $$= \tfrac{1}{4}\left(10 + 2\right) = 3,$$

   $$x_2 = \tfrac{1}{4}\left(10 - 2\right) = 2$$

Den Radikanden in der Lösungsformel nennt man die Diskriminante $\overline{D}$ der allgemeinen Form der quadratischen Gleichung.

Diskriminante der allgemeinen Form	$\overline{D} = b^2 - 4ac$

Die Lösungen der allgemeinen Form lassen sich auch mit Hilfe der Diskriminante schreiben.

Allgemeine Form	Gleichung: $ax^2 + bx + c = 0, \ a \neq 0$ Lösungen: $x_{1,2} = \dfrac{1}{2a}\left(-b \pm \sqrt{\overline{D}}\right), \quad \overline{D} = b^2 - 4ac$

Auch hier bestimmt der Wert der Diskriminante $\overline{D}$ die Anzahl der reellen Lösungen der quadratischen Gleichung.

Für $\overline{D} > 0$ gibt es zwei reelle Lösungen x_1 und x_2, für $\overline{D} = 0$ gibt es eine reelle Doppellösung ($x_1 = x_2$), und für $\overline{D} < 0$ gibt es keine reelle Lösung, sondern zwei konjugiert komplexe Lösungen x_1 und x_2.

▶ **Beispiel:**

2. $3x^2 - 18x + 42 = 0$
   $a = 3, \ b = -18, \ c = 42 \implies \overline{D} = (-18)^2 - 4 \cdot 3 \cdot 42 = 324 - 504 = -180 < 0$
   $\overline{D} < 0 \implies$ zwei konjugiert komplexe Lösungen
   Lösungen:

   $$x_{1,2} = \frac{1}{6}\left(18 \pm \sqrt{-180}\right) = \frac{1}{6}\left(18 \pm \sqrt{36 \cdot (-5)}\right) = 3 \pm \sqrt{-5}$$
   $$\implies x_1 = 3 + i\sqrt{5}, \quad x_2 = 3 - i\sqrt{5}$$

Zerlegung in Linearfaktoren

Sind x_1 und x_2 die (nicht unbedingt verschiedenen) Lösungen der quadratischen Gleichung $ax^2 + bx + c = 0$, $a \neq 0$, dann kann der quadratische Ausdruck in Linearfaktoren zerlegt werden.

$$ax^2 + bx + c = a(x - x_1)(x - x_2) = 0$$

Die Faktoren $x - x_1$ und $x - x_2$ heißen linear, weil die Variable x nur in erster Potenz, also linear auftritt.

Da ein Produkt genau dann gleich 0 ist, wenn mindestens einer der Faktoren gleich 0 ist, ergeben sich auch hieraus wieder die Lösungen x_1 und x_2.

Man nennt $a(x - x_1)(x - x_2) = 0$ auch Produktform der quadratischen Gleichung.

▶ **Beispiele:**

1. $2x^2 - 6x = 0$
   Zerlegung in Linearfaktoren: $2x^2 - 6x = 2x(x - 3) = 0$
   Lösungen: $x_1 = 0$, $x_2 = 3$
2. $x^2 - x - 6 = 0$
   Zerlegung in Linearfaktoren: $x^2 - x - 6 = (x - 3)(x + 2) = 0$
   Lösungen: $x_1 = 3$ (denn $x - 3 = 0$ für $x = 3$), $x_2 = -2$ (denn $x + 2 = 0$ für $x = -2$)

2.5.3 Satz von Viëta für quadratische Gleichungen

Die Produktform der quadratischen Gleichung $x^2 + px + q = 0$ in Normalform lautet $(x - x_1)(x - x_2) = 0$. Ausmultiplizieren und Vergleich ergibt

$$
\begin{aligned}
(x - x_1)(x - x_2) &= 0 \\
x^2 - xx_2 - x_1 x + x_1 x_2 &= 0 \\
x^2 - (x_1 + x_2)x + x_1 x_2 &= 0 \\
x^2 + px + q &= 0
\end{aligned}
$$

also die Beziehungen $p = -(x_1 + x_2)$, $q = x_1 x_2$. Der Koeffizient p von x ist somit gleich der negativen Summe der beiden Lösungen, das Absolutglied q der quadratischen Gleichung ist gleich dem Produkt der Lösungen. Diese Beziehungen nennt man den Satz von Viëta für quadratische Gleichungen (nach dem französischen Mathematiker François Viéte, 1540–1603).

$$\text{Satz von Viëta} \quad p = -(x_1 + x_2), \; q = x_1 x_2$$

▶ **Beispiele:**

1. Die quadratische Gleichung $x^2 - 5x + 6 = 0$ mit $p = -5$, $q = 6$ hat die Lösungen $x_1 = 3$, $x_2 = 2$. Es gilt:
$$p = -5 = -(3 + 2) = -(x_1 + x_2), \; q = 6 = 3 \cdot 2 = x_1 x_2$$

2. Die quadratische Gleichung $x^2 - 12x + 40 = 0$ mit $p = -12$, $q = 40$ hat die Lösungen
$x_1 = 6 + 2i$, $x_2 = 6 - 2i$ (siehe oben). Es gilt:
$$p = -12 = -(6 + 2i + 6 - 2i) = -(x_1 + x_2),$$
$$q = 40 = 36 + 4 = 36 - 4i^2 = (6 + 2i)(6 - 2i) = x_1 x_2$$

3. Welche quadratische Gleichung hat die Lösungen $x_1 = 5$ und $x_2 = -3$?
Nach dem Satz von Viëta folgt:
$$p = -(x_1 + x_2) = -(5 - 3) = -2, \; q = x_1 x_2 = 5 \cdot (-3) = -15$$
Antwort: Die Normalform der gesuchten quadratischen Gleichung ist
$x^2 - 2x - 15 = 0$

Hinweis: Der Satz von Viëta lässt sich auch für die Probe anwenden!

2.6 Algebraische Gleichungen höheren Grades

2.6.1 Kubische Gleichungen

Die allgemeine Form einer kubischen Gleichung lautet

$$\text{Allgemeine Form} \quad ax^3 + bx^2 + cx + d = 0, a \neq 0$$

Die Normalform erhält man aus der allgemeinen Form durch Division durch $a \neq 0$ und Setzen von $\frac{b}{a} = r$, $\frac{c}{a} = s$, $\frac{d}{a} = t$.

$$\text{Normalform} \quad x^3 + rx^2 + sx + t = 0$$

Dabei sind a, b, c, d und somit auch r, s, t reelle (oder komplexe) Koeffizienten.

„Kubisch" bedeutet, dass die Variable x in keiner höheren als der dritten Potenz vorkommt. Deshalb nennt man kubische Gleichungen auch Gleichungen dritten Grades.

Mit Hilfe der sogenannten cardanischen Formel lassen sich die Lösungen exakt berechnen. Es gibt entweder drei reelle Lösungen oder eine reelle Lösung und zwei konjugiert komplexe Lösungen.

In Spezialfällen führen oftmals einfachere Methoden zum Ziel.

Sind x_1, x_2, x_3 die Lösungen der kubischen Gleichung $ax^3 + bx^2 + cx + d = 0$, dann gilt

$$ax^3 + bx^2 + cx + d = a(x - x_1)(x - x_2)(x - x_3) = 0$$

Man nennt dies Produktform der kubischen Gleichung oder Zerlegung in Linearfaktoren. Ist $t = 0$ in der Normalform (für die allgemeine Form ist die Methode ganz analog), also $x^3 + rx^2 + sx = 0$, dann erhält man durch Ausklammern von x die Gleichung $x(x^2 + rx + s) = 0$. Neben der reellen Lösung $x_1 = 0$ sind die Wurzeln der quadratischen Gleichung $x^2 + rx + s = 0$ die weiteren Lösungen.

Sonderfall $t = 0$:

Gleichung: $x^3 + rx^2 + sx = 0$

Lösungen: $x_1 = 0$, $\quad x_2 = -\dfrac{r}{2} + \sqrt{\dfrac{r^2}{4} - s}$, $\quad x_3 = -\dfrac{r}{2} - \sqrt{\dfrac{r^2}{4} - s}$

Fehlerwarnung: Durch Division durch x geht die Lösung $x = 0$ verloren!

▶ **Beispiel:**

1. $x^3 - x^2 - 2x = 0$

   Ausklammern von x: $x(x^2 - x - 2) = 0$

   Erste Lösung: $x_1 = 0$

   Die quadratische Gleichung $x^2 - x - 2 = 0$ hat die Lösungen

   $$x_{2,3} = -\frac{-1}{2} \pm \sqrt{\frac{1}{4} - (-2)} = \frac{1}{2} \pm \frac{3}{2}, \text{ also } x_2 = 2, \ x_3 = -1$$

   Lösungen der kubischen Gleichung $x^3 - x^2 - 2x = 0$
   somit: $x_1 = 0$, $x_2 = 2$, $x_3 = -1$

Ist eine Lösung x_1 von $x^3 + rx^2 + sx + t = 0$ bekannt, dann lässt sich die kubische Gleichung durch Abspalten des Faktors $x - x_1$ reduzieren (auch diese Methode lässt sich für die allgemeine Form anwenden).

$$x^3 + rx^2 + sx + t = (x - x_1)(x^2 + ux + v) = 0$$

Dividiert man die linke Seite $x^3 + rx^2 + sx + t$ der kubischen Gleichung durch $x - x_1$, so erhält man einen quadratischen Term $x^2 + ux + v$. Die Wurzeln von $x^2 + ux + v = 0$ sind auch Lösungen der kubischen Gleichung.

Diese Methode heißt Reduktionsmethode, und die dabei durchgeführte Division nennt man Polynomdivision (vgl. auch Abschn. 2.6.2).

Lösung x_1 bekannt:

Gleichung: $x^3 + rx^2 + sx + t = (x - x_1)(x^2 + ux + v) = 0$

Lösungen: $x_1, \quad x_2 = -\dfrac{u}{2} + \sqrt{\dfrac{u^2}{4} - v}, \quad x_3 = -\dfrac{u}{2} - \sqrt{\dfrac{u^2}{4} - v}$

▶ **Beispiele:**

2. $x^3 - 6x^2 - x + 6 = 0$

Eine Lösung dieser kubischen Gleichung ist $x_1 = 1$ (erhält man durch Probieren).
Division von $x^3 - 6x^2 - x + 6$ durch $x - 1$:

$$\begin{array}{l}
(x^3 - 6x^2 - x + 6) : (x - 1) = x^2 - 5x - 6 \\
\underline{-(x^3 - x^2)} \\
\quad -5x^2 - x \\
\quad \underline{-(-5x^2 + 5x)} \\
\qquad\qquad -6x + 6 \\
\qquad\qquad \underline{-(-6x + 6)} \\
\qquad\qquad\qquad\quad 0
\end{array}$$

Die Lösungen der quadratischen Gleichung $x^2 - 5x - 6 = 0$ sind $x_2 = 6$, $x_3 = -1$.
Lösungen der kubischen Gleichung $x^3 - 6x^2 - x + 6 = 0$ somit:
$x_1 - 1$, $x_2 = 6$, $x_3 = -1$

3. $4x^3 - 12x^2 + 11x - 3 = 0$

Eine Lösung dieser Gleichung ist $x_1 = 1$ (Probieren!).
Division von $4x^3 - 12x^2 + 11x - 3$ durch $x - 1$:

$$(4x^3 - 12x^2 + 11x - 3) : (x - 1) = 4x^2 - 8x + 3$$
$$\underline{-(4x^3 - 4x^2)}$$
$$-8x^2 + 11x$$
$$\underline{-(-8x^2 + 8x)}$$
$$3x - 3$$
$$\underline{-(3x - 3)}$$
$$0$$

Die Lösungen der quadratischen Gleichung $4x^2 - 8x + 3 = 0$ sind $x_2 = \dfrac{3}{2}$, $x_3 = \dfrac{1}{2}$.
Lösungen der kubischen Gleichung $x^3 - 6x^2 - x + 6 = 0$ somit:
$$x_1 = 1, \quad x_2 = \frac{3}{2}, \quad x_3 = \frac{1}{2}$$

2.6.2 Polynomdivision

Ein Ausdruck der folgenden Form mit $a_0, a_1, a_2, \ldots, a_{n-1}, a_n \in \mathbb{R}, a_n \neq 0, n \in \mathbb{N}$ heißt Polynom in x.

$$\text{Polynom} \quad P_n(x) = a_n x^n + a_{n-1} x^{n-1} + \ldots + a_2 x^2 + a_1 x + a_0 = \sum_{k=0}^{n} a_k x^k$$

Das x in Klammern hinter P_n weist darauf hin, dass x die Variable ist. Die Koeffizienten $a_0, a_1, a_2, \ldots, a_{n-1}, a_n$ dürfen dabei beliebige reelle (oder auch komplexe) Zahlen sein. Ein Polynom ist also die linke Seite der allgemeinen Form einer algebraischen Gleichung. Ist dabei x^n die höchste auftretende Potenz der Variablen x, so hat das Polynom den Grad n. Zwei Polynome sind gleich, wenn sie vom gleichen Grad sind und die entsprechenden Koeffizienten übereinstimmen.

▶ **Beispiele für Polynome:**

1. $x^3 - 6x^2 - x + 6$ (Polynom vom Grad 3)
2. $x - 1$ (Polynom vom Grad 1)
3. $x^5 - \dfrac{1}{3}x^4 + 2x - 3$ (Polynom vom Grad 5)
4. $0{,}34x^9 - 24{,}3x^6 + 22x^5 - \dfrac{1}{3}x^4 + 11$ (Polynom vom Grad 9)
5. $x^{27} + 3$ (Polynom vom Grad 27)

Die Division zweier Polynome $P_n(x)$ und $P_m(x)$ mit $n \geq m$ verläuft ganz analog dem schriftlichen Dividieren von Dezimalzahlen. Dabei wird zuerst die höchste Potenz von x des Dividenden durch die höchste Potenz von x des Divisors geteilt.

Ist der Quotient der Polynomdivision wieder ein Polynom, gilt also $\dfrac{P_n(x)}{P_m(x)} = P_k(x)$ mit einem Polynom $P_k(x)$, dann heißt $P_m(x)$ Faktor des Polynoms $P_n(x)$ oder genauer Faktor m-ten Grades (und $P_k(x)$ ist ein Faktor k-ten Grades von $P_n(x)$).

Für $m = 1$ heißt $P_m(x)$ linearer Faktor, für $m = 2$ quadratischer Faktor und für $m = 3$ kubischer Faktor von $P_n(x)$.

▶   **Beispiele zur Polynomdivision:**

1. $P_3(x) = x^3 - 6x^2 - x + 6 = 0, \ P_1(x) = x - 1$

$$
\begin{array}{l}
(x^3 - 6x^2 - x + 6) : (x - 1) = x^2 - 5x - 6 \\
\underline{-(x^3 - x^2)} \\
\qquad -5x^2 - x \\
\qquad \underline{-(-5x^2 + 5x)} \\
\qquad\qquad -6x + 6 \\
\qquad\qquad \underline{-(-6x + 6)} \\
\qquad\qquad\qquad 0
\end{array}
$$

Es gilt somit:
$$
\frac{P_3(x)}{P_1(x)} = \frac{x^3 - 6x^2 - x + 6}{x - 1} = x^2 - 5x - 6 = P_2(x)
$$
$P_1(x) = x - 1$ ist also ein linearer Faktor und $P_2(x) = x^2 - 5x - 6$ ein quadratischer Faktor von $P_3(x) = x^3 - 6x^2 - x + 6$.

2. $P_3(x) = 4x^3 - 12x^2 + 11x - 3, \ P_1(x) = x - 1$

$$
\begin{array}{l}
(4x^3 - 12x^2 + 11x - 3) : (x - 1) = 4x^2 - 8x + 3 \\
\underline{-(4x^3 - 4x^2)} \\
\qquad -8x^2 + 11x \\
\qquad \underline{-(-8x^2 + 8x)} \\
\qquad\qquad 3x - 3 \\
\qquad\qquad \underline{-(3x - 3)} \\
\qquad\qquad\qquad 0
\end{array}
$$

Es gilt $P_3(x) = 4x^3 - 12x^2 + 11x - 3 = (x - 1)(4x^2 - 8x + 3) = P_1(x) \cdot P_2(x)$. $P_1(x) = x - 1$ ist ein linearer Faktor, $P_2(x) = 4x^2 - 8x + 3$ ist ein quadratischer Faktor von $P_3(x) = 4x^3 - 12x^2 + 11x - 3$.

3. $P_4(x) = 3x^4 - 10x^3 + 22x^2 - 24x + 10, \ P_2(x) = x^2 - 2x + 3$

$$
\begin{array}{l}
(3x^4 - 10x^3 + 22x^2 - 24x + 10) : (x^2 - 2x + 3) = 3x^2 - 4x + 5 \\
\underline{-(3x^4 - 6x^3 + 9x^2)} \\
\qquad -4x^3 + 13x^2 - 24x \\
\qquad \underline{-(-4x^3 + 8x^2 - 12x)} \\
\qquad\qquad 5x^2 - 12x + 10 \\
\qquad\qquad \underline{-(5x^2 - 10x + 15)} \\
\qquad\qquad\qquad -2x - 5
\end{array}
$$

Es gilt somit:

$$(3x^4 - 10x^3 + 22x^2 - 24x + 10) : (x^2 - 2x + 3) = 3x^2 - 4x + 5 + \frac{-2x - 5}{x^2 - 2x + 3}$$

Also ist $P_2(x) = x^2 - 2x + 3$ kein Faktor von
$P_4(x) = 3x^4 - 10x^3 + 22x^2 - 24x + 10$.

Eine Zahl x_0 heißt Nullstelle des Polynoms $P_n(x)$, wenn $P_n(x_0) = 0$ gilt. Das Polynom $P_n(x)$ lässt sich dann durch $x - x_0$ dividieren, $x - x_0$ ist also ein linearer Faktor von $P_n(x)$. Es gibt dann ein Polynom $(n - 1)$-ten Grades $P_{n-1}(x)$ mit $P_n(x) = (x - x_0) \cdot P_{n-1}(x)$.

Findet man eine Zerlegung $P_n(x) = (x - x_0)^m \cdot P_k(x)$, wobei $P_k(x)$ ein Polynom mit $P_k(x_0) \neq 0$ ist, dann heißt x_0 eine m-fache Nullstelle von $P_n(x)$, oder m heißt Vielfachheit der Nullstelle x_0.

$$P_n(x) = (x - x_0)^m \cdot P_k(x)$$

Ist x_0 eine reelle Zahl, dann nennt man x_0 eine reelle Nullstelle des Polynoms.

▶ **Beispiele zur Polynomdivision:**

1. $P_3(x) = x^3 - 3x^2 + x - 3 = (x - 3)(x^2 + 1) = (x - 3)P_2(x)$
   Wegen $P_2(3) \neq 0$ ist $x_0 = 3$ eine einfache Nullstelle des Polynoms
   $P_3(x) = x^3 - 3x^2 + x - 3$.
2. $P_3(x) = x^3 - 3x^2 + 3x - 1 = (x - 1)^3$
   Es ist $x_0 = 1$ eine dreifache Nullstelle des Polynoms $P_3(x) = x^3 - 3x^2 + 3x - 1$.
3. $P_3(x) = x^3 - 3x + 2 = (x - 1)^2(x + 2)$
   Es ist also $x_0 = 1$ eine doppelte Nullstelle und $x_1 = -2$ eine einfache Nullstelle
   von $P_3(x) = x^3 - 3x + 2$.

2.6.3   Gleichungen vierten Grades

Die allgemeine Form einer Gleichung vierten Grades lautet

Allgemeine Form $ax^4 + bx^3 + cx^2 + dx + e = 0, a \neq 0$

Die Normalform erhält man aus der allgemeinen Form durch Division durch $a \neq 0$ und Setzen von $\frac{b}{a} = r, \frac{c}{a} = s, \frac{d}{a} = t, \frac{e}{a} = u$.

Normalform	$x^4 + rx^3 + sx^2 + tx + u = 0$

Dabei sind a, b, c, d, e und somit auch r, s, t, u reelle (oder komplexe) Koeffizienten.

Auch für die Gleichungen vierten Grades existiert eine allgemeine Lösungsformel. Diese ist aber noch wesentlich komplizierter als die für die kubischen Gleichungen und wird deshalb hier weggelassen.

Eine Gleichung vierten Grades muss nicht unbedingt eine reelle Lösung besitzen. Im Bereich der komplexen Zahlen gibt es jedoch vier Lösungen. Dabei können Doppellösungen vorkommen. Komplexe Lösungen treten paarweise als konjugiert komplexe Zahlen auf.

In Spezialfällen führen manchmal einfachere Methoden zum Ziel.

Sind x_1, x_2, x_3, x_4 die Lösungen der Gleichung vierten Grades $ax^4 + bx^3 + cx^2 + dx + e = 0$, dann gilt

$$ax^4 + bx^3 + cx^2 + dx + e = a(x - x_1)(x - x_2)(x - x_3)(x - x_4) = 0$$

Man nennt dies wieder Produktform oder Zerlegung in Linearfaktoren.

Ist $u = 0$ in der Normalform (für die allgemeine Form ist die Methode analog), also $x^4 + rx^3 + sx^2 + tx = 0$, dann erhält man durch Ausklammern von x die Gleichung $x(x^3 + rx^2 + sx + t) = 0$. Eine Lösung ist $x_1 = 0$, die weiteren Lösungen sind die Wurzeln der kubischen Gleichung $x^3 + rx^2 + sx + t = 0$.

▶   **Beispiel:**

1. $x^4 - 6x^3 - x^2 + 6x = 0$
   Ausklammern von x: $x(x^3 - 6x^2 - x + 6) = 0$
   Erste Lösung: $x_1 = 0$
   Die kubische Gleichung $x^3 - 6x^2 - x + 6 = 0$ hat die Lösungen $x_2 = 1$, $x_3 = 6$, $x_4 = -1$ (vgl. Beispiel 2 im Abschn. 2.6.1).
   Lösungen der Gleichung vierten Grades $x^4 - 6x^3 - x^2 + 6x = 0$ somit:
   $x_1 = 0$, $x_2 = 1$, $x_3 = 6$, $x_4 = -1$

Ist eine Lösung x_1 von $x^4 + rx^3 + sx^2 + tx + u = 0$ bekannt, dann lässt sich die Gleichung durch Abspalten des Faktors $x - x_1$ durch Polynomdivision reduzieren (diese sogenannte Reduktionsmethode lässt sich auch wieder für die allgemeine Form anwenden).

$$x^4 + rx^3 + sx^2 + tx + u = (x - x_1)(x^3 + kx^2 + lx + m) = 0$$

Die Wurzeln der kubischen Gleichung $x^3 + kx^2 + lx + m = 0$ sind auch Lösungen der Gleichung vierten Grades $x^4 + rx^3 + sx^2 + tx + u = 0$.

▶ **Beispiele:**

2. $x^4 - 7x^3 + 5x^2 + 7x - 6 = 0$

Durch Probieren findet man die Lösung $x_1 = 1$.

Polynomdivision ergibt:

$$(x^4 - 7x^3 + 5x^2 + 7x - 6) : (x - 1) = x^3 - 6x^2 - x + 6$$
$$\underline{-(x^4 - \ x^3)}$$
$$\qquad -6x^3 + 5x^2$$
$$\qquad \underline{-(-6x^3 + 6x^2)}$$
$$\qquad\qquad -x^2 + 7x$$
$$\qquad\qquad \underline{-(-x^2 + \ x)}$$
$$\qquad\qquad\qquad 6x - 6$$
$$\qquad\qquad\qquad \underline{-(6x - 6)}$$
$$\qquad\qquad\qquad\qquad 0$$

Die kubische Gleichung $x^3 - 6x^2 - x + 6 = 0$ hat die Lösungen $x_2 = 1$, $x_3 = 6$, $x_4 = -1$ (vgl. Beispiel 2 im Abschn. 2.6.1).
Lösungen der Gleichung vierten Grades $x^4 - 7x^3 + 5x^2 + 7x - 6 = 0$ somit:
$x_1 = x_2 = 1$, $x_3 = 6$, $x_4 = -1$

3. $4x^4 - 8x^3 - x^2 + 8x - 3 = 0$

Durch Probieren erhält man die Lösung $x_1 = -1$.

Polynomdivision von $4x^4 - 8x^3 - x^2 + 8x - 3$ durch $x + 1$ ergibt:

$$(4x^4 - 8x^3 - \ x^2 + 8x - 3) : (x + 1) = 4x^3 - 12x^2 + 11x - 3$$
$$\underline{-(4x^4 + 4x^3)}$$
$$\qquad -12x^3 - \ x^2$$
$$\qquad \underline{-(-12x^3 - 12x^2)}$$
$$\qquad\qquad 11x^2 + \ 8x$$
$$\qquad\qquad \underline{-(11x^2 + 11x)}$$
$$\qquad\qquad\qquad -3x - 3$$
$$\qquad\qquad\qquad \underline{-(-3x - 3)}$$
$$\qquad\qquad\qquad\qquad 0$$

Die kubische Gleichung $4x^3 - 12x^2 + 11x - 3 = 0$ hat die Lösungen $x_2 = 1$, $x_3 = \dfrac{3}{2}$, $x_4 = \dfrac{1}{2}$ (vgl. Beispiel 3 im Abschn. 2.6.1).
Lösungen der Gleichung vierten Grades $4x^4 - 8x^3 - x^2 + 8x - 3 = 0$ somit:
$x_1 = -1$, $x_2 = 1$, $x_3 = \dfrac{3}{2}$, $x_4 = \dfrac{1}{2}$

Sind in einer Gleichung vierten Grades die Koeffizienten von x^3 und x gleich Null, dann heißt sie biquadratische Gleichung: $ax^4 + cx^2 + e = 0$, $a \neq 0$ (allgemeine Form) oder $x^4 + sx^2 + u = 0$ (Normalform).

Eine Substitution ist die Ersetzung eines algebraischen Ausdrucks durch einen anderen. Bei komplizierten Gleichungen können oftmals mit Hilfe einer geeigneten Substitution Lösungen gefunden werden.

Mit Hilfe der Substitution $x^2 = z$ wird aus einer biquadratischen Gleichung eine quadratische Gleichung mit der Variablen z: $az^2 + cz + e = 0$ oder $z^2 + sz + u = 0$. Aus deren Lösungen z_1, z_2 erhält man die Lösungen der biquadratischen Gleichung durch Radizieren (Wurzelziehen): $x_{1,2} = \pm\sqrt{z_1}$, $x_{3,4} = \pm\sqrt{z_2}$.

Biquadratische
Gleichung

Gleichung (Normalform): $x^4 + sx^2 + u = 0$

Substitution $x^2 = z$: $z^2 + sz + u = 0$

Lösungen: $z_{1,2} = -\dfrac{s}{2} \pm \sqrt{\dfrac{s^2}{4} - u}$

Lösungen der biquadratischen Gleichung:

$x_{1,2} = \pm\sqrt{z_1}$, $x_{3,4} = \pm\sqrt{z_2}$

▶   **Beispiele:**

4. $2x^4 - 6x^2 + 4 = 0$
    Division durch 2 ergibt die Normalform: $x^4 - 3x^2 + 2 = 0$
    Substitution $x^2 = z$ ergibt eine quadratische Gleichung in z: $z^2 - 3z + 2 = 0$
    Lösungen der quadratischen Gleichung: $z_1 = 1$, $z_2 = 2$
    Lösungen der biquadratischen Gleichung durch Radizieren:
    $x_1 = \sqrt{z_1} = \sqrt{1} = 1$, $x_2 = -\sqrt{z_1} = -1$, $x_3 = \sqrt{z_2} = \sqrt{2}$,
    $x_4 = -\sqrt{z_2} = -\sqrt{2}$

5. $x^4 + 2x^2 - 15 = 0$
    Substitution $x^2 = z$ ergibt eine quadratische Gleichung in z: $z^2 + 2z - 15 = 0$
    Lösungen der quadratischen Gleichung: $z_1 = 3$, $z_2 = -5$
    Lösungen der biquadratischen Gleichung durch Radizieren:

    $x_1 = \sqrt{z_1} = \sqrt{3}$, $x_2 = -\sqrt{z_1} = -\sqrt{3}$, $x_3 = \sqrt{z_2} = \sqrt{-5} = i\sqrt{5}$,
    $x_4 = -\sqrt{z_2} = -\sqrt{-5} = -i\sqrt{5}$

6. $x^4 - 4x^2 - 1 = 0$

Substitution $x^2 = z$ ergibt eine quadratische Gleichung in z: $z^2 - 4z - 1 = 0$

Lösungen der quadratischen Gleichung: $z_1 = 2 + \sqrt{5}$, $z_2 = 2 - \sqrt{5} = -(\sqrt{5} - 2)$

Lösungen der biquadratischen Gleichung durch Radizieren:

$$x_1 = \sqrt{z_1} = \sqrt{2 + \sqrt{5}}, x_2 = -\sqrt{z_1} = -\sqrt{2 + \sqrt{5}}, \quad x_3 = \sqrt{z_2} = \sqrt{-(\sqrt{5} - 2)}$$

$$= i\sqrt{\sqrt{5} - 2}, x_4 = -\sqrt{z_2} = -\sqrt{-(\sqrt{5} - 2)} = -i\sqrt{\sqrt{5} - 2}$$

2.6.4 Gleichungen n-ten Grades

Die allgemeine Form einer Gleichung n-ten Grades lautet

$$a_n x^n + a_{n-1} x^{n-1} + a_{n-2} x^{n-2} + \ldots + a_2 x^2 + a_1 x + a_0 = 0, \quad a_n \neq 0$$

Die Normalform erhält man aus der allgemeinen Form durch Division durch $a_n \neq 0$ und
Setzen von $\dfrac{a_i}{a_n} = b_i$, $i = 0, 1, 2, \ldots, n - 1$.

Normalform $x^n + b_{n-1} x^{n-1} + b_{n-2} x^{n-2} + \ldots + b_2 x^2 + b_1 x + b_0 = 0$

Dabei sind $a_n, a_{n-1}, a_{n-2}, \ldots, a_2, a_1, a_0$ und $b_{n-1}, b_{n-2}, \ldots, b_2, b_1, b_0$ reelle (oder komplexe) Koeffizienten, und n ist eine natürliche Zahl.

Nur für $n \leq 4$ (Gleichungen höchstens vierten Grades) gibt es allgemeine Lösungsformeln, in denen nur ineinandergeschachtelte Wurzeln stehen. Für Gleichungen fünften und höheren Grades existieren solche Lösungsformeln nicht. In der Regel lassen sich dann die Lösungen außer in Spezialfällen nicht mehr exakt berechnen, man muss sich mit sogenannten Näherungslösungen begnügen. Besonders bei der Behandlung praktischer Probleme werden verschiedene Näherungsverfahren verwendet (wie zum Beispiel Regula falsi oder newtonsches Verfahren, vgl. Abschn. 8.4.12).

In Spezialfällen führen die für Gleichungen dritten und vierten Grades vorgeführten Methoden wie zum Beispiel die Reduktionsmethode jedoch zu Lösungen.

Ist x_1 eine Lösung der Gleichung $a_n x^n + a_{n-1} x^{n-1} + a_{n-2} x^{n-2} + \ldots + a_2 x^2 + a_1 x + a_0 = 0$, dann gilt

$$a_n x^n + a_{n-1} x^{n-1} + a_{n-2} x^{n-2} + \ldots + a_2 x^2 + a_1 x + a_0$$
$$= (x - x_1)(c_{n-1} x^{n-1} + c_{n-2} x^{n-2} + \ldots + c_2 x^2 + c_1 x + c_0) = 0$$

mit $c_{n-1} = a_n$. Die weiteren Lösungen der Gleichung n-ten Grades $a_n x^n + a_{n-1} x^{n-1} + a_{n-2} x^{n-2} + \ldots + a_2 x^2 + a_1 x + a_0 = 0$ sind die Lösungen der Gleichung $(n-1)$-ten Grades $c_{n-1} x^{n-1} + c_{n-2} x^{n-2} + \ldots + c_2 x^2 + c_1 x + c_0 = 0$. Der Grad der zu lösenden Gleichung wird also um 1 reduziert.

▶   **Beispiel:**

$x^6 - 6x^5 + 14x^4 - 14x^3 + 5x^2 = 0$

Sofort zu erkennen: $x_1 = 0$, $x_2 = 0$

Es folgt: $x^6 - 6x^5 + 14x^4 - 14x^3 + 5x^2 = x^2(x^4 - 6x^3 + 14x^2 - 14x + 5) = 0$

Durch Probieren: $x_3 = 1$ ist Lösung von $x^4 - 6x^3 + 14x^2 - 14x + 5 = 0$

Polynomdivision: $(x^4 - 6x^3 + 14x^2 - 14x + 5) : (x - 1) = x^3 - 5x^2 + 9x - 5$

Es folgt: $x^6 - 6x^5 + 14x^4 - 14x^3 + 5x^2 = x^2(x-1)(x^3 - 5x^2 + 9x - 5) = 0$

Durch Probieren: $x_4 = 1$ ist Lösung von $x^3 - 5x^2 + 9x - 5 = 0$

Polynomdivision: $(x^3 - 5x^2 + 9x - 5) : (x - 1) = x^2 - 4x + 5$

Es folgt: $x^6 - 6x^5 + 14x^4 - 14x^3 + 5x^2 = x^2(x-1)^2(x^2 - 4x + 5) = 0$

Die quadratische Gleichung $x^2 - 4x + 5 = 0$ hat die Lösungen $x_5 = 2 + i$, $x_6 = 2 - i$

Es folgt: $x^6 - 6x^5 + 14x^4 - 14x^3 + 5x^2 = x^2(x-1)^2(x - 2 - i)(x - 2 + i) = 0$

Alle Lösungen von $x^6 - 6x^5 + 14x^4 - 14x^3 + 5x^2 = 0$ somit:

$x_1 = x_2 = 0$, $x_3 = x_4 = 1$, $x_5 = 2 + i$, $x_6 = 2 - i$

2.6.5   Satz von Viëta für Gleichungen n-ten Grades

Wie für quadratische Gleichungen, so erhält man auch für beliebige Gleichungen n-ten Grades durch Vergleich der Normalform und der Produktform Beziehungen zwischen den Lösungen und den Koeffizienten der Potenzen von x in der Normalform. Ausmultiplizieren der Produktform, Gleichsetzen mit der Normalform und Koeffizientenvergleich (das heißt, Vergleich der Koeffizienten von $x^{n-1}, x^{n-2}, \ldots, x^2, x^1 = x$, $x^0 = 1$ auf beiden Seiten der Gleichung) ergibt die folgenden Beziehungen, die als Satz von Viëta bezeichnet werden.

Kubische Gleichungen:
Normalform: $x^3 + b_2 x^2 + b_1 x + b_0 = 0$, Lösungen: x_1, x_2, x_3
Satz von Viëta:
$b_2 = -(x_1 + x_2 + x_3)$; $b_1 = x_1 x_2 + x_1 x_3 + x_2 x_3$; $b_0 = -x_1 x_2 x_3$

Gleichungen vierten Grades:

Normalform: $x^4 + b_3x^3 + b_2x^2 + b_1x + b_0 = 0$,

Lösungen: x_1, x_2, x_3, x_4

Satz von Viëta:

$b_3 = -(x_1 + x_2 + x_3 + x_4)$

$b_2 = x_1x_2 + x_1x_3 + x_1x_4 + x_2x_3 + x_2x_4 + x_3x_4$

$b_1 = -(x_1x_2x_3 + x_1x_2x_4 + x_1x_3x_4 + x_2x_3x_4)$

$b_0 = x_1x_2x_3x_4$

Gleichungen n-ten Grades:

Normalform: $x^n + b_{n-1}x^{n-1} + b_{n-2}x^{n-2} + \ldots + b_2x^2 + b_1x + b_0 = 0$

Lösungen: $x_1, x_2, x_3, \ldots, x_n$

Satz von Viëta:

$b_{n-1} = -(x_1 + x_2 + \ldots + x_n)$,

$b_{n-2} = x_1x_2 + x_1x_3 + \ldots + x_1x_n + x_2x_3 + x_2x_4 + \ldots + x_2x_n + \ldots + x_{n-1}x_n$,

$b_{n-3} = -(x_1x_2x_3 + x_1x_2x_4 + \ldots + x_1x_2x_n + x_1x_3x_4 + x_1x_3x_5 + \ldots + x_1x_3x_n + \ldots$
$\phantom{b_{n-3} = -(}+x_2x_3x_4 + x_2x_3x_5 + \ldots + x_2x_3x_n + x_2x_4x_5 + \ldots + x_{n-2}x_{n-1}x_n)$,

$$\ldots\ldots\ldots\ldots\ldots\ldots\ldots\ldots\ldots\ldots\ldots\ldots\ldots\ldots\ldots\ldots\ldots\ldots\ldots$$

$b_1 = (-1)^{n-1}(x_1x_2x_3 \ldots x_{n-1} + x_1x_2 \ldots x_{n-2}x_n + x_1x_2 \ldots x_{n-3}x_{n-1}x_n + \ldots$
$+x_1x_3x_4 \ldots x_n + x_2x_3 \ldots x_n)$,

$b_0 = (-1)^n x_1x_2x_3 \ldots x_n$

▶ **Beispiele:**

1. Die kubische Gleichung $x^3 - 6x^2 - x + 6 = 0$ (also $b_2 = -6$, $b_1 = -1$, $b_0 = 6$)
   hat die Lösungen $x_1 = 1$, $x_2 = 6$, $x_3 = -1$ (vgl. Beispiel 2 im Abschn. 2.6.1).
   Es gilt nach dem Satz von Viëta:

$$b_2 = -(x_1 + x_2 + x_3) = -(1 + 6 - 1) = -6,$$

$$b_1 = x_1x_2 + x_1x_3 + x_2x_3 = 1 \cdot 6 + 1 \cdot (-1) + 6 \cdot (-1) = 6 - 1 - 6 = -1,$$

$$b_0 = -x_1x_2x_3 = -1 \cdot 6 \cdot (-1) = -(-6) = 6$$

2. Für die Gleichung vierten Grades $x^4 - 7x^3 + 5x^2 + 7x - 6 = 0$ gilt:
   $b_3 = -7$, $b_2 = 5$, $b_1 = 7$, $b_0 = -6$.
   Die Gleichung hat die Lösungen $x_1 = x_2 = 1$, $x_3 = 6$, $x_4 = -1$ (vgl. Beispiel 2
   im Abschn. 2.6.3).
   Nach dem Satz von Viëta gilt:

$$b_3 = -(x_1 + x_2 + x_3 + x_4) = -(1 + 1 + 6 - 1) = -7$$
$$b_2 = x_1x_2 + x_1x_3 + x_1x_4 + x_2x_3 + x_2x_4 + x_3x_4$$
$$= 1 \cdot 1 + 1 \cdot 6 + 1 \cdot (-1) + 1 \cdot 6 + 1 \cdot (-1) + 6 \cdot (-1)$$
$$= 1 + 6 - 1 + 6 - 1 - 6 = 5$$
$$b_1 = -(x_1x_2x_3 + x_1x_2x_4 + x_1x_3x_4 + x_2x_3x_4)$$
$$= -(1 \cdot 1 \cdot 6 + 1 \cdot 1 \cdot (-1) + 1 \cdot 6 \cdot (-1) + 1 \cdot 6 \cdot (-1))$$
$$= -(6 - 1 - 6 - 6) = 7$$
$$b_0 = x_1x_2x_3x_4 = 1 \cdot 1 \cdot 6 \cdot (-1) = -6$$

3. Welche Normalform hat die kubische Gleichung mit den Lösungen
$$x_1 = -2, \ x_2 = -\frac{1}{2}, \ x_3 = \frac{1}{2}?$$

Normalform: $x^3 + b_2x^2 + b_1x + b_0 = 0$
Nach dem Satz von Viëta gilt:

$$b_2 = -(x_1 + x_2 + x_3) = -\left(-2 - \frac{1}{2} + \frac{1}{2}\right) = 2$$

$$b_1 = x_1x_2 + x_1x_3 + x_2x_3 = (-2)\left(-\frac{1}{2}\right) + (-2)\frac{1}{2} + \left(-\frac{1}{2}\right)\frac{1}{2} = 1 - 1 - \frac{1}{4} = -\frac{1}{4}$$

$$b_0 = -x_1x_2x_3 = -\left((-2)\left(-\frac{1}{2}\right)\frac{1}{2}\right) = -\frac{1}{2}$$

Die Normalform der kubischen Gleichung lautet somit $x^3 + 2x^2 - \frac{1}{4}x - \frac{1}{2} = 0$.

2.7   Auf algebraische Gleichungen zurückführbare Gleichungen

2.7.1   Bruchgleichungen

Bestimmungsgleichungen mit Bruchtermen, bei denen die Variable (auch) im Nenner auftritt, heißen Bruchgleichungen.

Alle diese Bruchterme sind Quotienten $\dfrac{P(x)}{Q(x)}$, wo $P(x)$ und $Q(x)$ Polynome mit der gleichen Variablen x sind, also $P(x) = a_nx^n + a_{n-1}x^{n-1} + \cdots + a_2x^2 + a_1x + a_0$ und $Q(x) = b_mx^m + b_{m-1}x^{m-1} + \cdots + b_2x^2 + b_1x + b_0$ mit $n \geq 0$, $m \geq 1$ (vgl. Abschn. 2.6.2). Multipliziert man eine solche Gleichung mit dem Hauptnenner aller auf beiden Seiten der Gleichung auftretenden Nenner durch, dann entsteht eine algebraische Gleichung (oder eine identische Gleichung).

Durch die Multiplikation mit dem Hauptnenner können Lösungen hinzukommen, es gehen aber keine Lösungen verloren. Deshalb ist es unbedingt erforderlich, die Lösungen der erhaltenen algebraischen Gleichung in die Ausgangsgleichung einzusetzen. Dadurch werden hinzugekommene Lösungen, die nicht Lösungen der Ausgangsgleichung sind, ausgesondert, insbesondere solche Werte, für die ein Nenner der Ausgangsgleichung Null ist.

▶ **Beispiele:**

1. $\dfrac{x+2}{2x-1} = \dfrac{4x-1}{x}$

Multiplikation mit dem Hauptnenner $x(2x-1):(x+2)x = (4x-1)(2x-1)$
Auflösen der Klammern: $x^2 + 2x = 8x^2 - 4x - 2x + 1$
Sortieren nach Potenzen von $x:7x^2 - 8x + 1 = 0$
Quadratische Gleichung in allgemeiner Form mit $a = 7$, $b = -8$, $c = 1$ (vgl. Abschn. 2.5.2)
Lösungen: $x_{1,2} = \dfrac{1}{14}\left(8 \pm \sqrt{64 - 4\cdot 7 \cdot 1}\right) = \dfrac{1}{14}(8 \pm 6) \implies x_1 = 1, \; x_2 = \dfrac{1}{7}$

Einsetzen von x_1 in die Ausgangsgleichung: $\dfrac{1+2}{2\cdot 1 - 1} = \dfrac{4\cdot 1 - 1}{1} \implies 3 = 3$

Einsetzen von x_2 in die Ausgangsgleichung: $\dfrac{\frac{1}{7}+2}{2\cdot\frac{1}{7}-1} = \dfrac{4\cdot\frac{1}{7}-1}{\frac{1}{7}}$

$\implies \dfrac{\frac{15}{7}}{-\frac{5}{7}} = \dfrac{-\frac{3}{7}}{\frac{1}{7}} \implies -3 = -3$

Beide Werte sind also auch Lösungen der Ausgangsgleichung.
Lösungsmenge: $L = \left\{\dfrac{1}{7},\; 1\right\}$

2. $\dfrac{2x+1}{x-3} + \dfrac{3x-5}{x+3} = \dfrac{2x^2+2x+18}{x^2-9}$

Multiplikation mit dem Hauptnenner $(x-3)(x+3) = x^2 - 9$:
$(2x+1)(x+3) + (3x-5)(x-3) = 2x^2 + 2x + 18$
Auflösen der Klammern: $2x^2 + 6x + x + 3 + 3x^2 - 9x - 5x + 15 = 2x^2 + 2x + 18$
Sortieren nach Potenzen von $x:3x^2 - 9x = 0$
Durch 3 dividieren und x ausklammern: $x(x-3) = 0$
Die Lösungen dieser quadratischen Gleichung sind $x_1 = 0$, $x_2 = 3$
Einsetzen von x_1 in die Ausgangsgleichung: $\dfrac{1}{-3} + \dfrac{-5}{3} = \dfrac{18}{-9} \implies -2 = -2$

$x_2 = 3$ ist keine Lösung der Ausgangsgleichung, da für $x = 3$ zwei der Nenner gleich 0 sind.
Lösungsmenge: $L = \{0\}$

3. $\dfrac{2x+3}{x-1} + \dfrac{4x+5}{x+1} = \dfrac{6x^2+6x-2}{x^2-1}$

Multiplikation mit dem Hauptnenner $(x-1)(x+1) = x^2 - 1$:
$(2x+3)(x+1) + (4x+5)(x-1) = 6x^2 + 6x - 2$
Auflösen der Klammern: $2x^2 + 2x + 3x + 3 + 4x^2 - 4x + 5x - 5 = 6x^2 + 6x - 2$
Zusammenfassen: $6x^2 + 6x - 2 = 6x^2 + 6x - 2$
Dies ist eine identische Gleichung, die für alle reellen x erfüllt ist.

Für $x = 1$ und $x = -1$ ist die Ausgangsgleichung nicht erklärt, da Nenner gleich 0 sind.

Lösungsmenge: $L = \{x \,|\, x \in \mathbb{R} \text{ und } x \neq 1,\ x \neq -1\}$

4. $\dfrac{3}{x-1} - \dfrac{2}{x-3} = -\dfrac{2x+1}{x^2-4x+3}$

Multiplikation mit dem Hauptnenner $(x-1)(x-3) = x^2 - 4x + 3$:

$3(x-3) - 2(x-1) = -(2x+1)$

Auflösen der Klammern: $3x - 9 - 2x + 2 = -2x - 1$

Sortieren nach Potenzen von x: $3x - 6 = 0$

Die Lösung dieser linearen Gleichung ist $x = 2$.

Einsetzen in die Ausgangsgleichung: $\dfrac{3}{1} - \dfrac{2}{-1} = -\dfrac{5}{-1} \implies 5 = 5$

Lösungsmenge: $L = \{2\}$

2.7.2   Wurzelgleichungen

Bestimmungsgleichungen, bei denen die Variable (auch) unter einer Wurzel vorkommt, heißen Wurzelgleichungen.

Über die Existenz und die Anzahl von Lösungen bei Wurzelgleichungen lassen sich allgemein keine Aussagen machen. Ziel für die Bestimmung der Lösungen ist es, die in der Gleichung auftretenden Wurzeln zu beseitigen und die Gleichung in eine algebraische Gleichung zu überführen.

Oftmals gelingt es, die Wurzeln zu isolieren (das heißt, die Gleichung so umzuformen, dass die Wurzel allein auf einer Seite der Gleichung steht) und dann beide Seiten der Gleichung in die entsprechende Potenz zu erheben. Viele Wurzelgleichungen können auch schon durch ein- oder mehrmaliges Quadrieren in eine algebraische Gleichung überführt werden.

Durch das Quadrieren oder allgemeiner durch das Potenzieren können Lösungen hinzukommen, es gehen aber keine Lösungen verloren (Potenzieren ist keine äquivalente Umformung!). Durch die Probe mit Einsetzen der gefundenen Lösungen in die Ausgangsgleichung lassen sich diese zusätzlichen Werte aber leicht feststellen und aussortieren.

▶   **Beispiele:**

1. $11 - \sqrt{x+3} = 6$

Isolieren der Wurzel ergibt $\sqrt{x+3} = 11 - 6$, also $\sqrt{x+3} = 5$,

woraus man durch Quadrieren der Gleichung $x + 3 = 25$, also $x = 22$ erhält.

Einsetzen in die Ausgangsgleichung bestätigt $x = 22$ als Lösung:

$11 - \sqrt{22+3} = 6$

Lösungsmenge: $L = \{22\}$

2. $5 + \sqrt{9x^2 - 65} = 3x$

Isolieren der Wurzel und Quadrieren der Gleichung ergibt

$\sqrt{9x^2 - 65} = 3x - 5 \implies 9x^2 - 65 = (3x-5)^2 = 9x^2 - 30x + 25$

$\implies 30x = 90 \implies x = 3$

Einsetzen in die Ausgangsgleichung ergibt $x = 3$ als Lösung.
Lösungsmenge: $L = \{3\}$

3. $\sqrt{11 - x} = x + 1$

   Quadrieren ergibt $11 - x = x^2 + 2x + 1$, also die quadratische Gleichung $x^2 + 3x - 10 = 0$, die die Lösungen $x_{1,2} = -\dfrac{3}{2} \pm \sqrt{\dfrac{9}{4} + 10}$, also $x_1 = 2$ und $x_2 = -5$ hat.

   Die Probe zeigt, dass x_1 die Wurzelgleichung erfüllt, x_2 jedoch nicht.
   Lösungsmenge: $L = \{2\}$

4. $\sqrt{x + 5} = \sqrt{2x + 3} + 1$

   Quadrieren der Gleichung ergibt $x + 5 = 2x + 3 + 2\sqrt{2x + 3} + 1$.
   Durch Zusammenfassen und Isolieren der Wurzel erhält man $-x + 1 = 2\sqrt{2x + 3}$.
   Erneutes Quadrieren ergibt $x^2 - 2x + 1 = 4(2x + 3)$ und somit die quadratische Gleichung $x^2 - 10x - 11 = 0$.
   Diese Gleichung hat die Lösungen $x_{1,2} = 5 \pm \sqrt{25 + 11}$, also $x_1 = 11$ und $x_2 = -1$.
   Einsetzen in die Ausgangsgleichung $\sqrt{x + 5} = \sqrt{2x + 3} + 1$ zeigt, dass x_2 eine Lösung ist, x_1 aber nicht.
   Lösungsmenge: $L = \{-1\}$

5. $\sqrt{x + 2 + \sqrt{2x + 7}} = 4$

   Quadrieren: $x + 2 + \sqrt{2x + 7} = 16$
   Wurzel isolieren: $\sqrt{2x + 7} = 14 - x$
   Quadrieren: $2x + 7 = 196 - 28x + x^2$
   Sortieren nach Potenzen von x: $x^2 - 30x + 189 = 0$
   Lösungen dieser quadratischen Gleichung: $x_{1,2} = 15 \pm \sqrt{225 - 189} = 15 \pm 6$
   $\implies x_1 = 21, \ x_2 = 9$
   Einsetzen von x_1 in Ausgangsgleichung: $\sqrt{21 + 2 + \sqrt{2 \cdot 21 + 7}} = 4$
   $\implies \sqrt{30} = 4$: unwahr! Somit ist x_1 keine Lösung der Ausgangsgleichung.
   Einsetzen von x_2 in Ausgangsgleichung: $\sqrt{9 + 2 + \sqrt{2 \cdot 9 + 7}} = 4 \implies 4 = 4$:
   wahr, $x_2 = 9$ ist also Lösung.
   Lösungsmenge: $L = \{9\}$

6. $\sqrt[3]{x + 2} = 3$

   In die 3. Potenz erheben: $x + 2 = 3^3 = 27 \implies x = 25$
   Einsetzen in die Ausgangsgleichung: $\sqrt[3]{25 + 2} = 3 \implies 3 = 3$
   Lösungsmenge: $L = \{25\}$

7. $x + 5\sqrt[3]{x^2} - 22\sqrt[3]{x} + 16 = 0$

   Umformung der Wurzelexponenten: $x + 5x^{\frac{2}{3}} - 22x^{\frac{1}{3}} + 16 = 0$
   Durch Potenzieren lassen sich die Wurzeln nicht beseitigen, stattdessen
   Substitution: $z = \sqrt[3]{x} = x^{\frac{1}{3}}$

Es folgt: $z^3 + 5z^2 - 22z + 16 = 0$

Durch Probieren erhält man die Lösung $z = 1$ dieser kubischen Gleichung.

Polynomdivision: $(z^3 + 5z^2 - 22z + 16) : (z - 1) = z^2 + 6z - 16$

Lösungen der quadratischen Gleichung $z^2 + 6z - 16 = 0$:

$z_{2,3} = -3 \pm \sqrt{9 + 16} = -3 \pm 5 \implies z_2 = 2, \ z_3 = -8$

Substitutionsgleichung in die dritte Potenz erheben: $x = z^3$

Einsetzen der Lösungen: $x_1 = z_1^3 = 1^3 = 1$, $x_2 = z_2^3 = 2^3 = 8$,

$x_3 = z_3^3 = (-8)^3 = -512$

Einsetzen von x_1 in Ausgangsgleichung: $1 + 5\sqrt[3]{1^2} - 22\sqrt[3]{1} + 16 = 0$

$\implies 1 + 5 - 22 + 16 = 0 \implies 0 = 0$

Einsetzen von x_2 in Ausgangsgleichung: $8 + 5\sqrt[3]{8^2} - 22\sqrt[3]{8} + 16 = 0$

$\implies 8 + 20 - 44 + 16 = 0 \implies 0 = 0$

Einsetzen von x_3 in Ausgangsgleichung:

$-512 + 5\sqrt[3]{(-512)^2} - 22\sqrt[3]{-512} + 16 = 0 \implies -512 + 5 \cdot 64 - 22 \cdot (-8) + 16 = 0 \implies -512 + 320 + 176 + 16 = 0 \implies 0 = 0$

Lösungsmenge: $L = \{-512, \ 1, \ 8\}$.

2.8 Transzendente Gleichungen

2.8.1 Exponentialgleichungen

Bestimmungsgleichungen, bei denen die Variable (auch) im Exponenten einer Potenz steht, heißen Exponentialgleichungen.

Im Allgemeinen lassen sich in Exponentialgleichungen die Lösungen nur durch Näherungsverfahren (siehe Abschn. 8.4.12) bestimmen. Tritt in einer Exponentialgleichung die Variable jedoch nur in den Exponenten auf, so kann man sie oftmals lösen, und zwar

- durch Umformung mit Hilfe der Potenzgesetze und anschließendes Logarithmieren zu einer beliebigen Basis

oder

- durch Überführung in eine algebraische Gleichung mit Hilfe einer geeigneten Substitution und anschließendem Logarithmieren.

Die Exponentialgleichung $a \cdot b^x = c$ geht durch Logarithmieren über in $\log a + x \cdot \log b = \log c$, woraus sich für $b \neq 1$ die Lösung $x = \dfrac{\log c - \log a}{\log b}$ ergibt.

Die Exponentialgleichung $a_n b^{nx} + a_{n-1} b^{(n-1)x} + \ldots + a_2 b^{2x} + a_1 b^x + a_0 = 0$ geht mit Hilfe der Substitution $z = b^x$ über in die algebraische Gleichung $a_n z^n + a_{n-1} z^{n-1} +$

$\ldots + a_2 z^2 + a_1 z + a_0 = 0$. Ist $z > 0$ eine reelle Lösung dieser Gleichung, so ist $x = \dfrac{\log z}{\log b}$ eine Lösung der Exponentialgleichung.

▶ **Beispiele:**

1. $3^x = 4^{x-2} \cdot 2^x$

   Logarithmieren zu einer beliebigen Basis ergibt $x \log 3 = (x-2)\log 4 + x \log 2$.
   Auflösen nach x gibt die Lösung

   $$x = \frac{2\log 4}{\log 4 - \log 3 + \log 2} = \frac{4 \log 2}{3 \log 2 - \log 3} \approx 2{,}826780.$$

   Bei der letzten Umformung wurde $\log 4 = 2 \log 2$ gesetzt.

   Lösungsmenge: $L = \{2{,}826780\ldots\}$

2. $5 \cdot 6^x = 2^x \cdot 7^{-x}$

   Durch Umformung ergibt sich $\left(\dfrac{2}{7 \cdot 6}\right)^x = \left(\dfrac{1}{21}\right)^x = 5$, woraus man durch Logarithmieren die Lösung erhält:

   $$x = \frac{\log 5}{\log\left(\frac{1}{21}\right)} = \frac{\log 5}{-\log 21} \approx -0{,}528634$$

   Lösungsmenge: $L = \{-0{,}528633\ldots\}$

3. $e^{2x+3} = e^{x-4}$

   Logarithmieren zur Basis e ergibt die Gleichheit der Exponenten: $2x+3 = x-4$, woraus sich unmittelbar die Lösung $x = -7$ ergibt.
   Lösungsmenge: $L = \{-7\}$

4. $2^{2x} - \frac{5}{2} \cdot 2^{x+1} + 6 = 0$

   Durch Umformung erhält man $(2^x)^2 - 5 \cdot 2^x + 6 = 0$,
   und mit der Substitution $z = 2^x$ ergibt sich die quadratische Gleichung in z:
   $z^2 - 5z + 6 = 0$, die die Lösungen $z_{1,2} = \frac{5}{2} \pm \sqrt{\frac{25}{4} - 6}$, also $z_1 = 2$ und $z_2 = 3$ hat.

   Durch Einsetzen dieser Werte in die Substitutionsgleichung ergeben sich die Lösungen x_1 und x_2 der Exponentialgleichung:

   $$2^{x_1} = z_1 = 2 \implies x_1 = 1; \quad 2^{x_2} = z_2 = 3 \implies x_2 = \frac{\log 3}{\log 2} \approx 1{,}584963$$

   Lösungsmenge: $L = \{1; \ 1{,}584962\ldots\}$

5. $3^x = x + 4$

   In dieser Gleichung steht x nicht nur im Exponenten, die Gleichung lässt sich deshalb nur mit einem Näherungsverfahren lösen.
   Man setzt $y = 3^x - x - 4$ und wendet etwa Regula falsi oder das newtonsche Verfahren an (vgl. Abschn. 8.4.12). Mit den Startwerten $x_1 = 1{,}55$, $x_2 = 1{,}57$ ($\implies y_1 = -0{,}0604\ldots$, $y_2 = 0{,}0415\ldots$) erhält man zum Beispiel mit Regula falsi (Sekantenverfahren) in zwei Schritten die Näherungslösung: $x \approx 1{,}561919$.
   Lösungsmenge: $L = \{1{,}561918\ldots\}$

2.8.2 Logarithmische Gleichungen

Bestimmungsgleichungen, bei denen die Variable (auch) im Argument eines Logarithmus vorkommt, heißen logarithmische Gleichungen.

Einige dieser Gleichungen lassen sich mit Hilfe der Logarithmenrechnung auf die lösbare Form $\log_a x = b$ bringen. Die Lösung lautet dann $x = a^b$.

Spezielle logarithmische Gleichungen können mit Hilfe einer geeigneten Substitution in eine algebraische Gleichung umgewandelt werden.

Tritt die Variable nicht nur im Argument von Logarithmen auf, dann lassen sich die Lösungen von logarithmischen Gleichungen im allgemeinen nur durch Näherungsverfahren bestimmen (siehe Abschn. 8.4.12).

▶ **Beispiele:**

1. $\log_7(x^2 + 19) = 3$
   Durch Potenzieren ergibt sich $7^3 = x^2 + 19$, also $x^2 = 324$.
   Daraus erhält man die Lösungen $x_1 = 18$ und $x_2 = -18$.
   Lösungsmenge: $L = \{18, -18\}$

2. $\lg(6x + 10) - \lg(x - 3) = 1$
   Es folgt $\lg \dfrac{6x + 10}{x - 3} = 1$ und durch Potenzieren $\dfrac{6x + 10}{x - 3} = 10^1 = 10$ und
   somit $6x + 10 = 10x - 30$, also $4x = 40$. Daraus ergibt sich $x = 10$ als Lösung der logarithmischen Gleichung.
   Lösungsmenge: $L = \{10\}$

3. $\lg(11x - 10) + [\lg(11x - 10)]^2 = 6$
   Durch die Substitution $z = \lg(11x - 10)$ erhält man die quadratische Gleichung
   $z^2 + z - 6 = 0$ mit den Lösungen $z_{1,2} = -\dfrac{1}{2} \pm \sqrt{\dfrac{1}{4} + 6}$, also $z_1 = -3$ und $z_2 = 2$.
   Durch Einsetzen dieser Werte in die Substitutionsgleichung ergeben sich die Lösungen x_1 und x_2 der logarithmischen Ausgangsgleichung:

   $$z = \lg(11x - 10) \implies 10^z = 11x - 10 \implies x = \frac{10^z + 10}{11}$$

   $$z_1 = -3 \implies x_1 = \frac{10^{-3} + 10}{11} = 0{,}909\,\overline{18}$$

   $$z_2 = 2 \implies x_2 = \frac{10^2 + 10}{11} = 10$$

   Lösungsmenge: $L = \{0{,}909\,\overline{18},\ 10\}$

2.8.3   Trigonometrische Gleichungen

Bestimmungsgleichungen, in denen die Variable (auch) im Argument einer trigonometrischen Funktion auftritt, heißen trigonometrische Gleichungen oder goniometrische Gleichungen (siehe Kap. 6).

Trigonometrische Gleichungen sind ebenfalls transzendente Gleichungen. Sie lassen sich
nur in Spezialfällen rechnerisch exakt lösen. Es existieren jedoch stets Näherungsverfahren,
mit deren Hilfe sich die Lösungen mit beliebiger Genauigkeit angeben lassen (zum Beispiel
newtonsches Verfahren oder Regula falsi, vgl. Abschn. 8.4.12).

Tritt in der Gleichung nur eine trigonometrische Funktion auf, so erhält man mit den
Arkusfunktionen die Lösungen (vgl. Abschn. 6.9). Auch für solche Gleichungen, in denen
verschiedene trigonometrische Funktionen auftreten, die das gleiche Argument haben, kann
man oft mit Hilfe der Arkusfunktionen die Lösungen berechnen. Die Lösungen können im
Gradmaß oder im Bogenmaß angegeben werden.

Die Probe durch Einsetzen der gefundenen Werte ist wichtig, weil beim Lösen in der
Regel auch nichtäquivalente Umformungen vorgenommen werden.

Im Allgemeinen sind trigonometrische Gleichungen nicht eindeutig lösbar.

▶ **Beispiele:**

1. $\sin^2 x - 1 = -0,5$

    Man berechnet:

    $$\sin^2 x = \frac{1}{2} \implies \sin x = \pm\sqrt{\frac{1}{2}} = \pm\frac{1}{2}\sqrt{2} \implies x = \arcsin\left(\pm\frac{1}{2}\sqrt{2}\right) = \pm 45°$$

    Wegen $\sin x = \sin(180° - x)$ und $\sin x = \sin(x + k \cdot 360°)$ ergibt sich als
    Lösungsmenge der trigonometrischen Gleichung (im Gradmaß):
    $L = \{x | x = 45° + k \cdot 180°,\ k \in \mathbb{Z}\}$
    Die Probe in der Ausgangsgleichung bestätigt diese Werte.

2. $\sin^2 x + 2\cos x = 1,5$

    Wegen $\sin^2 x + \cos^2 x = 1$ ergibt sich $1 - \cos^2 x + 2\cos x = 1,5$
    $\implies \cos^2 x - 2\cos x + 0,5 = 0$

    Dies ist eine quadratische Gleichung in $\cos x$. Mit der Substitution $z = \cos x$
    ergibt sich die quadratische Gleichung $z^2 - 2z + 0,5 = 0$ mit den Lösungen
    $z = \cos x = 1 \pm \frac{1}{2}\sqrt{2}$. Wegen $\cos x \leq 1$ kommt $\cos x = 1 + \frac{1}{2}\sqrt{2}$ für eine
    Lösung nicht in Betracht. Somit folgt

    $\cos x = 1 - \frac{1}{2}\sqrt{2} \implies x = \arccos(1 - \frac{1}{2}\sqrt{2}) \approx 1,2735$

    Wegen $\cos x = \cos(-x)$ und $\cos x = \cos(x + 2k\pi)$ ergibt sich als Lösungsmenge
    der Ausgangsgleichung (im Bogenmaß):
    $L = \{x | x \approx \pm 1,2735 + 2k\pi,\ k \in \mathbb{Z}\}$
    Die Probe in der Ausgangsgleichung bestätigt diese Werte.

3. $\sin x + \cos x - 0{,}9x = 0$

Diese Gleichung ist nicht geschlossen lösbar. Eine Näherungslösung erhält man zum Beispiel mit Regula falsi (vgl. Abschn. 8.4.12).

Man setzt $y = \sin x + \cos x - 0{,}9x$ und erhält mit den Startwerten $x_1 = 77°$, $x_2 = 76{,}5°(\Longrightarrow y_1 = -0{,}0101\ldots, y_2 = 0{,}0041\ldots)$ im ersten Schritt die Näherungslösung $x \approx 1{,}3378$.

2.9 Lineare Gleichungssysteme

2.9.1 Definitionen

Die Schwierigkeiten beim Bestimmen der Lösungen von Gleichungen werden noch größer, wenn nicht nur eine Variable aus einer Bestimmungsgleichung errechnet werden soll, sondern wenn mehrere Variable mehrere Gleichungen gleichzeitig erfüllen sollen. Zum Beispiel sollen in den Gleichungen $x - 2y = 4$ und $2x + 5y = 35$ die Variablen x und y so berechnet werden, dass deren Werte beide Gleichungen erfüllen.

Sollen m Gleichungen von n Variablen gleichzeitig erfüllt sein, so spricht man von einem System von m Gleichungen mit n Variablen. Ein solches Gleichungssystem zu lösen, heißt, die Werte der Variablen zu bestimmen, die alle Gleichungen dieses Systems erfüllen. Eine Lösung eines Gleichungssystems mit m Gleichungen und n Variablen besteht also aus n Werten, einem sogenannten n-Tupel (für jede Variable ein Wert). So besteht eine Lösung eines Gleichungssystems mit zwei Variablen aus einem Paar (2-Tupel) von Werten, ein Gleichungssystem mit drei Variablen hat ein Lösungstripel (3-Tupel). In dem Beispiel ist das Paar $x = 10$, $y = 3$ Lösung. Man schreibt auch $(x, y) = (10, 3)$, oder die Lösungsmenge L der beiden Gleichungen ist $L = \{(10, 3)\}$ (die Reihenfolge ist zu beachten!).

Eine Gleichung in mehreren Variablen heißt linear, wenn alle Variablen höchstens in der ersten Potenz auftreten und nicht miteinander multipliziert werden. Die beiden Gleichungen des Beispiels sind lineare Gleichungen. Ein Gleichungssystem heißt linear, wenn alle Gleichungen des Systems lineare Gleichungen sind.

Im Allgemeinen ist die Bestimmung von Lösungen oder sogar aller Lösungen eines Gleichungssystems sehr schwierig oder auch nicht möglich. Für lineare Gleichungssysteme ist jedoch eine Methode entwickelt worden, die alle Lösungen des Systems liefert.

Ein lineares Gleichungssystem ist durch die Koeffizienten der Variablen und durch die Absolutglieder (die Terme, die die Variablen nicht enthalten) bestimmt.

2.9.2 Zwei lineare Gleichungen mit zwei Variablen

Die allgemeine Form eines linearen Gleichungssystems mit zwei Gleichungen und zwei Variablen x, y lautet:

$$a_1 x + b_1 y = c_1$$
$$a_2 x + b_2 y = c_2$$

a_1, a_2 sind die Koeffizienten von x, die Koeffizienten von y sind b_1, b_2, und c_1, c_2 sind die Absolutglieder des Gleichungssystems.

Es gibt verschiedene Methoden, solche linearen Gleichungssysteme zu lösen. Übliche Verfahren sind das Einsetzungsverfahren (Substitutionsverfahren), das Additionsverfahren und das Gleichsetzungsverfahren.

Einsetzungsverfahren

Beim Einsetzungsverfahren wird eine der beiden Gleichungen nach einer der Variablen aufgelöst, und der entsprechende Term wird in die andere Gleichung eingesetzt. Man erhält so eine lineare Gleichung mit einer Variablen, die gelöst werden kann. Durch Einsetzen dieses Wertes in eine der beiden Ausgangsgleichungen ergibt sich eine lineare Gleichung mit der anderen Variablen, die daraus dann auch berechnet werden kann.

Führt man das Verfahren mit der allgemeinen Form des Gleichungssystems durch, so ergibt sich

$$x = \frac{b_2 c_1 - b_1 c_2}{a_1 b_2 - a_2 b_1}, \quad y = \frac{a_1 c_2 - a_2 c_1}{a_1 b_2 - a_2 b_1}$$

Fallunterscheidung:

1. Ist der Nenner $a_1 b_2 - a_2 b_1 \neq 0$, so erhält man genau eine Lösung, und zwar das Zahlenpaar
   $$(x, y) = \left(\frac{b_2 c_1 - b_1 c_2}{a_1 b_2 - a_2 b_1}, \frac{a_1 c_2 - a_2 c_1}{a_1 b_2 - a_2 b_1} \right).$$

2. Ist der Nenner $a_1 b_2 - a_2 b_1 = 0$, aber (mindestens) einer der Zähler $b_2 c_1 - b_1 c_2$ oder $a_1 c_2 - a_2 c_1$ ungleich 0, so gibt es keine Lösung.

3. Ist der Nenner gleich 0, und sind außerdem beide Zähler gleich 0, so gibt es unendlich viele Lösungen, und zwar jedes Paar (x, y), das die erste gegebene Gleichung $a_1 x + b_1 y = c_1$ und damit dann zugleich die zweite gegebene Gleichung $a_2 x + b_2 y = c_2$ erfüllt.

Der Graph (das Schaubild) zu jeder einzelnen gegebenen Gleichung ist eine Gerade (vgl. Abschn. 5.4.2). Im ersten Fall ist das die Lösung bildende Zahlenpaar das Koordinatenpaar des eindeutigen Schnittpunktes der beiden Geraden. Im zweiten Fall gibt es keine Lösung, die Graphen der beiden gegebenen Gleichungen sind parallele Geraden (Parallelen haben keinen Schnittpunkt). Im dritten Fall gibt es unendlich viele Lösungen, die Graphen der beiden gegebenen Gleichungen sind gleich, es handelt sich um ein und dieselbe Gerade.

Wichtiger Hinweis: Man sollte stets die Probe in den noch nicht umgeformten Ausgangsgleichungen durchführen!

▶   **Beispiele:**

1. (I) $-x + y = 1$, (II) $2x + y = 4$
   (I) $\implies y = 1 + x$; Einsetzen in (II): $2x + 1 + x = 4 \implies 3x = 3 \implies x = 1$
   Einsetzen in (I) $\implies y = 2$
   Lösung: $(x, y) = (1, 2)$ (oder Lösungsmenge: $L = \{(1, 2)\}$)
   Berechnung der Lösung durch Einsetzen von $a_1 = -1$, $b_1 = 1$, $c_1 = 1$, $a_2 = 2$,
   $b_2 = 1$, $c_2 = 4$ in die Lösungsformel:

$$x = \frac{1 \cdot 1 - 1 \cdot 4}{(-1) \cdot 1 - 2 \cdot 1} = \frac{-3}{-3} = 1, \quad y = \frac{(-1) \cdot 4 - 2 \cdot 1}{(-1) \cdot 1 - 2 \cdot 1} = \frac{-6}{-3} = 2$$

   Probe: (I) $-1 + 2 = 1 \implies 1 = 1$, (II) $2 \cdot 1 + 2 = 4 \implies 4 = 4$

2. (I) $2x + 3y = 8$, (II) $x + 4y = 9$ (siehe Abb. 2.1)
   (II) $\implies x = 9 - 4y$; Einsetzen in (I): $2(9 - 4y) + 3y = 8$
   $\implies 18 - 5y = 8 \implies 5y = 10 \implies y = 2$
   Einsetzen in (II) $\implies x = 9 - 4 \cdot 2 = 1$
   Lösung: $(x, y) = (1, 2)$ (oder Lösungsmenge: $L = \{(1, 2)\}$)
   Berechnung der Lösung durch Einsetzen von $a_1 = 2$, $b_1 = 3$, $c_1 = 8$,
   $a_2 = 1$, $b_2 = 4$, $c_2 = 9$ in die Lösungsformel:

$$x = \frac{4 \cdot 8 - 3 \cdot 9}{2 \cdot 4 - 1 \cdot 3} = \frac{5}{5} = 1, \quad y = \frac{2 \cdot 9 - 1 \cdot 8}{2 \cdot 4 - 1 \cdot 3} = \frac{10}{5} = 2$$

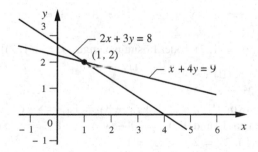

Abb. 2.1 Geraden von Beispiel 2

Probe: (I) $2 \cdot 1 + 3 \cdot 2 = 8 \implies 8 = 8$, (II) $1 + 4 \cdot 2 = 9 \implies 9 = 9$

Additionsverfahren

Beim Additionsverfahren werden beide Gleichungen jeweils so mit einem Faktor multipliziert, dass bei anschließender Addition der Gleichungen eine der Variablen wegfällt. Man erhält so eine lineare Gleichung mit einer Variablen, die gelöst werden kann. Durch Einsetzen dieses Wertes in eine der beiden Ausgangsgleichungen ergibt sich eine lineare Gleichung mit der anderen Variablen, die daraus dann auch berechnet werden kann.

▶ **Beispiele:**

3. (I) $-x + y = 1$, (II) $2x + y = 4$
   Multiplikation von (I) mit 2: (I') $-2x + 2y = 2$
   Addition von (I') und (II): $y + 2y = 4 + 2 \implies 3y = 6 \implies y = 2$
   Einsetzen in (I) $\implies x = 1$
   Lösung: $(x, y) = (1, 2)$ (oder Lösungsmenge: $L = \{(1, 2)\}$)

4. (I) $2x + 3y = 8$, (II) $x + 4y = 9$
   Multiplikation von (II) mit -2: (II') $-2x - 8y = -18$
   Addition von (I) und (II'): $3y - 8y = 8 - 18 \implies 5y = 10 \implies y = 2$
   Einsetzen in (I) $\implies x = 1$
   Lösung: $(x, y) = (1, 2)$

Gleichsetzungsverfahren

Beim Gleichsetzungsverfahren löst man beide Gleichungen nach derselben Variablen (oder dem gleichen Vielfachen einer Variablen) auf und setzt die entsprechenden Terme gleich. Man erhält so eine lineare Gleichung mit einer Variablen, die gelöst werden kann. Durch Einsetzen dieses Wertes in eine der beiden Ausgangsgleichungen ergibt sich eine lineare Gleichung mit der anderen Variablen, die daraus dann auch berechnet werden kann.

▶ **Beispiele:**

5. (I) $-x + y = 1$, (II) $2x + y = 4$
   (I) $\implies y = 1 + x$, (II) $\implies y = 4 - 2x$
   Gleichsetzen $\implies 1 + x = 4 - 2x \implies 3x = 3 \implies x = 1$
   Einsetzen in (I) $\implies y = 2$
   Lösung: $(x, y) = (1, 2)$ (oder Lösungsmenge: $L = \{(1, 2)\}$)

6. (I) $2x + 3y = 8$, (II) $x + 4y = 9$
   (I) $\implies$ (I') $2x = 8 - 3y$
   Multiplikation von (II) mit 2: (II') $2x + 8y = 18 \implies$ (II'') $2x = 18 - 8y$
   Gleichsetzen von (I') und (II'') $\implies 8 - 3y = 18 - 8y \implies 5y = 10 \implies y = 2$
   Einsetzen in (I'): $2x = 2 \implies x = 1$
   Lösung: $(x, y) = (1, 2)$

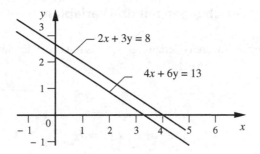

Abb. 2.2 Geraden von Beispiel 7

▶   **Weitere Beispiele:**

7. (I) $2x + 3y = 8$, (II) $4x + 6y = 13$ (siehe Abb. 2.2)
    Nach der Lösungsformel ist der Nenner $a_1b_2 - a_2b_1 = 2 \cdot 6 - 4 \cdot 3 = 0$. Der Zähler
    des x-Terms ist $b_2c_1 - b_1c_2 = 6 \cdot 8 - 3 \cdot 13 = 9 \neq 0$ (der Zähler des y-Terms ist
    $a_1c_2 - a_2c_1 = 2 \cdot 13 - 4 \cdot 8 = -6 \neq 0$). Es gibt also keine Lösung, die Graphen
    zu beiden gegebenen Gleichungen sind parallele Geraden.
    Anderer Nachweis, dass es keine Lösung gibt:
    Multiplikation von (I) mit -2: (I') $-4x - 6y = -16$
    Addition von (I') und (II): $0 = -3$
    Dies ist ein Widerspruch, also kann das Gleichungssystem keine Lösung haben.

8. (I) $2x + 3y = 8$, (II) $6x + 9y = 24$ (siehe Abb. 2.3)
    Nach der Lösungsformel ist der Nenner $a_1b_2 - a_2b_1 = 2 \cdot 9 - 6 \cdot 3 = 0$. Der
    Zähler des x-Terms ist $b_2c_1 - b_1c_2 = 9 \cdot 8 - 3 \cdot 24 = 0$, der Zähler des y-Terms
    ist $a_1c_2 - a_2c_1 = 2 \cdot 24 - 6 \cdot 8 = 0$.
    Es gibt also unendlich viele Lösungen, die Graphen der beiden gegebenen Glei-
    chungen sind dieselbe Gerade.
    Anderer Nachweis, dass es unendlich viele Lösungen gibt:
    Multiplikation von (I) mit 3 ergibt (II). Es handelt sich also um dieselbe Geraden-
    gleichung. Zu jedem x-Wert lässt sich ein y-Wert eindeutig berechnen.

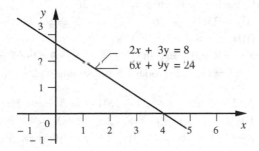

Abb. 2.3 Geraden von Beispiel 8

2.9.3   Drei lineare Gleichungen mit drei Variablen

Die allgemeine Form eines linearen Gleichungssystems mit drei Gleichungen und drei Variablen x, y, z lautet:

$$a_1 x + b_1 y + c_1 z = d_1$$
$$a_2 x + b_2 y + c_2 z = d_2$$
$$a_3 x + b_3 y + c_3 z = d_3$$

a_1, a_2, a_3 sind die Koeffizienten von x, die Koeffizienten von y sind b_1, b_2, b_3, die Koeffizienten von z sind c_1, c_2, c_3, und d_1, d_2, d_3 sind die Absolutglieder des Gleichungssystems.

Auch hier gibt es unterschiedliche Möglichkeiten, die Lösung oder die Lösungen eines solchen linearen Gleichungssystems zu bestimmen.

Einsetzungsverfahren

Beim Einsetzungsverfahren wird eine der drei Gleichungen nach einer Variablen aufgelöst und dann in die beiden anderen Gleichungen eingesetzt. Man erhält so ein Gleichungssystem mit zwei Gleichungen und zwei Variablen, das man entsprechend Abschn. 2.9.2 löst.

▶   **Beispiel:**

    1. (I) $3x \;- 9y \;- z = 5$
       (II) $4x + 10y - 9z = 43$
       (III) $5x \;- y \;- 2z = 36$
       Gleichung (I) nach z auflösen: $z = 3x - 9y - 5$
       Einsetzen in die beiden anderen Gleichungen (II) und (III):
       (II) $4x + 10y - 9(3x - 9y - 5) = 43$
       (III) $5x \;\;- y - 2(3x - 9y - 5) = 36$
       Klammern auflösen und zusammenfassen:
       (II) $-23x + 91y = -2$
       (III) $-x + 17y = 26$
       Gleichung (III) nach x auflösen: $x = 17y - 26$
       Einsetzen in (II): $-23(17y - 26) + 91y = -2 \implies 300y = 600 \implies y = 2$
       Einsetzen in (III): $x = 8$
       Einsetzen von $x = 8$ und $y = 2$ in (I): $z = 3 \cdot 8 - 9 \cdot 2 - 5 = 1$
       Lösung: $(x, y, z) = (8, 2, 1)$ (oder Lösungsmenge: $L = \{(8, 2, 1)\}$)
       Probe:
       (I) $3 \cdot 8 - 9 \cdot 2 - 1 = 5 \implies 24 - 18 - 1 = 5 \implies 5 = 5$
       (II) $4 \cdot 8 + 10 \cdot 2 - 9 \cdot 1 = 43 \implies 32 + 20 - 9 = 43 \implies 43 = 43$
       (III) $5 \cdot 8 - 2 - 2 \cdot 1 = 36 \implies 40 - 2 - 2 = 36 \implies 36 = 36$

Wichtiger Hinweis: Die Probe stets in allen noch nicht umgeformten Ausgangsgleichungen durchführen!

Additionsverfahren

Beim Additionsverfahren wird eine der Gleichungen jeweils so äquivalent umgeformt, dass bei Addition dieser umgeformten Gleichung mit einer der beiden anderen Gleichungen jeweils die gleiche Variable herausfällt. Auch dadurch erhält man wieder zwei Gleichungen mit zwei Variablen.

▶ **Beispiel:**

2. (I) $x - 2y - 3z = -5$
   (II) $3x + 3y + z = 6$
   (III) $2x + y - z = 0$
   Multiplikation von (II) mit 3: (II') $9x + 9y + 3z = 18$
   Addition von (I) und (II'): (IV)$10x + 7y = 13$
   Addition von (II) und (III):(V) $5x + 4y = 6$
   Multiplikation von (V) mit -2: (V') $-10x - 8y = -12$
   Addition von (IV) und (V'): $-y = 1 \implies y = -1$
   Einsetzen in (V): $5x - 4 = 6 \implies x = 2$
   Einsetzen von $x = 2$ und $y = -1$ in (III): $z = 2x + y = 2 \cdot 2 - 1 = 3$
   Lösung: $(x, y, z) = (2, -1, 3)$ (oder Lösungsmenge: $L = \{(2, -1, 3)\}$)

Weitere Lösungsverfahren wie die cramersche Regel werden mit Hilfe der Determinantenrechnung im Abschn. 2.9.4 formuliert.

2.9.4 Matrizen und Determinanten

Eine Matrix (Plural Matrizen) ist ein System von $m \cdot n$ Größen, die in einem rechteckigen Schema von m (waagerechten) Zeilen und n (senkrechten) Spalten angeordnet sind. Die $m \cdot n$ Größen nennt man die Elemente der Matrix, es sind beliebige reelle (oder komplexe) Zahlen. Die Stellung eines Elementes, etwa a_{ij}, im Schema wird durch einen Doppelindex gekennzeichnet. Dabei gibt der erste Index i die Zeile und der zweite Index j die Spalte an, in der das Element steht. Die Nummerierungen der Zeilen verlaufen von oben nach unten, die der Spalten von links nach rechts. Das Element a_{ij} befindet sich also im Kreuzungspunkt der i-ten Zeile und der j-ten Spalte.

Eine Matrix mit m Zeilen und n Spalten nennt man (m, n)-Matrix. Meist kürzt man Matrizen durch große lateinische Buchstaben $A, B, \ldots$ ab. Man schreibt eine Matrix, indem man das Schema in eckige Klammern (oder auch in runde Klammern) setzt:

$$A = \begin{bmatrix} a_{11} & a_{12} & \ldots & a_{1n} \\ a_{21} & a_{22} & \ldots & a_{2n} \\ \multicolumn{4}{c}{\ldots\ldots\ldots} \\ a_{m1} & a_{m2} & \ldots & a_{mn} \end{bmatrix}$$

Matrix

$$A = \begin{pmatrix} a_{11} & a_{12} & \ldots & a_{1n} \\ a_{21} & a_{22} & \ldots & a_{2n} \\ \multicolumn{4}{c}{\ldots\ldots\ldots} \\ a_{m1} & a_{m2} & \ldots & a_{mn} \end{pmatrix}$$

Abkürzend schreibt man dafür auch $A = (a_{ij})$.

▶ **Beispiel:**

$$A = \begin{bmatrix} 5 & -2 & 0 & 5 \\ 14 & 0 & -6 & 1 \\ -1 & 0 & 2 & 5 \end{bmatrix}$$

Dies ist eine (3,4)-Matrix, also eine Matrix mit 3 Zeilen und 4 Spalten. Zum Beispiel ist $a_{12} = -2$ das Element, das in der ersten Zeile und zweiten Spalte steht.

Achtung: Die Doppelindizes sind einzeln zu lesen, zum Beispiel wird a_{12} gesprochen: $a - eins - zwei$.

Quadratische Matrizen:
Gilt $m = n$, also Zeilenanzahl gleich Spaltenanzahl, dann heißt A eine $n-$reihige quadratische Matrix oder eine quadratische Matrix der Ordnung n. Die Elemente einer quadratischen Matrix, für die $i = j$ gilt, bilden die sogenannte Hauptdiagonale der Matrix.

▶ **Beispiel:**

$$A = \begin{bmatrix} \frac{4}{5} & 0 & -\frac{5}{2} \\ 1 & 1 & 1 \\ -1 & 10 & -\frac{4}{3} \end{bmatrix}$$

A ist eine quadratische 3-reihige Matrix. Die Hauptdiagonalelemente sind $a_{11} = \frac{4}{5}$, $a_{22} = 1$, $a_{33} = -\frac{4}{3}$.

Alle Elemente der zweiten Zeile sind gleich 1: $a_{21} = a_{22} = a_{23} = 1$.

Nullmatrix O:
Eine Matrix, deren Elemente alle gleich Null sind, also $a_{ij} = 0$ für $i = 1, \ldots, m$ und $j = 1, \ldots, n$, heißt eine Nullmatrix.

Einheitsmatrix E:
Eine quadratische Matrix heißt Einheitsmatrix, falls

$$a_{ij} = \begin{cases} 1 & \text{für } i = j, \\ 0 & \text{für } i \neq j. \end{cases}$$

Diagonalmatrix:
Eine quadratische Matrix, bei der für alle $i \neq j$ die Elemente a_{ij} gleich Null sind, heißt Diagonalmatrix.

▶ **Beispiel:**

$$A = \begin{bmatrix} 2 & 0 & 0 \\ 0 & -3 & 0 \\ 0 & 0 & 7 \end{bmatrix}$$

Obere Dreiecksmatrix:
Eine quadratische Matrix, bei der für alle $i > j$ die Elemente a_{ij} gleich Null sind, heißt obere Dreiecksmatrix.

▶ **Beispiel:**

$$A = \begin{bmatrix} -1 & 6 & 0 \\ 0 & 4 & 1 \\ 0 & 0 & -7 \end{bmatrix}$$

Untere Dreiecksmatrix:
Eine quadratische Matrix, bei der für alle $i < j$ die Elemente a_{ij} gleich Null sind, heißt untere Dreiecksmatrix.

Matrizen vom gleichen Typ:
Zwei Matrizen heißen vom gleichen Typ, wenn sie die gleiche Anzahl von Zeilen und die gleiche Anzahl von Spalten haben, wenn also beide (m, n)-Matrizen sind mit dem gleichen m und dem gleichen n.

▶ **Beispiel:**

$$A = \begin{bmatrix} -1 & 2 & 3 \\ 1 & 24 & 0 \end{bmatrix}; \quad B = \begin{bmatrix} 2 & 2 & 0 \\ 0 & 6 & 1 \end{bmatrix}; \quad C = \begin{bmatrix} -1 & 6 \\ 0 & 4 \end{bmatrix}$$

A und B sind vom gleichen Typ, C ist jedoch nicht vom gleichen Typ wie A und B.

Gleichheit von Matrizen:

Zwei Matrizen A und B heißen gleich, wenn beide vom gleichen Typ sind und wenn die entsprechenden Elemente übereinstimmen, wenn also $a_{ij} = b_{ij}$ für alle $i = 1, \ldots, m$ und $j = 1, \ldots, n$ gilt.

▶   **Beispiel:**

$$A = \begin{bmatrix} -1 & 2 & 3 \\ 1 & 24 & 0 \end{bmatrix}; \quad B = \begin{bmatrix} -1 & 2 & 3 \\ 1 & 24 & 0 \end{bmatrix} : \quad A = B$$

Transponierte Matrix:

Die transponierte oder gespiegelte Matrix A^T der Matrix A ist die Matrix, die durch Vertauschung von Zeilen und Spalten von A gebildet wird:

$$A = \begin{bmatrix} a_{11} & a_{12} & \cdots & a_{1n} \\ a_{21} & a_{22} & \cdots & a_{2n} \\ \cdots & \cdots & \cdots & \cdots \\ a_{m1} & a_{m2} & \cdots & a_{mn} \end{bmatrix}; \quad A^T = \begin{bmatrix} a_{11} & a_{21} & \cdots & a_{m1} \\ a_{12} & a_{22} & \cdots & a_{m2} \\ \cdots & \cdots & \cdots & \cdots \\ a_{1n} & a_{2n} & \cdots & a_{mn} \end{bmatrix}$$

▶   **Beispiel:**

$$A = \begin{bmatrix} 2 & 3 & -1 \\ -5 & 0 & 4 \end{bmatrix}; \quad A^T = \begin{bmatrix} 2 & -5 \\ 3 & 0 \\ -1 & 4 \end{bmatrix}$$

Symmetrische Matrix:

Eine quadratische Matrix A heißt symmetrisch, wenn $A = A^T$ ist, wenn also $a_{ij} = a_{ji}$ für alle i und j gilt.

▶   **Beispiel:**

$$A = \begin{bmatrix} -1 & 2 & 3 \\ 2 & -6 & 0 \\ 3 & 0 & 5 \end{bmatrix} = A^T$$

Antisymmetrische Matrix:

Eine quadratische Matrix A heißt antisymmetrisch oder schiefsymmetrisch, wenn $A^T = -A$ ist.

Addition und Subtraktion von Matrizen:
Matrizen können nur dann addiert oder subtrahiert werden, wenn sie vom gleichen Typ sind.

Zwei Matrizen vom gleichen Typ werden addiert bzw. subtrahiert, indem man ihre korrespondierenden Elemente addiert bzw. subtrahiert:

$$A + B = (a_{ij}) + (b_{ij}) = (a_{ij} + b_{ij})$$

$$A - B = (a_{ij}) - (b_{ij}) = (a_{ij} - b_{ij})$$

Eigenschaften der Addition:

1. $A + B = B + A$ (Kommutativgesetz)
2. $(A + B) + C = A + (B + C) = A + B + C$ (Assoziativgesetz)
3. $(A + B)^T = A^T + B^T$

▶   **Beispiel:**

$$A = \begin{bmatrix} 2 & -2 & 0 \\ -1 & 3 & 2 \end{bmatrix}; \quad B = \begin{bmatrix} 4 & 1 & -3 \\ 1 & 0 & -2 \end{bmatrix}$$

$$A + B = \begin{bmatrix} 6 & -1 & -3 \\ 0 & 3 & 0 \end{bmatrix}$$

$$A - B = \begin{bmatrix} -2 & -3 & 3 \\ -2 & 3 & 4 \end{bmatrix}; \quad B - A = \begin{bmatrix} 2 & 3 & -3 \\ 2 & -3 & -4 \end{bmatrix}$$

Multiplikation einer Matrix mit einer reellen Zahl:
Man multipliziert eine Matrix A mit einer reellen Zahl k, indem man jedes Element der Matrix mit k multipliziert:

$$k A = k (a_{ij}) = (k a_{ij})$$

Eigenschaften:

Sind k und l zwei reelle Zahlen und A und B zwei Matrizen, so gilt:

1. $k\,(l\,A) = l\,(k\,A) = (k\,l)\,A$
2. $(k+l)\,A = k\,A + l\,A$
3. $k\,(A+B) = k\,A + k\,B$
4. $(k\,A)^T = k\,A^T$

▶ **Beispiel:**

$$3\,A = 3 \begin{bmatrix} 2 & -2 & 0 \\ -1 & 3 & 2 \end{bmatrix} = \begin{bmatrix} 6 & -6 & 0 \\ -3 & 9 & 6 \end{bmatrix}$$

Multiplikation von Matrizen:

Das Produkt $A\,B$ zweier Matrizen A und B kann nur dann gebildet werden, wenn die Spaltenanzahl von A gleich der Zeilenanzahl von B ist.

Ist $A = (a_{ij})$ eine (m, n)-Matrix und $B = (b_{jk})$ eine (n, r)-Matrix (Anzahl der Spalten von A = Anzahl der Zeilen von B), so ist die Produktmatrix $C = A\,B$ eine (m, r)-Matrix mit den Elementen $c_{ik} = \sum_{j=1}^{n} a_{ij} \cdot b_{jk}$. Das Element c_{ik} von $C = A\,B$ für ein festes i und ein festes k erhält man also, indem man das j-te Element der i-ten Zeile von A mit dem j-ten Element der k-ten Spalte von B multipliziert für $j = 1, \ldots, n$ und alle diese Produkte addiert.

$$A = (a_{ij}), \ B = (b_{jk}) \implies C = A\,B = (c_{ik}) \text{ mit } c_{ik} = \sum_{j=1}^{n} a_{ij} \cdot b_{jk}$$

Schematische Darstellung:

$$\begin{bmatrix} b_{11} & b_{12} & \ldots & b_{1k} & \ldots & b_{1r} \\ b_{21} & b_{22} & \ldots & b_{2k} & \ldots & b_{2r} \\ \ldots & \ldots & \ldots & \ldots & \ldots & \ldots \\ b_{n1} & b_{n2} & \ldots & b_{nk} & \ldots & b_{nr} \end{bmatrix} = B$$

$$A = \begin{bmatrix} a_{11} & a_{12} & \ldots & a_{1n} \\ a_{21} & a_{22} & \ldots & a_{2n} \\ \ldots & \ldots & \ldots & \ldots \\ a_{i1} & a_{i2} & \ldots & a_{in} \\ \ldots & \ldots & \ldots & \ldots \\ a_{m1} & a_{m2} & \ldots & a_{mn} \end{bmatrix} \begin{bmatrix} \ldots & \ldots & \ldots & \ldots & \ldots & \ldots \\ \ldots & \ldots & \ldots & \ldots & \ldots & \ldots \\ \ldots & \ldots & \ldots & \ldots & \ldots & \ldots \\ \ldots & \ldots & \ldots & c_{ik} & \ldots & \ldots \\ \ldots & \ldots & \ldots & \ldots & \ldots & \ldots \\ \ldots & \ldots & \ldots & \ldots & \ldots & \ldots \end{bmatrix} = A\,B$$

▶ **Beispiel:**

$$A = \begin{bmatrix} 2 & 3 & 4 \\ 1 & -4 & 0 \end{bmatrix}; B = \begin{bmatrix} 1 & -1 & 2 & 1 \\ 0 & 1 & 2 & -1 \\ 1 & 1 & 0 & 1 \end{bmatrix}$$

$$\begin{bmatrix} 1 & -1 & 2 & 1 \\ 0 & 1 & 2 & -1 \\ 1 & 1 & 0 & 1 \end{bmatrix} = B$$

$$A = \begin{bmatrix} 2 & 3 & 4 \\ 1 & -4 & 0 \end{bmatrix} \begin{bmatrix} 6 & 5 & 10 & 3 \\ 1 & -5 & -6 & 5 \end{bmatrix} = A B$$

$$A B = \begin{bmatrix} 6 & 5 & 10 & 3 \\ 1 & -5 & -6 & 5 \end{bmatrix}$$

$B A$ existiert nicht.

Eigenschaften der Matrizenmultiplikation:

1. $A (B C) = (A B) C$ (Assoziativgesetz)
2. $A (B + C) = A B + A C$ (Distributivgesetz)
3. $A B \neq B A$ (Kommutativgesetz gilt nicht)
4. $A E = E A = A$ (E Einheitsmatrix)
5. $A O = O A = O$ (O Nullmatrix)
6. $(A B)^T = B^T A^T$ (Reihenfolge ändert sich)

Orthogonale Matrix:
Eine quadratische Matrix A heißt orthogonal, wenn $A A^T = A^T A = E$ (E Einheitsmatrix)
ist.

Inverse Matrix:
Eine Matrix B heißt Inverse der quadratischen Matrix A, wenn $A B = E$ (E Einheitsmatrix)
gilt. Man schreibt dann $B = A^{-1}$. Existiert die Inverse einer Matrix, dann ist sie eindeutig.
   Eine Matrix A, für die die Inverse A^{-1} existiert, heißt regulär, andernfalls heißt sie
singulär.

▶ **Beispiel:**

Man berechne die Inverse der Matrix $A = \begin{bmatrix} -2 & 3 \\ 1 & -2 \end{bmatrix}$.

$$\begin{bmatrix} a & b \\ c & d \end{bmatrix} = A^{-1}$$

$$A = \begin{bmatrix} -2 & 3 \\ 1 & -2 \end{bmatrix} \begin{bmatrix} 1 & 0 \\ 0 & 1 \end{bmatrix} = E$$

Es ergibt sich das lineare Gleichungssystem
$-2a + 3c = 1,\ -2b + 3d = 0,\ a - 2c = 0,\ b - 2d = 1.$

Die Lösung des Gleichungssystems ist $a = -2$, $b = -3$, $c = -1$, $d = -2$. Es folgt:

Inverse $A^{-1} = \begin{bmatrix} -2 & -3 \\ -1 & -2 \end{bmatrix}$

Eine Determinante D ist ein algebraischer Ausdruck, der jeder n-reihigen quadratischen Matrix A mit reellen (oder komplexen) Elementen a_{ij} eindeutig zugeordnet wird. Dieser algebraische Ausdruck ist eine reelle (oder komplexe) Zahl. Die Determinante einer n-reihigen quadratischen Matrix nennt man n-reihige Determinante.

Man schreibt eine Determinante, indem man das quadratische Schema der Matrix zwischen senkrechte Striche setzt, oder in Kurzform $D = \det(A) = |A|$:

$$
\text{Determinante} \qquad D = \det(A) = |A| = \begin{vmatrix} a_{11} & a_{12} & \dots & a_{1n} \\ a_{21} & a_{22} & \dots & a_{2n} \\ \dots & \dots & \dots & \dots \\ a_{n1} & a_{n2} & \dots & a_{nn} \end{vmatrix}
$$

Definition für zweireihige Determinanten ($n = 2$):

$$
D = \begin{vmatrix} a_{11} & a_{12} \\ a_{21} & a_{22} \end{vmatrix} = a_{11}a_{22} - a_{12}a_{21}
$$

Die Elemente a_{11}, a_{22} bilden die Hauptdiagonale, die Elemente a_{12}, a_{21} die sogenannte Nebendiagonale.

Merkregel zur Berechnung: Produkt der Hauptdiagonalelemente minus Produkt der Nebendiagonalelemente.

▶ **Beispiel:**

$$
D = \begin{vmatrix} -1 & 1 \\ 2 & 1 \end{vmatrix} = (-1) \cdot 1 - 1 \cdot 2 = -3
$$

Die allgemeine Lösungsformel $x = \dfrac{b_2 c_1 - b_1 c_2}{a_1 b_2 - a_2 b_1}$, $y = \dfrac{a_1 c_2 - a_2 c_1}{a_1 b_2 - a_2 b_1}$ für ein lineares Gleichungssystem $a_1 x + b_1 y = c_1$, $a_2 x + b_2 y = c_2$ (vgl. Abschn. 2.9.2) lässt sich auch mit Hilfe von zweireihigen Determinanten schreiben:

$$x = \frac{\begin{vmatrix} c_1 & b_1 \\ c_2 & b_2 \end{vmatrix}}{\begin{vmatrix} a_1 & b_1 \\ a_2 & b_2 \end{vmatrix}}, \quad y = \frac{\begin{vmatrix} a_1 & c_1 \\ a_2 & c_2 \end{vmatrix}}{\begin{vmatrix} a_1 & b_1 \\ a_2 & b_2 \end{vmatrix}}$$

Die gemeinsame Nennerdeterminante wird aus den Koeffizienten von x und y der beiden Gleichungen in der gegebenen Anordnung gebildet. Die Nennerdeterminante heißt deshalb auch Koeffizientendeterminante. Man erhält die Zählerdeterminante von x, indem man die Koeffizienten von x durch die Absolutglieder ersetzt, und die Zählerdeterminante von y entsprechend durch Ersetzung der Koeffizienten von y durch die Absolutglieder (immer in der gleichen Reihenfolge, also Ersetzung von b_1 durch c_1 usw.).

Man nennt diese Methode cramersche Regel zur Berechnung der Lösung eines linearen Gleichungssystems (nach dem schweizerischen Mathematiker Gabriel Cramer, 1704–1752).

▶ **Beispiel:**

(I) $x - 2y = 4$, (II) $2x + 5y = 35$

Einsetzen von $a_1 = 1$, $a_2 = 2$, $b_1 = -2$, $b_2 = 5$, $c_1 = 4$, $c_2 = 35$ in die Determinantengleichungen für x und y ergibt:

$$x = \frac{\begin{vmatrix} 4 & -2 \\ 35 & 5 \end{vmatrix}}{\begin{vmatrix} 1 & -2 \\ 2 & 5 \end{vmatrix}} = \frac{4 \cdot 5 - (-2) \cdot 35}{1 \cdot 5 - (-2)2} = \frac{20 + 70}{5 + 4} = \frac{90}{9} = 10,$$

$$y = \frac{\begin{vmatrix} 1 & 4 \\ 2 & 35 \end{vmatrix}}{\begin{vmatrix} 1 & -2 \\ 2 & 5 \end{vmatrix}} = \frac{1 \cdot 35 - 4 \cdot 2}{1 \cdot 5 - (-2) \cdot 2} = \frac{35 - 8}{5 + 4} = \frac{27}{9} = 3.$$

Definition für dreireihige Determinanten ($n = 3$):

$$D = \begin{vmatrix} a_{11} & a_{12} & a_{13} \\ a_{21} & a_{22} & a_{23} \\ a_{31} & a_{32} & a_{33} \end{vmatrix} = a_{11} \begin{vmatrix} a_{22} & a_{23} \\ a_{32} & a_{33} \end{vmatrix} - a_{21} \begin{vmatrix} a_{12} & a_{13} \\ a_{32} & a_{33} \end{vmatrix} + a_{31} \begin{vmatrix} a_{12} & a_{13} \\ a_{22} & a_{23} \end{vmatrix}$$

$$= a_{11}(a_{22}a_{33} - a_{23}a_{32}) - a_{21}(a_{12}a_{33} - a_{13}a_{32}) + a_{31}(a_{12}a_{23} - a_{13}a_{22})$$

$$= a_{11}a_{22}a_{33} - a_{11}a_{23}a_{32} + a_{13}a_{21}a_{32} - a_{12}a_{21}a_{33} + a_{12}a_{23}a_{31} - a_{13}a_{22}a_{31}$$

▶ **Beispiel:**

$$D = \begin{vmatrix} 3 & 7 & -2 \\ 4 & 0 & 6 \\ -2 & -4 & 1 \end{vmatrix} = 3\begin{vmatrix} 0 & 6 \\ -4 & 1 \end{vmatrix} - 4\begin{vmatrix} 7 & -2 \\ -4 & 1 \end{vmatrix} + (-2)\begin{vmatrix} 7 & -2 \\ 0 & 6 \end{vmatrix}$$

$$= 3(0 \cdot 1 - 6(-4)) - 4(7 \cdot 1 - (-2)(-4)) - 2(7 \cdot 6 - (-2)0)$$

$$= 3 \cdot 24 - 4(-1) - 2 \cdot 42 = -8$$

Man nennt dies „Entwickeln" der dreireihigen Determinante nach der ersten Spalte. Dabei wird nacheinander jedes Element der ersten Spalte mit derjenigen zweireihigen Determinante multipliziert, die man erhält, wenn man in der dreireihigen Determinante die Zeile und die Spalte streicht, in der das Element steht. Die so gebildeten Produkte werden mit alternierenden (wechselnden) Vorzeichen versehen, angefangen mit einem +, und anschließend addiert.

Bezeichnet man die Determinante, die man durch Streichen der i-ten Zeile und der j-ten Spalte der Determinante D erhält, mit D_{ij}, so kann man das obige Entwickeln auch darstellen als

$$D = a_{11} \cdot D_{11} - a_{21} \cdot D_{21} + a_{31} \cdot D_{31}$$

Die mit dem Faktor $(-1)^{i+j}$ (dieser Faktor ist $+1$ oder -1) multiplizierte Determinante D_{ij} heißt Adjunkte oder algebraisches Komplement A_{ij} des Elements a_{ij}. Somit kann man für das obige Entwickeln auch schreiben

$$D = a_{11} \cdot A_{11} + a_{21} \cdot A_{21} + a_{31} \cdot A_{31}$$

Zur Berechnung kann man die Determinante nach einer beliebigen Zeile oder Spalte entwickeln.

Entwicklung nach einer beliebigen Zeile:

$$D = a_{i1} \cdot A_{i1} + a_{i2} \cdot A_{i2} + a_{i3} \cdot A_{i3} = \sum_{j=1}^{3} a_{ij}\, A_{ij}, \, 1 \leq i \leq 3$$

Bei Entwicklung nach der ersten Zeile ist $i = 1$, bei Entwicklung nach der zweiten Zeile ist $i = 2$, und bei Entwicklung nach der dritten Zeile ist $i = 3$.

Entwicklung nach einer beliebigen Spalte:

$$D = a_{1j} \cdot A_{1j} + a_{2j} \cdot A_{2j} + a_{3j} \cdot A_{3j} = \sum_{i=1}^{3} a_{ij} A_{ij}, 1 \leq j \leq 3$$

Bei Entwicklung nach der ersten Spalte ist $j = 1$, bei Entwicklung nach der zweiten Spalte ist $j = 2$, und bei Entwicklung nach der dritten Spalte ist $j = 3$.

▶ **Beispiel:**

$$D = \begin{vmatrix} 3 & 7 & -2 \\ 4 & 0 & 6 \\ -2 & -4 & 1 \end{vmatrix}$$

Entwicklung nach der zweiten Zeile:

$$\begin{aligned} D &= a_{21} \cdot A_{21} + a_{22} \cdot A_{22} + a_{23} \cdot A_{23} \\ &= 4 \cdot (-1)^{2+1} \begin{vmatrix} 7 & -2 \\ -4 & 1 \end{vmatrix} + 0 \cdot A_{22} + 6 \cdot (-1)^{2+3} \begin{vmatrix} 3 & 7 \\ -2 & -4 \end{vmatrix} \\ &= -4[7 \cdot 1 - (-2)(-4)] + 0 - 6[3 \cdot (-4) - 7 \cdot (-2)] \\ &= -4 \cdot (-1) - 6 \cdot 2 = 4 - 12 = -8 \end{aligned}$$

Dreireihige Determinanten können auch mit der Regel von Sarrus berechnet werden (nach dem französischen Mathematiker Pierre F. Sarrus, 1798–1861).

Man fügt bei der Regel von Sarrus die ersten beiden Spalten der Determinante nochmals als 4. und 5. Spalte hinzu. Dann multipliziert man je drei diagonal aufeinanderfolgende Elemente und addiert (Hauptdiagonalen) bzw. subtrahiert (Nebendiagonalen) die so entstehenden sechs Produkte.

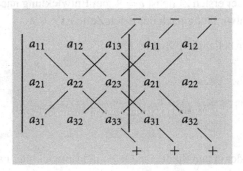

Die Regel ausgeführt ergibt

$$\det(A) = \begin{vmatrix} a_{11} & a_{12} & a_{13} \\ a_{21} & a_{22} & a_{23} \\ a_{31} & a_{32} & a_{33} \end{vmatrix} = a_{11}a_{22}a_{33} + a_{12}a_{23}a_{31} + a_{13}a_{21}a_{32}$$

$$- a_{13}a_{22}a_{31} - a_{11}a_{23}a_{32} - a_{12}a_{21}a_{33}$$

▶ **Beispiel:**

$$\begin{vmatrix} 3 & 7 & -2 \\ 4 & 0 & 6 \\ -2 & -4 & 1 \end{vmatrix} = 3 \cdot 0 \cdot 1 + 7 \cdot 6 \cdot (-2) + (-2) \cdot 4 \cdot (-4)$$

$$- (-2) \cdot 0 \cdot (-2) - 3 \cdot 6 \cdot (-4) - 7 \cdot 4 \cdot 1$$

$$= 0 - 84 + 32 - 0 + 72 - 28 = -8$$

Fehlerwarnung: Die Regel von Sarrus gilt nur für dreireihige Determinanten!

Definition für n-reihige Determinanten ($n \geq 4$):

Auch für beliebige n-reihige Determinanten lässt sich der Wert mit Hilfe des Entwicklungssatzes definieren.

Entwicklung nach einer beliebigen Zeile:

$$D = a_{i1} \cdot A_{i1} + a_{i2} \cdot A_{i2} + \cdots + a_{in} \cdot A_{in} = \sum_{j=1}^{n} a_{ij} A_{ij}, 1 \leq i \leq n$$

Bei Entwicklung nach der ersten Zeile ist $i = 1$, bei Entwicklung nach der zweiten Zeile ist $i = 2$, usw., und bei Entwicklung nach der n-ten Zeile ist $i = n$.

Entwicklung nach einer beliebigen Spalte:

$$D = a_{1j} \cdot A_{1j} + a_{2j} \cdot A_{2j} + \cdots + a_{nj} \cdot A_{nj} = \sum_{i=1}^{n} a_{ij} A_{ij}, 1 \leq j \leq n$$

Bei Entwicklung nach der ersten Spalte ist $j = 1$, bei Entwicklung nach der zweiten Spalte ist $j = 2$, usw., und bei Entwicklung nach der n-ten Spalte ist $j = n$.

Die cramersche Regel zur Berechnung der Lösung eines linearen Gleichungssystems ist immer dann anwendbar, wenn bei dem betrachteten linearen Gleichungssystem die Anzahl

der Gleichungen und die Anzahl der Variablen übereinstimmen (und die Koeffizientendeterminante von Null verschieden ist).

Die Koeffizientendeterminante eines allgemeinen linearen Gleichungssystems mit drei Gleichungen und drei Variablen lautet (vgl. Abschn. 2.9.3)

$$D = \begin{vmatrix} a_1 & b_1 & c_1 \\ a_2 & b_2 & c_2 \\ a_3 & b_3 & c_3 \end{vmatrix}$$

Ersetzt man die erste Spalte von D, also die Koeffizienten von x, durch die Absolutglieder
des linearen Gleichungssystems, so ergibt sich die Determinante

$$D_x = \begin{vmatrix} d_1 & b_1 & c_1 \\ d_2 & b_2 & c_2 \\ d_3 & b_3 & c_3 \end{vmatrix}$$

Durch Ersetzen der Koeffizienten von y und z erhält man analog die Matrizen

$$D_y = \begin{vmatrix} a_1 & d_1 & c_1 \\ a_2 & d_2 & c_2 \\ a_3 & d_3 & c_3 \end{vmatrix}, D_z = \begin{vmatrix} a_1 & b_1 & d_1 \\ a_2 & b_2 & d_2 \\ a_3 & b_3 & d_3 \end{vmatrix}$$

Für $D \neq 0$ ergibt sich dann als eindeutige Lösung des linearen Gleichungssystems

$$x = \frac{D_x}{D} = \frac{\begin{vmatrix} d_1 & b_1 & c_1 \\ d_2 & b_2 & c_2 \\ d_3 & b_3 & c_3 \end{vmatrix}}{\begin{vmatrix} a_1 & b_1 & c_1 \\ a_2 & b_2 & c_2 \\ a_3 & b_3 & c_3 \end{vmatrix}}, \quad y = \frac{D_y}{D} = \frac{\begin{vmatrix} a_1 & d_1 & c_1 \\ a_2 & d_2 & c_2 \\ a_3 & d_3 & c_3 \end{vmatrix}}{\begin{vmatrix} a_1 & b_1 & c_1 \\ a_2 & b_2 & c_2 \\ a_3 & b_3 & c_3 \end{vmatrix}}, \quad z = \frac{D_z}{D} = \frac{\begin{vmatrix} a_1 & b_1 & d_1 \\ a_2 & b_2 & d_2 \\ a_3 & b_3 & d_3 \end{vmatrix}}{\begin{vmatrix} a_1 & b_1 & c_1 \\ a_2 & b_2 & c_2 \\ a_3 & b_3 & c_3 \end{vmatrix}}$$

Ist jedoch $D = 0$, dann gibt es entweder keine oder unendlich viele Lösungen des linearen
Gleichungssystems. In diesem Fall ist die cramersche Regel nicht anwendbar.

▶ **Beispiel:**

Lineares Gleichungssystem:

$$3x + 15y + 8z = 10$$
$$-5x + 10y + 12z = -1$$
$$2x + 7y + z = 1$$

Nennerdeterminante (Determinante der Koeffizientenmatrix):

$$D = \begin{vmatrix} 3 & 15 & 8 \\ -5 & 10 & 12 \\ 2 & 7 & 1 \end{vmatrix} = 30 + 360 - 280 - 160 - 252 + 75 = -227$$

Zählerdeterminanten:

$$D_x = \begin{vmatrix} 10 & 15 & 8 \\ -1 & 10 & 12 \\ 1 & 7 & 1 \end{vmatrix} = 100 + 180 - 56 - 80 - 840 + 15 = -681$$

$$D_y = \begin{vmatrix} 3 & 10 & 8 \\ -5 & -1 & 12 \\ 2 & 1 & 1 \end{vmatrix} = -3 + 240 - 40 + 16 - 36 + 50 = 227$$

$$D_z = \begin{vmatrix} 3 & 15 & 10 \\ -5 & 10 & -1 \\ 2 & 7 & 1 \end{vmatrix} = 30 - 30 - 350 - 200 + 21 + 75 = -454$$

Somit ergibt sich als Lösung des linearen Gleichungssystems:

$$x = \frac{D_x}{D} = \frac{-681}{-227} = 3, \quad y = \frac{D_y}{D} = \frac{227}{-227} = -1, \quad z = \frac{D_z}{D} = \frac{-454}{-227} = 2$$

Die Lösung des Gleichungssystems ist also das (geordnete) Zahlentripel $(x, y, z) = (3, -1, 2)$ (oder Lösungsmenge: $L = \{(3, -1, 2)\}$).

2.10   Lineare Ungleichungen

2.10.1 Definitionen

Eine Ungleichung zwischen Termen, in der eine oder mehrere Variable vorkommen, heißt linear, wenn alle Variablen höchstens in der ersten Potenz auftreten und nicht miteinander multipliziert werden. Eine Ungleichung zu lösen bedeutet, alle Werte der Variablen aus dem zugrunde liegenden Zahlenbereich bestimmt werden, für die die Ungleichung erfüllt ist. Alle diese Werte heißen Lösungen der Ungleichung und alle Lösungen zusammen bilden die Lösungsmenge der Ungleichung.

Ein System aus mehreren Ungleichungen heißt linear, wenn alle Ungleichungen des Systems lineare Ungleichungen sind. Die Lösungen eines Ungleichungssystems sind die Werte der Variablen, die alle Ungleichungen des Systems erfüllen.

▶   **Beispiele:**

1. Lineare Ungleichung mit einer Variablen: $7x + 4 < 2(3x - 4) - 1$
2. Lineare Ungleichung mit zwei Variablen: $2x - y + 4 < 5(4 - x) + 3$
3. System linearer Ungleichungen: $x + 2y < -3, \; 3x - y \geq 5$

Zum Lösen linearer Ungleichungen ist es oftmals sinnvoll, äquivalente Umformungen durchzuführen (vgl. Abschn. 2.2). Dabei sind aber die Rechenregeln für Ungleichungen zu beachten (siehe Abschn. 1.11).

2.10.2 Lineare Ungleichungen mit einer Variablen

Eine lineare Ungleichung mit einer Variablen lässt sich durch äquivalente Umformungen stets in eine der folgenden Ungleichungen überführen.

$$
\begin{aligned}
&(1) \quad ax + b < 0, \quad a > 0 \\
&(2) \quad ax + b \leq 0, \quad a > 0 \\
&(3) \quad ax + b > 0, \quad a > 0 \\
&(4) \quad ax + b \geq 0, \quad a > 0
\end{aligned}
$$

Durch Division durch $a > 0$ und Subtraktion von $\dfrac{b}{a}$ erhält man als Lösungen die Intervalle

$$
\begin{aligned}
&(1) \quad L = \left(-\infty, -\frac{b}{a} \right) \\[4pt]
&(2) \quad L = \left(-\infty, -\frac{b}{a} \right] \\[4pt]
&(3) \quad L = \left(-\frac{b}{a}, \infty \right) \\[4pt]
&(4) \quad L = \left[-\frac{b}{a}, \infty \right)
\end{aligned}
$$

Eine lineare Ungleichung mit einer Variablen hat also als Lösung immer ein nicht beschränktes Intervall.

▶ **Beispiele:**

1. $7x + 4 < 2(3x - 4) - 1$
   Auflösung der Klammer: $7x + 4 < 6x - 8 - 1$
   Zusammenfassen: $x + 13 < 0$
   Auflösen nach x: $x < -13$
   Lösungsmenge: $L = (-\infty, -13)$

2. $5(x - 4) \geq 2(5 - 4x) - 6 + x$
   Auflösung der Klammern: $5x - 20 \geq 10 - 8x - 6 + x$
   Zusammenfassen: $5x - 20 \geq -7x + 4 \implies 12x - 24 \geq 0$
   Auflösen nach x: $12x \geq 24 \implies x \geq 2$
   Lösungsmenge: $L = [2, \infty)$

3. $9(2 - x) < 2(x + 4) - (x + 2)3$
   Auflösung der Klammern: $18 - 9x < 2x + 8 - 3x - 6$
   Zusammenfassen: $18 - 9x < -x + 2 \implies -8x + 16 < 0$
   Auflösen nach x: $-8x < -16 \implies x > 2$
   Achtung: Bei Division durch -8 dreht sich das Ungleichheitszeichen um!
   Lösungsmenge: $L = (2, \infty)$.

2.10.3 Lineare Ungleichungen mit zwei Variablen

Eine lineare Ungleichung mit zwei Variablen x und y lässt sich immer so äquivalent umformen, dass eine der Variablen, etwa y, isoliert auf einer Seite der Ungleichung steht. So lässt sich zum Beispiel die Ungleichung $ax + by + c < 0$ für $b > 0$ umformen in $y < -\dfrac{a}{b}x - \dfrac{c}{b}$. Eine Lösung der Ungleichung ist dann ein Paar (x, y), wo x eine beliebige reelle Zahl ist und y die Ungleichung $y < -\dfrac{a}{b}x - \dfrac{c}{b}$ erfüllt. Als Lösungsmenge von $ax + by + c < 0$ ergibt sich dann $L = \left\{(x, y) \middle| x \in \mathbb{R}, \; y < -\dfrac{a}{b}x - \dfrac{c}{b}\right\}$.

$$\text{Ungleichung:} \quad ax + by + c < 0 \quad (b > 0)$$

$$\text{Lösungsmenge: } L = \left\{(x, y) \middle| x \in \mathbb{R}, \; y < -\frac{a}{b}x - \frac{c}{b}\right\}$$

▶ **Beispiele:**

1. $x - y < -1$
   Auflösung nach y: $y > x + 1$
   Es ist zum Beispiel $x = 2$, $y = 4$ ein Lösungspaar oder $x = -1$, $y = 0{,}1$. Alle Lösungen ergeben die Lösungsmenge: $L = \{(x, y) | x \in \mathbb{R}, \; y > x + 1\}$

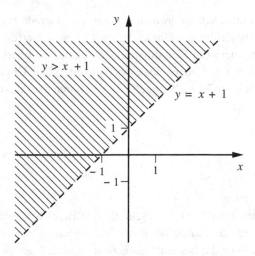

Abb. 2.4 Ungleichung $y > x + 1$

2. $2x + 4y + 4 \leq 0$

Auflösung nach y: $y \leq -\dfrac{1}{2}x - 1$

Lösungsmenge: $L = \left\{ (x, y) \,\middle|\, x \in \mathbb{R}, \ y \leq -\dfrac{1}{2}x - 1 \right\}$

Für manche Anwendungen ist es sinnvoll, die Lösungsmenge einer solchen Ungleichung graphisch darzustellen.

Ersetzt man in einer Ungleichung das Ungleichheitszeichen durch ein Gleichheitszeichen, dann entsteht eine Gleichung. So entsteht zum Beispiel aus der linearen Ungleichung $x - y < -1$ die lineare Gleichung $y = x + 1$. Der Graph einer solchen linearen Glei-

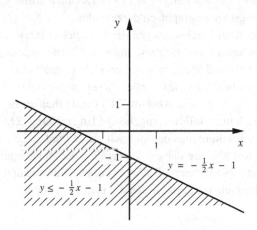

Abb. 2.5 Ungleichung $y \leq -\dfrac{1}{2}x - 1$

chung ist in einem kartesischen Koordinatensystem eine Gerade (vgl. Abschn. 5.4.2 und 7.1). Alle Lösungen (x, y), die die Ungleichung $y > x + 1$ erfüllen, sind in dem kartesischen Koordinatensystem die Koordinaten der Punkte, die oberhalb der sogenannten Begrenzungsgeraden $y = x + 1$ liegen. Da es sich um eine echte Ungleichung handelt (das heißt, das Gleichheitszeichen ist nicht zugelassen), gehören die Punkte der Geraden selbst nicht dazu (Abb. 2.4).

▶ **Beispiele:**

    1. $x - y < -1$

       Auflösung nach y: $y > x + 1$

       Geradengleichung: $y = x + 1$

       Die Koordinaten der Punkte im schraffierten Bereich bilden die Lösungsmenge. Die Koordinaten der Punkte der Begrenzungsgeraden gehören nicht zur Lösungsmenge, deshalb ist die Begrenzungsgerade gestrichelt gezeichnet (Abb. 2.4).

    2. $2x + 4y + 4 \leq 0$

       Auflösung nach y: $y \leq -\dfrac{1}{2}x - 1$

       Geradengleichung: $y = -\dfrac{1}{2}x - 1$

       Die Koordinaten der Punkte im schraffierten Bereich bilden die Lösungsmenge. Die Koordinaten der Punkte der Begrenzungsgeraden gehören zur Lösungsmenge, deshalb ist die Begrenzungsgerade durchgezogen gezeichnet (Abb. 2.5).

2.10.4 Lineare Ungleichungssysteme mit zwei Variablen

Für Systeme von linearen Ungleichungen mit zwei Variablen x und y ist es meist am übersichtlichsten, die Lösungsmenge graphisch darzustellen.

    Man ersetzt dazu in allen Ungleichungen die Ungleichheitszeichen durch Gleichheitszeichen. Anschließend formt man alle diese linearen Gleichungen äquivalent um, so dass jeweils auf der linken Seite die Variable y isoliert steht (enthält eine Gleichung y nicht, so isoliere man x). Dann zeichnet man die Graphen dieser linearen Gleichungen alle in dasselbe kartesische Koordinatensystem (vgl. Abschn. 7.1.1) und erhält so für jede Gleichung eine Gerade (gestrichelt gezeichnet, falls die zugehörige Ungleichung echt ist, sonst durchgezogen). Für jede Gerade schraffiere man den Bereich, deren Punkte die zugehöre Ungleichung erfüllen (genauer: die Koordinaten der Punkte erfüllen die Ungleichung). Über der Menge der reellen Zahlen sind diese Bereiche Halbebenen. Die Koordinaten aller der Punkte, die in allen schraffierten Bereichen liegen, bilden die Lösungsmenge.

▶ **Beispiele:**

    1. (I) $x + 2y < 5$, (II) $x - 2y < 1$

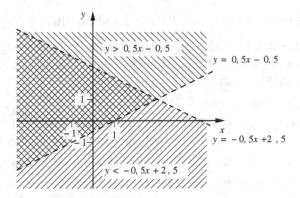

Abb. 2.6 Ungleichungssystem $y < -0.5\,x + 2.5,\ y > 0.5\,x - 0.5$

Aus (I) folgt $y < -0.5\,x + 2.5$ und aus (II) $y > 0.5\,x - 0.5$.

Die Punkte, deren Koordinaten die Ungleichung (I) erfüllen, liegen unterhalb der Geraden $y = -0.5\,x + 2.5$, und die Punkte, deren Koordinaten die Ungleichung (II) erfüllen, liegen oberhalb der Geraden $y = 0.5\,x - 0.5$.

Die Punkte, deren Koordinaten die Lösungsmenge bilden, liegen im doppelt gestrichelten Bereich. Die Koordinaten der Punkte beider Begrenzungsgeraden gehören nicht zur Lösungsmenge (Abb. 2.6).

2. (I) $y - x < 1$, (II) $x - 2 < 0$, (III) $2y + x + 4 \geq 0$

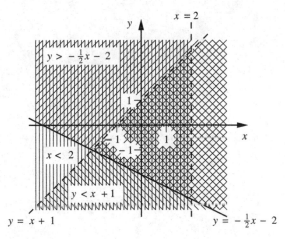

Abb. 2.7 Ungleichungssystem $y < x + 1,\ x < 2,\ y \geq -\dfrac{1}{2}x - 2$

Aus (I) folgt $y < x + 1$, aus (II) $x < 2$ und aus (III) $y \geq -\frac{1}{2}x - 2$.

Die Punkte, deren Koordinaten die Ungleichung (I) erfüllen, liegen unterhalb der Geraden $y = x + 1$. Die Punkte, deren Koordinaten die Ungleichung (II) erfüllen, liegen links der Geraden $x = 2$, und die Punkte, deren Koordinaten die Ungleichung (III) erfüllen, liegen oberhalb der Geraden $y = -\frac{1}{2}x - 2$.

Die Punkte, deren Koordinaten die Lösungsmenge bilden, liegen im dreifach markierten Bereich. Nur die Koordinaten der Punkte der Begrenzungsgeraden $y = -\frac{1}{2}x - 2$, die auf dem Rand dieses dreifach markierten Bereiches liegen, gehören zur Lösungsmenge (Abb. 2.7).

Planimetrie

3

Die Planimetrie (griech., Flächenmessung) ist ein Teilgebiet der Geometrie (griech., Erdmessung) und befasst sich mit höchstens zweidimensionalen Objekten. Dabei interessieren zum Beispiel Form, Größe und gegenseitige Lage solcher Objekte. Die Grundelemente dieser Geometrie der Ebene sind Punkte und Geraden.

3.1 Geraden und Strecken

Eine Gerade ist eine beidseitig unbegrenzte gerade Linie. Ein Punkt ist die Schnittstelle zweier Geraden.

Eine Gerade ist durch zwei voneinander verschiedenen ihrer Punkte eindeutig bestimmt. Die kürzeste Verbindung zweier Punkte P_1 und P_2 liegt auf der Geraden durch P_1 und P_2. Zwei verschiedene Geraden in der Ebene sind parallel zueinander oder haben einen Punkt, ihren Schnittpunkt, gemeinsam. Die Gerade durch die Punkte P_1 und P_2 schreibt man $P_1 P_2$ (gesprochen: Gerade $P_1 P_2$) oder $P_2 P_1$. Geraden kürzt man oft mit g ab, also $g = P_1 P_2 = P_2 P_1$.

$A \in g$ ist eine abkürzende Schreibweise dafür, dass der Punkt A ein Punkt der Geraden g ist, also auf der Geraden g liegt, und $B \notin g$ bedeutet, dass B außerhalb von g liegt.

$AB \parallel CD$ oder $g \parallel h$ (gesprochen: g parallel h) bedeutet, dass AB und CD zwei parallele Geraden sind, also keinen Schnittpunkt haben (Abb. 3.1).

Ein Strahl oder eine Halbgerade ist ein Teil einer Geraden, der von einem Punkt S einer Geraden aus in einer Richtung läuft. Der Punkt S heißt Anfangspunkt des Strahls. Jeder Punkt einer Geraden bestimmt zwei verschiedene Strahlen (Abb. 3.2).

Eine Strecke ist ein Abschnitt einer Geraden zwischen zwei Punkten. Eine Strecke ist also eine beidseitig begrenzte gerade Linie. Die Strecke zwischen den Punkten A und B schreibt man $\overline{AB}$ (gesprochen: Strecke AB). Die Punkte A und B heißen die Endpunkte der Strecke, alle anderen Punkte der Strecke bilden das Innere. Die Länge der Strecke wird mit $|\overline{AB}|$ bezeichnet (gesprochen: Länge oder Betrag der Strecke AB) (Abb. 3.3).

© Springer Fachmedien Wiesbaden GmbH, ein Teil von Springer Nature 2019
A. Kemnitz, *Mathematik zum Studienbeginn*,
https://doi.org/10.1007/978-3-658-26604-2_3

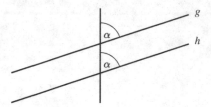

Abb. 3.1 Parallele Geraden g und h

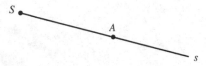

Abb. 3.2 Strahl s (A ist ein beliebiger Punkt von s)

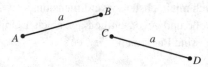

Abb. 3.3 Strecken $\overline{AB}$ und $\overline{CD}$ mit derselben Länge a

3.2 Winkel

Zwei Strahlen, die von demselben Punkt S ausgehen, können durch eine Drehung um S ineinander überführt werden, durch die der Winkel zwischen ihnen bestimmt wird. Die Strahlen heißen die Schenkel des Winkels, der Punkt S heißt Scheitelpunkt.

Sind g und h die beiden Strahlen und A ein Punkt von g und B ein Punkt von h, so bezeichnet man den Winkel mit $\sphericalangle(g, h)$ (gesprochen: Winkel zwischen g und h) oder mit $\sphericalangle ASB$ (gesprochen: Winkel ASB) (Abb. 3.4).

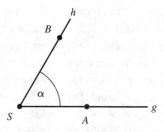

Abb. 3.4 Winkel $\alpha = \sphericalangle(g, h) = \sphericalangle ASB$

Winkel werden meist mit kleinen griechischen Buchstaben bezeichnet:

$\alpha,\ \beta,\ \gamma,\ \delta,\ \ldots,\varphi,\ \ldots.$

Man unterscheidet bei der Bezeichnungsweise in der Regel nicht zwischen Winkel und Größe (Maß, Betrag) eines Winkels.

Zur Winkelmessung unterscheidet man zwei verschiedene Winkelmaße: das Gradmaß und das Bogenmaß (Bogenmaß siehe Abschn. 3.10.9). Beide beruhen auf Kreisteilungen.

Beim Gradmaß wird ein Vollwinkel in 360 gleiche Teile eingeteilt (Sexagesimaleinteilung). Die Einheit des Gradmaßes ist Grad ($°$); $1°$ entspricht $\dfrac{1}{360}$ des Vollwinkels. Untereinheiten des Grads sind Minuten und Sekunden.

$$1° \ (1\ \text{Grad}) = 60' \ (60\ \text{min}), \quad 1' \ (1\ \text{min}) = 60'' \ (60\ \text{s})$$
$$1' = \left(\frac{1}{60}\right)^{\circ}, \quad 1'' = \left(\frac{1}{60}\right)'$$

In der Geodäsie wird eine Zentesimaleinteilung verwendet. Dabei wird der Vollwinkel in 400 gleiche Teile eingeteilt. Die Einheit ist gon (Gon); 1 gon entspricht also $\dfrac{1}{400}$ des Vollwinkels. Ältere, heute nicht mehr gebräuchliche Einheit ist Neugrad.

$$1\ \text{Vollwinkel} = 360° = 400\,\text{gon}$$

Für bestimmte Winkel gibt es besondere Bezeichnungen:
- Ein Winkel α mit $\alpha = 0°$ heißt Nullwinkel.
- Ein Winkel α mit $\alpha = 90°$ heißt rechter Winkel.
- Ein Winkel α mit $\alpha = 180°$ heißt gestreckter Winkel.
- Ein Winkel α mit $\alpha = 360°$ heißt Vollwinkel.
- Ein Winkel α, der größer als $0°$ und kleiner als ein rechter Winkel ist, heißt spitzer Winkel: $0° < \alpha < 90°$.
- Ein Winkel α, der größer als ein rechter Winkel ist, heißt stumpfer Winkel: $\alpha > 90°$.
- Ein Winkel α, der größer als ein gestreckter Winkel ist, heißt überstumpfer Winkel: $\alpha > 180°$ (Abb. 3.5).

In einer Figur kennzeichnet man einen rechten Winkel mit einem Punkt zwischen seinen Schenkeln und einem Winkelbogen.

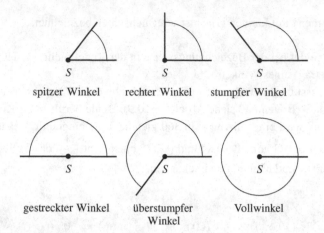

Abb. 3.5 Winkelbezeichnungen

Einige Paare von Winkeln haben bestimmte Namen:

1. *Komplementwinkel*
   Winkel, die sich zu 90° ergänzen. Der Komplementwinkel zu einem Winkel α ist der
   Winkel $\beta = 90° - \alpha$ (Abb. 3.6).

   ▶ **Beispiel:** $\alpha = 32°$ und $\beta = 58°$ sind Komplementwinkel.

2. *Supplementwinkel*
   Winkel, die sich zu 180° ergänzen. Der Supplementwinkel zu einem Winkel α ist der
   Winkel $\beta = 180° - \alpha$ (Abb. 3.7).

   ▶ **Beispiel:** $\alpha = 62°$ und $\beta = 118°$ sind Supplementwinkel.

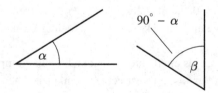

Abb. 3.6 Komplementwinkel

Abb. 3.7 Supplementwinkel

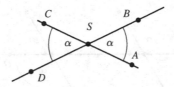

Abb. 3.8 Scheitelwinkel ($\sphericalangle ASB$ und $\sphericalangle CSD$)

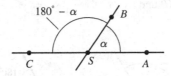

Abb. 3.9 Nebenwinkel ($\sphericalangle ASB$ und $\sphericalangle BSC$)

3. *Scheitelwinkel*
   Gegenüberliegende Winkel an zwei sich schneidenden Geraden. Scheitelwinkel sind gleich groß (Abb. 3.8).

4. *Nebenwinkel*
   Benachbarte Winkel an zwei sich schneidenden Geraden. Nebenwinkel sind Supplementwinkel, sie ergänzen sich also zu 180° (Abb. 3.9).

5. *Stufenwinkel*
   Gleichliegende Winkel an von einer Geraden geschnittenen Parallelen. Stufenwinkel sind gleich groß (Abb. 3.10).

6. *Wechselwinkel*
   Entgegengesetzt liegende Winkel an von einer Geraden geschnittenen Parallelen. Wechselwinkel sind gleich groß (Abb. 3.11).

7. *Halbgleichliegende Winkel*
   Winkelpaare an von einer Geraden geschnittenen Parallelen, die weder Stufenwinkel noch Wechselwinkel sind. Halbgleichliegende Winkel sind Supplementwinkel, sie ergänzen sich also zu 180° (Abb. 3.12).

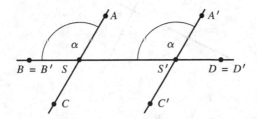

Abb. 3.10 Stufenwinkel ($\sphericalangle ASB$ und $\sphericalangle A'S'B'$)

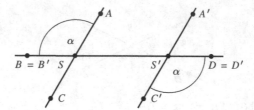

Abb. 3.11 Wechselwinkel ($\sphericalangle ASB$ und $\sphericalangle C'S'D'$)

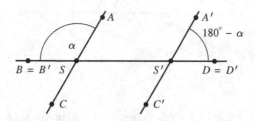

Abb. 3.12 Halbgleichliegende Winkel ($\sphericalangle ASB$ und $\sphericalangle D'S'A'$)

3.3 Grundkonstruktionen mit Zirkel und Lineal

Eine Senkrechte ist eine Gerade, die eine gegebene Gerade (oder eine Ebene) mit einem Winkel von 90° schneidet.

Das Lot ist eine Gerade, die durch einen Punkt einer anderen Geraden (oder einer Ebene) geht und auf dieser Geraden (Ebene) senkrecht steht (Abb. 3.13 und 3.14).

Einige wichtige Grundkonstruktionen lassen sich ausschließlich mit Benutzung von Zirkel und Lineal durchführen.

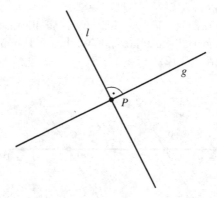

Abb. 3.13 Lot l auf Gerade g durch Punkt P

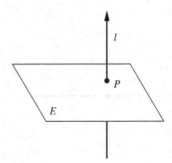

Abb. 3.14 Lot l auf Ebene E durch Punkt P

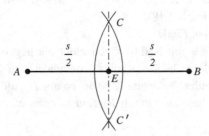

Abb. 3.15 Strecke $\overline{AB}$ halbieren

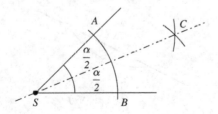

Abb. 3.16 Winkel α halbieren

- *Strecke halbieren*
  Kreisbögen mit gleichem Radius um die Endpunkte A und B einer Strecke $\overline{AB}$ schlagen.
  Die Schnittpunkte sind C und C'. Die Gerade CC' halbiert $\overline{AB}$ in E (Abb. 3.15).
- *Winkel halbieren*
  Ein Kreisbogen um den Scheitelpunkt S des Winkels schneidet die Schenkel in A und in
  B. Kreisbögen mit gleichem Radius um A und B schneiden sich in C. Die Gerade SC
  halbiert $\sphericalangle BSA$ (Abb. 3.16).
- *Senkrechte errichten*
  Ein Halbkreis um $P \in g$ (Punkt P liegt auf der Geraden g) schneidet g in A und B.
  Kreisbögen mit gleichem Radius um A und B schneiden sich in C. Die Gerade PC ist
  die Senkrechte auf g im Punkt P (Abb. 3.17).

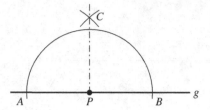

Abb. 3.17 Senkrechte auf g errichten

- *Lot fällen*
  Ein Kreisbogen um $P \notin g$ (Punkt P liegt nicht auf der Geraden g) schneidet g in A und B. Kreisbögen mit gleichem Radius um A und B schneiden sich in P'. Die Gerade PP' ist das Lot von P auf g (Abb. 3.18).
- *Parallele durch gegebenen Punkt*
  Ein Kreisbogen um $P \notin g$ mit Radius r schneidet die gegebene Gerade g in C. Ein Kreisbogen um C mit dem gleichen Radius r schneidet g in B, ein Kreisbogen um B mit dem Radius r schneidet den ersten Kreisbogen um P (mit dem Radius r) in A. Die Gerade PA ist die Parallele zu g durch P (Konstruktion eines Rhombus $\square (PCBA)$) (Abb. 3.19).

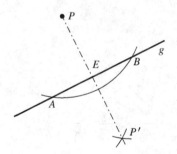

Abb. 3.18 Lot von P auf g fällen

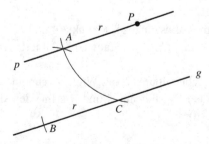

Abb. 3.19 Parallele zu g durch P

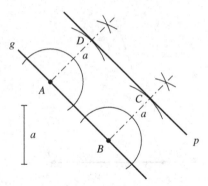

Abb. 3.20 Parallele zu g im Abstand a

- *Parallele in gegebenem Abstand*
  In beliebigen Punkten $A \in g$ und $B \in g$ (aber $A \neq B$) einer gegebenen Geraden g werden die Senkrechten errichtet, und auf diesen wird der gegebene Abstand a abgetragen: $|\overline{AD}| = a$ und $|\overline{BC}| = a$. Die Gerade CD ist eine der beiden Parallelen zu g im Abstand a (Konstruktion eines Rechtecks $\square(ABCD)$) (Abb. 3.20).

3.4 Projektion

Man unterscheidet Parallelprojektion und Zentralprojektion.

Eine Parallelprojektion ist die Abbildung eines ebenen Gegenstandes durch parallele Strahlen auf eine Gerade (in der Stereometrie die Abbildung eines räumlichen Gegenstandes durch parallele Strahlen auf eine Ebene). Bei senkrechter Parallelprojektion stehen die projizierenden Strahlen senkrecht auf der Geraden (Stereometrie: auf der Ebene), bei schiefer Parallelprojektion nicht (Abb. 3.21).

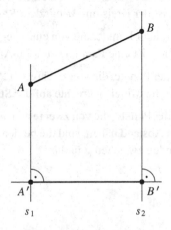

Abb. 3.21 Senkrechte Parallelprojektion einer Strecke $\overline{AB}$

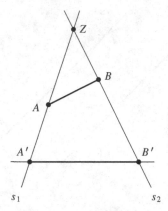

Abb. 3.22 Zentralprojektion von Z einer Strecke $\overline{AB}$

Eine Zentralprojektion ist die Abbildung eines ebenen Gegenstandes durch Strahlen, die alle durch einen festen Punkt Z gehen (durch das Zentrum oder Projektionszentrum), auf eine Gerade (in der Stereometrie die Abbildung eines räumlichen Gegenstandes auf eine Ebene) (Abb. 3.22).

3.5   Geometrische Örter

Ein geometrischer Ort ist eine Punktmenge, die alle Elemente mit einer bestimmten geometrischen Eigenschaft (oder mit mehreren Eigenschaften) enthält.

In der Planimetrie sind die geometrischen Örter Linien, daher werden sie auch geometrische Ortslinien genannt. In der Stereometrie sind die geometrischen Örter Flächen.

▶   **Beispiele für geometrische Ortslinien:**

1. Der geometrische Ort aller Punkte, die von einem festen Punkt M die feste Entfernung r haben, ist der Kreis um M mit dem Radius r.

2. Der geometrische Ort aller Punkte, die von einer gegebenen Geraden g den festen Abstand d haben, ist eine Parallele zu g im Abstand d.

3. Geometrischer Ort aller Punkte, die von zwei festen Punkten A und B gleich weit entfernt sind, ist die Mittelsenkrechte auf der Strecke $\overline{AB}$.

4. Geometrischer Ort aller Punkte, die von zwei festen nicht parallelen Geraden g und h den gleichen Abstand haben, sind die beiden (zueinander senkrechten) Winkelhalbierenden zwischen g und h.

3.6   Dreiecke

3.6.1   Allgemeine Dreiecke

Ein Dreieck besteht aus drei nicht auf einer Geraden liegenden Punkten A, B, C und den Strecken $\overline{AB}$, $\overline{AC}$, $\overline{BC}$.

Die Punkte A, B, C sind die Eckpunkte des Dreiecks, die Strecken $\overline{AB}$, $\overline{AC}$, $\overline{BC}$ sind die Seiten des Dreiecks, und ihre Längen $|\overline{AB}|$, $|\overline{AC}|$, $|\overline{BC}|$ sind die Seitenlängen des Dreiecks.

Meistens werden die Seitenlängen mit a, b, c und die Innenwinkel des Dreiecks mit α, β, γ bezeichnet, und zwar in der Weise, dass der Punkt A der Seite mit der Länge a, der Punkt B der Seite mit der Länge b, der Punkt C der Seite mit der Länge c gegenüberliegt und dass der Winkel α den Scheitelpunkt A, der Winkel β den Scheitelpunkt B und der Winkel γ den Scheitelpunkt C hat (Abb. 3.23).

Abkürzend verwendet man für ein Dreieck den großen griechischen Buchstaben Δ, und für ein Dreieck mit den Eckpunkten A, B, C schreibt man $\Delta(ABC)$.

Die Winkelsumme in jedem Dreieck beträgt 180° (Abb. 3.24).

$$\alpha + \beta + \gamma = 180°$$

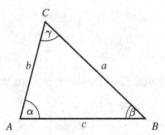

Abb. 3.23 Bezeichnungen im Dreieck

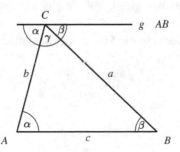

Abb. 3.24 Winkelsumme gleich 180°

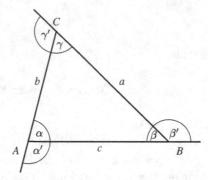

Abb. 3.25 Außenwinkelsumme gleich 360°

Im Dreieck ist die Summe zweier Seitenlängen stets größer als die dritte.

$$a + b > c, \ a + c > b, \ b + c > a$$

Diese drei Ungleichungen zusammen heißen Dreiecksungleichungen.

Die Supplementwinkel der Dreieckswinkel nennt man Außenwinkel des Dreiecks. Die Summe der Außenwinkel α', β', γ' in jedem Dreieck beträgt 360° (Abb. 3.25).

$$\alpha' + \beta' + \gamma' = 360°$$

In einem Dreieck liegt der größeren Seite stets der größere Winkel gegenüber.

$$a > b > c \iff \alpha > \beta > \gamma$$

In einem spitzwinkligen Dreieck sind alle drei Innenwinkel kleiner als 90°, in einem rechtwinkligen Dreieck ist ein Winkel gleich 90°, in einem stumpfwinkligen Dreieck ist ein Winkel größer als 90°.

Der Umfang u eines Dreiecks ist die Summe der Seitenlängen.

$$u = a + b + c$$

Der Flächeninhalt A eines Dreiecks berechnet sich nach der Grundformel

$$A = \frac{1}{2} \cdot \text{Grundseite} \cdot \text{Höhe}$$

Daraus ergeben sich folgende Formeln für den Flächeninhalt A (vgl. Kap. 6)

$$A = \frac{1}{2} a \cdot h_a = \frac{1}{2} b \cdot h_b = \frac{1}{2} c \cdot h_c$$
$$= \frac{1}{2} a \cdot b \cdot \sin\gamma = \frac{1}{2} a \cdot c \cdot \sin\beta = \frac{1}{2} b \cdot c \cdot \sin\alpha$$
$$= \sqrt{s(s-a)(s-b)(s-c)}, \quad s = \frac{1}{2}(a+b+c)$$

Die letzte Formel ist die sogenannte heronische Flächenformel (nach dem griechischen Mathematiker Heron von Alexandria, 1. Jahrhundert u. Z.), damit ist die Berechnung des Flächeninhalts eines Dreiecks allein mit den Seitenlängen möglich.

3.6.2 Gleichschenklige Dreiecke

Ein Dreieck mit zwei gleich langen Seiten heißt gleichschenklig.

Die gleich langen Seiten heißen Schenkel und die dritte Seite Basis des Dreiecks. Die Winkel an der Basis sind die Basiswinkel. Der der Basis gegenüberliegende Punkt heißt Spitze (Abb. 3.26).

Die Basiswinkel sind gleich groß. Höhe, Seitenhalbierende und Winkelhalbierende der Basis sind identisch und liegen auf der Mittelsenkrechten (vgl. Abschn. 3.6.5). Sind umgekehrt in einem Dreieck je zwei dieser Strecken gleich, dann ist das Dreieck gleichschenklig.

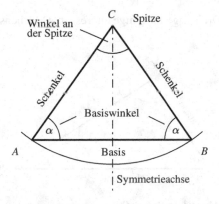

Abb. 3.26 Gleichschenkliges Dreieck

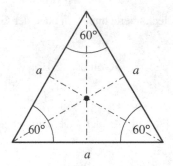

Abb. 3.27 Gleichseitiges Dreieck

3.6.3 Gleichseitige Dreiecke

Ein Dreieck mit drei gleich langen Dreiecksseiten heißt gleichseitig.

In einem gleichseitigen Dreieck sind auch alle Winkel gleich groß, jeder Winkel beträgt also 60°. Das gleichseitige Dreieck hat drei Symmetrieachsen (Abb. 3.27).

Die Höhen, Winkelhalbierenden und Seitenhalbierenden fallen beim gleichseitigen Dreieck jeweils zusammen und liegen auf der entsprechenden Mittelsenkrechten (vgl. Abschn. 3.6.5). Folglich fallen auch die Mittelpunkte des Inkreises und des Umkreises mit dem Schwerpunkt des Dreiecks zusammen.

Ein gleichseitiges Dreieck heißt auch reguläres oder regelmäßiges Dreieck.

3.6.4 Rechtwinklige Dreiecke

Ein Dreieck mit einem rechten Winkel, also mit einem Winkel von 90°, heißt rechtwinklig.

Die Summe der beiden anderen (spitzen) Winkel in einem rechtwinkligen Dreieck ist ebenfalls 90°.

Die dem rechten Winkel gegenüberliegende Dreiecksseite ist die Hypotenuse, die beiden anderen Seiten (also die Schenkel des rechten Winkels) sind die Katheten des rechtwinkligen Dreiecks (Abb. 3.28).

Für das rechtwinklige Dreieck gelten einige interessante Flächensätze (vgl. Abschn. 3.6.6).

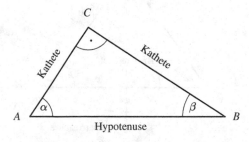

Abb. 3.28 Rechtwinkliges Dreieck ($\alpha + \beta = 90°$)

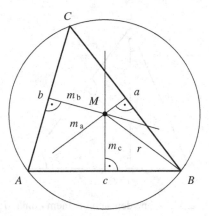

Abb. 3.29 Dreieck mit Umkreis

3.6.5 Besondere Geraden, Strecken und Kreise

Der Umkreis eines Dreiecks ist der Kreis durch die drei Eckpunkte des Dreiecks, der dem Dreieck umbeschriebene Kreis.

Der Inkreis eines Dreiecks berührt die drei Dreiecksseiten von innen, er hat die Dreiecksseiten also als Tangenten. Der Inkreis ist der dem Dreieck einbeschriebene Kreis.

Die Mittelsenkrechte einer Strecke ist die Senkrechte durch den Mittelpunkt der Strecke. Beim Dreieck schneiden sich die drei Mittelsenkrechten in einem Punkt M, dem Mittelpunkt des Umkreises. Bei spitzwinkligen Dreiecken liegt M innerhalb des Dreiecks, bei stumpfwinkligen Dreiecken außerhalb und bei rechtwinkligen Dreiecken auf dem Rand (Mittelpunkt der Hypotenuse) des Dreiecks (Abb. 3.29).

Eine Höhe in einem Dreieck ist der Teil des Lotes von einem Eckpunkt auf die gegenüberliegende Seite, der von dem Eckpunkt und dieser Seite (beziehungsweise ihrer Verlängerung) begrenzt wird.

Die drei Höhen eines Dreiecks (beziehungsweise ihre Verlängerungen) schneiden sich in einem Punkt H. Der Höhenschnittpunkt des Dreiecks heißt Orthozentrum des Dreiecks (Abb. 3.30).

Bei spitzwinkligen Dreiecken liegt der Höhenschnittpunkt H im Innern des Dreiecks, bei einem rechtwinkligen Dreieck fällt H mit dem Scheitelpunkt des rechten Winkels zusammen (zwei Höhen fallen mit den Katheten zusammen), bei stumpfwinkligen Dreiecken liegt der Höhenschnittpunkt H außerhalb des Dreiecks (Abb. 3.31 und 3.32).

Die Längen der Höhen im Dreieck werden mit h_a, h_b, h_c bezeichnet.

Sind a, b, c die Dreiecksseiten und α, β, γ die Winkel des Dreiecks, so gilt (vgl. Kap. 6)

$$h_a = c \sin \beta = b \sin \gamma, \ \ h_b = c \sin \alpha = a \sin \gamma, \ \ h_c = a \sin \beta = b \sin \alpha$$

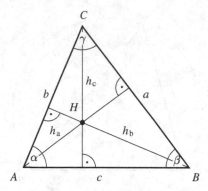

Abb. 3.30 Die Höhen eines Dreiecks schneiden sich in einem Punkt H

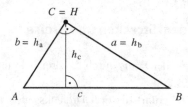

Abb. 3.31 Höhenschnittpunkt H im rechtwinkligen Dreieck

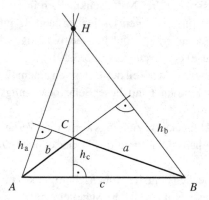

Abb. 3.32 Höhenschnittpunkt H im stumpfwinkligen Dreieck

Die Längen der Höhen verhalten sich umgekehrt proportional wie die zugehörigen Seitenlängen.

$$h_a : h_b : h_c = \frac{1}{a} : \frac{1}{b} : \frac{1}{c}$$

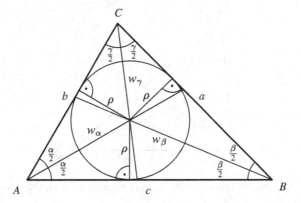

Abb. 3.33 Dreieck mit Inkreis

Eine Winkelhalbierende ist eine Gerade durch den Scheitelpunkt eines Winkels, so dass die beiden Winkel zwischen Gerade und je einem Schenkel gleich sind.

Im Dreieck sind die drei Winkelhalbierenden Strecken $\overline{PQ}$, wobei P ein Eckpunkt (Scheitelpunkt des entsprechenden Winkels) und Q der Schnittpunkt mit der gegenüberliegenden Seite ist. Die drei Winkelhalbierenden im Dreieck schneiden sich in einem Punkt, dem Mittelpunkt des Inkreises (Abb. 3.33).

Die Längen der Winkelhalbierenden im Dreieck werden mit w_α, w_β, w_γ bezeichnet. Für die Winkelhalbierenden gilt (vgl. Kap. 6).

$$w_\alpha = \frac{2bc\cos\frac{\alpha}{2}}{b+c}, \quad w_\beta = \frac{2ac\cos\frac{\beta}{2}}{a+c}, \quad w_\gamma = \frac{2ab\cos\frac{\gamma}{2}}{a+b}$$

Eine Winkelhalbierende teilt die gegenüberliegende Seite im Verhältnis der Längen der anliegenden Seiten (Abb. 3.34).

Eine Seitenhalbierende (auch Median genannt) in einem Dreieck ist die Verbindungsstrecke einer Ecke mit dem Mittelpunkt der gegenüberliegenden Seite.

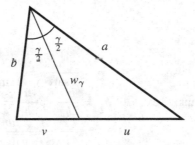

Abb. 3.34 Winkelhalbierende im Dreieck ($u : v = a : b$)

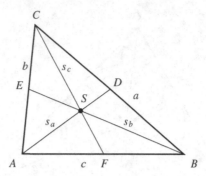

Abb. 3.35 Die drei Seitenhalbierenden eines Dreiecks schneiden sich im Schwerpunkt S

Die drei Seitenhalbierenden eines Dreiecks schneiden sich in einem Punkt S, dem Schwerpunkt des Dreiecks. Der Schwerpunkt teilt die Seitenhalbierenden vom Eckpunkt aus im Verhältnis 2:1 (Abb. 3.35).

Die Längen der Seitenhalbierenden im Dreieck werden mit s_a, s_b, s_c bezeichnet.
Für die Seitenhalbierenden gilt (vgl. Kap. 6).

$$s_a = \frac{1}{2}\sqrt{b^2 + c^2 + 2bc\cos\alpha}$$

$$s_b = \frac{1}{2}\sqrt{a^2 + c^2 + 2ac\cos\beta}$$

$$s_c = \frac{1}{2}\sqrt{a^2 + b^2 + 2ab\cos\gamma}$$

Mit Hilfe unterschiedlicher Größen des Dreiecks lassen sich die Radien des Inkreises und des Umkreises berechnen. Dabei ist s der halbe Umfang des Dreiecks, $s = \frac{1}{2}(a + b + c)$.

Radius ρ des Inkreises	$\rho = \dfrac{(s-a)(s-b)(s-c)}{s} = s \cdot \tan\dfrac{\alpha}{2} \cdot \tan\dfrac{\beta}{2} \cdot \tan\dfrac{\gamma}{2}$

Radius r des Umkreises	$r = \dfrac{a}{2\sin\alpha} = \dfrac{b}{2\sin\beta} = \dfrac{c}{2\sin\gamma}$ $= \dfrac{bc}{2h_a} = \dfrac{ac}{2h_b} = \dfrac{ab}{2h_c}$ $= \dfrac{abc}{4\sqrt{s(s-a)(s-b)(s-c)}}$

3.6.6 Flächensätze im rechtwinkligen Dreieck

1. *Kathetensatz*

   In einem rechtwinkligen Dreieck ist das Quadrat über einer Kathete gleich dem Rechteck aus Hypotenuse und zugehörigem Hypotenusenabschnitt.

   Der Hypotenusenabschnitt ist die Projektion (Parallelprojektion) der entsprechenden Kathete auf die Hypotenuse.

   Sind a, b die Kathetenlängen, c die Hypotenusenlänge und p, q die zugehörigen Hypotenusenabschnitte des Dreiecks, so gilt

$$a^2 = pc, \quad b^2 = qc$$

   Der Kathetensatz heißt auch erster Satz des Euklid (nach dem hellenistischen Mathematiker Euklid von Alexandria, ~365–300 v. u. Z.) (Abb. 3.36).

2. *Satz des Pythagoras*

   In einem rechtwinkligen Dreieck ist die Summe der Quadrate über den Katheten gleich dem Quadrat der Hypotenuse (Abb. 3.37).

   Sind a und b die Kathetenlängen und c die Hypotenusenlänge, so gilt

$$a^2 + b^2 = c^2$$

Einfacher Beweis des Satzes von Pythagoras (Abb. 3.38):
In ein Quadrat Q_1 der Seitenlänge $a + b$ wird ein Quadrat Q_2 der Seitenlänge c so gelegt, dass die Eckpunkte von Q_2 die Seiten von Q_1 im Verhältnis $a : b$ teilen. Dann

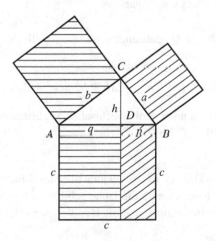

Abb. 3.36 Kathetensatz

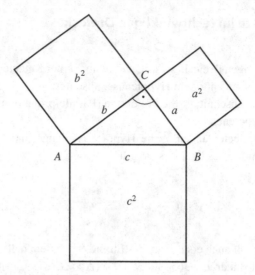

Abb. 3.37 Satz des Pythagoras

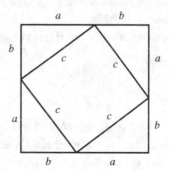

Abb. 3.38 Zum Beweis des Satzes von Pythagoras

haben die vier innerhalb von Q_1 entstandenen Dreiecke alle den Flächeninhalt $\frac{1}{2}ab$, und deshalb gilt:

$$(a+b)^2 = c^2 + 4 \cdot \frac{1}{2}ab \implies a^2 + 2ab + b^2 = c^2 + 2ab \implies a^2 + b^2 = c^2$$

Der Satz hat seinen Namen nach dem griechischen Sophisten und Mathematiker Pythagoras von Samos ($\sim$580–500 v. u. Z.).

3. *Höhensatz*

In einem rechtwinkligen Dreieck ist das Quadrat über der Höhe auf der Hypotenuse gleich dem Rechteck aus den beiden durch die Höhe gebildeten Hypotenusenabschnitten.

Bezeichnet man die Höhe mit h und die Hypotenusenabschnitte mit p und q, so gilt (Abb. 3.39)

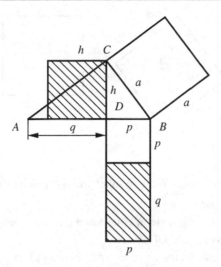

Abb. 3.39 Höhensatz

$$h^2 = pq$$

Beweis des Höhensatzes:
Nach dem Satz des Pythagoras gilt $a^2 = h^2 + p^2$ und nach dem Kathetensatz $a^2 = pc = p(p+q)$. Subtraktion der beiden Gleichungen ergibt $0 = h^2 + p^2 - (p^2 + pq) = h^2 - pq$, woraus $h^2 = pq$ folgt.

Der Höhensatz heißt auch zweiter Satz des Euklid (nach dem hellenistischen Mathematiker Euklid von Alexandria, $\sim$365–300 v. u. Z.).

3.6.7 Kongruenz von Dreiecken

Zwei geometrische Figuren heißen kongruent, wenn sie deckungsgleich sind. Kongruente geometrische Figuren stimmen also in Größe und Gestalt völlig überein, alle Bestimmungsstücke wie Längen, Winkel, Fläche und so weiter sind gleich. Kongruente Figuren unterscheiden sich nur durch ihre Lage in der Ebene.

So sind zum Beispiel zwei Quadrate mit gleicher Seitenlänge kongruent (Abb. 3.40) oder zwei Kreise mit gleichem Radius (und unterschiedlichen Mittelpunkten).

Kongruente Figuren lassen sich durch Parallelverschiebung, Spiegelung oder Drehung oder mehrere dieser drei Bewegungen zur Deckung bringen.

Für Dreiecke gibt es vier Kongruenzsätze, die Bedingungen für die Kongruenz angeben.

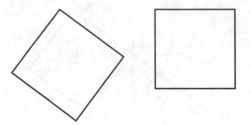

Abb. 3.40 Kongruente Quadrate

In der folgenden Aufzählung steht W für Winkel und S für Seite bzw. Seitenlänge.

1. *Kongruenzsatz WSW und SWW*
   Dreiecke sind kongruent, wenn sie in einer Seite und den beiden anliegenden Winkeln
   übereinstimmen (WSW) (Abb. 3.41).
   Dreiecke sind kongruent, wenn sie in einer Seite und einem anliegenden sowie dem
   gegenüberliegenden Winkel übereinstimmen (SWW).

2. *Kongruenzsatz SSW*
   Dreiecke sind kongruent, wenn sie in zwei Seiten und dem der längeren Seite gegenüberliegenden Winkel übereinstimmen (Abb. 3.42).

3. *Kongruenzsatz SWS*
   Dreiecke sind kongruent, wenn sie in zwei Seiten und dem von ihnen eingeschlossenen
   Winkel übereinstimmen (Abb. 3.43).

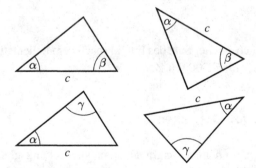

Abb. 3.41 Kongruenzsatz WSW und SWW

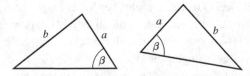

Abb. 3.42 Kongruenzsatz SSW

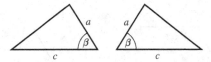

Abb. 3.43 Kongruenzsatz SWS

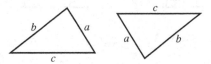

Abb. 3.44 Kongruenzsatz SSS

4. *Kongruenzsatz SSS*
   Dreiecke sind kongruent, wenn sie in den drei Seiten übereinstimmen (Abb. 3.44).

3.6.8 Grundkonstruktionen des Dreiecks

Entsprechend den vier Kongruenzsätzen für das Dreieck gibt es vier Grundkonstruktionen für das Dreieck.

In der folgenden Aufzählung steht W für Winkel und S für Seite bzw. Seitenlänge.

1. *Grundkonstruktion WSW und SWW* (Abb. 3.45)
   a) *Gegeben:* α, c, β (Winkel, Seite, Winkel)
      Konstruktion: Man zeichnet $c = |\overline{AB}|$ und trägt an $\overline{AB}$ in A den Winkel α und in B den Winkel β an. Die freien Schenkel von α und β schneiden sich im Eckpunkt C.
      Bedingung: $\alpha + \beta < 180°$
   b) *Gegeben:* c, α, γ (Seite, Winkel, Winkel) (Abb. 3.46)
      Erste Konstruktion: Man konstruiert β als Nebenwinkel von $\alpha + \gamma$ und verfährt wie oben.
      Zweite Konstruktion: Man zeichnet $c = |\overline{AB}|$ und trägt an $\overline{AB}$ in A den Winkel α an. In einem beliebigen Punkt C' des freien Schenkels von α trägt man an diesen

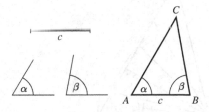

Abb. 3.45 Grundkonstruktion WSW

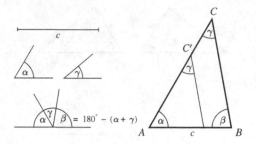

Abb. 3.46 Grundkonstruktion SWW

den Winkel γ an. Die Parallele zu dem freien Schenkel von γ durch B schneidet den freien Schenkel von α im Eckpunkt C.

Bedingung: $\alpha + \beta < 180°$

2. *Grundkonstruktion SSW*

Gegeben: b, c, $\beta < 90°$ (Seite, Seite, Winkel) (Abb. 3.47)

Konstruktion: Man zeichnet $c = |\overline{AB}|$ und trägt an $\overline{AB}$ in B den Winkel β an. Dann zeichnet man um A einen Kreisbogen mit dem Radius b. Die Lösung der Konstruktionsaufgabe ist abhängig von der Anzahl der Schnittpunkte des Kreisbogens mit dem freien Schenkel von β:

a) Der Kreis schneidet den freien Schenkel des gegebenen Winkels β nicht; keine Lösung.

b) Der Kreis berührt den freien Schenkel; ein rechtwinkliges Dreieck als Lösung ($\gamma = 90°$).

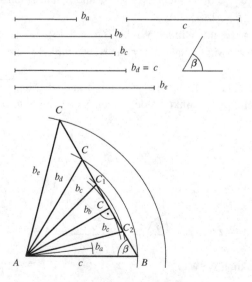

Abb. 3.47 Grundkonstruktion SSW (gegeben: b, c, $\beta < 90°$)

c) Der Kreis schneidet den freien Schenkel zweimal, und für den Radius $b = b_c$ gilt $b_c < c$; zwei verschiedene Lösungen $\triangle(ABC_1)$ und $\triangle(ABC_2)$.

d) Der Kreis schneidet den freien Schenkel zweimal, und für den Radius $b = b_c$ gilt $b_c = c$ (der Kreis geht durch den Scheitelpunkt B des gegebenen Winkels β); ein gleichschenkliges Dreieck als Lösung ($b = b_d = c$, Spitze A).

e) Der Kreis schneidet den freien Schenkel einmal; ein Dreieck als Lösung ($b = b_e > c$).

Der Kongruenzsatz SSW gilt für die Fälle b), d) und e).

Gegeben: b, c, $\beta \geq 90°$ (Seite, Seite, Winkel) (Abb. 3.48)
Konstruktion: Nach Konstruktion von $\overline{AB}$ und Antragen von β wie oben sind hier folgende Fälle möglich:

f) Der Kreis um A mit dem Radius b_f schneidet den freien Schenkel des gegebenen Winkels β nicht; keine Lösung.

g) Der Kreis um A mit dem Radius b_g geht durch den Punkt B; „Lösung" ist ein zur Strecke (Strecke $\overline{AB}$) entartetes Dreieck.

h) Der Kreis um A mit dem Radius b_h schneidet den freien Schenkel des gegebenen Winkels β in C; eine Lösung.
Der Kongruenzsatz SSW gilt hier nur für den Fall h).

3. *Grundkonstruktion SWS* (Abb. 3.49).
Gegeben: b, α, c (Seite, Winkel, Seite).
Konstruktion: Den Schenkeln des Winkels α gibt man die Längen $b = |\overline{AC}|$ und $c = |\overline{AB}|$. Man verbindet B und C.
Bedingung: $\alpha < 180°$

4. *Grundkonstruktion SSS* (Abb. 3.50)
Gegeben: a, b, c (Seite, Seite, Seite).
Konstruktion: Man zeichnet $c = |\overline{AB}|$ und schlägt um A einen Kreisbogen mit dem Radius b und um B einen Kreisbogen mit dem Radius a. Der Eckpunkt C ist der Schnittpunkt der Kreisbögen, der „oberhalb" von $\overline{AB}$ liegt (A, B, C folgen im

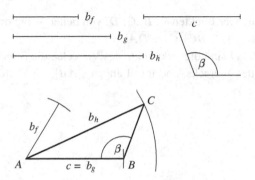

Abb. 3.48 Grundkonstruktion SSW (gegeben: b, c, $\beta \geq 90°$)

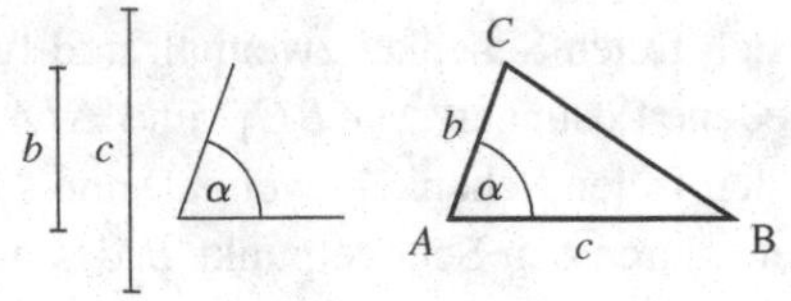

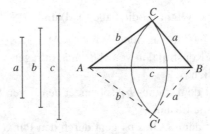

Abb. 3.49 Grundkonstruktion SWS

Abb. 3.50 Grundkonstruktion SSS

mathematisch positiven Drehsinn, also entgegen dem Uhrzeigersinn aufeinander).
Anschließend wird noch C mit den Eckpunkten A und B verbunden.

Bedingungen: $a < b + c$, $b < a + c$, $c < a + b$ (Dreiecksungleichungen)

Anmerkung: Wenn sich, wie bei der letzten Konstruktion, zwei spiegelbildlich gleiche
Lösungen ergeben (denn die Kreise schneiden sich zweimal, in C und C', falls die Dreiecksungleichungen erfüllt sind), wählt man diejenige aus, bei der die Punkte A, B, C entgegen
dem Uhrzeigersinn, also im mathematisch positiven Sinn, aufeinander folgen.

3.7   Vierecke

3.7.1   Allgemeine Vierecke

Ein Viereck besteht aus vier Punkten A, B, C, D, von denen keine drei auf einer Geraden
liegen, und den Strecken $\overline{AB}$, $\overline{BC}$, $\overline{CD}$, $\overline{DA}$.

Die Punkte A, B, C, D sind die Eckpunkte des Vierecks, die Strecken $\overline{AB}$, $\overline{BC}$, $\overline{CD}$,
$\overline{DA}$ sind die Seiten des Vierecks, und ihre Längen $|\overline{AB}|$, $|\overline{BC}|$, $|\overline{CD}|$, $|\overline{DA}|$ sind die
Seitenlängen des Vierecks.

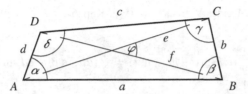

Abb. 3.51 Bezeichnungen im Viereck

Meistens werden die Seitenlängen mit a, b, c, d und die Innenwinkel des Vierecks mit $\alpha, \beta, \gamma, \delta$ bezeichnet, und zwar so, dass $a = |\overline{AB}|$, $b = |\overline{BC}|$, $c = |\overline{CD}|$, $d = |\overline{DA}|$ und dass der Winkel α den Scheitelpunkt A, der Winkel β den Scheitelpunkt B, der Winkel γ den Scheitelpunkt C und der Winkel δ den Scheitelpunkt D hat (Abb. 3.51).

Die Strecken $\overline{AC}$ und $\overline{BD}$ heißen Diagonalen des Vierecks, ihre Längen werden meist mit e und f bezeichnet: $e = |\overline{AC}|$, $f = |\overline{BD}|$.

Abkürzend verwendet man für ein Viereck das Symbol $\square$, und für ein Viereck mit den Eckpunkten A, B, C, D schreibt man $\square(ABCD)$.

Die Winkelsumme in einem beliebigen Viereck beträgt $360°$.

$$\alpha + \beta + \gamma + \delta = 360°$$

Für die Längen der Seiten und der Diagonalen in einem Viereck gilt folgender Zusammenhang:

In einem Viereck ist das Produkt der Diagonalenlängen kleiner oder gleich der Summe der Produkte der Längen je zwei gegenüberliegender Seiten.

$$ef \le ac + bd$$

Die Gleichheit gilt genau dann, wenn das Viereck ein Sehnenviereck ist (bei einem Sehnenviereck liegen alle vier Punkte auf einem Kreis). Diese Aussage ist der verallgemeinerte Satz des Ptolemäus (vgl. Abschn. 3.7.8).

Der Umfang u eines Vierecks ist die Summe der Seitenlängen.

$$u = a + b + c + d$$

Für den Flächeninhalt A eines Vierecks gilt (vgl. Kap. 6):

$$
A = \frac{1}{2}\left(ad \sin\alpha + bc \sin\gamma\right) = \frac{1}{2}\left(ab \sin\beta + cd \sin\delta\right)
$$

$$
= \frac{1}{2}\, ef \sin\varphi
$$

$$
= \sqrt{(s-a)(s-b)(s-c)(s-d) - abcd \cos^2\frac{\alpha+\gamma}{2}}
$$

$$
= \sqrt{(s-a)(s-b)(s-c)(s-d) - abcd \cos^2\frac{\beta+\delta}{2}}
$$

Dabei ist φ der Winkel zwischen den Diagonalen und s der halbe Umfang des Vierecks, also $s = \frac{1}{2}(a+b+c+d)$.

Die beiden letzten Formeln sind Verallgemeinerungen der heronischen Flächenformel für Dreiecke.

3.7.2 Trapeze

Ein Trapez ist ein Viereck, bei dem zwei Seiten zueinander parallel sind.

Die parallelen Seiten heißen Grundlinien und die anderen beiden Seiten Schenkel des Trapezes. Die Verbindungsstrecke der Mittelpunkte der Schenkel heißt Mittellinie, sie ist parallel zu den Grundlinien. Die Höhe eines Trapezes ist der Abstand der parallelen Grundlinien.

Sind die Schenkel gleich lang, so heißt das Trapez gleichschenklig.

Ist m die Länge der Mittellinie, so gilt $m = \dfrac{a+c}{2}$.

Das Trapez mit den Grundlinienlängen a und c und der Höhe h ist flächengleich einem Rechteck mit den Seitenlängen m und h (Abb. 3.52).

Für den Flächeninhalt A des Trapezes gilt

$$
A = mh = \frac{a+c}{2}\, h
$$

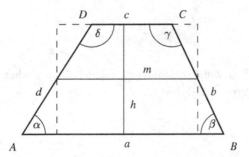

Abb. 3.52 Trapez

3.7.3 Parallelogramme

Ein Parallelogramm ist ein Viereck, bei dem die beiden jeweils einander gegenüberliegenden Seiten parallel sind.

Einander gegenüberliegende Seiten im Parallelogramm sind gleich lang; einander gegenüberliegende Winkel sind gleich groß; benachbarte Winkel ergänzen sich zu 180°; die Diagonalen halbieren sich in ihrem Schnittpunkt.

Das Parallelogramm mit den Seitenlängen a und b ist flächengleich einem Rechteck mit den Seitenlängen a und h_a (oder b und h_b) (Abb. 3.53).

Für den Umfang u und den Flächeninhalt A eines Parallelogramms mit den Seitenlängen a und b gilt

Umfang	$u = 2a + 2b$
Flächeninhalt	$A = ah_a = bh_b = ab \sin \alpha$

Für die Längen der Seiten und der Diagonalen in einem Parallelogramm gilt folgender Zusammenhang:

In einem Parallelogramm ist die Summe der Quadrate der Seitenlängen gleich der Summe der Quadrate der Diagonalenlängen, also

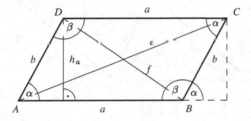

Abb. 3.53 Parallelogramm

$$2a^2 + 2b^2 = e^2 + f^2$$

Diese Aussage ist der Satz von Apollonios (nach dem hellenistischen Geometer und Astronom Apollonios von Perge, $\sim$262–190 v. u. Z.).

3.7.4   Rhomben

Ein Rhombus ist ein Parallelogramm mit gleich langen Seiten.

Damit gelten für Rhomben alle Eigenschaften von Parallelogrammen. Darüber hinaus gilt: Die Diagonalen eines Rhombus halbieren sich in ihrem Schnittpunkt, sie halbieren alle Winkel, und sie stehen senkrecht aufeinander. Statt Rhombus sagt man auch Raute (Abb. 3.54).

Für den Umfang u und den Flächeninhalt A eines Rhombus der Seitenlänge a gilt (e und f sind die Längen der Diagonalen)

Umfang $\qquad u = 4a$

Flächeninhalt $\qquad A = a^2 \sin \alpha = \dfrac{1}{2}\, ef$

3.7.5   Rechtecke

Ein Rechteck ist ein Parallelogramm mit vier rechten Winkeln (Abb. 3.55).

Die Diagonalen eines Rechtecks halbieren sich in ihrem Schnittpunkt und sind gleich lang, es gilt $e = f = \sqrt{a^2 + b^2}$.

Für den Umfang u und den Flächeninhalt A eines Rechtecks mit den Seitenlängen a und b gilt

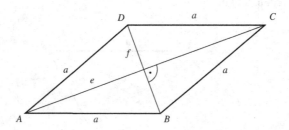

Abb. 3.54 Rhombus

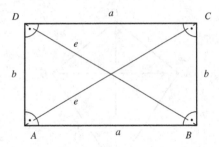

Abb. 3.55 Rechteck

Umfang	$u = 2a + 2b$
Flächeninhalt	$A = ab$

3.7.6 Quadrate

Ein Quadrat ist ein Rechteck mit gleich langen Seiten. Die Diagonalen eines Quadrats sind gleich lang und stehen senkrecht aufeinander. Es gilt $e = f = a\sqrt{2}$ (Abb. 3.56).

Ein Quadrat ist auch ein Rhombus (eine Raute) mit vier rechten Winkeln.

Ein Quadrat heißt auch reguläres oder regelmäßiges Viereck.

Für den Umfang u und den Flächeninhalt A eines Quadrats der Seitenlänge a gilt

Umfang	$u = 4a$
Flächeninhalt	$A = a^2 = \dfrac{1}{2}e^2$

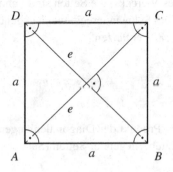

Abb. 3.56 Quadrat

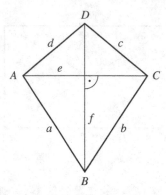

Abb. 3.57 Drachen

3.7.7 Drachen

Ein Drachen ist ein Viereck mit zwei Paaren gleich langer benachbarter Seiten (Abb. 3.57).

Statt Drachen sagt man auch Drachenviereck.

Die Diagonalen eines Drachens stehen senkrecht aufeinander.

Ein Drachen mit vier gleich langen Seiten ist ein Rhombus (eine Raute).

Sind e und f die Längen der Diagonalen, dann gilt für den Flächeninhalt A des Drachens

$$A = \frac{1}{2} ef$$

3.7.8 Sehnenvierecke

Ein Sehnenviereck ist ein Viereck, bei dem alle vier Eckpunkte auf einem Kreis liegen (Abb. 3.58).

Der Kreis heißt Umkreis des Vierecks, die Seiten sind Sehnen dieses Kreises.

Ein Viereck ist genau dann ein Sehnenviereck, wenn gegenüberliegende Winkel Supplementwinkel sind, sich also zu 180° ergänzen.

$$\alpha + \gamma = \beta + \delta = 180°$$

In einem Sehnenviereck ist das Produkt der Diagonalenlängen gleich der Summe der Produkte der Längen je zwei gegenüberliegender Seiten (Satz von Ptolemäus).

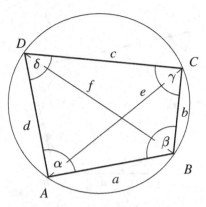

Abb. 3.58 Sehnenviereck

$$ef = ac + bd$$

Die Formel wurde hergeleitet und bewiesen von dem hellenistischen Geometer und Astronom Ptolemaios von Alexandria (∼83–161 u. Z.).

In einem Sehnenviereck verhalten sich die Längen der Diagonalen wie die Summen der Produkte der Längen jener Seitenpaare, die sich in den Endpunkten der Diagonalen treffen (Satz von Brahmagupta).

$$\frac{e}{f} = \frac{ab + cd}{ad + bc}$$

Die Formel wurde von dem Inder Brahmagupta (6./7. Jahrhundert u. Z.) entdeckt, der erste Beweis stammt von dem deutschen Mathematiker Johannes Müller, genannt Regiomontanus (1436–1476).

Durch Multiplikation bzw. Division dieser beiden Formeln erhält man Ausdrücke für die Längen der beiden Diagonalen.

$$e = \sqrt{\frac{(ab + cd)(ac + bd)}{ad + bc}}, \quad f = \sqrt{\frac{(ad + bc)(ac + bd)}{ab + cd}}$$

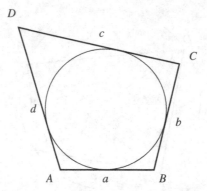

Abb. 3.59 Tangentenviereck

Für den Flächeninhalt A des Sehnenvierecks gilt, wenn s der halbe Umfang des Sehnen-vierecks ist, also $s = \frac{1}{2}(a+b+c+d)$,

$$A = \sqrt{(s-a)(s-b)(s-c)(s-d)}$$

3.7.9 Tangentenvierecke

Ein Tangentenviereck ist ein Viereck, bei dem alle vier Seiten denselben Kreis berühren (Abb. 3.59).

Der Kreis heißt Inkreis des Vierecks, die Seiten sind Tangenten dieses Kreises.

Ein Viereck ist genau dann ein Tangentenviereck, wenn die Summe der Längen zweier gegenüberliegender Seiten gleich der Summe der Längen der beiden anderen Seiten ist.

$$a + c = b + d$$

3.8   Reguläre n-Ecke

Ein n-Eck besteht aus n Punkten, den Eckpunkten des n-Ecks, und n Seiten, den Strecken zwischen den Eckpunkten.

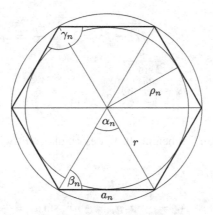

Abb. 3.60 Bezeichnungen im regulären n-Eck

Haben alle Seiten die gleiche Länge und sind alle Innenwinkel gleich groß, dann heißt das n-Eck regulär oder regelmäßig (Abb. 3.60).

Bei einem regulären n-Eck liegen alle Eckpunkte auf einem Kreis, dem Umkreis des n-Ecks, und alle Seiten sind Tangenten eines einbeschriebenen Kreises, dem Inkreis des n-Ecks. Die Seiten sind Sehnen des Umkreises.

Ein reguläres Dreieck ist ein gleichseitiges Dreieck, ein reguläres Viereck ist ein Quadrat.

Die Summe der Innenwinkel in einem beliebigen n-Eck ist $(n-2) \cdot 180°$. Da alle n Innenwinkel γ_n gleich groß sind, gilt

$$\text{Innenwinkel} \quad \gamma_n = \frac{n-2}{n} \cdot 180°$$

Durch die Verbindungsstrecken der Eckpunkte mit dem Mittelpunkt des Umkreises wird das reguläre n-Eck in n kongruente Dreiecke zerlegt. Für die Basiswinkel β_n und die Zentriwinkel α_n gilt

$$\text{Basiswinkel} \quad \beta_n = \frac{1}{2}\gamma_n = \frac{n-2}{n} \cdot 90°$$

$$\text{Zentriwinkel} \quad \alpha_n = \frac{360°}{n}$$

Für die Seitenlänge a_n, den Umkreisradius r und den Inkreisradius ρ_n des regulären n-Ecks gilt (vgl. Kap. 6):

$$\text{Seitenlänge} \qquad a_n = 2\sqrt{r^2 - \rho_n^2} = 2r\sin\frac{\alpha_n}{2} = 2\rho_n \tan\frac{\alpha_n}{2}$$

$$\text{Umkreisradius} \qquad r = \frac{a_n}{2\sin\frac{\alpha_n}{2}}$$

$$\text{Inkreisradius} \qquad \rho_n = \frac{a_n}{2}\cot\frac{\alpha_n}{2}$$

Für den Umfang u_n und den Flächeninhalt A_n des regulären n-Ecks ergibt sich dann

$$\text{Umfang} \qquad u_n = na_n$$

$$\text{Flächeninhalt} \qquad A_n = \frac{1}{2}na_n\rho_n = \frac{1}{2}nr^2\sin\alpha_n = \frac{1}{4}na_n^2\cot\frac{\alpha_n}{2}$$

Übersicht über die regulären n-Ecke für kleine n (r = Umkreisradius):

n	Innen- winkel γ_n	Zentri- winkel α_n	Seitenlänge a_n	Umfang u_n	Flächeninhalt A_n
3	60°	120°	$r\sqrt{3}$	$2r \cdot 2,5980\ldots$	$\frac{3}{4}\sqrt{3}\,r^2$
4	90°	90°	$r\sqrt{2}$	$2r \cdot 2,8284\ldots$	$2\,r^2$
5	108°	72°	$\frac{r}{2}\sqrt{10-2\sqrt{5}}$	$2r \cdot 2,9389\ldots$	$\frac{5}{8}\sqrt{10+2\sqrt{5}}\,r^2$
6	120°	60°	r	$2r \cdot 3$	$\frac{3}{2}\sqrt{3}\,r^2$
8	135°	45°	$r\sqrt{2-\sqrt{2}}$	$2r \cdot 3,0614\ldots$	$2\sqrt{2}\,r^2$
10	144°	36°	$\frac{r}{2}(\sqrt{5}-1)$	$2r \cdot 3,0901\ldots$	$\frac{5}{4}\sqrt{10-2\sqrt{5}}\,r^2$
12	150°	30°	$r\sqrt{2-\sqrt{3}}$	$2r \cdot 3,1058\ldots$	$3\,r^2$

Mit wachsendem n nähert der Umfang u_n sich dem Umfang $2r \cdot \pi = 2r \cdot 3,1415\ldots$ und der Flächeninhalt A_n sich dem Flächeninhalt $\pi\,r^2$ des Kreises mit dem Radius r an.

3.9   Polygone

Ein Polygon ist ein geschlossener Streckenzug der Ebene.

Ein Polygon oder Vieleck mit n Eckpunkten ist ein n-Eck. Die Strecken zwischen den Eckpunkten sind die Seiten des Polygons.

Ein einfaches Polygon teilt die Ebene in zwei Gebiete, das Innere und das Äußere, die durch die Seiten des Polygons getrennt werden (Abb. 3.61).

Die Länge des geschlossenen Streckenzugs ist der Umfang des Polygons, und die Fläche des Inneren ist der Flächeninhalt des Polygons. Eine Verbindungsstrecke zweier nicht benachbarter Eckpunkte ist eine Diagonale des Polygons. (Zwei Eckpunkte heißen benachbart, wenn es zwischen ihnen eine Seite gibt.) Jeder Eckpunkt kann also mit $n - 3$ anderen Eckpunkten durch eine Diagonale verbunden werden (denn jeder der n Eckpunkte hat $n - 3$ andere Eckpunkte nicht als Nachbarn). Die Innenwinkel des Polygons haben als Scheitelpunkte die Eckpunkte des Polygons.

In einem konvexen Polygon liegen alle Diagonalen im Innern des Polygons, und alle Innenwinkel sind kleiner als 180° (Abb. 3.62).

Da man das Innere eines n-Ecks durch $n - 3$ sich nicht überschneidende Diagonalen in $n - 2$ Dreiecke zerlegen kann, und die Winkelsumme im Dreieck 180° ist, beträgt die Summe der Innenwinkel in einem beliebigen n-Eck $(n - 2) \cdot 180°$.

In einem regulären (regelmäßigen) Polygon haben alle Seiten die gleiche Länge, und alle Innenwinkel sind gleich groß (Abb. 3.63).

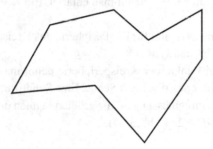

Abb. 3.61 Einfaches Polygon

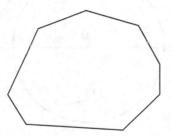

Abb. 3.62 Konvexes Polygon

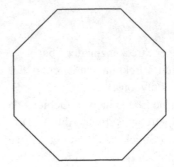

Abb. 3.63 Reguläres Polygon

3.10 Kreise

3.10.1 Definitionen

Ein Kreis ist der geometrische Ort aller Punkte der Ebene, die von einem festen Punkt M einen konstanten Abstand r haben. Der Punkt M ist der Mittelpunkt und r der Radius des Kreises.

Zur Unterscheidung von der durch einen Kreis in der Ebene abgegrenzten Fläche, der Kreisfläche, wird der Kreis selbst auch als Kreisperipherie oder Kreisrand bezeichnet.

Einen Kreis mit dem Radius $r = 0$ nennt man entartet. Ein Kreis mit dem Radius $r = 1$ heißt Einheitskreis.

Kreise kürzt man oft mit k ab, und für die Peripherie des Kreises mit dem Radius r und dem Mittelpunkt M schreibt man $k(M, r)$.

Jede Gerade durch zwei Punkte der Kreisperipherie nennt man Sekante. Der zwischen den Punkten gelegene Teil der Sekante heißt Sehne. Eine Sehne durch den Mittelpunkt heißt Durchmesser des Kreises. Durchmesser sind die größten Sehnen des Kreises. Für die Länge d eines Durchmessers gilt $d = 2r$ (Abb. 3.64).

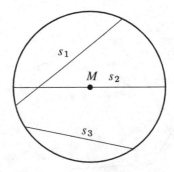

Abb. 3.64 Sehnen eines Kreises (Sehne s_2 ist auch Durchmesser)

Winkel, deren Scheitelpunkt ein Punkt der Kreisperipherie ist und deren Schenkel Sekanten des Kreises sind, heißen Peripherie- oder Umfangswinkel.

Winkel, deren Scheitelpunkt der Kreismittelpunkt ist, nennt man Zentri- oder Mittelpunktswinkel. Der durch einen Peripherie- oder Zentriwinkel ausgeschnittene Teil der Kreisperipherie heißt Kreisbogen (Abb. 3.65).

Für den Umfang u und die Fläche A eines Kreises mit dem Radius r und dem Durchmesser d gilt

$$\begin{aligned} \text{Kreisumfang} \quad & u = 2\pi r = \pi d \\ \text{Kreisfläche} \quad & A = \pi r^2 = \frac{\pi}{4} d^2 \end{aligned}$$

Das Verhältnis des Umfangs zum Durchmesser eines beliebigen Kreises definiert die sogenannte Kreiszahl $\pi = 3{,}1415926535\ldots$ Die Zahl π (kleines „Pi") ist transzendent (vgl. Abschn. 1.3).

$$\pi = 3{,}1415926535\ldots$$

Ein Kreis ist festgelegt durch den Mittelpunkt und einen weiteren Punkt oder durch drei Punkte (die nicht alle auf einer Geraden liegen).

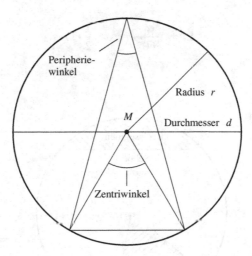

Abb. 3.65 Bezeichnungen am Kreis

Kreise, die den gleichen Mittelpunkt haben, heißen konzentrische Kreise. Zwei Kreise mit verschiedenen Mittelpunkten nennt man exzentrisch.

Die von zwei konzentrischen Kreisen begrenzte Fläche heißt Kreisring. Ist R der Radius des äußeren Kreises und r der Radius des inneren Kreises, dann gilt für den Flächeninhalt A des Kreisrings

$$A = \pi (R^2 - r^2)$$

3.10.2 Kreissektoren

Ein Kreissektor oder Kreisausschnitt ist der Teil der Fläche eines Kreises, der von den Schenkeln eines Zentriwinkels und dem zugehörigen Kreisbogen begrenzt wird (Abb. 3.66).

Ist α ein Zentriwinkel und hat der Kreis den Radius r, dann ergibt sich für die Länge l_α des Kreisbogens (Abb. 3.67).

$$l_\alpha = \frac{\alpha}{180^\circ}\, \pi r$$

Für die Fläche A_α des Kreissektors gilt

$$A_\alpha = \frac{\alpha}{360^\circ}\, \pi r^2 = \frac{1}{2}\, r l_\alpha$$

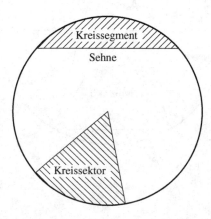

Abb. 3.66 Kreissektor und Kreissegment

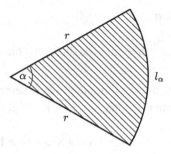

Abb. 3.67 Bezeichnungen Kreissektor

3.10.3 Kreissegmente

Ein Kreissegment oder Kreisabschnitt ist der Teil der Fläche eines Kreises, der von einer Sehne $\overline{AB}$ und einem der zugehörigen Kreisbögen $\overparen{AB}$ oder $\overparen{BA}$ begrenzt wird (Abb. 3.66).

Ein Kreissegment ist also der Teil eines Kreissektors, der zwischen dem Kreisbogen und der zugehörigen Sehne liegt. Ein Kreis wird von einer Sehne in zwei Segmente zerlegt.

Ist r der Radius eines Kreises, α ein Zentriwinkel, s die Länge der zugehörigen Sehne und h die Höhe des Kreissegments, dann berechnet man $s = 2r \sin \dfrac{\alpha}{2}$ und $h = 2r \sin^2 \dfrac{\alpha}{4}$, woraus sich für die Länge l_α des Kreisbogens ergibt (Abb. 3.68).

$$l_\alpha = \frac{\alpha}{180°}\,\pi r$$

Für die Fläche A_α des Kreissegments gilt

$$A_\alpha = \frac{1}{2}\left[r l_\alpha - s(r - h)\right]$$

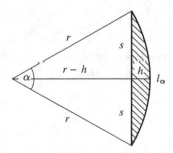

Abb. 3.68 Bezeichnungen Kreissegment

3.10.4 Kreise und Geraden

Ein Kreis und eine Gerade können drei grundsätzlich verschiedene Lagen zueinander haben (Abb. 3.69):

- Die Gerade ist eine Passante p, sie hat mit dem Kreis keinen Punkt gemeinsam.
- Die Gerade ist eine Tangente t, sie hat mit dem Kreis genau einen Punkt, den Berührungspunkt P, gemeinsam.
- Die Gerade ist eine Sekante s, sie hat mit dem Kreis zwei Punkte, die Schnittpunkte P_1 und P_2, gemeinsam.

3.10.5 Winkelsätze am Kreis

Die Winkelsätze enthalten Eigenschaften von Peripherie- und Zentriwinkeln von Kreisen (Abb. 3.70 und 3.71):

- Alle Peripheriewinkel über der gleichen Sehne sind gleich groß.
- Jeder Peripheriewinkel über dem Durchmesser ist ein rechter Winkel (Satz von Thales).
- Jeder Peripheriewinkel ist halb so groß wie der Zentriwinkel über dem gleichen Kreisbogen (über der gleichen Sehne).
- Jeder Peripheriewinkel ist genauso groß wie der Sehnentangentenwinkel (Winkel zwischen Sehne und Tangente an den Kreis durch einen der Endpunkte der Sehne).

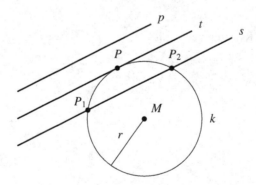

Abb. 3.69 Sekante s, Tangente t, Passante p

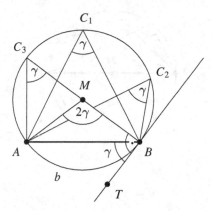

Abb. 3.70 Spitzer Peripheriewinkel

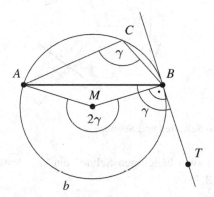

Abb. 3.71 Stumpfer Peripheriewinkel

Zeichnet man einen Kreis um den Mittelpunkt M einer Strecke $\overline{AB}$ mit dem Durchmesser $|\overline{AB}|$, dann ist jeder Peripheriewinkel über der Strecke $\overline{AB}$ ein rechter Winkel. Ein solcher Kreis heißt Thaleskreis von A und B (nach dem griechischen Philosophen und Mathematiker Thales von Milet, $\sim$624–546 v. u. Z.). Der Thaleskreis von A und B ist also der geometrische Ort der Scheitelpunkte aller rechten Winkel, deren Schenkel durch die Punkte A und B gehen (Abb. 3.72).

3.10.6 Eigenschaften von Sekanten und Sehnen

Haben zwei Sekanten den gleichen Abstand a vom Mittelpunkt M eines Kreises, dann ist die Länge der Sehnen, die der Kreis aus jeder Sekante ausschneidet, gleich.

Umkehrung: Gleich lange Sehnen ein und desselben Kreises haben den gleichen Abstand vom Mittelpunkt: $|\overline{M_1 M}| = |\overline{M_2 M}| = a$.

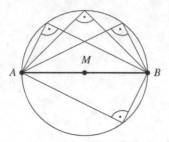

Abb. 3.72 Thaleskreis

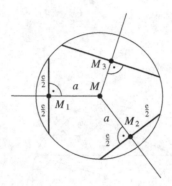

Abb. 3.73 Eigenschaften von Sekanten und Sehnen

Die Mittelsenkrechten von zwei beliebigen Sehnen ein und desselben Kreises schneiden sich im Mittelpunkt (Abb. 3.73).

Anwendung: Ist von einem Kreis nur die Peripherie oder auch nur ein Bogen bekannt, der Mittelpunkt dagegen unbekannt, dann findet man diesen Mittelpunkt als Schnittpunkt der Mittelsenkrechten von zwei beliebigen Sehnen.

3.10.7 Tangentenkonstruktionen

Tangenten an einen Kreis

Von jedem Punkt P_0 außerhalb eines Kreises (Mittelpunkt M) gibt es zwei Tangenten an den Kreis. In den Berührungspunkten P_1 und P_2 stehen die Tangenten senkrecht auf den Geraden $P_1 M$ und $P_2 M$. Somit erhält man die Berührungspunkte als Schnittpunkte des Kreises mit dem Thaleskreis über der Strecke $|M P_0|$ (Abb. 3.74).

▶ **Beispiele:**

1. Gesucht ist die Tangente an den Kreis $k(M, r)$ im Kreispunkt P_1.

    Konstruktion: Auf $P_1 M$ wird in P_1 die Senkrechte t_1 errichtet.

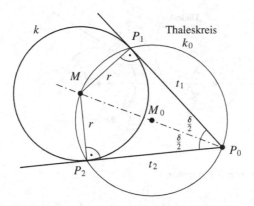

Abb. 3.74 Tangenten an einen Kreis

2. Gesucht sind die Tangenten von P_0 mit $|\overline{P_0 M}| > r$ an den Kreis $k(M, r)$.

   Konstruktion: Über $P_0 M$ als Durchmesser wird der Thaleskreis $k_0(M_0, |\overline{M_0 P_0}| = \frac{1}{2}|\overline{P_0 M}|)$ gezeichnet. Der Thaleskreis schneidet den Kreis $k(M, r)$ in den Punkten P_1 und P_2. Die Geraden $P_0 P_1$ und $P_0 P_2$ sind die gesuchten Tangenten.

Gemeinsame Tangenten an zwei Kreise
An zwei Kreise k_1 und k_2 mit den Radien r_1 und r_2 sowie den Mittelpunkten M_1 und M_2 sollen gemeinsame Tangenten konstruiert werden. Ohne Einschränkung der Allgemeinheit sei $r_1 \leq r_2$. Gemeinsame Tangenten gibt es nur dann, wenn ein Kreis nicht ganz innerhalb des anderen liegt.

1. *Äußere Tangenten*
   Im Fall $r_1 = r_2$ verbindet man die Mittelpunkte M_1 und M_2 miteinander. Die Parallelen zu $M_1 M_2$ im Abstand $r_1 = r_2$ sind die gemeinsamen äußeren Tangenten von k_1 und k_2. Im Fall $r_2 > r_1$ schlägt man um M_2 einen Hilfskreis mit dem Radius $r_2 - r_1$. An diesen Kreis werden von M_1 aus die Tangenten mit Hilfe des Thaleskreises über $M_1 M_2$ kon-

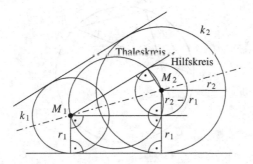

Abb. 3.75 Gemeinsame äußere Tangenten

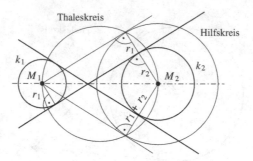

Abb. 3.76 Gemeinsame innere Tangenten

struiert. Die (äußeren) Parallelen hierzu im Abstand r_1 sind die gesuchten gemeinsamen äußeren Tangenten der Kreise k_1 und k_2 (Abb. 3.75).

2. *Innere Tangenten*
   Die gegebenen Kreise k_1 und k_2 sollen keinen Punkt gemeinsam haben. Um den einen Mittelpunkt M_2 schlägt man einen Hilfskreis mit dem Radius $r_1 + r_2$. An diesen Kreis werden von dem anderen Mittelpunkt M_1 aus die Tangenten konstruiert. Die (inneren) Parallelen hierzu im Abstand r_1 sind die gesuchten gemeinsamen inneren Tangenten der beiden gegebenen Kreise k_1 und k_2 (Abb. 3.76).

3.10.8 Sätze über Sehnen, Sekanten, Tangenten

Sehnensatz
Schneiden sich in einem Kreis zwei Sehnen, so ist das Produkt der Längen der Abschnitte der einen Sehne gleich dem Produkt der Längen der Abschnitte der anderen Sehne (Abb. 3.77).

$$|\overline{SA}| \cdot |\overline{SB}| = |\overline{SC}| \cdot |\overline{SD}|$$

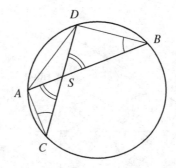

Abb. 3.77 Sehnensatz

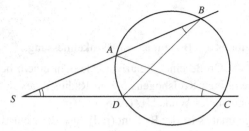

Abb. 3.78 Sekantensatz

Sekantensatz
Schneiden sich zwei Sekanten eines Kreises außerhalb des Kreises, so ist das Produkt der
Längen der Abschnitte vom Sekantenschnittpunkt bis zu den Schnittpunkten von Kreis und
Sekante für beide Sekanten gleich (Abb. 3.78).

$$|\overline{SA}| \cdot |\overline{SB}| = |\overline{SC}| \cdot |\overline{SD}|$$

Sekantentangentensatz
Geht eine Sekante eines Kreises durch einen festen Punkt außerhalb des Kreises, und legt
man durch diesen Punkt die Tangente an den Kreis, dann ist das Produkt der Längen der
Abschnitte von diesem Punkt bis zu den Schnittpunkten von Kreis und Sekante gleich dem
Quadrat der Länge des Abschnitts der Tangente von diesem Punkt bis zu dem Berührpunkt
von Kreis und Tangente (Abb. 3.79).

$$|\overline{SA}| \cdot |\overline{SB}| = |\overline{SC}|^2$$

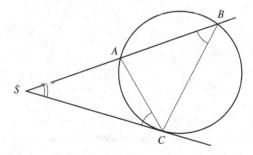

Abb. 3.79 Sekantentangentensatz

3.10.9 Bogenmaß

Neben dem Gradmaß gibt es das Bogenmaß zur Winkelmessung.

Beim Bogenmaß wird die Größe eines Zentriwinkels α in einem beliebigen Kreis durch das Verhältnis des zugehörigen Kreisbogens b zum Radius r des Kreises angegeben. Der Quotient $\frac{b}{r}$ heißt Bogenmaß des Winkels α (Abb. 3.80).

   Die Einheit des Bogenmaßes ist der Radiant (rad), also der Zentriwinkel, dessen Bogen gleich dem Radius ist. Mitunter schreibt man $\operatorname{arc}\alpha$ (Arcus α) für das Bogenmaß des Winkels α.

$$\text{Bogenmaß: } \operatorname{arc}\alpha = \frac{b}{r}$$

Da der Einheitskreis, also der Kreis mit dem Radius $r = 1$, den Umfang 2π hat, ist das Bogenmaß des Vollwinkels 2π.

$$2\pi\text{ rad} = 360° \quad \text{oder} \quad 1\text{ rad} = \frac{360°}{2\pi} \approx 57,2958°$$

Bezeichnet α den in Grad und $x = \operatorname{arc}\alpha$ den in Radiant gemessenen Winkel, so gilt für die Umrechnung von Gradmaß und Bogenmaß eines Winkels

$$x = \frac{\pi}{180°} \cdot \alpha, \quad \alpha = \frac{180°}{\pi} \cdot x$$

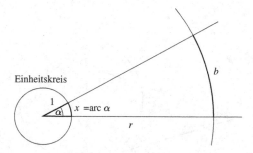

Abb. 3.80 Gradmaß (α) und Bogenmaß ($x = \operatorname{arc}\alpha$) eines Winkels

▶ **Beispiele zur Umrechnung:**

$$1° = \frac{\pi}{180} \text{ rad} = 0,0174... \text{ rad} \qquad 10° = \frac{10\pi}{180} \text{ rad} = \frac{\pi}{18} \text{ rad} = 0,1745... \text{ rad}$$

$$30° = \frac{\pi}{6} \text{ rad} \qquad\qquad 45° = \frac{\pi}{4} \text{ rad}$$

$$57,2957...° = 1 \text{ rad} \qquad\qquad 90° = \frac{\pi}{2} \text{ rad}$$

$$0,5 \text{ rad} = \frac{0,5 \cdot 180°}{\pi} = 28,6478...° \qquad \frac{\pi}{3} \text{ rad} = \frac{\pi}{3} \cdot \frac{180°}{\pi} = 60°$$

3.11 Symmetrie

3.11.1 Punktsymmetrie

Eine ebene Figur F heißt punkt- oder zentralsymmetrisch, wenn sich in ihrer Ebene ein Punkt P angeben lässt, so dass F durch eine Spiegelung an P in sich übergeführt wird. Der Punkt P heißt dann Symmetriezentrum.

▶ **Beispiele:**

Folgende Figuren sind punktsymmetrisch:
1. Strecke mit ihrem Mittelpunkt als Symmetriezentrum
2. Rechteck mit seinem Mittelpunkt als Symmetriezentrum
3. Ellipse mit ihrem Mittelpunkt als Symmetriezentrum (vgl. Abschn. 7.5.1)

3.11.2 Achsensymmetrie

Eine ebene Figur F heißt achsen- oder axialsymmetrisch, wenn sich in ihrer Ebene eine Gerade g angeben lässt, so dass F durch eine Spiegelung an g in sich übergeführt wird. Die Gerade g heißt dann Symmetrieachse.

▶ **Beispiele:**

Folgende Figuren sind achsensymmetrisch:
1. Gleichseitiges Dreieck mit einer der Winkelhalbierenden als Symmetrieachse
2. Rechteck mit einer Mittellinie als Symmetrieachse
3. Kreis mit einer beliebigen Geraden durch den Mittelpunkt als Symmetrieachse

3.12   Ähnlichkeit

3.12.1 Zentrische Streckung

Die zentrische Streckung ist eine Abbildung, bei der für jedes Element Bild Q und Urbild P auf einem Strahl durch einen festen Punkt Z, dem Zentrum, liegen und für jedes Element das Verhältnis der Länge der Strecke vom Bild zum Zentrum zu der Länge der Strecke vom Urbild zum Zentrum konstant ist (Abb. 3.81).

$$\frac{|\overline{ZQ}|}{|\overline{ZP}|} = k \ (k \text{ konstant})$$

Eigenschaften:

- Die Bilder von Strecke, Strahl, Gerade sind wieder Strecke, Strahl, Gerade. Bild und Urbild von Strecke, Strahl, Gerade sind zueinander parallel.
- Entsprechende Winkel von Bild und Urbild sind gleich.
- Die Längen entsprechender Strecken von Bild und Urbild haben das gleiche Verhältnis, und zwar den Betrag des Streckungsfaktors k, also $|k|$.

3.12.2 Strahlensätze

Unmittelbare Anwendungen der zentrischen Streckung sind die Strahlensätze.

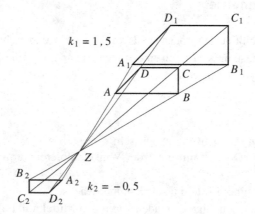

Abb. 3.81 Zentrische Streckung

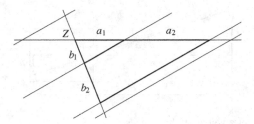

Abb. 3.82 Erster Strahlensatz: $a_1 : a_2 = b_1 : b_2$

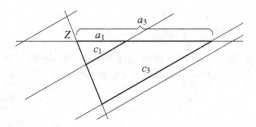

Abb. 3.83 Zweiter Strahlensatz: $c_1 : c_3 = a_1 : a_3$

Erster Strahlensatz

Werden zwei Strahlen mit gleichem Anfangspunkt (Zentrum) von Parallelen geschnitten, so verhalten sich die Längen der Abschnitte eines Strahls wie die Längen entsprechender Abschnitte des anderen Strahls (Abb. 3.82).

$$a_1 : a_2 = b_1 : b_2$$

Zweiter Strahlensatz

Werden zwei Strahlen mit gleichem Anfangspunkt von Parallelen geschnitten, so verhalten sich die Längen der zwischen den Strahlen liegenden Abschnitte wie die Längen der zugehörigen vom Anfangspunkt aus gemessenen Abschnitte auf den Strahlen (Abb. 3.83).

$$c_1 : c_3 = a_1 : a_3$$

▶ **Beispiel:**

Welche Länge B ergibt sich für das Bild eines Gegenstands der Länge G bei einer Bildweite b und einer Gegenstandsweite g?

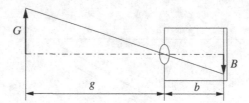

Abb. 3.84 Anwendung des zweiten Strahlensatzes

Nach dem zweiten Strahlensatz gilt

$$\frac{g}{b} = \frac{G}{B} \implies B = G\,\frac{b}{g}$$

Anmerkung: Ist $g \gg b$ (g sehr groß gegenüber b), dann kann man $b \approx f$ (f Brennweite) setzen und damit die zu erwartende Bildgröße abschätzen (Abb. 3.84).

3.12.3 Ähnliche Figuren

Geometrische Figuren heißen ähnlich, wenn sie nach geeigneter Parallelverschiebung, Drehung, Spiegelung durch zentrische Streckung zur Deckung gebracht werden können (Abb. 3.85).

So sind zum Beispiel zwei Quadrate ähnlich (mit beliebigen Seitenlängen) oder zwei Kreise (mit beliebigen Radien und beliebigen Mittelpunkten) oder zwei gleichseitige Dreiecke (mit beliebigen Seitenlängen).

Entsprechend den vier Kongruenzsätzen für Dreiecke (siehe Abschn. 3.6.7) gelten die folgenden Bedingungen für die Ähnlichkeit von Dreiecken:

1. Dreiecke sind ähnlich, wenn sie in zwei Winkeln übereinstimmen (Abb. 3.86).
   Da im Dreieck die Winkelsumme gleich 180° ist, folgt, dass dann auch die jeweils dritten Winkel übereinstimmen.

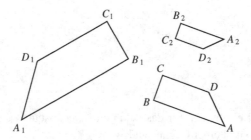

Abb. 3.85 Ähnliche Figuren

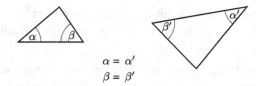

$$\alpha = \alpha'$$
$$\beta = \beta'$$

Abb. 3.86 Ähnliche Dreiecke

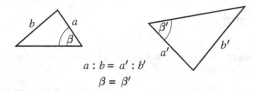

$$a : b = a' : b'$$
$$\beta = \beta'$$

Abb. 3.87 Ähnliche Dreiecke

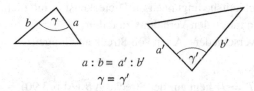

$$a : b = a' : b'$$
$$\gamma = \gamma'$$

Abb. 3.88 Ähnliche Dreiecke

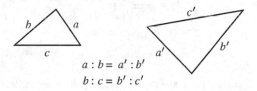

$$a : b = a' : b'$$
$$b : c = b' : c'$$

Abb. 3.89 Ähnliche Dreiecke

2. Dreiecke sind ähnlich, wenn sie in dem Längenverhältnis eines Seitenpaares und dem Gegenwinkel der längeren Seite übereinstimmen (Abb. 3.87).

3. Dreiecke sind ähnlich, wenn sie in dem Längenverhältnis eines Seitenpaares und dem eingeschlossenen Winkel übereinstimmen (Abb. 3.88).

4. Dreiecke sind ähnlich, wenn sie in den Längenverhältnissen zweier Seitenpaare übereinstimmen (Abb. 3.89).

Bemerkungen:

1. Die Strahlensätze sind Anwendungen der Eigenschaften ähnlicher Dreiecke.

2. Nur bei Dreiecken folgt aus der Gleichheit der Winkel die Ähnlichkeit.

Zum Beispiel haben ein Rechteck mit den Seitenlängen a und $b \neq a$ und ein Quadrat gleich große Winkel, sind aber nicht ähnlich, denn ihre Seitenverhältnisse sind verschieden.

3. Da ein rechtwinkliges Dreieck durch seine Höhe in zwei untereinander und dem ganzen Dreieck ähnliche Teildreiecke geteilt wird (gleiche Winkel), folgen aus der Proportionalität der Längen entsprechender Seiten der Kathetensatz und der Höhensatz.

3.12.4 Streckenteilungen

Liegt zwischen zwei Punkten A und B ein Punkt T, so teilt er die Strecke $\overline{AB}$ im Verhältnis $|\overline{AT}| : |\overline{TB}| = k$.

Das Teilungsverhältnis k ist eine positive reelle Zahl, wenn T echt zwischen A und B liegt. Halbiert T die Strecke $\overline{AB}$, dann gilt $k = 1$. Dagegen ist $k < 0$, wenn T außerhalb der Strecke $\overline{AB}$ liegt.

Mit Hilfe der Ähnlichkeitsbedingungen für Dreiecke ist es möglich, jede gegebene Strecke in einem beliebigen rationalen Verhältnis zu teilen.

Man unterscheidet verschiedene Arten von Streckenteilungen:

- *Innere Teilung*
  Der Teilungspunkt $T = T_i$ liegt auf der Strecke $\overline{AB}$ (Abb. 3.90).

$$k_i = \frac{|\overline{AT_i}|}{|\overline{T_i B}|} = \frac{p_i}{q_i}$$

- *Äußere Teilung*
  Der Teilungspunkt $T = T_a$ liegt auf der Geraden AB, aber außerhalb der Strecke $\overline{AB}$ (Abb. 3.90). In diesem Fall ist das Teilungsverhältnis $k = k_a$ negativ.

$$k_a = -\frac{|\overline{AT_a}|}{|\overline{T_a B}|} = -\frac{p_a}{q_a}$$

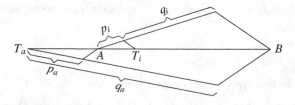

Abb. 3.90 Innere und äußere Teilung

- *Harmonische Teilung*
  Eine Strecke $\overline{AB}$ heißt durch die Punkte T_i und T_a harmonisch geteilt, wenn die Beträge der Teilungsverhältnisse der inneren Teilung durch T_i und der äußeren Teilung durch T_a gleich sind.

$$k = |k_i| = |k_a| = \frac{|\overline{AT_i}|}{|\overline{T_iB}|} = \frac{|\overline{AT_a}|}{|\overline{T_aB}|} = \frac{p}{q}$$

Es gilt: Teilen T_i und T_a die Strecke $\overline{AB}$ harmonisch, dann teilen auch umgekehrt A und B die Strecke $\overline{T_iT_a}$ harmonisch (Abb. 3.91).

Sind T_i und T_a die Punkte, die eine Strecke $\overline{AB}$ harmonisch im Verhältnis $p:q$ teilen, dann ist der Kreis mit dem Durchmesser T_iT_a der geometrische Ort aller Punkte (C), deren Verbindungsstrecken mit A und B das Längenverhältnis $p:q$ haben:

$|\overline{AT_i}| : |\overline{T_iB}| = |\overline{AT_a}| : |\overline{T_aB}| = |\overline{AC}| : |\overline{CB}| = p:q$.

Dieser Kreis heißt Kreis des Apollonios (nach dem hellenistischen Geometer und Astronom Apollonios von Perge, ~262–190 v. u. Z.) (Abb. 3.92).

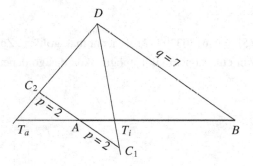

Abb. 3.91 Harmonische Teilung

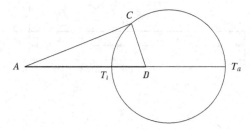

Abb. 3.92 Kreis des Apollonios

- *Stetige Teilung (goldener Schnitt)*

  Eine Strecke heißt stetig oder nach dem goldenen Schnitt geteilt, wenn sich ihre Länge zur Länge des größeren Teilstücks verhält wie die Länge des größeren Teilstücks zur Länge des kleineren Teilstücks.

  Ein Punkt T teilt die Strecke $\overline{AB}$ also nach dem goldenen Schnitt, wenn gilt

$$\frac{|\overline{AB}|}{|\overline{AT}|} = \frac{|\overline{AT}|}{|\overline{TB}|}$$

Setzt man $r = |\overline{AB}|$, $s = |\overline{AT}|$, so gilt $\dfrac{r}{s} = \dfrac{s}{r - s}$.

Mit $x = \dfrac{r}{s}$ folgt $x = \dfrac{r}{s} = \dfrac{s + (r - s)}{s} = 1 + \dfrac{r - s}{s} = 1 + \dfrac{1}{\frac{s}{r-s}} = 1 + \dfrac{1}{\frac{r}{s}} = 1 + \dfrac{1}{x}$.

Multiplikation mit x ergibt $x^2 = x + 1 \;\Leftrightarrow\; x^2 - x - 1 = 0$.

Die Wurzeln dieser quadratischen Gleichung sind

$x_1 = \dfrac{1}{2}\,(1 + \sqrt{5})$ und $x_2 = \dfrac{1}{2}\,(1 - \sqrt{5})$.

Wegen $x_1 > 0$ und $x_2 < 0$ kommt nur die positive Wurzel für das Teilungsverhältnis in Frage: $\dfrac{r}{s} = \dfrac{s}{r - s} = \dfrac{1}{2}\,(1 + \sqrt{5})$.

Die Zahl $\dfrac{1}{2}\,(1 + \sqrt{5}) = 1{,}6180339887\ldots$ nennt man goldene Zahl.

Abb. 3.93 verdeutlicht eine Konstruktionsmöglichkeit des goldenen Schnitts einer Strecke.

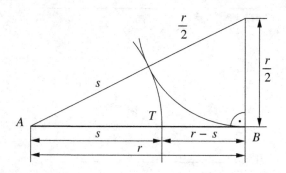

Abb. 3.93 Stetige Teilung (goldener Schnitt)

Stereometrie

4

Das Wort Stereometrie kommt aus dem Griechischen und bedeutet Körpermessung. Man beschäftigt sich in dieser Teildisziplin der Geometrie mit Form, gegenseitiger Lage, Größe und anderen Beziehungen geometrischer Objekte im Raum.

4.1 Prismen

4.1.1 Allgemeine Prismen

Gleitet eine Gerade, ohne ihre Richtung zu ändern, im Raum an den Begrenzungslinien eines ebenen n-Ecks ($n = 3, 4, \ldots$) entlang, so beschreibt sie eine prismatische Fläche. Schneiden zwei parallele Ebenen die prismatische Fläche, dann schließen sie zusammen mit dem zwischen ihnen liegenden Abschnitt der prismatischen Fläche einen Teil des Raums vollständig ein. Ein solcher Körper heißt Prisma (griech., das Gesägte) oder genauer n-seitiges Prisma (Abb. 4.1).

Die Schnitte der Ebenen mit der prismatischen Fläche sind kongruente n-Ecke. Diese n-Ecke heißen Grundfläche und Deckfläche des Prismas. Die Seitenflächen des Prismas heißen Mantelflächen. Die Kanten der Seitenflächen heißen Mantellinien. Die Mantelflächen sind Parallelogramme.

Bei einem Prisma sind alle Schnitte parallel zu Grund- und Deckfläche kongruent zu diesen Flächen. Ein Prisma ist also ein Körper mit einem gleichbleibenden Querschnitt.

Gleitet die Gerade senkrecht zur Ebene der Grundfläche, dann heißt das Prisma gerade. Bei einem geraden Prisma stehen die Mantellinien senkrecht auf der Grund- und Deckfläche, und die Mantelflächen sind Rechtecke. Ein nicht gerades Prisma nennt man auch schiefes Prisma.

© Springer Fachmedien Wiesbaden GmbH, ein Teil von Springer Nature 2019
A. Kemnitz, *Mathematik zum Studienbeginn*,
https://doi.org/10.1007/978-3-658-26604-2_4

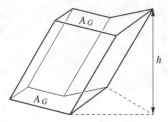

Abb. 4.1 Prisma

Ein physikalisches Prisma ist mathematisch ein gerades dreiseitiges Prisma.

Das Volumen V eines Prismas ist der Inhalt A_G der Grundfläche multipliziert mit der Höhe h.

$$\text{Volumen Prisma} \qquad V = A_G \cdot h$$

Die Oberfläche A_O eines Prismas ist die Summe der Mantelfläche A_M und der doppelten Grundfläche A_G (denn Grund- und Deckfläche sind kongruent, und damit ist ihr Flächeninhalt gleich).

$$\text{Oberfläche Prisma} \qquad A_O = A_M + 2A_G$$

4.1.2 Parallelepiped und Würfel

Ein Prisma mit einem Parallelogramm als Grundfläche heißt Parallelepiped oder Parallelflach oder Spat (Abb. 4.2). Ein gerades Prisma mit einem Rechteck als Grundfläche heißt Quader (Abb. 4.3).

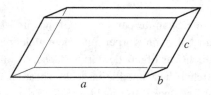

Abb. 4.2 Parallelepiped

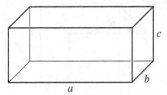

Abb. 4.3 Quader

Sind a und b die Seitenlängen des Rechtecks und c die Höhe des Quaders, so gilt:

	Volumen	$V = abc$
Quader	Oberfläche	$A_O = 2(ab + ac + bc)$
	Gesamtkantenlänge	$l = 4(a + b + c)$

Ein Quader mit einem Quadrat als Grundfläche heißt quadratische Säule (Abb. 4.4).
Ist a die Seitenlänge des Quadrats und h die Höhe der quadratischen Säule, dann gilt:

	Volumen	$V = a^2 h$
Quadratische Säule	Oberfläche	$A_O = 2a^2 + 4ah$
	Gesamtkantenlänge	$l = 8a + 4h$

Ein Quader mit lauter gleich langen Kanten heißt Würfel (Abb. 4.5).

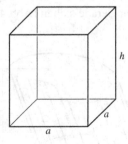

Abb. 4.4 Quadratische Säule

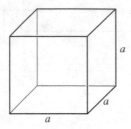

Abb. 4.5 Würfel

Ist a die Kantenlänge des Würfels, so gilt:

	Volumen	$V = a^3$
Würfel	Oberfläche	$A_O = 6a^2$
	Gesamtkantenlänge	$l = 12a$

Der Würfel ist einer der platonischen Körper (siehe Abschn. 4.7). Er wird von sechs Quadraten begrenzt.

4.2   Zylinder

4.2.1   Allgemeine Zylinder

Wird eine Gerade (Erzeugende) im Raum längs einer ebenen geschlossenen Kurve (Leitkurve) parallel verschoben (also ohne ihre Richtung zu verändern), so entsteht eine Zylinderfläche. Ein Zylinder ist ein Körper, der von einer Zylinderfläche und zwei parallelen ebenen Flächenstücken begrenzt wird. Die ebenen Begrenzungsflächenstücke müssen nicht senkrecht auf der erzeugenden Gerade stehen (Abb. 4.6).

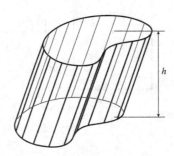

Abb. 4.6 Zylinder

Ein Zylinder ist ein Körper mit gleichbleibendem Querschnitt.

Der Teil der Zylinderfläche zwischen den parallelen Begrenzungsflächenstücken heißt Mantelfläche des Zylinders, die parallelen Flächenstücke sind Grund- und Deckfläche des Zylinders. Grundfläche und Deckfläche sind zueinander kongruent. Die zwischen den Flächenstücken liegenden Strecken der Erzeugenden heißen Mantellinien, sie sind alle parallel und gleich lang. Der senkrechte Abstand zwischen Grund- und Deckfläche ist die Höhe des Zylinders.

Prismen sind spezielle Zylinder, nämlich solche mit n-Ecken als Grundfläche.

Ein Zylinder heißt gerade, wenn die Mantellinien senkrecht auf Grund- und Deckfläche stehen. Ein nicht gerader Zylinder heißt schiefer Zylinder.

Ein Zylinder mit einer Kreisfläche als Grundfläche heißt Kreiszylinder.

Das Volumen V eines Zylinders ist der Inhalt A_G der Grundfläche multipliziert mit der Höhe h. Die Oberfläche A_O eines Zylinders ist die Summe der Mantelfläche A_M und der doppelten Grundfläche A_G.

$$
\begin{aligned}
\text{Volumen} \quad & V = A_G \cdot h \\
\text{Oberfläche} \quad & A_O = A_M + 2A_G
\end{aligned}
$$

4.2.2 Gerade Kreiszylinder

Ein Zylinder mit senkrecht auf Grund- und Deckfläche stehenden Mantellinien und mit einer Kreisfläche als Grundfläche heißt gerader Kreiszylinder oder Walze (Abb. 4.7).

Die Mantelfläche eines geraden Kreiszylinders kann in ein Rechteck mit den Seitenlängen h und $2\pi r$ (Kreisumfang) abgewickelt werden, wobei h die Höhe des geraden Kreiszylinders ist und r der Radius des Kreises. Dies kann man sich dadurch veranschaulichen, dass man eine Dose ohne Deckel und Boden längs einer Mantellinie aufschneidet und in eine Ebene abwickelt.

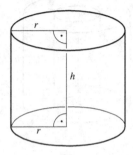

Abb. 4.7 Gerader Kreiszylinder

Der Kreis als Grund- und Deckfläche (Grund- und Deckfläche sind kongruent) hat den Flächeninhalt πr^2.

Somit gilt für die Oberfläche insgesamt $A_O = 2\pi r^2 + 2\pi rh = 2\pi r(r + h)$.

> Volumen $\quad V = \pi r^2 h$
>
> Oberfläche $\quad A_O = 2\pi r(r + h)$

4.2.3 Hohlzylinder

Ein Hohlzylinder ist ein gerader Kreiszylinder (Kreis mit Radius R), aus dem ein kleinerer gerader Kreiszylinder (konzentrischer Kreis mit Radius r, $r < R$) ausgeschnitten ist (Abb. 4.8).

Die Grundflächen der beiden Zylinder sind also konzentrische Kreise, das heißt, sie haben den gleichen Mittelpunkt.

Das Volumen des Hohlzylinders ist die Differenz der Volumina der beiden geraden Kreiszylinder. Die Oberfläche setzt sich aus der äußeren Mantelfläche $A_{M_a} = 2\pi Rh$ (h ist die Höhe des Hohlzylinders), aus der inneren Mantelfläche $A_{M_i} = 2\pi rh$, aus der Grundfläche und aus der Deckfläche zusammen. Grundfläche A_G und Deckfläche A_D sind gleich, sie ergeben sich aus der Differenz zweier Kreisflächen: $A_G = A_D = \pi(R^2 - r^2)$.

Für das Volumen und die Oberfläche des Hohlzylinders gilt somit

> Volumen $\quad V = \pi h(R^2 - r^2)$
>
> Oberfläche $\quad A_O = 2\pi h(R + r) + 2\pi(R^2 - r^2) = 2\pi(R + r)(R - r + h)$

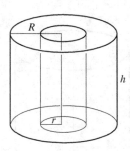

Abb. 4.8 Hohlzylinder

4.3 Pyramiden

4.3.1 Allgemeine Pyramiden

Gleitet ein von einem festen Punkt S des Raums ausgehender Strahl an den Begrenzungs-
linien eines ebenen n-Ecks ($n = 3, 4, \ldots$) entlang, in dessen Ebene der Anfangspunkt S
des Strahls nicht liegt, so beschreibt der gleitende Strahl eine Pyramidenfläche. Das n-
Eck schließt zusammen mit dem zwischen ihm und dem Punkt S liegenden Abschnitt der
Pyramidenfläche einen Teil des Raums vollständig ein. Ein solcher Körper heißt Pyramide
(Abb. 4.9).

Das n-Eck heißt Grundfläche, der Punkt S Spitze, der zum Körper gehörende Teil der
Pyramidenfläche ist die Mantelfläche der Pyramide. Die Kanten der Grundfläche heißen
Grundkanten, die Kanten der Mantelfläche Seitenkanten, und die ebenen Flächen der Man-
telfläche sind die Seitenflächen.

Alle Seitenflächen einer Pyramide sind Dreiecke. Es gibt bei einem n-Eck als Grundfläche genau n Dreiecke als Seitenflächen. Deshalb nennt man solch eine Pyramide auch
genauer n-seitige Pyramide.

Ist das n-Eck ein reguläres n-Eck, dann heißt die Pyramide reguläre (n-seitige) Pyramide.

Der Abstand der Spitze S von der Ebene der Grundfläche ist die Höhe der Pyramide.
Man erhält die Höhe, indem man von S das Lot auf die Ebene der Grundfläche fällt. Das Lot
durchstößt die Ebene der Grundfläche im Höhenfußpunkt H. Dieser kann auch außerhalb
der Grundfläche liegen, dann liegt die Höhe außerhalb der Pyramide.

Fällt der Höhenfußpunkt mit dem Mittelpunkt der Grundfläche zusammen, so heißt die
Pyramide gerade. Alle anderen Pyramidenformen nennt man schief. Die Höhe einer geraden
Pyramide ist gleichzeitig ihre Achse.

Die Seitenflächen von regulären geraden Pyramiden sind kongruente gleichschenklige
Dreiecke.

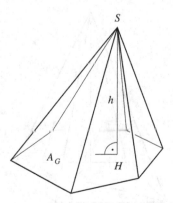

Abb. 4.9 Pyramide

Für das Volumen V und die Oberfläche A_O einer beliebigen Pyramide gilt

$$\text{Volumen} \quad V = \frac{1}{3} A_G \cdot h$$
$$\text{Oberfläche} \quad A_O = A_M + A_G$$

A_G ist der Flächeninhalt des n-Ecks, A_M der Inhalt der Mantelfläche, also die Summe der Flächeninhalte der Seitendreiecke, und h ist die Höhe der Pyramide.

Eine gerade reguläre dreiseitige Pyramide, bei der die Seitendreiecke kongruent zum Grunddreieck sind, heißt Tetraeder. Ein Tetraeder wird also von vier gleichseitigen Dreiecken begrenzt. Das Tetraeder ist einer der platonischen Körper (siehe Abschn. 4.7).

4.3.2 Gerade quadratische Pyramiden

Eine gerade quadratische Pyramide hat ein Quadrat als Grundfläche, und die Spitze der Pyramide steht senkrecht über dem Mittelpunkt des Quadrats, dem Diagonalenschnittpunkt. Die Mantelfläche besteht aus vier kongruenten gleichschenkligen Dreiecken (Abb. 4.10).

Ist a die Kantenlänge des Quadrats der Grundfläche, h die Höhe der Pyramide und s die Kantenlänge der Seitenkanten, so folgt aus dem Satz des Pythagoras $s^2 = h^2 + \frac{1}{2} a^2$.

Bezeichnet man mit h_s die Höhe des gleichschenkligen Seitenflächendreiecks Δ_s, dann folgt ebenfalls mit dem Satz von Pythagoras $s^2 = h_s^2 + \frac{1}{4} a^2$, denn die Basis dieses Dreiecks hat die Länge a. Löst man nach h_s auf und ersetzt s^2 durch $h^2 + \frac{1}{2} a^2$, so ergibt sich $h_s = \sqrt{h^2 + \frac{1}{4} a^2}$. Daraus berechnet man den Flächeninhalt A_{Δ_s} von Δ_s zu $A_{\Delta_s} = \frac{1}{2} a \cdot h_s = \frac{1}{2} a \sqrt{h^2 + \frac{1}{4} a^2}$ und den Inhalt der Mantelfläche zu $A_M = 4 A_{\Delta_s} = 2a \sqrt{h^2 + \frac{1}{4} a^2}$.

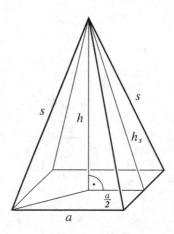

Abb. 4.10 Gerade quadratische Pyramide

Für Volumen und Oberfläche einer geraden quadratischen Pyramide gilt somit

$$\text{Volumen} \quad V = \frac{1}{3}a^2 \cdot h$$

$$\text{Oberfläche} \quad A_O = a^2 + 2a\sqrt{h^2 + \frac{1}{4}a^2}$$

Die Grabstätten altägyptischer Pharaonen waren während des Alten und des Mittleren Reichs häufig gerade quadratische Pyramiden. Besonders beeindruckend sind die Pyramiden der Pharaonen Cheops, Chephren und Mykerinos in Gizeh am südlichen Rand von Kairo. Sie stammen aus dem Alten Reich und wurden in der Zeit zwischen 2600 und 2480 v. u. Z. erbaut, sie sind also rund 4500 Jahre alt. Die größte Pyramide ist die Cheopspyramide: Das Quadrat der Grundfläche hat eine Kantenlänge von 227,5 m (ursprünglich 230,38 m), und die Höhe ist 137 m (ursprünglich 146,6 m). Nimmt man die ursprünglichen Werte, so berechnet man für das Volumen:

$$V = \tfrac{1}{3}(230,38)^2 \cdot 146,6 = 2\,593\,595,61\ldots,$$

also mehr als $2,5$ Mio. m^3! Für die Oberfläche ergibt sich:

$$A_O = 2 \cdot 230,38 \cdot \sqrt{(146,6)^2 + \tfrac{1}{4}(230,38)^2} + (230,38)^2 = 138\,979,56\ldots\text{ m}^2.$$

Der Bau der Pyramiden war eine großartige ingenieurtechnische und logistische Leistung der Altägypter!

4.4 Kegel

4.4.1 Allgemeine Kegel

Wird eine Gerade (Erzeugende) im Raum längs einer ebenen geschlossenen Kurve (Leitkurve) so bewegt, dass sie durch einen festen Punkt, die Spitze S, geht, so entsteht eine Kegelfläche.

Ein Kegel ist ein Körper, der von einer Kegelfläche und einem nicht durch deren Spitze gehenden ebenen Flächenstück begrenzt wird (Abb. 4.11).

Der Teil der Kegelfläche zwischen dem ebenen Flächenstück und der Spitze heißt Mantelfläche, das ebene Flächenstück Grundfläche des Kegels. Die zwischen Grundfläche und Spitze liegenden Strecken der Erzeugenden heißen Mantellinien. Der senkrechte Abstand der Spitze zur Ebene der Grundfläche ist die Höhe des Kegels.

Pyramiden sind spezielle Kegel, nämlich Kegel mit n-Ecken als Grundfläche.

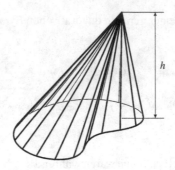

Abb. 4.11 Kegel

Hat die Grundfläche einen Mittelpunkt (wie Kreis oder Ellipse), und liegt die Spitze senkrecht über diesem Mittelpunkt, so heißt der Kegel gerade, andernfalls schief.

Ein Kegel mit einer Kreisfläche als Grundfläche heißt Kreiskegel.

Das Volumen V eines Kegels ist ein Drittel des Inhalts A_G der Grundfläche multipliziert mit der Höhe h. Die Oberfläche A_O eines Kegels ist die Summe der Mantelfläche A_M und der Grundfläche A_G.

$$
\begin{aligned}
\text{Volumen} \quad & V = \frac{1}{3} A_G \cdot h \\
\text{Oberfläche} \quad & A_O = A_M + A_G
\end{aligned}
$$

4.4.2 Gerade Kreiskegel

Ein Kegel mit einer Kreisfläche als Grundfläche und der Spitze S senkrecht über dem Kreismittelpunkt heißt gerader Kreiskegel (Abb. 4.12).

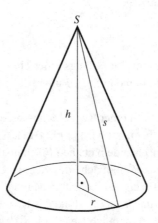

Abb. 4.12 Gerader Kreiskegel

Alle Mantellinien eines geraden Kreiskegels sind gleich lang. Ihre Länge ist $s = \sqrt{r^2 + h^2}$, wobei r der Radius des Kreises und h die Höhe des geraden Kreiskegels sind.

Die Mantelfläche kann in die Ebene abgewickelt werden. Dabei entsteht ein Kreissektor mit dem Radius s (Länge der Mantellinien) und der Kreisbogenlänge $2\pi r$ (Umfang des Kreises der Grundfläche). Der Flächeninhalt A_M dieses Kreissektors (=Mantelfläche) verhält sich zur gesamten Kreisfläche πs^2 wie die Kreisbogenlänge $2\pi r$ zum Gesamtkreisumfang $2\pi s$, woraus sich für die Mantelfläche $A_M = \pi r s$ ergibt. Der Kreis der Grundfläche, der Grundkreis, hat den Flächeninhalt πr^2.

Daraus folgt für die Oberfläche $A_O = \pi r s + \pi r^2 = \pi r(r + s) = \pi r(r + \sqrt{r^2 + h^2})$.

Somit gilt für den geraden Kreiskegel

Volumen	$V = \dfrac{1}{3}\pi r^2 h$
Oberfläche	$A_O = \pi r(r + s)$
Länge der Mantellinie	$s = \sqrt{r^2 + h^2}$

4.5 Cavalierisches Prinzip

Wesentlich zur Berechnung des Volumens von Prismen, Zylindern, Pyramiden und Kegeln ist das cavalierische Prinzip (nach dem italienischen Mathematiker Bonaventura Cavalieri, 1591/1598–1647, ein Schüler Galileis):

Körper mit inhaltsgleichem Querschnitt in gleichen Höhen haben gleiches Volumen.

Speziell gilt also: Prismen und Zylinder sowie Pyramiden und Kegel mit gleicher Grundfläche und gleicher Höhe haben jeweils gleiches Volumen.

4.6 Pyramidenstümpfe und Kegelstümpfe

4.6.1 Pyramidenstümpfe

Schneidet man von einer Pyramide durch einen Schnitt parallel zur Grundfläche den oberen Teil ab, so ist der Restkörper ein Pyramidenstumpf. Der abgeschnittene Teil heißt Ergänzungspyramide, sie ist zur ganzen Pyramide ähnlich (Abb. 4.13).

Die Schnittfläche heißt Deckfläche des Pyramidenstumpfes. Der Abstand von Grundfläche und Deckfläche ist die Höhe des Pyramidenstumpfes.

Grundfläche und Deckfläche sind zueinander ähnlich. Die Seitenflächen eines Pyramidenstumpfes sind Trapeze.

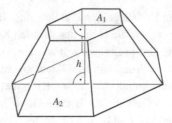

Abb. 4.13 Pyramidenstumpf

Ist A_2 der Flächeninhalt der Grundfläche, A_1 der Flächeninhalt der Deckfläche und h die Höhe, so gilt für das Volumen V des Pyramidenstumpfes

Volumen Pyramidenstumpf $\qquad V = \dfrac{h}{3}\left(A_2 + \sqrt{A_2 A_1} + A_1\right)$

Herleitung:
Ist h_2 die Höhe der Pyramide und h_1 die Höhe der Ergänzungspyramide, dann gilt für das Volumen V des Pyramidenstumpfes $V = \frac{1}{3}\left(A_2 h_2 - A_1 h_1\right)$.
Wegen $h = h_2 - h_1$ folgt $V = \frac{1}{3}\left[A_2(h + h_1) - A_1 h_1\right]$.
Die Inhalte paralleler Schnittflächen verhalten sich wie die Quadrate ihrer Abstände von der Spitze: $A_2 : A_1 = h_2^2 : h_1^2$. Daraus folgt $\sqrt{A_2} : \sqrt{A_1} = (h + h_1) : h_1$ und nach h_1 aufgelöst $h_1 = \dfrac{h\sqrt{A_1}}{\sqrt{A_2} - \sqrt{A_1}}$. Einsetzen in die Volumengleichung ergibt:

$$V = \frac{1}{3}\left[A_2\left(h + \frac{h\sqrt{A_1}}{\sqrt{A_2} - \sqrt{A_1}}\right) - A_1 \frac{h\sqrt{A_1}}{\sqrt{A_2} - \sqrt{A_1}}\right]$$

$$= \frac{h}{3}\frac{A_2\sqrt{A_2} - A_1\sqrt{A_1}}{\sqrt{A_2} - \sqrt{A_1}} = \frac{h}{3}\frac{A_2^2 - A_1\sqrt{A_2 A_1} + A_2\sqrt{A_2 A_1} - A_1^2}{A_2 - A_1}$$

$$= \frac{h}{3}\left(A_2 + \sqrt{A_2 A_1} + A_1\right)$$

Bei den letzten beiden Umformungen wurde mit $\sqrt{A_2} + \sqrt{A_1}$ erweitert beziehungsweise Polynomdivision durchgeführt.

4.6.2 Kegelstümpfe

Eine Ebene, die einen Kegel parallel zur Grundfläche schneidet, zerlegt den Kegel in einen kleineren Kegel, den Ergänzungskegel, und in einen Kegelstumpf. Die zur Grundfläche parallele Fläche der Oberfläche eines Kegelstumpfes ist seine Deckfläche. Der Abstand von Grundfläche und Deckfläche ist die Höhe des Kegelstumpfes (Abb. 4.14).

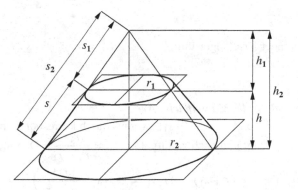

Abb. 4.14 Kreiskegelstumpf

Grundfläche und Deckfläche sind zueinander ähnlich.

Ist für einen Kreiskegelstump r_2 der Radius des Kreises der Grundfläche und r_1 der Radius des Kreises der Deckfläche sowie h die Höhe, dann gilt für das Volumen V des Kreiskegelstumpfes

> Volumen Kreiskegelstumpf $\qquad V = \dfrac{\pi h}{3}\left(r_2^2 + r_2 r_1 + r_1^2\right)$

Herleitung:
Ist h_2 die Höhe des Kreiskegels und h_1 die Höhe des Ergänzungskegels, dann gilt für das Volumen V des Kreiskegelstumpfes $V = \frac{1}{3}\pi(r_2^2 h_2 - r_1^2 h_1)$.
Wegen $h = h_2 - h_1$ und $r_2 : r_1 = h_2 : h_1$ folgt durch korrespondierende Subtraktion $(r_2 - r_1) : r_1 = h : h_1$ und nach h_1 aufgelöst $h_1 = \dfrac{h r_1}{r_2 - r_1}$. Einsetzen in die Volumengleichung ergibt:

$$V = \frac{1}{3}\pi\left[r_2^2(h + h_1) - r_1^2 h_1\right] = \frac{1}{3}\pi\left[r_2^2\left(h + \frac{h r_1}{r_2 - r_1}\right) - r_1^2 \frac{h r_1}{r_2 - r_1}\right]$$

$$= \frac{\pi h}{3}\frac{r_2^3 - r_2^2 r_1 + r_2^2 r_1 - r_1^3}{r_2 - r_1} = \frac{\pi h}{3}\frac{r_2^3 - r_1^3}{r_2 - r_1} = \frac{\pi h}{3}\left(r_2^2 + r_2 r_1 + r_1^2\right)$$

Bei der letzten Umformung wurde Polynomdivision durchgeführt.

Sind s_2 und s_1 die Längen der Mantellinien eines geraden Kreiskegels und seines Ergänzungskegels, dann gilt für den Kreiskegelstumpf $s = s_2 - s_1 = \sqrt{(r_2 - r_1)^2 + h^2}$.

Ist A_2 der Flächeninhalt der Grundfläche, A_1 der Flächeninhalt der Deckfläche und A_M der Flächeninhalt der Mantelfläche, so folgt für die Oberfläche A_O eines geraden Kreiskegelstumpfes:

$$A_O = A_2 + A_1 + A_M = \pi r_2^2 + \pi r_1^2 + \pi s(r_2 + r_1) = \pi r_2(r_2 + s) + \pi r_1(r_1 + s)$$

| Oberfläche gerader Kreiskegelstumpf | $A_O = \pi r_2(r_2 + s) + \pi r_1(r_1 + s)$ |

Herleitung der Formel für die Mantelfläche A_M:

Es gilt $s_2 : s_1 = r_2 : r_1$ und $s = s_2 - s_1$, woraus durch korrespondierende Subtraktion $s : s_1 = (r_2 - r_1) : r_1$ folgt und nach s_1 aufgelöst $s_1 = \dfrac{r_1 s}{r_2 - r_1}$. Damit ergibt sich:

$$A_M = \pi r_2 s_2 - \pi r_1 s_1 = \pi r_2(s + s_1) - \pi r_1 s_1 = \pi r_2\left(s + \frac{r_1 s}{r_2 - r_1}\right) - \pi r_1 \frac{r_1 s}{r_2 - r_1}$$

$$= \pi \frac{r_2^2 s - r_2 r_1 s + r_2 r_1 s - r_1^2 s}{r_2 - r_1} = \pi s \frac{r_2^2 - r_1^2}{r_2 - r_1} = \pi s (r_2 + r_1)$$

4.7 Platonische Körper

Ein Körper, der von lauter Ebenen begrenzt wird, heißt Polyeder.

Die Begrenzungsebenen sind die Flächen des Polyeders. Schnittlinien von Flächen heißen Kanten des Polyeders. Die Kanten schneiden sich in den Ecken des Polyeders.

Polyeder sind die dreidimensionale Verallgemeinerung von Polygonen: Ein Polygon wird von lauter Geraden begrenzt.

Ein Polyeder heißt konvex, wenn mit zwei Punkten die gesamte Verbindungsstrecke der Punkte zum Polyeder gehört. Beispiele für konvexe Polyeder sind Prismen und Pyramiden, deren Grundfläche konvex ist.

Für konvexe Polyeder gilt der eulersche Polyedersatz, wobei e die Anzahl der Ecken, k die Anzahl der Kanten und f die Anzahl der Flächen des konvexen Polyeders sind.

| Eulerscher Polyedersatz | $e + f = k + 2$ |

Konvexe Polyeder, bei denen in jeder Ecke gleich viele Flächen zusammenstoßen und alle Flächen kongruente reguläre n-Ecke sind, heißen platonische Körper (nach dem griechischen Philosophen Platon, 427–347 v. u. Z.) oder konvexe reguläre Polyeder.

Es gibt insgesamt genau fünf verschiedene Arten platonischer Körper: Tetraeder, Würfel (anderer Name: Hexaeder), Oktaeder, Dodekaeder und Ikosaeder (Abb. 4.15a–e).

In der Tabelle sind die wichtigsten Eigenschaften der platonischen Körper zusammengestellt (mit Kantenlänge a).

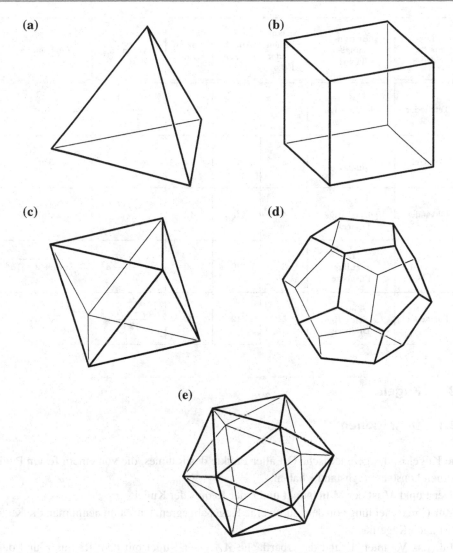

Abb. 4.15 (**a**) Tetraeder; (**b**) Würfel (Hexaeder); (**c**) Oktaeder; (**d**) Dodekaeder; (**e**) Ikosaeder

Die Namen stammen aus dem Griechischen und geben die Anzahl der Flächen der Körper
an. Das Tetraeder („Vierflächner") hat vier gleichseitige Dreiecke als Begrenzungsflächen,
der Würfel oder das Hexaeder („Sechsflächner") wird von sechs Quadraten begrenzt, das
Oktaeder („Achtflächner") von acht gleichseitigen Dreiecken, das Dodekaeder („Zwölffläch-
ner") von zwölf regulären Fünfecken und das Ikosaeder („Zwanzigflächner") von zwanzig
gleichseitigen Dreiecken. Weitere konvexe reguläre Polyeder gibt es nicht.

Plato-nischer Körper	Begren-zungs-flächen	Anzahl Flächen in jeder Ecke	Anzahl Ecken	Anzahl Kanten	Volumen	Oberfläche
Tetraeder	4 gleichseitige Dreiecke	3	4	6	$\dfrac{\sqrt{2}}{12}\,a^3$	$\sqrt{3}\,a^2$
Würfel	6 Quadrate	3	8	12	a^3	$6\,a^2$
Oktaeder	8 gleichseitige Dreiecke	4	6	12	$\dfrac{\sqrt{2}}{3}\,a^3$	$2\sqrt{3}\,a^2$
Dodekaeder	12 reguläre Fünfecke	3	20	30	$\dfrac{15+7\sqrt{5}}{4}\,a^3$	$3\sqrt{5(5+2\sqrt{5})}\,a^2$
Ikosaeder	20 gleichseitige Dreiecke	5	12	30	$\dfrac{5(3+\sqrt{5})}{12}\,a^3$	$5\sqrt{3}\,a^2$

4.8   Kugeln

4.8.1   Definitionen

Eine Kugel ist der geometrische Ort aller Punkte des Raumes, die von einem festen Punkt M einen konstanten Abstand r haben.

Der Punkt M ist der Mittelpunkt und r der Radius der Kugel.

Zur Unterscheidung von dem durch eine Kugel abgegrenzten Raum nennt man die Kugel selbst auch Kugelfläche.

Für das Volumen V und die Oberfläche A_O einer Kugel mit dem Radius r und dem Durchmesser d gilt

$$\text{Volumen} \qquad V = \frac{4}{3}\pi r^3 = \frac{\pi}{6}d^3$$
$$\text{Oberfläche} \qquad A_O = 4\pi r^2 = \pi d^2$$

Eine Kugel mit dem Radius $r = 1$ heißt Einheitskugel.

Eine Kugel ist festgelegt durch den Mittelpunkt und einen weiteren Punkt oder durch vier Punkte (die nicht alle in einer Ebene liegen).

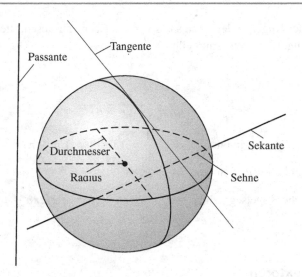

Abb. 4.16 Bezeichnungen an der Kugel

Kugeln mit gleichem Mittelpunkt heißen konzentrisch Kugeln.

Jede die Kugel schneidende Ebene schneidet sie in einem Kreis.

Geraden haben mit einer Kugelfläche entweder zwei Punkte, einen Punkt oder keinen Punkt gemeinsam.

Eine Sekante s schneidet die Kugelfläche in zwei Punkten. Der zwischen den Punkten gelegene Teil der Sekante heißt Sehne. Eine Sehne durch den Mittelpunkt heißt Durchmesser der Kugel. Durchmesser sind die größten Sehnen der Kugel, für ihre Länge d gilt $d = 2r$.

Eine Tangente t berührt die Kugel in einem Punkt. Im Berührungspunkt sind beliebig viele Tangenten möglich; alle Tangenten zusammen spannen die Tangentialebene auf.

Eine Passante p hat mit der Kugel keinen Punkt gemeinsam (Abb. 4.16).

4.8.2 Kugelsegmente

Ein Kugelsegment oder Kugelabschnitt ist ein durch eine Ebene abgeschnittener Teil einer Kugel. Die Mantelfläche des Kugelsegments heißt Kugelkappe (Abb. 4.17).

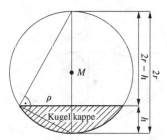

Abb. 4.17 Kugelsegment

Ist r der Radius der Kugel, ρ der Radius des von der Ebene ausgeschnittenen Kreises und h die Höhe des Kugelsegments, dann gilt:

Radius Schnittkreis	$\rho = \sqrt{h(2r - h)}$
Volumen Kugelsegment	$V = \dfrac{1}{6}\pi h(3\rho^2 + h^2) = \dfrac{1}{3}\pi h^2(3r - h)$
Flächeninhalt Kugelkappe	$A = 2\pi rh$
Oberfläche Kugelsegment	$A_O = 2\pi rh + \pi\rho^2 = \pi(2rh + \rho^2)$

4.8.3 Kugelsektoren

Einem Kugelsegment (Kugelabschnitt) ist ein Kegel zugeordnet, dessen Grundfläche der Schnittkreis des Kugelsegments und dessen Spitze der Kugelmittelpunkt ist. Der Gesamtkörper aus Kugelsegment und zugeordnetem Kegel heißt Kugelsektor oder Kugelausschnitt (Abb. 4.18).

Das Volumen V des Kugelsektors setzt sich aus dem Volumen des Kugelabschnitts und dem des zugeordneten Kegels zusammen: $V = \pi \frac{h^2}{3}(3r - h) + \pi \frac{\rho^2}{3}(r - h)$.

Dabei ist r der Radius der Kugel, ρ der Radius des Schnittkreises und h die Höhe des Kugelsegments. Durch Einsetzen von $\rho^2 = h(2r - h)$ erhält man $V = \frac{2}{3}\pi r^2 h$.

Die Oberfläche A_O des Kugelsektors ist die Summe der Flächeninhalte von Kugelkappe und Kegelmantel: $A_O = 2\pi rh + \pi\rho r = \pi r(2h + \rho)$.

Volumen Kugelsektor	$V = \dfrac{2}{3}\pi r^2 h$
Oberfläche Kugelsektor	$A_O = \pi r(2h + \rho)$

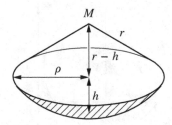

Abb. 4.18 Kugelsektor

4.8.4 Kugelschichten

Eine Kugelschicht ist der durch zwei zueinander parallelen Ebenen ausgeschnittene Teil einer Kugel. Die durch die beiden Ebenen ausgeschnittene Kugeloberfläche, also die Mantelfläche der Kugelschicht, heißt Kugelzone (Abb. 4.19).

Ist r der Radius der Kugel, ρ_1 und ρ_2 die Radien der von den parallelen Ebenen ausgeschnittenen Kreise und h die Dicke der Kugelschicht, dann gilt

Radien Schnittkreise	$\rho_1 = \sqrt{h_1(2r - h_1)}$
	$\rho_2 = \sqrt{(h + h_1)(2r - h - h_1)}$
Volumen Kugelschicht	$V = \dfrac{1}{6}\pi h(3\rho_1^2 + 3\rho_2^2 + h^2)$
Flächeninhalt Kugelzone	$A = 2\pi rh$
Oberfläche Kugelschicht	$A_O = \pi(2rh + \rho_1^2 + \rho_2^2)$

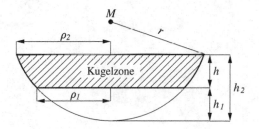

Abb. 4.19 Kugelschicht

Funktionen

5

5.1 Definition und Darstellungen von Funktionen

5.1.1 Definitionen

Eine Abbildung oder Funktion f ist eine Zuordnung, die jeder Zahl x einer gegebenen Zahlenmenge D eine Zahl y einer Zahlenmenge W zuordnet. Die Zuordnung ist eindeutig, das heißt, jeder Zahl x wird genau eine Zahl y zugeordnet. Man schreibt dafür $y = f(x)$ oder manchmal auch $x \mapsto f(x)$. Man nennt $f(x)$ das Bild von x und umgekehrt x das Urbild von $f(x)$.

Die Menge D heißt Urbildmenge, Definitionsmenge oder Definitionsbereich. Die Menge W, aus der die Bilder stammen, heißt Wertemenge oder Wertebereich. Die Menge der Bilder (also alle y-Werte zusammen) heißt Bildmenge, bezeichnet mit $f(D)$.

$$\begin{array}{ll} D & \text{Definitionsbereich} \\ W & \text{Wertebereich} \\ f(D) & \text{Bildmenge} \end{array}$$

Die Elemente der Bildmenge nennt man Funktionswerte. Die Bildmenge $f(D)$ ist eine Teilmenge des Wertebereichs W, und W ist eine Teilmenge der Menge $\mathbb{R}$ der reellen Zahlen.

$$f(D) \subseteq W \subseteq \mathbb{R}$$

© Springer Fachmedien Wiesbaden GmbH, ein Teil von Springer Nature 2019
A. Kemnitz, *Mathematik zum Studienbeginn*,
https://doi.org/10.1007/978-3-658-26604-2_5

Eine Funktion besteht aus drei Teilen: der Zuordnungsvorschrift f, dem Definitionsbereich D und dem Wertebereich W.

Zwei Funktionen sind genau dann gleich, wenn sowohl die Zuordnungsvorschriften als auch die Definitionsbereiche als auch die Wertebereiche übereinstimmen.

▶ **Beispiele:**

1. $y = f(x) = 5x$, $D = \mathbb{N}$, $W = \mathbb{N}$
   Die Zuordnungsvorschrift ist hier „5 mal", das heißt, man muss jeden x-Wert mit 5 multiplizieren, um den zugehörigen Funktionswert y zu erhalten. Für $x = 3$ erhält man zum Beispiel $y = f(3) = 5 \cdot 3 = 15$.
   Sowohl der Definitionsbereich als auch der Wertebereich sind die natürlichen Zahlen. Für die Bildmenge ergibt sich $f(D) = \{5, 10, 15, 20, \ldots\}$.

2. $D = \{-1, -2, -3, -4, -5\}$, $W = \{1, 2, 3, 4, \ldots, 24, 25\}$,
   $f(-1) = 1$, $f(-2) = 4$, $f(-3) = 9$, $f(-4) = 16$, $f(-5) = 25$

3. $D = \{-1, -2, -3, -4, -5\}$, $W = \{1, 2, 3, 4, 5\}$,
   $f(-1) = 1$, $f(-2) = 2$, $f(-3) = 3$, $f(-4) = 4$, $f(-5) = 5$

4. $y = f(x) = x + 2$, $D = \mathbb{R}$, $W = \mathbb{R}$

Bemerkung: Man kann Abbildungen (Funktionen) auch allgemeiner als eine Zuordnung zwischen beliebigen Mengen (also nicht eingeschränkt auf Zahlenmengen) definieren.

5.1.2 Funktionsgleichung

Explizite Darstellung der Funktionsgleichung

Die Zuordnungsvorschrift für eine Funktion ist im Regelfall eine Gleichung, die Funktionsgleichung $y = f(x)$ (gesprochen: y gleich f von x). Dabei heißt x unabhängige Variable und y abhängige Variable. Man nennt x auch das Argument der Funktion.

Die Form $y = f(x)$ heißt explizite Darstellung der Funktionsgleichung. Darüber hinaus gibt es die implizite Darstellung und die Parameterdarstellung der Funktionsgleichung (siehe unten).

Funktionen können aber zum Beispiel auch durch Tabellen, Schaubilder (Graphen), Pfeildiagramme oder geordnete Wertepaare (Wertetabelle) dargestellt werden.

Fehlt bei einer Funktion die Angabe des Definitionsbereichs, so gilt $D = \mathbb{R}$. Fehlt bei einer Funktion die Angabe des Wertebereichs, so gilt ebenfalls $W = \mathbb{R}$.

Die Schreibweise $y = f(x)$, $f : D \to W$ für eine Funktion bedeutet, dass $y = f(x)$ die Funktionsgleichung ist, dass die Funktion den Definitionsbereich D und den Wertebereich W hat.

$$y = f(x), \ f : D \to W$$

▶ **Beispiele:**

1. $y = f(x) = x^3 - 4x^2 - x + 4, \ f : \mathbb{R} \to \mathbb{R}$

2. $y = f(x) = x^2 - 1, \ f : \mathbb{R} \to \mathbb{R}$

3. $y = f(x) = \frac{x-3}{x^2-2}, \ f : [1, 1] \to \mathbb{R}$ (also $D = [1, 1], \ W = \mathbb{R}$)

4. $y = f(x) = \sqrt{x}, \ f : \mathbb{N} \to \mathbb{R}$

5. $y = f(x) = \begin{cases} -1 \text{ falls } x < 0 \\ \ \ 0 \text{ falls } x = 0, \\ +1 \text{ falls } x > 0 \end{cases} \quad f : \mathbb{R} \to \mathbb{R}$

Eine Funktion mit der Funktionsgleichung $y = f(x)$, deren Definitions- und Wertemenge nur reelle Zahlen enthalten, nennt man eine reelle Funktion einer reellen Variablen.

▶ **Beispiele:**

6. $y = x^2, \ D = (-\infty, \infty), \ W = [0, \infty)$

7. $y = \sqrt{x}, \ D = [0, \infty), \ W = [0, \infty)$

Implizite Darstellung der Funktionsgleichung
Die Darstellung einer Funktion in der Form $F(x, y) = 0$ heißt implizit, falls sich diese Gleichung eindeutig nach y auflösen lässt.

Statt impliziter Darstellung der Funktion sagt man auch einfach nur implizite Funktion.

▶ **Beispiel:**

8. $F(x, y) = x^2 + y^2 - 1 = 0, \ D = [-1, 1], y \geq 0$
   Es handelt sich hierbei um die obere Hälfte des Einheitskreises mit dem Mittelpunkt im Koordinatenursprung (vgl. Abschn. 7.3.1).
   Man beachte, dass mit $x^2 + y^2 - 1 = 0$ keine reelle Funktion definiert wird, denn die Zuordnung ist nicht eindeutig, da jedem Element des Definitionsbereichs zwei Werte zugeordnet werden (einer auf dem oberen Halbkreis und einer auf dem unteren Halbkreis).

Parameterdarstellung der Funktionsgleichung

Die Darstellung einer Funktion in der Form $x = \varphi(t), y = \psi(t)$ heißt Parameterdarstellung.

Die Werte von x und y werden dabei jeweils als Funktion einer Hilfsvariablen t angegeben, die Parameter genannt wird. Die Funktionen $\varphi(t)$ und $\psi(t)$ müssen denselben Definitionsbereich haben.

▶ **Beispiele:**

9. $x = 2t + 5$, $y = 8t + 4$, $t \in \mathbb{R}$
Durch Elimination von t erhält man
$$4x - 20 = y - 4 \implies y = 4x - 16,$$
also eine Geradengleichung (in expliziter Form) (vgl. Abschn. 7.2.1).

10. $x = \varphi(t)$, $y = \psi(t)$ mit $x = \cos t$, $y = \sin t$ und $0 \le t \le \pi$
Hierbei handelt es sich um die obere Hälfte des Einheitskreises mit dem
Mittelpunkt im Koordinatenursprung, denn Quadrieren und Addieren ergibt
$$x^2 + y^2 = \cos^2 t + \sin^2 t = 1,$$
und t durchläuft den ersten und den zweiten Quadranten (vgl. Kap. 6).

5.1.3 Graph einer Funktion

Eine Möglichkeit der Funktionsdarstellung ist, den Graph der Funktion zu zeichnen.

Der Graph einer Funktion f mit dem Definitionsbereich D ist das Bild, das man erhält, wenn man die geordneten Zahlenpaare $(x, y) = (x, f(x))$ mit $x \in D$ in ein Koordinatenkreuz einträgt. Geordnet bedeutet, dass in (x, y) die Reihenfolge von x und y wichtig ist: (x, y) ist verschieden von (y, x) (außer möglicherweise in Sonderfällen).

In einem kartesischen Koordinatensystem (siehe Abschn. 7.1) ist die waagerechte Achse die x-Achse oder Abszissenachse, die senkrechte Achse ist die y-Achse oder Ordinatenachse. Die Zahl x ist die Abszisse und y die Ordinate eines Punktes $(x|y)$ mit den Koordinaten x und y.

Statt Graph einer Funktion sagt man auch Schaubild oder Kurve der Funktion.

Bemerkung: Bei einem Zahlenpaar setzt man ein Komma oder ein Semikolon zwischen die beiden Komponenten: (x, y) oder $(x; y)$. Bei der Darstellung eines Punktes setzt man einen senkrechten Strich zwischen die beiden Koordinaten: $(x|y)$.

▶ **Beispiel:**

Der Graph der Funktion mit der Funktionsgleichung $y = f(x) = 2x + 1$ und dem Definitionsbereich $D = \mathbb{R}$ (Abb. 5.1).

5.1.4 Wertetabelle einer Funktion

Auch mittels einer Wertetabelle kann eine Funktion dargestellt werden.

In einer Wertetabelle werden für einige ausgewählte Argumente x die geordneten Zahlenpaare $(x, y) = (x, f(x))$ für eine Funktion $y = f(x)$ eingetragen. Dabei müssen die ausgewählten Werte für x Elemente des Definitionsbereichs D der Funktion sein.

Man stellt oftmals eine Wertetabelle auf, um den Graph einer Funktion zeichnen zu können.

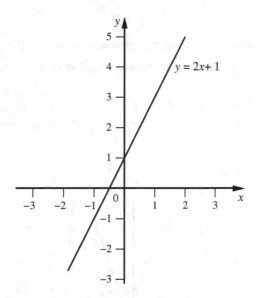

Abb. 5.1 Graph der Funktion mit der Gleichung $y = f(x) = 2x + 1$

▶ **Beispiel:**

Wertetabelle für die Funktion $y = -x^2 - 4x + 3$, $D = \mathbb{R}$:

x	-5	-4	-3	-2	-1	0	1	2
y	-2	3	6	7	6	3	-2	-9

5.2 Verhalten von Funktionen

5.2.1 Monotone Funktionen

Eine Funktion mit der Gleichung $y = f(x)$ heißt in einem bestimmten Bereich B (B ist eine Teilmenge des Definitionsbereichs D)

- monoton wachsend, wenn aus $x_1 < x_2$ stets $f(x_1) \leq f(x_2)$ folgt,
- streng monoton wachsend, wenn aus $x_1 < x_2$ stets $f(x_1) < f(x_2)$ folgt,
- monoton fallend, wenn aus $x_1 < x_2$ stets $f(x_1) \geq f(x_2)$ folgt,
- streng monoton fallend, wenn aus $x_1 < x_2$ stets $f(x_1) > f(x_2)$ folgt.

Dabei sind x_1, x_2 beliebige Punkte aus diesem Bereich B.

▶ **Beispiele:**

1. $f(x) = 3x$, $D = \mathbb{R}$ ist streng monoton wachsend in D (Abb. 5.2).

2. $f(x) = 3$, $D = \mathbb{R}$ ist in D monoton wachsend (und monoton fallend) (Abb. 5.3).

3. $f(x) = x^2$, $D = \mathbb{R}$ ist in $B_1 = \{x | x \in D \text{ und } x \leq 0\}$ streng monoton fallend und in $B_2 = \{x | x \in D \text{ und } x \geq 0\}$ streng monoton wachsend (Abb. 5.4).

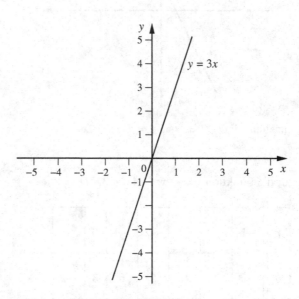

Abb. 5.2 Graph der Funktion mit der Gleichung $f(x) = 3x$

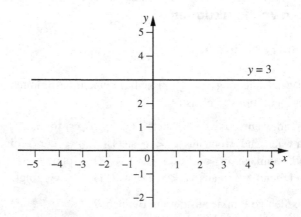

Abb. 5.3 Graph der Funktion mit der Gleichung $f(x) = 3$

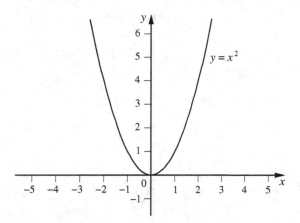

Abb. 5.4 Graph der Funktion mit der Gleichung $f(x) = x^2$

5.2.2 Symmetrische Funktionen

Der Graph einer Funktion mit der Gleichung $y = f(x)$ ist symmetrisch zur y-Achse, wenn $f(x) = f(-x)$ für alle $x \in D$ gilt. Eine solche Funktion heißt eine gerade Funktion.

Der Graph einer Funktion $y = f(x)$ ist symmetrisch zum Koordinatenursprung, wenn $f(-x) = -f(x)$ für alle $x \in D$ gilt. Eine solche Funktion heißt eine ungerade Funktion.

▶ **Beispiele:**

1. $f(x) = 2x^4 + 1$
   Wegen $f(-x) = 2(-x)^4 + 1 = 2x^4 + 1 = f(x)$ ist $y = f(x)$ symmetrisch zur y-Achse, also eine gerade Funktion (Abb. 5.5).

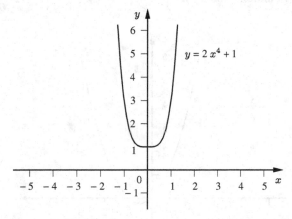

Abb. 5.5 Graph der Funktion mit der Gleichung $f(x) = 2x^4 + 1$

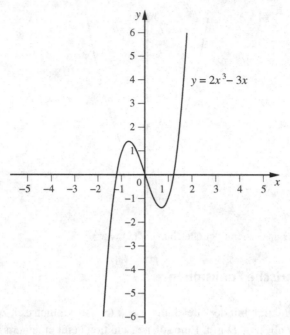

Abb. 5.6 Graph der Funktion mit der Gleichung $f(x) = 2x^3 - 3x$

2. $f(x) = 2x^3 - 3x$
Wegen $f(-x) = 2(-x)^3 - 3(-x) = -2x^3 + 3x = -f(x)$ ist $y = f(x)$ symmetrisch zum Koordinatenursprung, also eine ungerade Funktion (Abb. 5.6).

3. $f(x) = x^2 - x$ Wegen $f(-x) = (-x)^2 - (-x) = x^2 + x$, also $f(x) \neq f(-x)$ und $f(x) \neq -f(-x)$, ist $y = f(x)$ weder eine gerade noch eine ungerade Funktion (Abb. 5.7).

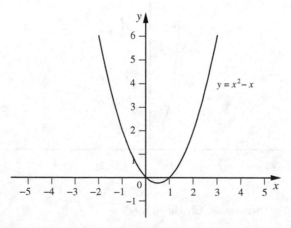

Abb. 5.7 Graph der Funktion mit der Gleichung $f(x) = x^2 - x$

5.2.3 Beschränkte Funktionen

Eine Funktion heißt nach oben beschränkt, wenn ihre Funktionswerte eine bestimmte Zahl nicht übertreffen, und nach unten beschränkt, wenn ihre Funktionswerte nicht kleiner als eine bestimmte Zahl sind. Eine Funktion, die sowohl nach oben als auch nach unten beschränkt ist, heißt beschränkt.

Bei einer beschränkten Funktion $y = f(x)$ existieren also reelle Zahlen a und b mit $a < b$, so dass gilt:

$$a \leq f(x) \leq b \quad \text{für alle } x \in D$$

▶ **Beispiele:**

1. $y = 1 - x^2$ ist nach oben beschränkt, denn $y \leq 1$.

2. $y = e^x$ ist nach unten beschränkt, denn $y > 0$.

3. $y = \frac{4}{1+x^2}$ ist beschränkt, denn $0 < y \leq 4$.

5.2.4 Injektive Funktionen

Eine Funktion heißt injektiv, wenn jedes Bild genau ein Urbild besitzt.

Bei einer injektiven Funktion gehören zu verschiedenen Argumenten also stets verschiedene Bilder.

$$x_1 \neq x_2 \implies f(x_1) \neq f(x_2)$$

▶ **Beispiele:**

Folgende Funktionen sind injektiv:

1. $D = \{-1, -2, -3, -4, -5\}$, $W = \{1, 2, 3, 4, \ldots, 24, 25\}$,
   $f(-1) = 1$, $f(-2) = 4$, $f(-3) = 9$, $f(-4) = 16$, $f(-5) = 25$

2. $D = \{-1, -2, -3, -4, -5\}$, $W = \{1, 2, 3, 4, 5\}$,
   $f(-1) = 1$, $f(-2) = 2$, $f(-3) = 3$, $f(-4) = 4$, $f(-5) = 5$

3. $y = f(x) = x + 2$, $f : \mathbb{R} \to \mathbb{R}$ (also $D = W = \mathbb{R}$)

4. $y = f(x) = \sqrt{x}$, $f : \mathbb{N} \to \mathbb{R}$

Folgende Funktionen sind nicht injektiv:

1. $y = f(x) = x^3 - 4x^2 - x + 4$, $f : \mathbb{R} \to \mathbb{R}$

2. $y = f(x) = x^2 - 1$, $f : \mathbb{R} \to \mathbb{R}$

3. $y = f(x) = \frac{x-3}{x^2-2}$, $f : [1, 1] \to \mathbb{R}$ (also $D = [1, 1]$, $W = \mathbb{R}$)

4. $y = f(x) = \begin{cases} -1 \text{ falls } x < 0 \\ 0 \text{ falls } x = 0, \\ +1 \text{ falls } x > 0 \end{cases}$ $f : \mathbb{R} \to \mathbb{R}$

5.2.5   Surjektive Funktionen

Eine Funktion heißt surjektiv, wenn ihre Bildmenge gleich dem Wertebereich ist.

$$f(D) = W$$

▶ **Beispiele:**

Folgende Funktionen sind surjektiv:

1. $D = \{-1, -2, -3, -4, -5\}$, $W = \{1, 2, 3, 4, 5\}$,
   $f(-1) = 1$, $f(-2) = 2$, $f(-3) = 3$, $f(-4) = 4$, $f(-5) = 5$

2. $y = f(x) = x + 2$, $f : \mathbb{R} \to \mathbb{R}$

3. $y = f(x) = x^3 - 4x^2 - x + 4$, $f : \mathbb{R} \to \mathbb{R}$

Folgende Funktionen sind nicht surjektiv:

1. $D = \{-1, -2, -3, -4, -5\}$, $W = \{1, 2, 3, 4, \ldots, 24, 25\}$,
   $f(-1) = 1$, $f(-2) = 4$, $f(-3) = 9$, $f(-4) = 16$, $f(-5) = 25$

2. $y = f(x) = x^2 - 1$, $f : \mathbb{R} \to \mathbb{R}$

3. $y = f(x) = \frac{x-3}{x^2-2}$, $f : [1, 1] \to \mathbb{R}$

4. $y = f(x) = \sqrt{x}$, $f : \mathbb{N} \to \mathbb{R}$

5. $y = f(x) = \begin{cases} -1 \text{ falls } x < 0 \\ 0 \text{ falls } x = 0, \\ +1 \text{ falls } x > 0 \end{cases}$ $f : \mathbb{R} \to \mathbb{R}$

5.2.6 Bijektive Funktionen

Eine Funktion heißt bijektiv, wenn sie sowohl injektiv als auch surjektiv ist.

Bei einer bijektiven Funktion ist also die Bildmenge gleich dem Wertebereich, und jedes Bild besitzt genau ein Urbild. Ist $y = f(x)$, $f : D \to W$ eine bijektive Funktion, so sind die Mengen D und W gleich mächtig, das heißt, sie besitzen gleich viele Elemente.

Die bijektiven Funktionen besitzen eine Umkehrfunktion.

▶ **Beispiele:**

Folgende Funktionen sind bijektiv:

1. $D = \{-1, -2, -3, -4, -5\}$, $W = \{1, 2, 3, 4, 5\}$,
   $f(-1) = 1$, $f(-2) = 2$, $f(-3) = 3$, $f(-4) = 4$, $f(-5) = 5$

2. $y = f(x) = x + 2$, $f : \mathbb{R} \to \mathbb{R}$

Folgende Funktionen sind nicht injektiv:

1. $D = \{-1, -2, -3, -4, -5\}$, $W = \{1, 2, 3, 4, \ldots, 24, 25\}$,
   $f(-1) = 1$, $f(-2) = 4$, $f(-3) = 9$, $f(-4) = 16$, $f(-5) = 25$

2. $y = f(x) = x^3 - 4x^2 - x + 4$, $f : \mathbb{R} \to \mathbb{R}$

3. $y = f(x) = x^2 - 1$, $f : \mathbb{R} \to \mathbb{R}$

4. $y = f(x) = \frac{x-3}{x^2-2}$, $f : [1, 1] \to \mathbb{R}$

5. $y = f(x) = \sqrt{x}$, $f : \mathbb{N} \to \mathbb{R}$

6. $y = f(x) = \begin{cases} -1 & \text{falls } x < 0 \\ 0 & \text{falls } x = 0, \\ +1 & \text{falls } x > 0 \end{cases}$ $f : \mathbb{R} \to \mathbb{R}$

5.2.7 Periodische Funktionen

Eine Funktion, deren Funktionsgleichung die Bedingung $f(x + T) = f(x)$ erfüllt, wobei T eine Konstante (feste reelle Zahl) ist, heißt periodische Funktion. Die Gleichung $f(x + T) = f(x)$ gilt für alle x aus dem Definitionsbereich.

$$f(x + T) = f(x)$$

Die kleinste positive Zahl T mit dieser Eigenschaft heißt die Periode der Funktion. Den absolut größten Funktionswert nennt man Amplitude der periodischen Funktion. Beispiele für periodische Funktionen sind die trigonometrischen Funktionen (vgl. Kap. 6).

5.2.8   Umkehrfunktionen

Die Funktion, die durch Vertauschen von x und y aus einer bijektiven Funktion $y = f(x)$ entsteht, heißt Umkehrfunktion oder inverse Funktion von $y = f(x)$. Bei einer bijektiven Funktion $y = f(x)$, $f : D \to W$ ist jedes Element $y \in W$ Bild von genau einem Element $x \in D$. Man kann eine neue Funktion definieren, die jedem $y \in W$ als Bild gerade das $x \in D$ zuordnet, das Urbild von y ist. Diese Funktion leistet das Umgekehrte wie f, ihr Definitionsbereich ist W, und ihr Wertebereich ist D. Man nennt diese Funktion daher die Umkehrfunktion von f und bezeichnet sie mit f^{-1}.

$$y = f^{-1}(x), \; f^{-1} : W \to D$$

Versteht man unter der Schreibweise $g(f(x))$, dass man auf x die Zuordnungsvorschrift f und dann auf $f(x)$ die Vorschrift g anwendet, so gilt $f^{-1}(f(x)) = x$ und $f(f^{-1}(x)) = x$. Zu einer streng monoton wachsenden oder streng monoton fallenden Funktion existiert die Umkehrfunktion.

Bestimmung der Umkehrfunktion:

1. Auflösen von $y = f(x)$ nach x: $x = f^{-1}(y)$

2. Vertauschen von x und y: $y = f^{-1}(x)$

Diesen Operationen entspricht die Spiegelung des Graphen der Funktion an der Winkelhalbierenden $y = x$.

▶   **Beispiele:**

1. $y = f(x) = 4x - 1$, $D = W = \mathbb{R}$
   Umkehrfunktion: $y = f^{-1}(x) = \frac{1}{4}x + \frac{1}{4}$, $D = W = \mathbb{R}$ (Abb. 5.8).

2. $y = f(x) = x^2$, $D = W = \{x \mid x \in \mathbb{R}, x \geq 0\}$
   Umkehrfunktion: $y = f^{-1}(x) = \sqrt{x}$, $D = W = \{x \mid x \in \mathbb{R}, x \geq 0\}$
   (Abb. 5.9).

3. $y = f(x) = e^x$, $D = \mathbb{R}$, $W = \mathbb{R}^+$
   Umkehrfunktion: $y = f^{-1}(x) = \ln x$, $D = \mathbb{R}^+$, $W = \mathbb{R}$ (Abb. 5.10).

4. $y = f(x) = 2^x$, $D = \mathbb{R}$, $W = \mathbb{R}^+$
   Umkehrfunktion: $y = f^{-1}(x) = \log_2 x$, $D = \mathbb{R}^+$, $W = \mathbb{R}$ (Abb. 5.10).

5.2.9   Reelle und komplexe Funktionen

Eine Funktion mit der Funktionsgleichung $y = f(x)$, deren Definitions- und Wertebereich nur reelle Zahlen enthalten, nennt man eine reelle Funktion einer reellen Variablen.

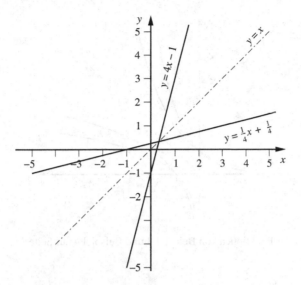

Abb. 5.8 Graphen der Funktionen von Beispiel 1 auf Seite 222

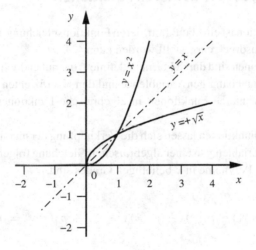

Abb. 5.9 Graphen der Funktionen von Beispiel 2 auf Seite 222

▶ **Beispiele:**

1. $y = x^2$, $D = (-\infty, \infty)$, $W - [0, \infty)$
2. $y = \sqrt{x}$, $D = [0, \infty)$, $W = [0, \infty)$

Ist dagegen die unabhängige Variable einer Funktionsgleichung eine komplexe Zahl z, dann wird durch $w = f(z)$ eine komplexe Funktion einer komplexen Variablen beschrieben. Komplexe Funktionen werden in dem mathematischen Gebiet Funktionentheorie behandelt.

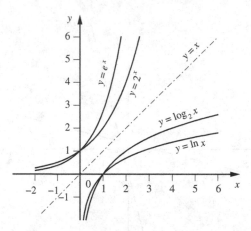

Abb. 5.10 Graphen der Funktionen von Beispiel 3 und Beispiel 4 auf Seite 222

5.3   Einteilung der elementaren Funktionen

Eine elementare Funktion ist eine Funktion, deren Funktionsgleichung durch einen geschlossenen analytischen Ausdruck dargestellt werden kann.

Elementare Funktionen sind durch Formeln definiert, die nur endlich viele mathematische Operationen mit der unabhängigen Variablen x und den Koeffizienten enthalten.

Man teilt die elementaren Funktionen in algebraische Funktionen und transzendente Funktionen ein.

Bei algebraischen Funktionen lassen sich die Verknüpfung der unabhängigen Variablen x und der abhängigen Variablen y in einer algebraischen Gleichung folgender Form darstellen, wobei $p_0, p_1, \ldots, p_n$ Polynome in x beliebigen Grades sind.

$$p_0(x) + p_1(x)y + p_2(x)y^2 + \ldots + p_n(x)y^n = 0$$

Elementare Funktionen, die nicht algebraisch sind, heißen transzendent.

▶   **Beispiele für algebraische Funktionen:**

1. $y = 3x^2 + 4$

2. $y = \frac{2x}{x^3 + 2x - 1}$

3. $y = \sqrt{2x + 3}$

4. $3xy^3 - 4xy + x^3 - 1 = 0$ (hier also $p_0(x) = x^3 - 1$, $p_1(x) = -4x$, $p_2(x) = 0$, $p_3(x) = 3x$)

Zu den transzendenten Funktionen gehören zum Beispiel die Exponentialfunktionen, die Logarithmusfunktionen und die trigonometrischen Funktionen.

▶ **Beispiele für transzendente Funktionen:**

1. $y = e^x$
2. $y = \sin x$
3. $y = \ln x$
4. $y = \frac{\ln x + \sqrt{\sin x}}{x^2 + 5}$

Die algebraischen Funktionen untergliedern sich in die rationalen Funktionen und in die irrationalen Funktionen.

Eine rationale Funktion ist eine algebraische Funktion, für die die Funktionsgleichung $y = f(x)$ als eine explizite Formel angegeben werden kann, in der auf die unabhängige Variable x nur endlich viele rationale Rechenoperationen (Addition, Subtraktion, Multiplikation und Division) angewandt werden.

Eine algebraische Funktion, die nicht rational ist, heißt irrational.

▶ **Beispiele für rationale Funktionen:**

1. $y = 3x^3 - \frac{1}{4}$
2. $y = \frac{2x^2 - 3x + 5}{x^3 + 3x^2 - 2}$

Bei irrationalen Funktionen tritt die unabhängige Variable auch unter einem Wurzelzeichen auf.

▶ **Beispiele für irrationale Funktionen:**

1. $y = \sqrt{3x^2 + 4}$
2. $y = \sqrt[3]{(x^2 + 1)\sqrt{x}}$

Für rationale Funktionen ist $f(x)$ ein Polynom (dann ist $y = f(x)$ eine ganze rationale Funktion) oder ein Quotient aus Polynomen (dann heißt $y = f(x)$ eine gebrochene rationale Funktion).

Ganze rationale Funktionen lassen sich also darstellen in folgender Form mit $a_0, a_1, a_2, \ldots, a_{n-1}, a_n \in \mathbb{R}$, $a_n \neq 0$, $n \in \mathbb{Z}$, $n \geq 0$.

$$y = a_n x^n + a_{n-1} x^{n-1} + \ldots + a_2 x^2 + a_1 x + a_0 = \sum_{k=0}^{n} a_k x^k$$

Ist n der Grad des Polynoms, so nennt man die Funktion ganze rationale Funktion n-ten Grades. Bei ganzen rationalen Funktionen werden auf die unabhängige Variable x nur die Operationen Addition, Subtraktion und Multiplikation angewandt.

Ganze rationale Funktionen vom Grad 0 ($y = a_0$) nennt man konstante Funktionen, vom Grad 1 ($y = a_1x + a_0$) lineare Funktionen, vom Grad 2 ($y = a_2x^2 + a_1x + a_0$) quadratische Funktionen und vom Grad 3 ($y = a_3x^3 + a_2x^2 + a_1x + a_0$) kubische Funktionen.

Konstante Funktionen	$y = a_0$
Lineare Funktionen	$y = a_1x + a_0$
Quadratische Funktionen	$y = a_2x^2 + a_1x + a_0$
Kubische Funktionen	$y = a_3x^3 + a_2x^2 + a_1x + a_0$

▶   **Beispiele für ganze rationale Funktionen:**

1. $y = 23x^4 - 12x + 4$

2. $y = \frac{11}{12}x^{23} - 11x^{17} - 12x^9 - \pi x^6 - \frac{12}{\sqrt{5}}x - 2$

3. $y = 1 - 3x + x^6 - 2x^2$

4. $y = -7$ (konstante Funktion)

5. $y = 3x - 4\pi$ (lineare Funktion)

6. $y = x^2 - x + 1$ (quadratische Funktion)

7. $y = 4x^3 - 2x + 5$ (kubische Funktion)

Gebrochene rationale Funktionen sind Funktionen mit einer Funktionsgleichung $y = f(x)$, bei der $f(x)$ als Quotient zweier Polynome darstellbar ist. Sie besitzen also eine Darstellung folgender Form mit $a_0, a_1, \ldots, a_n, b_0, b_1, \ldots, b_m \in \mathbb{R}, a_n, b_m \neq 0, n \in \mathbb{Z}, n \geq 0$, $m \in \mathbb{N}$.

$$y = \frac{a_nx^n + a_{n-1}x^{n-1} + \ldots + a_2x^2 + a_1x + a_0}{b_mx^m + b_{m-1}x^{m-1} + \ldots + b_2x^2 + b_1x + b_0} = \frac{\sum\limits_{i=0}^{n} a_ix^i}{\sum\limits_{k=0}^{m} b_kx^k}$$

Eine gebrochene rationale Funktion kann also immer als Quotient zweier ganzer rationaler Funktionen dargestellt werden. Bei gebrochenen rationalen Funktionen werden auf die unabhängige Variable x nur die Grundrechenarten (also die Operationen Addition, Subtraktion, Multiplikation und Division) angewandt.

Die Definitionsmenge einer gebrochenen rationalen Funktion besteht aus denjenigen reellen Zahlen, für die der Nenner nicht Null wird.

Für $n < m$ heißt die Funktion echt gebrochene rationale Funktion, für $n \geq m$ heißt sie unecht gebrochene rationale Funktion.

Gebrochene rationale Funktionen mit $n = 1$ und $m = 1$, also $y = \frac{a_1x + a_0}{b_1x + b_0}$, heißen gebrochene lineare Funktionen.

▶ **Beispiele für gebrochene rationale Funktionen:**

1. $y = \frac{2}{x}$

2. $y = \frac{x^4 - 22x^3 + \frac{1}{3}x^2 - 12}{x^5 - 11x^3 + x + 1}$

3. $y = \frac{2x}{x^3 - 5x^2 - 2x + 1}$

4. $y = \frac{2x+4}{x-3}$ (gebrochene lineare Funktion)

5. $y = \frac{x^5 - 2}{x^2 + 1}$

6. $y = x^2 + x + \frac{1}{x}$ $\left(= \frac{x^3 + x^2 + 1}{x} \right)$

Bei den ersten drei Beispielen handelt es sich um echt gebrochene rationale Funktionen, bei den letzten drei Beispielen um unecht gebrochene rationale Funktionen.

Zusammenfassende Übersicht über die elementaren Funktionen

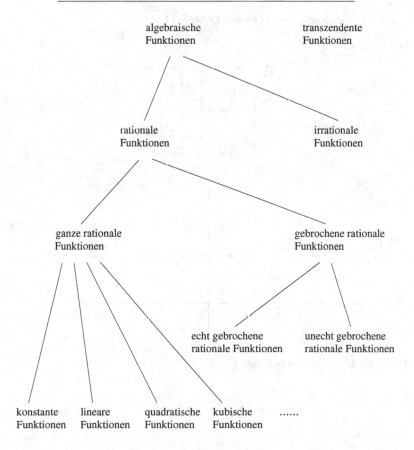

5.4   Ganze rationale Funktionen

5.4.1   Konstante Funktionen

Funktionen mit einer Funktionsgleichung

$$y = f(x) = n \quad (n \in \mathbb{R})$$

Der Graph einer konstanten Funktion ist eine Parallele zur x-Achse, und zwar im Abstand n. Im Fall $n = 0$ ist die Gerade die x-Achse selbst. Die Geradengleichung der x-Achse ist also $y = 0$. Um den Graph einer Funktion zu zeichnen, ist es sinnvoll, sich die Koordinaten von Punkten des Graphen in einer Wertetabelle aufzuschreiben. Da eine Gerade durch zwei auf ihr liegende Punkte festgelegt ist, reicht es im Prinzip, bei Geraden die Koordinaten von zwei Punkten zu berechnen.

▶ **Beispiel:**

Funktionsgleichung: $y = f(x) = 2$ (Abb. 5.11)

Wertetabelle:

x	-1	0	1
y	2	2	2

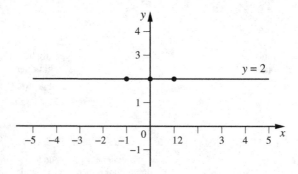

Abb. 5.11 Graph der konstanten Funktion $y = 2$

5.4.2 Lineare Funktionen

Funktionen mit einer Funktionsgleichung

$$y = f(x) = mx + n \quad (m, n \in \mathbb{R}, \; m \neq 0)$$

Eine lineare Funktion ist eine ganze rationale Funktion 1. Grades. Der Graph einer linearen Funktion ist eine Gerade (daher der Name lineare Funktion), und zwar die Gerade mit der Steigung m und dem Achsenabschnitt n auf der y-Achse (vgl. Abschn. 7.2.1). Die Steigung m einer Geraden ist der „Höhenzuwachs" (die Differenz der y-Werte) bei einem Schritt um 1 nach rechts. Der Achsenabschnitt n ist der y-Wert, bei dem die Gerade die y-Achse schneidet.

Für $m > 0$ ist die Funktion streng monoton wachsend, für $m < 0$ ist sie streng monoton fallend.

Schnittpunkt des Graphen der Funktion mit der x-Achse: $S_x(\frac{-n}{m}|0)$, Schnittpunkt mit der y-Achse: $S_y(0|n)$.

▶ **Beispiel:**

Funktionsgleichung: $y = f(x) = \frac{1}{2}x + 2$ (Abb. 5.12)

Wertetabelle:

x	-6	-4	-2	0	2	4
y	-1	0	1	2	3	4

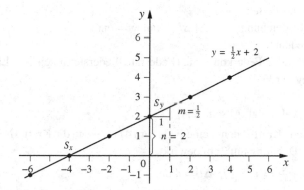

Abb. 5.12 Graph der linearen Funktion $y = \frac{1}{2}x + 2$

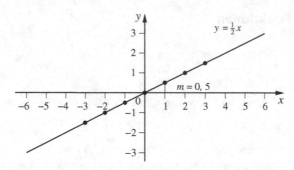

Abb. 5.13 Graph der Proportionalfunktion $y = \frac{1}{2}x$

Ist $n = 0$, so nennt man die lineare Funktion $y = mx (m \in \mathbb{R}, m \neq 0)$ auch Proportionalfunktion. Der Graph einer Proportionalfunktion ist eine Gerade durch den Koordinatenursprung, und zwar mit der Steigung m.

Man nennt m auch den Proportionalitätsfaktor der Gleichung, denn es gilt $m = \frac{y}{x}$.

▶ **Beispiel:**

Funktionsgleichung: $y = f(x) = \frac{1}{2}x$ (Abb. 5.13)

Wertetabelle:

x	-3	-2	-1	0	1	2	3
y	$-\dfrac{3}{2} = -1,5$	-1	$-\dfrac{1}{2} = -0,5$	0	$\dfrac{1}{2} = 0,5$	1	$\dfrac{3}{2} = 1,5$

▶ **Anwendungsbeispiele:**

1. *Hookesches Gesetz*
   Funktionsgleichung: $F = c\,\Delta l$ (statt $y = mx$)
   Dabei bedeuten:
   F Federkraft, c Federkonstante (Federrate, Federsteifigkeit), Δl Längenveränderung der Feder

   ▶ **Beispiel:** (vgl. Abschn. 2.4)

   Welche Kraft F dehnt eine Feder um 4 cm, wenn die Kraft 3 N (Newton) eine Dehnung um 2 cm bewirkt?

   $c = \frac{3\,\text{N}}{2\,\text{cm}} = 1,5\,\frac{\text{N}}{\text{cm}}$, $\Delta l = 4\,\text{cm}$

   Einsetzen in die Funktionsgleichung: $F = 1,5\,\frac{\text{N}}{\text{cm}} \cdot 4\,\text{cm} = 6\,\text{N}$

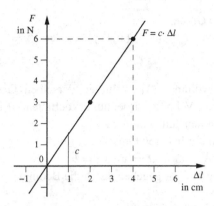

Abb. 5.14 Hookesches Gesetz

Antwort: Die Kraft 6 N bewirkt die Dehnung um 4 cm (Abb. 5.14).
Anmerkung: Es muss sichergestellt sein, dass sich die Werte im materialbe-
dingten Gültigkeitsbereich des hookeschen Gesetzes bewegen.

2. *Geschwindigkeit im Weg-Zeit-Diagramm*
   Funktionsgleichung: $\Delta s = v\,\Delta t$ (statt $y = mx$)
   Dabei bedeuten:
   Δs zurückgelegter Weg, v Geschwindigkeit, Δt abgelaufene Zeit

▶ **Beispiel:** (vgl. Abschn. 2.4)
   Wie weit kommt ein Flugzeug in $2\frac{1}{2}$ Stunden, wenn es 10 km in 45 s
   zurücklegt?

   $v = \frac{10\,000\,\text{m}}{45\,\text{s}} = 222,\overline{2}\,\frac{\text{m}}{\text{s}}, \ \Delta t = 2,5\,\text{h} \cdot \frac{3600\,\text{s}}{\text{h}} = 9000\,\text{s}$

   Einsetzen in die Funktionsgleichung: $\Delta s = \frac{10\,000\,\text{m}}{45\,\text{s}} \cdot 9000\,\text{s} = 2000\,\text{km}$

   Antwort: Das Flugzeug fliegt 2000 km weit (Abb. 5.15).

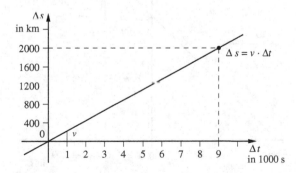

Abb. 5.15 Geschwindigkeit im Weg-Zeit-Diagramm

3. *Gay-Lussacsches Gesetz*

Funktionsgleichung: $V = V_0(1 + \gamma\vartheta)$ oder $V = V_0\gamma\vartheta + V_0$ (statt $y = mx + n$)

Dabei bedeuten:

V variables Gasvolumen, V_0 Volumen derselben Gasmenge bei $0\,°C$, $\gamma = \frac{1}{273}$ konstanter Volumenausdehnungskoeffizient, ϑ Maßzahl der in $°C$ gemessenen variablen Temperatur

Ein Vergleich mit der linearen Funktion ergibt:

$V = y$, $V_0\gamma = \frac{V_0}{273} = m$, $\vartheta = x$, $V_0 = b$

Der Definitionsbereich ist gegeben durch die Bedingung $-273 \le \vartheta < \infty$.

▶ **Beispiel:**

Im Winderhitzer eines Hochofens werden stündlich $42\,000\,m^3$ Luft von $17\,°C$ auf $800\,°C$ erwärmt. Wie groß ist das Volumen der vom Winderhitzer pro Stunde gelieferten erhitzten Luft?

Lösung: Die Gleichung $V = V_0(1 + \gamma\vartheta)$ wird zweimal benutzt.
Zuerst Berechnung von V_0:

$$V_0 = V_1 \frac{1}{1+\gamma\vartheta_1} = 42\,000\,m^3 \frac{1}{1+\frac{1}{273}\cdot 17} = 39\,537,9310\ldots m^3$$

Anschließend Berechnung des gesuchten V_2:
$$V_2 = V_0(1+\gamma\vartheta_2) = 39\,537,9310\ldots m^3 \left(1+\frac{1}{273}\cdot 800\right) = 155\,400\,m^3$$

Antwort: Das Volumen beträgt $155\,400\,m^3$ (Abb. 5.16).

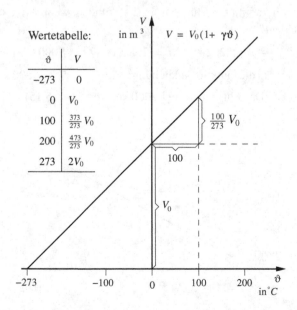

ϑ	V
-273	0
0	V_0
100	$\frac{373}{273}V_0$
200	$\frac{473}{273}V_0$
273	$2V_0$

Abb. 5.16 Gay-Lussacsches Gesetz

5.4.3 Quadratische Funktionen

Funktionen mit einer Funktionsgleichung

$$y = f(x) = a_2 x^2 + a_1 x + a_0 \quad (a_2, a_1, a_0 \in \mathbb{R}, \ a_2 \neq 0)$$

Eine quadratische Funktion ist eine ganze rationale Funktion 2. Grades. Der Graph jeder quadratischen Funktion ist eine Parabel (vgl. auch Abschn. 7.5.3).

Für spezielle Koeffizienten a_2, a_1, a_0 in der Funktionsgleichung erhält man spezielle Parabeln.

- *Normalparabel*
  Mit den Koeffizienten $a_2 = 1$, $a_1 = 0$, $a_0 = 0$ in der Gleichung $y = a_2 x^2 + a_1 x + a_0$ der quadratischen Funktion erhält man die Gleichung $y = x^2$ der Normalparabel.

$$\text{Normalparabel} \qquad y = x^2$$

Der Punkt $(0|0)$, also der Koordinatenursprung, ist der Scheitelpunkt der Normalparabel. Die Normalparabel ist symmetrisch zur y-Achse und nach oben geöffnet.

Der Definitionsbereich ist $D = \mathbb{R}$, der Wertebereich ist $W = \mathbb{R}$, und die Bildmenge $f(D)$ ist die Menge der nichtnegativen reellen Zahlen: $f(D) = \mathbb{R}_0^+ = \mathbb{R}^+ \cup \{0\}$ (Abb. 5.17).

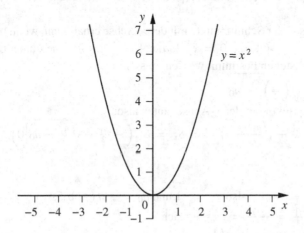

Abb. 5.17 Normalparabel

- *Verschobene Normalparabel*

  Mit $a_2 = 1$ und beliebigen Werten für a_1 und a_0 (aber nicht beide gleich 0) in $y = a_2x^2 + a_1x + a_0$ ergibt sich die Gleichung $y = x^2 + a_1x + a_0$ einer verschobenen Normalparabel.

Verschobene Normalparabel	$y = x^2 + a_1x + a_0$

Eine verschobene Normalparabel hat dieselbe Form wie die Normalparabel, der Scheitelpunkt liegt jedoch nicht im Koordinatenursprung.

Berechnung des Scheitelpunkts S der verschobenen Normalparabel mit der Gleichung $y = x^2 + a_1x + a_0$:

Subtraktion von a_0 ergibt $y - a_0 = x^2 + a_1x$.

Durch quadratische Ergänzung erhält man $y - a_0 + \left(\frac{a_1}{2}\right)^2 = x^2 + a_1x + \left(\frac{a_1}{2}\right)^2$, woraus $y - \left(a_0 - \frac{a_1^2}{4}\right) = \left(x + \frac{a_1}{2}\right)^2$ folgt.

Die rechte Gleichungsseite und damit auch die linke ist ≥ 0. Der kleinste y-Wert ergibt sich, wenn beide Gleichungsseiten gleich 0 sind, also für $y = a_0 - \frac{a_1^2}{4}$. Dies ist der Wert der Ordinate des Scheitelpunkts.

Die rechte Gleichungsseite wird für $x = -\frac{a_1}{2}$ gleich 0, dem Wert der Abszisse des Scheitelpunkts. Man erhält somit als Scheitelpunkt der verschobenen Normalparabel $S(x_S|y_S) = S\left(-\frac{a_1}{2}\middle|a_0 - \frac{a_1^2}{4}\right)$.

Berechnung des Schnittpunkts S_y der verschobenen Normalparabel mit der y-Achse: Die Ordinate des Schnittpunkts mit der y-Achse ergibt sich, wenn man in der Funktionsgleichung $x = 0$ setzt: $y = 0 + 0 + a_0 = a_0$. Somit ist $S_y = S_y(0|a_0)$.

Berechnung der Schnittpunkte S_{x_1} und S_{x_2} der verschobenen Normalparabel mit der x-Achse:

Die Abszissen der Schnittpunkte mit der x-Achse erhält man, wenn man in der Funktionsgleichung $y = 0$ setzt: $0 = x^2 + a_1x + a_0$. Dies ist eine quadratische Gleichung in x, deren Nullstellen bestimmt werden müssen:

$$x_{1,2} = -\frac{a_1}{2} \pm \sqrt{\left(\frac{a_1}{2}\right)^2 - a_0}.$$

Die Schnittpunkte mit der x-Achse lauten also:

$$S_{x_1} = S_{x_1}\left(-\frac{a_1}{2} + \sqrt{\frac{a_1^2}{4} - a_0}\middle|0\right), \quad S_{x_2} = S_{x_2}\left(-\frac{a_1}{2} - \sqrt{\frac{a_1^2}{4} - a_0}\middle|0\right).$$

▶ **Beispiele:**

1. $y = x^2 - x - 1$ (also $a_1 = -1$ und $a_0 = -1$) (Abb. 5.18)

   Wegen $\frac{a_1^2}{4} = \frac{(-1)^2}{4} = \frac{1}{4}$ ergibt sich

   Scheitelpunkt: $S = S\left(\frac{1}{2}\middle| -1 - \frac{1}{4}\right) = S\left(\frac{1}{2}\middle| -\frac{5}{4}\right)$

   Schnittpunkt mit der y-Achse:

   $S_y = S_y(0| -1)$

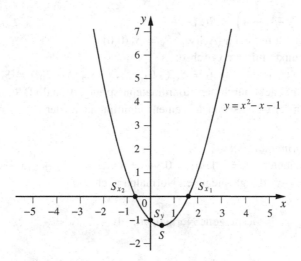

Abb. 5.18 Verschobene Normalparabel

Schnittpunkte mit der x-Achse:

$$S_{x_1} = S_{x_1}\left(\tfrac{1}{2} + \sqrt{\tfrac{1}{4} + 1}\,\Big|0\right) = S_{x_1}\left(\tfrac{1}{2}\left(1 + \sqrt{5}\right)\Big|0\right) = S_{x_1}(1,6180\ldots|0),$$

$$S_{x_2} = S_{x_2}\left(\tfrac{1}{2} - \sqrt{\tfrac{1}{4} + 1}\,\Big|0\right) = S_{x_2}\left(\tfrac{1}{2}\left(1 - \sqrt{5}\right)\Big|0\right) = S_{x_2}(-0,6180\ldots|0)$$

2. $y = x^2 - 4x$ (also $a_1 = -4$ und $a_0 = 0$) (Abb. 5.19)

Es ergibt sich $\frac{a_1^2}{4} = \frac{(-4)^2}{4} = 4$. Damit berechnet man den Scheitelpunkt:

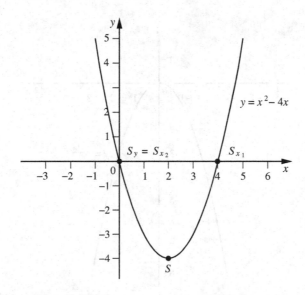

Abb. 5.19 Verschobene Normalparabel

$S = S\left(-\frac{-4}{2}\middle| -4\right) = S(2|-4)$

Schnittpunkt mit der y-Achse: $S_y = S_y(0|0)$

Schnittpunkte mit der x-Achse:

$S_{x_1} = S_{x_1}(2 + \sqrt{4-0}|0) = S_{x_1}(4|0),\ \ S_{x_2} = S_{x_2}(2-2|0) = S_{x_2}(0|0)$

Die Parabel geht durch den Koordinatenursprung, deshalb fällt der Schnittpunkt mit der y-Achse mit dem einen Schnittpunkt mit der x-Achse zusammen.

- *Gespiegelte Normalparabel*
  Mit den Koeffizienten $a_2 = -1$, $a_1 = 0$, $a_0 = 0$ in $y = a_2 x^2 + a_1 x + a_0$ ergibt sich die
  Gleichung $y = -x^2$ der gespiegelten Normalparabel.

> Gespiegelte Normalparabel $y = -x^2$

Die gespiegelte Normalparabel entsteht aus der Normalparabel durch Spiegelung an der
x-Achse. Der Punkt $(0|0)$ ist der Scheitelpunkt der gespiegelten Normalparabel. Sie ist
symmetrisch zur y-Achse und nach unten geöffnet (Abb. 5.20).

- *Gespiegelte verschobene Normalparabel*
  Mit $a_2 = -1$ und beliebigen Werten für a_1 und a_0 (aber nicht beide gleich 0) ergibt sich
  die Gleichung $y = -x^2 + a_1 x + a_0$ einer gespiegelten verschobenen Normalparabel.

> Gespiegelte verschobene Normalparabel $y = -x^2 + a_1 x + a_0$

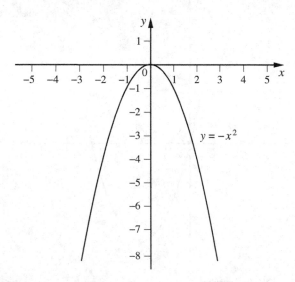

Abb. 5.20 Gespiegelte Normalparabel

Berechnung des Scheitelpunkts S:

Subtraktion von a_0: $y - a_0 = -x^2 + a_1 x$

Subtraktion von $\left(\frac{a_1}{2}\right)^2$: $y - a_0 - \left(\frac{a_1}{2}\right)^2 = -x^2 + a_1 x - \left(\frac{a_1}{2}\right)^2$

Zusammenfassen auf der linken Seite des Gleichheitszeichens und Ausklammern von -1 auf der rechten Seite:

$$y - \left(a_0 + \left(\frac{a_1}{2}\right)^2\right) = -\left(x^2 - a_1 x + \left(\frac{a_1}{2}\right)^2\right)$$

Anwenden der zweiten binomischen Formel auf der rechten Seite:

$$y - \left(a_0 + \frac{a_1^2}{4}\right) = -\left(x - \frac{a_1}{2}\right)^2$$

Die rechte Gleichungsseite und damit auch die linke ist ≤ 0. Der größte y-Wert ergibt sich, wenn beide Gleichungsseiten gleich 0 sind, also für $y = a_0 + \frac{a_1^2}{4}$. Dies ist der Wert der Ordinate des Scheitelpunkts.

Die rechte Gleichungsseite wird für $x = \frac{a_1}{2}$ gleich 0, dem Wert der Abszisse des Scheitelpunkts. Somit ergibt sich für den Scheitelpunkt der gespiegelten verschobenen Normalparabel

$$S(x_S|y_S) = S\left(\frac{a_1}{2}\middle|a_0 + \frac{a_1^2}{4}\right)$$

Berechnung des Schnittpunkts S_y mit der y-Achse:

Durch Einsetzen von $x = 0$ in die Funktionsgleichung erhält man $y = a_0$ als Ordinate des Schnittpunkts und als Schnittpunkt somit $S_y = S_y(0|a_0)$.

Berechnung der Schnittpunkte S_{x_1} und S_{x_2} mit der x-Achse:

Durch Einsetzen von $y = 0$ in die Funktionsgleichung ergibt sich $0 = -x^2 + a_1 x + a_0$ und nach Multiplikation der Gleichung mit -1 die quadratische Gleichung $x^2 - a_1 x - a_0 = 0$, die die Lösungen $x_{1,2} = \frac{a_1}{2} \pm \sqrt{\left(\frac{a_1}{2}\right)^2 + a_0}$ hat. Die Schnittpunkte mit der x-Achse lauten somit:

$$S_{x_1} = S_{x_1}\left(\frac{a_1}{2} + \sqrt{\frac{a_1^2}{4} + a_0}\middle|0\right), \quad S_{x_2} = S_{x_2}\left(\frac{a_1}{2} - \sqrt{\frac{a_1^2}{4} + a_0}\middle|0\right).$$

▶ **Beispiel:**

3. $y = -x^2 - 4x + 3$ (also $a_1 = -4$ und $a_0 = 3$) (Abb. 5.21)

Man berechnet $\frac{a_1^2}{4} = \frac{(-4)^2}{4} = 4$

Scheitelpunkt: $S = S(-2|3 + 4) = S(-2|7)$

Schnittpunkt mit der y-Achse: $S_y = S_y(0|3)$

Schnittpunkte mit der x-Achse:

$S_{x_1} = S_{x_1}(-2 + \sqrt{4 + 3}|0) = S_{x_1}(-2 + \sqrt{7}|0) = S_{x_1}(0,6457\ldots|0)$,
$S_{x_2} = S_{x_2}(-2 - \sqrt{7}|0) = S_{x_2}(-4,6457\ldots|0)$

• *Allgemeiner Fall*

| Parabel | $y = a_2 x^2 + a_1 x + a_0$ |

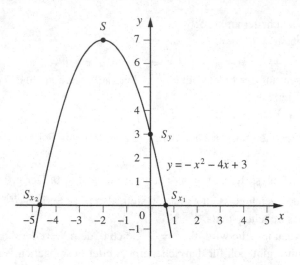

Abb. 5.21 Gespiegelte verschobene Normalparabel

Für $a_2 > 0$ ist die Parabel nach oben, für $a_2 < 0$ nach unten geöffnet.

Für $|a_2| > 1$ ist die Parabel im Vergleich zur Normalparabel gestreckt und für $|a_2| < 1$ gestaucht. Man nennt $|a_2|$ deshalb den Streckungsfaktor der Parabel.

Eine Änderung des Koeffizienten a_1 bewirkt eine Verschiebung der Parabel in x-Richtung, eine Änderung von a_0 bewirkt eine Verschiebung in y-Richtung.

Berechnung des Scheitelpunkts S:

Subtraktion von a_0: $y - a_0 = a_2 x^2 + a_1 x$

Ausklammern von a_2 auf der rechten Seite: $y - a_0 = a_2\left(x^2 + \frac{a_1}{a_2}\, x\right)$

Quadratische Ergänzung in der Klammer auf der rechten Seite, also Addition von $\frac{a_1^2}{4a_2}$ auf beiden Seiten der Gleichung:

$$y - a_0 + \frac{a_1^2}{4a_2} = a_2\left(x^2 + \frac{a_1}{a_2}\, x + \left(\frac{a_1}{2a_2}\right)^2\right)$$

Anwenden der ersten binomischen Formel auf der rechten Seite:

$$y - \left(a_0 - \frac{a_1^2}{4a_2}\right) = a_2\left(x + \frac{a_1}{2a_2}\right)^2$$

Hieraus liest man die Koordinaten des Scheitelpunkts ab, nämlich diejenigen Werte für x und y, für die beide Seiten der Gleichung gleich 0 werden:

$$x_S = -\frac{a_1}{2a_2}, \quad y_S = a_0 - \frac{a_1^2}{4a_2}$$

Scheitelpunkt S der Parabel:

$$S(x_S|y_S) = S\left(-\frac{a_1}{2a_2}\,\bigg|\, a_0 - \frac{a_1^2}{4a_2}\right)$$

Man nennt die Gleichung $y - y_S = a_2(x - x_S)^2$ Scheitelform der quadratischen Funktion, wohingegen $y = a_2 x^2 + a_1 x + a_0$ Normalform der quadratischen Funktion heißt.

Scheitelform der quadratischen Funktion	$y - y_S = a_2(x - x_S)^2$

Berechnung des Schnittpunkts S_y mit der y-Achse:

Setzt man in der Funktionsgleichung $x = 0$ ein, so erhält man $y = a_0$ als Ordinate des Schnittpunkts S_y und als Schnittpunkt somit $S_y = S_y(0|a_0)$.

Der Wert $D = a_1^2 - 4a_2a_0$ heißt Diskriminante der quadratischen Funktion $y = a_2x^2 + a_1x + a_0$. Gilt $D > 0$, so hat die zugehörige Parabel zwei Schnittpunkte mit der x-Achse. Für $D = 0$ gibt es einen Schnittpunkt (der Schnittpunkt ist dann ein Berührpunkt). Für $D < 0$ gibt es keinen Schnittpunkt mit der x-Achse.

Berechnung des Schnittpunkts (für $D = 0$) bzw. der Schnittpunkte (für $D > 0$) der Parabel mit der x-Achse:

Durch Einsetzen von $y = 0$ in die Funktionsgleichung $y = a_2x^2 + a_1x + a_0$ erhält man die quadratische Gleichung $a_2x^2 + a_1x + a_0 = 0$, die die Lösungen $x_{1,2} = \frac{1}{2a_2}\left(-a_1 \pm \sqrt{a_1^2 - 4a_2a_0}\right)$ hat. Daraus ergeben sich die Schnittpunkte mit der x-Achse:

$$S_{x1}\left(\frac{1}{2a_2}\left(-a_1 + \sqrt{a_1^2 - 4a_2a_0}\right)\bigg|0\right), \quad S_{x2}\left(\frac{1}{2a_2}\left(-a_1 - \sqrt{a_1^2 - 4a_2a_0}\right)\bigg|0\right).$$

▶ **Beispiele:**

4. $y = 4x^2$ (also $a_2 = 4$, $a_1 = a_0 = 0$) (Abb. 5.22)

   Wegen $|a_2| = |4| = 4 > 1$ ist die Parabel im Vergleich zur Normalparabel gestreckt, und wegen $a_2 = 4 > 0$ ist die Parabel nach oben geöffnet.

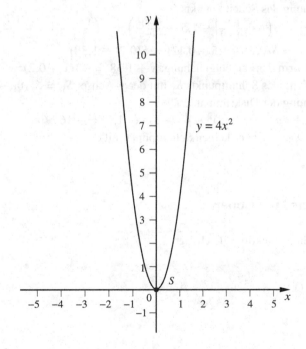

Abb. 5.22 Parabel

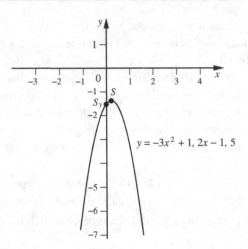

Abb. 5.23 Parabel

Aus $a_1 = a_0 = 0$ folgt $S = S(0|0)$ und $S = S_x = S_y$.

5. $y = -3x^2 + 1,2x - 1,5$ (also $a_2 = -3$, $a_1 = 1,2$, $a_0 = -1,5$) (Abb. 5.23)

Aus $|a_2| = |-3| = 3 > 1$ folgt, dass die Parabel im Vergleich zur Normalparabel gestreckt ist. Wegen $a_2 = -3 < 0$ ist die Parabel nach unten geöffnet.

Berechnung des Scheitelpunkts S:

$S(x_S|y_S) = S\left(-\frac{1,2}{2\cdot(-3)}\Big| -1,5 - \frac{(1,2)^2}{4\cdot(-3)}\right) = S\left(\frac{1,2}{6}\Big| -1,5 + \frac{1,44}{12}\right)$

$\qquad = S(0,2| -1,5 + 0,12) = S(0,2| -1,38)$

Scheitelform der Parabelgleichung: $y + 1,38 = -3(x - 0,2)^2$

Berechnung des Schnittpunkts S_y mit der y-Achse: $S_y = S_y(0| -1,5)$

Berechnung der Diskriminante D:

$D = a_1^2 - 4a_2a_0 = (1,2)^2 - 4\cdot(-3)\cdot(-1,5) = -16,56$.

Wegen $D < 0$ gibt es keinen Schnittpunkt mit der x-Achse.

5.4.4 Kubische Funktionen

Funktionen mit einer Funktionsgleichung

$$y = f(x) = a_3x^3 + a_2x^2 + a_1x + a_0 \quad (a_3, a_2, a_1, a_0 \in \mathbb{R}, a_3 \neq 0)$$

Eine kubische Funktion ist eine ganze rationale Funktion 3. Grades.

Der Graph einer kubischen Funktion ist eine kubische Parabel.

Das Verhalten der Funktion hängt wesentlich von dem Koeffizienten a_3 und der Diskriminante $D = 3a_3a_1 - a_2^2$ ab. Wenn $D \geq 0$ ist, dann ist die Funktion für $a_3 > 0$ monoton wachsend und für $a_3 < 0$ monoton fallend (vgl. Abschn. 5.2.1). Für $D < 0$ besitzt die Funktion ein Maximum und ein Minimum (siehe Abschn. 8.4.10). Für $a_3 > 0$ ist die Funktion dann von $-\infty$ bis zum Maximum monoton wachsend, monoton fallend vom Maximum bis zum Minimum und danach bis $+\infty$ wieder monoton wachsend. Für $a_3 < 0$ (und $D < 0$) ist die Funktion von $-\infty$ bis zum Minimum monoton fallend, vom Minimum bis zum Maximum monoton wachsend und danach bis $+\infty$ wieder monoton fallend.

Es gibt einen, zwei (dann ist ein Schnittpunkt ein Berührpunkt) oder drei Schnittpunkte mit der x-Achse (abhängig von den Koeffizienten a_3, a_2, a_1, a_0). Der Schnittpunkt mit der y-Achse ist $S_y(0|a_0)$.

Spezialfälle:

● *Kubische Normalparabel*
Mit den Koeffizienten $a_3 = 1, a_2 = 0, a_1 = 0, a_0 = 0$ ergibt sich die kubische Normalparabel $y = x^3$. Sie schneidet sowohl die x- als auch die y-Achse im Ursprung.

$$\text{Kubische Normalparabel} \qquad y = x^3$$

● *Gespiegelte kubische Normalparabel*
Mit den Koeffizienten $a_3 = -1, a_2 = 0, a_1 = 0, a_0 = 0$ erhält man die gespiegelte kubische Normalparabel $y = -x^3$.

$$\text{Gespiegelte kubische Normalparabel} \qquad y = -x^3$$

▶ **Beispiele:**   (Abb. 5.24)

1. $y = x^3$

2. $y = -\frac{1}{2}x^3$

3. $y = \frac{1}{4}x^3 - x$

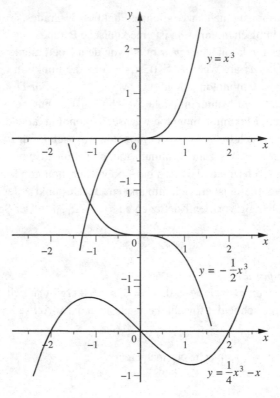

Abb. 5.24 Graphen der kubischen Funktionen $y = x^3$, $y = -\frac{1}{2} x^3$ und $y = \frac{1}{4} x^3 - x$

5.4.5 Ganze rationale Funktionen n-ten Grades

Funktionen mit einer Funktionsgleichung folgender Art, wobei $a_0, a_1, a_2, \ldots, a_{n-1}, a_n \in \mathbb{R}$, $a_n \neq 0$, $n \in \mathbb{N}$, heißen ganze rationale Funktionen n-ten Grades.

$$y = a_n x^n + a_{n-1} x^{n-1} + \ldots + a_2 x^2 + a_1 x + a_0 = \sum_{k=0}^{n} a_k x^k$$

Die rechte Seite der Gleichung heißt auch Polynom n-ten Grades.

Der Graph einer ganzen rationalen Funktion n-ten Grades ist eine zusammenhängende Kurve, die von links aus dem Unendlichen kommt und nach rechts im Unendlichen verschwindet. Dabei hängt der Kurvenverlauf ganz wesentlich vom Grad n der Funktion und vom Vorzeichen von a_n ab. Es gilt:

n gerade $(n = 2, 4, 6, \ldots)$ und $a_n > 0$:	$x \to -\infty \; \Rightarrow \; y \to +\infty$
	$x \to +\infty \; \Rightarrow \; y \to +\infty$
n gerade $(n = 2, 4, 6, \ldots)$ und $a_n < 0$:	$x \to -\infty \; \Rightarrow \; y \to -\infty$
	$x \to +\infty \; \Rightarrow \; y \to -\infty$
n ungerade $(n = 1, 3, 5, \ldots)$ und $a_n > 0$:	$x \to -\infty \; \Rightarrow \; y \to -\infty$
	$x \to +\infty \; \Rightarrow \; y \to +\infty$
n ungerade $(n = 1, 3, 5, \ldots)$ und $a_n < 0$:	$x \to -\infty \; \Rightarrow \; y \to +\infty$
	$x \to +\infty \; \Rightarrow \; y \to -\infty$

Dabei bedeutet zum Beispiel $x \to -\infty$, dass x sich $-\infty$ nähert.

Ist von den Koeffizienten in der Funktionsgleichung nur $a_n \neq 0$, gilt also $a_0 = a_1 = a_2 = \ldots = a_{n-2} = a_{n-1} = 0$, dann nennt man die Funktion Potenzfunktion.

Potenzfunktionen	$y = a_n x^n \quad (n \in \mathbb{N}, \; a_n \in \mathbb{R}, \; a_n \neq 0)$

Die Graphen der Potenzfunktionen heißen für $n \geq 2$ Parabeln n-ter Ordnung.

Der Definitionsbereich der Potenzfunktionen ist $D = \mathbb{R}$. Für die Bildmenge gilt $f(D) = \{z | z \in \mathbb{R}, z \geq 0\}$ für gerade $n \geq 2$ und $a_n > 0$, $f(D) = \{z | z \in \mathbb{R}, z \leq 0\}$ für gerade $n \geq 2$ und $a_n < 0$ und $f(D) = \mathbb{R}$ für ungerade n.

Die Kurve der Funktion $y = ax^n$ ist im Vergleich zur Kurve der Funktion $y = x^n$ für $|a| < 1$ gestaucht, für $|a| > 1$ gestreckt und für $a < 0$ an der x-Achse gespiegelt.

▶   **Beispiele:**

1. $y = x^2$ und $y = x^4$ (Abb. 5.25)
    Die Graphen dieser Funktionen sind Parabeln 2. bzw. 4. Ordnung.

2. $y = x^3$ und $y = x^5$ (Abb. 5.26)
    Die Graphen dieser Funktionen sind Parabeln 3. bzw. 5. Ordnung.

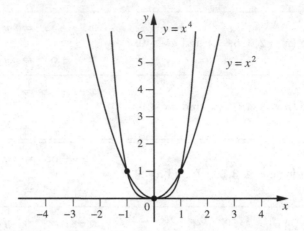

Abb. 5.25 Parabeln 2. und 4. Ordnung

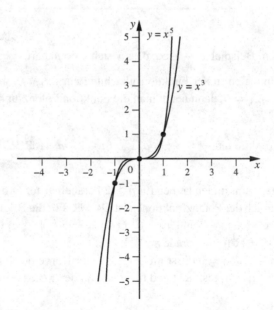

Abb. 5.26 Parabeln 3. und 5. Ordnung

3. $y = \frac{1}{100}x^6 + \frac{1}{100}x^5 - \frac{17}{100}x^4 - \frac{1}{20}x^3 + \frac{16}{25}x^2 + \frac{1}{25}x - \frac{12}{25}$ (Abb. 5.27)

Das Polynom der rechten Seite lässt sich umformen:

$$\frac{1}{100}x^6 + \frac{1}{100}x^5 - \frac{17}{100}x^4 - \frac{1}{20}x^3 + \frac{16}{25}x^2 + \frac{1}{25}x - \frac{12}{25}$$
$$= \frac{1}{100}(x^2 - 1)(x^2 - 4)(x^2 + x - 12)$$

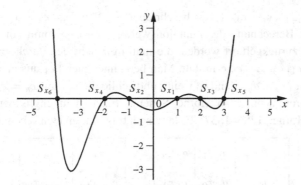

Abb. 5.27 Graph der Funktion zu der Gleichung aus Beispiel 3

Da ein Produkt genau dann gleich 0 ist, wenn mindestens einer der Faktoren gleich 0 ist, erhält man als Nullstellen der gegebenen Funktion die Lösungen der drei quadratischen Gleichungen $x^2 - 1 = 0$, $x^2 - 4 = 0$ und $x^2 + x - 12 = 0$:

$x_1 = 1$, $x_2 = -1$, $x_3 = 2$, $x_4 = -2$, $x_5 = 3$, $x_6 = -4$

Die Nullstellen sind die Abszissen der Schnittpunkte des Graphen der Funktion mit der x-Achse.

Weil eine algebraische Gleichung n-ten Grades höchstens n reelle Wurzeln besitzt, hat die Kurve für den gegebenen Grad die Höchstzahl an Schnittpunkten mit der x-Achse, nämlich $n = 6$.

Da $a_n = \frac{1}{100} > 0$ und $n = 6$ geradzahlig ist, kommt die Kurve von links aus dem Positiv-Unendlichen und geht nach rechts ins Positiv-Unendliche.

Zur Berechnung des Schnittpunkts S_y mit der y-Achse setzt man in der Funktionsgleichung $x = 0$ ein und erhält $y = -\frac{12}{25}$ als Ordinate des Schnittpunkts und damit als Schnittpunkt mit der y-Achse: $S_y = S_y \left(0 \middle| -\frac{12}{25} \right)$.

5.4.6 Horner-Schema

Das Horner-Schema ist ein Verfahren zur Berechnung von Funktionswerten ganzer rationaler Funktionen.

Ist eine Funktion $f(x) = a_n x^n + a_{n-1} x^{n-1} + \ldots + a_2 x^2 + a_1 x + a_0 = \sum_{k=0}^{n} a_k x^k$ gegeben und der Funktionswert an der Stelle x_0 gesucht, so dividiert man das Polynom $\sum_{k=0}^{n} a_k x^k$ durch $(x - x_0)$:

$(a_n x^n + a_{n-1} x^{n-1} + \ldots + a_2 x^2 + a_1 x + a_0) : (x - x_0) = a_n x^{n-1} + c_1 x^{n-2} + \ldots + c_{n-2} x$
$+ c_{n-1} + \dfrac{c_n}{x - x_0}$.

Für die Koeffizienten c_i gilt $c_1 = a_n x_0 + a_{n-1}$ und $c_i = c_{i-1} x_0 + a_{n-i}$ für $i = 2, 3, \ldots, n$. Damit kann die Funktion $f(x)$ auch durch die Gleichung $f(x) = (a_n x^{n-1} + c_1 x^{n-2} +$

$\ldots + c_{n-2}x + c_{n-1})(x - x_0) + c_n$ beschrieben werden. Für $x = x_0$ ergibt sich dann $f(x_0) = c_n$. Die Berechnung des Funktionswertes $f(x_0)$ ist somit auf die Berechnung der Konstante c_n zurückgeführt worden, die man in n Schritten durch einander folgende Berechnung von $c_1, c_2, \ldots, c_n$ ermittelt. Man berechnet zuerst c_1 aus $c_1 = a_n x_0 + a_{n-1}$, dann c_2 aus $c_2 = c_1 x_0 + a_{n-2}$ und so weiter und schließlich c_n aus $c_n = c_{n-1}x_0 + a_0$.

Dieses Verfahren nennt man Horner-Schema (nach dem englischen Mathematiker William George Horner, 1786–1837). Es lässt sich folgendermaßen schematisch darstellen:

		a_n	a_{n-1}	a_{n-2}	$\ldots$	a_1	a_0
$+$			$a_n x_0$	$c_1 x_0$	$\ldots$	$c_{n-2}x_0$	$c_{n-1}x_0$
		a_n	c_1	c_2	$\ldots$	c_{n-1}	c_n

▶ **Beispiel:**

$f(x) = 2x^4 - 8x^3 + 2x^2 + 28x - 48$

Gesucht ist $f(-3)$, also der Funktionswert an der Stelle $x_0 = -3$.

Horner-Schema:

	2	-8	2	28	-48
$+$		-6	42	-132	312
		$(= 2 \cdot (-3))$	$(= (-14) \cdot (-3))$	$(= 44 \cdot (-3))$	$(= (-104) \cdot (-3))$
	2	-14	44	-104	264

Es gilt also $f(-3) = 264$.

5.5 Gebrochene rationale Funktionen

5.5.1 Nullstellen, Pole, Asymptoten

Funktionen mit einer Funktionsgleichung folgender Art, wobei $a_0, a_1, \ldots, a_n, b_0, b_1, \ldots, b_m \in \mathbb{R}, a_n, b_m \neq 0, n \in \mathbb{Z}, n \geq 0, m \in \mathbb{N}$, heißen gebrochene rationale Funktionen.

$$y = \frac{a_n x^n + a_{n-1}x^{n-1} + \ldots + a_2 x^2 + a_1 x + a_0}{b_m x^m + b_{m-1}x^{m-1} + \ldots + b_2 x^2 + b_1 x + b_0} = \frac{\sum\limits_{i=0}^{n} a_i x^i}{\sum\limits_{k=0}^{m} b_k x^k}$$

Eine gebrochene rationale Funktion $y = f(x)$ kann immer als Quotient zweier ganzer rationaler Funktionen dargestellt werden (sowohl Zähler als auch Nenner sind Polynome in x).

$$\text{Gebrochene rationale Funktionen} \qquad y = \frac{P_n(x)}{P_m(x)}$$

Eine gebrochene rationale Funktion ist nicht für alle x definiert. Die Nullstellen des Nenners gehören nicht zum Definitionsbereich der Funktion.

Ist der Grad des Nennerpolynoms größer als der Grad des Zählerpolynoms ($n < m$), dann heißt die Funktion echt gebrochene rationale Funktion, andernfalls (also für $n \geq m$) heißt sie unecht gebrochene rationale Funktion.

Gebrochene rationale Funktionen, bei denen sowohl das Zählerpolynom als auch das Nennerpolynom den Grad 1 haben (also $n = 1$ und $m = 1$), heißen gebrochene lineare Funktionen.

$$\text{Gebrochene lineare Funktionen} \qquad y = \frac{a_1 x + a_0}{b_1 x + b_0}$$

Die Graphen der gebrochenen rationalen Funktionen $y = \frac{a}{x^n}$, $n \in \mathbb{N}$, $a \in \mathbb{R}$, $a \neq 0$ heißen Hyperbeln n-ter Ordnung (zu Hyperbeln vgl. auch Abschn. 7.5.2).

Durch Polynomdivision lässt sich jede unecht gebrochene rationale Funktion $y = f(x)$ darstellen als Summe einer ganzen rationalen Funktion $g(x)$ und einer echt gebrochenen rationalen Funktion $h(x)$: $y = f(x) = g(x) + h(x)$.

▶ **Beispiel:**

1. $\dfrac{2x^4 + 3x^3 + 5x^2 - 4x + 1}{x^2 - 3x + 1} = 2x^2 + 9x + 30 + \dfrac{77x - 29}{x^2 - 3x + 1}$

Eine Zahl x_0 ist eine Nullstelle von $y = f(x) = \frac{P_n(x)}{P_m(x)} = \frac{P(x)}{Q(x)}$, wenn an der Stelle $x = x_0$ der Zähler Null ist und der Nenner von Null verschieden, also $P(x_0) = 0$, $Q(x_0) \neq 0$. Eine Stelle $x = x_p$ heißt ein Pol der Funktion $y = \frac{P(x)}{Q(x)}$, wenn x_p eine Nullstelle des Nenners $Q(x)$ ist und der Zähler $P(x)$ an der Stelle x_p von Null verschieden ist, also $Q(x_p) = 0$, $P(x_p) \neq 0$. Ist $x = x_p$ eine k-fache Nullstelle des Nenners $Q(x)$ und gilt $P(x_p) \neq 0$, dann heißt x_p ein Pol k-ter Ordnung von $y = \frac{P(x)}{Q(x)}$.

Zwei Polynome $P(x)$ und $Q(x)$ heißen teilerfremd, wenn alle ihre Nullstellen verschieden sind. Gilt also für eine Stelle $x = x_1$, dass $P(x_1) = 0$, so folgt $Q(x_1) \neq 0$, und gilt umgekehrt für eine Stelle $x = x_2$, dass $Q(x_2) = 0$, so folgt $P(x_2) \neq 0$.

Jede gebrochene rationale Funktion lässt sich als Quotient zweier teilerfremder Polynome darstellen.

$$y = \frac{P(x)}{Q(x)}, \quad P(x) \text{ und } Q(x) \text{ teilerfremd}$$

Eine solche Darstellung heißt Normalform der gebrochenen rationalen Funktion.

Die Nullstellen einer gebrochenen rationalen Funktion in Normalform sind die Nullstellen des Zählerpolynoms $P(x)$.

Ist $x = x_p$ ein Pol k-ter Ordnung der Funktion $y = \frac{P(x)}{Q(x)}$ mit teilerfremden $P(x)$ und $Q(x)$, dann lässt sich die Funktion in der Nähe des Pols darstellen durch

$$y = \frac{P(x)}{Q(x)} = \frac{1}{(x - x_p)^k} \cdot \frac{P(x)}{Q_1(x)}.$$

Dabei haben weder $P(x)$ noch $Q_1(x)$ in der Nähe von $x = x_p$ eine Nullstelle, sie ändern also ihr Vorzeichen nicht. Ihr Quotient hat deshalb einen von Null verschiedenen, beschränkten positiven oder negativen Wert. Die Funktion $\frac{1}{(x-x_p)^k}$ wächst aber, wenn sich x dem Pol x_p nähert, über alle Grenzen.

Nähert man sich dem Pol mit wachsenden x-Werten (also $x < x_p$), so ist $x - x_p$ negativ. Für ungerade k ($k = 1, 3, 5, \ldots$) geht dann $\frac{1}{(x-x_p)^k}$ gegen $-\infty$, für gerade k ($k = 2, 4, 6, \ldots$) dagegen gegen $+\infty$ (Abb. 5.28, 5.29).

Nähert man sich dem Pol mit abnehmenden x-Werten (also $x > x_p$), so ist $x - x_p$ positiv, $\frac{1}{(x-x_p)^k}$ geht dann also stets gegen $+\infty$.

Für negative Werte des Faktors $\frac{P(x)}{Q_1(x)}$ dreht sich das Vorzeichen der Funktion $y = f(x)$ um.

Die Gerade $x = x_p$ heißt Asymptote der gebrochenen rationalen Funktion $y = f(x)$. Asymptoten einer Funktion sind Geraden, denen sich der Graph der Funktion unbeschränkt nähert, ohne sie je zu erreichen (Asymptote = Nichtzusammenlaufende).

Das Verhalten einer gebrochenen rationalen Funktion $y = f(x) = \frac{P_n(x)}{P_m(x)}$ im Unendlichen:

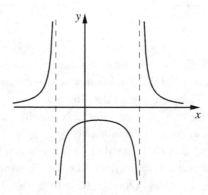

Abb. 5.28 Funktionsverlauf bei Polen ungerader Ordnung

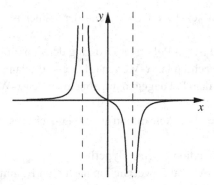

Abb. 5.29 Funktionsverlauf bei Polen gerader Ordnung

- Ist $y = f(x)$ eine echt gebrochene rationale Funktion, gilt also $n < m$, dann ist die x-Achse (Gerade mit der Gleichung $y = 0$) eine Asymptote.
- Im Falle $n = m$ ist die zur x-Achse parallele Gerade mit der Gleichung $y = \frac{a_n}{b_m}$ eine Asymptote.
- Ist $n > m$, so gilt $y = f(x) = g(x) + h(x)$, wobei $g(x)$ eine ganze rationale Funktion und $h(x)$ eine echt gebrochene rationale Funktion sind. Die Funktion $y = f(x)$ verhält sich dann im Unendlichen wie die rationale Funktion $y = g(x)$.

▶   **Beispiele:**

2. $y = \frac{1}{x}$ (Abb. 5.30)

Zum Definitionsbereich gehören alle x außer $x = 0$.
Wegen $f(-x) = \frac{1}{-x} = -\frac{1}{x} = -f(x)$ ist die Funktion ungerade, der Graph der Funktion ist also symmetrisch zum Nullpunkt (Koordinatenursprung).

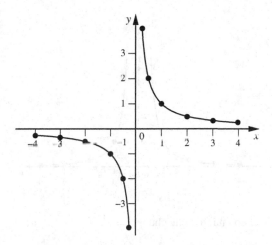

Abb. 5.30 Graph der Funktion mit der Gleichung $y = \frac{1}{x}$

Die Funktion hat keine Nullstelle, denn der Zähler ist stets von Null verschieden ($P(x) = 1$).

Die Stelle $x = 0$ ist ein Pol erster Ordnung der Funktion. Nähert man sich diesem Pol mit wachsenden x-Werten (also $x < 0$), dann geht y gegen $-\infty$. Nähert man sich dem Pol dagegen mit abnehmenden x-Werten (also $x > 0$), so geht y gegen $+\infty$.

Die Geraden $x = 0$ (y-Achse) und $y = 0$ (x-Achse) sind Asymptoten der Funktion.

Der Graph der Funktion ist eine Hyperbel.

Wertetabelle (y-Werte auf zwei Stellen nach dem Komma gerundet):

x	-4	-3	-2	-1	$-0,5$	$-0,25$	$-0,1$	$-0,01$	1	2	3	4
y	$-0,25$	$-0,33$	$-0,50$	-1	-2	-4	-10	-100	1	$0,50$	$0,33$	$0,25$

3. $y = \frac{1}{x^2}$ (Abb. 5.31)

Die Funktion ist definiert für alle $x \neq 0$.

Es gilt $f(-x) = \frac{1}{(-x)^2} = \frac{1}{x^2} = f(x)$, die Funktion ist also gerade, ihr Graph ist symmetrisch zur y-Achse.

Da der Zähler konstant gleich 1 ist, besitzt die Funktion keine Nullstellen.

Die Stelle $x = 0$ ist ein Pol zweiter Ordnung. Nähert man sich dem Pol mit wachsenden x-Werten (also $x < 0$) oder mit abnehmenden x-Werten (also $x > 0$), dann geht y gegen $+\infty$.

Die Geraden $x = 0$ (y-Achse) und $y = 0$ (x-Achse) sind Asymptoten der Funktion.

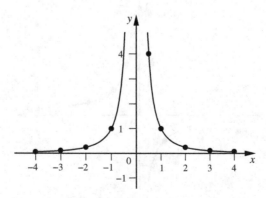

Abb. 5.31 Graph der Funktion mit der Gleichung $y = \frac{1}{x^2}$

Wertetabelle:

x	4	3	2	1	0,5	0,25	0,1	-1	-2	-3	-4
y	0,06	0,11	0,25	1	4	16	100	1	0,25	0,11	0,06

Die y-Werte in der Wertetabelle sind auf zwei Stellen nach dem Komma gerundet.

4. $y = \frac{1}{x^2-1}$ (Abb. 5.32)

Die Funktion ist für alle die x definiert, für die der Nenner ungleich 0 ist. Die Nullstellen des Nenners berechnet man, indem man den Nenner (das Nennerpolynom) gleich Null setzt: $x^2 - 1 = 0$. Diese quadratische Gleichung hat die Lösungen $x_1 = 1$ und $x_2 = -1$.

Wegen $f(-x) = \frac{1}{(-x)^2-1} = \frac{1}{x^2-1} = f(x)$ ist die Funktion gerade, der Graph der Funktion ist also symmetrisch zur y-Achse.

Die Funktion hat keine Nullstellen (Schnittpunkte mit der x-Achse), denn der Zähler ist für alle x des Definitionsbereiches von Null verschieden.

Die Stellen $x_1 = 1$ und $x_2 = -1$ sind Pole erster Ordnung der Funktion. Nähert man sich dem Pol x_2 mit wachsenden x-Werten (also $x < -1$), dann ist der Faktor $\frac{P(x)}{Q_1(x)} = \frac{1}{x-1}$ in der Zerlegung der Funktion

$$y = \frac{P(x)}{Q(x)} = \frac{1}{x-x_2} \cdot \frac{P(x)}{Q_1(x)} = \frac{1}{x-(-1)} \cdot \frac{1}{x-1}$$

negativ, das heißt, y geht gegen $+\infty$.

Nähert man sich entsprechend dem Pol x_2 mit abnehmenden x-Werten (also $x > -1$) oder dem Pol x_1 mit wachsenden x-Werten (also $x < 1$), so geht y gegen $-\infty$. Nähert man sich dagegen x_1 mit abnehmenden x-Werten (also $x > 1$), so geht y gegen $+\infty$.

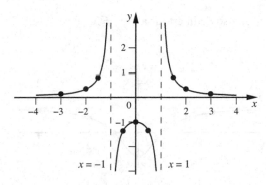

Abb. 5.32 Graph der Funktion mit der Gleichung $y = \frac{1}{x^2-1}$

Die Geraden $x_1 = 1$ und $x_2 = -1$ sowie $y = 0$ (x-Achse) sind Asymptoten der Funktion. Funktionswerte für $-1 < y \leq 0$ gibt es nicht, da der Nenner nicht kleiner als -1 werden kann.

Wertetabelle (y-Werte auf drei Stellen nach dem Komma gerundet):

x	± 3	± 2	$\pm 1,5$	$\pm 1,1$	$\pm 0,9$	$\pm 0,5$	0
y	$0,125$	$0,333$	$0,800$	$4,762$	$-5,263$	$-1,333$	-1

5. $y = \frac{x^2-1}{x^2+1}$ (Abb. 5.33)

Die Funktion ist definiert für alle reellen x, denn es gibt keine Nullstellen des Nenners und damit keine Pole.

Die Nullstellen der Funktion sind $x_1 = 1$ und $x_2 = -1$.

Die zur x-Achse parallele Gerade mit der Gleichung $y = \frac{a_n}{b_m} = \frac{1}{1} = 1$ ist Asymptote.

Der Graph der Funktion verläuft überall unterhalb der Asymptote.

Wertetabelle:

x	± 4	± 3	± 2	$\pm 1,5$	± 1	$\pm 0,5$	$\pm 0,3$	$\pm 0,1$	0
y	$0,87$	$0,80$	$0,60$	$0,38$	0	$-0,60$	$-0,84$	$-0,98$	-1

Die y-Werte in der Wertetabelle sind auf zwei Stellen nach dem Komma gerundet.

6. $y = \frac{x^2-x-2}{2x-6}$ (Abb. 5.34)

Die Funktion hat die Nullstellen $x_1 = -1$ und $x_2 = 2$ und einen Pol bei $x = 3$.

Die Funktion ist also definiert für alle $x \neq 3$.

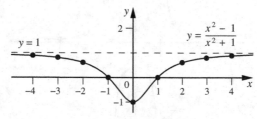

Abb. 5.33 Graph der Funktion mit der Gleichung $y = \frac{x^2-1}{x^2+1}$

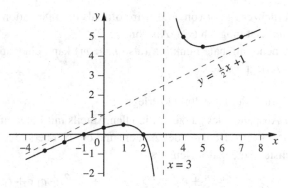

Abb. 5.34 Graph der Funktion mit der Gleichung $y = \frac{x^2-x-2}{2x-6}$

Die Funktion ist weder gerade noch ungerade, eine Symmetrie des Graphen bezüglich des Nullpunktes oder der y-Achse liegt also nicht vor.

Durch Polynomdivision erhält man die Darstellung

$$y = \frac{x^2 - x - 2}{2x - 6} = \frac{1}{2}x + 1 + \frac{4}{2x - 6},$$

der Funktion als Summe einer ganzen rationalen Funktion und einer echt gebrochenen rationalen Funktion. Es ist also $y = \frac{1}{2}x + 1$ eine Asymptote der

Funktion. Die Annäherung an die Asymptote erfolgt für $x \to -\infty$ von unten und für $x \to \infty$ von oben.

Wertetabelle (y-Werte auf zwei Stellen nach dem Komma gerundet):

x	-5	-3	-2	-1	0	1	$1,5$
y	$-1,75$	$-0,83$	$-0,40$	0	$0,33$	$0,50$	$0,42$

x	2	$2,5$	$2,9$	$3,1$	$3,5$	4	5	7
y	0	$-1,75$	-17.55	$22,55$	$6,75$	5	$4,50$	5

5.5.2   Partialbruchzerlegung

Eine Partialbruchzerlegung ist die Zerlegung einer gebrochenen rationalen Funktion $y = f(x)$ mit $f(x) = \frac{a_n x^n + a_{n-1} x^{n-1} + \ldots + a_2 x^2 + a_1 x + a_0}{b_m x^m + b_{m-1} x^{m-1} + \ldots + b_2 x^2 + b_1 x + b_0}$ in eine Summe von Brüchen.

Durch eine Partialbruchzerlegung von $f(x)$ wird oftmals die Integration der Funktion einfacher oder überhaupt erst möglich (vgl. Abschn. 8.5.2).

Jede echt gebrochene rationale Funktion (also $n < m$) kann eindeutig in eine Summe von Partialbrüchen zerlegt werden.

Praktische Durchführung der Partialbruchzerlegung:

1. Im Falle $n \geq m$ Abspalten des ganzen rationalen Anteils mit Polynomdivision.
2. Kürzen des Bruches (also Division des Zählers und des Nenners) durch b_m, den Koeffizienten der höchsten Potenz des Nenners:

$$f(x) = \frac{c_n x^n + c_{n-1} x^{n-1} + \ldots + c_2 x^2 + c_1 x + c_0}{x^m + d_{m-1} x^{m-1} + \ldots + d_2 x^2 + d_1 x + d_0}$$

Es gilt also $\frac{a_i}{b_m} = c_i$ $(1 \leq i \leq n)$ und $\frac{b_j}{b_m} = d_j$ $(1 \leq j < m)$.

3. Bestimmung der Nullstellen $x_1, x_2, \ldots, x_r$ $(r \leq m)$ des Nennerpolynoms.
4. Zerlegung des Nennerpolynoms in die Form

$$x^m + d_{m-1} x^{m-1} + \ldots + d_2 x^2 + d_1 x + d_0$$
$$= (x - x_1)^{k_1} \cdot (x - x_2)^{k_2} \cdot \ldots \cdot (x - x_r)^{k_r} \cdot$$
$$(x^2 + p_1 x + q_1)^{l_1} \cdot (x^2 + p_2 x + q_2)^{l_2} \cdot \ldots \cdot (x^2 + p_s x + q_s)^{l_s}$$

Eine solche Zerlegung ist immer möglich. Dabei sind $x_1, x_2, \ldots, x_r$ alle reellen Nullstellen mit den Vielfachheiten $k_1, k_2, \ldots, k_r$. Die restlichen quadratischen Faktoren ergeben die konjugierten Paare komplexer Nullstellen (also $p_i^2 - 4q_i < 0$).

5. Zerlegung von $f(x)$ in eine Summe von Brüchen:

$$f(x) = \frac{A_{11}}{x - x_1} + \frac{A_{12}}{(x - x_1)^2} + \ldots + \frac{A_{1k_1}}{(x - x_1)^{k_1}}$$
$$+ \frac{A_{21}}{x - x_2} + \frac{A_{22}}{(x - x_2)^2} + \ldots + \frac{A_{2k_2}}{(x - x_2)^{k_2}}$$
$$+ \ldots \ldots \ldots \ldots \ldots \ldots \ldots \ldots \ldots \ldots \ldots \ldots$$
$$+ \frac{A_{r1}}{x - x_r} + \frac{A_{r2}}{(x - x_r)^2} + \ldots + \frac{A_{rk_r}}{(x - x_r)^{k_r}}$$
$$+ \frac{B_{11} + C_{11}x}{x^2 + p_1 x + q_1} + \frac{B_{12} + C_{12}x}{(x^2 + p_1 x + q_1)^2} + \ldots + \frac{B_{1l_1} + C_{1l_1}x}{(x^2 + p_1 x + q_1)^{l_1}}$$
$$+ \frac{B_{21} + C_{21}x}{x^2 + p_2 x + q_2} + \frac{B_{22} + C_{22}x}{(x^2 + p_2 x + q_2)^2} + \ldots + \frac{B_{2l_2} + C_{2l_2}x}{(x^2 + p_2 x + q_2)^{l_2}}$$
$$+ \ldots \ldots \ldots \ldots \ldots \ldots \ldots \ldots \ldots \ldots \ldots \ldots \ldots \ldots \ldots \ldots$$
$$+ \frac{B_{s1} + C_{s1}x}{x^2 + p_s x + q_s} + \frac{B_{s2} + C_{s2}x}{(x^2 + p_s x + q_s)^2} + \ldots + \frac{B_{sl_s} + C_{sl_s}x}{(x^2 + p_s x + q_s)^{l_s}}$$

Dabei sind die Koeffizienten A_{ij}, B_{ij}, C_{ij} reelle Zahlen.

6. Bestimmung der Koeffizienten der Partialbrüche zum Beispiel mit der Methode des Koeffizientenvergleichs.

Die Brüche im Schritt 5 nennt man die Partialbrüche der gebrochenen rationalen Funktion $f(x)$.

Spezialfälle:

- Wenn das Nennerpolynom nur reelle Nullstellen besitzt, dann fallen die Partialbrüche mit den nicht zerlegbaren quadratischen Funktionen im Nenner weg.
- Besitzt das Nennerpolynom nur die einfachen reellen Nullstellen $x_1, x_2, \ldots, x_m$, dann lautet die Partialbruchzerlegung

$$f(x) = \frac{A_1}{x - x_1} + \frac{A_2}{x - x_2} + \ldots + \frac{A_m}{x - x_m}.$$

▶ **Beispiele:**

1. $f(x) = \dfrac{6x^2 - 4}{2x^3 + 4x^2 + 4x + 2}$

   Division durch $b_3 = 2$: $f(x) = \dfrac{3x^2 - 2}{x^3 + 2x^2 + 2x + 1}$

   Nullstelle des Nennerpolynoms: $x_1 = -1$

   Zerlegung des Nennerpolynoms: $x^3 + 2x^2 + 2x + 1 = (x+1)(x^2 + x + 1)$

   Zerlegung von $f(x)$ in eine Summe von Partialbrüchen:

   $$f(x) = \frac{3x^2 - 2}{x^3 + 2x^2 + 2x + 1} = \frac{A}{x+1} + \frac{Bx + C}{x^2 + x + 1}$$

   Bestimmung der Koeffizienten A, B, C durch Koeffizientenvergleich:

   $$f(x) = \frac{3x^2 - 2}{(x+1)(x^2 + x + 1)} = \frac{A(x^2 + x + 1) + (Bx + C)(x + 1)}{(x+1)(x^2 + x + 1)}$$
   $$\implies 3x^2 - 2 = A(x^2 + x + 1) + (Bx + C)(x + 1)$$
   $$= (A + B)x^2 + (A + B + C)x + (A + C)$$

   Vergleich der Koeffizienten von x^2, von x und der Absolutglieder links und rechts vom Gleichheitszeichen ergibt:

   $$A + B = 3, \ A + B + C = 0, \ A + C = -2 \implies A = 1, B = 2, C = -3$$

   Lösung somit:

   $$f(x) = \frac{6x^2 - 4}{2x^3 + 4x^2 + 4x + 2} = \frac{1}{x+1} + \frac{2x - 3}{x^2 + x + 1}$$

2. $f(x) = \dfrac{3x^2 - x + 1}{x^3 - 2x^2 + x}$

   Nullstellen des Nennerpolynoms: $x_1 = 0$, $x_2 = 1$ (x_2 ist doppelte Nullstelle)

Zerlegung des Nennerpolynoms: $x^3 - 2x^2 + x = x(x - 1)^2$
Zerlegung von $f(x)$ in Partialbrüche:

$$f(x) = \frac{3x^2 - x + 1}{x^3 - 2x^2 + x} = \frac{A}{x} + \frac{B}{x - 1} + \frac{C}{(x - 1)^2}$$

Bestimmung der Koeffizienten A, B, C durch Koeffizientenvergleich:

$$f(x) = \frac{3x^2 - x + 1}{x(x - 1)^2} = \frac{A(x - 1)^2 + Bx(x - 1) + Cx}{x(x - 1)^2}$$

$$\implies 3x^2 - x + 1 = A(x^2 - 2x + 1) + B(x^2 - x) + Cx$$

$$= (A + B)x^2 + (C - 2A - B)x + A$$

Vergleich der Koeffizienten von x^2, von x und der Absolutglieder links und rechts vom Gleichheitszeichen ergibt:

$$A + B = 3, C - 2A - B = -1, A = 1 \implies A = 1, B = 2, C = 3$$

Lösung somit:

$$f(x) = \frac{3x^2 - x + 1}{x^3 - 2x^2 + x} = \frac{1}{x} + \frac{2}{x - 1} + \frac{3}{(x - 1)^2}$$

3. $f(x) = \dfrac{6x^2 - x + 1}{x^3 - x}$

Nullstellen des Nennerpolynoms: $x_1 = 0$, $x_2 = 1$, $x_3 = -1$
Zerlegung des Nennerpolynoms: $x^3 - x = x(x - 1)(x + 1)$
Zerlegung von $f(x)$ in Partialbrüche:

$$f(x) = \frac{6x^2 - x + 1}{x^3 - x} = \frac{A}{x} + \frac{B}{x - 1} + \frac{C}{x + 1}$$

Bestimmung der Koeffizienten A, B, C durch Koeffizientenvergleich:

$$f(x) = \frac{6x^2 - x + 1}{x(x - 1)(x + 1)} = \frac{A(x - 1)(x + 1) + Bx(x + 1) + Cx(x - 1)}{x(x - 1)(x + 1)}$$

$$\implies 6x^2 - x + 1 = A(x^2 - 1) + B(x^2 + x) + C(x^2 - x)$$

$$= (A + B + C)x^2 + (B - C)x - A$$

Vergleich der Koeffizienten von x^2, von x und derDie quadratische Funktion Absolutglieder links und rechts vom Gleichheitszeichen ergibt:

$$A + B + C = 6, B - C = -1, -A = 1 \implies A = -1, B = 3, C = 4$$

Lösung somit:

$$f(x) = \frac{6x^2 - x + 1}{x^3 - x} = \frac{1}{x} + \frac{3}{x - 1} + \frac{4}{x + 1}$$

5.6   Irrationale Funktionen

Irrationale Funktionen sind algebraische Funktionen, die nicht rational sind. In der Funktionsgleichung $y = f(x)$ einer rationalen Funktion werden auf die unabhängige Variable x nur endlich viele rationale Rechenoperationen (Addition, Subtraktion, Multiplikation und Division) angewandt. Bei irrationalen Funktionen tritt die unabhängige Variable x auch unter einem Wurzelzeichen auf.

▶ **Beispiele:**

1. $y = x^2 + x + \sqrt{x}$

2. $y = \sqrt{5x^3 - 2}$

3. $y = \sqrt[7]{(x^2 - 1)\sqrt[3]{5x + 1}}$

Eine besonders wichtige Klasse von irrationalen Funktionen sind die so genannten Wurzelfunktionen.

$$\text{Wurzelfunktionen} \qquad y = \sqrt[n]{x} \quad (n \in \mathbb{N}, \ n \geq 2)$$

Der Definitionsbereich der Wurzelfunktionen ist $D = \{x \,|\, x \in \mathbb{R}, \ x \geq 0\}$ für gerade n und $D = \mathbb{R}$ für ungerade n, die Bildmenge ist gleich dem Definitionsbereich, also $f(D) = D$. Die Wurzelfunktionen sind im ganzen Definitionsbereich streng monoton wachsend.

Für ungerade n ist $y = \sqrt[n]{x}$ eine ungerade Funktion, der Graph der Funktion ist also punktsymmetrisch zum Koordinatenursprung.

Die Graphen der Wurzelfunktionen gehen durch den Koordinatenursprung und durch den Punkt $P(1|1)$.

Für das Verhalten der Wurzelfunktionen im Unendlichen gilt (Abb. 5.35, 5.36):

$$n \in \mathbb{N}, \ n \geq 2: \qquad\qquad x \to +\infty \implies y \to +\infty$$
$$n \text{ ungerade}(n = 3, 5, 7, \ldots): \ x \to -\infty \implies y \to -\infty$$

Die quadratische Funktion $y = x^2$ ist in den zwei getrennten Intervallen $0 \leq x < +\infty$ und $-\infty < x < 0$ jeweils monoton. Sie hat deshalb zwei Umkehrfunktionen, und zwar $y = +\sqrt{x}$ und $y = -\sqrt{x}$. Für beide Umkehrfunktionen ist der Definitionsbereich $0 \leq x < +\infty$ (entspricht $0 \leq y < +\infty$ der Funktion $y = x^2$), die Bildmenge ist $0 \leq y < +\infty$ bzw. $-\infty < y \leq 0$. Die Graphen der Umkehrfunktionen ergeben sich aus der Normalparabel durch Spiegelung an der Winkelhalbierenden $y = x$. Die (positive) Quadratwurzelfunktion $y = \sqrt{x}$ zum Beispiel ist also die Umkehrfunktion der Funktion des rechten Normalparabelastes (Abb. 5.37).

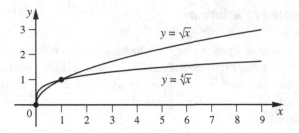

Abb. 5.35 Graph der Wurzelfunktionen $y = \sqrt{x}$ und $y = \sqrt[4]{x}$

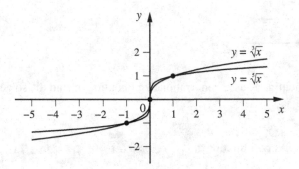

Abb. 5.36 Graph der Wurzelfunktionen $y = \sqrt[3]{x}$ und $y = \sqrt[5]{x}$

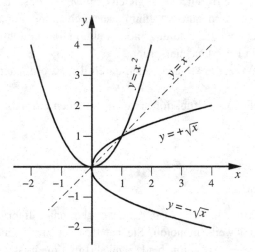

Abb. 5.37 Graphen von Funktionen und ihren Umkehrfunktionen

Die kubische Funktion $y = x^3$ ist in ihrem ganzen Definitionsbereich $D = (-\infty, \infty)$ monoton steigend. Ihre Umkehrfunktion ist $y = \sqrt[3]{x}$. Der Definitionsbereich der Umkehrfunktion ist $-\infty < x < \infty$, die Bildmenge $-\infty < y < \infty$. Der Graph der Umkehrfunktion ergibt sich aus der kubischen Normalparabel durch Spiegelung an der Winkelhalbierenden $y = x$. Allgemein gilt:

- Für ungerade n ist die Wurzelfunktion $y = f(x) = \sqrt[n]{x}$, $f : \mathbb{R} \to \mathbb{R}$ die Umkehrfunktion der Potenzfunktion $y = f(x) = x^n$, $f : \mathbb{R} \to \mathbb{R}$.

- Für gerade n ist die Wurzelfunktion $y = f(x) = \sqrt[n]{x}$, $f : [0, \infty) \to [0, \infty)$ die Umkehrfunktion der Potenzfunktion $y = f(x) = x^n$, $f : [0, \infty) \to [0, \infty)$.

Man bezeichnet allgemeiner auch Funktionen $y = a\sqrt[n]{x}$, $a \in \mathbb{R}$, $a \neq 0$ als Wurzelfunktionen. Die Kurve der Funktion $y = a\sqrt[n]{x}$ ist im Vergleich zur Kurve der Funktion $y = \sqrt[n]{x}$ für $|a| < 1$ gestaucht, für $|a| > 1$ gestreckt und für $a < 0$ an der x-Achse gespiegelt.

▶   **Beispiele:**

4. $y = b + \sqrt{r^2 - (x - a)^2}$, $D = \{x \mid |x - a| \leq r\}$, $W = \mathbb{R}$ (Abb. 5.38)
   Der Graph dieser Funktion ist der obere Halbkreis des Kreises mit dem Mittelpunkt $M(a|b)$ und dem Radius r.

   Fehlerwarnung: Die Gleichung $(x - a)^2 + (y - b)^2 = r^2$ des Kreises mit dem Mittelpunkt $M(a|b)$ und dem Radius r (vgl. Abschn. 7.3.1) ist keine (implizite) Funktion, denn die Zuordnung einer Zahl y zu einer Zahl x ist nicht eindeutig, wie in der Definition einer Funktion gefordert (zu jedem x mit $|x - a| < r$ gibt es zwei y)!

   Analog zu oben ist der Graph der Funktion $y = b - \sqrt{r^2 - (x - a)^2}$, $D = \{x \mid |x - a| \leq r\}$, $W = \mathbb{R}$ die untere Hälfte des Kreises mit dem Mittelpunkt $M(a|b)$ und dem Radius r (Abb. 5.38).

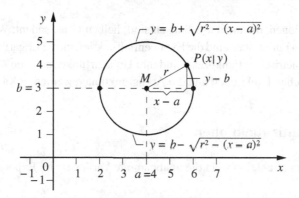

Abb. 5.38 Graphen der Funktionen von Beispiel 4

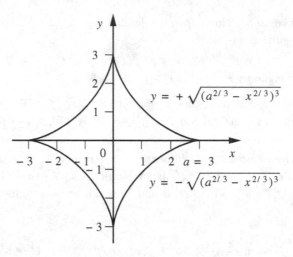

Abb. 5.39 Graphen der Funktionen von Beispiel 5

5. Aus der Gleichung der Astroide $x^{\frac{2}{3}} + y^{\frac{2}{3}} = a^{\frac{2}{3}}$ $(a > 0)$ erhält man durch
    Auflösen nach y die Funktionen
    $$y = +\sqrt{(a^{\frac{2}{3}} - x^{\frac{2}{3}})^3}, \ D = \{x \mid |x| \leq a\}, \ W = \mathbb{R}$$
    bzw.
    $$y = -\sqrt{(a^{\frac{2}{3}} - x^{\frac{2}{3}})^3}, \ D = \{x \mid |x| \leq a\}, \ W = \mathbb{R}.$$
    Die Graphen dieser Funktionen sind der obere Teil ($y \geq 0$) bzw. der untere
    Teil ($y \leq 0$) der Astroide (Abb. 5.39).

5.7 Transzendente Funktionen

Elementare Funktionen, die nicht algebraisch sind, heißen transzendent. Wichtige Klassen
von transzendenten Funktionen sind die Exponentialfunktionen, die Logarithmusfunktionen
sowie die trigonometrischen Funktionen und ihre Umkehrfunktionen, die Arkusfunktionen.
Die trigonometrischen Funktionen und die Arkusfunktionen werden in Kap. 6 behandelt.

5.7.1 Exponentialfunktionen

Bei einer Exponentialfunktion steht die unabhängige Variable x im Exponenten.

$$y = a^x, \ a \in \mathbb{R}^+$$

Dabei ist die Basis a eine beliebige positive reelle Zahl.

Alle Exponentialfunktionen $y = a^x$, $a \in \mathbb{R}^+$ haben als Definitionsbereich $D = \mathbb{R}$ und, falls $a \neq 1$, als Bildmenge $W = f(D) = \mathbb{R}^+$. Alle Funktionswerte sind also positiv.

Wegen $a^0 = 1$ gehen die Graphen aller Funktionen durch den Punkt $P(0|1)$.

Für $a > 1$ ist die Funktion $y = a^x$ streng monoton wachsend mit $y \to 0$ für $x \to -\infty$ und $y \to \infty$ für $x \to \infty$. Die (negative) x-Achse ist also Asymptote.

Für $0 < a < 1$ ist die Funktion $y = a^x$ streng monoton fallend mit $y \to \infty$ für $x \to -\infty$ und $y \to 0$ für $x \to \infty$. Die (positive) x-Achse ist somit Asymptote.

Der Graph der Funktion nähert sich um so schneller der x-Achse, je größer $|\ln a|$ ist, für $a > 1$ also je größer a ist und für $a < 1$ je kleiner a ist.

Für $a = 1$ gilt $y = 1$, der Graph der Funktion ist also eine Parallele zur x-Achse (Abb. 5.40).

Die Exponentialfunktionen $y = a^x$, $a > 0$ können wegen der Regeln der Logarithmen- und der Potenzrechnung auch in der Form

$$y = a^x = e^{\ln(a^x)} = e^{x \cdot \ln a}$$

dargestellt werden. Dabei ist $e = 2,718\,281\,828\,4\ldots$ die eulersche Zahl (vgl. Abschnitt 8.4.5). Die Funktion $y = e^x$, $D = \mathbb{R}$, $W = f(D) = \mathbb{R}^+$, also die Exponentialfunktion mit der Basis $a = e$, heißt natürliche Exponentialfunktion oder e-Funktion.

$$y = e^x, \; D = \mathbb{R}, \; W = f(D) = \mathbb{R}^+$$

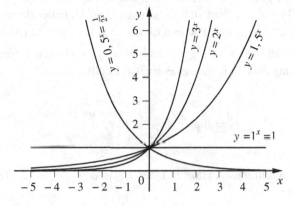

Abb. 5.40 Graphen von Exponentialfunktionen

Es handelt sich um eine spezielle Exponentialfunktion, die häufig als *die* Exponentialfunktion bezeichnet wird. Diese Funktion spielt bei vielen Wachstumsprozessen eine wichtige Rolle.

Noch allgemeiner bezeichnet man manchmal auch solche Funktionen, die eine algebraische Funktion des Arguments x im Exponenten haben, als Exponentialfunktionen, zum Beispiel $y = 2^{3x^2 - 7x}$.

Die Umkehrfunktionen der Exponentialfunktionen $y = a^x$ sind für $a \neq 1$ die Logarithmusfunktionen $y = \log_a x$. Die Umkehrfunktion der e-Funktion ist die natürliche Logarithmusfunktion $y = \ln x$.

5.7.2 Logarithmusfunktionen

Logarithmusfunktionen sind Funktionen der Form

$$y = \log_a x, \ a \in \mathbb{R}^+, \ a \neq 1$$

Alle Logarithmusfunktionen $y = \log_a x$, $a \in \mathbb{R}^+$, $a \neq 1$ haben als Definitionsbereich $D = \mathbb{R}^+$ und als Bildmenge $W = f(D) = \mathbb{R}$. Wegen $\log_a 1 = 0$ gehen die Graphen aller Funktionen durch den Punkt $P(1|0)$.

Für $a > 1$ ist die Funktion $y = \log_a x$ streng monoton wachsend mit $y \to \infty$ für $x \to \infty$ und $y \to -\infty$ für $x \to 0$, $x > 0$. Die (negative) y-Achse ist also Asymptote. Für $x > 1$ gilt $\log_a x > 0$, für $x = 1$ gilt $\log_a 1 = 0$, und für x mit $0 < x < 1$ gilt $\log_a x < 0$. Für $0 < a < 1$ ist die Funktion $y = \log_a x$ streng monoton fallend mit $y \to -\infty$ für $x \to \infty$ und $y \to \infty$ für $x \to 0$, $x > 0$. Die (positive) y-Achse ist somit Asymptote. Für $x > 1$ gilt $\log_a x < 0$, für $x = 1$ gilt $\log_a 1 = 0$, und für x mit $0 < x < 1$ gilt $\log_a x > 0$.

Der Graph der Funktion nähert sich für alle a um so schneller der y-Achse, je größer $|\ln a|$ ist, für $a > 1$ also je größer a ist und für $a < 1$ je kleiner a ist (Abb. 5.41).

Die Logarithmusfunktionen $y = \log_a x$, $a > 0$, $a \neq 1$ können wegen der Regeln der Logarithmenrechnung auch in folgender Form dargestellt werden.

$$y = \log_a x = \frac{1}{\ln a} \cdot \ln x, \ a \neq 1$$

Dabei heißt die Logarithmusfunktion mit der Basis $a = e = 2{,}7182\ldots$ natürliche Logarithmusfunktion.

$$y = \ln x, \ D = \mathbb{R}^+, \ W = f(D) = \mathbb{R}$$

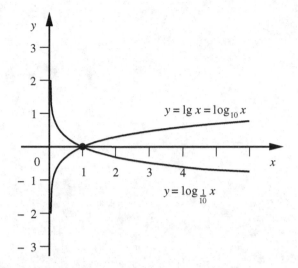

Abb. 5.41 Graphen der logarithmischen Funktionen $y = \lg x$ und $y = \log_{\frac{1}{10}} x$

Allgemeiner noch bezeichnet man auch solche Funktionen, die eine algebraische Funktion des Arguments x als Numerus haben, als Logarithmusfunktion, zum Beispiel $y = \log_2(5x^2 - 4x)$.

Die Logarithmusfunktion $y = \log_a x$ ist für $a \neq 1$ die Umkehrfunktion der Exponentialfunktion $y = a^x$ und umgekehrt. Die natürliche Logarithmusfunktion $y = \ln x$ ist die Umkehrfunktion der e-Funktion $y = e^x$ und umgekehrt (Abb. 5.42).

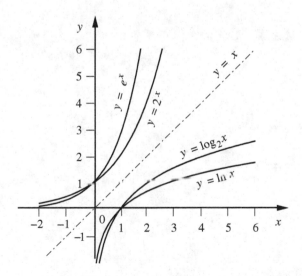

Abb. 5.42 Graphen von $y = \ln x$ und $y = \log_2 x$ und ihrer Umkehrfunktionen

Trigonometrie

6

Das Wort Trigonometrie kommt aus dem Griechischen und bedeutet Dreiecksmessung. Die Trigonometrie ist die Lehre von der Dreiecksberechnung mit Hilfe von Winkelfunktionen (trigonometrischen Funktionen).

6.1 Definition der trigonometrischen Funktionen

In einem rechtwinkligen Dreieck ist die Hypotenuse die dem rechten Winkel gegenüberliegende Dreiecksseite, die beiden anderen Seiten (also die Schenkel des rechten Winkels) sind die Katheten (vgl. Abschn. 3.6.4).

In einem rechtwinkligen Dreieck mit den Winkeln α, β und $\gamma = 90°$ gilt $\alpha + \beta = 90°$.

Die Ankathete eines Winkels α in einem rechtwinkligen Dreieck ist die Kathete, die auf einem Schenkel von α liegt. Die andere Kathete heißt Gegenkathete von α.

Das Verhältnis zweier beliebiger Seiten im rechtwinkligen Dreieck ist abhängig von dem Winkel α (und wegen $\beta = 90° - \alpha$ natürlich auch vom Winkel β), das heißt, das Verhältnis zweier Seiten ist eine Funktion des Winkels α (bzw. des Winkels β). Die trigonometrischen Funktionen sind definiert als das Verhältnis zweier Seiten im rechtwinkligen Dreieck.

In einem rechtwinkligen Dreieck ist

- $\sin \alpha$, der Sinus des Winkels α, das Verhältnis von Gegenkathete zu Hypotenuse,
- $\cos \alpha$, der Kosinus des Winkels α, das Verhältnis von Ankathete zu Hypotenuse,
- $\tan \alpha$, der Tangens des Winkels α, das Verhältnis von Gegenkathete zu Ankathete,
- $\cot \alpha$, der Kotangens des Winkels α, das Verhältnis von Ankathete zu Gegenkathete (Abb. 6.1).

© Springer Fachmedien Wiesbaden GmbH, ein Teil von Springer Nature 2019
A. Kemnitz, *Mathematik zum Studienbeginn*,
https://doi.org/10.1007/978-3-658-26604-2_6

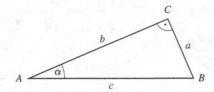

Abb. 6.1 $\sin\alpha = \dfrac{a}{c}$, $\cos\alpha = \dfrac{b}{c}$, $\tan\alpha = \dfrac{a}{b}$, $\cot\alpha = \dfrac{b}{a}$

Sinus:	$\sin\alpha = \dfrac{a}{c} =$	$\dfrac{\text{Gegenkathete}}{\text{Hypotenuse}}$
Kosinus:	$\cos\alpha = \dfrac{b}{c} =$	$\dfrac{\text{Ankathete}}{\text{Hypotenuse}}$
Tangens:	$\tan\alpha = \dfrac{a}{b} =$	$\dfrac{\text{Gegenkathete}}{\text{Ankathete}}$
Kotangens:	$\cot\alpha = \dfrac{b}{a} =$	$\dfrac{\text{Ankathete}}{\text{Gegenkathete}}$

Andere, weniger gebräuchliche Namen für die trigonometrischen Funktionen sind Winkelfunktionen oder Kreisfunktionen oder goniometrische Funktionen.

In der folgenden Tabelle sind einige spezielle Werte der trigonometrischen Funktionen angegeben:

Gradmaß φ	0°	30°	45°	60°	90°
Bogenmaß b	0	$\dfrac{\pi}{6}$	$\dfrac{\pi}{4}$	$\dfrac{\pi}{3}$	$\dfrac{\pi}{2}$
sin	0	$\dfrac{1}{2}$	$\dfrac{\sqrt{2}}{2}$	$\dfrac{\sqrt{3}}{2}$	1
cos	1	$\dfrac{\sqrt{3}}{2}$	$\dfrac{\sqrt{2}}{2}$	$\dfrac{1}{2}$	0
tan	0	$\dfrac{\sqrt{3}}{3}$	1	$\sqrt{3}$	–
cot	–	$\sqrt{3}$	1	$\dfrac{\sqrt{3}}{3}$	0

Merkregel

Gradmaß φ	0°	30°	45°	60°	90°
$\sin\varphi$	$\dfrac{1}{2}\sqrt{0}$	$\dfrac{1}{2}\sqrt{1}$	$\dfrac{1}{2}\sqrt{2}$	$\dfrac{1}{2}\sqrt{3}$	$\dfrac{1}{2}\sqrt{4}$

Die meisten dieser Werte lassen sich mit Hilfe des Satzes von Pythagoras berechnen. Dies soll am Beispiel des Sinus vorgeführt werden.

Für die Höhe h in einem gleichseitigen Dreieck mit der Seitenlänge a gilt nach dem Satz des Pythagoras $h^2 = a^2 - \left(\dfrac{a}{2}\right)^2$, also $h = \dfrac{a}{2}\sqrt{3}$. Es folgt

$$\sin 30° = \frac{\frac{a}{2}}{a} = \frac{1}{2} \quad \text{und} \quad \sin 60° = \frac{h}{a} = \frac{1}{2}\sqrt{3} \text{ (Abb. 6.2)}.$$

Für den Durchmesser d in einem Quadrat der Seitenlänge a gilt nach dem Satz des Pythagoras $d^2 = a^2 + a^2$, also $d = a\sqrt{2}$. Es folgt

$$\sin 45° = \frac{a}{d} = \frac{a}{a\sqrt{2}} = \frac{1}{\sqrt{2}} = \frac{1}{2}\sqrt{2} \text{ (Abb. 6.3)}.$$

Die beiden spitzen Winkel α und β in einem rechtwinkligen Dreieck sind Komplementwinkel, es gilt also $\beta = 90° - \alpha$ (Abb. 6.4). Aus der Definition der trigonometrischen Funktionen folgt

$$\sin\beta = \frac{b}{c} \quad \text{und} \quad \cos\alpha = \frac{b}{c} \quad \Longrightarrow \quad \sin\beta = \cos\alpha$$

$$\cos\beta = \frac{a}{c} \quad \text{und} \quad \sin\alpha = \frac{a}{c} \quad \Longrightarrow \quad \cos\beta = \sin\alpha$$

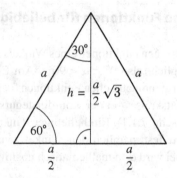

Abb. 6.2 Zur Berechnung von $\sin 30°$ und $\sin 60°$

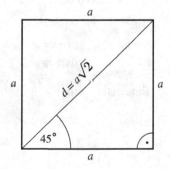

Abb. 6.3 Zur Berechnung von $\sin 45°$

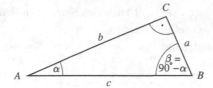

Abb. 6.4 Komplementwinkel

$$\tan \beta = \frac{b}{a} \quad \text{und} \quad \cot \alpha = \frac{b}{a} \quad \Longrightarrow \quad \tan \beta = \cot \alpha$$

$$\cot \beta = \frac{a}{b} \quad \text{und} \quad \tan \alpha = \frac{a}{b} \quad \Longrightarrow \quad \cot \beta = \tan \alpha$$

Komplementwinkel	$\sin (90° - \alpha) = \cos \alpha$ $\cos (90° - \alpha) = \sin \alpha$ $\tan (90° - \alpha) = \cot \alpha$ $\cot (90° - \alpha) = \tan \alpha$

6.2   Trigonometrische Funktionen für beliebige Winkel

Die Definition der trigonometrischen Funktionen eines Winkels α im rechtwinkligen Dreieck ist nur für spitze Winkel möglich (also $0° < \alpha < 90°$). Am Einheitskreis (Kreis mit dem Radius $r = 1$) lassen sich die trigonometrischen Funktionen für beliebige Winkel definieren:

Der Mittelpunkt des Einheitskreises sei der Koordinatenursprung O eines kartesischen Koordinatensystems (vgl. Abschn. 7.1.1). Ein beliebiger Punkt $P = P(x|y)$ auf dem Einheitskreis legt einen Winkel α fest, nämlich den Winkel zwischen der x-Achse und der Geraden durch O und P. Dabei wird α in mathematisch positiver Richtung, also gegen den Uhrzeigersinn, gemessen.

Mit den vorzeichenbehafteten Koordinaten x und y des Punktes P werden die trigonometrischen Funktionen dann definiert durch (Abb. 6.5)

Sinus:	$\sin \alpha = y$
Kosinus:	$\cos \alpha = x$
Tangens:	$\tan \alpha = \dfrac{y}{x}$
Kotangens:	$\cot \alpha = \dfrac{x}{y}$

Der Abschnitt des Einheitskreises zwischen der x-Achse und dem Punkt P ist das Bogenmaß b des Winkels α.

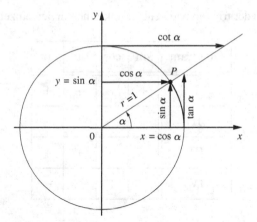

Abb. 6.5 Definition der trigonometrischen Funktionen für beliebige Winkel

Durchläuft P den Einheitskreis im mathematisch positiven Drehsinn, dann sind α und b positiv. Durchläuft P den Einheitskreis jedoch im mathematisch negativen Drehsinn, dann sind α und b negativ.

Im Einheitskreis sind damit die trigonometrischen Funktionen für beliebige Winkel α im Gradmaß oder für beliebige reelle Zahlen b (Bogenmaß von α) definiert, für die die entsprechenden Nenner nicht verschwinden.

Bei der Berechnung von Funktionswerten muss beachtet werden, ob das Argument im Gradmaß oder im Bogenmaß angegeben ist.

Durch die beiden orientierten Achsen eines kartesischen Koordinatensystems wird die Ebene in vier Teile eingeteilt, die Quadranten.

Die Punkte des ersten Quadranten haben sowohl positive x- als auch positive y-Koordinaten, die Punkte des zweiten Quadranten haben negative x- und positive y-Koordinaten, die Punkte des dritten Quadranten haben negative x- und negative y-Koordinaten und die Punkte des vierten Quadranten haben positive x- und negative y-Koordinaten (Abb. 6.6).

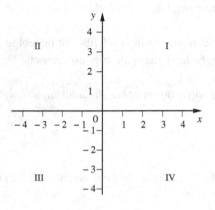

Abb. 6.6 Quadranten

Für die Vorzeichen der trigonometrischen Funktionen in den einzelnen Quadranten gilt:

Quadrant	sin	cos	tan	cot
I	+	+	+	+
II	+	−	−	−
III	−	−	+	+
IV	−	+	−	−

6.3   Beziehungen für den gleichen Winkel

Für beliebige Winkel α gelten folgende Umrechnungsformeln[1]:

$$\tan \alpha = \frac{\sin \alpha}{\cos \alpha} = \frac{1}{\cot \alpha}; \quad \cot \alpha = \frac{\cos \alpha}{\sin \alpha} = \frac{1}{\tan \alpha}$$

$$\sin^2 \alpha + \cos^2 \alpha = 1; \quad \tan \alpha \cdot \cot \alpha = 1$$

$$1 + \tan^2 \alpha = \frac{1}{\cos^2 \alpha}; \quad 1 + \cot^2 \alpha = \frac{1}{\sin^2 \alpha}$$

Diese Beziehungen lassen sich im rechtwinkligen Dreieck leicht nachrechnen.

▶ **Beispiel:**

$\sin^2 \alpha + \cos^2 \alpha = \left(\frac{a}{c}\right)^2 + \left(\frac{b}{c}\right)^2 = \frac{a^2 + b^2}{c^2} = 1$, denn nach dem Satz des
Pythagoras gilt im rechtwinkligen Dreieck $a^2 + b^2 = c^2$.

Alle Beziehungen gelten auch allgemein, das heißt, für beliebige Winkel α.

Nach diesen Beziehungen lässt sich jede trigonometrische Funktion durch jede andere desselben Winkels ausdrücken.

Will man zum Beispiel $\sin \alpha$ durch $\cos \alpha$ ausdrücken, so folgt $\sin \alpha = \pm\sqrt{1 - \cos^2 \alpha}$ aus $\sin^2 \alpha + \cos^2 \alpha = 1$.

---

[1]Für Potenzen $(f(x))^k$ von Funktionswerten ist die Schreibweise $f^k(x)$ üblich, etwa $\sin^2 \alpha$ (gesprochen: Sinus Quadrat Alpha) für $(\sin \alpha)^2$.

Für Winkel im ersten Quadranten, also für Winkel α mit $0° < \alpha < 90°$ gilt:

	$\sin\alpha$	$\cos\alpha$	$\tan\alpha$	$\cot\alpha$
$\sin\alpha =$	$\sin\alpha$	$\sqrt{1-\cos^2\alpha}$	$\dfrac{\tan\alpha}{\sqrt{1+\tan^2\alpha}}$	$\dfrac{1}{\sqrt{1+\cot^2\alpha}}$
$\cos\alpha =$	$\sqrt{1-\sin^2\alpha}$	$\cos\alpha$	$\dfrac{1}{\sqrt{1+\tan^2\alpha}}$	$\dfrac{\cot\alpha}{\sqrt{1+\cot^2\alpha}}$
$\tan\alpha =$	$\dfrac{\sin\alpha}{\sqrt{1-\sin^2\alpha}}$	$\dfrac{\sqrt{1-\cos^2\alpha}}{\cos\alpha}$	$\tan\alpha$	$\dfrac{1}{\cot\alpha}$
$\cot\alpha =$	$\dfrac{\sqrt{1-\sin^2\alpha}}{\sin\alpha}$	$\dfrac{\cos\alpha}{\sqrt{1-\cos^2\alpha}}$	$\dfrac{1}{\tan\alpha}$	$\cot\alpha$

In den übrigen Quadranten sind die Vorzeichen der Wurzeln nach der Vorzeichentabelle (vgl. Abschn. 6.2) oder am Einheitskreis zu bestimmen.

▶ **Beispiel:**
Im dritten Quadranten sind sowohl $\sin\alpha$ als auch $\cos\alpha$ negativ. Deswegen gilt für Winkel α mit $180° < \alpha < 270°$ zum Beispiel $\sin\alpha = -\sqrt{1-\cos^2\alpha}$ und $\cos\alpha = -\sqrt{1-\sin^2\alpha}$.

6.4 Graphen der trigonometrischen Funktionen

Ein anschauliches Bild von Eigenschaften der trigonometrischen Funktionen erhält man, wenn in einem kartesisches Koordinatensystem (vgl. Abschn. 7.1.1) als Abszissen (x-Werte) die Winkel (im Gradmaß oder im Bogenmaß) und als Ordinaten (y-Werte) die Werte der betreffenden trigonometrischen Funktionen eingetragen werden. Die Funktionswerte ergeben sich als vorzeichenbehaftete Längen der entsprechenden Strecken am Einheitskreis (Abb. 6.7, 6.8).

Die Graphen der trigonometrischen Funktionen nennt man auch Kurven. So ist zum Beispiel die Sinuskurve der Graph der Sinusfunktion.

In der folgenden Aufzählung sind alle Winkel im Bogenmaß angegeben.

1. *Sinusfunktion*

Die Funktion $y = \sin x$ mit dem Definitionsbereich $D = \mathbb{R}$ und dem Wertebereich $W = [-1, 1]$.

Die Sinusfunktion hat die Periode 2π, es gilt also $\sin(x + 2k\pi) = \sin x$ für $k = 0, \pm 1, \pm 2, \ldots$. Die Amplitude der Funktion ist 1, denn es gilt $|\sin x| \leq 1$ und $\sin\dfrac{\pi}{2} = 1$.

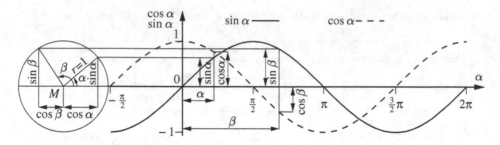

Abb. 6.7 Sinuskurve und Kosinuskurve

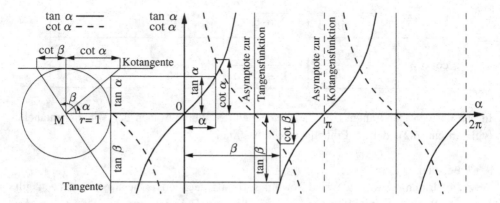

Abb. 6.8 Tangenskurve und Kotangenskurve

Die Sinusfunktion ist wegen $\sin(-x) = -\sin x$ für alle x eine ungerade Funktion. Die Sinuskurve ist also symmetrisch zum Koordinatenursprung (Abb. 6.9).

2. *Kosinusfunktion*

Die Funktion $y = \cos x$ mit dem Definitionsbereich $D = \mathbb{R}$ und dem Wertebereich $W = [-1, 1]$.

Die Kosinusfunktion hat ebenfalls die Periode 2π, es gilt $\cos(x + 2k\pi) = \cos x$ für $k = 0, \pm 1, \pm 2, \ldots$. Die Amplitude der Funktion ist 1, denn es gilt $|\cos x| \leq 1$ und $\cos 0 = 1$.

Die Kosinusfunktion ist wegen $\cos(-x) = \cos x$ für alle x eine gerade Funktion. Die Kosinuskurve ist also symmetrisch zur y-Achse (Abb. 6.9).

3. *Tangensfunktion*

Die Funktion $y = \tan x$ mit dem Definitionsbereich $D = \mathbb{R}$, $x \neq \frac{\pi}{2} + k\pi$, $k \in \mathbb{Z}$ und dem Wertebereich $W = \mathbb{R}$.

Die Stellen $x = \frac{\pi}{2} + k\pi$, $k \in \mathbb{Z}$ sind Pole der Funktion. Nähert man sich einem Pol $x = x_p$ mit wachsenden x-Werten (also $x < x_p$), dann geht $\tan x$ gegen $+\infty$. Nähert man sich dagegen einem Pol $x = x_p$ mit abnehmenden x-Werten (also $x > x_p$), so geht $\tan x$ gegen $-\infty$. Die Geraden $x = \frac{\pi}{2} + k\pi$ sind Asymptoten der Funktion.

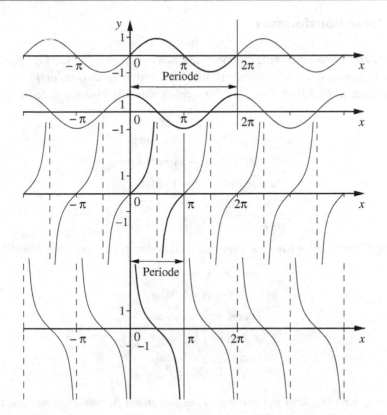

Abb. 6.9 $y = \sin x$, $y = \cos x$, $y = \tan x$, $y = \cot x$. (von *oben* nach *unten*)

Die Tangensfunktion hat die Periode π, es gilt also $\tan(x + k\pi) = \tan x$ für $k = 0, \pm1, \pm2, \ldots$. Eine Amplitude besitzt die Funktion nicht (Pole!).
Die Tangensfunktion ist wegen $\tan(-x) = -\tan x$ für alle x eine ungerade Funktion. Die Tangenskurve ist also symmetrisch zum Koordinatenursprung (Abb. 6.9).

4. *Kotangensfunktion*

Die Funktion $y = \cot x$ mit dem Definitionsbereich $D = \mathbb{R}$, $x \neq k\pi$, $k \in \mathbb{Z}$ und dem Wertebereich $W = \mathbb{R}$.
Die Stellen $x = k\pi$, $k \in \mathbb{Z}$ sind Pole der Funktion. Nähert man sich einem Pol $x = x_p$ mit wachsenden x-Werten (also $x < x_p$), dann geht $\cot x$ gegen $-\infty$. Nähert man sich dagegen einem Pol $x = x_p$ mit abnehmenden x-Werten (also $x > x_p$), so geht $\cot x$ gegen $+\infty$. Die Geraden $x = k\pi$ sind Asymptoten der Funktion.
Die Kotangensfunktion hat die Periode π, es gilt also $\cot(x + k\pi) = \cot x$ für $k = 0, \pm1, \pm2, \ldots$. Eine Amplitude besitzt die Funktion nicht (Pole!).
Die Kotangensfunktion ist ungerade, denn es gilt $\cot(-x) = -\cot x$. Die Kotangenskurve ist also symmetrisch zum Koordinatenursprung (Abb. 6.9).

6.5   Reduktionsformeln

Wegen der Periodizität können die trigonometrischen Funktionen für beliebige Winkel beim
Sinus und Kosinus auf solche zwischen 0° und 360° und beim Tangens und Kotangens auf
solche zwischen 0° und 180° zurückgeführt werden. Für beliebige ganze Zahlen k gilt:

$$\sin(360° \cdot k + \alpha) = \sin \alpha$$
$$\cos(360° \cdot k + \alpha) = \cos \alpha$$
$$\tan(180° \cdot k + \alpha) = \tan \alpha$$
$$\cot(180° \cdot k + \alpha) = \cot \alpha$$

Wegen der Symmetrie der trigonometrischen Funktionen gilt für negative Winkel:

$$\sin(-\alpha) = -\sin\alpha$$
$$\cos(-\alpha) = \cos \alpha$$
$$\tan(-\alpha) = -\tan\alpha$$
$$\cot(-\alpha) = -\cot \alpha$$

Jeder so reduzierte Winkel kann durch eine der folgenden Beziehungen auf einen Winkel
zwischen 0° und 90° zurückgeführt werden:

Funktion	$\beta = 90° \pm \alpha$	$\beta = 180° \pm \alpha$	$\beta = 270° \pm \alpha$	$\beta = 360° - \alpha$
$\sin \beta$	$+\cos \alpha$	$\mp \sin \alpha$	$-\cos \alpha$	$-\sin \alpha$
$\cos \beta$	$\mp \sin \alpha$	$-\cos \alpha$	$\pm \sin \alpha$	$+\cos \alpha$
$\tan \beta$	$\mp \cot \alpha$	$\pm \tan \alpha$	$\mp \cot \alpha$	$-\tan \alpha$
$\cot \beta$	$\mp \tan \alpha$	$\pm \cot \alpha$	$\mp \tan \alpha$	$-\cot \alpha$

6.6   Additionstheoreme

Die Additionstheoreme sind Formeln für die trigonometrischen Funktionen von Winkel-
summen und Winkeldifferenzen.

Die meisten dieser Gleichungen lassen sich mit Hilfe der eulerschen Formel $e^{iz} = \cos z + i \sin z$ für komplexe Zahlen (vgl. Abschn. 1.12.8) zusammen mit den Potenzgesetzen
herleiten.

► **Beispiel:**

$$\cos(\alpha + \beta) + i\sin(\alpha + \beta) = e^{i(\alpha+\beta)} = e^{i\alpha} \cdot e^{i\beta}$$

$$= (\cos\alpha + i\sin\alpha) \cdot (\cos\beta + i\sin\beta)$$

$$= (\cos\alpha\cos\beta - \sin\alpha\sin\beta) + i(\sin\alpha\cos\beta + \cos\alpha\sin\beta)$$

Vergleich von Real- und Imaginärteil ergibt

$$\cos(\alpha + \beta) = \cos\alpha\cos\beta - \sin\alpha\sin\beta \text{ und } \sin(\alpha + \beta) = \sin\alpha\cos\beta + \cos\alpha\sin\beta.$$

Trigonometrische
Funktionen für
Winkelvielfache

$$\sin 2\alpha = 2\sin\alpha\cos\alpha = \frac{2\tan\alpha}{1+\tan^2\alpha}$$

$$\sin 3\alpha = 3\sin\alpha - 4\sin^3\alpha$$

$$\sin 4\alpha = 8\sin\alpha\cos^3\alpha - 4\sin\alpha\cos\alpha$$

$$\cos 2\alpha = \cos^2\alpha - \sin^2\alpha = 1 - 2\sin^2\alpha = 2\cos^2\alpha - 1$$

$$\cos 3\alpha = 4\cos^3\alpha - 3\cos\alpha$$

$$\cos 4\alpha = 8\cos^4\alpha - 8\cos^2\alpha + 1$$

$$\tan 2\alpha = \frac{2\tan\alpha}{1-\tan^2\alpha} = \frac{2}{\cot\alpha - \tan\alpha}$$

$$\tan 3\alpha = \frac{3\tan\alpha - \tan^3\alpha}{1 - 3\tan^2\alpha}$$

$$\tan 4\alpha = \frac{4\tan\alpha - 4\tan^3\alpha}{1 - 6\tan^2\alpha + \tan^4\alpha}$$

$$\cot 2\alpha = \frac{\cot^2\alpha - 1}{2\cot\alpha} = \frac{\cot\alpha - \tan\alpha}{2} = \frac{1}{\tan 2\alpha}$$

$$\cot 3\alpha = \frac{\cot^3\alpha - 3\cot\alpha}{3\cot^2\alpha - 1}$$

$$\cot 4\alpha = \frac{\cot^4\alpha - 6\cot^2\alpha + 1}{4\cot^3\alpha - 4\cot\alpha}$$

Für allgemeine Winkelvielfache erhält man aus der Entwicklung der Formel von Moivre (vgl. Abschn. 1.12.6) durch Vergleich des Real- und Imaginärteils entsprechende Formeln :

$$\cos n\alpha + i \sin n\alpha = (\cos\alpha + i \sin\alpha)^n = \sum_{k=0}^{n} i^k \cdot \binom{n}{k} \cdot \cos^{n-k}\alpha \cdot \sin^k\alpha.$$

Trigonometrische
Funktionen
der Summe und
der Differenz
zweier Winkel

$$\sin(\alpha + \beta) = \sin\alpha\cos\beta + \cos\alpha\sin\beta$$

$$\sin(\alpha - \beta) = \sin\alpha\cos\beta - \cos\alpha\sin\beta$$

$$\cos(\alpha + \beta) = \cos\alpha\cos\beta - \sin\alpha\sin\beta$$

$$\cos(\alpha - \beta) = \cos\alpha\cos\beta + \sin\alpha\sin\beta$$

$$\tan(\alpha + \beta) = \frac{\tan\alpha + \tan\beta}{1 - \tan\alpha\tan\beta}$$

$$\tan(\alpha - \beta) = \frac{\tan\alpha - \tan\beta}{1 + \tan\alpha\tan\beta}$$

$$\cot(\alpha + \beta) = \frac{\cot\alpha\cot\beta - 1}{\cot\alpha + \cot\beta}$$

$$\cot(\alpha - \beta) = \frac{\cot\alpha\cot\beta + 1}{\cot\alpha - \cot\beta}$$

Summen und
Differenzen
zweier
trigonometrischer
Funktionen

$$\sin\alpha + \sin\beta = 2\sin\frac{\alpha+\beta}{2}\cos\frac{\alpha-\beta}{2}$$

$$\sin\alpha - \sin\beta = 2\cos\frac{\alpha+\beta}{2}\sin\frac{\alpha-\beta}{2}$$

$$\cos\alpha + \cos\beta = 2\cos\frac{\alpha+\beta}{2}\cos\frac{\alpha-\beta}{2}$$

$$\cos\alpha - \cos\beta = -2\sin\frac{\alpha+\beta}{2}\sin\frac{\alpha-\beta}{2}$$

$$\tan\alpha + \tan\beta = \frac{\sin(\alpha+\beta)}{\cos\alpha\cos\beta}$$

$$\tan\alpha - \tan\beta = \frac{\sin(\alpha-\beta)}{\cos\alpha\cos\beta}$$

$$\cot\alpha + \cot\beta = \frac{\sin(\alpha+\beta)}{\sin\alpha\sin\beta}$$

$$\cot\alpha - \cot\beta = -\frac{\sin(\alpha+\beta)}{\sin\alpha\sin\beta}$$

$$\sin\alpha\sin\beta = \frac{1}{2}\Big[\cos(\alpha-\beta) - \cos(\alpha+\beta)\Big]$$

$$\cos\alpha\cos\beta = \frac{1}{2}\Big[\cos(\alpha-\beta) + \cos(\alpha+\beta)\Big]$$

$$\sin\alpha\cos\beta = \frac{1}{2}\Big[\sin(\alpha+\beta) + \sin(\alpha-\beta)\Big]$$

Produkte trigonometrischer Funktionen

$$\cos\alpha\sin\beta = \frac{1}{2}\Big[\sin(\alpha+\beta) - \sin(\alpha-\beta)\Big]$$

$$\tan\alpha\tan\beta = \frac{\tan\alpha+\tan\beta}{\cot\alpha+\cot\beta} = -\frac{\tan\alpha-\tan\beta}{\cot\alpha-\cot\beta}$$

$$\cot\alpha\cot\beta = \frac{\cot\alpha+\cot\beta}{\tan\alpha+\tan\beta} = -\frac{\cot\alpha-\cot\beta}{\tan\alpha-\tan\beta}$$

$$\tan\alpha\cot\beta = \frac{\tan\alpha+\cot\beta}{\cot\alpha+\tan\beta} = -\frac{\tan\alpha-\cot\beta}{\cot\alpha-\tan\beta}$$

$$\sin^2\alpha = \frac{1}{2}\Big(1 - \cos 2\alpha\Big)$$

$$\sin^3\alpha = \frac{1}{4}\Big(3\sin\alpha - \sin 3\alpha\Big)$$

Potenzen trigonometrischer Funktionen

$$\sin^4\alpha = \frac{1}{8}\Big(\cos 4\alpha - 4\cos 2\alpha + 3\Big)$$

$$\cos^2\alpha = \frac{1}{2}\Big(1 + \cos 2\alpha\Big)$$

$$\cos^3\alpha = \frac{1}{4}\Big(3\cos\alpha + \cos 3\alpha\Big)$$

$$\cos^4\alpha = \frac{1}{8}\Big(\cos 4\alpha + 4\cos 2\alpha + 3\Big)$$

Die Formeln für $\sin^n\alpha$ und $\cos^n\alpha$ erhält man, indem man die Formeln für $\cos n\alpha$ und $\sin n\alpha$ nacheinander anwendet.

6.7   Sinussatz und Kosinussatz

Sinussatz

In einem beliebigen Dreieck verhalten sich die Längen der Seiten wie die Sinuswerte der gegenüberliegenden Winkel.

$$\text{Sinussatz} \qquad \frac{\sin \alpha}{a} = \frac{\sin \beta}{b} = \frac{\sin \gamma}{c} \qquad \text{oder} \qquad \sin \alpha : \sin \beta : \sin \gamma = a : b : c$$

Der Sinussatz lässt sich mit Hilfe der Höhen, also durch Zerlegung des Dreiecks in zwei rechtwinklige Dreiecke herleiten (Abb. 6.10):

$$\sin \alpha = \frac{h}{b} \Longrightarrow h = b \cdot \sin \alpha; \quad \sin \beta = \frac{h}{a} \Longrightarrow h = a \cdot \sin \beta$$

Es folgt $b \cdot \sin \alpha = a \cdot \sin \beta$ und daraus $a : b = \sin \alpha : \sin \beta$.

Die anderen Proportionen lassen sich analog herleiten.

Kosinussatz

In einem beliebigen Dreieck ist das Quadrat einer Seitenlänge gleich der Summe der Quadrate der beiden anderen Seitenlängen minus dem doppelten Produkt der Längen dieser beiden anderen Seiten und dem Kosinus des von ihnen eingeschlossenen Winkels.

$$\text{Kosinussatz} \qquad \begin{aligned} a^2 &= b^2 + c^2 - 2bc \cos \alpha \\ b^2 &= a^2 + c^2 - 2ac \cos \beta \\ c^2 &= a^2 + b^2 - 2ab \cos \gamma \end{aligned} \qquad \text{oder} \qquad \begin{aligned} \cos \alpha &= \frac{b^2 + c^2 - a^2}{2bc} \\ \cos \beta &= \frac{a^2 + c^2 - b^2}{2ac} \\ \cos \gamma &= \frac{a^2 + b^2 - c^2}{2ab} \end{aligned}$$

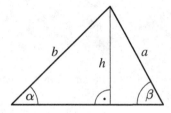

Abb. 6.10 Zur Herleitung des Sinussatzes

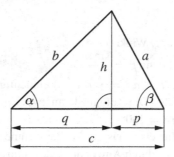

Abb. 6.11 Zur Herleitung des Kosinussatzes

Der Kosinussatz ist eine Verallgemeinerung des Satzes von Pythagoras, der für rechtwinklige Dreiecke gilt, auf beliebige Dreiecke. Gilt etwa $\gamma = 90°$, dann folgt $c^2 = a^2 + b^2$ wegen $\cos \gamma = \cos 90° = 0$.

Der Kosinussatz lässt sich durch Zerlegung des Dreiecks in zwei rechtwinklige Dreiecke und Anwendung des Satzes von Pythagoras herleiten (Abb. 6.11):

$$\cos \alpha = \frac{q}{b}, \quad q = c - p \implies \cos \alpha = \frac{c - p}{b} \implies p = c - b \cos \alpha$$

$$\sin \alpha = \frac{h}{b} \implies h = b \sin \alpha$$

Durch Einsetzen der Ausdrücke für p und für h ergibt sich:

$$
\begin{aligned}
a^2 = p^2 + h^2 \implies\ & a^2 = (c - b \cos \alpha)^2 + (b \sin \alpha)^2 \\
\implies\ & a^2 = c^2 - 2bc \cos \alpha + b^2 \cos^2 \alpha + b^2 \sin^2 \alpha \\
\implies\ & a^2 = c^2 - 2bc \cos \alpha + b^2 (\cos^2 \alpha + \sin^2 \alpha) \\
\implies\ & a^2 = b^2 + c^2 - 2bc \cos \alpha \quad (\text{denn}\ \sin^2 \alpha + \cos^2 \alpha = 1).
\end{aligned}
$$

Die anderen Gleichungen lassen sich ganz entsprechend herleiten.

6.8   Grundaufgaben der Dreiecksberechnung

Entsprechend den vier Grundkonstruktionen des Dreiecks (vgl. Abschn. 3.6.8) gibt es vier Grundaufgaben der Dreiecksberechnung.

1. *Grundaufgabe WSW und SWW*

   Gegeben α, c, β (Winkel, Seite, Winkel) oder c, β, γ (Seite, Winkel, Winkel).
   Berechnung der fehlenden Winkel:
   $\gamma = 180° - (\alpha + \beta)$ oder $\alpha = 180° - (\beta + \gamma)$.
   Berechnung der fehlenden Seiten (durch Anwendung des Sinussatzes):
   $a = \dfrac{c}{\sin \gamma} \sin \alpha$ und $b = \dfrac{c}{\sin \gamma} \sin \beta$.

2. *Grundaufgabe SSW*

Gegeben a, b, α (Seite, Seite, Winkel).
Anwendung des Sinussatzes: $\sin\beta = \dfrac{\sin\alpha}{a}\, b$
Der Winkel β lässt sich für $b < a$ ($\Longrightarrow \beta < \alpha$) eindeutig bestimmen. Für $b > a$ ist β nicht in allen Fällen eindeutig. Die Aufgabe kann zwei Lösungen, β_1 und β_2, haben mit $\sin\beta_1 = \sin\beta_2$ und $\beta_1 + \beta_2 = 180°$.
Berechnung des dritten Winkels γ aus der Winkelsumme im Dreieck. Berechnung der dritten Seite c oder c_1 und c_2 durch Anwendung des Sinussatzes.

3. *Grundaufgabe SWS*

Gegeben a, γ, b (Seite, Winkel, Seite).
Berechnung von c mit dem Kosinussatz: $c = \sqrt{a^2 + b^2 - 2ab\cos\gamma}$.
Bestimmung des Winkels α (oder β) mit dem Kosinussatz (eindeutig, aber umständlicher) oder mit dem Sinussatz (Entscheidung zwischen den beiden möglichen Winkeln α_1 und α_2 mit $\alpha_1 + \alpha_2 = 180°$ über die Bedingung $a > c$ ($\Longleftrightarrow \alpha > \gamma$) oder $a < c$ ($\Longleftrightarrow \alpha < \gamma$)).
Berechnung von β (oder α) dann aus der Winkelsumme im Dreieck.
Eine Kontrolle ist mit dem Sinussatz möglich.

4. *Grundaufgabe SSS*

Gegeben a, b, c (Seite, Seite, Seite).
Berechnung der Winkel mit Hilfe des Kosinus- und des Sinussatzes.
Am besten wird zuerst der der größten Seite gegenüberliegende Winkel berechnet. Die beiden anderen Winkel sind dann spitze Winkel und können deshalb mit dem Sinussatz eindeutig berechnet werden.
Liegt etwa γ der größten Seite gegenüber, dann Berechnung mit
$$\cos\gamma = \frac{a^2 + b^2 - c^2}{2ab}, \quad \frac{\sin\alpha}{a} = \frac{\sin\beta}{b} = \frac{\sin\gamma}{c}.$$
Eine Kontrolle lässt sich mit der Winkelsumme im Dreieck durchführen: Die Summe der drei berechneten Winkel muss $180°$ betragen.

▶ **Beispiele:**
   1. Gegeben: $\alpha = 55°$, $c = 7{,}34$, $\beta = 48°$ (WSW) (Abb. 6.12)

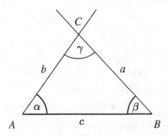

Abb. 6.12 Zu Beispiel 1 (WSW)

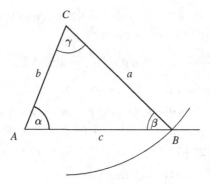

Abb. 6.13 Zu Beispiel 2 (SSW)

Berechnung von γ: $\gamma = 180° - (55° + 48°) = 77°$

Berechnung der fehlenden Seiten (mit Hilfe des Sinussatzes):

$$a = \frac{\sin 55°}{\sin 77°} \cdot 7{,}34 \approx 6{,}17, \quad b = \frac{\sin 48°}{\sin 77°} \cdot 7{,}34 \approx 5{,}60$$

Ergebnisse: $\gamma = 77°$, $a \approx 6{,}17$, $b \approx 5{,}60$

2. Gegeben: $a = 8{,}45$, $b = 6{,}38$, $\alpha = 68{,}5°$ (SSW) (Abb. 6.13)

Da α der größeren der gegebenen Seiten gegenüberliegt, ist die Aufgabe eindeutig.

Berechnung von β (mit dem Sinussatz):

$$\frac{\sin 68{,}5°}{8{,}45} = \frac{\sin \beta}{6{,}38} \implies \sin \beta = \frac{6{,}38}{8{,}45} \sin 68{,}5° \approx 0{,}7025 \implies \beta \approx 44{,}6°$$

Berechnung von γ: $\gamma \approx 180° - (68{,}5° + 44{,}6°) = 66{,}9°$

Berechnung von c (mit dem Sinussatz):

$$c \approx \frac{\sin 66{,}9°}{\sin 68{,}5°} 8{,}45 \approx 8{,}35$$

Ergebnisse: $\beta \approx 44{,}6°$, $\gamma \approx 66{,}9°$, $c \approx 8{,}35$

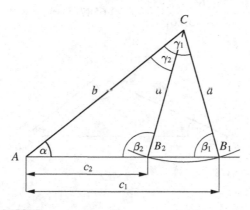

Abb. 6.14 Zu Beispiel 3 (SSW)

3. Gegeben: $a = 9,35$, $b = 14,25$, $\alpha = 39,2°$ (SSW) (Abb. 6.14)

Berechnung von β (mit dem Sinussatz):

$$\frac{\sin 39,2°}{9,35} = \frac{\sin \beta}{14,25} \implies \sin \beta = \frac{14,25}{9,35} \sin 39,2° \approx 0,9633$$

$$\implies \beta_1 \approx 74,4° \text{ und } \beta_2 = 180° - \beta_1 \approx 105,6°$$

Beide Winkel erfüllen die Bedingung $\beta > \alpha$, die aus $b > a$ folgt.

Berechnung von γ_1 und γ_2 mit Hilfe der Winkelsumme im Dreieck:

$$\gamma_1 \approx 180° - (39,2° + 74,4°) = 66,4°; \qquad \gamma_2 \approx 180° - (39,2° + 105,6°) = 35,2°$$

Berechnung von c_1 und c_2 mit dem Sinussatz:

$$c_1 \approx \frac{\sin 66,4°}{\sin 39,2°} 9,35 \approx 13,56; \qquad c_2 \approx \frac{\sin 35,2°}{\sin 39,2°} 9,35 \approx 8,53$$

Ergebnisse:

(1) $\beta_1 \approx 74,4°$, $\gamma_1 \approx 66,4°$, $c_1 \approx 13,56$;

(2) $\beta_2 \approx 105,6°$, $\gamma_2 \approx 35,2°$, $c_2 \approx 8,53$

4. Gegeben: $a = 5,62$, $\gamma = 115°$, $b = 8,50$ (SWS) (Abb. 6.15)

Berechnung von c mit dem Kosinussatz:

$$c^2 = 5,62^2 + 8,50^2 - 2 \cdot 5,62 \cdot 8,50 \cdot \cos 115° = 5,62^2 + 8,50^2$$

$$-2 \cdot 5,62 \cdot 8,50 \cdot \cos 65° \approx 144,2113 \implies c \approx 12,01$$

Berechnung von α mit dem Sinussatz:

$$\sin \alpha \approx \frac{5,62}{12,01} \sin 115° = \frac{5,62}{12,01} \sin 65° \approx 0,4241 \implies \alpha \approx 25,1°$$

Berechnung von β (mit der Winkelsumme im Dreieck):

$$\beta \approx 180° - (115° + 25,1°) = 39,9°$$

Ergebnisse: $c \approx 12,01$, $\alpha \approx 25,1°$, $\beta \approx 39,9°$

5. Gegeben: $a = 3,43$, $b = 5,26$, $c = 7,95$ (SSS) (Abb. 6.16)

Berechnung von γ (liegt der größten Seite gegenüber) mit dem Kosinussatz:

$$\cos \gamma = \frac{3,43^2 + 5,26^2 - 7,95^2}{2 \cdot 3,43 \cdot 5,26} \approx -0,6587 \implies \gamma \approx 131,2°$$

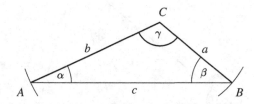

Abb. 6.15 Zu Beispiel 4 (SWS)

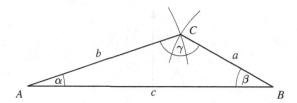

Abb. 6.16 Zu Beispiel 5 (SSS)

Berechnung von α mit dem Sinussatz:

$$\sin\alpha \approx \frac{3{,}43}{7{,}95}\sin 131{,}2° \approx 0{,}3246 \implies \alpha \approx 18{,}9°$$

Berechnung von β (mit der Winkelsumme im Dreieck):

$$\beta \approx 180° - (131{,}2° + 18{,}9°) = 29{,}9°$$

Ergebnisse: $\alpha \approx 18{,}9°$, $\beta \approx 29{,}9°$, $\gamma \approx 131{,}2°$

6.9 Arkusfunktionen

Kennt man den Funktionswert einer trigonometrischen Funktion, etwa $y = \sin x$, und will man daraus den zugehörigen Winkel bestimmen, so muss man die Gleichung nach dem Winkel x auflösen, was mit Hilfe der Arkusfunktionen möglich ist: $x = \arcsin y$. Die Arkusfunktionen sind also die Umkehrfunktionen der trigonometrischen Funktionen.

Die Arkusfunktionen werden auch zyklometrische Funktionen oder inverse trigonometrische Funktionen genannt.

Zu ihrer eindeutigen Definition wird der Definitionsbereich der trigonometrischen Funktionen in Monotonieintervalle zerlegt, so dass für jedes Monotonieintervall eine Umkehrfunktion erhalten wird (vgl. Abschn. 5.2.8: Streng monotone Funktionen besitzen Umkehrfunktionen). Diese wird entsprechend dem zugehörigen Monotonieintervall mit dem Index k gekennzeichnet.

Die Vorgehensweise wird am Beispiel des Arkussinus gezeigt. Der Definitionsbereich von $y = \sin x$ wird in die Monotonieintervalle $k\pi - \frac{\pi}{2} \leq x \leq k\pi + \frac{\pi}{2}$ mit $k = 0, \pm 1, \pm 2, \dots$ zerlegt. Durch Spiegelung von $y = \sin x$ an der Winkelhalbierenden $y = x$ erhält man die Umkehrfunktionen $y = \arcsin_k x$ mit den Definitionsbereichen $D_k = [-1, 1]$ und den Wertebereichen $W_k = [k\pi - \frac{\pi}{2}, k\pi + \frac{\pi}{2}]$, wobei $k = 0, \pm 1, \pm 2, \dots$. Die Schreibweise $y = \arcsin_k x$ ist gleichbedeutend mit $x = \sin y$.

$$y = \arcsin_k x \iff x = \sin y$$

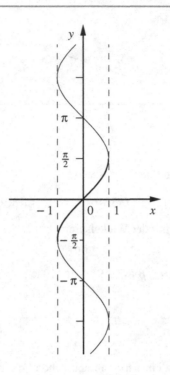

Abb. 6.17 Arkussinuskurve

Die übrigen Arkusfunktionen ergeben sich analog. In der Tabelle sind die Definitions- und
Wertebereiche aller Arkusfunktionen zusammengestellt, die Abb. 6.17, 6.18, 6.19 und 6.20
zeigen die Graphen der Arkusfunktionen.

Name	Schreibweise	Definitions-bereich	Wertebereich	Gleichbedeutende trigonometrische Funktion
Arkussinus	$y = \arcsin_k x$	$-1 \leq x \leq 1$	$k\pi - \dfrac{\pi}{2} \leq y \leq k\pi + \dfrac{\pi}{2}$	$x = \sin y$
Arkuskosinus	$y = \arccos_k x$	$-1 \leq x \leq 1$	$k\pi \leq y \leq (k+1)\pi$	$x = \cos y$
Arkustangens	$y = \arctan_k x$	$-\infty < x < \infty$	$k\pi - \dfrac{\pi}{2} < y < k\pi + \dfrac{\pi}{2}$	$x = \tan y$
Arkuskotangens	$y = \text{arc cot}_k\, x$	$-\infty < x < \infty$	$k\pi < y < (k+1)\pi$	$x = \cot y$

Arkusfunktionen

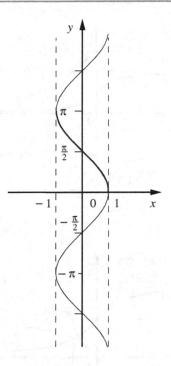

Abb. 6.18 Arkuskosinuskurve

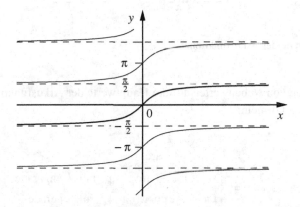

Abb. 6.19 Arkustangenskurve

Sctzt man $k = 0$, dann erhält man jeweils den sogenannten Hauptwert der Arkusfunktion. Den Hauptwert schreibt man ohne den Index k, also zum Beispiel $\arcsin x = \arcsin_0 x$. Für andere Werte von k erhält man Nebenwerte der entsprechenden Arkusfunktion. Den Hauptwert der Arkusfunktionen zeigt Abb. 6.21.

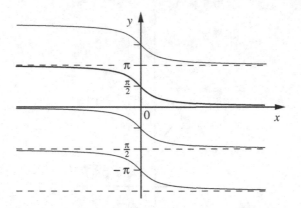

Abb. 6.20 Arkuskotangenskurve

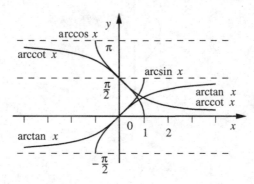

Abb. 6.21 Hauptwerte der Arkusfunktionen

Die Zurückführung von Nebenwerten auf die Hauptwerte der Arkusfunktionen erfolgt mit
Hilfe der folgenden Formeln:

$$\mathrm{arc\,sin}_k\, x = k\pi + (-1)^k \mathrm{arc\,sin}\, x$$

$$\mathrm{arc\,cos}_k\, x = \begin{cases} (k+1)\pi - \mathrm{arc\,cos}\, x & \text{falls } k \text{ ungerade} \\ k\pi + \mathrm{arc\,cos}\, x & \text{falls } k \text{ gerade} \end{cases}$$

$$\mathrm{arc\,tan}_k\, x = k\pi + \mathrm{arc\,tan}\, x$$

$$\mathrm{arc\,cot}_k\, x = k\pi + \mathrm{arc\,cot}\, x$$

Rechenprogramme geben immer die Hauptwerte der Arkusfunktionen an.

$$\text{arc} \sin x = \frac{\pi}{2} - \text{arc} \cos x = \text{arc} \tan \frac{x}{\sqrt{1-x^2}}$$

Beziehungen zwischen den Hauptwerten

$$\text{arc} \cos x = \frac{\pi}{2} - \text{arc} \sin x = \text{arc} \cot \frac{x}{\sqrt{1-x^2}}$$

$$\text{arc} \tan x = \frac{\pi}{2} - \text{arc} \cot x = \text{arc} \sin \frac{x}{\sqrt{1+x^2}}$$

$$\text{arc} \cot x = \frac{\pi}{2} - \text{arc} \tan x = \text{arc} \cos \frac{x}{\sqrt{1+x^2}}$$

Formeln für negative Argumente

$$\text{arc} \sin(-x) = -\text{arc} \sin x$$
$$\text{arc} \cos(-x) = \pi - \text{arc} \cos x$$
$$\text{arc} \tan(-x) = -\text{arc} \tan x$$
$$\text{arc} \cot(-x) = \pi - \text{arc} \cot x$$

▶ **Beispiele:**

1. $\text{arc} \sin 0 = 0;\quad \text{arc} \sin_k 0 = k\pi$

2. $\text{arc} \cos \dfrac{1}{2} = \dfrac{\pi}{3};\quad \text{arc} \cos_k \dfrac{1}{2} = \begin{cases} -\frac{\pi}{3} + (k+1)\pi & \text{falls } k \text{ ungerade} \\ \frac{\pi}{3} + k\pi & \text{falls } k \text{ gerade} \end{cases}$

3. $\text{arc} \cot 1 = \dfrac{\pi}{4};\quad \text{arc} \cot_k 1 = \dfrac{\pi}{4} + k\pi$

Analytische Geometrie   7

Der Grundgedanke der Analytischen Geometrie besteht darin, dass geometrische Untersuchungen mit rechnerischen Mitteln geführt werden. Geometrische Objekte werden dabei durch Gleichungen beschrieben und mit algebraischen Methoden untersucht.

7.1   Koordinatensysteme

Die Verbindung von Geometrie und Algebra wird dadurch erreicht, dass man die geometrischen Objekte als Punktmengen auffasst und jedem Punkt Zahlenwerte zuordnet, durch die er sich von anderen unterscheidet. Eine Kurve oder eine Gerade ist dann eine Menge von Punkten, für deren Zahlenwerte bestimmte Bedingungen gelten, die man Gleichungen dieser Objekte nennt, zum Beispiel Gleichung eines Kreises oder einer Geraden. Das geometrische Bild einer linearen Gleichung in zwei Variablen ist immer eine Gerade, das einer quadratischen Gleichung in zwei Variablen immer ein Kegelschnitt.

Die Grundlage für eine solche analytische Darstellung der Geometrie ist die Zuordnung zwischen Punkt und Zahl, die eindeutig sein muss. Auf einer Geraden oder allgemeiner auf einer Kurve genügt eine Zahl, auf einer Ebene oder einer Fläche ein Zahlenpaar und im Raum ein Zahlentripel (drei Zahlen), um einen Punkt eindeutig festzulegen. Umgekehrt bestimmt ein Punkt auf einer Kurve eindeutig eine Zahl, auf einer Fläche ein Zahlenpaar und im Raum ein Zahlentripel. Diese Zahlen werden Koordinaten des entsprechenden Punktes genannt. Die Koordinaten sind abhängig von dem zugrunde liegenden Koordinatensystem.

Es gibt verschiedene Möglichkeiten für Koordinatensysteme, von denen hier einige wichtige beschrieben werden. Allgemein kann man ein Koordinatensystem als ein System von geometrischen Objekten, mit deren Hilfe die Lage anderer geometrischer Objekte durch Zahlenwerte (Koordinaten) umkehrbar eindeutig beschrieben werden kann, bezeichnen.

© Springer Fachmedien Wiesbaden GmbH, ein Teil von Springer Nature 2019   289
A. Kemnitz, *Mathematik zum Studienbeginn*,
https://doi.org/10.1007/978-3-658-26604-2_7

Legt man auf einer Geraden g einen Anfangspunkt 0 (Nullpunkt), eine positive Richtung (Orientierung) und eine Längeneinheit l (Maßstab) fest, dann entspricht jeder reellen Zahl x ein bestimmter Punkt dieser Geraden, und umgekehrt entspricht jedem Punkt der Geraden eine reelle Zahl. Die Gerade g wird Zahlengerade genannt.

7.1.1 Kartesisches Koordinatensystem der Ebene

Um die Lage eines Punktes in der Ebene eindeutig festzulegen, sind zwei Zahlengeraden notwendig. Man ordnet die Zahlengeraden stets so an, dass ihre Nullpunkte zusammenfallen. Die Zahlengeraden werden Achsen des Koordinatensystems oder Koordinatenachsen genannt und als x- oder Abszissenachse und als y- oder Ordinatenachse bezeichnet. Der gemeinsame Nullpunkt, also der Schnittpunkt der beiden Geraden, heißt Koordinatenursprung oder Nullpunkt. Auf jeder der beiden Geraden wird vom Koordinatenursprung aus eine positive und eine negative Orientierung sowie ein Maßstab festgelegt.

In einem kartesischen (rechtwinkligen) Koordinatensystem stehen die Koordinatenachsen senkrecht aufeinander, die Achsen haben den gleichen Maßstab und bilden ein sogenanntes Rechtssystem: Die x-Achse geht durch Drehung um einen rechten Winkel im mathematisch positiven Sinne (linksdrehend, entgegen dem Uhrzeigersinn) in die y-Achse über.

Ein beliebiger Punkt P der Ebene kann dann durch seine kartesischen Koordinaten beschrieben werden: $P(x|y)$ mit x als Abszisse und y als Ordinate (Abb. 7.1).

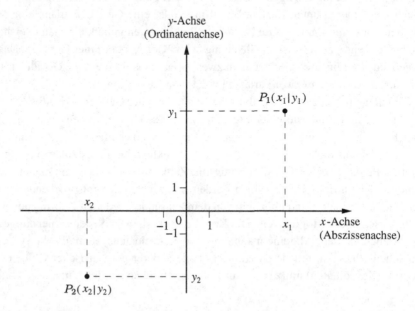

Abb. 7.1 Kartesisches Koordinatensystem der Ebene

Dieses Koordinatensystem ist benannt nach dem französischen Mathematiker René Descartes, genannt Cartesius (1596–1650).

7.1.2 Polarkoordinatensystem der Ebene

Ein Polarkoordinatensystem der Ebene ist bestimmt durch einen festen Punkt, den Pol O, und einer von ihm ausgehenden fest gewählten Achse, der Polarachse, auf der wie bei einem Zahlenstrahl eine Orientierung und ein Maßstab festgelegt sind.

Ein beliebiger Punkt P der Ebene lässt sich dann durch seine Polarkoordinaten beschreiben: $P(r|\varphi)$, wobei r der Abstand des Punktes P vom Pol O ist und φ der Winkel, den der Strahl vom Pol O durch den Punkt P mit der Polarachse bildet (Abb. 7.2).

Dabei wird der Winkel φ in mathematisch positiver Richtung (linksdrehend, entgegen dem Uhrzeigersinn) gemessen. Dieser Winkel φ ist nur bis auf ganzzahlige Vielfache von 2π bestimmt. Man nennt φ auch Polarwinkel des Punktes P.

7.1.3 Zusammenhang zwischen kartesischen und Polarkoordinaten

Ein beliebiges geometrisches Objekt kann in verschiedenen Koordinatensystemen beschrieben werden, zum Beispiel in einem kartesischen und in einem Polarkoordinatensystem. Für dieselben geometrischen Eigenschaften findet man dann zwei Gleichungen $f_1(x, y) = 0$ und $f_2(r, \varphi) = 0$. Durch Transformation (Überführung) des einen Koordinatensystems in das andere geht die eine Gleichung des geometrischen Objekts in die andere über (Abb. 7.3).

Die Transformationsgleichungen für den Übergang von Polarkoordinaten zu kartesischen Koordinaten und umgekehrt ergeben sich mit Hilfe der trigonometrischen und

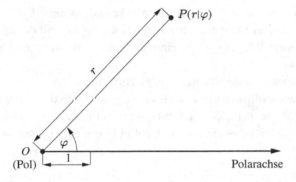

Abb. 7.2 Polarkoordinatensystem der Ebene

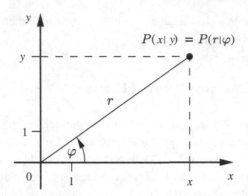

Abb. 7.3 Kartesische Koordinaten und Polarkoordinaten

der Arkusfunktionen. Zur Vereinfachung wird dabei vorausgesetzt, dass der Pol des Polarko-ordinatensystems mit dem Koordinatenursprung des kartesischen Koordinatensystems und die Polarachse mit der x-Achse (Abszisse) zusammenfallen.

Transformations-gleichungen

$$x = r \cos\varphi; \quad r = \sqrt{x^2 + y^2}$$
$$y = r \sin\varphi; \quad \cos\varphi = \frac{x}{\sqrt{x^2 + y^2}}, \quad \sin\varphi = \frac{y}{\sqrt{x^2 + y^2}}$$

▶ **Beispiele:**

1. Eine rechteckige Metallplatte soll zwei Bohrungen erhalten. Für die Mitten der Bohrungen soll gelten: Die erste Bohrung ist von einer Ecke der Platte 120 mm entfernt. Die Verbindungsstrecke zwischen dieser Ecke und der Bohrung soll mit der längeren Seite der Platte einen Winkel von 30° bilden. Die zweite Bohrung soll dreiviertel so weit von derselben Ecke entfernt sein: Die Verbindungsstrecke zwischen dieser Ecke und der zweiten Bohrung soll mit der ersten Verbindungs-strecke einen Winkel von 45° einschließen. Die Bohrungsmitten sind anzureißen (Abb. 7.4).

    Mathematisch umgesetzt bedeutet die Aufgabe:

    Die Polarkoordinaten $r_1 = 120$ mm, $\varphi_1 = 30°$ und $r_2 = 90$ mm, $\varphi_2 = 75°$ zweier Punkte $P_1(r_1|\varphi_1)$ und $P_2(r_2|\varphi_2)$ sind in kartesische Koordinaten umzu-rechnen ($\varphi_2 = \varphi_1 - 45°$ kommt nicht in Frage, da P_2 dann außerhalb der Platte läge).

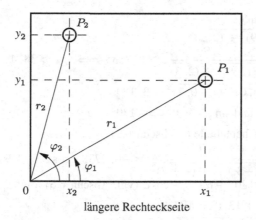

längere Rechteckseite

Abb. 7.4 Zu Beispiel 1

Man berechnet:

$$x_1 = r_1 \cos \varphi_1 = 120 \text{ mm} \cdot \cos 30° \approx 103, 92 \text{ mm}$$
$$y_1 = r_1 \sin \varphi_1 = 120 \text{ mm} \cdot \sin 30° = 60, 00 \text{ mm}$$
$$x_2 = r_2 \cos \varphi_2 = 90 \text{ mm} \cdot \cos 75° \approx 23, 29 \text{ mm}$$
$$y_2 = r_2 \sin \varphi_2 = 90 \text{ mm} \cdot \sin 75° \approx 86, 93 \text{ mm}$$

Ergebnis: $x_1 \approx 130, 92$ mm, $y_1 = 60, 00$ mm, $x_2 \approx 23, 29$ mm, $y_2 \approx 86, 93$ mm

2. Welche Polarkoordinaten haben die Ecken A, B, C des Dreiecks mit
   $A(2, 9|2, 3)$, $B(-3, 0| - 0, 7)$, $C(1, 8| - 2, 7)$? (Abb. 7.5).

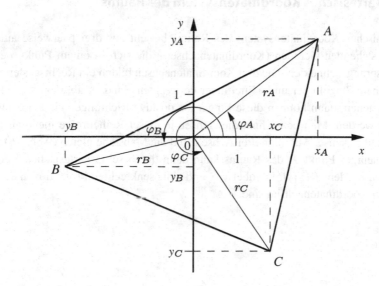

Abb. 7.5 Zu Beispiel 2

Man berechnet:

$$r_A = \sqrt{(2,9)^2 + (2,3)^2} \approx 3,7$$

$$\cos\varphi_A = \frac{2,9}{\sqrt{(2,9)^2 + (2,3)^2}} \approx 0,7835 \implies \varphi_A \approx 38,4°$$

$$r_B = \sqrt{(-3,0)^2 + (-0,7)^2} \approx 3,1$$

$$\cos\varphi_B < 0 \text{ und } \sin\varphi_B < 0 \implies 180° < \varphi_B < 270°$$

(vgl. Vorzeichentabelle in Abschn. 6.2)

$$\cos\alpha = \frac{-3,0}{\sqrt{(-3,0)^2 + (-0,7)^2}} \approx -0,9738; \quad \cos\beta = 0,9738 \implies \beta \approx 13,1°$$

Wegen $\cos(180° + \alpha) = -\cos\alpha$ (vgl. Abschn. 6.5) folgt

$$\varphi_B \approx 180° + 13,1° = 193,1°$$

$$r_C = \sqrt{(1,8)^2 + (-2,7)^2} \approx 3,2$$

$$\cos\varphi_C > 0 \text{ und } \sin\varphi_C < 0 \implies 270° < \varphi_C < 360°$$

(vgl. Vorzeichentabelle in Abschn. 6.2)

$$\cos\alpha = \frac{1,8}{\sqrt{(1,8)^2 + (-2,7)^2}} \approx 0,5547 \implies \alpha \approx 56,3°$$

Wegen $\cos(360° - \alpha) = \cos\alpha$ (vgl. Abschn. 6.5) folgt

$$\varphi_C \approx 360° - 56,3° = 303,7°.$$

Ergebnis: $A(3,7|38,4°)$, $B(3,1|193,1°)$, $C(3,2|303,7°)$ sind die drei Punkte in Polarkoordinaten.

7.1.4 Kartesisches Koordinatensystem des Raums

Ein kartesisches Koordinatensystem des Raums besteht aus drei paarweise aufeinander senkrecht stehenden Geraden (Koordinatenachsen), die sich in einem Punkt, dem Koordinatenursprung, schneiden. Die drei Koordinatenachsen bilden ein Rechtssystem: Winkelt man Daumen, Zeigefinger und Mittelfinger der rechten Hand so ab, dass sie aufeinander senkrecht stehen, dann können diese Finger als positive Richtungen eines Rechtssystems aufgefasst werden. Man bezeichnet die Achsen in dieser Reihenfolge meist als x-Achse, y-Achse und z-Achse. Auf allen drei Achsen sind die Maßstäbe gleich (Abb. 7.6).

Ein beliebiger Punkt P des Raums kann dann durch seine kartesischen Koordinaten beschrieben werden: $P(x|y|z)$, wobei x, y und z die senkrechten Projektionen des Punktes auf die drei Koordinatenachsen sind.

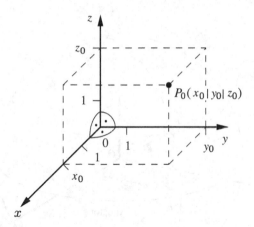

Abb. 7.6 Kartesische Koordinaten eines Raumpunktes P_0

7.1.5 Kugelkoordinatensystem des Raums

Ein Kugelkoordinatensystem ist bestimmt durch einen festen Punkt, den Pol O, und durch zwei aufeinander senkrecht stehende Strahlen n und o, die beide O als Anfangspunkt haben. Beide Strahlen legen jeweils eine Orientierung fest, der Strahl n eine Nordrichtung, der Strahl o eine Nullrichtung. Die auf dem Strahl n senkrecht stehende Ebene durch o heißt Äquatorebene.

Ein beliebiger Punkt P des Raums kann dann durch seine Kugelkoordinaten beschrieben werden: $P(r|\lambda|\varphi)$, wobei $r \geq 0$ der Abstand des Punktes P vom Pol O ist, die Breitenkoordinate φ der Winkel zwischen der Äquatorebene und der Strecke $\overline{OP}$ ($-\frac{\pi}{2} \leq \varphi \leq \frac{\pi}{2}$) und die Längenkoordinate λ der Winkel zwischen der Projektion der Strecke $\overline{OP}$ auf die Äquatorebene und dem Strahl o ($-\pi < \lambda \leq \pi$). Den Drehsinn der Winkelmessungen zeigt Abb. 7.7.

Ist ein kartesisches Koordinatensystem mit dem Koordinatenursprung O und den positiven x- bzw. z-Achsen in Richtung von o bzw. n gegeben, so gelten die folgenden Umrechnungsformeln zwischen den Koordinaten eines Punktes P im kartesischen Koordinatensystem und im Kugelkoordinatensystem.

Transformations-gleichungen	$x = r \cos\varphi \cos\lambda; \quad r = \sqrt{x^2 + y^2 + z^2}$ $y = r \cos\varphi \sin\lambda; \quad \tan\lambda = \dfrac{y}{x}$ $z = r \sin\varphi; \quad \tan\varphi = \dfrac{z}{\sqrt{x^2 + y^2}}$

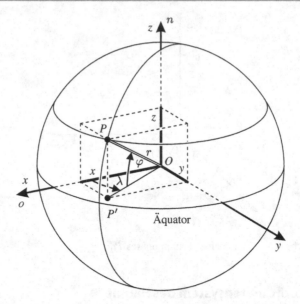

Abb. 7.7 Kugelkoordinatensystem

Die Transformationsgleichungen berechnet man mit Hilfe der trigonometrischen und der Arkusfunktionen.

Das Längen- und Breitengradsystem der Erdoberfläche ist ein solches Kugelkoordinatensystem mit konstantem r, weshalb r zur Beschreibung der Punkte der Erdoberfläche überflüssig ist und deshalb weggelassen wird.

Kugelkoordinaten heißen auch sphärische Koordinaten oder räumliche Polarkoordinaten oder geographische Koordinaten.

7.1.6   Zylinderkoordinatensystem des Raums

Eine Ebene E teilt den Raum in zwei Halbräume, von denen der eine als positiv und der andere als negativ ausgezeichnet wird. In der Ebene E wird ein (ebenes) Polarkoordinatensystem mit dem Pol O vorgegeben (vgl. Abschn. 7.1.2).

Ein beliebiger Punkt P des Raums kann dann durch seine Zylinderkoordinaten beschrieben werden: $P(r|\varphi|z)$ mit den Koordinaten r und φ als ebenen Polarkoordinaten des Punktes P', wobei $\overline{OP'}$ die Projektion der Strecke $\overline{OP}$ auf die Ebene E ist, und z als mit Vorzeichen versehenem Abstand des Punktes P von der Ebene E. Die Koordinate z ist positiv, wenn P im positiven Halbraum liegt, ansonsten negativ (Abb. 7.8).

Ist ein kartesisches Koordinatensystem mit dem Koordinatenursprung O gegeben, so dass die x- und die y-Achse in der Ebene E liegen und die positive z-Achse im positiven Halbraum liegt und außerdem die Polarachse des ebenen Polarkoordinatensystems mit der x-Achse

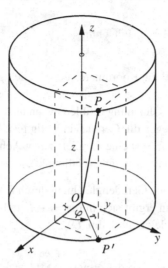

Abb. 7.8 Zylinderkoordinatensystem

zusammenfällt, dann gelten die folgenden Umrechnungsformeln zwischen den Koordinaten eines Punktes P im kartesischen Koordinatensystem und im Zylinderkoordinatensystem.

Transformations- gleichungen	$x = r \cos \varphi;$ $\quad r = \sqrt{x^2 + y^2}$ $y = r \sin \varphi;$ $\quad \cos \varphi = \dfrac{x}{\sqrt{x^2 + y^2}},$ $\quad \sin \varphi = \dfrac{y}{\sqrt{x^2 + y^2}}$ $z = z;$ $\qquad\quad z = z$

7.2 Geraden

7.2.1 Geradengleichungen

Eine Gerade ist die kürzeste Verbindung zweier Punkte. Eine Gerade ist durch zwei beliebige auf ihr liegende Punkte eindeutig bestimmt (vgl. Abschn. 3.1).

Für eine Gerade gibt es verschiedene Gleichungsformen.

1. Die Gleichung $ax + by + c = 0$ ist die allgemeine Geradengleichung, wobei die Koeffizienten a und b nicht gleichzeitig Null sein dürfen.

| Allgemeine Geradengleichung | $ax + by + c = 0$ |

Die Variablen x und y sind die Koordinaten eines beliebigen Punktes der Geraden. Ein Punkt $P_0 = P(x_0|y_0)$ der Ebene liegt also genau dann auf der Geraden, wenn seine Koordinaten x_0 und y_0 die Gleichung erfüllen, wenn also $ax_0 + by_0 + c = 0$ gilt.

Die Koeffizienten a, b, c legen die Gerade eindeutig fest. Für $a = 0$ ist die Gerade eine Parallele zur x-Achse, für $b = 0$ eine Parallele zur y-Achse und für $c = 0$ verläuft die Gerade durch den Koordinatenursprung (Nullpunkt).

2. Dividiert man die allgemeine Geradengleichung durch $b \neq 0$ (die Gerade ist also nicht parallel zur y-Achse), dann ergibt sich mit $m = -\frac{a}{b}$ und $n = -\frac{c}{b}$ die Hauptform oder Normalform der Geradengleichung (Abb. 7.9).

| Hauptform oder Normalform | $y = mx + n$ |

Geraden, die Parallelen zur y-Achse sind, besitzen also keine Hauptform (Normalform).

Die Größe m wird Richtungskoeffizient oder Steigung der Geraden genannt. Die Steigung ist gleich dem Tangens des Winkels, den die Gerade mit der positiven Richtung der x-Achse einschließt. Die Strecke n wird von der Geraden auf der y-Achse abgeschnitten, deshalb heißt n auch Achsenabschnitt oder genauer y-Achsenabschnitt. Er kann ebenso wie der Tangens je nach Lage unterschiedliches Vorzeichen besitzen.

Sonderfälle:

2.1 $n = 0$: Die Gerade verläuft durch den Nullpunkt (Abb. 7.10).

| Gerade durch Nullpunkt | $y = mx$ |

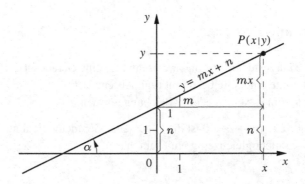

Abb. 7.9 Hauptform der Geradengleichung

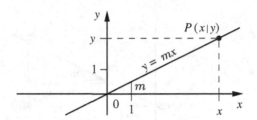

Abb. 7.10 Gerade mit der Gleichung $y = mx$

2.2 $m = 0$: Die Gerade ist eine Parallele zur x-Achse im Abstand n (Abb. 7.11).

> Parallele zur x-Achse $\qquad y = n$

2.3 Entsprechend ist $x = k$ die Gleichung einer Parallele zur y-Achse im Abstand k (Abb. 7.12).

> Parallele zur y-Achse $\qquad x = k$

3. Sind von einer Geraden ein Punkt $P_1 = P(x_1|y_1)$ und die Steigung m bekannt, dann lautet die Gleichung der Geraden $y = m(x - x_1) + y_1$. Dies ist die Punktsteigungsform der Geradengleichung (Abb. 7.13).

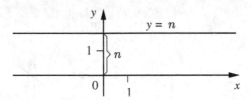

Abb. 7.11 Gerade mit der Gleichung $y = n$

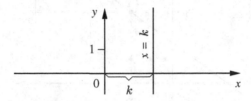

Abb. 7.12 Gerade mit der Gleichung $x = k$

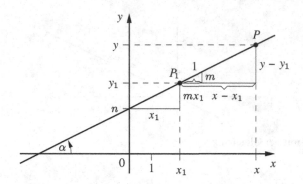

Abb. 7.13 Punktsteigungsform der Geradengleichung

> Punktsteigungsform $y = m(x - x_1) + y_1$

Wegen der Ähnlichkeit der rechtwinkligen Dreiecke mit den Katheten $y - y_1$ und $x - x_1$ und mit den Katheten m und 1 gilt die Proportion

$$(y - y_1) : (x - x_1) = m : 1 \quad \text{oder} \quad \frac{y - y_1}{x - x_1} = m.$$

Auflösung nach y ergibt die Punktsteigungsform.

4. Die Gleichung einer Geraden durch zwei Punkte $P_1 = P(x_1|y_1)$ und $P_2 = P(x_2|y_2)$ mit $x_1 \neq x_2$ ergibt die Zweipunkteform der Geradengleichung (Abb. 7.14).

> Zweipunkteform $y = \dfrac{y_2 - y_1}{x_2 - x_1}(x - x_1) + y_1 \quad \text{oder} \quad \dfrac{y - y_1}{x - x_1} = \dfrac{y_2 - y_1}{x_2 - x_1}$

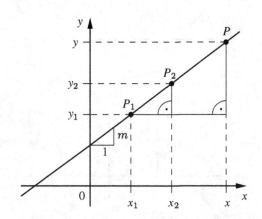

Abb. 7.14 Zweipunkteform der Geradengleichung

Die Proportion ergibt sich aus der Ähnlichkeit der rechtwinkligen Dreiecke mit den Hypotenusen $\overline{P_1 P}$ und $\overline{P_1 P_2}$.

5. Hat eine Gerade den Achsenabschnitt x_0 auf der x-Achse und den Achsenabschnitt y_0 auf der y-Achse, das heißt, die Gerade geht durch die Punkte $P_1(x_0|0)$ und $P_2(0|y_0)$, und gilt $x_0 \neq 0$ und $y_0 \neq 0$, dann lautet die Gleichung der Geraden $\dfrac{x}{x_0} + \dfrac{y}{y_0} = 1$. Dies ist die Achsenabschnittsform der Geradengleichung (Abb. 7.15).

Achsenabschnittsform	$\dfrac{x}{x_0} + \dfrac{y}{y_0} = 1$

Aus der allgemeinen Geradengleichung $ax + by + c = 0$ ergibt sich die Achsenabschnittsform durch Division durch $-c \neq 0$.

6. Die Hesse-Form oder hessesche Normalform der Geradengleichung (nach dem deutschen Mathematiker Ludwig Otto Hesse, 1811–1874) lautet $x \cos \varphi + y \sin \varphi - d = 0$. Dabei ist $d \geq 0$ der Abstand des Koordinatenursprungs O von der Geraden g, also die Länge des Lotes von O auf die Gerade g (Fußpunkt F), und φ mit $0 \leq \varphi < 2\pi$ der Winkel zwischen der positiven x-Achse und dem Lot $\overline{OF}$ (Abb. 7.16).

Hessesche Normalform	$x \cos \varphi + y \sin \varphi - d = 0$

Man kann die hessesche Normalform aus der allgemeinen Geradengleichung $ax + by + c = 0$ durch Multiplikation mit dem Normierungsfaktor $\pm \dfrac{1}{\sqrt{a^2 + b^2}}$ herleiten. Das Vorzeichen des Normierungsfaktors muss entgegengesetzt zu dem von c gewählt werden.

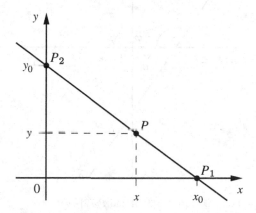

Abb. 7.15 Achsenabschnittsform der Geradengleichung

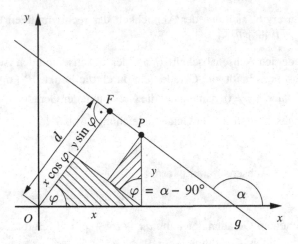

Abb. 7.16 Hessesche Normalform der Geradengleichung

▶ **Beispiel:**

Gesucht ist die Gerade durch die Punkte $P_1(-5|3,5)$ und $P_2(2|-7)$ (Abb. 7.17).

• Zweipunkteform:

$$\frac{y-3,5}{x+5} = \frac{-7-3,5}{2+5}$$

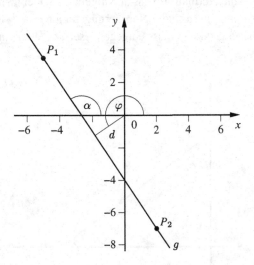

Abb. 7.17 Gerade durch die Punkte $P_1(-5|3,5)$ und $P_2(2|-7)$

- Punktsteigungsform:

  Da die rechte Seite der Zweipunkteform die Steigung m angibt, also $m = \dfrac{-7 - 3,5}{2 + 5} = -1,5$, folgt

  $$y = -1,5(x + 5) + 3,5$$

- Hauptform:

  Aus der Punktsteigungsform ergibt sich $y = -1,5x - 7,5 + 3,5$ und somit

  $$y = -1,5x - 4$$

- Achsenabschnittsform:

  Aus der Hauptform folgt $y = -4$ für $x = 0$, der y-Achsenabschnitt ist also $y_0 = -4$. Setzt man in die Hauptform $y = 0$ ein, so ergibt sich $1,5x = -4$, also $x = -\frac{8}{3}$, der x-Achsenabschnitt ist somit $x_0 = -\frac{8}{3}$. Die Achsenabschnittsform lautet daher

  $$\frac{x}{-\frac{8}{3}} + \frac{y}{-4} = 1$$

  Man findet die Achsenabschnittsform auch direkt, indem man in der Hauptform durch Division durch -4 das Absolutglied zu 1 macht.

- Hessesche Normalform:

  Durch Umstellung der Hauptform ergibt sich $-1,5x - y - 4 = 0$. Durch Vergleich mit der allgemeinen Geradengleichung $ax + by + c = 0$ erhält man $a = -1,5$, $b = -1$, $c = -4$. Man erhält die hessesche Normalform, indem man die Gleichung $-1,5x - y - 4 = 0$ durch $+\sqrt{a^2 + b^2} = +\sqrt{(-1,5)^2 + (-1)^2} = +\sqrt{3,25}$ dividiert:

  $$-\frac{1,5}{\sqrt{3,25}} x - \frac{1}{\sqrt{3,25}} y - \frac{4}{\sqrt{3,25}} = 0$$

7.2.2 Abstände

Mit Hilfe der hesseschen Normalform der Geradengleichung lässt sich der Abstand zwischen einem Punkt und einer Geraden oder zwischen zwei parallelen Geraden berechnen. Zunächst werden jedoch Formeln zur Berechnung des Abstandes zwischen zwei Punkten hergeleitet.

1. *Punkt – Punkt*

   Der Abstand zweier Punkte P_1 und P_2 ist die Länge $|\overline{P_1 P_2}|$ der Verbindungsstrecke $\overline{P_1 P_2}$.

   Sind die Punkte im kartesischen Koordinatensystem dargestellt, also $P_1 = P_1(x_1|y_1)$, $P_2 = P_2(x_2|y_2)$, dann gilt für den Abstand $d(P_1, P_2)$ von P_1 und P_2 nach dem Satz des Pythagoras

$$d(P_1, P_2) = |\overline{P_1 P_2}| = \sqrt{(x_2 - x_1)^2 + (y_2 - y_1)^2}$$

Sind die Punkte in Polarkoordinaten dargestellt, also $P_1 = P_1(r_1|\varphi_1)$, $P_2 = P_2(r_2|\varphi_2)$, dann folgt aus dem Kosinussatz

$$d(P_1, P_2) = |\overline{P_1 P_2}| = \sqrt{r_1^2 + r_2^2 - 2r_1 r_2 \cdot \cos(\varphi_1 - \varphi_2)}$$

2. *Gerade–Gerade*

Sind $g_1 : y = mx + n_1$ und $g_2 : y = mx + n_2$ zwei parallele Geraden (parallele Geraden haben gleiche Steigung), so ermittelt man die hessesche Normalform der Geraden:

$$g_1 : x \cos \varphi + y \sin \varphi - d_1 = 0, \quad g_2 : x \cos \varphi + y \sin \varphi - d_2 = 0.$$

Für den Abstand l der parallelen Geraden g_1 und g_2 voneinander gilt dann
- $l = |d_1 - d_2|$, wenn die Geraden auf der gleichen Seite des Koordinaten-ursprungs liegen,
- $l = d_1 + d_2$, wenn die Geraden auf verschiedenen Seiten des Koordinaten-ursprungs liegen.

3. *Punkt–Gerade*

Ist $P_1(x_1|y_1)$ ein Punkt und $g_1 : y = mx + n$ eine Gerade, dann ermittelt man zunächst die hessesche Normalform von g_1:

$$g_1 : x \cos \varphi + y \sin \varphi - d_1 = 0.$$

Durch den Punkt P_1 legt man eine zu g_1 parallele Gerade g_2:

$$g_2 : x \cos \varphi + y \sin \varphi - d_2 = 0.$$

Ist l der Abstand zwischen P_1 und g_1, so ist l auch der Abstand zwischen den Geraden g_1 und g_2, und es gilt

$$g_2 : x \cos \varphi + y \sin \varphi - (d_1 \mp l) = 0.$$

Da P_1 auf g_2 liegt, erfüllen seine Koordinaten die Geradengleichung

$$x_1 \cos \varphi + y_1 \sin \varphi - (d_1 \mp l) = 0,$$

woraus sich für den Abstand l ergibt

$$l = |x_1 \cos \varphi + y_1 \sin \varphi - d_1|.$$

▶ **Beispiele:**

1. Gegeben: Die Punkte $P_1(3|4)$ und $P_2(-2|6)$
   Gesucht: Der Abstand $d(P_1, P_2)$ von P_1 und P_2

Es gilt:

$$d(P_1, P_2) = \sqrt{(x_2 - x_1)^2 + (y_2 - y_1)^2} = \sqrt{(-2 - 3)^2 + (6 - 4)^2} = \sqrt{5^2 + 2^2}$$
$$= \sqrt{29} = 5{,}3851\ldots$$

2. Gegeben: Die beiden parallelen Geraden g_1: $2x - 4y + 7 = 0$,
   g_2: $-3x + 6y + 30 = 0$
   Gesucht: Der Abstand l der beiden Geraden
   Hessesche Normalform von g_1: $-\dfrac{2}{\sqrt{20}} x + \dfrac{4}{\sqrt{20}} y - \dfrac{7}{\sqrt{20}} = 0$
   (durch Multiplikation der allgemeinen Geradengleichung mit dem Normierungsfaktor $-\dfrac{1}{\sqrt{a^2+b^2}} = -\dfrac{1}{\sqrt{2^2+(-4)^2}} = -\dfrac{1}{\sqrt{20}}$)
   Hessesche Normalform von g_2: $\dfrac{2}{\sqrt{20}} x - \dfrac{4}{\sqrt{20}} y - \dfrac{20}{\sqrt{20}} = 0$
   Entgegengesetzte Vorzeichen der x- und y-Glieder, also liegen die Geraden auf verschiedenen Seiten des Koordinatenursprungs.
   Somit gilt für den Abstand l von g_1 und g_2:

$$l = d_1 + d_2 = \frac{7}{\sqrt{20}} + \frac{20}{\sqrt{20}} = \frac{27}{\sqrt{20}} = \frac{27}{2 \cdot \sqrt{5}} = \frac{27 \cdot \sqrt{5}}{10}$$

3. Gegeben: Punkt $P_1(5|10)$ und Gerade g_1: $3x - 4y + 10 = 0$
   Gesucht: Der Abstand l des Punktes P_1 von der Geraden g_1
   Hessesche Normalform von g_1: $-\dfrac{3}{5} x + \dfrac{4}{5} y - 2 = 0$
   (durch Multiplikation der allgemeinen Geradengleichung mit dem Normierungsfaktor $-\dfrac{1}{\sqrt{a^2+b^2}} = -\dfrac{1}{\sqrt{3^2+(-4)^2}} = -\dfrac{1}{5}$)
   Durch Einsetzen der Koordinaten von P_1 erhält man den gesuchten Abstand:

$$l = \left| -\frac{3}{5} \cdot 5 + \frac{4}{5} \cdot 10 - 2 \right| = |-3 + 8 - 2| = 3$$

7.3 Kreise

7.3.1 Kreisgleichungen

Der Kreis ist der geometrische Ort aller Punkte der Ebene, die von einem festen Punkt M (Mittelpunkt des Kreises) einen konstanten Abstand r (Radius des Kreises) haben (vgl. Abschn. 3.10).

Für einen Kreis gibt es verschiedene Gleichungsformen.

1. Liegt der Mittelpunkt eines Kreises mit dem Radius r im Koordinatenursprung, dann lautet die Gleichung des Kreises in kartesischen Koordinaten $x^2 + y^2 = r^2$. Dabei sind x und y die Koordinaten eines beliebigen Punktes $P(x|y)$ des Kreises. Die Gleichung ergibt sich nach dem Satz des Pythagoras (Abb. 7.18).

Mittelpunkt im Ursprung	$x^2 + y^2 = r^2$

2. Hat der Mittelpunkt allgemeiner die Koordinaten x_m und y_m, also $M = M(x_m|y_m)$, dann ergibt sich die Mittelpunktsform oder Hauptform der Kreisgleichung (Abb. 7.19).

Mittelpunktsform oder Hauptform	$(x - x_m)^2 + (y - y_m)^2 = r^2$

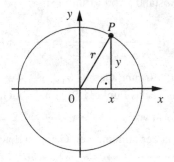

Abb. 7.18 Kreisgleichung $x^2 + y^2 = r^2$

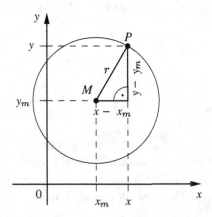

Abb. 7.19 Kreisgleichung $(x - x_m)^2 + (y - y_m)^2 = r^2$

3. Löst man in der Mittelpunktsform die Klammern auf, dann ergibt sich die allgemeine Form der Kreisgleichung.

Allgemeine Form	$x^2 + y^2 + 2ax + 2by + c = 0$

Hierin bedeuten $a = -x_m$, $b = -y_m$, $c = x_m^2 + y_m^2 - r^2$. Aus der letzten Gleichung folgt $a^2 + b^2 - c = r^2 > 0$ als Bedingung dafür, dass es sich bei einer Gleichung der allgemeinen Form wirklich um eine Kreisgleichung handelt (für $c > a^2 + b^2$ liefert die Gleichung keine reelle Kurve, für $c = a^2 + b^2$ ergibt sich ein einziger Punkt $M(x_m|y_m)$).

4. Werden die beiden Koordinaten x und y jeweils als Funktion einer Hilfsvariablen t angegeben, so erhält man die Parameterdarstellung des Kreises mit dem Radius r und dem Mittelpunkt $M(x_m|y_m)$ (vgl. Abschn. 5.1.2).

Parameterdarstellung	$x = x_m + r\cos t, \quad y = y_m + r\sin t, \quad 0 \le t < 2\pi$

▶ **Beispiele:**

1. Welches geometrische Objekt beschreibt die Gleichung $1{,}5x^2 + 1{,}5y^2 + 3x - 6y + 4{,}5 = 0$?

   Lösung:
   Division durch 1,5 ergibt $x^2 + y^2 + 2x - 4y + 3 = 0$, eine Kreisgleichung in allgemeiner Form. Dabei ist $a = -x_m = 1$, $b = -y_m = -2$, $c = 3$. Die Bedingung $a^2 + b^2 - c > 0$ ist erfüllt, denn $1 + 4 - 3 = 2 > 0$.
   Die Koordinaten des Kreismittelpunktes sind $x_m = -1$, $y_m = 2$, der Radius ist $r = \sqrt{a^2 + b^2 - c} = \sqrt{2}$. Die Mittelpunktsform (Hauptform) dieses Kreises lautet somit $(x + 1)^2 + (y - 2)^2 = 2$ (Abb. 7.20).
   Die aus der gegebenen Gleichung abgeleitete Gleichung $x^2 + y^2 + 2x - 4y + 3 = 0$ lässt sich auch ohne Benutzung der Formeln für die Mittelpunktskoordinaten und den Radius auf die Mittelpunktsform bringen, und zwar mit Hilfe von quadratischen Ergänzungen:

$$
\begin{aligned}
x^2 + y^2 + 2x - 4y + 3 &= 0 \\
(x^2 + 2x) + (y^2 - 4y) &= -3 \\
(x^2 + 2x + 1) + (y^2 - 4y + 4) &= 1 + 4 - 3 \\
(x + 1)^2 + (y - 2)^2 &= 2
\end{aligned}
$$

2. Welches geometrische Objekt beschreibt die Gleichung $1{,}5x^2 + 1{,}5y^2 + 3x - 6y + 9 = 0$?

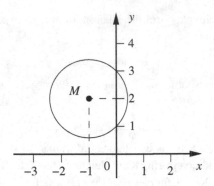

Abb. 7.20 Kreis mit der Gleichung $(x + 1)^2 + (y - 2)^2 = 2$

Lösung:
Die entsprechenden Rechnungen wie bei Beispiel 1 ergeben
$(x + 1)^2 + (y - 2)^2 = -1$.
Dies ist eine unerfüllbare Gleichung, denn der Term auf der linken Seite des Gleichheitszeichens ist als Summe zweier Quadrate nicht negativ (ein Quadrat ist nicht negativ, also ist auch eine Summe von Quadraten nicht negativ), während die rechte Seite gleich -1, also negativ ist. Man bestätigt, dass die Bedingung $a^2 + b^2 - c > 0$ nicht erfüllt ist.

3. Welches geometrische Objekt beschreibt die Gleichung $1, 5x^2 + 1, 5y^2 + 3x - 6y + 7, 5 = 0$?

   Lösung:
   Man berechnet $a^2 + b^2 - c = 1 + 4 - 5 = 0$ in der durch 1,5 dividierten Gleichung und somit $(x + 1)^2 + (y - 2)^2 = 0$.
   Dies ist die Gleichung eines entarteten Kreises, also eines Kreises mit dem Radius $r = 0$. Die Gleichung wird nur von einem Koordinatenpaar, den Koordinaten des Mittelpunktes $M(-1|2)$, erfüllt.

7.3.2 Berechnung von Kreisen

Ein Kreis ist festgelegt durch den Mittelpunkt und einen weiteren Punkt oder durch drei Punkte (die nicht alle auf einer Geraden liegen).

Die Gleichung eines Kreises kann also berechnet werden, wenn drei Punkte der Kreisperipherie gegeben sind oder der Mittelpunkt und ein Punkt der Peripherie.

Berechnung von Kreisen:

1. Gegeben: Mittelpunkt $M(x_m|y_m)$, Punkt $P_1(x_1|y_1)$
   Gesucht: Kreis mit dem Mittelpunkt M durch den Punkt P_1

Der Radius r des gesuchten Kreises ergibt sich durch Einsetzen der Koordinaten des Punktes P_1 in die Mittelpunktsform der Kreisgleichung:
$$r = \sqrt{(x_1 - x_m)^2 + (y_1 - y_m)^2}$$
Kreisgleichung somit:
$$(x - x_m)^2 + (y - y_m)^2 = (x_1 - x_m)^2 + (y_1 - y_m)^2$$

2. Gegeben: Punkte $P_1(x_1|y_1)$, $P_2(x_2|y_2)$, $P_3(x_3|y_3)$
   Gesucht: Kreis durch die Punkte P_1, P_2, P_3
   Bestimmung der Koordinaten x_m, y_m des Mittelpunktes durch Einsetzen der Koordinaten der Punkte in die Mittelpunktsform der Kreisgleichung:
   $$(x_1 - x_m)^2 + (y_1 - y_m)^2 = (x_2 - x_m)^2 + (y_2 - y_m)^2 = (x_3 - x_m)^2 + (y_3 - y_m)^2 = r^2$$
   Daraus erhält man ein lineares Gleichungssystem zur Bestimmung von x_m und y_m:
   $$2(x_2 - x_1) \cdot x_m + 2(y_2 - y_1) \cdot y_m = x_2^2 - x_1^2 + y_2^2 - y_1^2$$
   $$2(x_3 - x_1) \cdot x_m + 2(y_3 - y_1) \cdot y_m = x_3^2 - x_1^2 + y_3^2 - y_1^2$$
   Bestimmung des Radius r:
   Einsetzen von x_m, y_m und der Koordinaten eines Punktes in die Mittelpunktsform der Kreisgleichung: $r = \sqrt{(x_1 - x_m)^2 + (y_1 - y_m)^2}$
   Einsetzen von x_m, y_m und r in die Mittelpunktsform der Kreisgleichung ergibt die Gleichung des gesuchten Kreises.

▶ **Beispiele:**

1. Gegeben: Mittelpunkt $M(-2|-1)$, Punkt $P_1(4|3)$
   Gesucht: Kreis mit dem Mittelpunkt M durch den Punkt P_1
   Berechnung des Radius: $r = \sqrt{(4 - (-2))^2 + (3 - (-1))^2} = \sqrt{52}$
   Der gesuchte Kreis hat die Gleichung $(x + 2)^2 + (y + 1)^2 = 52$.

2. Gegeben: Punkte $P_1(6|7)$, $P_2(2|9)$, $P_3(-1|0)$
   Gesucht: Kreis durch die Punkte P_1, P_2, P_3
   Bestimmung der Koordinaten x_m, y_m des Mittelpunktes:
   $$2(2 - 6)x_m + 2(9 - 7)y_m = 2^2 - 6^2 + 9^2 - 7^2$$
   $$2(-1 - 6)x_m + 2(0 - 7)y_m = (-1)^2 - 6^2 + 0^2 - 7^2$$
   $$\implies \left\{ \begin{array}{l} -8x_m + 4y_m = 0 \\ -14x_m - 14y_m = -84 \end{array} \right\} \implies \left\{ \begin{array}{l} -2x_m + y_m = 0 \\ 2x_m + 2y_m = 12 \end{array} \right\}$$
   $$\implies y_m = 4 \implies x_m = 2$$
   Bestimmung des Radius r: $r = \sqrt{(6 - 2)^2 + (7 - 4)^2} = \sqrt{25} = 5$
   Der gesuchte Kreis hat somit die Gleichung $(x - 2)^2 + (y - 4)^2 = 5^2$.

7.3.3 Kreis und Gerade

Ein Kreis und eine Gerade können drei grundsätzlich verschiedene Lagen zueinander haben (vgl. Abschn. 3.10.4):

- Die Gerade ist eine Passante p, sie hat mit dem Kreis keinen Punkt gemeinsam.
- Die Gerade ist eine Tangente t, sie hat mit dem Kreis genau einen Punkt, den Berührungspunkt P, gemeinsam.
- Die Gerade ist eine Sekante s, sie hat mit dem Kreis zwei Punkte, die Schnittpunkte P_1 und P_2, gemeinsam.

Haben ein Kreis und eine Gerade Punkte gemeinsam (also in den Fällen, dass die Gerade Tangente oder Sekante des Kreises ist), dann erfüllen die gemeinsamen Punkte sowohl die Gleichung des Kreises als auch die Gleichung der Geraden, also das (nichtlineare) Gleichungssystem

(1) $(x - x_m)^2 + (y - y_m)^2 = r^2$
(2) $ax + by + c = 0$

Ist die Gerade eine Passante, dann hat dieses Gleichungssystem keine Lösung, ist die Gerade eine Tangente, dann gibt es genau eine Lösung, und ist die Gerade eine Sekante, dann existieren zwei verschiedene Lösungen.

Man löst dieses Gleichungssystem, indem man in der Geradengleichung (2) eine Variable durch die andere eliminiert (also Auflösen nach x oder y) und in (1) einsetzt. Dadurch entsteht eine quadratische Gleichung, die in Abhängigkeit von der Diskriminante keine, eine oder zwei reelle Lösungen hat.

Hat zum Beispiel der gegebene Kreis seinen Mittelpunkt im Koordinatenursprung, und ist die Geradengleichung in Normalform gegeben, so folgt:

(1) $x^2 + y^2 = r^2$
(2) $y = mx + n$

Einsetzen von (2) in (1) ergibt eine quadratische Gleichung in x, die aufzulösen ist:

$$x^2 + (mx + n)^2 = r^2$$
$$\implies x^2 + m^2x^2 + 2mxn + n^2 = r^2 \implies x^2(1 + m^2) + 2mnx + n^2 - r^2 = 0$$
$$\implies x^2 + 2\frac{mnx}{1 + m^2} + \frac{n^2 - r^2}{1 + m^2} = 0$$
$$\implies x_{1,2} = -\frac{mn}{1 + m^2} \pm \sqrt{\left(\frac{mn}{1 + m^2}\right)^2 - \frac{n^2 - r^2}{1 + m^2}}$$
$$= -\frac{mn}{1 + m^2} \pm \frac{1}{1 + m^2}\sqrt{m^2n^2 - n^2 + r^2 - m^2n^2 + m^2r^2}$$
$$= -\frac{mn}{1 + m^2} \pm \frac{1}{1 + m^2}\sqrt{(1 + m^2)r^2 - n^2}$$

Der Wert der Diskriminante $D = (1 + m^2)r^2 - n^2$ (Radikand der Gleichung für $x_{1,2}$) bestimmt die Anzahl der reellen Lösungen dieser Gleichung:

- $(1 + m^2)r^2 < n^2 \implies$ keine reelle Lösung $\implies$ Gerade ist Passante
- $(1 + m^2)r^2 = n^2 \implies$ eine reelle Lösung $\implies$ Gerade ist Tangente
- $(1 + m^2)r^2 > n^2 \implies$ zwei reelle Lösungen $\implies$ Gerade ist Sekante

▶ **Beispiele:**

1. Berechnung der Schnittpunkte des Kreises mit der Gleichung
   (1) $(x - 2)^2 + (y + 3)^2 = 5^2$
   und der Geraden mit der Gleichung
   (2) $2x - y - 9 = 0$.

   Aus (2) folgt $y = 2x - 9$, was in (1) eingesetzt wird:
   $(x - 2)^2 + (2x - 6)^2 = 25 \implies x^2 - 4x + 4 + 4x^2 - 24x + 36 = 25$
   $\implies 5x^2 - 28x + 15 = 0$

   Division durch 5 ergibt die Normalform $x^2 - \dfrac{28}{5}x + 3 = 0$ der quadratischen

   Gleichung, woraus sich mit quadratischer Ergänzung $\left(x - \dfrac{14}{5}\right)^2 = -3 + \left(\dfrac{14}{5}\right)^2$

   $= \dfrac{121}{25}$ die Lösungen $x_{1,2} = \dfrac{14}{5} \pm \dfrac{11}{5}$, also $x_1 = 5$, $x_2 = \dfrac{3}{5}$ ergeben.

   Aus (2) errechnet man die zugehörigen y-Werte: $y_1 = 1$, $y_2 = -\dfrac{39}{5}$.

   Schnittpunkte von Kreis und Gerade somit: $P_1(5|1)$, $P_2\left(\dfrac{3}{5}\,\middle|\,-\dfrac{39}{5}\right)$
   Die Gerade ist eine Sekante.

2. Berechnung der Schnittpunkte des Kreises mit der Gleichung
   (1) $(x + 2)^2 + (y + 3)^2 = 13$
   und der Geraden mit der Gleichung
   (2) $3x + 2y - 1 = 0$.
   Aus (2) folgt $y = -\dfrac{3}{2}x + \dfrac{1}{2} \implies y + 3 = -\dfrac{3}{2}x + \dfrac{7}{2}$.

   In (1) eingesetzt ergibt:

   $$(x + 2)^2 + \left(-\dfrac{3}{2}x + \dfrac{7}{2}\right)^2 = 13 \implies x^2 + 4x + 4 + \dfrac{9}{4}x^2 - \dfrac{21}{2}x + \dfrac{49}{4} = 13$$

   $$\implies \dfrac{13}{4}x^2 - \dfrac{13}{2}x + \dfrac{13}{4} = 0$$

   Durch Multiplikation mit $\dfrac{4}{13}$ erhält man $x^2 - 2x + 1 = (x - 1)^2 = 0$, woraus sich

   die Lösungen $x_1 = x_2 = 1$ ergeben.

   In (2) eingesetzt ergibt den zugehörigen y-Wert: $y_1 = y_2 = -1$.
   Die Gerade ist eine Tangente, sie berührt den Kreis im Punkt $P(1|-1)$.

3. Berechnung der Schnittpunkte des Kreises mit der Gleichung
   (1) $(x - 1)^2 + (y - 2)^2 = 4^2$
   und der Geraden mit der Gleichung

(2) $x - y + 10 = 0$.

Gleichung (2) nach y aufgelöst: $y = x + 10 \implies y - 2 = x + 8$

In (1) eingesetzt:

$(x - 1)^2 + (x + 8)^2 = 16 \implies x^2 - 2x + 1 + x^2 + 16x + 64 = 16$

$\implies 2x^2 + 14x + 49 = 0 \implies x^2 + 7x + \dfrac{49}{2} = 0$

$\implies x_{1,2} = -\dfrac{7}{2} \pm \sqrt{\dfrac{49}{4} - \dfrac{49}{2}} = -\dfrac{7}{2} \pm \sqrt{-\dfrac{49}{4}} = -\dfrac{7}{2}(1 \mp \sqrt{-1})$

Die Diskriminante ist negativ, die quadratische Gleichung hat also keine reelle Lösung, das heißt, Kreis und Gerade schneiden sich nicht. Die Gerade ist eine Passante.

Eine Tangente ist ganz allgemein eine Gerade, die eine Kurve, also den Graph einer Funktion $y = f(x)$, in einem Punkt $P(a \mid f(a))$ berührt, aber nicht schneidet (Tangente = Berührende). Tangenten gibt es also nicht nur beim Kreis, sondern für beliebige Kurven. Eine Normale ist eine Gerade durch den Punkt $P(a \mid f(a))$ einer Funktion $y = f(x)$, die senkrecht auf der Tangente an die Kurve der Funktion in diesem Punkt P steht. Zu jeder Tangente gehört also eine Normale.

Ist $m_1 = \tan \alpha$ die Steigung der Tangente, dann ist also $m_2 = \tan(\alpha \pm 90°)$ die Steigung der zugehörigen Normale. Wegen $\tan(\alpha \pm 90°) = -\dfrac{1}{\tan \alpha}$ (vgl. Abschn. 6.3 und 6.5) folgt daraus $m_1 m_2 = -1$ für das Produkt von Tangenten- und Normalensteigung.

Beim Kreis geht jede Normale durch den Kreismittelpunkt. Will man die Gleichung der Normale des Kreises mit der Gleichung $(x - x_m)^2 + (y - y_m)^2 = r^2$ (also Mittelpunktsform) durch den Punkt $P_1(x_1 \mid y_1)$ des Kreises berechnen, so setzt man die Koordinaten der Punkte $M(x_m \mid y_m)$ und $P_1(x_1 \mid y_1)$, die auch auf der Normale liegen und diese damit eindeutig festlegen, in die Zweipunkteform der Geradengleichung ein.

$$= \frac{y_1 - y_m}{x_1 - x_m}(x - x_1) + y_1 \qquad \text{oder} \qquad \frac{y - y_1}{x - x_1} = \frac{y_1 - y_m}{x_1 - x_m}$$

Dies sind Gleichungen der Normale durch den Punkt $P_1(x_1 \mid y_1)$ des Kreises (Abb. 7.21).

Die Steigung der Normale ist daher $m_2 = \dfrac{y_1 - y_m}{x_1 - x_m}$. Wegen $m_1 m_2 = -1$ folgt für die Steigung m_1 der Tangente $m_1 = -\dfrac{x_1 - x_m}{y_1 - y_m}$. Die Gleichung der Tangente im Punkt $P_1(x_1 \mid y_1)$ lässt sich dann mit der Punktsteigungsform berechne

$$y = m_1(x - x_1) + y_1 = -\frac{x_1 - x_m}{y_1 - y_m}(x - x_1) + y_1$$

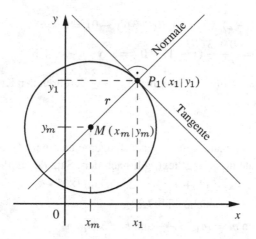

Abb. 7.21 Eine Tangente und eine Normale des Kreises

Durch Subtraktion von y und Multiplikation der Gleichung mit $-(y_1 - y_m)$ erhält man folgende äquivalente Form als Gleichung der Tangente im Punkt $P_1(x_1|y_1)$ an den Kreis mit der Gleichung $(x - x_m)^2 + (y - y_m)^2 = r^2$.

$$(x_1 - x_m)(x - x_1) + (y_1 - y_m)(y - y_1) = 0$$

Durch elementare Umformungen ergibt sich

$$(x_1 - x_m)(x - x_1) + (y_1 - y_m)(y - y_1) = 0$$
$$(x_1 - x_m)\,x + (y_1 - y_m)\,y = x_1(x_1 - x_m) + y_1(y_1 - y_m)$$
$$(x_1 - x_m)(x - x_m) + (y_1 - y_m)(y - y_m) = (x_1 - x_m)^2 + (y_1 - y_m)^2$$
$$(x_1 - x_m)(x - x_m) + (y_1 - y_m)(y - y_m) = r^2$$

Die letzte Gleichung folgt, weil $P_1(x_1|y_1)$ ein Punkt des Kreises ist und damit die Kreisgleichung erfüllt.

Als weitere äquivalente Tangentengleichung erhält man also

$$(x_1 - x_m)(x - x_m) + (y_1 - y_m)(y - y_m) = r^2$$

▶ **Beispiele:**

4. Bestimmung der Gleichungen von Tangente und Normale an den Kreis mit der Gleichung $(x - 2)^2 + (y + 3)^2 = 10$ im Punkt $P_1(1|0)$ des Kreises.

Tangente: $(1-2)(x-1)+(0+3)(y-0)=0 \implies y=\dfrac{1}{3}x-\dfrac{1}{3}$

Normale: $y=\dfrac{0+3}{1-2}(x-1)+0 \implies y=-3x+3$

5. Welche Geraden mit der Steigung $m=-\dfrac{3}{2}$ berühren den Kreis mit der Gleichung $x^2+y^2=9$?

Lösung:

Für den y-Achsenabschnitt n einer Tangente an einen Kreis, dessen Mittelpunkt im Koordinatenursprung liegt, gilt nach dem Satz des Pythagoras $n^2=r^2+z^2$ $=r^2+r^2m_1^2=(1+m_1^2)r^2$, denn $\tan(180°-\alpha)=\dfrac{z}{r}$ und $\tan(180°-\alpha)$ $=-\tan\alpha=-m_1$ (siehe Abb. 7.22).

Einsetzen von $m=m_1=-\dfrac{3}{2}$ und $r=3$ ergibt

$$n^2=\left(1+\dfrac{9}{4}\right)\cdot 9=\dfrac{13}{4}\cdot 9=\dfrac{117}{4} \implies n=\pm\dfrac{1}{2}\sqrt{117}\approx\pm 5,4083.$$

Die gesuchten Tangentengleichungen sind

$$y=-\dfrac{3}{2}x+\dfrac{1}{2}\sqrt{117} \quad \text{und} \quad y=-\dfrac{3}{2}x-\dfrac{1}{2}\sqrt{117}.$$

Die beiden Tangenten sind in Abb. 7.22 eingezeichnet.

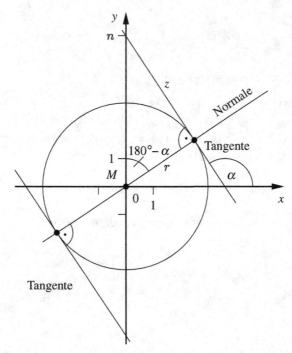

Abb. 7.22 Tangenten und Normale des Kreises mit der Gleichung $x^2+y^2=9$

7.4   Kugeln

Eine Kugel ist der geometrische Ort aller Punkte des Raumes, die von einem festen Punkt M (Mittelpunkt der Kugel) einen konstanten Abstand r (Radius der Kugel) haben (vgl. Abschn. 4.8).

Für eine Kugel gibt es verschiedene Gleichungsformen.

1. Liegt der Mittelpunkt einer Kugel mit dem Radius r im Ursprung eines (dreidimensionalen) kartesischen Koordinatensystems, dann lautet die Gleichung der Kugel $x^2 + y^2 + z^2 = r^2$. Dabei sind x, y und z die Koordinaten eines beliebigen Punktes $P(x|y|z)$ der Kugel (Kugeloberfläche) (Abb. 7.23).

Mittelpunkt im Ursprung	$x^2 + y^2 + z^2 = r^2$

2. Hat der Mittelpunkt allgemeiner die Koordinaten x_m, y_m und z_m, also $M = M(x_m|y_m|z_m)$, dann ergibt sich die Mittelpunktsform oder Hauptform der Kugelgleichung.

Mittelpunktsform oder Hauptform	$(x - x_m)^2 + (y - y_m)^2 + (z - z_m)^2 = r^2$

Eine Kugel ist festgelegt durch den Mittelpunkt und einen weiteren Punkt oder durch vier Punkte (die nicht alle in einer Ebene liegen).

▶ **Beispiele:**

1. Gegeben: Mittelpunkt im Koordinatenursprung, also $M = M(0|0|0)$, Punkt $P_1(4|3|1)$

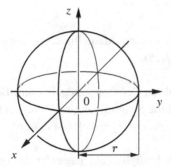

Abb. 7.23 Kugel mit der Gleichung $x^2 + y^2 + z^2 = r^2$

Gesucht: Kugel mit dem Mittelpunkt M durch den Punkt P_1

Berechnung des Radius: $r = \sqrt{4^2 + 3^2 + 1^2} = \sqrt{26}$

Die gesuchte Kugel hat die Gleichung $x^2 + y^2 + z^2 = 26$.

2. Gegeben: Mittelpunkt $M(2|-1|1)$, Punkt $P_1(0|4|-3)$

Gesucht: Kugel mit dem Mittelpunkt M durch den Punkt P_1

Berechnung des Radius: $r = \sqrt{(0-2)^2 + (4-(-1))^2 + (-3-1)^2} = \sqrt{45}$

Die gesuchte Kugel hat die Gleichung $(x-2)^2 + (y+1)^2 + (z-1)^2 = 45$.

7.5   Kegelschnitte

Ein Kegelschnitt ist die Schnittfigur einer Ebene und des Mantels eines geraden Doppelkreiskegels.

Ein gerader Kreiskegel entsteht durch Rotation einer Geraden (die Erzeugende oder Mantellinie) in einem festen Punkt (der Spitze) um eine vertikale Achse, wobei sich die rotierende Gerade entlang eines Kreises bewegt (also mit einem Kreis als Leitkurve), der in einer Ebene senkrecht zur Rotationsachse liegt (vgl. Abschn. 4.4).

Ein gerader Doppelkreiskegel besteht aus zwei gleichen geraden Kreiskegeln, deren Rotationsachsen parallel sind und deren Spitzen sich berühren. Schneidet man einen geraden Doppelkreiskegel mit einer nicht durch die (gemeinsame) Spitze S gehenden Ebene E, dann entsteht als Kurve ein Kegelschnitt. Abhängig von der Lage der Ebene E zum Doppelkegel erhält man verschiedene Kurven.

- *Kreis*
  Liegt die Ebene senkrecht zur Kegelachse (Rotationsachse), so schneidet sie aus der Mantelfläche des Kegels einen Kreis heraus.
- *Ellipse*
  Ist die Neigung der Ebene so, dass sie nur eine Hälfte des Doppelkegels schneidet und dass sie nicht parallel zu einer Mantellinie verläuft, so wird eine Ellipse ausgeschnitten (Abb. 7.24).
- *Parabel*
  Verläuft die Ebene parallel zu einer Mantellinie, so schneidet sie aus der Mantelfläche eine Parabel heraus (Abb. 7.25).
- *Hyperbel*
  Trifft die Ebene beide Hälften des Doppelkegels (zum Beispiel wenn sie parallel zur Kegelachse steht), dann ist die Schnittfigur eine Hyperbel (es werden zwei Kurven ausgeschnitten, die beiden Äste einer Hyperbel) (Abb. 7.26).

Die Kegelschnitte lassen sich bezüglich der Lage der Ebene E zu den Mantellinien des Doppelkegels charakterisieren:

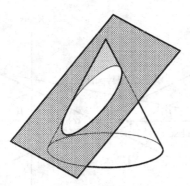

Abb. 7.24 Kegelschnitt Ellipse

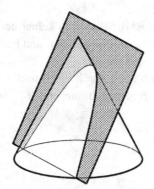

Abb. 7.25 Kegelschnitt Parabel

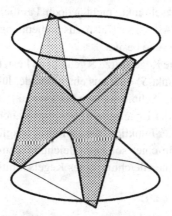

Abb. 7.26 Kegelschnitt Hyperbel

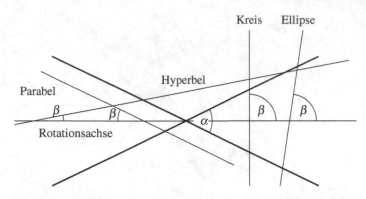

Abb. 7.27 Beschreibung der Kegelschnitte

Beim Kreis und bei der Ellipse ist die Ebene zu keiner der Mantellinien parallel, bei der Parabel ist die Ebene zu einer Mantellinie parallel, und bei der Hyperbel ist die Ebene zu zwei Mantellinien des Doppelkegels parallel.

Die Kegelschnitte lassen sich auch durch die Beziehung des Öffnungswinkels α des Kegels zum Neigungswinkel β der Schnittebene E zur Rotationsachse beschreiben (Abb. 7.27):

Kreis: $\beta = 90°$

Ellipse: $\dfrac{\alpha}{2} < \beta < 90°$

Parabel: $\beta = \dfrac{\alpha}{2}$

Hyperbel: $0 \le \beta < \dfrac{\alpha}{2}$

Der Kreis ist bezüglich der verschiedenen Lagen von Ebene und Doppelkegel ein Spezialfall der Ellipse.

Kreis und Ellipse sind beschränkt, nicht jedoch Parabel und Hyperbel. Die Parabel besteht aus einem einzigen Ast (sie ist also zusammenhängend), während die Hyperbel zwei getrennte symmetrische Äste besitzt.

Falls die Ebene E durch die Kegelspitze S geht, dann besteht die Schnittmenge entweder nur aus einem Punkt (dem Punkt S) oder aus einer Gerade durch S oder aus einem durch S gehenden Geradenpaar. Solche Schnittmengen heißen entartete Kegelschnitte.

Die nahe Verwandtschaft der Kegelschnitte zeigt sich auch in ihren Gleichungen. Jeder Kegelschnitt ist der Graph einer Funktion, die als Funktionsgleichung eine Gleichung zweiten Grades in x und y hat. In einer solchen Gleichung kommen x und y nur linear und quadratisch vor. Die allgemeine Gleichung eines Kegelschnitts lautet

$$Ax^2 + 2Bxy + Cy^2 + Dx + Ey + F = 0$$

Diese Gleichung enthält als Sonderfälle auch Gleichungen von Punkten, Geraden, Geraden-
paaren und imaginären Kurven.

▶ **Beispiele:**

1. $A = -1$, $B = C = D = 0$, $E = 1$, $F = 0$ $\implies$ $y = x^2$
   Gleichung der Normalparabel

2. $A = 1$, $B = 0$, $C = 1$, $D = E = 0$, $F = -r^2$ $\implies$ $x^2 + y^2 = r^2$
   Mittelpunktsform der Gleichung eines Kreises mit dem Mittelpunkt im Koordinatenursprung

3. $A = \dfrac{1}{a^2}$, $B = 0$, $C = \dfrac{1}{b^2}$, $D = E = 0$, $F = -1$ $\implies$ $\dfrac{x^2}{a^2} + \dfrac{y^2}{b^2} = 1$
   Mittelpunktsform der Gleichung einer Ellipse mit dem Mittelpunkt im Koordina-
   tenursprung

4. $A = \dfrac{1}{a^2}$, $B = 0$, $C = -\dfrac{1}{b^2}$, $D = E = 0$, $F = -1$ $\implies$ $\dfrac{x^2}{a^2} - \dfrac{y^2}{b^2} = 1$
   Mittelpunktsform der Gleichung einer Hyperbel mit dem Mittelpunkt im Koordi-
   natenursprung

5. $A = B = C = 0$, $D = -1$, $E = 1$, $F = 0$ $\implies$ $y = x$
   Gleichung der Winkelhalbierenden (Gerade)

7.5.1 Ellipsen

Eine Ellipse ist der geometrische Ort aller Punkte einer Ebene, für die die Summe der
Abstände von zwei festen Punkten F_1 und F_2 konstant ist. Die Punkte F_1 und F_2 heißen
Brennpunkte der Ellipse.

Bezeichnet man den Abstand eines beliebigen Punktes P_1 der Ellipse zu F_1 mit r_1 und
den Abstand von P_1 zu F_2 mit r_2, also $|\overline{P_1 F_1}| = r_1$, $|\overline{P_1 F_2}| = r_2$, dann gilt $r_1 + r_2 = 2a$
mit einer Konstanten a (Abb. 7.28).

- *Bezeichnungen*

$M(0\|0)$	Mittelpunkt
$F_1(e\|0)$, $F_2(-e\|0)$	Brennpunkte
$S_1(a\|0)$, $S_2(-a\|0)$	Hauptscheitelpunkte
$S_1'(0\|b)$, $S_2'(0\|-b)$	Nebenscheitelpunkte
$\overline{S_1 S_2}$	Hauptachse
$\overline{S_1' S_2'}$	Nebenachse
$\|\overline{S_1 S_2}\| = 2a$	Länge der Hauptachse
$\|\overline{S_1' S_2'}\| = 2b$	Länge der Nebenachse (b < a)
$\|\overline{M F_1}\| = \|\overline{M F_2}\| = e$	Abstand der Brennpunkte vom Mittelpunkt

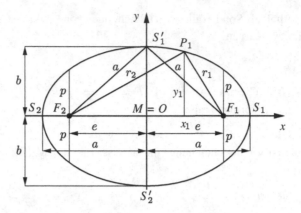

Abb. 7.28 Bezeichnungen für die Ellipse

$$p = \frac{b^2}{a}$$ Halbparameter (die halbe Länge einer parallel zur

Nebenachse gezogenen Sehne durch einen Brennpunkt)

$P_1(x_1|y_1)$ beliebiger Punkt der Ellipse

$|\overline{P_1 F_1}| = r_1,\ |\overline{P_1 F_2}| = r_2$ Abstand von P_1 zu den Brennpunkten

- *Eigenschaften*

  $r_1 + r_2 = 2a$ Summe der Abstände ist konstant

  $e^2 + b^2 = a^2$ gilt nach dem Satz des Pythagoras

  $e = \sqrt{a^2 - b^2} > 0$ heißt lineare Exzentrizität der Ellipse

  $\varepsilon = \dfrac{e}{a} < 1$ heißt numerische Exzentrizität der Ellipse

- *Bemerkungen*

  Eine der drei Größen a, b, e kann wegen $e^2 + b^2 = a^2$ aus den beiden anderen berechnet werden.

  Im Falle $a = b$ entartet die Ellipse zu einem Kreis. Die beiden Brennpunkte F_1, F_2 fallen dann mit dem Kreismittelpunkt zusammen.

Ellipsengleichungen

1. Fallen die Koordinatenachsen mit den Ellipsenachsen zusammen, und ist der Koordinatenursprung der Mittelpunkt der Ellipse, dann lautet die Gleichung der Ellipse $\dfrac{x^2}{a^2} + \dfrac{y^2}{b^2} = 1$. Dies ist die Normalform der Ellipsengleichung.

$$\text{Normalform} \qquad \frac{x^2}{a^2} + \frac{y^2}{b^2} = 1$$

2. Ist $M(x_m|y_m)$ der Mittelpunkt der Ellipse, und sind die Ellipsenachsen parallel zu den Koordinatenachsen, dann erhält man die Mittelpunktsform der Ellipsengleichung.

$$\text{Mittelpunktsform} \qquad \frac{(x - x_m)^2}{a^2} + \frac{(y - y_m)^2}{b^2} = 1$$

3. Werden die beiden Koordinaten x und y jeweils als Funktion einer Hilfsvariablen t angegeben, so erhält man die Parameterdarstellung einer Ellipse, deren Achsen mit den Koordinatenachsen zusammenfallen (vgl. Abschn. 5.1.2).

$$\text{Parameterdarstellung} \qquad x = a\cos t, \ y = b\sin t, \ 0 \le t < 2\pi$$

Gleichung der Tangente im Punkt $P_1(x_1|y_1)$ an die Ellipse mit der Gleichung $\frac{(x - x_m)^2}{a^2} + \frac{(y - y_m)^2}{b^2} = 1$:

$$y = -\frac{x_1 - x_m}{y_1 - y_m} \cdot \frac{b^2}{a^2} \cdot (x - x_1) + y_1$$

oder

$$\frac{(x_1 - x_m)(x - x_m)}{a^2} + \frac{(y_1 - y_m)(y - y_m)}{b^2} = 1$$

Gleichung der Normale (die Normale steht senkrecht auf der Tangente) durch den Punkt $P_1(x_1|y_1)$ der Ellipse:

$$y = \frac{y_1 - y_m}{x_1 - x_m} \cdot \frac{a^2}{b^2} \cdot (x - x_1) + y_1$$

Für die Fläche A und den Umfang u einer Ellipse gilt

$$\begin{aligned} \text{Ellipsenfläche} \qquad & A = \pi a b \\ \text{Ellipsenumfang} \qquad & u \approx \pi[1{,}5(a + b) - \sqrt{ab}\,] \end{aligned}$$

Der Wert für den Umfang ist nur eine Näherung, eine exakte Formel gibt es nicht.

▶ **Beispiele:**

1. Gegeben: Ellipsengleichung $\dfrac{x^2}{6,25} + \dfrac{y^2}{4} = 1$

   Gesucht: Länge der Achsen, Brennpunkte, numerische Exzentrizität

   Länge der Hauptachse $= 2a = 2 \cdot 2,5 = 5$ (denn $a = \sqrt{6,25} = 2,5$)

   Länge der Nebenachse $= 2b = 2 \cdot 2 = 4$ (denn $b = \sqrt{4} = 2$)

   Berechnung der Brennpunkte:

   $e^2 = a^2 - b^2 = 6,25 - 4 = 2,25 = 1,5^2 \implies F_1(1,5|0),\ F_2(-1,5|0)$

   Numerische Exzentrizität: $\varepsilon = \dfrac{e}{a} = \dfrac{1,5}{2,5} = 0,6$

2. Gegeben: Punkte $P_1(2|2)$, $P_2(4|1)$ einer Ellipse, Koordinatenachsen gleich Ellipsenachsen

   Gesucht: Gleichung der Ellipse

   Berechnung von a und b (halbe Längen der Achsen):

   Koordinaten von P_1 in die Normalform $\dfrac{x^2}{a^2} + \dfrac{y^2}{b^2} = 1$ der Ellipsengleichung einsetzen:

   $\dfrac{4}{a^2} + \dfrac{4}{b^2} = 1 \implies 4b^2 + 4a^2 = a^2 b^2$

   Kooordinaten von P_2 in die Normalform einsetzen:

   $\dfrac{16}{a^2} + \dfrac{1}{b^2} = 1 \implies 16b^2 + a^2 = a^2 b^2$

   Gleichsetzen der Gleichungen ergibt

   $4b^2 + 4a^2 = 16b^2 + a^2 \implies 3a^2 = 12b^2 \implies a^2 = 4b^2$

   Durch Einsetzen errechnet man

   $4b^2 + 16b^2 = 4b^4 \implies 20b^2 = 4b^4 \implies b^2 = 5$

   Daraus ergibt sich schließlich $a^2 = 4 \cdot 5 = 20$

   Die Ellipsengleichung lautet also: $\dfrac{x^2}{20} + \dfrac{y^2}{5} = 1$

3. Gegeben: Brennpunkte $F_1(4|0)$, $F_2(-4|0)$, halbe Länge der Hauptachse $a = 5$

   Gesucht: Ellipsengleichung, numerische Exzentrizität

   Berechnung der halben Länge der Nebenachse:

   $b^2 = a^2 - e^2 = 25 - 16 = 9 \implies b = 3$

   Ellipsengleichung: $\dfrac{x^2}{25} + \dfrac{y^2}{9} = 1$

   Numerische Exzentrizität: $\varepsilon = \dfrac{e}{a} = \dfrac{4}{5} = 0,8$

4. Im Punkt $P_1(3,1|2,7)$ einer Ellipse in Normalform mit der halben Länge der Hauptachse $a = 4,8$ ist die Tangente gesucht. Wie groß ist die lineare Exzentrizität e?

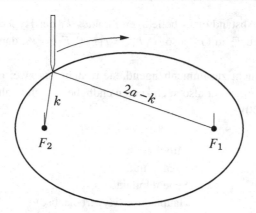

Abb. 7.29 Gärtnerkonstruktion einer Ellipse

Lösung:

Koordinaten von P_1 und $a = 4{,}8$ in die Normalform $\dfrac{x^2}{a^2} + \dfrac{y^2}{b^2} = 1$ der Ellipsengleichung einsetzen, um b zu berechnen:

$$\frac{(3{,}1)^2}{(4{,}8)^2} + \frac{(2{,}7)^2}{b^2} = 1 \implies b^2 = \frac{(2{,}7)^2 \cdot (4{,}8)^2}{(4{,}8)^2 - (3{,}1)^2} = 12{,}5064\ldots$$

$$\implies b = 3{,}5364\ldots$$

Einsetzen der Koordinaten von P_1, von a und b sowie von $x_m = y_m = 0$ in die

Tangentengleichung $\dfrac{(x_1 - x_m)(x - x_m)}{a^2} + \dfrac{(y_1 - y_m)(y - y_m)}{b^2} = 1$:

$$\frac{3{,}1\,x}{23{,}04} + \frac{2{,}7\,y}{12{,}5064\ldots} = 1$$

Die Normalform der Tangentengleichung erhält man durch Auflösen nach y:

$$y = -0{,}6232\ldots x + 4{,}6320\ldots$$

Berechnung von e:

$$e = \sqrt{a^2 - b^2} = \sqrt{23{,}04 - 12{,}5064\ldots} = 3{,}2455\ldots$$

Es gibt etliche Konstruktionsmöglichkeiten für eine Ellipse. Eine davon ist die sogenannte Faden- oder Gärtnerkonstruktion:

Die Endpunkte eines Fadens der Länge $2a$ werden mit Hilfe zweier Pfähle an zwei Punkten F_1 und F_2 fest verankert, und zwar so, dass der Faden nicht straff ist. Ein Stock, der den Faden spannt und bewegt wird, beschreibt eine Ellipse (Abb. 7.29).

7.5.2 Hyperbeln

Eine Hyperbel ist der geometrische Ort aller Punkte einer Ebene, für die der Betrag der Differenz der Abstände von zwei festen Punkten F_1 und F_2 konstant ist. Die Punkte F_1 und F_2 heißen Brennpunkte der Hyperbel.

Bezeichnet man den Abstand eines beliebigen Punktes P_1 der Hyperbel zu F_1 mit r_1 und den Abstand von P_1 zu F_2 mit r_2, also $|\overline{P_1 F_1}| = r_1$, $|\overline{P_1 F_2}| = r_2$, dann gilt $|r_1 - r_2| = 2a$ mit einer Konstanten a.

Die Hyperbel ist nicht zusammenhängend, sie besteht aus zwei getrennten symmetrischen Ästen (die Hyperbel hat also auch keinen endlichen Flächeninhalt). Sie besitzt zwei Asymptoten (Abb. 7.30).

- *Bezeichnungen*

$M(0\mid 0)$	Mittelpunkt
$F_1(e\mid 0)$, $F_2(-e\mid 0)$	Brennpunkte
$S_1(a\mid 0)$, $S_2(-a\mid 0)$	Scheitelpunkte
$\overline{S_1 S_2}$	Hauptachse (Hyperbelachse)
$|\overline{S_1 S_2}| = 2a$	Länge der Hauptachse
$|\overline{M F_1}| = |\overline{M F_2}| = e$	Abstand der Brennpunkte vom Mittelpunkt
Q_1, Q_1', Q_2, Q_2'	Schnittpunkte der Asymptoten mit den Senkrechten zur Hauptachse durch die Scheitelpunkte
$\begin{aligned}|\overline{S_1 Q_1}| &= |\overline{S_1 Q_1'}| \\ &= |\overline{S_2 Q_2}| = |\overline{S_2 Q_2'}| = b\end{aligned}$	Abstand der Schnittpunkte zu den Scheitelpunkten
$p = \dfrac{b^2}{a}$	Halbparameter (die halbe Länge einer senkrecht zur Hauptachse gezogenen Sehne durch einen Brennpunkt)
$P_1(x_1\mid y_1)$	beliebiger Punkt der Hyperbel
$|\overline{P_1 F_1}| = r_1$, $|\overline{P_1 F_2}| = r_2$	Abstand von P_1 zu den Brennpunkten

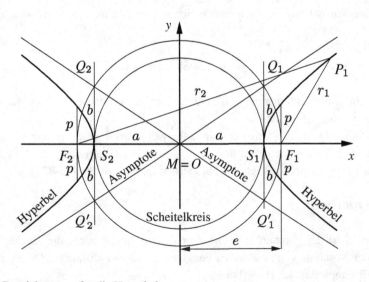

Abb. 7.30 Bezeichnungen für die Hyperbel

- *Eigenschaften*

  $|r_1 - r_2| = 2a$ Betragsdifferenz der Abstände ist konstant

  $a^2 + b^2 = e^2$ gilt nach dem Satz des Pythagoras

  $e = \sqrt{a^2 + b^2} > 0$ heißtlineare Exzentrizität der Hyperbel

  $\varepsilon = \dfrac{e}{a} > 1$ heißt numerische Exzentrizität der Hyperbel

- *Bemerkung*

  Eine der drei Größen a, b, e kann wegen $a^2 + b^2 = e^2$ aus den beiden anderen berechnet werden.

Hyperbelgleichungen

1. Scheitelpunkte auf der x-Achse, Mittelpunkt im Koordinatenursprung:

$$\text{Normalform} \qquad \frac{x^2}{a^2} - \frac{y^2}{b^2} = 1$$

Beide Koordinatenachsen sind Symmetrieachsen der Hyperbel. Die Hyperbel ist nach rechts und nach links geöffnet. Diese Gleichung nennt man auch die Normalform der Hyperbelgleichung.

Gleichungen der Asymptoten $y = \pm\dfrac{b}{a}\, x$

Nur im Falle $a = b$ stehen die Asymptoten senkrecht aufeinander. Solche Hyperbeln heißen gleichseitige Hyperbeln.

2. Hauptachse parallel zur x-Achse, Mittelpunkt $M(x_m | y_m)$:

$$\text{Mittelpunktsform} \qquad \frac{(x - x_m)^2}{a^2} - \frac{(y - y_m)^2}{b^2} = 1$$

Die Hyperbel ist nach rechts und nach links geöffnet. Diese Gleichung heißt auch Mittelpunktsform der Hyperbelgleichung.

Gleichungen der Asymptoten $y = \pm\dfrac{b}{a}\,(x - x_m) + y_m$

3. Scheitelpunkte auf der y-Achse, Mittelpunkt im Koordinatenursprung:

$$-\frac{x^2}{a^2} + \frac{y^2}{b^2} = 1$$

Beide Koordinatenachsen sind Symmetrieachsen der Hyperbel. Die Hyperbel ist nach oben und nach unten geöffnet.

Gleichungen der Asymptoten $y = \pm\dfrac{b}{a}\,x$

4. Hauptachse parallel zur y-Achse, Mittelpunkt $M(x_m\,|\,y_m)$:

$$-\frac{(x-x_m)^2}{a^2} + \frac{(y-y_m)^2}{b^2} = 1$$

Die Hyperbel ist nach oben und nach unten geöffnet. Die Länge der Hauptachse ist $2b$.

Gleichungen der Asymptoten $y = \pm\dfrac{b}{a}\,(x-x_m) + y_m$

5. Koordinatenachsen als Asymptoten, Mittelpunkt im Koordinatenursprung:

$$x \cdot y = c \quad \text{oder} \quad y = \frac{c}{x} \quad (c \neq 0)$$

Für $c > 0$ ist die Winkelhalbierende $y = x$ die Hauptachse, die Hyperbeläste liegen im ersten und im dritten Quadranten. Im Falle $c < 0$ ist die Winkelhalbierende $y = -x$ die Hauptachse, die Hyperbeläste liegen im zweiten und im vierten Quadranten.

Gleichungen der Asymptoten $x = 0,\ y = 0$

Gleichung der Tangente im Punkt $P_1(x_1\,|\,y_1)$ an die Hyperbel mit der Gleichung
$\dfrac{(x-x_m)^2}{a^2} - \dfrac{(y-y_m)^2}{b^2} = 1$:

$$y = \frac{x_1-x_m}{y_1-y_m} \cdot \frac{b^2}{a^2} \cdot (x-x_1) + y_1$$

oder

$$\frac{(x_1-x_m)(x-x_m)}{a^2} - \frac{(y_1-y_m)(y-y_m)}{b^2} = 1$$

Gleichung der Normale (die Normale steht senkrecht auf der Tangente) durch den Punkt $P_1(x_1|y_1)$ der Hyperbel mit der Gleichung $\dfrac{(x-x_m)^2}{a^2} - \dfrac{(y-y_m)^2}{b^2} = 1$:

$$y = -\frac{y_1 - y_m}{x_1 - x_m} \cdot \frac{a^2}{b^2} \cdot (x - x_1) + y_1$$

Gleichung der Tangente im Punkt $P_1(x_1|y_1)$ an die Hyperbel mit der Gleichung

$\dfrac{(y-y_m)^2}{b^2} - \dfrac{(x-x_m)^2}{a^2} = 1$:

$$y = \frac{x_1 - x_m}{y_1 - y_m} \cdot \frac{b^2}{a^2} \cdot (x - x_1) + y_1$$

oder

$$\frac{(y_1 - y_m)(y - y_m)}{b^2} - \frac{(x_1 - x_m)(x - x_m)}{a^2} = 1$$

Gleichung der Normale (die Normale steht senkrecht auf der Tangente) durch den Punkt $P_1(x_1|y_1)$ der Hyperbel mit der Gleichung $\dfrac{(y-y_m)^2}{b^2} - \dfrac{(x-x_m)^2}{a^2} = 1$:

$$y = -\frac{y_1 - y_m}{x_1 - x_m} \cdot \frac{a^2}{b^2} \cdot (x - x_1) + y_1$$

▶ **Beispiele:**

1. Gegeben: Hyperbelgleichung $\dfrac{x^2}{16} - \dfrac{y^2}{20} = 1$

   Gesucht: Brennpunkte, numerische Exzentrizität

   Berechnung der Brennpunkte:

   $e^2 = a^2 + b^2 = 16 + 20 = 36 = 6^2 \implies F_1(6|0), \; F_2(-6|0)$

   Numerische Exzentrizität: $\varepsilon = \dfrac{e}{a} = \dfrac{6}{4} = 1,5$

2. Gegeben: Brennpunkte $F_1(5|0)$, $F_2(-5|0)$, halbe Länge der Hauptachse $a = 4$
   Gesucht: Hyperbelgleichung, numerische Exzentrizität, Gleichungen der Asymptoten

   Berechnung von b^2: $b^2 = e^2 - a^2 = 25 - 16 = 9$

   Hyperbelgleichung: $\dfrac{x^2}{16} - \dfrac{y^2}{9} = 1$

   Numerische Exzentrizität: $\varepsilon = \dfrac{e}{a} = \dfrac{5}{4} = 1,25$

   Gleichungen der Asymptoten: $y = \pm\dfrac{b}{a}x = \pm\dfrac{3}{4}x$

3. Gegeben: Punkte $P_1(2|1)$, $P_2(3|2)$ einer Hyperbel
   Gesucht: Normalform der Hyperbelgleichung durch P_1 und P_2
   Berechnung von a und b:
   Koordinaten von P_1 in die Normalform
   $\dfrac{x^2}{a^2} - \dfrac{y^2}{b^2} = 1$ der Hyperbelgleichung einsetzen:
   $\dfrac{4}{a^2} - \dfrac{1}{b^2} = 1 \implies 4b^2 - a^2 = a^2b^2$
   Koordinaten von P_2 in die Normalform einsetzen:
   $\dfrac{9}{a^2} - \dfrac{4}{b^2} = 1 \implies 9b^2 - 4a^2 = a^2b^2$
   Gleichsetzen der Gleichungen ergibt
   $4b^2 - a^2 = 9b^2 - 4a^2 \implies 3a^2 = 5b^2 \implies a^2 = \dfrac{5}{3}b^2$
   Durch Einsetzen errechnet man
   $4b^2 - \dfrac{5}{3}b^2 = \dfrac{5}{3}b^4 \implies \dfrac{7}{3}b^2 = \dfrac{5}{3}b^4 \implies b^2 = \dfrac{7}{5}$

   Daraus ergibt sich schließlich $a^2 = \dfrac{5}{3} \cdot \dfrac{7}{5} = \dfrac{7}{3}$.

   Die Hyperbelgleichung lautet $\dfrac{x^2}{\frac{7}{3}} - \dfrac{y^2}{\frac{7}{5}} = 1$

4. Im Punkt $P_1(5,6|3,4)$ einer Hyperbel in Normalform mit der halben Länge der Hauptachse $a = 2,8$ ist die Tangente gesucht. Wie groß ist die lineare Exzentrizität e?

   Lösung:

   Koordinaten von P_1 und $a = 2,8$ in die Normalform $\dfrac{x^2}{a^2} - \dfrac{y^2}{b^2} = 1$ der Hyperbelgleichung einsetzen, um b zu berechnen:
   $\dfrac{(5,6)^2}{(2,8)^2} - \dfrac{(3,4)^2}{b^2} = 1 \implies b^2 = \dfrac{(2,8)^2 \cdot (3,4)^2}{(5,6)^2 - (2,8)^2} = 3,8533\ldots$
   $\implies b = 1,9629\ldots$

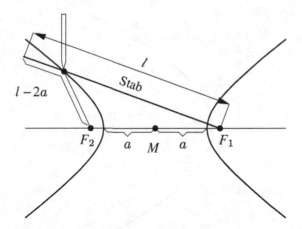

Abb. 7.31 Fadenkonstruktion einer Hyperbel

Einsetzen der Koordinaten von P_1, von a und b sowie von $x_m = y_m = 0$ in die Tangentengleichung $\dfrac{(x_1 - x_m)(x - x_m)}{a^2} - \dfrac{(y_1 - y_m)(y - y_m)}{b^2} = 1$:

$$\frac{5,6\,x}{7,84} - \frac{3,4\,y}{3,8533\ldots} = 1$$

Die Normalform der Tangentengleichung erhält man durch Auflösen nach y:

$$y = 0,8095\ldots x - 1,1333\ldots$$

Berechnung von e:

$$e = \sqrt{a^2 + b^2} = \sqrt{7,84 + 3,8533\ldots} = 3,4195\ldots$$

Es gibt verschiedene Konstruktionsmöglichkeiten für eine Hyperbel. Eine davon ist die sogenannte Fadenkonstruktion:

In einem der beiden Brennpunkte wird ein Stab der Länge $l > 2a$ drehbar befestigt. Die Enden eines Fadens der Länge $l - 2a$ werden am freien Stabende und am anderen Brennpunkt befestigt. Mit einem Stift wird der Faden am Stab gestrafft. Wird der Stab um den Brennpunkt gedreht, dann beschreibt der Stift einen Teil eines Hyperbelastes (Abb. 7.31).

7.5.3 Parabeln

Eine Parabel ist der geometrische Ort aller Punkte einer Ebene, die von einem festen Punkt F (Brennpunkt) und einer festen Geraden l (Leitlinie) den gleichen Abstand besitzen.

Der Punkt, der in der Mitte zwischen dem Brennpunkt F und der Leitlinie l liegt, ist der Scheitelpunkt S. Die Gerade durch die Punkte F und S heißt Parabelachse. Sie ist Symmetrieachse für die Parabel und steht senkrecht auf der Leitlinie l. Der Abstand p des Brennpunkts F von der Leitlinie l heißt Parameter der Parabel.

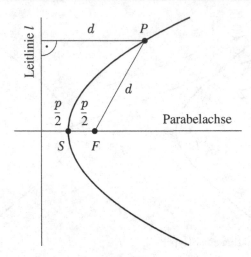

Abb. 7.32 Parabel mit Brennpunkt F und Scheitelpunkt S

Der Brennpunkt hat die Eigenschaft, alle innen an der Parabel reflektierten achsenparallelen Strahlen in sich zu vereinigen (Anwendung: Parabolspiegel) (Abb. 7.32).

Parabelgleichungen

1. x-Achse ist Parabelachse, Scheitelpunkt im Koordinatenursprung, Parabel nach rechts geöffnet:

$$\text{Normalform}\quad y^2 = 2px, \ p > 0$$

Der Brennpunkt ist $F(\frac{p}{2}|0)$, die Gleichung der Leitlinie ist $x = -\frac{p}{2}$. Diese Gleichung nennt man auch die Normalform der Parabelgleichung.

2. Parabelachse parallel zur x-Achse, Scheitelpunkt $S(x_s|y_s)$, Parabel nach rechts geöffnet:

$$\text{Scheitelpunktsform}\quad (y - y_s)^2 = 2p(x - x_s), \ p > 0$$

Der Brennpunkt ist $F(\frac{p}{2} + x_s|y_s)$, die Gleichung der Leitlinie ist $x = x_s - \frac{p}{2}$. Diese Gleichung heißt auch Scheitelpunktsform der Parabelgleichung.

3. x-Achse ist Parabelachse, Scheitelpunkt im Koordinatenursprung, Parabel nach links geöffnet:

$$y^2 = -2px, \ p > 0$$

Der Brennpunkt ist $F(-\frac{p}{2}|0)$, die Gleichung der Leitlinie ist $x = \frac{p}{2}$.

4. Parabelachse parallel zur x-Achse, Scheitelpunkt $S(x_s|y_s)$, Parabel nach links geöffnet:

$$(y - y_s)^2 = -2p(x - x_s), \ p > 0$$

Der Brennpunkt ist $F(-\frac{p}{2} + x_s|y_s)$, die Gleichung der Leitlinie ist $x = x_s + \frac{p}{2}$.

5. y-Achse ist Parabelachse, Scheitelpunkt im Koordinatenursprung, Parabel nach oben geöffnet:

$$x^2 = 2py \qquad \text{oder} \qquad y = \frac{1}{2p}x^2 \ (p > 0)$$

Der Brennpunkt ist $F(0|\frac{p}{2})$, die Gleichung der Leitlinie ist $y = -\frac{p}{2}$.
Eine Parabel in dieser Lage ist der Graph einer quadratischen Funktion (vgl. Abschn. 5.4.3).

6. Parabelachse parallel zur y-Achse, Scheitelpunkt $S(x_s|y_s)$, Parabel nach oben geöffnet:

$$(x - x_s)^2 = 2p(y - y_s) \qquad \text{oder} \qquad y = \frac{(x - x_s)^2}{2p} + y_s \ (p > 0)$$

Der Brennpunkt ist $F(x_s|\frac{p}{2} + y_s)$, die Gleichung der Leitlinie ist $y = y_s - \frac{p}{2}$.
Eine Parabel in dieser Lage ist der Graph einer quadratischen Funktion.

7. y-Achse ist Parabelachse, Scheitelpunkt im Koordinatenursprung, Parabel nach unten geöffnet:

$$x^2 = -2py \qquad \text{oder} \qquad y = -\frac{1}{2p}\,x^2 \ (p > 0)$$

Der Brennpunkt ist $F(0| - \frac{p}{2})$, die Gleichung der Leitlinie ist $y = \frac{p}{2}$.
Eine Parabel in dieser Lage ist der Graph einer quadratischen Funktion.

8. Parabelachse parallel zur y-Achse, Scheitelpunkt $S(x_s|y_s)$, Parabel nach unten geöffnet:

$$(x - x_s)^2 = -2p(y - y_s) \qquad \text{oder} \qquad y = -\frac{(x - x_s)^2}{2p} + y_s \ (p > 0)$$

Der Brennpunkt ist $F(x_s| - \frac{p}{2} + y_s)$, die Gleichung der Leitlinie ist $y = y_s + \frac{p}{2}$.
Eine Parabel in dieser Lage ist der Graph einer quadratischen Funktion.

Gleichung der Tangente im Punkt $P_1(x_1|y_1)$ an die Parabel mit der Gleichung
$(y - y_s)^2 = 2p(x - x_s)$:

$$(y_1 - y_s)(y - y_1) = p(x - x_1) \qquad \text{oder} \qquad (y_1 - y_s)(y - y_s) = p(x + x_1 - 2x_s)$$

Gleichung der Normale (die Normale steht senkrecht auf der Tangente) durch den Punkt
$P_1(x_1|y_1)$ der Parabel mit der Gleichung $(y - y_s)^2 = 2p(x - x_s)$:

$$y = -\frac{y_1 - y_s}{p}\,(x - x_1) + y_1$$

Gleichung der Tangente im Punkt $P_1(x_1|y_1)$ an die Parabel mit der Gleichung
$(x - x_s)^2 = 2p(y - y_s)$:

$$p(y - y_1) = (x_1 - x_s)(x - x_1) \qquad \text{oder} \qquad (x_1 - x_s)(x - x_s) = p(y + y_1 - 2y_s)$$

Gleichung der Normale (die Normale steht senkrecht auf der Tangente) durch den Punkt $P_1(x_1|y_1)$ der Parabel mit der Gleichung $(x - x_s)^2 = 2p(y - y_s)$:

$$y = -\frac{p}{x_1 - x_s}(x - x_1) + y_1$$

▶ **Beispiele:**

1. Gegeben: Parabelgleichung $y^2 = 6x$

    Gesucht: Brennpunkt, Gleichung der Leitlinie

    Parameter: $p = 3$

    Brennpunkt: $F\left(\frac{p}{2}\big|0\right) = F\left(\frac{3}{2}\big|0\right)$

    Gleichung der Leitlinie: $x = -\frac{p}{2} = -\frac{3}{2}$

2. Gegeben: Scheitelpunkt $S(0|0)$, x-Achse gleich Parabelachse, Punkt $P(1|\sqrt{3})$ der Parabel

    Gesucht: Gleichung der Parabel, Brennpunkt, Gleichung der Leitlinie

    Berechnung des Parameters p der Parabel durch Einsetzen der Koordinaten von P in die Normalform der Parabelgleichung:

    $$y^2 = 2px \implies 3 = 2p \implies p = \frac{3}{2}$$

    Die Parabelgleichung lautet $y^2 = 3x$.

    Brennpunkt: $F\left(\frac{p}{2}\big|0\right) = F\left(\frac{3}{4}\big|0\right)$

    Gleichung der Leitlinie: $x = -\frac{p}{2} = -\frac{3}{4}$

3. Eine nach rechts offene Parabel hat die Gerade $x = -2$ als Tangente im Scheitelpunkt, geht durch den Punkt $P_1(2|7)$ und hat in diesem Punkt die Tangentensteigung $m_1 = \frac{1}{2}$. Wie lautet die Gleichung der Parabel?

    Lösung:

    Berechnung der Tangentengleichung durch Einsetzen in die Punktsteigungsform und Umrechnung auf Normalform:

    $$\frac{y - 7}{x - 2} = \frac{1}{2} \implies y = \frac{1}{2}x + 6$$

    Eine nach rechts geöffnete Parabel mit Scheitelpunkt $S(x_s|y_s)$ erfüllt die Gleichung $(y - y_s)^2 = 2p(x - x_s)$ und eine Tangente an diese Parabel auch die Gleichung $(y_1 - y_s)(y - y_s) = p(x + x_1 - 2x_s)$. Setzt man die Koordinaten des Punktes P_1 ein und bringt auch diese Tangentengleichung auf Normalform, so ergibt sich

    $$(7 - y_s)(y - y_s) = p(x + 2 - 2 \cdot (-2)) \implies y = \frac{p}{7 - y_s}x + \frac{6p}{7 - y_s} + y_s$$

Vergleich dieser Gleichung mit der obigen Normalform der Gleichung für dieselbe Tangente ergibt mit der Methode des Koeffizientenvergleichs die folgenden Bedingungen für die Koeffizienten:

$$m_1 = \frac{p}{7 - y_s} = \frac{1}{2} \quad \text{und} \quad n = \frac{6p}{7 - y_s} + y_s = 6$$

Dies ist ein System aus zwei Gleichungen zur Bestimmung der beiden Unbekannten p und y_s.

Setzt man zur Lösung des Systems zum Beispiel die Bedingung $\frac{p}{7 - y_s} = \frac{1}{2}$ in die Gleichung für n ein, so folgt

$$6 \cdot \frac{1}{2} + y_s = 6 \implies y_s = 3$$

Durch Einsetzen von $y_s = 3$ in die Gleichung für m_1 folgt

$$\frac{p}{7 - 3} = \frac{1}{2} \implies p = 2$$

Die gesuchte Parabelgleichung lautet $(y - 3)^2 = 4(x + 2)$.

4. Eine nach unten offene Parabel hat die y-Achse als Parabelachse, den Koordinatenursprung O als Brennpunkt und den Punkt $S(0|2, 5)$ als Scheitelpunkt. Welche Gleichung hat die Parabel? Wo schneidet die Parabel die x-Achse?

   Lösung:
   Die Gleichung einer nach unten geöffneten Parabel mit Scheitelpunkt $S(x_s|y_s)$ ist $(x - x_s)^2 = -2p(y - y_s)$.
   Aus den Bedingungen folgt $x_s = 0$, $y_s = 2, 5$ und $\frac{p}{2} = 2, 5$. Die Gleichung der Parabel lautet

   $$x^2 = -10(y - 2, 5) \implies x^2 = -10\,y + 25$$

   Durch Setzen von $y = 0$ erhält man die Schnittpunkte mit der x-Achse:

   $$x^2 = 25 \implies x_{1,2} = \pm 5 \implies \text{Schnittpunkte} \quad S_1(5|0), \ S_2(-5|0)$$

Es gibt einige Konstruktionsmöglichkeiten für eine Parabel. Eine davon ist die sogenannte Fadenkonstruktion:

Ein rechtwinkliges Dreieck wird entlang der Leitlinie verschoben. Ein Faden mit der Länge der Kathete $\overline{AC}$ wird mit den Enden in A und dem Brennpunkt F befestigt. Mit einem Stift wird der Faden an der Kathete $\overline{AC}$ gestrafft. Gleitet das Dreieck entlang der Leitlinie, dann beschreibt der Stift ein Parabelstück (Abb. 7.33).

7.5.4 Anwendungen

In diesem Abschnitt werden in einigen Beispielen verschiedene Anwendungen der Kegelschnitte aus Technik und Mathematik angegeben.

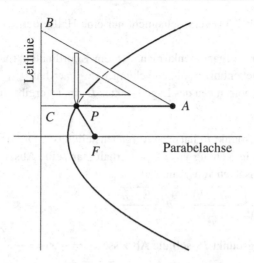

Abb. 7.33 Fadenkonstruktion einer Parabel

▶ **Beispiel 1:**

Ein parabelförmiger Brückenbogen (Achse vertikal und Parabel nach unten geöffnet) hat zwischen den in gleicher Höhe liegenden Lagern (Enden) des Bogens L und L' die Spannweite $2a = |\overline{LL'}| = 32$ m. Die Scheitelhöhe (Höhe des Scheitelpunktes S über LL') beträgt $b = 10$ m. Die horizontal verlaufende Straße liegt $h = 4$ m über LL' und schneidet den Brückenbogen in P_1 und P_1', den Befestigungspunkten des Stra-ßenkörpers. Der Straßenkörper wird außer von einem Vertikalstab im Scheitelpunkt S (Länge $b - h = 6$ m) noch von zwei weiteren Vertikalstäben gehalten, die in der Mitte des horizontalen Abstandes von S und P_1 sowie von S und P_1' in den Punkten P_2 und P_2' am Brückenbogen angebracht sind (Abb. 7.34).

Wie groß ist die Länge l dieser Vertikalstäbe? Wie groß sind $|\overline{P_1 P_1'}|$ und $|\overline{P_2 P_2'}|$?

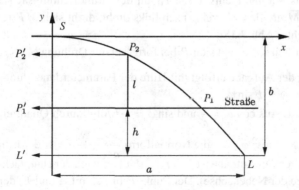

Abb. 7.34 Zu Beispiel 1

Die Skizze (Abb. 7.34) veranschaulicht nur eine Hälfte der symmetrischen Straßenbrücke.

Zur Lösung der Aufgabe denkt man sich ein Koordinatenkreuz gelegt, so dass die Parabel des Brückenbogens die Gleichung $y = -px^2$ hat.

Setzt man die Koordinaten des Lagerpunktes L ein, so ergibt sich

$$-b = -pa^2 \implies p = \frac{b}{a^2}$$

Der Befestigungspunkt P_1 hat nach Aufgabenstellung die Ordinate $y_1 = -(b-h)$. Mit Hilfe der Parabelgleichung $y_1 = -px_1^2$ erhält man seine Abszisse x_1 durch Auflösen nach x_1 und Einsetzen von y_1 und p:

$$x_1 = \sqrt{\frac{y_1}{-p}} = \sqrt{\frac{-(b-h)}{-\frac{b}{a^2}}} = a\sqrt{\frac{b-h}{b}}$$

Der Befestigungspunkt P_2 soll die Abszisse $x_2 = \frac{1}{2}x_1 = \frac{a}{2}\sqrt{\frac{b-h}{b}}$ haben, also ist

seine Ordinate $y_2 = -px_2^2 = -\frac{b}{a^2}\left(\frac{a}{2}\sqrt{\frac{b-h}{b}}\right)^2 = -\frac{b-h}{4}$.

Die gesuchte Vertikalstablänge l ist $l = y_2 - y_1 = \frac{3}{4}(b-h)$.

Die Strecken $|\overline{P_1 P_1'}|$ und $|\overline{P_2 P_2'}|$ haben die Längen

$$2x_1 = 2a\sqrt{\frac{b-h}{b}} \quad \text{und} \quad 2x_2 = a\sqrt{\frac{b-h}{b}}.$$

Mit den gegebenen Abmessungen ergibt sich für die gesuchten Längen

$$l = \frac{3}{4}(10-4) = 4,50\,\text{m}, \quad 2x_1 = 2 \cdot 16\sqrt{\frac{10-4}{10}} = 24,78\ldots\,\text{m},$$

$$2x_2 = 16\sqrt{\frac{10-4}{10}} = 12,39\ldots\,\text{m}.$$

▶ **Beispiel 2:**

Ein Stab mit den Drehlagern O und M und der Länge $|\overline{OM}| = r$ ist um O drehbar. Um M dreht sich ein zweiter Stab der Länge $|\overline{MP}| = s$. In der Ausgangsstellung liegen M und P als M_0 und rechts davon P_0 auf der Grundrichtungsachse $O\,P_0$. Während sich nun $\overline{OM}$ um den Winkel φ nach links dreht, dreht sich $\overline{MP}$ relativ zu $\overline{OM}$ um 2φ nach rechts (Abb. 7.35).

Auf welcher Kurve bewegt sich P bei fortgesetzter Drehung?

Die Lösung der Aufgabe erfolgt mit Hilfe der Parameterdarstellung der Ellipse:

$x = a\cos\varphi, \ y = b\sin\varphi$

Man bestätigt: Aus $\cos\varphi = \frac{x}{a}$ und $\sin\varphi = \frac{y}{b}$ folgt durch Quadrieren und Addieren

wegen $\sin^2\varphi + \cos^2\varphi = 1$ die Normalform $\frac{x^2}{a^2} + \frac{y^2}{b^2} = 1$ der Ellipsengleichung.

In der vorliegenden Aufgabe ist $a = r+s$ (halbe Länge der Hauptachse) und $b = r-s$ (halbe Länge der Nebenachse). Der Punkt P bildet mit A und B, den Schnittpunkten der Geraden OM mit dem Haupt- und dem Nebenscheitelkreis (Kreise um O mit

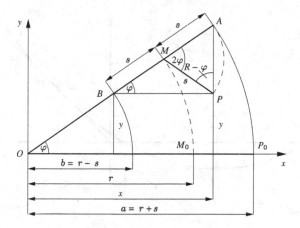

Abb. 7.35 Zu Beispiel 2

den Radien a und b), ein rechtwinkliges Dreieck. Deshalb folgt $x = (r + s) \cos \varphi$, $y = (r - s) \sin \varphi$, die Parameterdarstellung der Ellipse, die als Bahnkurve von P gesucht ist. Ihre Normalform lautet $\dfrac{x^2}{(r + s)^2} + \dfrac{y^2}{(r - s)^2} = 1$.

▶ **Beispiel 3:**

Welche nach oben geöffnete Parabel mit dem Scheitelpunkt $S(-4 \mid -1)$ berührt die Gerade $y = x$? Welche Koordinaten hat der Berührungspunkt?.

Lösung:
Die Gleichung der nach oben geöffneten Parabel mit dem Scheitelpunkt $S(x_s \mid y_s)$ lautet $(x - x_s)^2 = 2p(y - y_s)$. Einsetzen der Koordinaten des gegebenen Scheitelpunktes ergibt $(x + 4)^2 = 2p(y + 1)$.
Die zugehörige Tangentengleichung im Punkt $P_1(x_1 \mid y_1)$ der Parabel ist
$(x_1 - x_s)(x - x_s) = p(y + y_1 - 2y_s) \implies (x_1 + 4)(x + 4) = p(y + 1) + p(y_1 + 1)$
Die Gleichung der Tangente ist aber auch $y = x$. Mit der Methode des Koeffizientenvergleichs ergeben sich die folgenden Bedingungen für die Koeffizienten (aus $y = x$ folgt, dass die Koeffizienten von x und von y gleich sind, etwa gleich k, $k \neq 0$):
(1) Koeffizienten von x: $x_1 + 4 = k$
(2) Koeffizienten von y: $p = k$
(3) Absolutglieder: $\quad (x_1 + 4)\, 4 - p(1 + y_1 + 1) = 0$
Aus (2) folgt $k = p$. In (1) eingesetzt ergibt $x_1 + 4 = p$. Setzt man dieses in (3) ein, so folgt $4p - (2 + y_1)p = (2 - y_1)p = 0$, also $y_1 = 2$ wegen $p \neq 0$. Wegen $y_1 = x_1$ für den Berührungspunkt gilt auch $x_1 = 2$. Setzt man dies in (1) ein, so folgt schließlich $p = 6$.
Ergebnisse: Die gesuchte Parabel hat die Gleichung $(x + 4)^2 = 12(y + 1)$, der Berührungspunkt mit der Geraden $y = x$ ist $P_1(2 \mid 2)$ (Abb. 7.36).

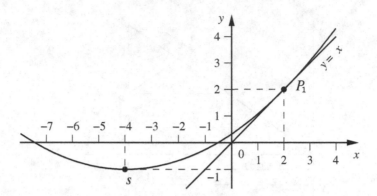

Abb. 7.36 Zu Beispiel 3

▶ **Beispiel 4:**

Man bestimme von der Ellipse mit der Gleichung $\frac{x^2}{36} + \frac{y^2}{18} = 1$ die Ecken des größten einbeschriebenen Quadrates!
Welches Verhältnis haben die Flächeninhalte dieses Quadrates und der Ellipse?

Lösung:
Aus Symmetriegründen liegen die Ecken des gesuchten Quadrates auf den Winkelhalbierenden der vier Quadranten des Koordinatensystems. Die Winkelhalbierenden sind die Geraden mit den Gleichungen $y = x$ und $y = -x$. Für die Eckpunkte $E(x_e|y_e)$ gilt also $y_e = \pm x_e$. Da die Eckpunkte auch die Ellipsengleichung erfüllen (denn sie liegen auf der Ellipse), setzt man diese Beziehung in die Gleichung der Ellipse ein:

$$\frac{x_e^2}{36} + \frac{(\pm x_e)^2}{18} = 1 \implies \frac{x_e^2}{36} + \frac{x_e^2}{18} = 1 \implies x_e^2 = 12 \implies x_e = \pm 2\sqrt{3}$$

Wegen $y_e = \pm x_e$ folgt ebenfalls $y_e = \pm 2\sqrt{3}$.
Somit sind die vier Ecken des gesuchten Quadrates:

$E_1(2\sqrt{3}|2\sqrt{3})$, $E_2(-2\sqrt{3}|2\sqrt{3})$, $E_3(-2\sqrt{3}|-2\sqrt{3})$, $E_4(2\sqrt{3}|-2\sqrt{3})$.

Die Seitenlänge dieses Quadrates ist $4\sqrt{3} = 6,9282\ldots$, sein Umfang also $16\sqrt{3}$ $= 27,7128\ldots$, und seine Fläche ist $A_\square = 48$. Die Ellipse hat den Flächeninhalt $A_{Ell} = \pi ab = 6 \cdot 3\sqrt{2} \cdot \pi = 79,9718\ldots$.
Für das gesuchte Verhältnis der Flächeninhalte gilt $\dfrac{A_\square}{A_{Ell}} = \dfrac{48}{6 \cdot 3\sqrt{2} \cdot \pi} = 0,6002\ldots$

▶ **Beispiel 5:**

Man bestimme die Schnittpunkte der Geraden mit der Gleichung $y = \frac{1}{2}x + 4$ und der Hyperbel mit der Gleichung $4y^2 - 9x^2 = 36$! Gibt es zu der Geraden parallele Tangenten an die Hyperbel? (Abb. 7.37).

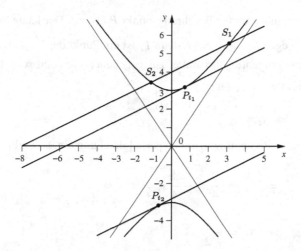

Abb. 7.37 Zu Beispiel 5

Lösung:

Umformung der Hyperbelgleichung ergibt $\dfrac{y^2}{3^2} - \dfrac{x^2}{2^2} = 1$.

Die y-Achse ist also Hauptachse der Hyperbel, der Mittelpunkt liegt im Koordinatenursprung. Ersetzt man in dieser Gleichung das y mit Hilfe der Geradengleichung, so folgt

$$\frac{\left(\frac{1}{2}x + 4\right)^2}{9} - \frac{x^2}{4} = 1 \implies -\frac{2}{9}x^2 + \frac{4}{9}x + \frac{7}{9} = 0 \implies x^2 - 2x - \frac{7}{2} = 0$$

Diese quadratische Gleichung hat die Lösungen $x_{1,2} = 1 \pm \sqrt{\dfrac{9}{2}} = 1 \pm \dfrac{3}{2}\sqrt{2}$,

also $x_1 = 1 + \dfrac{3}{2}\sqrt{2} = 3,1213\ldots$, $x_2 = 1 - \dfrac{3}{2}\sqrt{2} = -1,1213\ldots$

Setzt man diese Werte in die Geradengleichung ein, so ergeben sich die Ordinaten der Schnittpunkte:

$y_{1,2} = \dfrac{1}{2} \pm \dfrac{3}{4}\sqrt{2} + 4$, also $y_1 = \dfrac{9}{2} + \dfrac{3}{4}\sqrt{2} = 5,5606\ldots$,

$y_2 = \dfrac{9}{2} - \dfrac{3}{4}\sqrt{2} = 3,4393\ldots$

Schnittpunkte der Geraden mit der Hyperbel sind

$S_1\left(1 + \frac{3}{2}\sqrt{2}\,\big|\,\frac{9}{2} + \frac{3}{4}\sqrt{2}\right) = S_1(3,1213\ldots|5,5606\ldots)$,

$S_2\left(1 - \frac{3}{2}\sqrt{2}\,\big|\,\frac{9}{2} - \frac{3}{4}\sqrt{2}\right) = S_2(-1,1213\ldots|3,4393\ldots)$.

Die Gleichung der Tangente an die gegebene Hyperbel lautet

$$y = \frac{9}{4}\frac{x_t}{y_t}(x - x_t) + y_t = \frac{9}{4}\frac{x_t}{y_t}x - \frac{9}{4}\frac{x_t^2}{y_t} + y_t = \frac{9}{4}\frac{x_t}{y_t}x + \frac{9}{y_t}\left(\frac{y_t^2}{9} - \frac{x_t^2}{4}\right) = \frac{9}{4}\frac{x_t}{y_t}x + \frac{9}{y_t}$$

mit dem noch unbekannten Berührungspunkt $P_t(x_t|y_t)$. Der letzte Schritt der Umformung folgt wegen $\dfrac{y_t^2}{9} + \dfrac{x_t^2}{4} = 1$, denn P_t ist ein Punkt der Hyperbel.

Die gesuchte Tangente soll parallel zur gegebenen Geraden sein, hat also die Steigung $\dfrac{1}{2}$. Somit muss gelten:

$$\frac{9}{4}\frac{x_t}{y_t} = \frac{1}{2} \implies y_t = \frac{9}{2} x_t$$

Setzt man diese Bedingung in die Hyperbelgleichung ein, so ergibt sich

$$\frac{\left(\frac{9}{2} x_t\right)^2}{3^2} - \frac{x_t^2}{2^2} = 1 \implies \frac{9}{4} x_t^2 - \frac{1}{4} x_t^2 = 1 \implies x_t^2 = \frac{1}{2}$$

und daraus

$$x_{t_1} = \frac{1}{2}\sqrt{2} \quad \text{und} \quad x_{t_2} = -\frac{1}{2}\sqrt{2}.$$

Wegen $y_t = \dfrac{9}{2} x_t$ sind die dazugehörigen Ordinaten $y_{t_1} = \dfrac{9}{4}\sqrt{2}$ und $y_{t_2} = -\dfrac{9}{4}\sqrt{2}$.

Es gibt also zwei zu der gegebenen Geraden parallele Tangenten mit den Berührungspunkten

$$P_{t_1}\left(\tfrac{1}{2}\sqrt{2}\,\middle|\,\tfrac{9}{4}\sqrt{2}\right) \qquad = P_{t_1}(0,7071\ldots|3,1819\ldots),$$

$$P_{t_2}\left(-\tfrac{1}{2}\sqrt{2}\,\middle|\,-\tfrac{9}{4}\sqrt{2}\right) = P_{t_2}(-0,7071\ldots|-3,1819\ldots).$$

Die zugehörigen Tangentengleichungen lauten

$$y_1 = \frac{1}{2}x + 2\sqrt{2} = 0,5\,x + 2,8284\ldots, \quad y_2 = \frac{1}{2}x - 2\sqrt{2} = 0,5\,x - 2,8284\ldots$$

(Abb. 7.37)

Bemerkungen:

Tangenten gibt es bei dieser Hyperbel nur für Steigungen $|m| < \dfrac{b}{a} = \dfrac{3}{2}$ (Asymptotensteigung). So gibt es zum Beispiel parallel zur Geraden mit der Gleichung $y = -2x$ keine Tangente.

Für Hyperbeln mit der Gleichung $\dfrac{x^2}{a^2} - \dfrac{y^2}{b^2} = 1$ gibt es Tangenten mit Steigungen $|m| \leq \dfrac{b}{a}$ nicht, dagegen gibt es zwei parallele Tangenten für jedes $|m| > \dfrac{b}{a}$.

7.6 Graphisches Lösen von Gleichungen

In Kap. 2 wurden Methoden zur rechnerischen Bestimmung der Lösungen von Gleichungen und von linearen Gleichungssystemen angegeben. Für eine Reihe von praktischen Anwendungen reicht es aus, nicht die exakten Lösungen zu kennen, sondern sogenannte Näherungslösungen (Lösungen „in der Nähe" der exakten Lösungen). Eine Möglichkeit, solche

Näherungslösungen zu finden, ist das graphische Lösen von Gleichungen (zu Näherungslösungen vgl. auch Abschn. 8.4.12).

Beim graphischen Lösen von Gleichungen bringt man eine Bestimmungsgleichung mit der Variablen x auf die Form $f(x) = 0$. Die reellen Lösungen der Gleichung sind dann die Nullstellen der Funktion mit der Gleichung $y = f(x)$. Das Aufsuchen der Lösungen der Bestimmungsgleichung $f(x) = 0$ ist also gleichbedeutend mit der Bestimmung der Nullstellen der Funktion $y = f(x)$.

Zeichnet man den Graph der Funktion in einem kartesischen Koordinatensystem, dann sind die Nullstellen der Funktion die Schnittpunkte der Kurve mit der x-Achse.

Man beachte, dass die in der Zeichnung abgelesenen Werte meist nur Näherungswerte für die Nullstellen sind. Mit Hilfe von Näherungsverfahren wie dem Newtonschen Verfahren oder Regula falsi (vgl. Abschn. 8.4.12) lassen sich diese Werte verbessern.

Man erzielt oft genauere Ergebnisse, wenn man die gegebene Gleichung $f(x) = 0$ auf die Form $f_I(x) = f_{II}(x)$ bringt und dabei versucht, für $y_I = f_I(x)$ und $y_{II} = f_{II}(x)$ Funktionen mit einfach zu zeichnenden Graphen zu erhalten. Für jeden Schnittpunkt $S(x_s|y_s)$ der Kurven gilt $f_I(x_s) = f_{II}(x_s)$ und deshalb $f(x_s) = f_I(x_s) - f_{II}(x_s) = 0$. Seine Abszisse x_s ist also eine Lösung der Gleichung $f(x) = 0$.

Spezielle Bestimmungsgleichungen:

1. Die Lösung einer linearen Gleichung $ax + b = 0$, $a \neq 0$, erhält man als Nullstelle der linearen Funktion $y = ax + b$. Ihr Graph in einem kartesischen Koordinatensystem ist eine Gerade mit der Steigung a und dem y-Achsenabschnitt b.

▶   **Beispiel:** $5x + 7 = 0$

   Man setzt $y = 5x+7$, zeichnet die dadurch gegebene Gerade und liest am Schnittpunkt der Geraden mit der x-Achse das Ergebnis ab: $x \approx -1,4$ (Abb. 7.38).

2. Die Lösung oder die Lösungen einer quadratischen Gleichung $x^2 + px + q = 0$ erhält man als Nullstelle(n) der quadratischen Funktion $y = x^2 + px + q$. Ihr Graph ist in einem kartesischen Koordinatensystem eine verschobene Normalparabel.
   Durch quadratische Ergänzung ergibt sich $y = (x + \frac{p}{2})^2 - (\frac{p^2}{4} - q) = (x + \frac{p}{2})^2 - D$
   mit $D = \frac{p^2}{4} - q$. Der Scheitelpunkt der Parabel ist $S(-\frac{p}{2}|q - \frac{p^2}{4})$. Die Anzahl der Schnittpunkte der Parabel mit der x-Achse (also die Anzahl der Nullstellen der Funktion) und damit die Anzahl der Lösungen der quadratischen Gleichung ist abhängig vom Vorzeichen der Diskriminante D : Für $D > 0$ gibt es zwei Schnittpunkte, für $D < 0$ keinen Schnittpunkt und für $D = 0$ einen Berührpunkt (bedeutet eine doppelte reelle Lösung der quadratischen Gleichung).

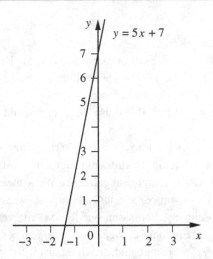

Abb. 7.38 Graphisches Lösen von $5x + 7 = 0$

▶ **Beispiel:** $x^2 - 5x + 3 = 0$

Der Scheitelpunkt der Parabel ist $S\left(\frac{5}{2} \mid -\frac{13}{4}\right)$. Wegen $D = \frac{13}{4} > 0$ hat die Parabel zwei Schnittpunkte mit der x-Achse und damit die Gleichung zwei reelle Lösungen. Aus der Abbildung liest man die Lösungen $x_1 \approx 4,3$ und $x_2 \approx 0,7$ ab (Abb. 7.39).

3. Reelle Lösungen einer quadratischen Gleichung $x^2 + px + q = 0$ erhält man auch aus den Schnittpunkten der Graphen der Funktionen $y_I = x^2$ (Normalparabel) und $y_{II} = -px - q$ (Gerade).

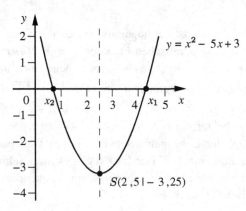

Abb. 7.39 Graphisches Lösen von $x^2 - 5x + 3 = 0$

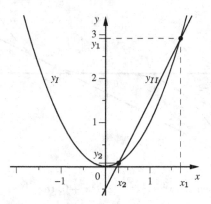

Abb. 7.40 Graphisches Lösen von $x^2 - 2x + \dfrac{1}{2} = 0$

▶ **Beispiel:** $x^2 - 2x + \dfrac{1}{2} = 0$

Gleichung der Normalparabel: $y_I = x^2$, Geradengleichung: $y_{II} = 2x - \dfrac{1}{2}$

Für die Abszissen der Schnittpunkte liest man ab: $x_1 \approx 1,7$, $x_2 \approx 0,3$. Dies sind Näherungslösungen der quadratischen Gleichung (Abb. 7.40).

4. Näherungen für die reellen Lösungen einer kubischen Gleichung in Normalform $x^3 + ax^2 + bx + c = 0$ erhält man aus den Schnittpunkten des Graphen der Funktion $y = x^3 + ax^2 + bx + c$ mit der x-Achse.

   Eine andere Möglichkeit ergibt sich mit Hilfe einer Reduktion der kubischen Gleichung. Mit der Substitution $x = z - \dfrac{a}{3}$ wird das quadratische Glied beseitigt. Durch Einsetzen und Ordnen erhält man

   $$z^3 + \left(b - \dfrac{a^2}{3}\right)z + \left(\dfrac{2}{27}a^3 - \dfrac{ab}{3} + c\right) = z^3 + pz + q = 0$$

   Reelle Lösungen dieser kubischen Gleichung erhält man dann aus den Schnittpunkten der Graphen der Funktionen $y_I = z^3$ (kubische Normalparabel) und $y_{II} = -pz - q$ (Gerade). Ist z_s die Abszisse eines solchen Schnittpunktes, dann ist $x_s = z_s - \dfrac{a}{3}$ eine Lösung der Ausgangsgleichung.

▶ **Beispiel:** $x^3 + 3x^2 - 2,11x + 0,18 = 0$

Die Substitution $x = z - 1$ ergibt $p = -2,11 - 3 = -5,11$ und $q = 2 + 2,11 + 0,18 = 4,29$. Die reduzierte Gleichung lautet also $z^3 - 5,11z + 4,29 = 0$ (Abb. 7.41).

Gleichung der kubischen Normalparabel: $y_I = z^3$, Geradengleichung: $y_{II} = 5,11z - 4,29$

Für die Abszissen der Schnittpunkte liest man ab: $z_1 \approx -2,6$, $z_2 \approx 1,1$, $z_3 \approx 1,5$.

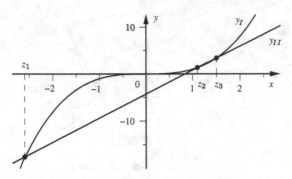

Abb. 7.41 Graphisches Lösen von $x^3 + 3x^2 - 2,11x + 0,18 = 0$

Daraus ergeben sich $x_1 \approx -3,6$, $x_2 \approx 0,1$, $x_3 \approx 0,5$ als Näherungslösungen der kubischen Gleichung $x^3 + 3x^2 - 2,11x + 0,18 = 0$ (Abb. 7.41).

5. Auch für transzendente Gleichungen lassen sich mit der Zerlegungsmethode mitunter Näherungslösungen angeben.

▶ **Beispiel:** $e^x - x = 3$

Zerlegt man die Funktion mit der Gleichung $y = f(x) = e^x - x - 3$ in die Funktionen $y_I = f_I(x) = e^x$ und $y_{II} = f_{II}(x) = x + 3$, dann gilt $f(x) = f_I(x) - f_{II}(x)$ und somit $f(x_s) = f_I(x_s) - f_{II}(x_s) = 0$ für die Abszisse x_s eines Schnittpunkts S der Kurven der Funktionen $y_I = f_I(x) = e^x$ und $y_{II} = f_{II}(x) = x + 3$.
Für die Abszissen der Schnittpunkte liest man ab: $x_1 \approx -2,95$, $x_2 \approx 1,51$ (Abb. 7.42).

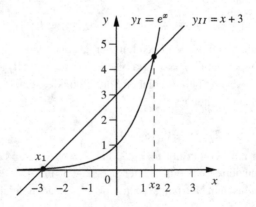

Abb. 7.42 Graphisches Lösen von $e^x - x = 3$

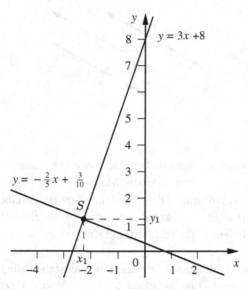

Abb. 7.43 Graphisches Lösen von $x - \dfrac{y}{3} = -\dfrac{8}{3}, \dfrac{4}{5}x + 2y = \dfrac{3}{5}$

6. Für Gleichungssysteme lassen sich ebenfalls graphisch Näherungslösungen finden.
   Die Lösung eines Systems $a_1 x + b_1 y = c_1$, $a_2 x + b_2 y = c_2$ von zwei linearen Gleichungen mit zwei Variablen ergibt sich aus den Koordinaten des Schnittpunkts der zugehörigen Geraden.

▶ **Beispiel:** $x - \dfrac{y}{3} = -\dfrac{8}{3}$, $\dfrac{4}{5}x + 2y = \dfrac{3}{5}$

Auflösen der beiden Gleichungen nach y: $\;y = 3x + 8$, $\;y = -\dfrac{2}{5}x + \dfrac{3}{10}$

In Abb. 7.43 sind die durch diese Gleichungen bestimmten Geraden gezeichnet, und man liest als Koordinaten des Schnittpunkts $S(x|y)$ die Näherungslösung $(x; y) = (-2, 2 \,;\, 1, 2)$ des linearen Gleichungssystems ab (Abb. 7.43).

7.7 Vektoren

7.7.1 Definitionen

Eine gerichtete und orientierte Strecke bezeichnet man als Vektor. Ein Vektor ist durch drei Größen bestimmt: Richtung, Orientierung und Länge. Vektoren, die in diesen drei Größen übereinstimmen, sind gleich, unabhängig von ihrer Lage in der Ebene oder im Raum (vgl. Abb. 7.44).

Abb. 7.44 Gleiche Vektoren

Eine Größe, die durch einen einzigen reellen Zahlenwert charakterisiert wird, heißt Skalar. Beispiele für Skalare sind Temperatur, Arbeit, Masse, Energie.

Vektoren dagegen sind Größen, zu deren vollständiger Beschreibung neben einem Zahlenwert, ihrem Betrag (Länge des Vektors), noch die Angabe ihrer Richtung und Orientierung erforderlich sind. Beispiele für Vektoren sind Kraft, Geschwindigkeit, Beschleunigung, magnetische Feldstärke.

Vektoren werden meist mit kleinen lateinischen Buchstaben, die mit einem Pfeil versehen sind, bezeichnet: $\vec{a} = \overrightarrow{PQ}$ (gesprochen: Vektor a, Vektor PQ). Der Punkt P ist der Anfangspunkt und der Punkt Q der Endpunkt des Vektors. Der Betrag $|\vec{a}| = |\overrightarrow{PQ}|$ eines Vektors ist die Länge des Vektors, also die Länge der Verbindungsstrecke $\overline{PQ}$. Der Betrag ist eine nichtnegative reelle Zahl.

Zwei Vektoren $\vec{a}$ und $\vec{b}$ sind gleich, in Zeichen $\vec{a} = \vec{b}$, wenn sie den gleichen Betrag und gleiche Richtung und gleiche Orientierung haben. Vektoren dürfen daher parallel verschoben werden. Gleiche Vektoren gehen durch Parallelverschiebung ineinander über.

Im Unterschied zu diesen sogenannten freien Vektoren haben Ortsvektoren $\overrightarrow{OP}$ einen festen Anfangspunkt O. Ortsvektoren können also nicht verschoben werden.

Spezielle Vektoren

- Der Nullvektor $\vec{0}$ hat den Betrag 0 und unbestimmte Richtung.
- Ein Vektor $\vec{e}$ mit dem Betrag $|\vec{e}| = 1$ heißt Einheitsvektor. Man bezeichnet Einheitsvektoren auch als normierte Vektoren.

7.7.2 Multiplikation eines Vektors mit einem Skalar

Multipliziert man einen Vektor $\vec{a}$ mit einem Skalar (also einer reellen Zahl) $\lambda \in \mathbb{R}$, dann erhält man einen Vektor $\lambda\vec{a}$ mit dem Betrag $|\lambda\vec{a}| = |\lambda| \cdot |\vec{a}|$ ($|\lambda|$-facher Betrag des Vektors $\vec{a}$) (vgl. Abb. 7.45). Für $\lambda > 0$ haben $\lambda\vec{a}$ und $\vec{a}$ gleiche Richtung und Orientierung, für $\lambda < 0$ haben $\lambda\vec{a}$ und $\vec{a}$ gleiche Richtung und entgegengesetzte Orientierung.

Multiplikation mit $\lambda = -1$ ergibt den Vektor $-\vec{a}$. Dieser Vektor hat den gleichen Betrag und die gleiche Richtung wie der Vektor $\vec{a}$, jedoch die entgegengesetzte Orientierung.

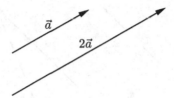

Abb. 7.45 Vektoren $\vec{a}$ und $2\vec{a}$

7.7.3 Addition und Subtraktion zweier Vektoren

Sollen zwei Vektoren $\vec{a}$ und $\vec{b}$ addiert werden, so bringt man durch Parallelverschiebung den Anfangspunkt des Vektors $\vec{b}$ in den Endpunkt des Vektors $\vec{a}$. Die Summe $\vec{a}+\vec{b}$ ist dann derjenige Vektor, der vom Anfangspunkt von $\vec{a}$ zum Endpunkt von $\vec{b}$ führt (siehe Abb. 7.46).

Die Subtraktion zweier Vektoren $\vec{a}$ und $\vec{b}$ ist definiert als Addition von $\vec{a}$ und $-\vec{b}$.

$$\vec{a} - \vec{b} = \vec{a} + (-\vec{b})$$

Legt man die Anfangspunkte von $\vec{a}$ und $\vec{b}$ übereinander, dann ist der Vektor $\vec{a}-\vec{b}$ der Vektor vom Endpunkt von $\vec{b}$ zum Endpunkt von $\vec{a}$ (siehe Abb. 7.47).

Zeichnet man ein Parallelogramm mit den Seiten $\vec{a}$ und $\vec{b}$, so kann man die Diagonale als $\vec{a}+\vec{b}$ oder als $\vec{b}+\vec{a}$ auffassen. Die Addition von Vektoren ist also kommutativ.

Kommutativgesetz $\qquad \vec{a}+\vec{b} = \vec{b}+\vec{a}$

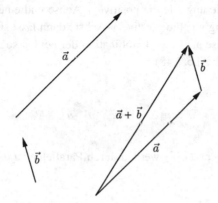

Abb. 7.46 Vektoraddition

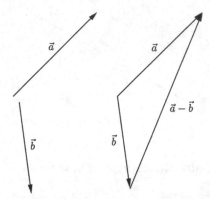

Abb. 7.47 Vektorsubtraktion

Auch das Assoziativgesetz und das Distributivgesetz sind erfüllt.

Assoziativgesetz	$\vec{a} + (\vec{b} + \vec{c}) = (\vec{a} + \vec{b}) + \vec{c} = \vec{a} + \vec{b} + \vec{c}$

Distributivgesetz	$\lambda \cdot (\vec{a} + \vec{b}) = \lambda \cdot \vec{a} + \lambda \cdot \vec{b}$ $(\lambda \in \mathbb{R})$

7.7.4   Komponentendarstellung von Vektoren in der Ebene

Wählt man in einem kartesischen Koordinatensystem der Ebene einen Einheitsvektor $\vec{e_1}$ mit Richtung und Orientierung wie die positive x-Achse und einen Einheitsvektor $\vec{e_2}$ mit Richtung und Orientierung wie die positive y-Achse, dann lässt sich jeder Vektor $\vec{a}$ in der Ebene in eindeutiger Weise als Linearkombination der beiden sogenannten Basisvektoren $\vec{e_1}$ und $\vec{e_2}$ darstellen (siehe Abb. 7.48).

$$\vec{a} = a_1 \vec{e_1} + a_2 \vec{e_2}, \ a_1, \ a_2 \in \mathbb{R}$$

Die beiden Vektoren $a_1 \vec{e_1}$ und $a_2 \vec{e_2}$ werden durch Parallelen zu den Basisvektoren $\vec{e_1}$ und $\vec{e_2}$ konstruiert.

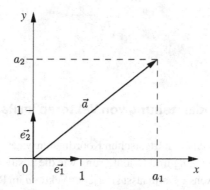

Abb. 7.48 Komponentendarstellung eines Vektors in der Ebene

Der Vektor $\vec{a} = a_1\vec{e}_1 + a_2\vec{e}_2$ wird identifiziert mit dem sogenannten Spaltenvektor

$$\vec{a} = \begin{pmatrix} a_1 \\ a_2 \end{pmatrix}$$

Dabei heißen a_1 und a_2 die beiden Komponenten oder die kartesischen Koordinaten des Vektors $\vec{a}$. Mit Hilfe der Komponenten lassen sich Addition und Subtraktion von Vektoren sowie die Multiplikation eines Vektors mit einem Skalar folgendermaßen darstellen:

$$\vec{a} + \vec{b} = \begin{pmatrix} a_1 \\ a_2 \end{pmatrix} + \begin{pmatrix} b_1 \\ b_2 \end{pmatrix} = \begin{pmatrix} a_1 + b_1 \\ a_2 + b_2 \end{pmatrix}$$

$$\vec{a} - \vec{b} = \begin{pmatrix} a_1 \\ a_2 \end{pmatrix} - \begin{pmatrix} b_1 \\ b_2 \end{pmatrix} = \begin{pmatrix} a_1 - b_1 \\ a_2 - b_2 \end{pmatrix}$$

$$\lambda \cdot \vec{a} = \lambda \cdot \begin{pmatrix} a_1 \\ a_2 \end{pmatrix} = \begin{pmatrix} \lambda a_1 \\ \lambda a_2 \end{pmatrix}$$

Der Betrag $|\vec{a}| = |\overrightarrow{PQ}|$, also die Länge des Vektors $\vec{a} = \overrightarrow{PQ}$, ist die Entfernung zwischen den Punkten P und Q. Nach dem Satz des Pythagoras gilt:

$$|\vec{a}| = \sqrt{a_1^2 + a_2^2}$$

7.7.5   Komponentendarstellung von Vektoren im Raum

Ganz analog wählt man in einem kartesischen Koordinatensystem des Raums drei Einheits-vektoren $\vec{e}_1$, $\vec{e}_2$, $\vec{e}_3$ mit Richtung und Orientierung wie die positive x-Achse, die positive y-Achse und die positive z-Achse. Dann lässt sich jeder Vektor $\vec{a}$ im Raum in eindeutiger Weise als Linearkombination der drei Basisvektoren $\vec{e}_1$, $\vec{e}_2$ und $\vec{e}_3$ darstellen (siehe Abb. 7.49).

$$\vec{a} = a_1\vec{e}_1 + a_2\vec{e}_2 + a_3\vec{e}_3, \quad a_1, a_2, a_3 \in \mathbb{R}$$

Die drei Vektoren $a_1\vec{e}_1$, $a_2\vec{e}_2$ und $a_3\vec{e}_3$ werden durch Parallelen zu den Basisvektoren $\vec{e}_1$, $\vec{e}_2$ und $\vec{e}_3$ konstruiert.

Der Vektor $\vec{a} = a_1\vec{e}_1 + a_2\vec{e}_2 + a_3\vec{e}_3$ wird identifiziert mit dem Spaltenvektor

$$\vec{a} = \begin{pmatrix} a_1 \\ a_2 \\ a_3 \end{pmatrix}$$

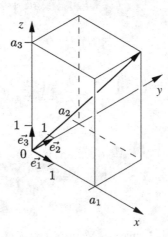

Abb. 7.49 Komponentendarstellung eines Vektors im Raum

Dabei heißen a_1, a_2, a_3 die Komponenten oder die kartesischen Koordinaten des Vektors $\vec{a}$.

Mit Hilfe der Komponenten lassen sich auch im Raum Addition und Subtraktion von Vektoren sowie die Multiplikation eines Vektors mit einem Skalar darstellen:

$$\vec{a} + \vec{b} = \begin{pmatrix} a_1 \\ a_2 \\ a_3 \end{pmatrix} + \begin{pmatrix} b_1 \\ b_2 \\ b_3 \end{pmatrix} = \begin{pmatrix} a_1 + b_1 \\ a_2 + b_2 \\ a_3 + b_3 \end{pmatrix}$$

$$\vec{a} - \vec{b} = \begin{pmatrix} a_1 \\ a_2 \\ a_3 \end{pmatrix} - \begin{pmatrix} b_1 \\ b_2 \\ b_3 \end{pmatrix} = \begin{pmatrix} a_1 - b_1 \\ a_2 - b_2 \\ a_3 - b_3 \end{pmatrix}$$

$$\lambda \cdot \vec{a} = \lambda \cdot \begin{pmatrix} a_1 \\ a_2 \\ a_3 \end{pmatrix} = \begin{pmatrix} \lambda a_1 \\ \lambda a_2 \\ \lambda a_3 \end{pmatrix}$$

Der Betrag $|\vec{a}| = |\overrightarrow{PQ}|$, also die Länge des Vektors $\vec{a} = \overrightarrow{PQ}$, ist die Entfernung zwischen den Punkten P und Q. Durch zweimalige Anwendung des Satzes von Pythagoras errechnet man:

$$|\vec{a}| = \sqrt{a_1^2 + a_2^2 + a_3^2}$$

7.7.6 Skalarprodukt

Für die beiden Vektoren $\vec{a} = \begin{pmatrix} a_1 \\ a_2 \\ a_3 \end{pmatrix}$ und $\vec{b} = \begin{pmatrix} b_1 \\ b_2 \\ b_3 \end{pmatrix}$ heißt

$$\vec{a} \cdot \vec{b} = \begin{pmatrix} a_1 \\ a_2 \\ a_3 \end{pmatrix} \cdot \begin{pmatrix} b_1 \\ b_2 \\ b_3 \end{pmatrix} = a_1 b_1 + a_2 b_2 + a_3 b_3$$

Skalarprodukt oder inneres Produkt. Das Skalarprodukt zweier Vektoren ist kein Vektor, sondern eine reelle Zahl, also ein Skalar. Geometrisch ist das Skalarprodukt das Produkt der Länge des Vektors $\vec{a}$ und der Länge der senkrechten Projektion des Vektors $\vec{b}$ auf $\vec{a}$ (vgl. Abb. 7.50), also, falls $\varphi = \sphericalangle(\vec{a}, \vec{b})$ den Winkel zwischen $\vec{a}$ und $\vec{b}$ bezeichnet,

$$\vec{a} \cdot \vec{b} = |\vec{a}| \cdot |\vec{b}| \cdot \cos\varphi$$

Für den Winkel $\varphi = \sphericalangle(\vec{a}, \vec{b})$ gilt somit:

$$\cos\varphi = \frac{\vec{a} \cdot \vec{b}}{|\vec{a}| \cdot |\vec{b}|} = \frac{a_1 b_1 + a_2 b_2 + a_3 b_3}{\sqrt{a_1^2 + a_2^2 + a_3^2} \cdot \sqrt{b_1^2 + b_2^2 + b_3^2}}$$

Die folgenden Rechenregeln lassen sich aus der Definition ableiten:

1. $\vec{a} \cdot \vec{b} = \vec{b} \cdot \vec{a}$
2. $(\lambda \cdot \vec{a}) \cdot \vec{b} = \vec{a} \cdot (\lambda \cdot \vec{b}) = \lambda \cdot (\vec{a} \cdot \vec{b})$
3. $(\vec{a} + \vec{b}) \cdot \vec{c} = \vec{a} \cdot \vec{c} + \vec{b} \cdot \vec{c}$
4. $\vec{a} \cdot \vec{b} = 0 \Leftrightarrow \vec{a} \perp \vec{b}$ ($\vec{a}$ und $\vec{b}$ stehen senkrecht aufeinander)
5. $|\vec{a}| = \sqrt{\vec{a} \cdot \vec{a}}$

So folgt zum Beispiel aus 4., nämlich dass $\vec{a} \cdot \vec{b} = 0$ genau für zwei senkrecht aufeinander stehende (man sagt auch orthogonale) Vektoren $\vec{a}$ und $\vec{b}$ gilt, dass genau dann der Winkel φ gleich 90° ist ($\Longrightarrow$ $\cos\varphi = 0$).

Das Skalarprodukt lässt sich entsprechend auch in der Ebene, also für Vektoren mit zwei Komponenten, definieren.

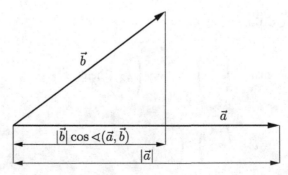

Abb. 7.50 Skalarprodukt: $\vec{a} \cdot \vec{b} = |\vec{a}| \cdot |\vec{b}| \cdot \cos\varphi$

▶ **Beispiele:**

1. Das Skalarprodukt der Vektoren $\vec{a} = \begin{pmatrix} 2 \\ 3 \\ -1 \end{pmatrix}$ und $\vec{b} = \begin{pmatrix} 4 \\ -5 \\ 2 \end{pmatrix}$ ist

$$\vec{a} \cdot \vec{b} = \begin{pmatrix} 2 \\ 3 \\ -1 \end{pmatrix} \cdot \begin{pmatrix} 4 \\ -5 \\ 2 \end{pmatrix} = 2 \cdot 4 + 3 \cdot (-5) + (-1) \cdot 2 = 8 - 15 - 2 = -9$$

2. Gesucht ist der Winkel φ, den die beiden Vektoren $\vec{a} = \begin{pmatrix} 1 \\ 1 \\ 0 \end{pmatrix}$ und

$\vec{b} = \begin{pmatrix} 0 \\ 1 \\ 1 \end{pmatrix}$ miteinander einschließen.

Es gilt $\vec{a} \cdot \vec{b} = 1 \cdot 0 + 1 \cdot 1 + 0 \cdot 1 = 1$ und $|\vec{a}| = |\vec{b}| = \sqrt{1 + 1} = \sqrt{2}$. Somit folgt

$$\cos \varphi = \frac{\vec{a} \cdot \vec{b}}{|\vec{a}| \cdot |\vec{b}|} = \frac{1}{\sqrt{2} \cdot \sqrt{2}} = \frac{1}{2} \implies \varphi = 60°.$$

3. Für welchen Wert von c sind die beiden Vektoren $\vec{a} = \begin{pmatrix} 2 \\ 3 \\ -4 \end{pmatrix}$ und $\vec{b} = \begin{pmatrix} 1 \\ 2 \\ c \end{pmatrix}$

orthogonal?

Für das Skalarprodukt gilt

$$\vec{a} \cdot \vec{b} = \begin{pmatrix} 2 \\ 3 \\ -4 \end{pmatrix} \cdot \begin{pmatrix} 1 \\ 2 \\ c \end{pmatrix} = 2 + 6 - 4c = 8 - 4c = 0 \implies c = 2.$$

Für $c = 2$ stehen die Vektoren $\vec{a}$ und $\vec{b}$ also senkrecht aufeinander.

7.7.7 Vektorprodukt

Sind $\vec{a} = \begin{pmatrix} a_1 \\ a_2 \\ a_3 \end{pmatrix}$ und $\vec{b} = \begin{pmatrix} b_1 \\ b_2 \\ b_3 \end{pmatrix}$ zwei Vektoren im Raum, so heißt der Vektor

$$\vec{a} \times \vec{b} = \begin{pmatrix} a_1 \\ a_2 \\ a_3 \end{pmatrix} \times \begin{pmatrix} b_1 \\ b_2 \\ b_3 \end{pmatrix} = \begin{pmatrix} a_2 b_3 - a_3 b_2 \\ a_3 b_1 - a_1 b_3 \\ a_1 b_2 - a_2 b_1 \end{pmatrix}$$

Vektorprodukt oder Kreuzprodukt oder äußeres Produkt der Vektoren $\vec{a}$ und $\vec{b}$. Das Vektorprodukt ist im Unterschied zum Skalarprodukt nur im Raum definiert.

Das Vektorprodukt besitzt folgende Eigenschaften:

1. $\vec{b} \times \vec{a} = -\vec{a} \times \vec{b}$
2. $\vec{a} \times \vec{b} = \vec{0}$, falls $\vec{a} = \vec{0}$ oder $\vec{b} = \vec{0}$ oder $\vec{a}$ parallel zu $\vec{b}$
3. $(\lambda \vec{a}) \times \vec{b} = \vec{a} \times (\lambda \vec{b}) = \lambda(\vec{a} \times \vec{b})$
4. $(\vec{a} + \vec{b}) \times \vec{c} = \vec{a} \times \vec{c} + \vec{b} \times \vec{c}$
5. $\vec{a} \times \vec{b}$ steht senkrecht auf den Vektoren $\vec{a}$ und $\vec{b}$
6. $|\vec{a} \times \vec{b}| = |\vec{a}| \cdot |\vec{b}| \cdot \sin \varphi = |\vec{a}| \cdot |\vec{b}| \cdot \sin \sphericalangle(\vec{a}, \vec{b})$
7. $\vec{a}, \vec{b}, \vec{a} \times \vec{b}$ bilden in dieser Reihenfolge ein Rechtssystem

Der Vektor $\vec{a} \times \vec{b}$ steht also senkrecht auf $\vec{a}$ und auf $\vec{b}$. Sein Betrag (seine Länge) ist gleich dem Flächeninhalt des von den beiden Vektoren $\vec{a}$ und $\vec{b}$ aufgespannten Parallelogramms. Falls $\vec{a}$ auf dem kürzesten Weg nach $\vec{b}$ gedreht wird, zeigt $\vec{a} \times \vec{b}$ in Richtung der Bewegung einer Schraube mit Rechtsgewinde (siehe Abb. 7.51).

▶   **Beispiel:**

Für die Vektoren $\vec{a} = \begin{pmatrix} -1 \\ 2 \\ -3 \end{pmatrix}$ und $\vec{b} = \begin{pmatrix} 2 \\ 1 \\ -2 \end{pmatrix}$ ergibt sich für das Vektorprodukt

$$\vec{a} \times \vec{b} = \begin{pmatrix} -1 \\ -8 \\ -5 \end{pmatrix}.$$

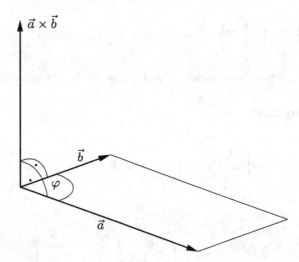

Abb. 7.51 Vektorprodukt $\vec{a} \times \vec{b}$ der Vektoren $\vec{a}$ und $\vec{b}$

Zur Probe kann man etwa Eigenschaft 5. benutzen: Es muss $(\vec{a} \times \vec{b}) \cdot \vec{a} = 0$ (und auch $(\vec{a} \times \vec{b}) \cdot \vec{b} = 0$) gelten:

$$(\vec{a} \times \vec{b}) \cdot \vec{a} = \begin{pmatrix} -1 \\ -8 \\ -5 \end{pmatrix} \cdot \begin{pmatrix} -1 \\ 2 \\ -3 \end{pmatrix} = 1 - 16 + 15 = 0.$$

7.7.8 Spatprodukt

Sind $\vec{a}$, $\vec{b}$ und $\vec{c}$ drei Vektoren im Raum, so heißt der Skalar

$$(\vec{a} \times \vec{b}) \cdot \vec{c}$$

Spatprodukt. Aus der geometrischen Interpretation des Skalarprodukts folgt, dass $(\vec{a} \times \vec{b}) \cdot \vec{c}$ gleich dem Produkt aus der Länge von $\vec{a} \times \vec{b}$ und der Länge der Projektion von $\vec{c}$ auf $\vec{a} \times \vec{b}$ ist. Da $|\vec{a} \times \vec{b}|$ gleich dem Flächeninhalt des von $\vec{a}$ und $\vec{b}$ aufgespannten Parallelogramms ist, stellt $(\vec{a} \times \vec{b}) \cdot \vec{c}$ das Volumen des von den Vektoren $\vec{a}, \vec{b}, \vec{c}$ aufgespannten Spates dar, falls die Vektoren eine Lage wie in Abb. 7.52 haben. Spat ist ein anderer Name für Parallelepiped oder Parallelflach. Zeigt $\vec{c}$ nach unten, so ist das Spatprodukt negativ, und es ist dem Betrage nach das Volumen des Spates.

Mit der abkürzenden Schreibweise

$$[\vec{a}, \vec{b}, \vec{c}] = (\vec{a} \times \vec{b}) \cdot \vec{c}$$

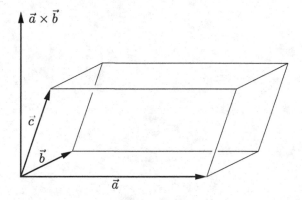

Abb. 7.52 Geometrische Veranschaulichung des Spatprodukts

für das Spatprodukt können einige Eigenschaften des Spatprodukts formuliert werden:

1. $[\vec{a}, \vec{b}, \vec{c}] = (\vec{a} \times \vec{b}) \cdot \vec{c} = \begin{pmatrix} a_2b_3 - a_3b_2 \\ a_3b_1 - a_1b_3 \\ a_1b_2 - b_1a_2 \end{pmatrix} \cdot \begin{pmatrix} c_1 \\ c_2 \\ c_3 \end{pmatrix}$

   $= c_1(a_2b_3 - a_3b_2) + c_2(a_3b_1 - a_1b_3) + c_3(a_1b_2 - b_1a_2)$

2. Eine zyklische (kreisförmige) Vertauschung der Vektoren ändert das Spatprodukt nicht:
   $[\vec{a}, \vec{b}, \vec{c}] = [\vec{b}, \vec{c}, \vec{a}] = [\vec{c}, \vec{a}, \vec{b}]$

3. Das Spatprodukt ändert das Vorzeichen (bei gleichem Betrag), falls zwei Vektoren miteinander vertauscht werden: $[\vec{b}, \vec{a}, \vec{c}] = [\vec{c}, \vec{b}, \vec{a}] = [\vec{a}, \vec{c}, \vec{b}] = -[\vec{a}, \vec{b}, \vec{c}]$

4. $[\vec{a}, \vec{b}, \vec{c}] = 0 \Leftrightarrow \vec{a}, \vec{b}, \vec{c}$ liegen in einer Ebene (man sagt dann: $\vec{a}, \vec{b}, \vec{c}$ sind linear abhängig)

5. $[\vec{a}, \vec{b}, \vec{c}] > 0 \Leftrightarrow \vec{a}, \vec{b}, \vec{c}$ bilden ein Rechtssystem

6. Das Volumen V des von den Vektoren $\vec{a}, \vec{b}, \vec{c}$ gebildeten Tetraeders ist $V = \frac{1}{6}[\vec{a}, \vec{b}, \vec{c}]$.

▶ **Beispiel:**

Das Volumen V des von den Vektoren $\vec{a} = \begin{pmatrix} 1 \\ 0 \\ -1 \end{pmatrix}$, $\vec{b} = \begin{pmatrix} 2 \\ -1 \\ 1 \end{pmatrix}$, $\vec{c} = \begin{pmatrix} 1 \\ 1 \\ 2 \end{pmatrix}$

aufgespannten Tetraeders beträgt

$$V = \frac{1}{6}|[\vec{a}, \vec{b}, \vec{c}]| = \frac{1}{6}|(\vec{a} \times \vec{b}) \cdot \vec{c}| = \frac{1}{6}\left| \begin{pmatrix} -1 \\ -3 \\ -1 \end{pmatrix} \cdot \begin{pmatrix} 1 \\ 1 \\ 2 \end{pmatrix} \right| = \frac{1}{6}|-6| = \frac{1}{6} \cdot 6 = 1.$$

Differential- und Integralrechnung

8

8.1 Folgen

8.1.1 Grundbegriffe

Eine Folge besteht aus Zahlen einer Menge, die in einer bestimmten Reihenfolge angeordnet sind:

$$a_1, a_2, a_3, \ldots, a_n, \ldots$$

Sind alle diese Zahlen reelle Zahlen, dann nennt man die Folge auch reelle Zahlenfolge. Die Zahlen der Folge heißen Glieder der Folge.

Handelt es sich um endlich viele Zahlen, so heißt die Folge endlich, andernfalls unendliche Folge.

Eine unendliche Folge lässt sich auch als Funktion (Abbildung) definieren:

$$f : \mathbb{N} \to \mathbb{R}, \ n \mapsto f(n) = a_n$$

Unter den Gliedern einer Folge können auch gleiche Zahlen auftreten.

© Springer Fachmedien Wiesbaden GmbH, ein Teil von Springer Nature 2019
A. Kemnitz, *Mathematik zum Studienbeginn*,
https://doi.org/10.1007/978-3-658-26604-2_8

Eine Folge kann durch direkte Angabe ihrer Glieder oder auch durch einen arithmetischen Ausdruck gegeben sein. Ein solcher arithmetischer Ausdruck kann entweder eine explizite Formel für das Folgenglied a_n oder eine rekursive Definition sein. Bei einer Rekursion wird a_n durch Folgenglieder mit kleineren Indizes definiert.

Schreibweise von Folgen:

$$(a_n) = (a_1, a_2, a_3, \ldots)$$

Eine konstante Folge (a_n) ist eine Folge mit $(a_n) = (a, a, a, \ldots)$.

▶ **Beispiele:**

1. $(a_n) = (1, 2, 3, 4, 5, 6, 7, 8, 9, 10)$

2. $(a_n) = (n) = (1, 2, 3, 4, \ldots)$

3. $(a_n) = \left(3 - \dfrac{1}{2^{n-2}}\right) = \left(1, 2, \dfrac{5}{2}, \dfrac{11}{4}, \dfrac{23}{8}, \ldots\right)$

4. $(a_n) = (4 + 3(n-1)) = (4, 7, 10, 13, \ldots)$

5. $(a_n) = ((-1)^{n+1}) = (1, -1, 1, -1, 1, \ldots)$

6. $(a_n) = \left(\dfrac{1}{n}\right) = \left(1, \dfrac{1}{2}, \dfrac{1}{3}, \dfrac{1}{4}, \ldots\right)$

7. (a_n) mit $a_1 = 0$, $a_{n+1} = \dfrac{1}{2}(1 + a_n)$ für $n \in \mathbb{N}$, also

$$(a_n) = \left(0, \dfrac{1}{2}, \dfrac{3}{4}, \dfrac{7}{8}, \dfrac{15}{16}, \ldots\right)$$

Die erste Folge ist endlich, alle anderen sind unendlich. Die erste Folge ist durch Angabe ihrer Glieder definiert, die letzte Folge ist rekursiv definiert und alle anderen durch eine explizite Formel.

Monotone Folgen

Eine Folge (a_n) heißt

- monoton wachsend, wenn $a_1 \leq a_2 \leq a_3 \leq \ldots \leq a_n \leq \ldots$ gilt,
- streng monoton wachsend, wenn $a_1 < a_2 < a_3 < \ldots < a_n < \ldots$ gilt,
- monoton fallend, wenn $a_1 \geq a_2 \geq a_3 \geq \ldots \geq a_n \geq \ldots$ gilt,
- streng monoton fallend, wenn $a_1 > a_2 > a_3 > \ldots > a_n > \ldots$ gilt.

▶ **Beispiele:**

Die Folgen der Beispiele 1 bis 4 und 7 sind streng monoton wachsend, die Folge aus Beispiel 6 ist streng monoton fallend.

Alternierende Folgen

Eine alternierende Folge ist eine Folge, deren Glieder abwechselnd unterschiedliche Vorzeichen haben. Von zwei aufeinanderfolgenden Gliedern a_k und a_{k+1} einer solchen Folge (a_n) ist also genau ein Glied positiv und eins negativ.

▶ **Beispiel:**

Die Folge aus Beispiel 5 ist alternierend.

Beschränkte Folgen

Eine Folge (a_n) heißt

- nach oben beschränkt, wenn es eine konstante Zahl K_o gibt, so dass für alle Glieder $a_n \leq K_o$ gilt,
- nach unten beschränkt, wenn es eine konstante Zahl K_u gibt, so dass für alle Glieder $a_n \geq K_u$ gilt,
- beschränkt, wenn die Folge sowohl nach oben als auch nach unten beschränkt ist, wenn es also zwei Zahlen K_u, K_o gibt mit $K_u \leq a_n \leq K_o$ für alle $n \in \mathbb{N}$. Gleichwertig damit ist, dass es eine Konstante $K > 0$ mit $|a_n| \leq K$ für alle n gibt.

Monoton wachsende und streng monoton wachsende Folgen sind nach unten beschränkt, monoton fallende und streng monoton fallende Folgen sind nach oben beschränkt.

▶ **Beispiele:**

Die Folgen der Beispiele 1, 3, 5, 6 und 7 sind beschränkt, die Folgen der Beispiele 2 und 4 sind nach unten beschränkt.

8.1.2 Arithmetische Folgen

Bei einer arithmetischen Folge ist die Differenz je zweier aufeinanderfolgender Glieder konstant. Durch das Anfangsglied $a_1 = a$ und diese Differenz d ist die Folge dann eindeutig bestimmt.

$$(a_n) = (a, a + d, a + 2d, a + 3d, \ldots, a + (n-1)d, \ldots)$$

Das n-te Glied einer arithmetischen Folge lautet $a_n = a + (n-1)d$, $n \in \mathbb{N}$. Das Glied $a_1 = a$ nennt man Anfangsglied der Folge und $d = a_{n+1} - a_n$ (für $n = 1, 2, 3, \ldots$)

die (konstante) Differenz der Folge. In einer arithmetischen Folge ist jedes Folgenglied a_n ($n \geq 2$) das arithmetische Mittel seiner Nachbarglieder.

▶ **Beispiele:**

1. $(a_n) = (n) = (1, 2, 3, 4, \ldots)$ (arithmetische Folge mit $a = 1$ und $d = 1$)

2. $(a_n) = (4 + 3(n - 1)) = (4, 7, 10, 13, \ldots)$ (arithmetische Folge mit $a = 4$ und $d = 3$)

8.1.3   Geometrische Folgen

Bei einer geometrischen Folge ist der Quotient je zweier aufeinanderfolgender Glieder konstant. Durch das Anfangsglied $a_1 = a$ und diesen Quotienten q ist die Folge dann eindeutig bestimmt.

$$(a_n) = (a, aq, aq^2, aq^3, \ldots, aq^{n-1}, \ldots)$$

Das n-te Glied einer geometrischen Folge lautet $a_n = aq^{n-1}$, $n \in \mathbb{N}$. Das Glied $a_1 = a$ nennt man Anfangsglied der Folge und $q = \dfrac{a_{n+1}}{a_n}$ (für $n = 1, 2, 3, \ldots$) den (konstanten) Quotienten der Folge. In einer geometrischen Folge ist jedes Folgenglied a_n ($n \geq 2$) das geometrische Mittel seiner Nachbarglieder (bis eventuell auf das Vorzeichen).

▶ **Beispiele:**

1. $(a_n) = (3 \cdot 2^{n-1}) = (3, 6, 12, 24, \ldots)$ (geometrische Folge mit $a = 3$ und $q = 2$)

2. $(a_n) = (2^{-n}) = \left(\dfrac{1}{2}, \dfrac{1}{4}, \dfrac{1}{8}, \dfrac{1}{16}, \ldots \right)$ (geometrische Folge mit $a = \dfrac{1}{2}$ und $q = \dfrac{1}{2}$)

8.1.4   Grenzwert einer Folge

Man sagt, die Folge (a_n) besitzt den Grenzwert (oder auch Limes genannt) $\lim\limits_{n \to \infty} a_n = a$ oder $(a_n) \to a$ (gesprochen: Limes a_n gleich a), wenn die Abweichung $|a - a_n|$ der Folgenglieder a_n von diesem Wert a für genügend große n beliebig klein wird.

Grenzwert (Limes)	$\lim\limits_{n \to \infty} a_n = a$ oder $(a_n) \to a$

Exakte Definition:

Die Folge (a_n) besitzt den Grenzwert $\lim\limits_{n \to \infty} a_n = a$, wenn sich nach Vorgabe einer beliebig kleinen positiven Zahl ε ein $n_0 \in \mathbb{N}$ so finden lässt, dass für alle $n \geq n_0$ gilt

$$|a - a_n| < \varepsilon$$

Das n_0 hängt offensichtlich von der Wahl von ε ab, also $n_0 = n_0(\varepsilon)$.

Besitzt (a_n) den Grenzwert a, so sagt man, dass (a_n) gegen a konvergiert. Eine Folge, die einen Grenzwert besitzt, heißt konvergent. Eine Folge, die keinen Grenzwert besitzt, heißt dagegen divergent.

Eine Folge besitzt höchstens einen Grenzwert.

Eine Nullfolge ist eine Folge, die den Grenzwert 0 besitzt.

▶ **Beispiel:**

1. Die Folge (a_n) mit $a_n = \dfrac{1}{10^n}$ hat den Grenzwert $a = 0$, denn die Differenz

   $|a - a_n| = \left| 0 - \dfrac{1}{10^n} \right| = \dfrac{1}{10^n}$ wird für große n beliebig klein. Wählt man

   etwa $\varepsilon = \dfrac{1}{10^{10}}$, so gilt $|a - a_n| < \varepsilon$ für $n \geq 11$. Es gilt also

   $\lim\limits_{n \to \infty} a_n = \lim\limits_{n \to \infty} \dfrac{1}{10^n} = 0$.

   Die Folge (a_n) ist somit eine Nullfolge.

Konvergente Folgen sind beschränkt. Eine beliebige Folge kann also nur konvergent sein, wenn sie beschränkt ist.

Es gilt folgendes Konvergenzkriterium:

Eine monotone und beschränkte Folge ist stets konvergent.

Für konvergente Folgen gelten verschiedene Rechenregeln:

$$\lim_{n \to \infty} (a_n + b_n) = \lim_{n \to \infty} a_n + \lim_{n \to \infty} b_n$$

$$\lim_{n \to \infty} (a_n - b_n) = \lim_{n \to \infty} a_n - \lim_{n \to \infty} b_n$$

$$\lim_{n \to \infty} (a_n \cdot b_n) = \lim_{n \to \infty} a_n \cdot \lim_{n \to \infty} b_n$$

$$\lim_{n \to \infty} \frac{a_n}{b_n} = \frac{\lim\limits_{n \to \infty} a_n}{\lim\limits_{n \to \infty} b_n}, \quad \text{falls } b_n \neq 0 \text{ und } \lim_{n \to \infty} b_n \neq 0$$

▶ **Beispiele:**

2. $\lim\limits_{n\to\infty} a_n = \lim\limits_{n\to\infty} \dfrac{1}{n} = 0$

3. $\lim\limits_{n\to\infty} a_n = \lim\limits_{n\to\infty} \dfrac{n}{n+1} = 1$

4. $\lim\limits_{n\to\infty} a_n = \lim\limits_{n\to\infty} \left(3 - \dfrac{1}{2^{n-2}}\right) = 3$

5. $\lim\limits_{n\to\infty} a_n = \lim\limits_{n\to\infty} \left(\dfrac{1}{2}\right)^n = 0$

Die Folge aus Beispiel 5 ist eine geometrische Folge. Es gilt:
Jede geometrische Folge mit $a_n = aq^{n-1}$ konvergiert gegen Null, wenn $|q|$, der Betrag von q, kleiner als 1 ist.

8.1.5 Tabelle einiger Grenzwerte

Für einige wichtige konvergente Zahlenfolgen sind in der folgenden Tabelle ihre Grenzwerte angegeben.

$$\lim\limits_{n\to\infty} \sqrt[n]{q} = 1 \quad (q > 0)$$

$$\lim\limits_{n\to\infty} \sqrt[n]{n} = 1$$

$$\lim\limits_{n\to\infty} \frac{c_r n^r + c_{r-1}n^{r-1} + \ldots + c_1 n + c_0}{d_s n^s + d_{s-1}n^{s-1} + \ldots + d_1 n + d_0} = \begin{cases} \dfrac{c_r}{d_r} & \text{für } r = s \\ 0 & \text{für } r < s \end{cases}$$

$$(c_0, c_1, \ldots, c_r, d_0, d_1, \ldots, d_s \in \mathbb{R}, \ c_r \neq 0, \ d_s \neq 0)$$

$$\lim\limits_{n\to\infty} \frac{\log_a n}{n} = 0 \quad (a > 0, \ a \neq 1)$$

$$\lim\limits_{n\to\infty} q^n = 0 \quad (|q| < 1)$$

$$\lim\limits_{n\to\infty} nq^n = 0 \quad (|q| < 1)$$

$$\lim\limits_{n\to\infty} \frac{a^n}{n!} = 0 \quad (a \in \mathbb{R})$$

$$\lim\limits_{n\to\infty} \left(1 + \frac{1}{n}\right)^n = e = 2{,}7182818284\ldots$$

8.1.6 Divergente Folgen

Eine Folge, die keinen Grenzwert besitzt, heißt divergent. Bei divergenten Folgen unterscheidet man zwischen bestimmter und unbestimmter Divergenz.

Eine Folge (a_n) heißt bestimmt divergent gegen $+\infty$, wenn zu jeder beliebig großen vorgegebenen Zahl K ein Index n_0 existiert, so dass $a_n > K$ für alle Indizes $n \geq n_0$ gilt. Eine solche bestimmt divergente Folge wächst für $n \to \infty$ über alle Grenzen. Man schreibt dann

$$\lim_{n \to \infty} a_n = \infty$$

Eine Folge (a_n) heißt dagegen bestimmt divergent gegen $-\infty$, wenn zu jeder noch so kleinen vorgegebenen Zahl $-K$ $(K > 0)$ ein Index n_0 existiert, so dass $a_n < -K$ für alle Indizes $n \geq n_0$ gilt. Eine solche bestimmt divergente Folge fällt für $n \to \infty$ unter alle Grenzen. Man schreibt dann

$$\lim_{n \to \infty} a_n = -\infty$$

Eine Folge, die nicht konvergent und nicht bestimmt divergent ist, heißt unbestimmt divergent.

Monoton (streng monoton) wachsende und nicht beschränkte Folgen (a_n) sind bestimmt divergent mit $\lim_{n \to \infty} a_n = \infty$.

Monoton (streng monoton) fallende und nicht beschränkte Folgen (a_n) sind bestimmt divergent mit $\lim_{n \to \infty} a_n = -\infty$.

▶ **Beispiele:**

1. $\lim_{n \to \infty} n = \infty$
   (denn $(a_n) = (n)$ ist streng monoton wachsend und nicht beschränkt)

2. $\lim_{n \to \infty} (-n^3) = -\infty$
   (denn $(a_n) = (-n^3)$ ist streng monoton fallend und nicht beschränkt)

3. $\lim_{n \to \infty} 2^{n+2} = \infty$
   (denn $(a_n) = (2^{n+2})$ ist streng monoton wachsend und nicht beschränkt)

4. $(a_n) = ((-3)^n) = ((-1)^n \cdot 3^n)$ ist unbestimmt divergent

Die Folge aus Beispiel 1 ist eine arithmetische Folge. Es gilt:
Jede arithmetische Folge ist divergent, denn die Differenz zweier aufeinanderfolgender Glieder ist stets d.

Für positive Werte von d werden die Glieder a_n der Folge ab einer Stelle größer als jede beliebig große Zahl. Für negative Werte von d werden die Glieder a_n dagegen ab einer Stelle kleiner als jede vorgegebene beliebig kleine Zahl. Jede arithmetische Folge ist also bestimmt divergent.

Die Folgen aus den Beispielen 3 und 4 sind geometrische Folgen. Es gilt:

Jede geometrische Folge mit $a_n = aq^{n-1}$ ist divergent, wenn der Betrag $|q|$ größer als 1 ist, und zwar für $q > 1$ bestimmt divergent und für $q < -1$ unbestimmt divergent.

8.2 Reihen

8.2.1 Definitionen

Eine Reihe ist die Summe der Glieder einer Folge (Zahlenfolge) (a_n).

$$a_1 + a_2 + \ldots + a_n + \ldots$$

Ist die Folge endlich, so nennt man auch die Reihe endlich. Für unendliche Folgen ergeben sich unendliche Reihen.

$$a_1 + a_2 + \ldots + a_n + \ldots = \sum_{k=1}^{\infty} a_k$$

Das Zeichen ∞ bedeutet dabei, dass die Reihe nicht abbricht. Sie besteht aus unendlich vielen Summanden. Die Zahlen a_n, also die Summanden, heißen auch Glieder der Reihe.

▶ **Beispiele:**

1. $\displaystyle\sum_{k=1}^{10} 2^k = 2^1 + 2^2 + 2^3 + \ldots + 2^{10} = 2 + 4 + 8 + \ldots + 1024$ (endliche Reihe)

2. $\displaystyle\sum_{k=1}^{\infty} \frac{3^k}{k} = 3 + \frac{3^2}{2} + \frac{3^3}{3} + \ldots + \frac{3^n}{n} + \ldots$ (unendliche Reihe)

Folgende Summen heißen Teilsummen oder Partialsummen der Reihe:

$$s_1 = a_1, \ s_2 = a_1 + a_2, \ \ldots, \ s_n = a_1 + a_2 + a_3 + \ldots + a_n = \sum_{k=1}^{n} a_k, \ \ldots$$

Man spricht von einer konvergenten unendlichen Reihe, wenn die Folge (s_n) der Partialsummen konvergiert, also einen Grenzwert s besitzt.

$$s = \lim_{n \to \infty} s_n = \sum_{k=1}^{\infty} a_k$$

Dieser Grenzwert s heißt die Summe der Reihe. Eine unendliche Reihe ist also genau dann konvergent, wenn die Folge der Partialsummen konvergiert.

Besitzt die Folge der Partialsummen keinen Grenzwert, dann heißt die unendliche Reihe divergent. In diesem Fall können die Partialsummen unbegrenzt wachsen oder oszillieren (die Folge der Partialsummen ist alternierend).

Die unendliche Reihe heißt bestimmt divergent, wenn die Folge (s_n) der Partialsummen bestimmt divergent ist. Ist die Folge der Partialsummen unbestimmt divergent, so heißt auch die unendliche Reihe unbestimmt divergent.

Die Frage nach der Konvergenz einer unendlichen Reihe wird somit auf die Frage nach der Existenz eines Grenzwertes der Folge (s_n) der Partialsummen zurückgeführt.

Die Folge der Glieder (a_n) einer konvergenten Reihe muss gegen Null konvergieren, also eine Nullfolge sein. Diese Bedingung ist notwendig, sie reicht jedoch für die Konvergenz einer unendlichen Reihe nicht aus (vgl. Abschn. 8.2.4).

Für konvergente Reihen gelten verschiedene Rechenregeln:

Konvergieren die Reihen $\sum_{k=1}^{\infty} a_k$ und $\sum_{k=1}^{\infty} b_k$, so konvergieren auch die Reihen $\sum_{k=1}^{\infty} (a_k + b_k)$ und $\sum_{k=1}^{\infty} c \cdot a_k, c \in \mathbb{R}$, und es gilt

$$\sum_{k=1}^{\infty} (a_k + b_k) = \sum_{k=1}^{\infty} a_k + \sum_{k=1}^{\infty} b_k$$

$$\sum_{k=1}^{\infty} c \cdot a_k = c \sum_{k=1}^{\infty} a_k$$

▶ **Beispiele:**

3. $\sum_{k=1}^{6} k \cdot 2^k = 2 + 2 \cdot 2^2 + 3 \cdot 2^3 + 4 \cdot 2^4 + 5 \cdot 2^5 + 6 \cdot 2^6$

$$= 2 + 8 + 24 + 64 + 160 + 384 = 642$$

4. $\sum_{k=1}^{\infty} \left(\frac{1}{2}\right)^k = \frac{1}{2} + \frac{1}{4} + \frac{1}{8} + \frac{1}{16} + \ldots = 1$

Dass diese unendliche Reihe die Summe 1 hat, kann man sich dadurch klarmachen, dass man ein Quadrat mit der Fläche 1 fortgesetzt halbiert (siehe Abb. 8.1). Die entstehenden Rechtecke haben die Flächeninhalte $\frac{1}{2}, \frac{1}{4}, \frac{1}{8}, \ldots, \frac{1}{2^n}, \ldots$, und ihre Summe ist offensichtlich 1, der Flächeninhalt des Quadrats (vgl. auch Abschn. 8.2.3).

5. $\sum_{k=1}^{\infty} k = 1 + 2 + 3 + \ldots + n + \ldots$

Diese unendliche Reihe ist bestimmt divergent, denn die Folge $(a_n) = (n)$ ist bestimmt divergent (vgl. Abschn. 8.1.6).

6. $\sum_{k=1}^{\infty} (-1)^k = -1 + 1 - 1 + 1 - 1 + 1 - \ldots$

Für die Partialsummen gilt

$$s_n = \begin{cases} 0 & \text{falls } n \text{ gerade ist} \\ -1 & \text{falls } n \text{ ungerade ist} \end{cases}$$

Die unendliche Reihe ist unbestimmt divergent.

7. $\sum_{k=1}^{\infty} \frac{1}{k(k+1)} = \frac{1}{1 \cdot 2} + \frac{1}{2 \cdot 3} + \frac{1}{3 \cdot 4} + \frac{1}{4 \cdot 5} + \ldots$

Aus $a_k = \dfrac{1}{k(k+1)} = \dfrac{1}{k} - \dfrac{1}{k+1}$ folgt

$$s_n = \sum_{k=1}^{n} a_k = \left(1 - \tfrac{1}{2}\right) + \left(\tfrac{1}{2} - \tfrac{1}{3}\right) + \left(\tfrac{1}{3} - \tfrac{1}{4}\right) + \ldots + \left(\tfrac{1}{n} - \tfrac{1}{n+1}\right)$$

$$= 1 - \tfrac{1}{n+1}$$

Wegen $\lim\limits_{n \to \infty} s_n = \lim\limits_{n \to \infty} \left(1 - \dfrac{1}{n+1}\right) = 1 - \lim\limits_{n \to \infty} \dfrac{1}{n+1} = 1$ ist die gegebene Reihe konvergent mit dem Grenzwert 1:

$$\sum_{k=1}^{\infty} \frac{1}{k(k+1)} = 1.$$

8. $\sum_{k=1}^{\infty} \dfrac{k+1}{3k+2}$ ist nicht konvergent, denn die Glieder $a_k = \dfrac{k+1}{3k+2}$ bilden wegen

$$\lim_{n \to \infty} a_n = \lim_{n \to \infty} \frac{n+1}{3n+2} = \frac{1}{3} \text{ keine Nullfolge.}$$

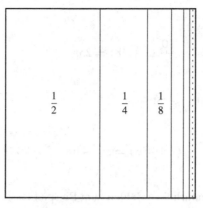

Abb. 8.1 Zur Konvergenz der Reihe $\frac{1}{2} + \frac{1}{4} + \frac{1}{8} + \cdots$

8.2.2 Arithmetische Reihen

Eine arithmetische Reihe entsteht aus den Gliedern einer arithmetischen Folge. Da schon jede unendliche arithmetische Folge divergiert, ist auch jede unendliche arithmetische Reihe divergent. Da unendliche arithmetische Folgen bestimmt divergent sind (vgl. Abschn. 8.1.6), sind auch unendliche arithmetische Reihen bestimmt divergent.

Die Summe s_n einer endlichen arithmetischen Reihe $\sum_{k=1}^{n}(a + (k-1)d)$ lässt sich jedoch allgemein berechnen. Wegen $a_1 = a$ folgt $s_n = a_1 + (a_1 + d) + (a_1 + 2d) + \ldots + (a_1 + (n-1)d)$. Dreht man die Reihenfolge der Summanden um und beachtet, dass die Differenz zweier aufeinander folgender Glieder gleich d ist, so folgt andererseits $s_n = a_n + (a_n - d) + (a_n - 2d) + \ldots + (a_n - (n-1)d)$. Schreibt man diese beiden Ausdrücke für s_n untereinander

$$s_n = a_1 + (a_1 + d) + (a_1 + 2d) + \ldots + (a_1 + (n-1)d)$$
$$s_n = a_n + (a_n - d) + (a_n - 2d) + \ldots + (a_n - (n-1)d)$$

und addiert jeweils die beiden übereinanderstehenden Terme, so folgt $2s_n = n(a_1 + a_n)$, denn jede dieser Summen ist $a_1 + a_n$ und es gibt insgesamt n solcher Summen.

$$s_n = \sum_{k=1}^{n}(a + (k-1)d) = \frac{n}{2}(a_1 + a_n)$$

Die Summe einer endlichen arithmetischen Reihe mit n Summanden ist also die Summe des ersten und des letzten Glieds multipliziert mit der halben Anzahl der Summanden.

▶ **Beispiele:**

1. $\displaystyle\sum_{k=1}^{10}(3+(k-1)5) = \frac{10}{2}\,(3+48) = 255$

2. $\displaystyle\sum_{k=1}^{100} k = 50(1+100) = 5050$

3. $\displaystyle\sum_{k=1}^{100}(3+4k) = \frac{100}{2}\,(7+403) = 50\cdot 410 = 20\,500$

Die Summe der ersten n natürlichen Zahlen zum Beispiel lässt sich hiermit für beliebiges (beliebig großes) n sehr einfach ausrechnen (vgl. Beispiel 2).

8.2.3 Geometrische Reihen

Eine geometrische Reihe entsteht aus den Gliedern einer geometrischen Folge. Die Summe s_n einer endlichen geometrischen Reihe $\displaystyle\sum_{k=1}^{n} aq^{k-1}$ ergibt sich für $q \neq 1$ aus folgender Rechnung:

$$s_n = a + aq + aq^2 + \ldots + aq^{n-1}$$
$$q\,s_n = \quad\;\; aq + aq^2 + \ldots + aq^{n-1} + aq^n$$

Zieht man die zweite Gleichung von der ersten ab, so folgt $s_n - q\,s_n = a - aq^n$ und somit für die Summe s_n einer endlichen geometrischen Reihe mit $q \neq 1$:

$$s_n = \sum_{k=1}^{n} aq^{k-1} = a\,\frac{1-q^n}{1-q} \quad (q \neq 1)$$

Für $q = 1$ gilt $s_n = n \cdot a$.

▶ **Beispiele:**

1. $\displaystyle\sum_{k=1}^{5} 2^{k-1} = \frac{1-2^5}{1-2} = 31$

2. $\displaystyle\sum_{k=1}^{10} 3\cdot 5^{k-1} = 3\cdot\frac{1-5^{10}}{1-5} = 3\cdot\frac{9\,765\,624}{4} = 7\,324\,218$

3. $\displaystyle\sum_{k=1}^{100} 3^k = 3\,\frac{1-3^{100}}{1-3} = \frac{3}{2}\,(3^{100}-1)$

Die Summe $s_n = a \dfrac{1 - q^n}{1 - q}$ ist für $q \neq 1$ das n-te Glied der Folge der Partialsummen. Die Größen a und q sind Konstanten, die Konvergenz der Folge hängt nur von der Größe $1 - q^n$ ab. Für $q > 1$ und $q \leq -1$ divergiert die Folge (q^n), die geometrische Reihe ist dann also ebenfalls divergent. Für $q \geq 1$ ist die unendliche geometrische Reihe bestimmt divergent, für $q \leq -1$ ist sie unbestimmt divergent.

Für $|q| < 1$ wird $|q|^n = |q^n|$ beliebig klein, wenn n nur groß genug gewählt wird, das heißt, es gilt $\lim\limits_{n \to \infty} q^n = 0$. Für $|q| < 1$ konvergiert deshalb die Folge (q^n), es gilt dann $\lim\limits_{n \to \infty} (1 - q^n) = 1 - \lim\limits_{n \to \infty} q^n = 1$. In diesem Fall konvergiert die unendliche geometrische Reihe und hat den Grenzwert

$$s = \lim_{n \to \infty} s_n = \sum_{k=1}^{\infty} a q^{k-1} = \lim_{n \to \infty} a \frac{q^n - 1}{q - 1} = \frac{a}{1 - q} \quad (|q| < 1)$$

▶ **Beispiele:**

4. $\displaystyle\sum_{k=1}^{\infty} 5 \cdot \left(-\frac{11}{12}\right)^{k-1} = \frac{5}{1 + \frac{11}{12}} = \frac{60}{23} \quad \left(a = 5,\ q = -\frac{11}{12}\right)$

5. $\displaystyle\sum_{k=1}^{\infty} \left(\frac{1}{2}\right)^{k} = \frac{\frac{1}{2}}{1 - \frac{1}{2}} = 1 \quad \left(a = q = \frac{1}{2}\right)$

6. $\displaystyle\sum_{k=1}^{\infty} 3 \left(\frac{4}{5}\right)^{k-1} = \frac{3}{1 - \frac{4}{5}} = 15 \quad \left(a = 3,\ q = \frac{4}{5}\right)$

8.2.4 Harmonische Reihen

Ist $(a_n) = \left(\dfrac{1}{n}\right)$, so nennt man $\displaystyle\sum_{k=1}^{n} a_k = \sum_{k=1}^{n} \frac{1}{k}$ endliche harmonische Reihe und

$\displaystyle\sum_{k=1}^{\infty} a_k = \sum_{k=1}^{\infty} \frac{1}{k}$ unendliche harmonische Reihe.

Ist $(a_n) = \left((-1)^{n+1} \dfrac{1}{n}\right)$, dann heißt die Reihe alternierende harmonische Reihe.

Die unendliche harmonische Reihe ist bestimmt divergent, wie folgende Rechnung zeigt:

$$\sum_{k=1}^{\infty} \frac{1}{k} = 1 + \frac{1}{2} + \frac{1}{3} + \frac{1}{4} + \frac{1}{5} + \frac{1}{6} + \frac{1}{7} + \frac{1}{8}$$

$$+ \frac{1}{9} + \frac{1}{10} + \frac{1}{11} + \frac{1}{12} + \frac{1}{13} + \frac{1}{14} + \frac{1}{15} + \frac{1}{16} + \frac{1}{17} + \dots$$

$$= \left(1 + \frac{1}{2}\right) + \left(\frac{1}{3} + \frac{1}{4}\right) + \left(\frac{1}{5} + \frac{1}{6} + \frac{1}{7} + \frac{1}{8}\right)$$

$$+ \left(\frac{1}{9} + \frac{1}{10} + \frac{1}{11} + \frac{1}{12} + \frac{1}{13} + \frac{1}{14} + \frac{1}{15} + \frac{1}{16}\right) + \frac{1}{17} + \dots$$

$$> \left(\frac{1}{2}\right) + \left(\frac{1}{4} + \frac{1}{4}\right) + \left(\frac{1}{8} + \frac{1}{8} + \frac{1}{8} + \frac{1}{8}\right)$$

$$+ \left(\frac{1}{16} + \frac{1}{16} + \frac{1}{16} + \frac{1}{16} + \frac{1}{16} + \frac{1}{16} + \frac{1}{16} + \frac{1}{16}\right) + \frac{1}{32} + \dots$$

$$= \frac{1}{2} + \frac{1}{2} + \frac{1}{2} + \frac{1}{2} + \frac{1}{2} + \dots$$

Die unendliche Reihe $\displaystyle\sum_{k=1}^{\infty} \frac{1}{2}$ ist eine arithmetische Reihe (mit $d = 0$) und deshalb bestimmt divergent. Somit folgt

$$\sum_{k=1}^{\infty} \frac{1}{k} = +\infty$$

Die harmonische Reihe ist bestimmt divergent, obwohl die Glieder der Reihe eine Nullfolge bilden.

Die unendliche alternierende harmonische Reihe ist dagegen konvergent.

▶   **Beispiele:**

1. $\displaystyle\sum_{k=1}^{6} \frac{1}{k} = 1 + \frac{1}{2} + \frac{1}{3} + \frac{1}{4} + \frac{1}{5} + \frac{1}{6}$ (endliche harmonische Reihe)

2. $\displaystyle\sum_{k=1}^{\infty} (-1)^{k+1} \frac{1}{k} = 1 - \frac{1}{2} + \frac{1}{3} - \frac{1}{4} + \dots + (-1)^{n+1} \frac{1}{n} + \dots = \ln 2$ (unendliche alternierende harmonische Reihe)

8.2.5 Alternierende Reihen

Ist (a_n) eine alternierende Folge, also eine Folge, deren Glieder abwechselnd unterschiedliches Vorzeichen haben, dann nennt man $\displaystyle\sum_{k=1}^{n} a_k$ eine endliche alternierende Reihe und $\displaystyle\sum_{k=1}^{\infty} a_k$ eine unendliche alternierende Reihe.

► **Beispiele:**

1. $\displaystyle\sum_{k=1}^{10}(-1)^k k = -1 + 2 - 3 + 4 - 5 + 6 - 7 + 8 - 9 + 10$

2. $\displaystyle\sum_{k=1}^{\infty}\frac{(-1)^{k+1}}{k}$

3. $\displaystyle\sum_{k=1}^{n}(-1)^k = \begin{cases} 0 & \text{für gerades n} \\ -1 & \text{für ungerades n} \end{cases}$

Für alternierende Reihen gibt es ein einfaches Kriterium, mit dem sich die Konvergenz der Reihe untersuchen lässt:

Eine alternierende Reihe $\displaystyle\sum_{k=1}^{\infty} a_k$, bei der $(|a_n|)$, also die Folge der Beträge der Glieder, eine monoton fallende Nullfolge bildet, ist stets konvergent (leibnizsches Konvergenzkriterium).

► **Beispiel:**

4. $\displaystyle\sum_{k=1}^{\infty}(-1)^{k+1}\frac{1}{k} = 1 - \frac{1}{2} + \frac{1}{3} - \frac{1}{4} + \ldots + (-1)^{n+1}\frac{1}{n} + \ldots$

Die alternierende harmonische Reihe ist konvergent nach dem leibnizschen Konvergenzkriterium, denn die Folge der Beträge der Glieder, also $\left(\left|(-1)^{n+1}\frac{1}{n}\right|\right) = \left(\frac{1}{n}\right)$, ist monoton fallend und eine Nullfolge.

8.3 Grenzwerte von Funktionen

8.3.1 Grenzwert an einer endlichen Stelle

Die Funktion $y = f(x)$ besitzt an der Stelle $x = a$ den Grenzwert $\lim\limits_{x \to a} f(x) = A$ oder $f(x) \to A$ für $x \to a$ (gesprochen: Limes $f(x)$ gleich A für x gegen a), wenn sich die Funktion $f(x)$ bei unbegrenzter Annäherung von x an a unbegrenzt an A nähert. Die Variable x nähert sich a unbegrenzt an, es gilt jedoch stets $x \neq a$. Die Funktion $f(x)$ muss an der Stelle $x = a$ den Wert A nicht annehmen und braucht an dieser Stelle auch nicht definiert zu sein.

Grenzwert	$\lim\limits_{x \to a} f(x) = A$ oder $f(x) \to A$ für $x \to a$

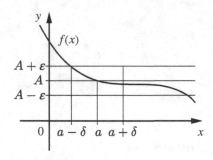

Abb. 8.2 Veranschaulichung des Grenzwertbegriffes

Exakte Definition: Die Funktion $y = f(x)$ besitzt an der Stelle $x = a$ den Grenzwert $\lim\limits_{x \to a} f(x) = A$, wenn sich nach Vorgabe einer beliebig kleinen positiven Zahl ε eine zweite positive Zahl $\delta = \delta(\varepsilon)$ so finden lässt, dass für alle x mit $|x - a| < \delta(\varepsilon)$ gilt $|f(x) - A| < \varepsilon$ eventuell mit Ausnahme der Stelle a.

Der Unterschied $|f(x) - A|$ zwischen den Funktionswerten und dem Grenzwert wird kleiner als jede beliebig vorgegebene positive Zahl ε, wenn die x-Werte sich um weniger als eine passend gewählte, von ε abhängige Zahl $\delta = \delta(\varepsilon)$ vom Wert a unterscheiden, wenn also $0 < |x - a| < \delta(\varepsilon)$ gilt (Abb. 8.2).

Besitzt die Funktion $y = f(x)$ an der Stelle $x = a$ den Grenzwert $\lim\limits_{x \to a} f(x) = A$, so sagt man auch, der Grenzwert $\lim\limits_{x \to a} f(x)$ existiert und ist gleich A.

▶ **Beispiele:**

1. Die Funktion $y = f(x) = x^3$ hat für $x \to 0$ den Grenzwert $A = 0$: $\lim\limits_{x \to 0} x^3 = 0$. Soll etwa $|x^3 - 0|$, der Unterschied zwischen $y = x^3$ und $A = 0$, kleiner als $\varepsilon = 0{,}000001$ sein, so ist dies erfüllt, wenn man für $\delta = \delta(\varepsilon) < 0{,}01$ wählt, denn $(10^{-2})^3 = 10^{-6}$.
    Für ein beliebiges positives ε erfüllt $\delta(\varepsilon) < \sqrt[3]{\varepsilon}$ die geforderte Bedingung.

2. Die Funktion $y = f(x) = \dfrac{2x^2 + 5x}{3x}$ ist an der Stelle $x = 0$ nicht definiert, da für $x = 0$ der Nenner Null ist. Es gilt
    $$\lim\limits_{x \to 0} f(x) = \lim\limits_{x \to 0} \frac{2x^2 + 5x}{3x} = \lim\limits_{x \to 0} \frac{2x + 5}{3}$$
    (Kürzen durch $x \neq 0$), und Anwendung der Rechenregeln für Grenzwerte (siehe Abschn. 8.3.4) ergibt weiter
    $$\lim\limits_{x \to 0} f(x) = \frac{2}{3} \lim\limits_{x \to 0} x + \frac{5}{3} = \frac{5}{3}.$$
    Die Funktion $y = f(x)$ besitzt an der Stelle $x = 0$ den Grenzwert $\dfrac{5}{3}$.

8.3.2 Einseitige Grenzwerte

Die Funktion $y = f(x)$ besitzt an der Stelle $x = a$ den linksseitigen Grenzwert A, wenn sich die Funktion $f(x)$ bei unbegrenzter Annäherung von x von links an a unbegrenzt an A nähert.

$$\text{Linksseitiger Grenzwert} \qquad \lim_{\substack{x \to a \\ x < a}} f(x) = \lim_{x \to a-0} f(x) = A$$

Die Funktion $y = f(x)$ besitzt an der Stelle $x = a$ den rechtsseitigen Grenzwert A, wenn sich die Funktion $f(x)$ bei unbegrenzter Annäherung von x von rechts an a unbegrenzt an A nähert.

$$\text{Rechtsseitiger Grenzwert} \qquad \lim_{\substack{x \to a \\ x > a}} f(x) = \lim_{x \to a+0} f(x) = A$$

Die Variable x nähert sich a unbegrenzt an, es gilt jedoch stets $x \neq a$.

Die Funktion $f(x)$ muss an der Stelle $x = a$ den Wert A nicht annehmen und braucht an dieser Stelle auch nicht definiert zu sein.

Die Funktion $y = f(x)$ besitzt an der Stelle $x = a$ den Grenzwert A, wenn an dieser Stelle sowohl der linksseitige als auch der rechtsseitige Grenzwert existieren und gleich sind ($=A$).

$$\text{Grenzwert} \qquad \lim_{\substack{x \to a \\ x < a}} f(x) = \lim_{\substack{x \to a \\ x > a}} f(x) = A \implies \lim_{x \to a} f(x) = A$$

▶ **Beispiel:**

$$f(x) = \begin{cases} 1 & \text{für } x > 0 \\ 0 & \text{für } x < 0 \end{cases}$$

Linksseitiger Grenzwert: $\displaystyle \lim_{\substack{x \to 0 \\ x < 0}} f(x) = \lim_{x \to 0-0} f(x) = 0$

Rechtsseitiger Grenzwert: $\displaystyle \lim_{\substack{x \to 0 \\ x > 0}} f(x) = \lim_{x \to 0+0} f(x) = 1$

Die Funktion $y = f(x)$ besitzt an der Stelle $x = 0$ sowohl den linksseitigen als auch den rechtsseitigen Grenzwert. Da diese jedoch verschieden sind, existiert der Grenzwert an der Stelle $x = 0$ nicht.

8.3.3   Grenzwert im Unendlichen

Die Funktion $y = f(x)$ besitzt für $x \to \infty$ den Grenzwert A, wenn es zu jedem beliebigen $\varepsilon > 0$ ein hinreichend großes $\omega = \omega(\varepsilon)$ gibt, so dass $|f(x) - A| < \varepsilon$ für alle $x > \omega(\varepsilon)$ gilt. Man schreibt dafür

$$\lim_{x \to \infty} f(x) = A$$

Analog besitzt die Funktion $y = f(x)$ für $x \to -\infty$ den Grenzwert A, wenn es zu jedem beliebigen $\varepsilon > 0$ ein hinreichend großes $\omega = \omega(\varepsilon)$ gibt, so dass $|f(x) - A| < \varepsilon$ für alle $x < -\omega(\varepsilon)$ gilt. Man schreibt dann

$$\lim_{x \to -\infty} f(x) = A$$

Die Grenzwerte $\lim\limits_{x \to \infty} f(x)$ und $\lim\limits_{x \to -\infty} f(x)$ der Funktion $y = f(x)$ beschreiben, falls sie existieren, den Verlauf der Funktion im Unendlichen, das heißt, das Verhalten der Funktion für sehr großes positives und für sehr kleines negatives Argument x.

▶   **Beispiele:**

1.   Es ist $\lim\limits_{x \to \infty} \dfrac{1}{x} = 0$, denn es gilt $\left| \dfrac{1}{x} - 0 \right| = \left| \dfrac{1}{x} \right| < \varepsilon$ für alle x, die der Bedin-

gung $x > \omega(\varepsilon) = \dfrac{1}{\varepsilon}$ genügen. Ebenso gilt $\lim\limits_{x \to -\infty} \dfrac{1}{x} = 0$.

2.   Die Funktion $y = f(x) = \dfrac{5x + 3}{2x + 7}$ hat für $x \to \pm\infty$ den Grenzwert $\dfrac{5}{2}$, also

$$\lim_{x \to \infty} \frac{5x + 3}{2x + 7} = \lim_{x \to -\infty} \frac{5x + 3}{2x + 7} = \frac{5}{2},$$

wie folgende Rechnung unter Anwendung der Rechenregeln für Grenzwerte (siehe Abschn. 8.3.4) zeigt:

$$\lim_{x \to \infty} \frac{5x + 3}{2x + 7} = \lim_{x \to \infty} \frac{5 + \dfrac{3}{x}}{2 + \dfrac{7}{x}} = \frac{5 + 3 \lim\limits_{x \to \infty} \dfrac{1}{x}}{2 + 7 \lim\limits_{x \to \infty} \dfrac{1}{x}} = \frac{5}{2}$$

Die Rechnung für $\lim\limits_{x \to -\infty} \dfrac{5x + 3}{2x + 7} = \dfrac{5}{2}$ verläuft ganz analog.

3. Der Grenzwert $\lim\limits_{x\to\infty} \sin x$ existiert nicht. Wie groß man x auch wählt, es lassen sich wegen der Periodizität der Sinusfunktion unendlich viele größere x-Werte angeben, für die die Funktion einen vorgegebenen Wert zwischen -1 und 1 hat.

8.3.4 Rechenregeln für Grenzwerte

Die für Folgen aufgestellten Regeln für das Rechnen mit Grenzwerten (vgl. Abschn. 8.1.4) lassen sich auf das Rechnen mit Grenzwerten von Funktionen übertragen.

Gilt $\lim\limits_{x\to a} f(x) = F$ und $\lim\limits_{x\to a} g(x) = G$ für zwei Funktionen $f(x)$ und $g(x)$, so existieren auch die folgenden Grenzwerte:

$$\lim_{x\to a}[f(x) + g(x)] = \lim_{x\to a} f(x) + \lim_{x\to a} g(x) = F + G$$

$$\lim_{x\to a}[f(x) - g(x)] = \lim_{x\to a} f(x) - \lim_{x\to a} g(x) = F - G$$

$$\lim_{x\to a}[c \cdot f(x)] = c \cdot \lim_{x\to a} f(x) = c \cdot F \quad (c \in \mathbb{R})$$

$$\lim_{x\to a}[f(x) \cdot g(x)] = \lim_{x\to a} f(x) \cdot \lim_{x\to a} g(x) = F \cdot G$$

$$\lim_{x\to a} \frac{f(x)}{g(x)} = \frac{\lim\limits_{x\to a} f(x)}{\lim\limits_{x\to a} g(x)} = \frac{F}{G} \quad (g(x) \neq 0,\ G \neq 0)$$

Diese Regeln sagen aus, dass man die Operation der Grenzwertbildung mit der Addition, Subtraktion, Multiplikation und Division (falls $G \neq 0$) vertauschen darf.

Die Regeln wurden schon bei den Beispielen der vorangegangenen Abschnitte angewandt.

8.3.5 Unbestimmte Ausdrücke

Unbestimmte Ausdrücke sind symbolische Ausdrücke der Form

$$\frac{0}{0}, \quad \frac{\infty}{\infty}, \quad 0 \cdot \infty, \quad \infty \cdot 0, \quad \infty - \infty, \quad -\infty + \infty, \quad 0^0, \quad \infty^0, \quad 1^\infty$$

Solche Ausdrücke ergeben sich bei bestimmten Grenzwertaufgaben. Sind zum Beispiel $f(x)$ und $g(x)$ zwei Funktionen mit $f(a) = g(a) = 0$, so ist ihr Quotient $\dfrac{f(x)}{g(x)}$ an der Stelle $x = a$ nicht definiert. Formales Einsetzen von $x = a$ führt auf den unbestimmten

Ausdruck „$\frac{0}{0}$". Damit soll ausgedrückt werden, dass der Grenzwert $\lim\limits_{x \to a} \dfrac{f(x)}{g(x)}$ zu ermitteln ist, der das Verhalten des Quotienten in der Nähe der kritischen Stelle a beschreibt, falls er existiert.

▶ **Beispiele:**

1. $\lim\limits_{x \to \infty} \dfrac{3x^2 - x - 1}{4x^2 + 3} = ?$

    Unbestimmter Ausdruck der Form „$\frac{\infty}{\infty}$".

    Durch Kürzen des Bruches durch x^2 ($x \neq 0$) ergibt sich

    $$\lim\limits_{x \to \infty} \frac{3x^2 - x - 1}{4x^2 + 3} = \lim\limits_{x \to \infty} \frac{3 - \frac{1}{x} - \frac{1}{x^2}}{4 + \frac{3}{x^2}} = \frac{3}{4}$$

    Der Grenzwert existiert also und ist gleich $\dfrac{3}{4}$.

2. $\lim\limits_{x \to \infty} (x^2 - x) = ?$

    Unbestimmter Ausdruck der Form „$\infty - \infty$".

    Durch Umformen ergibt sich

    $$\lim\limits_{x \to \infty} (x^2 - x) = \lim\limits_{x \to \infty} x(x - 1) = \infty \cdot \infty = \infty$$

    Es existiert kein Grenzwert.

3. $\lim\limits_{x \to \infty} \dfrac{x^2 - 2}{x^3} = ?$

    Unbestimmter Ausdruck der Form „$\frac{\infty}{\infty}$".

    Durch Kürzen des Bruches durch x^3 ($x \neq 0$) erhält man

    $$\lim\limits_{x \to \infty} \frac{x^2 - 2}{x^3} = \lim\limits_{x \to \infty} \frac{\frac{1}{x} - \frac{2}{x^3}}{1} = \frac{0 - 0}{1} = 0$$

    Der Grenzwert existiert und ist gleich 0.

4. $\lim\limits_{x \to \infty} \dfrac{x^3}{x^2 - 2} = ?$

    Unbestimmter Ausdruck der Form „$\frac{\infty}{\infty}$".

    Durch Kürzen des Bruches durch x^2 ($x \neq 0$) ergibt sich

    $$\lim\limits_{x \to \infty} \frac{x^3}{x^2 - 2} = \lim\limits_{x \to \infty} \frac{x}{1 - \frac{2}{x^2}} = \frac{\infty}{1 - 0} = \infty$$

    Es existiert kein Grenzwert.

8.3.6 Stetigkeit einer Funktion

Die Stetigkeit einer Funktion $y = f(x)$ an einer Stelle $x = a$ wird mit Hilfe des Grenzwertes der Funktion an dieser Stelle definiert.

Eine Funktion $y = f(x)$ heißt an der Stelle $x = a$ stetig, wenn $f(x)$ an der Stelle a definiert ist und der Grenzwert $\lim_{x \to a} f(x)$ existiert und gleich $f(a)$ ist.

Das ist genau dann der Fall, wenn es zu jedem vorgegebenen $\varepsilon > 0$ ein $\delta = \delta(\varepsilon) > 0$ gibt, so dass $|f(x) - f(a)| < \varepsilon$ für alle x mit $|x - a| < \delta$ gilt.

Ist eine Funktion $y = f(x)$ stetig, dann ändert sich bei kleinen Änderungen der Variablen x auch der Funktionswert $f(x)$ nur geringfügig. Die meisten Funktionen, die in den Anwendungen vorkommen, sind stetig.

Der Graph einer stetigen Funktion ist eine zusammenhängende Kurve. Ist dagegen die Kurve an verschiedenen Stellen (mindestens an einer) unterbrochen, dann heißt die zugehörige Funktion unstetig, und die Werte der unabhängigen Variablen x, an denen die Unterbrechung auftritt, heißen Unstetigkeitsstellen.

Eine an jeder Stelle ihres Definitionsbereichs stetige Funktion $y = f(x)$ heißt stetig.

Sind $f(x)$ und $g(x)$ zwei Funktionen mit dem Definitionsbereich D und dem Wertebereich $W = \mathbb{R}$, und ist c eine reelle Zahl, so gilt:

Sind $f(x)$ und $g(x)$ stetig an der Stelle $x = a$ des Definitionsbereichs D, so sind auch $f(x) + g(x)$, $c \cdot f(x)$, $f(x) \cdot g(x)$, $\dfrac{f(x)}{g(x)}$ (falls $g(x) \neq 0$ für $x \in D$) und $|f(x)|$ stetig an der Stelle $x = a$. Da die Sinusfunktion $y = \sin x$ eine stetige Funktion ist, folgt hieraus zum Beispiel, dass eine so kompliziert gebaute Funktion wie etwa $f : \mathbb{R} \to \mathbb{R}$,

$$f(x) = \frac{x \cdot \sin(x^2 + 1)}{1 + |\sin x|} \text{ ebenfalls stetig ist.}$$

▶ **Beispiele:**

1. Die Funktion $f(x) = 5x + 2$ ist an jeder Stelle $x = a$ des Definitionsbereichs stetig, denn es gilt $\lim_{x \to a} (5x + 2) = 5a + 2 = f(a)$. Die Funktion ist also eine stetige Funktion.

2. Die Funktion $f(x) = 3x^2$ ist für jedes reelle x stetig, die Funktion ist eine stetige Funktion.

3. Die Funktion $f(x) = \begin{cases} 1 & \text{für } x \geq 0 \\ 0 & \text{für } x < 0 \end{cases}$ besitzt für $x = 0$ eine Unstetigkeitsstelle, also ist $y = f(x)$ eine unstetige Funktion.

8.3.7 Unstetigkeitsstellen

Eine Unstetigkeitsstelle ist eine Stelle $x = a$ einer Funktion $y = f(x)$, an der die Funktion nicht stetig ist.

Die Kurve einer Funktion ist an einer Unstetigkeitsstelle unterbrochen. Eine Funktion, die mindestens eine Unstetigkeitsstelle besitzt, heißt unstetig.

Die häufigsten Unstetigkeitsstellen sind Sprungstellen und Pole.

An einer Sprungstelle $x = a$ sind der rechtsseitige Grenzwert $\lim_{x \to a+0} f(x)$ und der linksseitige Grenzwert $\lim_{x \to a-0} f(x)$ voneinander verschieden. Die Funktion $f(x)$ springt beim Durchlaufen des Punktes $x = a$ von einem auf einen anderen endlichen Wert. Die Funktion $f(x)$ braucht für $x = a$ nicht definiert zu sein.

Ein Pol oder eine Unendlichkeitsstelle $x = a$ einer Funktion $y = f(x) = \dfrac{g(x)}{h(x)}$ ist eine Stelle, für die der Nenner von $f(x)$ den Wert 0 hat und der Zähler von 0 verschieden ist, also $h(a) = 0$ und $g(a) \neq 0$ (vgl. Abschn. 5.5). An einer solchen Stelle ist die Funktion also nicht definiert. Die Funktion strebt bei Annäherung an einen Pol nach (plus oder minus) Unendlich. Die Kurve der Funktion läuft an einer solchen Stelle ins Unendliche.

▶ **Beispiele:**

1. $f(x) = \begin{cases} 1 & \text{für } x > 0 \\ 0 & \text{für } x < 0 \end{cases}$

   Linksseitiger Grenzwert: $\lim_{\substack{x \to 0 \\ x < 0}} f(x) = \lim_{x \to 0-0} f(x) = 0$

   Rechtsseitiger Grenzwert: $\lim_{\substack{x \to 0 \\ x > 0}} f(x) = \lim_{x \to 0+0} f(x) = 1$

   Der linksseitige und der rechtsseitige Grenzwert der Funktion $y = f(x)$ sind verschieden, also besitzt die Funktion bei $x = 0$ eine Sprungstelle. Die Funktion springt beim Durchlaufen des Punktes $x = 0$ von 0 auf 1 (Abb. 8.3).

2. $f(x) = \dfrac{1}{x}, \ D = \mathbb{R}, \ x \neq 0$

   Einseitige Grenzwerte: $\lim_{\substack{x \to 0 \\ x < 0}} \dfrac{1}{x} = -\infty, \ \lim_{\substack{x \to 0 \\ x > 0}} \dfrac{1}{x} = +\infty$

   Die Funktion $y = \dfrac{1}{x}$ besitzt bei $x = 0$ einen Pol. Bei Annäherung von links an den Pol strebt die Funktion nach minus Unendlich, bei Annäherung von rechts nach plus Unendlich (Abb. 8.4).

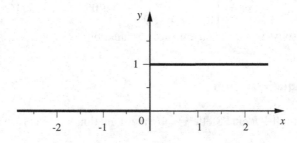

Abb. 8.3 Graph der Funktion von Beispiel 1

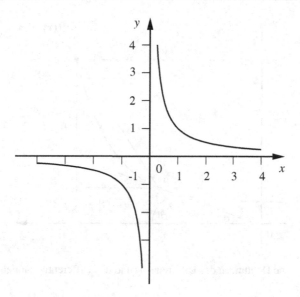

Abb. 8.4 Graph der Funktion von Beispiel 2

8.4 Ableitung einer Funktion

8.4.1 Definitionen

Existiert für eine Funktion $y = f(x)$ mit dem Definitionsbereich D der Grenzwert

$$f'(x_0) = \lim_{x \to x_0} \frac{f(x) - f(x_0)}{x - x_0} \quad (x_0 \in D)$$

dann nennt man $f'(x_0)$ die Ableitung der Funktion $f(x)$ an der Stelle $x = x_0$ (gesprochen: f Strich von x_0). Die Funktion $f(x)$ heißt dann differenzierbar in x_0.

Statt $f'(x_0)$ schreibt man auch $y'(x_0)$ oder $\frac{dy}{dx}(x_0)$ oder $\frac{df}{dx}(x_0)$ (gesprochen: y Strich von x_0 bzw. dy nach dx an der Stelle x_0 bzw. df nach dx an der Stelle x_0).

Der Bruch $\frac{f(x) - f(x_0)}{x - x_0}$ heißt auch Differenzenquotient, da im Zähler die Differenz zweier Funktionswerte und im Nenner die Differenz zweier x-Werte steht. Deshalb nennt man den Grenzwert $f'(x_0) = \lim_{x \to x_0} \frac{f(x) - f(x_0)}{x - x_0}$ statt Ableitung auch Differentialquotient.

Geometrische Deutung:

Ist die Funktion $y = f(x)$ als Kurve in einem kartesischen Koordinatensystem dargestellt, dann ist der Differenzenquotient gleich der Steigung (also dem Tangens des Steigungswinkels β) der Sekante durch die Punkte $P_0(x_0 | f(x_0))$ und $P(x | f(x))$. Der Grenzwert

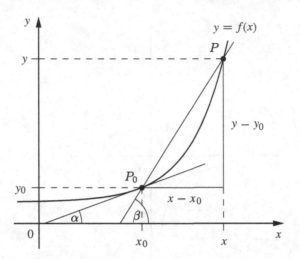

Abb. 8.5 Geometrische Deutungen des Differenzen- und des Differentialquotienten

$f'(x_0)$ ist die Steigung der Tangente in x_0 an den Graphen von $f(x)$, also $f'(x_0) = \tan\alpha$. Dabei ist α der Winkel zwischen der x-Achse und der Tangente an den Graphen in x_0, wobei der Winkel von der positiven x-Achse zur Tangente im entgegengesetzten Drehsinn des Uhrzeigers gemessen wird (Abb. 8.5).

Anschaulich bedeutet die Existenz der Ableitung an der Stelle $x = x_0$, dass der Kurvenverlauf in x_0 glatt ist (keine „Knickstelle" hat).

Eine Funktion $y = f(x)$ heißt (generell) differenzierbar, wenn sie an jeder Stelle ihres Definitionsbereichs differenzierbar ist. Dann heißt die durch $g(x) = f'(x)$ definierte Funktion $y' = f'(x)$ die Ableitung oder die Ableitungsfunktion von $f(x)$.

Eine an der Stelle x_0 differenzierbare Funktion $y = f(x)$ ist dort auch stetig. Falls $f(x)$ an der Stelle x_0 nicht stetig ist, kann $f(x)$ dort auch nicht differenzierbar sein. Aus der Stetigkeit an der Stelle x_0 folgt jedoch noch nicht die Differenzierbarkeit an dieser Stelle.

Eine Funktion $y = f(x)$ heißt stetig differenzierbar, wenn $f(x)$ differenzierbar ist und die Ableitung $f'(x)$ eine stetige Funktion ist.

▶ **Beispiele:**

1. Für die konstante Funktion $f(x) = c$ $(c \in \mathbb{R})$ gilt
$$f'(x_0) = \lim_{x \to x_0} \frac{f(x) - f(x_0)}{x - x_0} = \lim_{x \to x_0} \frac{c - c}{x - x_0} = \lim_{x \to x_0} 0 = 0$$
Die Ableitungsfunktion einer konstanten Funktion ist somit $f'(x) = 0$.

2. Für die Funktion $f(x) = ax + b$, $a, b \in \mathbb{R}$, $D = \mathbb{R}$ gilt
$$f'(x_0) = \lim_{x \to x_0} \frac{ax + b - (ax_0 + b)}{x - x_0} = \lim_{x \to x_0} \frac{a \cdot (x - x_0)}{x - x_0} = \lim_{x \to x_0} a = a$$
Die Funktion $f(x) = ax + b$ ist ebenfalls eine (überall) differenzierbare Funktion, und es gilt $f'(x) = a$.

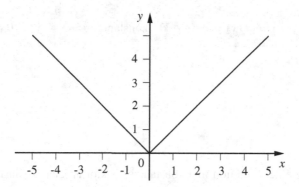

Abb. 8.6 Graph der Funktion von Beispiel 4

3. Die Funktion $f(x) = x^2$ mit $D = \mathbb{R}$ ist in jedem Punkt $x_0 \in D$ differenzierbar. Es ist $\dfrac{f(x) - f(x_0)}{x - x_0} = \dfrac{x^2 - x_0^2}{x - x_0} = \dfrac{(x + x_0)(x - x_0)}{x - x_0} = x + x_0$
und somit
$$f'(x_0) = \lim_{x \to x_0} \frac{f(x) - f(x_0)}{x - x_0} = \lim_{x \to x_0} (x + x_0) = 2x_0$$
Die Funktion $f(x) = x^2$ ist eine (überall) differenzierbare Funktion, und es gilt $f'(x) = 2x$.

4. Die Funktion $f(x) = |x| = \begin{cases} x & \text{für } x \geq 0 \\ -x & \text{für } x < 0 \end{cases}$ ist (überall) stetig.

   Für $x_0 > 0$ ist $f'(x_0) = 1$, für $x_0 < 0$ ist dagegen $f'(x_0) = -1$.
   Für $x_0 = 0$ gilt wegen $f(0) = 0$

$$\lim_{\substack{x \to 0 \\ x > 0}} |x| = \lim_{\substack{x \to 0 \\ x > 0}} \frac{x - 0}{x} = \lim_{\substack{x \to 0 \\ x > 0}} 1 = 1 \quad \text{und} \quad \lim_{\substack{x \to 0 \\ x < 0}} |x| = \lim_{\substack{x \to 0 \\ x < 0}} \frac{-x - 0}{x} = \lim_{\substack{x \to 0 \\ x < 0}} (-1) = -1$$

Der Differentialquotient existiert nicht, da der rechtsseitige Grenzwert und der linksseitige Grenzwert nicht gleich sind.
Die Funktion $f(x) = |x|$ ist an der Stelle $x_0 = 0$ stetig, aber nicht differenzierbar (Abb. 8.6).

8.4.2 Differentiationsregeln

Die folgenden Regeln gelten sowohl für die Ableitungen einer Funktion $y = f(x)$ an einer bestimmten Stelle $x = x_0$ als auch für die Ableitungsfunktionen $y' = f'(x)$.

1. *Konstante Funktion*

   Die Ableitung einer konstanten Funktion ist Null
   (vgl. Beispiel 1 im Abschn. 8.4.1).

$$y = f(x) = c \ (c \in \mathbb{R}, \ \text{konstant}) \quad \Longrightarrow \quad y' = 0$$

▶ **Beispiel:**

$$y = 3 \quad \Longrightarrow \quad y' = 0$$

2. *Faktorregel*

Die Ableitung einer Funktion mal konstantem Faktor ist gleich konstanter Faktor mal abgeleitete Funktion.

$$y = c \cdot f(x) \ (c \in \mathbb{R}, \ \text{konstant}) \quad \Longrightarrow \quad y' = c \cdot f'(x)$$

Herleitung:

$$(c \cdot f)'(x_0) = \lim_{x \to x_0} \frac{c \cdot f(x) - c \cdot f(x_0)}{x - x_0} = \lim_{x \to x_0} c \, \frac{f(x) - f(x_0)}{x - x_0}$$

$$= c \lim_{x \to x_0} \frac{f(x) - f(x_0)}{x - x_0} = c \, f'(x_0)$$

▶ **Beispiel:**

$$y = 3x^2 \quad \Longrightarrow \quad y' = 3 \cdot 2x = 6x, \quad \text{denn} \quad \frac{d}{dx} x^2 = 2x \ \ (\text{vgl. Beispiel 3 in Abschn. 8.4.1})$$

3. *Summenregel*

Die Ableitung der Summe (Differenz) zweier Funktionen ist gleich der Summe (Differenz) der Ableitungen der Funktionen.

$$y = f(x) + g(x) \quad \Longrightarrow \quad y' = f'(x) + g'(x)$$
$$y = f(x) - g(x) \quad \Longrightarrow \quad y' = f'(x) - g'(x)$$

Herleitung:

$$(f + g)'(x_0) = \lim_{x \to x_0} \frac{f(x) + g(x) - (f(x_0) + g(x_0))}{x - x_0}$$

$$= \lim_{x \to x_0} \left(\frac{f(x) - f(x_0)}{x - x_0} + \frac{g(x) - g(x_0)}{x - x_0} \right)$$

$$= \lim_{x \to x_0} \frac{f(x) - f(x_0)}{x - x_0} + \lim_{x \to x_0} \frac{g(x) - g(x_0)}{x - x_0}$$

$$= f'(x_0) + g'(x_0)$$

Die Herleitung für die Ableitung der Differenz zweier Funktionen verläuft ganz analog.

▶ **Beispiel:**

$$y = x^2 + 3x \implies y' = 2x + 3, \quad \text{denn } \frac{d}{dx}x^2 = 2x \text{ und} \frac{d}{dx}3x = 3$$

4. *Produktregel*

Die Ableitung des Produkts zweier Funktionen ist gleich der Summe aus der ersten Funktion multipliziert mit der Ableitung der zweiten Funktion und der zweiten Funktion multipliziert mit der Ableitung der ersten Funktion.

$$y = f(x) \cdot g(x) \implies y' = f'(x) \cdot g(x) + f(x) \cdot g'(x)$$

Herleitung:

$$
\begin{aligned}
(f \cdot g)'(x_0) &= \lim_{x \to x_0} \frac{f(x)g(x) - f(x_0)g(x_0)}{x - x_0} \\
&= \lim_{x \to x_0} \left(\frac{f(x) - f(x_0)}{x - x_0} g(x) + f(x_0) \frac{g(x) - g(x_0)}{x - x_0} \right) \\
&= f'(x_0) \cdot g(x_0) + f(x_0) \cdot g'(x_0)
\end{aligned}
$$

Für die Ableitung des Produkts von drei Funktionen gilt

$$
\begin{aligned}
y = f(x) \cdot g(x) \cdot h(x) \implies y' &= f(x) \cdot g(x) \cdot h'(x) + f(x) \cdot g'(x) \cdot h(x) \\
&\quad + f'(x) \cdot g(x) \cdot h(x)
\end{aligned}
$$

Mehrfache Anwendung der Produktregel ergibt die Ableitung der Potenzfunktion.

$$\text{Potenzregel} \qquad y = x^n \ (n \in \mathbb{N}) \implies y' = nx^{n-1}$$

Mit Hilfe von Polynomdivision lässt sich dieses Ergebnis auch direkt herleiten:

$$
\begin{aligned}
\frac{d}{dx}x^n (x_0) &= \lim_{x \to x_0} \frac{x^n - x_0^n}{x - x_0} = \lim_{x \to x_0} \left(x^{n-1} + x_0 x^{n-2} + x_0^2 x^{n-3} + \dots + x_0^{n-1} \right) \\
&= nx_0^{n-1}
\end{aligned}
$$

Durch Anwendung von Quotienten- und Kettenregel (siehe unten) kann man dieses Ergebnis auf reelle Exponenten ausweiten.

$$y = x^r \ (r \in \mathbb{R}) \quad \Longrightarrow \quad y' = r x^{r-1}$$

Summen- und Potenzregel zusammen ergeben die Ableitung eines Polynoms.

$$y = \sum_{k=0}^{n} c_k x^k = c_0 + c_1 x + \ldots + c_n x^n$$

$$\Longrightarrow \quad y' = \sum_{k=1}^{n} k \cdot c_k x^{k-1} = c_1 + 2c_2 x + \ldots + n c_n x^{n-1}$$

▶ **Beispiele:**

1. $y = 3x^2 \cdot \sin x \Longrightarrow y' = 3x^2 \cdot \cos x + 6x \cdot \sin x$

2. $y = x^7 \Longrightarrow y' = 7x^6$

3. $y = x^{\frac{7}{3}} \Longrightarrow y' = \dfrac{7}{3} x^{\frac{4}{3}}$

4. $y = 3x^7 - 5x^4 + x^2 + 3 \Longrightarrow y' = 21x^6 - 20x^3 + 2x$

5. *Quotientenregel*

Die Ableitung des Quotienten zweier Funktionen ist gleich der Differenz der Ableitung der Zählerfunktion multipliziert mit der Nennerfunktion und der Zählerfunktion multipliziert mit der Ableitung der Nennerfunktion dividiert durch das Quadrat der Nennerfunktion.

$$y = \frac{f(x)}{g(x)} \ (g(x) \neq 0) \quad \Longrightarrow \quad y' = \frac{f'(x) \cdot g(x) - f(x) \cdot g'(x)}{g^2(x)}$$

Der Zähler von y' beginnt also mit der Ableitung der Zählerfunktion $f(x)$.

Herleitung:

$$\left(\frac{f}{g}\right)'(x_0) = \lim_{x \to x_0} \frac{\dfrac{f(x)}{g(x)} - \dfrac{f(x_0)}{g(x_0)}}{x - x_0}$$

$$= \lim_{x \to x_0} \frac{1}{g(x)g(x_0)} \left(\frac{f(x) - f(x_0)}{x - x_0} g(x_0) - f(x_0) \frac{g(x) - g(x_0)}{x - x_0} \right)$$

$$= \frac{f'(x_0) \cdot g(x_0) - f(x_0) \cdot g'(x_0)}{g^2(x_0)}$$

Im Spezialfall, dass $f(x)$ eine konstante Funktion mit $f(x) = 1$ ist, gilt

$$y = \frac{1}{g(x)} \quad \Longrightarrow \quad y' = -\frac{g'(x)}{g^2(x)}$$

▶ **Beispiele:**

1. $y = \dfrac{5x - 1}{2x + 3} \Longrightarrow y' = \dfrac{(2x + 3) \cdot 5 - (5x - 1) \cdot 2}{(2x + 3)^2} = \dfrac{17}{(2x + 3)^2}$

2. $y = \dfrac{x^3}{x^2 - 1} \Longrightarrow y' = \dfrac{3x^2(x^2 - 1) - 2x \cdot x^3}{(x^2 - 1)^2} = \dfrac{x^2(x^2 - 3)}{(x^2 - 1)^2}$

3. $y = \dfrac{1}{x^2 + 3x} \Longrightarrow y' = -\dfrac{2x + 3}{(x^2 + 3x)^2}$

6. *Kettenregel*

Die Kettenregel ist eine Regel zur Differentiation zusammengesetzter Funktionen.
Ist $y = F(x)$ eine zusammengesetzte Funktion, also $F(x) = f(h(x))$, und setzt man
$z = h(x)$, dann ist $y = F(x)$ differenzierbar, wenn die Funktionen $y = f(z)$ und
$z = h(x)$ differenzierbar sind, und es gilt

$$y' = F'(x) = \frac{df}{dz} \cdot \frac{dh}{dx} = f'(z) \cdot h'(x) = f'(h(x)) \cdot h'(x)$$

Man nennt $f'(h(x))$ die äußere Ableitung und $h'(x)$ die innere Ableitung der Funktion
$y = f(h(x))$.

▶ **Beispiele:**

1. $y = F(x) = (x^3 - 2x + 1)^3$, also $z = h(x) = x^3 - 2x + 1$ und $y = f(z) = z^3$
   $\Longrightarrow y' = F'(x) = f'(z) \cdot h'(x) = 3z^2 \cdot (3x^2 - 2) = 3(x^3 - 2x + 1)^2 \cdot (3x^2 - 2)$

2. $y = F(x) = \sqrt{5x^2 - 7x + 8}$, also $z = h(x) = 5x^2 - 7x + 8$ und $y = f(z) = \sqrt{z}$
   $\Longrightarrow y' = F'(x) = f'(z) \cdot h'(x) = \dfrac{1}{2} z^{-\frac{1}{2}} \cdot (10x - 7) = \dfrac{10x - 7}{2\sqrt{5x^2 - 7x + 8}}$

3. $y = F(x) = \sin(4x^2 + 1)$, also $z = h(x) = 4x^2 + 1$ und $y = f(z) = \sin z$
   $\Longrightarrow y' = F'(x) = f'(z) \cdot h'(x) = \cos z \cdot 8x = 8x \cdot \cos(4x^2 + 1)$
   Die Ableitung von $y = \sin x$ ist $y' = \cos x$ (vgl. Abschn. 8.4.5).

7. *Ableitung der Umkehrfunktion*

Ist $y = f(x)$ eine differenzierbare Funktion mit $f'(x) \neq 0$, die eine Umkehrfunktion $y = f^{-1}(x)$ besitzt, so ist auch die Umkehrfunktion differenzierbar, und es gilt

$$(f^{-1})'(x) = \frac{1}{f'(f^{-1}(x))}$$

Herleitung:

Aus $f(f^{-1}(x)) = x$ (vgl. Abschn. 5.2.8) folgt durch Differentiation mit Anwendung der Kettenregel $f'(f^{-1}(x)) \cdot (f^{-1})'(x) = 1$ und daraus wegen $f'(x) \neq 0$ durch Auflösen nach $(f^{-1})'(x)$ die behauptete Gleichung für die Ableitung der Umkehrfunktion.

8.4.3 Höhere Ableitungen

Ist die Funktion $y = f(x)$ differenzierbar oder zumindest in einem ganzen Intervall ihres Definitionsbereichs differenzierbar, so kann dort also an jeder Stelle die Ableitung $f'(x)$ gebildet werden. Dann ist $y = f'(x)$ wieder eine Funktion von x. Ist diese Funktion wieder differenzierbar, so nennt man diese Ableitung der (ersten) Ableitung die zweite Ableitung der Ausgangsfunktion $y = f(x)$, geschrieben $f''(x)$ oder $y''(x)$ oder $\frac{d^2 y}{dx^2}(x)$ oder $\frac{d^2 f}{dx^2}(x)$ (gesprochen: f zwei Strich von x bzw. y zwei Strich von x bzw. d zwei y nach dx Quadrat an der Stelle x bzw. d zwei f nach dx Quadrat an der Stelle x).

Entsprechend kann es auch eine dritte, vierte, ...Ableitung von $f(x)$ geben. Die n-te Ableitung von $f(x)$ schreibt man

$$f^{(n)}(x) = y^{(n)}(x) = \frac{d^n y}{dx^n}(x) = \frac{d^n f}{dx^n}(x)$$

▶ **Beispiele:**

1. Die Funktion $f(x) = x^5$ hat als (erste) Ableitung $f'(x) = 5x^4$, als zweite Ableitung $f''(x) = 20x^3$, als dritte Ableitung $f'''(x) = 60x^2$, als vierte Ableitung $f^{(4)}(x) = 120x$ und als fünfte Ableitung $f^{(5)}(x) = 120$. Alle höheren Ableitungen sind Null, also $f^{(k)}(x) = 0$ für $k = 6, 7, \ldots$.

2. $f(x) = 4x^4 - 12x^3 + 5x - 2 \implies f'(x) = 16x^3 - 36x^2 + 5$, $f''(x) = 48x^2 - 72x$, $f'''(x) = 96x - 72$, $f^{(4)}(x) = 96$, $f^{(5)}(x) = f^{(6)}(x) = \ldots = 0$

3. $f(x) = \dfrac{x^2}{(x-1)^2} \implies f'(x) = -\dfrac{2x}{(x-1)^3},\ f''(x) = \dfrac{2(2x+1)}{(x-1)^4},$

$f'''(x) = -\dfrac{12(x+1)}{(x-1)^5},\ \ldots$

8.4.4 Ableitungen einiger algebraischer Funktionen

Mit den Differentiationsregeln aus Abschn. 8.4.2 lassen sich die Ableitungen von algebraischen Funktionen berechnen.

Rationale Funktionen

$y = c$ (c konstant) $\implies y' = 0$

$y = x \implies y' = 1$

$y = x^n \implies y' = nx^{n-1}$

$y = c_n x^n + c_{n-1}x^{n-1} + \cdots + c_2 x^2 + c_1 x + c_0$

$\implies y' = nc_n x^{n-1} + (n-1)c_{n-1}x^{n-2} + \cdots + 2c_2 x + c_1$

$y = \dfrac{1}{x} \implies y' = -\dfrac{1}{x^2}$

$y = \dfrac{1}{x^n} \implies y' = -\dfrac{n}{x^{n+1}}$

$y = \dfrac{x^m}{x^n} \implies y' = \dfrac{(m-n)x^m}{x^{n+1}}$

Irrationale Funktionen

$y = \sqrt{x} \implies y' = \dfrac{1}{2\sqrt{x}}$

$y = \sqrt[n]{x} \implies y' = \dfrac{1}{n\sqrt[n]{x^{n-1}}}$

$y = \dfrac{\sqrt[m]{x}}{\sqrt[n]{x}} \implies y' = \dfrac{n-m}{mn}\dfrac{\sqrt[m]{x}}{\sqrt[n]{x^{n+1}}}$

8.4.5 Ableitungen einiger transzendenter Funktionen

Trigonometrische Funktionen

Zur Herleitung der Ableitung der Sinusfunktion wird der Grenzwert von $\dfrac{\sin x}{x}$ für $x \to 0$ benötigt. Es gilt

$$\lim_{x\to 0}\frac{\sin x}{x} = 1$$

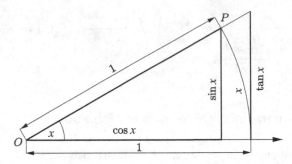

Abb. 8.7 Zur Herleitung von $\lim\limits_{x \to 0} \dfrac{\sin x}{x} = 1$

Beweis:

Zeichnet man einen Einheitskreis in einem kartesischen Koordinatensystem mit dem Mittelpunkt im Koordinatenursprung O, so ist die Länge des Lotes eines Kreispunktes P auf die Abszisse $\sin x$, wenn die Strecke $\overline{OP}$ mit der Abszisse den Winkel x (im Bogenmaß) bildet. Der zum Winkel gehörige Bogen hat die Länge x, da der Radius des Kreises 1 ist (vgl. Abschn. 6.2). Die Projektion von $\overline{OP}$ auf die Abszisse hat die Länge $\cos x$. Der Teil der zur Abszisse senkrechten Tangente an den Einheitskreis, der zwischen der Abszisse und der Verlängerung der Strecke $\overline{OP}$ liegt, hat die Länge $\tan x$ (Abb. 8.7).

Die Fläche A_1 des rechtwinkligen Dreiecks mit den Kathetenlängen $\sin x$ und $\cos x$ ist $A_1 = \dfrac{\sin x \cdot \cos x}{2}$, die Fläche A_2 des Einheitskreissektors mit dem Winkel x ist $A_2 = \dfrac{x}{2}$, und die Fläche A_3 des rechtwinkligen Dreiecks mit den Kathetenlängen 1 und $\tan x$ ist $A_3 = \dfrac{1 \cdot \tan x}{2}$. Wegen $A_1 < A_2 < A_3$ folgt $\dfrac{\sin x \cdot \cos x}{2} < \dfrac{x}{2} < \dfrac{1 \cdot \tan x}{2}$.

Nach Multiplikation mit $\dfrac{2}{\sin x}$ ergibt sich $\cos x < \dfrac{x}{\sin x} < \dfrac{1}{\cos x}$ und durch Kehrwertbildung $\cos x < \dfrac{\sin x}{x} < \dfrac{1}{\cos x}$.

Die Grenzwerte der beiden äußeren Funktionen an der Stelle $x = 0$ sind 1, also muss auch der Grenzwert der mittleren Funktion an der Stelle $x = 0$ gleich 1 sein:

$$\lim_{x \to 0} \frac{\sin x}{x} = 1.$$

Die Ableitung der Funktion $y = f(x) = \sin x$ ist die Funktion $y' = f'(x) = \cos x$.

$$y = \sin x \quad \Longrightarrow \quad y' = \cos x$$

Beweis:

Für die Differenz $\sin \alpha - \sin \beta$ zweier trigonometrischer Funktionen gilt (vgl. Abschn. 6.6) $\sin \alpha - \sin \beta = 2 \cos \dfrac{\alpha + \beta}{2} \sin \dfrac{\alpha - \beta}{2}$. Damit folgt

$$(\sin x)'(x_0) = \lim_{x \to x_0} \frac{\sin x - \sin x_0}{x - x_0} = \lim_{x \to x_0} \frac{2 \cos \dfrac{x + x_0}{2} \sin \dfrac{x - x_0}{2}}{x - x_0}$$

$$= \lim_{x \to x_0} \cos \frac{x + x_0}{2} \cdot \lim_{x \to x_0} \frac{\sin \dfrac{x - x_0}{2}}{\dfrac{x - x_0}{2}} = \cos x_0,$$

denn $\displaystyle\lim_{x \to x_0} \frac{\sin \dfrac{x - x_0}{2}}{\dfrac{x - x_0}{2}} = 1$, wie oben bewiesen wurde.

$$y = \cos x \quad \Longrightarrow \quad y' = -\sin x$$

Beweis:

Aus $\sin(90° - \alpha) = \cos \alpha$ (vgl. Abschn. 6.1) folgt $y = \cos x = \sin\left(\dfrac{\pi}{2} - x\right)$. Anwendung der Kettenregel mit $z = h(x) = \dfrac{\pi}{2} - x$ und $y = f(z) = \sin z$ ergibt $y' = f'(z) \cdot h'(x) = \cos z \cdot (-1) = -\cos\left(\dfrac{\pi}{2} - x\right)$. Wegen $\cos(90° - \alpha) = \sin \alpha$ (vgl. Abschn. 6.1) folgt die Behauptung $y' = -\sin x$.

$$y = \tan x \quad \Longrightarrow \quad y' = \frac{1}{\cos^2 x}$$

Beweis:

Wegen $\tan x = \dfrac{\sin x}{\cos x}$ folgt mit der Quotientenregel und den Ableitungen von $\sin x$ und $\cos x$

$$y' = \frac{\cos x \cdot \cos x - \sin x \cdot (-\sin x)}{\cos^2 x} = \frac{\cos^2 x + \sin^2 x}{\cos^2 x} = \frac{1}{\cos^2 x}.$$

$$y = \cot x \quad \Longrightarrow \quad y' = -\frac{1}{\sin^2 x}$$

Beweis:

Wegen $\cot x = \dfrac{\cos x}{\sin x}$ folgt

$$y' = \frac{\sin x \cdot (-\sin x) - \cos x \cdot \cos x}{\sin^2 x} = \frac{-(\sin^2 x + \cos^2 x)}{\sin^2 x} = \frac{-1}{\sin^2 x}.$$

Logarithmusfunktionen

Der Grenzwert der Zahlenfolge $(a_n) = ((1 + \frac{1}{n})^n)$ heißt eulersche Zahl (Name nach dem schweizerischen Mathematiker Leonhard Euler, 1707–1783) und wird mit dem Buchstaben e bezeichnet.

$$e = \lim_{n \to \infty} \left(1 + \frac{1}{n}\right)^n = 2{,}7182818284\ldots$$

Die eulersche Zahl ist eine irrationale Zahl, sie ist Basis der natürlichen Logarithmen (vgl. Abschn. 1.9.2).

Mit Hilfe dieses Grenzwertes lassen sich die Ableitungen der Logarithmusfunktionen $y = \log_a x$ berechnen. Es ergibt sich mit den Regeln der Logarithmenrechnung (siehe Abschn. 1.9.3)

$$(\log_a x)'(x_0) = \lim_{x \to x_0} \frac{\log_a x - \log_a x_0}{x - x_0} = \lim_{x \to x_0} \frac{1}{x - x_0} \log_a \frac{x}{x_0}$$

$$= \lim_{x \to x_0} \frac{1}{x_0} \frac{x_0}{x - x_0} \log_a \left(1 + \frac{x - x_0}{x_0}\right) = \lim_{x \to x_0} \frac{1}{x_0} \log_a \left(1 + \frac{1}{\frac{x_0}{x - x_0}}\right)^{\frac{x_0}{x - x_0}}$$

$$= \frac{1}{x_0} \log_a \lim_{x \to x_0} \left(1 + \frac{1}{\frac{x_0}{x - x_0}}\right)^{\frac{x_0}{x - x_0}} = \frac{1}{x_0} \log_a e$$

Bei der vorletzten Umformung wurde (der hier nicht hergeleitete) Satz benutzt, dass der Grenzwert des Logarithmus gleich dem Logarithmus des Grenzwertes ist. Wegen $\log_a e = \dfrac{\ln e}{\ln a} = \dfrac{1}{\ln a}$ (vgl. Abschn. 1.9.4) ergibt sich

$$y = \log_a x \quad \Longrightarrow \quad y' = \log_a e \cdot \frac{1}{x} = \frac{1}{\ln a} \cdot \frac{1}{x}$$

Für die natürliche Logarithmusfunktion mit der Basis $a = e$ folgt

$$y = \ln x \quad \Longrightarrow \quad y' = \frac{1}{x}$$

Exponentialfunktionen

Die e-Funktion ist die Umkehrfunktion der natürlichen Logarithmusfunktion. Nach der Regel zur Berechnung der Ableitung der Umkehrfunktion (siehe Abschn. 8.4.2) folgt

$$\frac{d}{dx} e^x = \frac{1}{\frac{1}{e^x}} = e^x \text{ wegen } \frac{d}{dx} \ln x = \frac{1}{x}.$$

$$y = e^x \implies y' = e^x$$

Daraus folgt unmittelbar $f(x) = f'(x) = f''(x) = f'''(x) = \ldots = f^{(n)}(x) = \ldots = e^x$ für alle $n \in \mathbb{N}$. Die e-Funktion hat also die bemerkenswerte Eigenschaft, dass sie mit allen ihren Ableitungen übereinstimmt.

Für die allgemeine Exponentialfunktion gilt

$$y = a^x \implies y' = a^x \cdot \ln a$$

Beweis:

Wegen $a^x = e^{x \cdot \ln a}$ (vgl. Abschn. 5.7.1) ergibt sich aus der Ableitung der e-Funktion zusammen mit der Kettenregel $y' = (a^x)' = (e^{x \cdot \ln a})' = e^{x \cdot \ln a} \cdot \ln a = a^x \cdot \ln a$.

Zusammenfassende Übersicht

Trigonometrische Funktionen

$y = \sin x \implies y' = \cos x$

$y = \cos x \implies y' = -\sin x$

$y = \tan x \implies y' = \dfrac{1}{\cos^2 x} \quad \left(x \neq (2k+1)\dfrac{\pi}{2}, \; k \in \mathbb{Z} \right)$

$y = \cot x \implies y' = -\dfrac{1}{\sin^2 x} \quad (x \neq k\pi, \; k \in \mathbb{Z})$

Exponentialfunktionen

$y = e^x \implies y' = e^x = y$

$y = a^x \implies y' = a^x \ln a \quad (a \in \mathbb{R}, \; a > 0 \text{ konstant})$

Logarithmusfunktionen

$y = \ln x \implies y' = \dfrac{1}{x} \quad (x > 0)$

$y = \log_a x \implies y' = \dfrac{1}{x} \log_a e = \dfrac{1}{\ln a} \cdot \dfrac{1}{x} \quad (a \in \mathbb{R}, \; a > 0, \; a \neq 1 \text{ konstant}, \; x > 0)$

8.4.6 Sekanten und Tangenten

Eine Sekante ist eine Gerade, die eine Kurve, also den Graph einer Funktion $y = f(x)$, in (mindestens) zwei Punkten schneidet (Sekante = Schneidende). Der Teil zwischen den Schnittpunkten heißt Sehne.

Die Gleichung der Sekante durch die Punkte $P_1(x_1|f(x_1))$ und $P_2(x_2|f(x_2))$ lautet

$$y = \frac{f(x_2) - f(x_1)}{x_2 - x_1}(x - x_1) + f(x_1)$$

▶ **Beispiele:**

1. $f(x) = x^2$, $P_1(0|0)$, $P_2(1|1)$
   Die Gleichung der Sekante durch die Punkte P_1 und P_2 lautet
   $y = \frac{1-0}{1-0}(x - 0) + 0$, also $y = x$.

2. $f(x) = x^3 - 2x + 1$, $P_1(-1|2)$, $P_2(2|5)$
   Die Gleichung der Sekante durch die Punkte P_1 und P_2 lautet
   $y = \frac{5-2}{2-(-1)}(x - (-1)) + 2 = x + 3$.

Eine Tangente ist eine Gerade, die den Graph einer Funktion $y = f(x)$ in einem Punkt berührt, aber nicht schneidet (Tangente = Berührende) (vgl. auch Abschn. 7.3.3).

Die Funktion $f(x)$ hat in dem Punkt $P(a|f(a))$ genau dann eine Tangente, wenn die Funktion in a differenzierbar ist. Die Ableitung der Funktion an der Stelle, also $f'(a)$, ist die Steigung der Tangente. Die Gleichung der Tangente an die Kurve im Punkt $P(a|f(a))$ lautet

$$y = f'(a)(x - a) + f(a)$$

▶ **Beispiele:**

1. $f(x) = x^2$, $P(1|1)$
   $f'(x) = 2x \implies f'(1) = 2$
   Die Gleichung der Tangente an die Kurve im Punkt $P(1|1)$ lautet somit
   $y = 2(x - 1) + 1 = 2x - 1$.

2. $f(x) = x^3 - 2x + 1$, $P(1|0)$
   $f'(x) = 3x^2 - 2 \implies f'(1) = 1$
   Die Gleichung der Tangente an die Kurve im Punkt $P(1|0)$ lautet somit
   $y = 1 \cdot (x - 1) + 0 = x - 1$.

8.4.7 Extremwerte von Funktionen

Eine Funktion $y = f(x)$ besitzt an der Stelle $x = a$ ein relatives Maximum, wenn es eine Umgebung von a gibt, in der alle Funktionswerte kleiner als an der Stelle $x = a$ sind. Dieser Funktionswert $f(a)$ heißt relatives Maximum. Es gilt dann $f(x) < f(a)$ für alle $x \neq a$ aus einer passenden Umgebung von a. Alle benachbarten Funktionswerte sind also kleiner als $f(a)$.

> Relatives Maximum $f(a)$ $f(x) < f(a)$ für $x \neq a$

Entsprechend besitzt eine Funktion $y = f(x)$ an der Stelle $x = a$ ein relatives Minimum, wenn es eine Umgebung von a gibt, in der alle Funktionswerte größer als an der Stelle $x = a$ sind. Der Funktionswert $f(a)$ heißt dann relatives Minimum. Für ein relatives Minimum gilt analog $f(x) > f(a)$ für alle $x \neq a$ aus einer geeigneten Umgebung von a. Alle benachbarten Funktionswerte sind also größer als $f(a)$.

> Relatives Minimum $f(a)$ $f(x) > f(a)$ für $x \neq a$

Es handelt sich bei einem relativen Maximum oder einem relativen Minimum um eine lokale Eigenschaft, denn es wird nur eine Umgebung von $x = a$ betrachtet.

Das absolute oder globale Maximum einer Funktion $y = f(x)$, die in einem abgeschlossenen Intervall $[c, d]$ differenzierbar ist, ist entweder ein relatives Maximum, oder es wird am Rand, also für $x = c$ oder $x = d$, angenommen. Entsprechend ist das absolute oder globale Minimum ein relatives Minimum, oder es wird an einem der Intervallränder $x = c$ oder $x = d$ angenommen.

Ein Extremwert einer Funktion ist ein Funktionswert $f(a)$, der ein relatives Minimum oder ein relatives Maximum ist. Statt Extremwert sagt man auch Extremum oder relatives Extremum.

Eine notwendige Bedingung dafür, dass die Funktion $y = f(x)$ an der Stelle $x = a$ ein relatives Extremum besitzt, ist das Verschwinden der Ableitung an dieser Stelle, also $f'(a) = 0$ (falls sie existiert). Zur Bestimmung der relativen Extrema müssen alle x berechnet werden, die die Gleichung $f'(x) = 0$ erfüllen.

Eine hinreichende Bedingung für ein relatives Extremum (das heißt, ist die Bedingung erfüllt, dann liegt ein relatives Extremum vor) ist, dass die zweite Ableitung von Null verschieden ist, also $f''(a) \neq 0$. Gilt jedoch auch $f''(a) = 0$, so ist $f(a)$ ein relatives Extremum, wenn es ein gerades n gibt, so dass $f'(a) = f''(a) = \ldots = f^{(n-1)}(a) = 0$, $f^{(n)}(a) \neq 0$ (n gerade). Ein Extremum liegt vor, wenn die erste an der Stelle a nicht verschwindende Ableitung von gerader Ordnung ist.

Dieses relative Extremum ist ein relatives Minimum, wenn im ersten Fall $f''(a) > 0$ und im zweiten Fall $f^{(n)}(a) > 0$ gilt. Das relative Extremum ist ein relatives Maximum, wenn im ersten Fall $f''(a) < 0$ und im zweiten Fall $f^{(n)}(a) < 0$ gilt.

Geometrisch bedeutet $f'(a) = 0$, dass die Tangente an die Kurve der Funktion im Punkt $P(a|f(a))$ waagerecht, also parallel zur x-Achse, verläuft.

▶ **Beispiele:**

1. $f(x) = x^2$
   $f'(x) = 2x, \ f''(x) = 2$
   $f'(x) = 0 \implies x = 0$
   $f''(0) = 2 > 0 \implies f(0) = 0$ ist ein relatives Minimum von $y = f(x)$

2. $f(x) = -x^4 + 1$
   $f'(x) = -4x^3, \ f''(x) = -12x^2, f'''(x) = -24x, f^{(4)}(x) = -24$
   $f'(x) = 0 \implies x = 0$
   $f''(0) = f'''(0) = 0, \ f^{(4)} = -24 < 0 \implies f(0) = 1$ ist ein relatives Maximum von $y = f(x)$

3. $f(x) = x^3 - 4x^2 + 4x = x(x-2)^2$
   $f'(x) = 3x^2 - 8x + 4, \ f''(x) = 6x - 8$
   $f'(x) = 0 \implies 3x^2 - 8x + 4 = 0 \implies x_1 = 2, \ x_2 = \dfrac{2}{3}$
   $f''(2) = 4 > 0, \ f''\left(\dfrac{2}{3}\right) = -4 < 0 \implies f(x_1) = f(2) = 0$ ist ein relatives Minimum und $f(x_2) = f\left(\dfrac{2}{3}\right) = \dfrac{32}{27}$ ist ein relatives Maximum von $y = f(x)$

4. $f(x) = x^3 - 3x^2 + 3x$
   $f'(x) = 3x^2 - 6x + 3 = 3(x-1)^2, \ f''(x) = 6x - 6, \ f'''(x) = 6$
   $f'(x) = 0 \implies x = 1$
   $f''(1) = 0, \ f'''(1) = 6 \implies f(x)$ besitzt kein relatives Extremum, bei $x = 1$ liegt der Sattelpunkt $P = (1|1)$, also ein Wendepunkt mit waagerechter Tangente (vgl. Abschn. 8.4.8).

8.4.8 Krümmungsverhalten von Funktionen

Das Krümmungsverhalten einer Funktion ist die Verteilung von konvexen und konkaven Bereichen der Kurve der Funktion.

Eine Funktion $y = f(x)$ heißt an der Stelle $x = a$ von unten konvex, wenn alle Punkte der Kurve der Funktion in einer Umgebung von a oberhalb der Tangente im Punkt $P(a \mid f(a))$ liegen.

In einem von unten konvexen Bereich ist die Ableitungsfunktion $y' = f'(x)$ monoton wachsend. Die Funktion $y = f(x)$ hat dort eine Linkskrümmung (der Graph macht in x-Richtung eine Linkskurve). Existiert in dem Bereich auch die zweite Ableitung $f''(x)$, so ist die Kurve konvex, wenn $f''(x) > 0$ gilt.

Entsprechend heißt die Funktion an der Stelle $x = a$ von unten konkav (oder von oben konvex), wenn alle Punkte der Kurve der Funktion in einer Umgebung von a unterhalb der Tangente im Punkt $P(a \mid f(a))$ liegen.

In einem von unten konkaven Bereich ist die Ableitungsfunktion $y' = f'(x)$ monoton fallend. Die Funktion $y = f(x)$ hat dort eine Rechtskrümmung (der Graph macht in x-Richtung eine Rechtskurve). Existiert in dem Bereich auch die zweite Ableitung $f''(x)$, so ist die Kurve konkav, wenn $f''(x) < 0$ gilt (Abb. 8.8).

Die Krümmung einer Funktion ist die Abweichung der Kurve der Funktion von der Geraden.

Die Krümmung der Kurve der Funktion $y = f(x)$ im Punkt $P(x \mid y)$ ist definiert als der Grenzwert κ des Quotienten aus der Differenz der Steigungswinkel α_1 und α der Tangenten durch einen Punkt P_1 und durch P an die Kurve und der Länge Δs des Kurvenbogens zwischen den Punkten (falls der Grenzwert existiert) (Abb. 8.9):

$$\kappa = \lim_{P_1 \to P} \frac{\alpha_1 - \alpha}{\Delta s} = \lim_{P_1 \to P} \frac{\Delta \alpha}{\Delta s} = \frac{d\alpha}{ds}$$

Die Krümmung einer Funktion ist in einem konvexen Bereich (Linkskurve) positiv, in einem konkaven Bereich (Rechtskurve) negativ. Für eine Gerade gilt $\kappa = 0$.

Mit Hilfe der Kettenregel berechnet man für die Krümmung in einem Punkt $P(x \mid y)$ der Funktion $y = f(x)$:

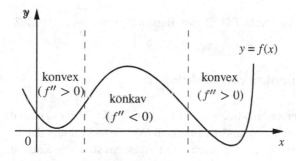

Abb. 8.8 Konkave und konvexe Bereiche der Funktion $y = f(x)$

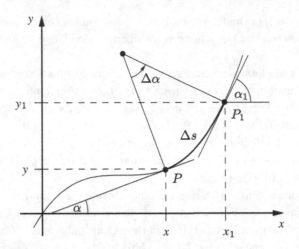

Abb. 8.9 Zur Definition der Krümmung einer Kurve

$$\kappa = \frac{f''(x)}{[1 + f'^2(x)]^{\frac{3}{2}}} = \frac{f''(x)}{[\sqrt{1 + f'^2{}'(x)}]^3}$$

Für $\kappa \neq 0$ heißt $\rho = \dfrac{1}{|\kappa|}$ Krümmungsradius und der Kreis mit diesem Radius Krümmungskreis der Kurve im Punkt $P(x|y)$.

▶ **Beispiel:**

$$f(x) = 3x^3 - 1$$

$$\implies f'(x) = 9x^2, \ f''(x) = 18x$$

Es folgt: $\kappa = \dfrac{18x}{(1 + 81x^4)^{\frac{3}{2}}}$.

Krümmung im Punkt $P(1|2)$ zum Beispiel: $\kappa = \dfrac{18}{82^{\frac{3}{2}}} \approx 0{,}0242$.

8.4.9   Wendepunkte von Funktionen

Ein Wendepunkt einer Funktion $y = f(x)$ ist ein Punkt $P(a|f(a))$, in dem sich das Krümmungsverhalten der Kurve ändert. In einem Wendepunkt findet der Übergang von einem konvexen zu einem konkaven Bereich oder umgekehrt statt. Die Kurve liegt in der unmittelbaren Nähe eines Wendepunktes nicht auf einer Seite der Tangente, sondern wird von dieser durchsetzt.

Eine notwendige Bedingung für die Existenz eines Wendepunkts $P(a|f(a))$ einer Funktion $y = f(x)$ ist das Verschwinden der zweiten Ableitung im Wendepunkt, also $f''(a) = 0$ (falls sie existiert). Zur Bestimmung der Wendepunkte müssen alle x berechnet werden, die die Gleichung $f''(x) = 0$ erfüllen.

Eine hinreichende Bedingung für einen Wendepunkt ist, dass die dritte Ableitung von Null verschieden ist, also $f'''(a) \neq 0$. Gilt jedoch auch $f'''(a) = 0$, so hat $f(x)$ an der Stelle a einen Wendepunkt, wenn es ein ungerades n gibt, so dass $f''(a) = f'''(a) = \ldots = f^{(n-1)}(a) = 0$, $f^{(n)}(a) \neq 0$ (n ungerade). Ein Wendepunkt liegt vor, wenn die erste an der Stelle a nicht verschwindende Ableitung von ungerader Ordnung ist.

Falls in einem Wendepunkt $P(a|f(a))$ auch noch die erste Ableitung verschwindet, wenn also zusätzlich $f'(a) = 0$ gilt, dann ist dort die Tangente waagerecht. Ein solcher Wendepunkt heißt Sattelpunkt.

▶ **Beispiele:**

1. $f(x) = x^3 - 4x^2 + 4x = x(x-2)^2$
   $f'(x) = 3x^2 - 8x + 4$, $f''(x) = 6x - 8$, $f'''(x) = 6$
   $f''(x) = 0 \implies 6x - 8 = 0 \implies x = \dfrac{4}{3}$
   $f'''\left(\dfrac{4}{3}\right) = 6 \neq 0 \implies$ bei $x = \dfrac{4}{3}$ liegt der Wendepunkt
   $P = \left(\dfrac{4}{3}\middle|f\left(\dfrac{4}{3}\right)\right) = \left(\dfrac{4}{3}\middle|\dfrac{16}{27}\right)$

2. $f(x) = x^3 - 3x^2 + 3x$
   $f'(x) = 3x^2 - 6x + 3 = 3(x-1)^2$, $f''(x) = 6x - 6$, $f'''(x) = 6$
   $f''(x) = 0 \implies x = 1$
   $f'''(1) = 6 \neq 0 \implies f(x)$ besitzt bei $x = 1$ einen Wendepunkt
   Da auch $f'(1) = 0$ gilt, ist dort die Tangente waagerecht, und somit ist $P = (1|1)$ ein Sattelpunkt.

3. $f(x) = -x^5$
   $f'(x) = -5x^4$, $f''(x) = -20x^3$, $f'''(x) = -60x^2$, $f^{(4)}(x) = -120x$, $f^{(5)}(x) = -120$
   $f''(x) = 0 \implies x = 0$
   $f'''(0) = f^{(4)}(0) = 0$, $f^{(5)}(0) = -120 \neq 0 \implies f(x)$ besitzt bei $x = 0$ einen Wendepunkt
   Da auch $f'(0) = 0$ gilt, ist dort die Tangente waagerecht, und somit ist $P = (0|0)$ ein Sattelpunkt.

8.4.10 Kurvendiskussion

Eine Kurvendiskussion ist die Untersuchung einer Funktion $y = f(x)$ bzw. des Graphen der Funktion auf typische Eigenschaften. Dazu gehören die Untersuchung auf Symmetrie und

Monotonie sowie die Bestimmung von Definitionsbereich, Nullstellen, relativen Extrema, Wendepunkten, Unstetigkeitsstellen und Asymptoten.

▶ **Beispiel:**

$$f(x) = \frac{1}{2}x(x-2)^3 \ (\text{Abb. 8.10})$$

Ableitungen:

$$f'(x) = \frac{1}{2}(x-2)^3 + \frac{3}{2}x(x-2)^2 = \frac{1}{2}(x-2)^2(x-2+3x) = (x-2)^2(2x-1)$$
$$f''(x) = 2(x-2)(2x-1) + 2(x-2)^2 = (x-2)(4x-2+2x-4) = 6(x-1)(x-2)$$
$$f'''(x) = 6(x-1) + 6(x-2) = 6(2x-3)$$

Definitionsbereich:
$D = \mathbb{R}$

Nullstellen:

$$f(x) = \frac{1}{2}x(x-2)^3 = 0 \implies x_1 = 0, \ x_2 = 2$$

Relative Extremwerte:

$$f'(x) = (x-2)^2(2x-1) = 0 \implies x_3 = 2, \ x_4 = \frac{1}{2}$$
$$f''(x_3) = f''(2) = 0, \ f'''(2) = 6 > 0 \ (n \ \text{ungerade}) \implies \text{bei } x_3 = 2$$

Wendepunkt; wegen $f'(2) = 0$ ist $P(2|0)$ ein Sattelpunkt

$$f''(x_4) = f''\left(\frac{1}{2}\right) = 6 \cdot \frac{1}{2} \cdot \frac{3}{2} > 0 \implies \text{Minimum bei } x_4 = \frac{1}{2}$$

Wendepunkte:

$$f''(x) = 6(x-1)(x-2) = 0 \implies x_5 = 1, \ x_6 = x_3 = 2$$
$$f'''(x_5) = f'''(1) \neq 0 \implies \text{Wendepunkt bei } x_5 = 1$$

Sattelpunkt bei $x_6 = x_3 = 2$ (siehe oben)

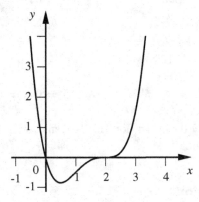

Abb. 8.10 Graph der Funktion $f(x) = \frac{1}{2}x(x-2)^3$

Zusammenfassung:

Die Funktion $f(x) = \frac{1}{2}x(x-2)^3$ hat die Nullstellen $x_1 = 0$ und $x_2 = 2$,

das relative Minimum $f\left(\frac{1}{2}\right) = \frac{1}{2} \cdot \frac{1}{2} \cdot \left(-\frac{3}{2}\right)^3 = -\frac{27}{32}$, den Wendepunkt

$P\left(1 \mid -\frac{1}{2}\right)$ $\left(\text{denn} f(1) = \frac{1}{2} \cdot 1 \cdot (-1)^3 = -\frac{1}{2}\right)$ und den Sattelpunkt $P(2\mid 0)$.

Die Funktion besitzt keine Unstetigkeitsstellen und Asymptoten, sie ist weder zur y-Achse noch zum Koordinatenursprung symmetrisch. Die Funktion ist streng monoton fallend im Intervall $\left(-\infty, \frac{1}{2}\right]$ und streng monoton wachsend

im Intervall $\left[\frac{1}{2}, \infty\right)$.

8.4.11 Anwendungsbeispiele

1. Ein halbrunder Balken soll so besäumt werden, dass ein rechtwinkliger Balken mit maximalem Widerstandsmoment W entsteht (Abb. 8.11).
   Die Gleichung für das Widerstandsmoment lautet:

   (1) $W = \dfrac{hb^2}{6}$

   Nach dem Satz des Pythagoras gilt für die Beziehung zwischen b und h:

   (2) $\left(\dfrac{b}{2}\right)^2 + h^2 = r^2$

   Auflösen von Gleichung (2) nach b^2: $b^2 = 4(r^2 - h^2)$

   Einsetzen in (1): $W = \dfrac{h}{6} \cdot 4(r^2 - h^2) = \dfrac{2}{3}(r^2 h - h^3)$

   Da r eine feste Größe ist, hängt W nur von h ab, das heißt, W ist eine Funktion von h: $W = W(h)$. Notwendige Voraussetzung für ein Maximum von W ist das Verschwinden der Ableitung: $W' = 0$.

   Berechnung der Ableitung: $W'(h) = \dfrac{2}{3}(r^2 - 3h^2)$

   $W'(h) = 0 \implies \dfrac{2}{3}(r^2 - 3h^2) = 0 \implies r^2 - 3h^2 = 0 \implies h = \dfrac{1}{3}r\sqrt{3}$

   (Da die Höhe h nicht negativ sein kann, kommt für das Maximum nur das positive Vorzeichen in Frage.) Wegen $W''(h) = -4h$ ist für $h = \dfrac{1}{3}r\sqrt{3}$ die zweite Ableitung negativ, es liegt also ein Maximum vor.

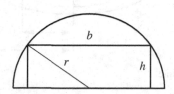

Abb. 8.11 Zu Anwendungsbeispiel 1

Ergebnis:

$h = \dfrac{1}{3} r \sqrt{3}$ und $b = \dfrac{2}{3} r \sqrt{6}$ sind die Abmessungen für das maximale Widerstands-

moment, es beträgt $W = \dfrac{2}{9} r \sqrt{3} \left(r^2 - \dfrac{1}{3} r^2 \right) = \dfrac{4}{27} r^3 \sqrt{3}.$

2. Aus einem kreiskegelförmigen Stück Holz soll ein Zylinder größtmöglichen Rauminhalts (Gewichts) gedreht werden. Welchen Radius x und welche Höhe y hat dieser Zylinder, wenn r der Radius und h die Höhe des Kegels sind? (Abb. 8.12)

(1) $V = \pi x^2 y$ Zylindervolumen

(2) $\dfrac{h - y}{x} = \dfrac{h}{r}$ Beziehung zwischen x und y

Die Beziehung zwischen x und y folgt aus der Ähnlichkeit der schraffierten Dreiecke.

Auflösen von (2) nach y: $y = h \left(1 - \dfrac{x}{r} \right)$

Einsetzen in (1): $V = \pi x^2 h \left(1 - \dfrac{x}{r} \right) = \pi h \left(x^2 - \dfrac{1}{r} x^3 \right)$

h ist eine feste Größe, V ist also eine Funktion der Variablen x: $V = V(x)$.

Berechnung der Ableitung: $V'(x) = \pi h \left(2x - \dfrac{3}{r} x^2 \right)$

$V'(x) = 0 \implies \pi h \left(2x - \dfrac{3}{r} x^2 \right) = \pi h x \left(2 - \dfrac{3}{r} x \right) = 0 \implies x_1 = 0 \text{ und } x_2 = \dfrac{2}{3} r$

Wegen $V''(x) = \pi h \left(2 - \dfrac{6}{r} x \right)$ gilt $V''(x_1) > 0$ und $V''(x_2) < 0$, das heißt, bei x_1 liegt ein Minimum und bei x_2 ein Maximum vor.

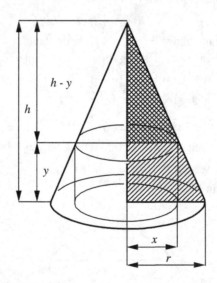

Abb. 8.12 Zu Anwendungsbeispiel 2

Ergebnis:

$x = \dfrac{2}{3}\, r$ und $y = \dfrac{1}{3}\, h$ sind Radius und Höhe des gesuchten Zylinders, das maximale Zylindervolumen beträgt $V = \dfrac{4}{27}\, \pi r^2 h$.

8.4.12 Näherungsverfahren zur Nullstellenbestimmung

In vielen Fällen ist es nicht möglich oder nicht notwendig, die Nullstellen von Funktionen exakt zu berechnen. Gerade in vielen praktischen Anwendungen genügen oftmals angenäherte Werte. Zur Bestimmung solcher sogenannten Näherungslösungen gibt es eine Reihe von Näherungsverfahren.

Regula falsi

Regula falsi ist ein Verfahren zur näherungsweisen Bestimmung einer Nullstelle einer stetigen Funktion.

Für eine stetige Funktion $y = f(x)$ wird eine Nullstelle, also eine Stelle x_0 mit $f(x_0) = 0$, gesucht. Sind x_1 und x_2 zwei Stellen in der Nähe der Nullstelle x_0, deren Funktionswerte unterschiedliche Vorzeichen haben (also $f(x_1) \cdot f(x_2) < 0$), dann erhält man eine bessere Näherung, indem man durch die Punkte $P_1(x_1 | f(x_1))$ und $P_2(x_2 | f(x_2))$ die Verbindungsgerade (Sekante) legt. Der Schnittpunkt x_3 der Verbindungsgeraden mit der x-Achse liefert einen verbesserten Näherungswert für die Nullstelle x_0 (Abb. 8.13).

$$x_3 = x_2 - \frac{x_2 - x_1}{f(x_2) - f(x_1)}\, f(x_2)$$

Das folgt aus $\dfrac{x_2 - x_3}{x_2 - x_1} = \dfrac{f(x_2)}{f(x_2) - f(x_1)}$, was sich mit dem zweiten Strahlensatz ergibt.

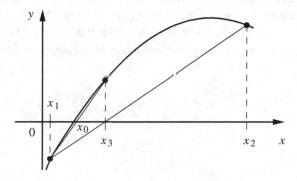

Abb. 8.13 Regula falsi

Dieses Verfahren lässt sich zur Bestimmung immer besserer Näherungslösungen für die Nullstelle x_0 beliebig oft wiederholen. Im nächsten Schritt wendet man das Verfahren auf x_3 und den Wert x_1 oder x_2 an, dessen Funktionswert ein von $f(x_3)$ verschiedenes Vorzeichen hat.

Diese Methode zur Bestimmung von Näherungswerten einer Nullstelle einer stetigen Funktion heißt auch Sekantenverfahren.

▶ **Beispiel:**

$f(x) = x^3 + 2x^2 + 10x - 20$
Für $x_1 = 1$ und $x_2 = 1,5$ gilt $f(x_1) = f(1) = -7$ und $f(x_2) = f(1,5)$ $= 2,875$. Eine bessere Näherungslösung für die Nullstelle von $f(x)$, die zwischen 1 und 1,5 liegt, erhält man mit Regula falsi:

$$x_3 = 1,5 - \frac{1,5 - 1}{2,875 - (-7)} 2,875 = 1,5 - \frac{0,5}{9,875} 2,875 = 1,3544\ldots$$

Wegen $f(x_3) = -0,3020\ldots < 0$ lässt sich im nächsten Schritt das Verfahren auf x_3 und x_2 anwenden:

$$x_4 = x_3 - \frac{x_3 - x_2}{f(x_3) - f(x_2)} f(x_3) = 1,3544\ldots - \frac{1,3544\ldots - 1,5}{-0,3020\ldots - 2,875} (-0,3020\ldots)$$

$$= 1,3682\ldots$$

Es gilt $f(x_4) = -0,0113\ldots$, das heißt, x_4 ist schon eine gute Näherung für die Nullstelle x_0.

Will man die Näherung weiter verbessern, so wendet man Regula falsi im nächsten Schritt auf x_4 und x_2 an ($f(x_4)$ und $f(x_3)$ haben dasselbe Vorzeichen, deshalb kann das Verfahren nicht auf x_4 und x_3 angewandt werden).

Newtonsches Verfahren

Das newtonsche Verfahren ist eine Methode zur näherungsweisen Bestimmung einer Nullstelle einer stetig differenzierbaren Funktion.

Bei diesem Verfahren wird die Funktion in der Nähe einer Nullstelle nicht durch eine Sekante wie bei Regula falsi, sondern durch eine Tangente ersetzt.

Für eine stetig differenzierbare Funktion $y = f(x)$ wird eine Nullstelle, also eine Stelle x_0 mit $f(x_0) = 0$ gesucht. Ist x_1 eine Stelle in der Nähe der Nullstelle x_0, dann ersetzt man die Funktion durch die Tangente in dem Punkt $P(x_1|f(x_1))$. Der Schnittpunkt x_2 dieser Tangente mit der x-Achse ergibt einen neuen Näherungswert für die Nullstelle x_0 (Abb. 8.14).

$$x_2 = x_1 - \frac{f(x_1)}{f'(x_1)}$$

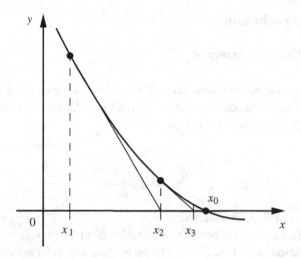

Abb. 8.14 Newtonsches Verfahren

Damit x_2 tatsächlich ein besserer Näherungswert als x_1 für die Nullstelle x_0 ist, muss in der Umgebung von x_0 die Bedingung $\left| \dfrac{f(x) \cdot f''(x)}{[f'(x)]^2} \right| < 1$ erfüllt sein.

Dasselbe Verfahren lässt sich auch auf x_2 anwenden. Man erhält als weitere Verbesserung den Wert $x_3 = x_2 - \dfrac{f(x_2)}{f'(x_2)}$. Allgemein findet man durch folgende Iterationsvorschrift aus x_1 eine Folge von verbesserten Näherungswerten $x_2, x_3, x_4, \ldots$ für die Nullstelle x_0.

$$x_{k+1} = x_k - \frac{f(x_k)}{f'(x_k)}, \quad k = 1, 2, 3, \ldots$$

Diese Methode zur Bestimmung von Näherungswerten einer Nullstelle einer stetig differenzierbaren Funktion heißt newtonsches Verfahren (nach dem englischen Mathematiker Isaac Newton, 1642–1727) oder auch Tangentenverfahren.

▶ **Beispiel:**

$f(x) = x^3 + 2x^2 + 10x - 20$

Wegen $f'(x) = 3x^2 + 4x + 10$ erhält man die Iterationsvorschrift

$$x_{k+1} - x_k = \frac{x_k^3 + 2x_k^2 + 10x_k - 20}{3x_k^2 + 4x_k + 10}.$$

Für die Anfangsnäherung $x_1 = 1$ gilt $f(x_1) = f(1) = -7$, und man berechnet

$x_2 = 1,4117\ldots$ mit $f(x_2) = 0,9175\ldots$,
$x_3 = 1,3693\ldots$ mit $f(x_3) = 0,0111\ldots$,
$x_4 = 1,3688\ldots$ mit $f(x_4) = 0,000001\ldots$.

Die Zahl x_4 ist also schon eine sehr gute Näherung für die Nullstelle x_0.

8.5   Integralrechnung

8.5.1   Unbestimmtes Integral

Ist $y = f(x)$ eine Funktion mit einem Intervall I als Definitionsbereich, dann heißt eine differenzierbare Funktion $F(x)$ mit demselben Intervall I als Definitionsbereich eine Stammfunktion von $f(x)$, wenn für alle $x \in I$ gilt

$$F'(x) = f(x)$$

Die Funktion $f(x)$ heißt dann integrierbar.

Ist $F(x)$ eine Stammfunktion von $f(x)$, so ist auch $F(x) + c$ für eine beliebige Konstante c eine Stammfunktion, denn eine additive Konstante verschwindet bei der Differentiation. Somit ist $\{F(x) + C \,|\, C \in \mathbb{R}\}$ die Menge aller Stammfunktionen von $f(x)$. Stammfunktionen sind also bis auf eine additive Konstante eindeutig bestimmt.

▶   **Beispiele:**

1. Funktion: $f(x) = x^2 - 2x - 3$

   Stammfunktion: $F(x) = \dfrac{1}{3}x^3 - x^2 - 3x$, aber zum Beispiel auch

   $F_1(x) = \dfrac{1}{3}x^3 - x^2 - 3x + 5$

2. Funktion: $f(x) = \sin x$

   Stammfunktion: $F(x) = -\cos x$ oder etwa $F_1(x) = -\cos x + 3$

3. Funktionen: $f(x) = x^k$ $(k \in \mathbb{R},\ k \neq -1)$

   Stammfunktionen: $F(x) = \dfrac{x^{k+1}}{k+1} + C$ $(C \in \mathbb{R})$

4. Funktion: $f(x) = x^{-1} = \dfrac{1}{x}$

   Stammfunktionen: $F(x) = \ln x + C$ $(C \in \mathbb{R})$

5. Funktion: $f(x) = e^x$

   Stammfunktionen: $f(x) = e^x + C$ $(C \in \mathbb{R})$

Die Gesamtheit aller Stammfunktionen $F(x) + C$ heißt unbestimmtes Integral der Funktion $y = f(x)$, gesprochen: Integral über $f(x)\,dx$ und geschrieben

$$\int f(x)\,dx = F(x) + C$$

Das Zeichen $\int$ heißt Integralzeichen, und $f(x)$ heißt Integrand. Die Variable x nennt man Integrationsvariable und C Integrationskonstante.

Die Konstante C soll andeuten, dass $F(x)$ durch die Funktion $f(x)$ bis auf eine additive Konstante bestimmt ist.

▶ **Beispiele:**

6. $\displaystyle\int x^3\,dx = \frac{1}{4}x^4 + C$

7. $\displaystyle\int \cos x\,dx = \sin x + C$

8. $\displaystyle\int (x^4 - 3x^2 + 1)\,dx = \frac{1}{5}x^5 - 3\cdot\frac{1}{3}x^3 + x + C = \frac{1}{5}x^5 - x^3 + x + C$

8.5.2 Integrationsregeln

Die folgenden Integrationsregeln zur Berechnung der unbestimmten Integrale von Funktionen lassen sich durch Differentiation der entsprechenden Gleichung beweisen.

1. *Faktorregel*

   Ein konstanter Faktor im Integranden kann vor das Integralzeichen gezogen werden.

$$\int cf(x)\,dx = c\int f(x)\,dx \quad (c \in \mathbb{R})$$

▶ **Beispiel:**

$$\int 3x\,dx = 3\int x\,dx = 3\cdot\frac{1}{2}x^2 + C = \frac{3}{2}x^2 + C$$

2. *Potenzregel*

$$\int x^n\,dx = \frac{1}{n+1}x^{n+1} + C$$

Beweis:

$$\frac{d}{dx}\left(\frac{1}{n+1}x^{n+1} + C\right) = x^n$$

▶ **Beispiel:**

$$\int x^5\, dx = \frac{1}{6} x^6 + C$$

3. *Summenregel*

Das unbestimmte Integral einer Summe ist gleich der Summe der unbestimmten Integrale (falls Stammfunktionen existieren).

$$\int (f(x) + g(x))\, dx = \int f(x)\, dx + \int g(x)\, dx$$

▶ **Beispiel:**

$$\int (4x^3 - 3x^2 + 5)\, dx = \int 4x^3\, dx - \int 3x^2\, dx + \int 5\, dx$$

$$= 4 \int x^3\, dx - 3 \int x^2\, dx + \int 5\, dx = 4 \cdot \frac{1}{4} x^4 - 3 \cdot \frac{1}{3} x^3 + 5x + C$$

$$= x^4 - x^3 + 5x + C$$

4. Ist der Integrand ein Bruch, in dem der Zähler die Ableitung des Nenners ist, dann ist das unbestimmte Integral gleich dem natürlichen Logarithmus des Absolutbetrages der Nennerfunktion.

$$\int \frac{f'(x)}{f(x)}\, dx = \ln |f(x)| + C$$

Beweis:

Nach der Kettenregel zur Differentiation zusammengesetzter Funktionen gilt:

$$\frac{d}{dx} (\ln |f(x)| + C) = \frac{f'(x)}{f(x)}$$

▶ **Beispiel:**

$$\int \frac{2x + 3}{x^2 + 3x - 5}\, dx = \ln |x^2 + 3x - 5| + C$$

5. *Partielle Integration*

Lässt sich die Funktion $f(x)$ als Produkt zweier Funktionen $g(x) = u(x)$ und $h(x) = v'(x)$ darstellen, also $f(x) = g(x) \cdot h(x) = u(x) \cdot v'(x)$, dann gilt

$$\int u(x)v'(x)\,dx = u(x)v(x) - \int u'(x)v(x)\,dx$$

Beweis:

Mit der Produktregel der Differentialrechnung ergibt sich
$$\frac{d}{dx}(u(x) \cdot v(x)) = u'(x) \cdot v(x) + u(x) \cdot v'(x),$$
woraus mit der Summenregel der Integralrechnung die Behauptung folgt.

Mit dieser Methode wird ein Integral der Form $\int u(x)v'(x)\,dx$ auf das oft leichter berechenbare Integral $\int u'(x)v(x)\,dx$ zurückgeführt.

▶ **Beispiele:**

1. $\int \ln x\,dx$

   Setzt man $u(x) = \ln x$ und $v'(x) = 1$, dann ist $u'(x) = \dfrac{1}{x}$ und $v(x) = x$, und es ergibt sich

   $$\int \ln x\,dx = \int 1 \cdot \ln x\,dx = x \cdot \ln x - \int x \cdot \frac{1}{x}\,dx = x \cdot \ln x - \int dx$$
   $$= x \cdot \ln x - x + C$$

2. $\int xe^x\,dx$

   Setzt man $u(x) = x$ und $v'(x) = e^x$, dann ist $u'(x) = 1$ und $v(x) = e^x$, und es folgt

   $$\int xe^x\,dx = xe^x - \int 1 \cdot e^x\,dx = xe^x - e^x + C = (x-1)e^x + C$$

3. $\int x \cdot \cos x\,dx$

   Setzt man $u(x) = x$ und $v'(x) = \cos x$, dann ist $u'(x) = 1$ und $v(x) = \sin x$, und es ergibt sich

   $$\int x \cdot \cos x\,dx = x \cdot \sin x - \int 1 \cdot \sin x\,dx = x \cdot \sin x + \cos x + C$$

4. $\displaystyle\int x^n \cdot \ln x \, dx \quad (n \in \mathbb{N})$

Setzt man $u(x) = \ln x$ und $v'(x) = x^n$, dann ist $u'(x) = \dfrac{1}{x}$ und $v(x) = \dfrac{x^{n+1}}{n+1}$, und es ergibt sich

$$\int x^n \cdot \ln x \, dx = \frac{x^{n+1}}{n+1} \cdot \ln x - \int \frac{1}{x} \cdot \frac{x^{n+1}}{n+1} \, dx = \frac{x^{n+1}}{n+1} \cdot \ln x - \frac{1}{n+1} \int x^n \, dx$$

$$= \frac{x^{n+1}}{n+1} \cdot \ln x - \frac{1}{(n+1)^2} x^{n+1} + C$$

6. *Substitutionsmethode*

Durch Substitution $x = \varphi(t)$ der unabhängigen Variablen einer Funktion $y = f(x)$, also Einführung einer neuen Variablen t, ergibt sich für das unbestimmte Integral

$$\int f(x) \, dx = \int f(\varphi(t)) \varphi'(t) \, dt$$

Durch geeignete Substitution kann das Integral auf der rechten Seite der Gleichung einfacher zu berechnen sein als das Ausgangsintegral $\int f(x) \, dx$. Die Substitution muss so gewählt sein, dass $x = \varphi(t)$ nach t differenzierbar ist.

▶ **Beispiele:**

1. $\displaystyle\int \frac{dx}{(2+3x)^2}$

Substituiert man $2 + 3x = t$, also $x = \varphi(t) = \dfrac{t-2}{3}$, dann ist $\varphi'(t) = \dfrac{dx}{dt} = \dfrac{1}{3}$ oder $dx = \dfrac{dt}{3}$, und es ergibt sich

$$\int \frac{dx}{(2+3x)^2} = \int \frac{1}{t^2} \cdot \frac{dt}{3} = -\frac{1}{3t} + C = -\frac{1}{3} \cdot \frac{1}{2+3x} + C$$

2. $\displaystyle\int (1+x)^n \, dx \quad (n \in \mathbb{N})$

Substituiert man $x = \varphi(t) = t - 1$, dann ist $\varphi'(t) = \dfrac{dx}{dt} = 1$, also $dx = dt$, und es ergibt sich

$$\int (1+x)^n \, dx = \int t^n \, dt = \frac{t^{n+1}}{n+1} + C = \frac{(x+1)^{n+1}}{n+1} + C$$

3. $\int (x^2 + 7)^8 \cdot x \, dx$

Die Substitution $x^2 + 7 = t$, also $x = \varphi(t) = \sqrt{t - 7}$, ergibt mit der Kettenregel $\varphi'(t) = \dfrac{dx}{dt} = \dfrac{1}{2} \cdot \dfrac{1}{\sqrt{t-7}} \cdot 1$ oder $dx = \dfrac{dt}{2} \cdot \dfrac{1}{\sqrt{t-7}}$, und es folgt

$$\int (x^2 + 7)^8 \cdot x \, dx = \int t^8 \cdot \sqrt{t-7} \cdot \frac{dt}{2} \cdot \frac{1}{\sqrt{t-7}} = \frac{1}{2} \int t^8 \, dt$$

$$= \frac{1}{2} \cdot \frac{1}{9} \cdot t^9 + C = \frac{1}{18} (x^2 + 7)^9 + C$$

Das letzte Integral lässt sich noch einfacher berechnen, wenn man die obige Substitutionsgleichung von rechts nach links liest (mit der Substitution $u = \varphi(x)$).

$$\int f(\varphi(x))\varphi'(x) \, dx = \int f(u) \, du$$

▶ **Beispiel:**

$$\int (x^2 + 7)^8 \cdot x \, dx = \frac{1}{2} \int u^8 \, du = \frac{1}{18} u^9 + C = \frac{1}{18} (x^2 + 7)^9 + C$$

mit der Substitution $u = x^2 + 7$, woraus $du = 2x \, dx$ folgt.

Spezialfall

$$\int [f(x)]^n \cdot f'(x) \, dx = \frac{[f(x)]^{n+1}}{n + 1} + C \quad (n \neq -1)$$

▶ **Beispiel:**

$$\int \cos^5 x \cdot \sin x \, dx = - \int \cos^5 x \cdot (-\sin x) \, dx = -\frac{1}{6} \cos^6 x + C$$

7. *Partialbruchzerlegung*

Die Integration gebrochener rationaler Funktionen $y = f(x)$ mit

$$f(x) = \frac{a_n x^n + a_{n-1} x^{n-1} + \cdots + a_2 x^2 + a_1 x + a_0}{b_m x^m + b_{m-1} x^{m-1} + \cdots + b_2 x^2 + b_1 x + b_0}$$

wird oftmals durch eine Partialbruchzerlegung von $f(x)$ (siehe Abschn. 5.5.2) einfacher oder überhaupt erst möglich.

▶ **Beispiele:**

1. $\displaystyle\int \frac{6x^2 - x + 1}{x^3 - x}\, dx$

Partialbruchzerlegung der Funktion liefert (vgl. Abschn. 5.5.2, Beispiel 3):

$$\frac{6x^2 - x + 1}{x^3 - x} = \frac{1}{x} + \frac{3}{x - 1} + \frac{4}{x + 1}$$

Mit der Summenregel folgt:

$$\int \frac{6x^2 - x + 1}{x^3 - x}\, dx = \int \frac{1}{x}\, dx + \int \frac{3}{x - 1}\, dx + \int \frac{4}{x + 1}\, dx$$

$$= \ln|x| + 3\ln|x - 1| + 4\ln|x + 1| + C$$

2. $\displaystyle\int \frac{3x^2 - x + 1}{x^3 - 2x^2 + x}\, dx$

Durch Partialbruchzerlegung erhält man (vgl. Abschn. 5.5.2, Beispiel 2):

$$\frac{3x^2 - x + 1}{x^3 - 2x^2 + x} = \frac{1}{x} + \frac{2}{x - 1} + \frac{3}{(x - 1)^2}$$

Daraus errechnet sich das unbestimmte Integral der Funktion:

$$\int \frac{3x^2 - x + 1}{x^3 - 2x^2 + x}\, dx = \int \frac{1}{x}\, dx + \int \frac{2}{x - 1}\, dx + \int \frac{3}{(x - 1)^2}\, dx$$

$$= \ln|x| + 2\ln|x - 1| - \frac{3}{x - 1} + C$$

3. $\displaystyle\int \frac{12x^3 - 27x^2 - 8x + 37}{3x^2 - 3x - 6}\, dx$

Polynomdivision ergibt für den Integranden:

$$\frac{12x^3 - 27x^2 - 8x + 37}{3x^2 - 3x - 6} = 4x - 5 + \frac{x + 7}{3(x^2 - x - 2)}$$

Nullstellen des Nenners: $x_1 = 2$, $x_2 = -1$
Zerlegung des Nennerpolynoms: $x^2 - x - 2 = (x - 2)(x + 1)$
Ansatz zur Zerlegung des Bruches in Partialbrüche:

$$\frac{x + 7}{3(x^2 - x - 2)} = \frac{A}{x - 2} + \frac{B}{x + 1}$$

Multiplikation mit dem Hauptnenner:

$$x + 7 = 3A(x + 1) + 3B(x - 2) = (3A + 3B)x + (3A - 6B)$$

Vergleich der Koeffizienten von x und der Absolutglieder:
$1 = 3A + 3B,\ 7 = 3A - 6B$
Lösung dieses Gleichungssystems mit zwei Gleichungen und zwei Variablen A
und B: $A = 1$, $B = -\dfrac{2}{3}$
Damit ergibt sich für das unbestimmte Integral:

$$\int \frac{12x^3 - 27x^2 - 8x + 37}{3x^2 - 3x - 6}\,dx = \int 4x\,dx - \int 5\,dx + \int \frac{1}{x - 2}\,dx - \int \frac{2}{3(x + 1)}\,dx$$

$$= 2x^2 - 5x + \ln|x - 2| - \frac{2}{3}\ln|x + 1| + C$$

8.5.3 Unbestimmte Integrale einiger algebraischer Funktionen

Mit den Integrationsregeln aus Abschn. 8.5.2 lassen sich die unbestimmten Integrale von algebraischen Funktionen berechnen.

Rationale Funktionen

$$\int a\,dx = ax + C$$

$$\int x\,dx = \frac{1}{2}x^2 + C$$

$$\int x^n\,dx = \frac{x^{n+1}}{n + 1} + C$$

$$\int (a_n x^n + a_{n-1} x^{n-1} + \cdots + a_1 x + a_0)\,dx$$

$$= \frac{a_n}{n + 1} x^{n+1} + \frac{a_{n-1}}{n} x^n + \cdots + \frac{a_1}{2} x^2 + a_0 x + C$$

$$\int \frac{1}{x}\,dx = \ln|x| + C$$

$$\int \frac{1}{x^n}\,dx = -\frac{1}{n - 1}\frac{1}{x^{n-1}} + C \quad (n \neq 1)$$

$$\int \frac{x^m}{x^n}\,dx = \frac{1}{m - n + 1}\frac{x^{m+1}}{x^n} + C \quad (n \neq m + 1)$$

Irrationale Funktionen

$$\int \sqrt{x}\,dx = \frac{2}{3} x^{\frac{3}{2}} + C$$

$$\int \sqrt[n]{x}\, dx = \frac{n}{n+1}\, \sqrt[n]{x^{n+1}} + C$$

$$\int \frac{\sqrt[m]{x}}{\sqrt[n]{x}}\, dx = \frac{mn}{n-m+mn}\, \frac{\sqrt[m]{x^{m+1}}}{\sqrt[n]{x}} + C$$

8.5.4 Unbestimmte Integrale einiger transzendenter Funktionen

Auch für einige transzendente Funktionen lassen sich die unbestimmten Integrale mit den Integrationsregeln aus Abschn. 8.5.2 berechnen.

Trigonometrische Funktionen

$$\int \sin x\, dx = -\cos x + C$$

$$\int \cos x\, dx = \sin x + C$$

$$\int \tan x\, dx = -\ln|\cos x| + C$$

$$\int \cot x\, dx = \ln|\sin x| + C$$

$$\int \frac{1}{\cos^2 x}\, dx = \tan x + C \qquad \left(x \neq (2k+1)\,\frac{\pi}{2},\ k \in \mathbb{Z}\right)$$

$$\int \frac{1}{\sin^2 x}\, dx = -\cot x + C \qquad (x \neq k\pi,\ k \in \mathbb{Z})$$

Exponentialfunktionen

$$\int e^x\, dx = e^x + C$$

$$\int a^x\, dx = \frac{1}{\ln a} \cdot a^x + C \qquad (a \in \mathbb{R},\ a > 0 \text{ konstant})$$

Logarithmusfunktionen

$$\int \ln x\, dx = x \cdot (\ln x - 1) + C \qquad (x > 0)$$

$$\int \log_a x\, dx = \frac{1}{\ln a} \cdot x \cdot (\ln x - 1) + C \qquad (a \in \mathbb{R},\ a > 0 \text{ konstant},\ x > 0)$$

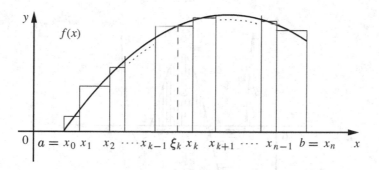

Abb. 8.15 Zur Definition des bestimmten Integrals

8.5.5 Bestimmtes Integral

Ist $y = f(x)$ eine beschränkte Funktion mit einem abgeschlossenen Intervall als Definitionsbereich, also $D = [a, b]$, dann ist das bestimmte Integral von $f(x)$ definiert durch $\int_a^b f(x)\,dx = \lim_{n\to\infty} \sum_{k=1}^{n} f(\xi_k)\Delta x_k$, falls dieser Grenzwert existiert und unabhängig von der Wahl der Zahlen x_k und ξ_k ist (gesprochen: Integral von a bis b über $f(x)\,dx$). Dabei ist $a = x_0 < x_1 < \ldots < x_n = b$ eine Einteilung (Zerlegung) des Intervalls $[a, b]$ mit $\Delta x_k = x_k - x_{k-1}$ und ξ_k, $k = 1, 2, \ldots, n$, ein beliebiger Zwischenpunkt mit $x_{k-1} \leq \xi_k \leq x_k$ (Abb. 8.15).

$$\int_a^b f(x)\,dx = \lim_{n\to\infty} \sum_{k=1}^{n} f(\xi_k)\Delta x_k$$

Die Funktion $f(x)$ heißt dann im Intervall $[a, b]$ integrierbar. Das Zeichen $\int$ heißt Integralzeichen. Man nennt a die untere Integrationsgrenze, b die obere Integrationsgrenze, $f(x)$ den Integranden und x die Integrationsvariable.

Diese Integraldefinition geht auf Bernhard Riemann zurück (deutscher Mathematiker, 1826–1866).

Gilt $f(x) \geq 0$ für alle $x \in [a, b]$, dann ist $\int_a^b f(x)\,dx$ gleich dem Inhalt der von der Kurve (Graph der Funktion $y = f(x)$) und der x-Achse zwischen $x = a$ und $x = b$ berandeten Fläche. Für $f(x) \leq 0$ für alle $x \in [a, b]$ ist $\int_a^b f(x)\,dx$ der negative Flächeninhalt. Besitzt $y = f(x)$ in $[a, b]$ Nullstellen, so ist $\int_a^b f(x)\,dx$ die Differenz der Flächeninhalte oberhalb („+") und unterhalb („−") der x-Achse (Abb. 8.16).

Existenz des bestimmten Integrals:
Jede in einem Intervall $[a, b]$ stetige Funktion ist dort auch integrierbar. Auch jede im Intervall $[a, b]$ beschränkte Funktion, die in $[a, b]$ nur endlich viele Unstetigkeitsstellen besitzt, ist in diesem Intervall integrierbar.

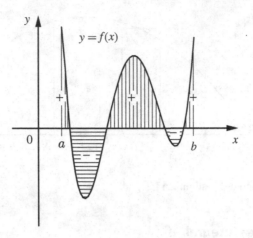

Abb. 8.16 Bestimmtes Integral

▶ **Beispiele:**

1. Für die Funktion $f(x) = c$, $c \in \mathbb{R}$, $D = [a, b]$ und eine beliebige Einteilung $a = x_0 < x_1 < \ldots < x_n = b$ des Intervalls $[a, b]$ gilt

$$\lim_{n \to \infty} \sum_{k=1}^{n} f(\xi_k) \Delta x_k = \lim_{n \to \infty} \sum_{k=1}^{n} c \cdot \Delta x_k = \lim_{n \to \infty} c \sum_{k=1}^{n} (x_k - x_{k-1}) = \lim_{n \to \infty} c \cdot (b - a)$$
$$= c \cdot (b - a)$$

Also ist die Funktion $f(x)$ im Intervall $[a, b]$ integrierbar, und es gilt

$$\int_a^b c\, dx = c \cdot (b - a)$$

2. Es sei $f(x) = x$, $D = [a, b]$. Da $f(x)$ stetig ist, ist $f(x)$ in $[a, b]$ integrierbar. Wählt man für eine Intervalleinteilung $x_k = a + k\Delta$ mit $\Delta = \dfrac{b - a}{n}$, also $a = x_0 < x_1 = a + \Delta < x_2 = a + 2\Delta < \ldots < x_n = a + n\Delta = b$, dann folgt $\Delta x_k = x_k - x_{k-1} = a + k\Delta - (a + (k-1)\Delta) = \Delta$. Wählt man außerdem $\xi_k = x_k$, also $\xi_k = a + k\Delta$, dann gilt

$$\sum_{k=1}^{n} f(\xi_k) \Delta x_k = \sum_{k=1}^{n} x_k \Delta = \sum_{k=1}^{n} (a + k\Delta)\Delta = \sum_{k=1}^{n} a \cdot \Delta + \sum_{k=1}^{n} k \cdot \Delta^2$$

$$= a \cdot \Delta \sum_{k=1}^{n} 1 + \Delta^2 \sum_{k=1}^{n} k = a \cdot \frac{b-a}{n} \cdot n + \left(\frac{b-a}{n}\right)^2 \cdot \frac{(n+1)n}{2}$$

$$= a(b - a) + \frac{(b-a)^2}{2} \cdot \left(1 + \frac{1}{n}\right),$$

denn $\sum_{k=1}^{n} 1 = n$ und $\sum_{k=1}^{n} k = \dfrac{(n+1)n}{2}$. Für das bestimmte Integral ergibt sich dann

$$\int_a^b x\,dx = \lim_{n\to\infty}\left(a(b-a)+\frac{(b-a)^2}{2}\cdot\left(1+\frac{1}{n}\right)\right)$$

$$= a(b-a)+\frac{(b-a)^2}{2}\lim_{n\to\infty}\left(1+\frac{1}{n}\right) = a(b-a)+\frac{(b-a)^2}{2} = \frac{b^2}{2}-\frac{a^2}{2},$$

denn es gilt $\lim\limits_{n\to\infty}\left(1+\dfrac{1}{n}\right) = 1 + \lim\limits_{n\to\infty}\dfrac{1}{n} = 1.$

8.5.6 Hauptsatz der Differential- und Integralrechnung

Der Hauptsatz der Differential- und Integralrechnung liefert den Zusammenhang zwischen bestimmtem und unbestimmtem Integral einer Funktion $y = f(x)$.

Ist die Funktion $y = f(x)$ mit $D = [a, b]$ im Intervall $[a, b]$ integrierbar, und besitzt $f(x)$ eine Stammfunktion $F(x)$, so gilt

$$\int_a^b f(x)\,dx = F(b) - F(a)$$

Das bestimmte Integral ist also Funktionswert von F an der oberen Intervallgrenze minus Funktionswert von F an der unteren Intervallgrenze. Dabei ist $F(x)$ eine beliebige Stammfunktion von $f(x)$.

Statt $F(b) - F(a)$ schreibt man auch $F(x)\left.\right|_{x=a}^{x=b} = F(x)\left.\right|_a^b.$

Mit diesem Satz wird die Berechnung des bestimmten Integrals einer Funktion auf die Berechnung einer Stammfunktion der Funktion zurückgeführt. Der Satz stellt somit den Zusammenhang zwischen dem bestimmten und dem unbestimmten Integral einer Funktion $y = f(x)$ her. Er wurde von Gottfried Wilhelm Leibniz (deutscher Mathematiker, 1646–1716) und Isaac Newton (englischer Mathematiker, 1642–1727) entdeckt.

▶ **Beispiele:**

1. $\displaystyle\int_a^b x\,dx = \frac{1}{2}x^2\left.\right|_a^b = \frac{1}{2}\left(b^2 - a^2\right)$

2. $\displaystyle\int_1^3 \frac{dx}{x} = \ln x\left.\right|_1^3 = \ln 3$

3. $\displaystyle\int_1^5 x^3\,dx = \frac{1}{4}x^4\left.\right|_1^5 = \frac{1}{4}5^4 - \frac{1}{4}1^4 = \frac{5^4 - 1}{4} = 156$

4. $\displaystyle\int_0^\pi \sin x\,dx = -\cos x\left.\right|_0^\pi = -\cos\pi - (-\cos 0) = 1 + 1 = 2$

5. $\displaystyle\int_0^{2\pi} \cos x\,dx = \sin x\left.\right|_0^{2\pi} = \sin 2\pi - \sin 0 = 0$

8.5.7   Eigenschaften des bestimmten Integrals

Die folgenden Eigenschaften zur Berechnung des bestimmten Integrals einer Funktion lassen sich mit Hilfe der Definition beweisen.

1. *Vertauschung der Integrationsgrenzen*

$$\int_b^a f(x)\,dx = -\int_a^b f(x)\,dx$$

▶ **Beispiel:**

$$\int_6^2 x\,dx = \frac{1}{2}x^2\,\Big|_6^2 = \frac{1}{2}2^2 - \frac{1}{2}6^2 = 2 - 18 = -16$$

$$-\int_2^6 x\,dx = -\frac{1}{2}x^2\,\Big|_2^6 = -\left(\frac{1}{2}6^2 - \frac{1}{2}2^2\right) = -(18 - 2) = -16$$

2. *Zusammenfassen der Integrationsintervalle* (Abb. 8.17)

$$\int_a^b f(x)\,dx + \int_b^c f(x)\,dx = \int_a^c f(x)\,dx$$

▶ **Beispiel:**

$$\int_0^\pi \cos x\,dx = \int_0^{\frac{\pi}{2}} \cos x\,dx + \int_{\frac{\pi}{2}}^\pi \cos x\,dx \text{ (Abb. 8.18)}$$

Einzelberechnung der Integrale:

$$\int_0^\pi \cos x\,dx = \sin x\,\Big|_0^\pi = \sin \pi - \sin 0 = 0 - 0 = 0$$

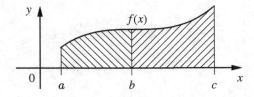

Abb. 8.17 Zusammenfassen der Integrationsintervalle

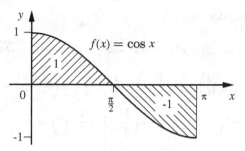

Abb. 8.18 $\displaystyle\int_0^\pi \cos x \, dx = 0$

$$\int_0^{\frac{\pi}{2}} \cos x \, dx = \sin x \, \Big|_0^{\frac{\pi}{2}} = \sin \frac{\pi}{2} - \sin 0 = 1 - 0 = 1$$

$$\int_{\frac{\pi}{2}}^{\pi} \cos x \, dx = \sin x \, \Big|_{\frac{\pi}{2}}^{\pi} = \sin \pi - \sin \frac{\pi}{2} = 0 - 1 = -1$$

3. *Gleiche untere und obere Integrationsgrenze*

$$\int_a^a f(x) \, dx = 0$$

▶ **Beispiel:**

$$\int_3^3 x^3 \, dx = \frac{1}{4} x^4 \, \Big|_3^3 = \frac{1}{4} 3^4 - \frac{1}{4} 3^4 = 0$$

4. Existieren die bestimmten Integrale $\displaystyle\int_a^b f(x) \, dx$ und $\displaystyle\int_a^b g(x) \, dx$, so gilt für beliebige $c_1, c_2 \in \mathbb{R}$

$$\int_a^b (c_1 \cdot f(x) + c_2 \cdot g(x)) \, dx = c_1 \int_a^b f(x) \, dx + c_2 \int_a^b g(x) \, dx$$

▶ **Beispiel:**

$$\int_1^4 (2x - 4x^3) \, dx = 2 \int_1^4 x \, dx - 4 \int_1^4 x^3 \, dx$$

Einzelberechnung der Integrale:

$$\int_1^4 (2x - 4x^3)\, dx = (x^2 - x^4)\big|_1^4 = (4^2 - 4^4) - (1^2 - 1^4) = -240 - 0 = -240$$

$$2\int_1^4 x\, dx = 2\left(\frac{1}{2}x^2\big|_1^4\right) = 2\left(\frac{1}{2}\cdot 4^2 - \frac{1}{2}\cdot 1^2\right) = 2\left(8 - \frac{1}{2}\right) = 15$$

$$-4\int_1^4 x^3\, dx = -4\left(\frac{1}{4}x^4\big|_1^4\right) = -4\left(\frac{1}{4}\cdot 4^4 - \frac{1}{4}\cdot 1^4\right) = -4\left(64 - \frac{1}{4}\right) = -255$$

8.5.8   Einige Anwendungen der Integralrechnung

Es gibt sehr viele Anwendungen der Integralrechnung in der Technik und in den Ingenieur-wissenschaften. Im Folgenden sind exemplarisch einige davon genannt.

Bogenlänge

Die Länge eines Kurvenstücks bezeichnet man als Bogenlänge.

Lässt sich der Bogen durch eine stetig differenzierbare Funktion $y = f(x)$, $f : [a,\, b] \to W$ beschreiben, dann gilt für die Bogenlänge s

$$s = \int_a^b \sqrt{1 + [f'(x)]^2}\, dx$$

Beweis:

Ist $a = x_0 < x_1 < \ldots < x_n = b$ eine Zerlegung Z des Intervalls $[a,\, b]$ mit $\Delta x_k = x_k - x_{k-1}$, $k = 1,\, 2,\, \ldots,\, n$, dann sind $P_k = P_k(x_k|y_k)$ mit $y_k = f(x_k)$ Punkte des Kurvenstücks.

Die geradlinige Verbindung dieser Punkte ergibt einen Streckenzug, dessen Länge s_Z die Summe der Längen der Teilstrecken Δs_k ist (Abb. 8.19):

$$s_Z = \sum_{k=1}^n \Delta s_k = \sum_{k=1}^n \sqrt{(x_k - x_{k-1})^2 + (y_k - y_{k-1})^2} = \sum_{k=1}^n \sqrt{\Delta x_k^2 + \Delta y_k^2}$$

$$= \sum_{k=1}^n \sqrt{1 + \left(\frac{\Delta y_k}{\Delta x_k}\right)^2}\, \Delta x_k$$

Der Mittelwertsatz der Differentialrechnung sagt aus, dass es für eine stetig differenzierbare Funktion $y = f(x)$, $f : [a,\, b] \to W$ mindestens eine Stelle ξ mit $a < \xi < b$ gibt, so dass $\dfrac{f(b) - f(a)}{b - a} = f'(\xi)$. Es folgt, dass es in allen Intervallen $(x_{k-1},\, x_k)$ Zwischen-stellen ξ_k gibt mit $\dfrac{\Delta y_k}{\Delta x_k} = \dfrac{f(x_k) - f(x_{k-1})}{x_k - x_{k-1}} = f'(\xi_k)$. Damit folgt für die Länge s_Z des Streckenzugs Z:

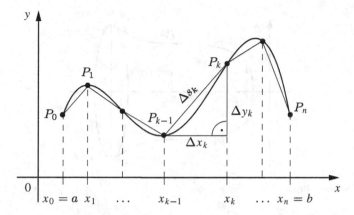

Abb. 8.19 Streckenzug zu einer Zerlegung Z

$$s_Z = \sum_{k=1}^{n} \sqrt{1 + [f'(\xi_k)]^2} \, \Delta x_k.$$

Mit f' ist auch $\sqrt{1 + f'^2}$ in $[a, b]$ stetig, und somit folgt für die Bogenlänge s mit der Definition des bestimmten Integrals:

$$s = \lim_{n \to \infty} \sum_{k=1}^{n} \sqrt{1 + [f'(\xi_k)]^2} \, \Delta x_k = \int_a^b \sqrt{1 + [f'(x)]^2} \, dx$$

▶ **Beispiel:**

Bogen: $y = \sqrt{1 - x^2}$, $D = [a, b] = [-1, 1]$ (Halbkreis)

Bogenlänge: $s = \int_{-1}^{1} \sqrt{1 + \left(\frac{-x}{\sqrt{1 - x^2}}\right)^2} \, dx = \int_{-1}^{1} \frac{1}{\sqrt{1 - x^2}} \, dx = \arcsin x \Big|_{-1}^{1} = \pi$

Volumen und Mantelfläche von Rotationskörpern

Ein Rotationskörper ist ein Körper, der entsteht, wenn die Kurve einer Funktion $y = f(x)$ mit $f(x) \geq 0$ um die x-Achse (Rotationsachse) zwischen $x = a$ und $x = b$ rotiert (oder die inverse Funktion um die y-Achse). Rotationskörper sind aus dem Alltag bekannt: Vasen, Gläser oder gedrechselte Figuren zum Beispiel (Abb. 8.20).

Ein Rotationskörper ist durch zwei Schnitte senkrecht zur Rotationsachse begrenzt. Die von der Kurve, der x-Achse und den Geraden $x = a$ und $x = b$ begrenzte Fläche heißt die erzeugende Fläche des Rotationskörpers.

Die Kugel ist zum Beispiel ein Rotationskörper. Sie entsteht durch Rotation eines Kreises mit dem Mittelpunkt im Koordinatenursprung um eine der beiden Achsen. Auch gerade Kreiskegel und gerade Kreiszylinder sind Rotationskörper.

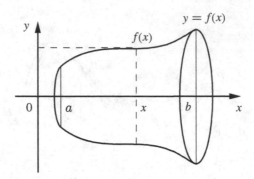

Abb. 8.20 Rotationskörper

Für das Volumen V und für den Inhalt A_M der Mantelfläche eines Rotationskörpers gilt

Volumen $V = \pi \displaystyle\int_a^b f^2(x)\,dx$

Mantelfläche $A_M = 2\pi \displaystyle\int_a^b f(x)\sqrt{1 + [f'(x)]^2}\,dx$

▶   **Beispiel:**

Die Gleichung des oberen Halbkreises mit dem Radius r lautet (explizite Form in kartesischen Koordinaten) $y = \sqrt{r^2 - x^2}$, $D = [-r, r]$.

Die Ableitung dieser Funktion ist $y'(x) = \dfrac{1}{2}(-2x)\dfrac{1}{\sqrt{r^2 - x^2}} = \dfrac{-x}{\sqrt{r^2 - x^2}}$.

Somit berechnet man nach den obigen Formeln für das Volumen V und die Oberfläche A_O (hier: Mantelfläche = Oberfläche) einer Kugel mit dem Radius r

$$V = \pi \int_{a=-r}^{b=r} (r^2 - x^2)\,dx = 2\pi \int_0^r (r^2 - x^2)\,dx = 2\pi \left(r^2 x - \frac{1}{3}x^3 \right)\Big|_0^r$$

$$= 2\pi \cdot \frac{2}{3}r^3 = \frac{4}{3}\pi r^3$$

$$A_O = 2\pi \int_{a=-r}^{b=r} \sqrt{r^2 - x^2}\,\sqrt{1 + \frac{x^2}{r^2 - x^2}}\,dx = 4\pi \int_0^r \sqrt{r^2 - x^2}\,\sqrt{\frac{r^2}{r^2 - x^2}}\,dx$$

$$= 4\pi \int_0^r r\,dx = 4\pi \cdot rx\Big|_0^r = 4\pi r^2$$

Volumen und Mantelfläche von Rotationskörpern lassen sich auch mit Hilfe der guldinschen Regeln berechnen (benannt nach dem Mathematiker Paul Guldin, 1577–1643):

1. guldinsche Regel

Das Volumen eines Rotationskörpers ist gleich dem Produkt aus dem Inhalt der auf einer Seite der Rotationsachse liegenden erzeugenden Fläche und der Länge des Weges, den der Flächenschwerpunkt bei der Rotation zurücklegt.

2. guldinsche Regel

Der Inhalt der Mantelfläche eines Rotationskörpers ist gleich dem Produkt aus der Länge des auf einer Seite der Rotationsachse liegenden erzeugenden Kurvenstücks und der Länge des Weges, den der Schwerpunkt des erzeugenden Kurvenstücks bei der Rotation zurücklegt.

Massenträgheitsmoment von Zylindern

1. *Definition des Massenträgheitsmoments*

   Dreht sich ein Massenpunkt der Masse m im Abstand r um eine Rotationsachse, so gilt für die Geschwindigkeit $v = \omega r$, wobei ω die Winkelgeschwindigkeit ist. Für die kinetische Energie gilt:

   $$W = \frac{m}{2} v^2 = \frac{m}{2} (\omega r)^2$$

   Betrachtet man ein System von n Massenpunkten der Massen Δm_k, $k = 1, 2, \ldots, n$, die sich mit der gleichen Winkelgeschwindigkeit ω um eine Achse drehen, so gilt für die kinetische Energie:

   $$W = \sum_{k=1}^{n} \frac{\Delta m_k (\omega r_k)^2}{2} = \frac{\omega^2}{2} \sum_{k-1}^{n} r_k^2 \cdot \Delta m_k$$

   Der Vergleich mit einer geradlinig bewegten Masse zeigt, dass der Geschwindigkeit v die Winkelgeschwindigkeit ω entspricht und der Masse m bei der Rotation die Summe $\sum_{k=1}^{n} r_k^2 \cdot \Delta m_k$. Diese Summe wird Massenträgheitsmoment J genannt:

   $$J = \sum_{k=1}^{n} r_k^2 \cdot \Delta m_k$$

2. *Massenträgheitsmoments eines Vollzylinders*

   Der betrachtete Vollzylinder hat die Höhe h und ist homogen, das heißt, er hat konstante Dichte ρ, und er rotiert um die Zylinderachse (Abb. 8.21).
   Denkt man sich den Zylinder in n Hohlzylinder der Dicke Δr_k zerlegt, dann gilt für deren Volumen $\Delta V_k \approx 2\pi r_k \cdot \Delta r_k \cdot h$. Ist Δr_k sehr klein, dann haben alle Massenpunkte eines Hohlzylinders nahezu den gleichen Abstand r_k von der Drehachse, und es gilt für

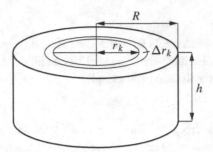

Abb. 8.21 Zum Massenträgheitsmoment eines Vollzylinders

das Massenträgheitsmoment J_V des Vollzylinders

$$J_V \approx \sum_{k=1}^{n} r_k^2 \Delta m_k = \sum_{k=1}^{n} r_k^2 \cdot \rho \cdot \Delta V_k \approx \rho \sum_{k=1}^{n} r_k^2 \cdot 2\pi r_k \cdot \Delta r_k \cdot h = 2\pi \rho h \sum_{k=1}^{n} r_k^3 \Delta r_k$$

Wählt man die Unterteilung immer feiner, also $\Delta r_k \to 0$, so folgt mit der Definition des bestimmten Integrals

$$J_V = 2\pi \rho h \lim_{n \to \infty} \sum_{k=1}^{n} r_k^3 \Delta r_k = 2\pi \rho h \int_0^R r^3 \, dr = 2\pi \rho h \cdot \frac{R^4}{4} = \frac{1}{2} \pi \rho h R^4$$

$$= \frac{R^2}{2} \cdot \pi \rho h R^2 = \frac{R^2}{2} \cdot m_V$$

$m_V = \pi \rho h R^2$ ist die Masse des Vollzylinders

3. *Massenträgheitsmoments eines Hohlzylinders*

Das Massenträgheitsmoment J_H eines Hohlzylinders mit dem Außendurchmesser R_a, dem Innendurchmesser R_i, der Höhe h und der konstanten Dichte ρ in Bezug auf die Zylinderachse erhält man als Differenz der Trägheitsmomente zweier Vollzylinder (Abb. 8.22).

$$J_H = 2\pi \rho h \int_0^{R_a} r^3 \, dr - 2\pi \rho h \int_0^{R_i} r^3 \, dr = 2\pi \rho h \int_{R_i}^{R_a} r^3 \, dr = 2\pi \rho h \left(\frac{r^4}{4} \Big|_{R_i}^{R_a} \right)$$

$$= \frac{1}{2} \pi \rho h (R_a^4 - R_i^4) = \frac{R_a^2 + R_i^2}{2} \cdot \pi \rho h (R_a^2 - R_i^2) = \frac{R_a^2 + R_i^2}{2} \cdot m_H$$

$m_H = \pi \rho h (R_a^2 - R_i^2)$ ist die Masse des Hohlzylinders

8.6   Funktionenreihen

Zur Untersuchung von Eigenschaften gegebener Funktionen ist es oftmals sinnvoll, eine Funktion näherungsweise durch eine unendliche Reihe darzustellen. Eine solche Darstellung heißt Entwicklung der Funktion in eine unendliche Reihe. Häufig wählt man, gerade bei

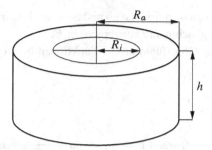

Abb. 8.22 Zum Massenträgheitsmoment eines Hohlzylinders

praktischen Anwendungen, als Darstellung eine Potenzreihe oder, besonders bei Funktionen, die periodische Vorgänge beschreiben, Fourier-Reihen.

8.6.1 Definitionen

Für jedes $n = 1, 2, 3, \ldots$ sei $f_n(x)$ eine Funktion mit dem Definitionsbereich $D \subseteq \mathbb{R}$. Die Folge dieser Funktionen heißt Funktionenfolge.

$$(f_n(x)) = (f_1(x), f_2(x), f_3(x), \ldots)$$

Wählt man $x = x_0 \in D$ fest, so erhält man eine gewöhnliche Zahlenfolge (a_n) mit $a_n = f_n(x_0)$ (vgl. Abschn. 8.1).

▶   **Beispiel:**

$$f_n(x) = x^n \implies \text{Funktionenfolge: } (f_n(x)) = (x^n) = (x, x^2, x^3, x^4, \ldots)$$
$$x = x_0 = 2 \implies \text{Zahlenfolge: } (2^n) = (2, 2^2, 2^3, 2^4, \ldots) = (2, 4, 8, 16, \ldots)$$

Die Konvergenz von Funktionenfolgen wird analog zur Konvergenz von Zahlenfolgen definiert:

Die Funktionenfolge $(f_n(x))$ konvergiert in einem Bereich $E \subseteq D \subseteq \mathbb{R}$ gegen die Funktion $f(x)$, wenn für jedes $x \in E$ die Folge $(f_n(x))$ gegen den Funktionswert $f(x)$ konvergiert. Das heißt, zu jedem $x \in E$ lässt sich nach Vorgabe einer positiven Zahl ε ein $n_0 \in \mathbb{N}$ (im Allgemeinen sowohl von x als auch von ε abhängig, also $n_0 = n_0(\varepsilon, x)$) so finden, dass für alle $n \geq n_0$ gilt $|f(x) - f_n(x)| < \varepsilon$. Man nennt dieses punktweise Konvergenz der Funktionenfolge und schreibt dafür

$$\lim_{n \to \infty} f_n(x) = f(x) \quad \text{für } x \in E$$

Hängt dagegen die Größe von n_0 nur von ε ab und nicht auch von x, also $n_0 = n_0(\varepsilon)$, dann heißt die Funktionenfolge gleichmäßig konvergent in E.

Die Funktion $f(x)$ heißt Grenzfunktion der Funktionenfolge $(f_n(x))$.

▶ **Beispiel:**

$$f_n(x) = x^n, \quad D = \left[0, \frac{1}{2}\right]$$

Für ein beliebiges $\epsilon > 0$ wählt man n_0 so, dass $\dfrac{1}{2^{n_0}} < \varepsilon$ ist. Für alle $n \geq n_0$

und für alle $x \in D$ gilt dann: $|f_n(x) - 0| = x^n \leq \dfrac{1}{2^n} \leq \dfrac{1}{2^{n_0}} < \varepsilon.$

Die Funktionenfolge ist also gleichmäßig konvergent im Definitionsbereich D mit der Grenzfunktion $f(x) = 0$.

Eine Funktionenreihe ist die Summe der Glieder einer Funktionenfolge $(f_n(x))$.

$$\text{Funktionenreihe} \qquad f_1(x) + f_2(x) + \ldots + f_n(x) + \ldots = \sum_{k=1}^{\infty} f_k(x)$$

Die folgenden Summen heißen Partialsummen der Funktionenreihe.

$$F_1(x) = f_1(x), \; F_2(x) = f_1(x) + f_2(x), \; F_3(x) = f_1(x) + f_2(x) + f_3(x), \ldots,$$

$$F_n(x) = f_1(x) + f_2(x) + f_3(x) + \ldots + f_n(x) = \sum_{k=1}^{n} f_k(x)$$

In Analogie zu den gewöhnlichen Reihen heißt eine Funktionenreihe in einem Bereich $E \subseteq D \subseteq \mathbb{R}$ konvergent, wenn die Folge der Partialsummen $F_n(x) = \sum_{k=1}^{n} f_k(x)$ der Funktionenreihe in E gegen eine Funktion $F(x)$ konvergiert. Man schreibt dann

$$F(x) = \lim_{n \to \infty} \sum_{k=1}^{n} f_k(x) = \sum_{k=1}^{\infty} f_k(x)$$

Ist die Konvergenz der Folge der Partialsummen in E punktweise, dann heißt auch die Funktionenreihe in E punktweise konvergent. Ist dagegen die Konvergenz der Folge der Partialsummen gleichmäßig, so heißt auch die Funktionenreihe gleichmäßig konvergent.

Die Funktion $F(x)$ heißt Grenzfunktion der Funktionenreihe in E. Man nennt $F(x)$ auch die durch die Funktionenreihe dargestellte Funktion (im Konvergenzbereich E).

Die Funktionenreihe $\sum_{k=1}^{\infty} f_k(x)$ heißt in E absolut konvergent, wenn $\sum_{k=1}^{\infty} |f_k(x)| < \infty$ für jedes $x \in E$ gilt. Bei absolut konvergenten Funktionenreihen darf die Summationsreihenfolge der Ausgangsreihe beliebig geändert werden, ohne dass sich dadurch der Wert der Reihe ändert.

▶ **Beispiel:**

Funktionenreihe: $\sum_{k=1}^{\infty} \dfrac{x^2}{(1+x^2)^k}, \quad x \in \mathbb{R}$

Für $x = 0$ gilt $f_k(x) = \dfrac{x^2}{(1+x^2)^k} = 0$.

Für festes $x \neq 0$ ist $\dfrac{1}{1+x^2} < 1$, die Reihe $\sum_{k=1}^{\infty} f_k(x) = \sum_{k=1}^{\infty} x^2 \left(\dfrac{1}{1+x^2}\right)^k$ ist also eine konvergente geometrische Reihe (vgl. Abschn. 8.2.3) mit der Grenzfunktion

$$F(x) = \sum_{k=1}^{\infty} x^2 \left(\frac{1}{1+x^2}\right)^k = x^2 \sum_{k=1}^{\infty} \left(\frac{1}{1+x^2}\right)^k = x^2 \cdot \frac{1}{1 - \frac{1}{1+x^2}} = x^2 \cdot \frac{1}{\frac{x^2}{1+x^2}} = 1 + x^2.$$

Die Funktionenreihe $\sum_{k=1}^{\infty} \dfrac{x^2}{(1+x^2)^k}$ ist für alle $x \in \mathbb{R}$ konvergent mit der Grenzfunktion

$$F(x) = \begin{cases} 1 + x^2 & \text{für } x \neq 0 \\ 0 & \text{für } x = 0 \end{cases}$$

8.6.2 Potenzreihen

Funktionenreihen $\sum_{k=0}^{\infty} f_k(x)$ mit $f_k(x) = a_k(x - x_0)^k$, wobei a_k, $k = 0, 1, 2, \ldots$, und x_0 reelle Zahlen sind, heißen Potenzreihen.

Potenzreihe $\sum_{k=0}^{\infty} a_k(x - x_0)^k = a_0 + a_1(x - x_0) + a_2(x - x_0)^2 + a_3(x - x_0)^3 + \ldots$

Die reellen Zahlen $a_0, a_1, a_2, \ldots$ heißen Koeffizienten der Potenzreihe, x_0 heißt ihr Entwicklungspunkt.

Der Konvergenzbereich einer Potenzreihe ist die Menge aller Zahlen, die man für x einsetzen kann, so dass die entstehende numerische Reihe konvergiert.

▶ **Beispiel:**

Zum Konvergenzbereich der Potenzreihe $\sum_{k=0}^{\infty} x^k = 1 + x + x^2 + x^3 + \cdots$ gehört

die Zahl $\dfrac{1}{2}$, denn die numerische Reihe $\sum_{k=0}^{\infty} \left(\dfrac{1}{2}\right)^k$ konvergiert, die Zahl -2 aber

nicht, da die Reihe $\sum_{k=0}^{\infty} (-2)^k$ divergiert.

Für den Konvergenzbereich einer Potenzreihe gibt es drei Möglichkeiten:
* Die Reihe konvergiert nur im Entwicklungspunkt x_0.
* Die Reihe konvergiert für alle $x \in \mathbb{R}$.
* Die Reihe konvergiert für alle x aus einem endlichen offenen Intervall $(x_0 - r, \ x_0 + r)$. In den beiden Randpunkten $x_0 - r$ und $x_0 + r$ kann die Reihe konvergent oder divergent sein.

Die Zahl r heißt Konvergenzradius der Potenzreihe. Sie wird bestimmt durch $r = \lim\limits_{n \to \infty} \left| \dfrac{a_n}{a_{n+1}} \right|$ oder $r = \dfrac{1}{\lim\limits_{n \to \infty} \sqrt[n]{|a_n|}}$, falls diese Grenzwerte existieren.

Die erste Möglichkeit für den Konvergenzbereich einer Potenzreihe folgt aus $\lim\limits_{n \to \infty} \sqrt[n]{|a_n|} = \infty$, es ist dann $r = 0$. Die zweite Möglichkeit folgt aus $\lim\limits_{n \to \infty} \sqrt[n]{|a_n|} = 0$, es ist dann $r = \infty$.

▶ **Beispiele:**

1. $\displaystyle\sum_{k=1}^{\infty} k^k \, x^k$

$\lim\limits_{n \to \infty} \sqrt[n]{|a_n|} = \lim\limits_{n \to \infty} \sqrt[n]{n^n} = \lim\limits_{n \to \infty} n = \infty$

Somit ist $r = 0$, der Konvergenzbereich besteht also nur aus dem Entwicklungspunkt x_0.

2. $\displaystyle\sum_{k=0}^{\infty} \frac{2^{k-1}}{k^{k+1}} x^k$

$$\lim_{n \to \infty} \sqrt[n]{|a_n|} = \lim_{n \to \infty} \sqrt[n]{\frac{2^n}{2n \cdot n^n}} = \lim_{n \to \infty} \frac{1}{\sqrt[n]{2} \cdot \sqrt[n]{n}} \cdot \frac{2}{n} = 0,$$

denn $\displaystyle\lim_{n \to \infty} \sqrt[n]{2} = \lim_{n \to \infty} \sqrt[n]{n} = 1.$

Es ist also $r = \infty$, die Reihe konvergiert für alle $x \in \mathbb{R}$.

3. $\displaystyle\sum_{k=0}^{\infty} k^2\, 5^k\, (x-2)^k$

$$\lim_{n \to \infty} \sqrt[n]{|a_n|} = \lim_{n \to \infty} \sqrt[n]{n^2\, 5^n} = \lim_{n \to \infty} 5 \cdot \sqrt[n]{n^2} = 5 \lim_{n \to \infty} (\sqrt[n]{n})^2 = 5$$

Der Konvergenzradius ist folglich $r = \dfrac{1}{5}$. Um den genauen Konvergenzbereich zu bestimmen, müssen die Randpunkte $x_1 = 2 - \dfrac{1}{5} = \dfrac{9}{5}$ und $x_2 = 2 + \dfrac{1}{5} = \dfrac{11}{5}$ untersucht werden. Für x_1 erhält man die numerische Reihe

$$\sum_{k=0}^{\infty} k^2\, 5^k \left(-\frac{1}{5}\right)^k = \sum_{k=0}^{\infty} (-1)^k k^2 \text{ und für } x_2 \text{ die Reihe } \sum_{k=0}^{\infty} k^2\, 5^k \left(\frac{1}{5}\right)^k = \sum_{k=0}^{\infty} k^2.$$

Beide numerischen Reihen divergieren, die Potenzreihe konvergiert somit in keinem der Randpunkte. Der Konvergenzbereich der Potenzreihe ist das offene Intervall $\left(\dfrac{9}{5}, \dfrac{11}{5}\right)$.

Im Konvergenzbereich der Potenzreihe wird die Grenzfunktion $F(x)$ durch die Potenzreihe dargestellt.

$$F(x) = \sum_{k=0}^{\infty} a_k (x - x_0)^k$$

Eine durch eine Potenzreihe dargestellte Funktion $F(x)$ ist im Innern des Konvergenzbereichs stetig. Eine Potenzreihe konvergiert in jedem abgeschlossenen Teilintervall des Konvergenzbereichs gleichmäßig. Jede Potenzreihe darf im Innern des Konvergenzbereichs gliedweise differenziert und integriert werden. Die so entstehenden Potenzreihen haben den gleichen Konvergenzradius r wie die Ausgangsreihe. Für $x \in (x_0 - r, x_0 + r)$ gilt somit

$$F(x) = \sum_{k=0}^{\infty} a_k (x - x_0)^k$$

$$F'(x) = \sum_{k=0}^{\infty} k \cdot a_k (x - x_0)^{k-1}$$

$$\int F(x)\,dx = \sum_{k=0}^{\infty} \frac{a_k}{k+1} (x - x_0)^{k+1} + C$$

Die Integrationskonstante ist durch Einsetzen (zum Beispiel $x_0 = 0$) zu bestimmen.

▶ **Beispiel:**

Potenzreihe: $F(x) = \displaystyle\sum_{k=0}^{\infty} x^k = \frac{1}{1-x}$ (vgl. Abschn. 8.2.3)

Konvergenzradius: $r = \displaystyle\lim_{n\to\infty} \left| \frac{a_n}{a_{n+1}} \right| = \lim_{n\to\infty} \frac{1}{1} = 1$

In den Randpunkten $x_1 = -1$ und $x_2 = 1$ divergiert die numerische Reihe, der Konvergenzbereich der Potenzreihe ist somit das offene Intervall $(-1, 1)$.

Differentiation: $F'(x) = \displaystyle\sum_{k=0}^{\infty} k\, x^{k-1} = \frac{d}{dx}\left(\frac{1}{1-x} \right) = \frac{1}{(1-x)^2}$

für $x \in (-1, 1)$

Integration: $\displaystyle\int F(x)\,dx = \sum_{k=0}^{\infty} \frac{1}{k+1} x^{k+1} + C = \int \frac{dx}{1-x} = -\ln(1-x)$

Aus $x = 0$ folgt $C = 0$, es gilt daher

$$\sum_{k=0}^{\infty} \frac{1}{k+1} x^{k+1} = -\ln(1-x) \quad \text{für } x \in (-1, 1)$$

Für zwei Potenzreihen $F(x) = \displaystyle\sum_{k=0}^{\infty} a_k (x - x_0)^k$ und $G(x) = \displaystyle\sum_{k=0}^{\infty} b_k (x - x_0)^k$ mit dem gleichen Entwicklungspunkt x_0 gelten folgende Rechenregeln (x liegt dabei im Innern des Konvergenzbereichs beider Reihen):

Summe	$F(x) + G(x) = \sum_{k=0}^{\infty}(a_k + b_k)(x - x_0)^k$
Differenz	$F(x) - G(x) = \sum_{k=0}^{\infty}(a_k - b_k)(x - x_0)^k$
Produkt	$F(x) \cdot G(x) = a_0 b_0 + (a_0 b_1 + a_1 b_0)(x - x_0)$

$$+ (a_0 b_2 + a_1 b_1 + a_2 b_0)(x - x_0)^2 + \dots$$

$$= \sum_{k=0}^{\infty}(a_0 b_k + a_1 b_{k-1} + \dots + a_k b_0)(x - x_0)^k$$

Quotient	$\dfrac{F(x)}{G(x)} = \sum_{k=0}^{\infty} c_k (x - x_0)^k$

Die Produktdarstellung nennt man Cauchy-Produkt (nach dem französischen Mathematiker Augustin Louis Cauchy, 1789–1857). Den Quotienten berechnet man durch Multiplikation mit dem Nenner

$$\sum_{k=0}^{\infty} a_k (x - x_0)^k = \left(\sum_{k=0}^{\infty} b_k (x - x_0)^k\right)\left(\sum_{k=0}^{\infty} c_k (x - x_0)^k\right)$$

und anschließendem Koeffizientenvergleich der Potenzen von $(x - x_0)^k$ auf beiden Seiten des Gleichheitszeichens.

8.6.3   Fourier-Reihen

In der Praxis treten häufig periodische Vorgänge auf (zum Beispiel Schwingungen in der Elektrotechnik, Akustik oder Optik), die sich am besten durch periodische Funktionen beschreiben lassen. Oftmals ist es dann notwendig oder vorteilhaft, eine solche periodische Funktion exakt oder angenähert durch eine Funktionenreihe, deren Summanden bestimmte Summen aus trigonometrischen Funktionen sind, darzustellen.

Eine Funktion, deren Funktionsgleichung die Bedingung $f(x + T) = f(x)$ für alle x aus dem Definitionsbereich D erfüllt, wobei $T \neq 0$ eine Konstante ist, heißt periodische Funktion (vgl. Abschn. 5.2.7). Die kleinste positive Zahl T mit dieser Eigenschaft heißt Periode der Funktion, man nennt die Funktion $y = f(x)$ auch T-periodisch.

Eine T-periodische Funktion $y = f(x)$ ist eindeutig bestimmt durch ihr Verhalten auf einem beliebigen Intervall der Länge T. Diese Tatsache führte zur Einführung von Fourier-Reihen.

Funktionenreihen $\sum\limits_{k=0}^{\infty} f_k(x)$ mit $f_k(x) = a_k \cos \dfrac{\pi k}{p} x + b_k \sin \dfrac{\pi k}{p} x$ für $k = 1, 2, 3, \ldots$

(a_k und b_k sind reelle Zahlen) und $f_0(x) = \dfrac{a_0}{2}$ heißen trigonometrische Reihen.

Trigonometrische Reihe $\sum\limits_{k=0}^{\infty} f_k(x) = \dfrac{a_0}{2} + \sum\limits_{k=1}^{\infty} \left(a_k \cos \dfrac{\pi k}{p} x + b_k \sin \dfrac{\pi k}{p} x \right)$

Dabei sind (a_k), $k = 0, 1, 2, \ldots$ und (b_k), $k = 1, 2, 3, \ldots$ Zahlenfolgen.

Ist eine trigonometrische Reihe für alle $x \in \mathbb{R}$ konvergent, so stellt sie in $\mathbb{R}$ eine Funktion $F(x)$ dar:

$$F(x) = \frac{a_0}{2} + \sum_{k=1}^{\infty} \left(a_k \cos \frac{\pi k}{p} x + b_k \sin \frac{\pi k}{p} x \right)$$

In diesem Fall ist $F(x)$ eine $2p$-periodische Funktion, denn es gilt für alle $x \in \mathbb{R}$:

$$F(x + 2p) = \frac{a_0}{2} + \sum_{k=1}^{\infty} \left(a_k \cos \frac{\pi k}{p} (x + 2p) + b_k \sin \frac{\pi k}{p} (x + 2p) \right)$$

$$= \frac{a_0}{2} + \sum_{k=1}^{\infty} \left(a_k \cos \left(\frac{\pi k}{p} x + 2\pi k \right) + b_k \sin \left(\frac{\pi k}{p} x + 2\pi k \right) \right)$$

$$= \frac{a_0}{2} + \sum_{k=1}^{\infty} \left(a_k \cos \frac{\pi k}{p} x + b_k \sin \frac{\pi k}{p} x \right) = F(x)$$

Sind die numerischen Reihen $\sum\limits_{k=1}^{\infty} a_k$ und $\sum\limits_{k=1}^{\infty} b_k$ absolut konvergent (vgl. Abschn. 8.6.1), dann gilt:

1. Die trigonometrische Reihe $\dfrac{a_0}{2} + \sum\limits_{k=1}^{\infty} \left(a_k \cos \dfrac{\pi k}{p} x + b_k \sin \dfrac{\pi k}{p} x \right)$ ist für alle $x \in \mathbb{R}$ konvergent.

2. Die Funktion $F(x)$ mit $F(x) = \dfrac{a_0}{2} + \sum\limits_{k=1}^{\infty} \left(a_k \cos \dfrac{\pi k}{p} x + b_k \sin \dfrac{\pi k}{p} x \right)$ ist in $\mathbb{R}$ stetig.

Es sei $y = f(x)$ eine $2p$-periodische Funktion, die über dem Intervall $[-p, p]$ integrierbar ist. Dann heißen die Zahlen a_k und b_k die Fourier-Koeffizienten der Funktion $f(x)$.

$$
\begin{aligned}
&\text{Fourier-} &a_k &= \frac{1}{p} \int_{-p}^{p} f(x) \cdot \cos \frac{\pi k}{p} x \, dx \ (k \in \mathbb{N}) \\
&\text{Koeffizienten} \\
&\text{von } f(x) &b_k &= \frac{1}{p} \int_{-p}^{p} f(x) \cdot \sin \frac{\pi k}{p} x \, dx \ (k \in \mathbb{N})
\end{aligned}
$$

Die mit Hilfe dieser Fourier-Koeffizienten gebildete trigonometrische Reihe

$\dfrac{a_0}{2} + \displaystyle\sum_{k=1}^{\infty} \left(a_k \cos \dfrac{\pi k}{p} x + b_k \sin \dfrac{\pi k}{p} x \right)$ heißt die zur Funktion $f(x)$ gehörende oder die

durch $f(x)$ erzeugte oder die $f(x)$ formal zugeordnete Fourier-Reihe (Name nach dem französischen Mathematiker Jean-Baptiste-Joseph Fourier, 1768–1830). Man schreibt:

$$
\begin{aligned}
&f(x) \text{ formal zugeordnete} \\
&\text{Fourier-Reihe}
\end{aligned}
\qquad
f(x) \sim \frac{a_0}{2} + \sum_{k=1}^{\infty} \left(a_k \cos \frac{\pi k}{p} x + b_k \sin \frac{\pi k}{p} x \right) \quad (*)
$$

Das Zeichen $\sim$ soll andeuten, dass die Zuordnung von $f(x)$ zu ihrer Fourier-Reihe eine formale Zuordnung ist. Es ist nichts ausgesagt über die Konvergenz dieser Fourier-Reihe und nichts darüber, ob im Falle der Konvergenz die Fourier-Reihe die Funktion $f(x)$ auch darstellt, das heißt, ob in $(*)$ die Gleichheit gilt.

Da die Integranden der Fourier-Koeffizienten $2p$-periodisch sind, kann dort jedes Intervall der Länge $2p$ als Integrationsintervall verwendet werden, zum Beispiel $[0, 2p]$.

Ist $f(x)$ eine gerade Funktion, das heißt, gilt $f(x) = f(-x)$ (vgl. Abschn. 5.2.2), so folgt

$$
\begin{aligned}
&f(x) \text{ gerade Funktion} &a_k &= \frac{2}{p} \int_{0}^{p} f(x) \cdot \cos \frac{\pi k}{p} x \, dx \quad (k = 0, 1, 2, \ldots) \\
& &b_k &= 0 \qquad\qquad\qquad\qquad\quad (k = 1, 2, 3, \ldots)
\end{aligned}
$$

Für eine ungerade Funktion $f(x)$, also $f(x) = -f(-x)$, folgt

$$
\begin{aligned}
&f(x) \text{ ungerade Funktion} &a_k &= 0 \qquad\qquad\qquad\qquad\qquad\quad (k = 0, 1, 2, \ldots) \\
& &b_k &= \frac{2}{p} \int_{0}^{p} f(x) \cdot \sin \frac{\pi k}{p} x \, dx \quad (k = 1, 2, 3, \ldots)
\end{aligned}
$$

Die Bestimmung der Fourier-Koeffizienten einer Funktion heißt harmonische Analyse.

Der Satz von Dirichlet (nach dem Mathematiker Peter Gustav Lejeune Dirichlet, 1805–1859) gibt hinreichende Bedingungen dafür an, dass eine Funktion $f(x)$ durch ihre (konvergente) Fourier-Reihe dargestellt wird, das heißt dafür, dass in (∗) Gleichheit für alle x gilt.

Satz von Dirichlet:

(1) Die Funktion $f(x)$ mit der Periode $2p$ ist im Intervall $[-p, p]$ bis auf endlich viele Sprungstellen (vgl. Abschn. 8.3.7) stetig.
(2) Das Intervall $[-p, p]$ lässt sich so in endlich viele Teilintervalle zerlegen, dass $f(x)$ in den einzelnen Teilintervallen monoton (monoton fallend oder monoton wachsend) ist (vgl. Abschn. 5.2.1).

Gelten (1) und (2) für eine Funktion $f(x)$, so konvergiert die Fourier-Reihe von $f(x)$ und stellt die Funktion auch dar.

An den Sprungstellen der Funktion nimmt die Fourier-Reihe den Mittelwert an, das heißt, für eine Sprungstelle x_1 gilt $f(x_1) = \dfrac{1}{2} \left(\lim\limits_{x \to x_1+0} f(x) + \lim\limits_{x \to x_1-0} f(x) \right)$ (vgl. Abschn. 8.3.2).

Häufig kommt es vor, dass die Funktion $f(x)$ nur in dem Intervall $[-p, p]$ definiert, nicht aber periodisch ist. In diesem Fall setzt man die Funktion $f(x)$ einfach nach links und nach rechts periodisch fort und bestimmt dann die Fourier-Reihe zu der fortgesetzten Funktion (siehe Beispiele 2 bis 4).

In den folgenden Beispielen werden die Fourier-Reihen von Funktionen berechnet, die häufig in der Praxis auftreten.

▶   **Beispiele:**

1. Rechteckpuls

   Es sei $f(x)$ die 2π-periodische Funktion mit

   $$f(x) = \begin{cases} A & \text{für } |x| < \dfrac{\pi}{2} \\ \dfrac{A}{2} & \text{für } |x| = \dfrac{\pi}{2} \\ 0 & \text{für } \dfrac{\pi}{2} < |x| \le \pi \end{cases}$$

   (periodisch fortsetzen) (Abb. 8.23).

   Bestimmung der formalen Fourier-Reihe von $f(x)$:

   Da $f(x)$ eine gerade Funktion ist, gilt $b_k = 0$ für die Fourier-Koeffizienten b_k.

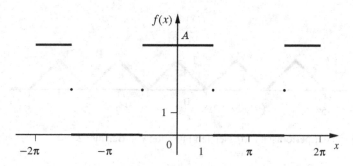

Abb. 8.23 Rechteckpuls

Berechnung der a_k:

$$k = 0 : a_0 = \frac{2}{\pi} \int_0^\pi f(x)\, dx = \frac{2}{\pi} \int_0^{\frac{\pi}{2}} A\, dx = A$$

$$k \in \mathbb{N} : a_k = \frac{2}{\pi} \int_0^\pi f(x) \cos kx\, dx = \frac{2A}{\pi} \int_0^{\frac{\pi}{2}} \cos kx\, dx = \frac{2A}{k\pi} \sin \frac{k\pi}{2}$$

$$= \begin{cases} (-1)^{n+1} \cdot \dfrac{2A}{(2n-1)\pi} & \text{für } k \text{ ungerade, } k = 2n-1 \\[2mm] 0 & \text{für } k \text{ gerade, } k = 2n \end{cases}$$

Fourier-Reihe von $f(x)$:

$$f(x) \sim \frac{A}{2} + \frac{2A}{\pi} \sum_{n=1}^{\infty} \frac{(-1)^{n+1}}{2n-1} \cdot \cos(2n-1)x$$

$$= \frac{A}{2} + \frac{2A}{\pi} \left(\cos x - \frac{\cos 3x}{3} + \frac{\cos 5x}{5} - + \ldots \right)$$

Darstellbarkeit:

Die Funktion ist in den Teilintervallen $\left(-\pi, -\frac{\pi}{2}\right)$, $\left(-\frac{\pi}{2}, \frac{\pi}{2}\right)$ und $\left(\frac{\pi}{2}, \pi\right)$ stetig und monoton. An den Sprungstellen ist der Funktionswert gleich dem arithmetischen Mittel der einseitigen Grenzwerte. Nach dem Satz von Dirichlet wird die Funktion $f(x)$ somit durch ihre Fourier-Reihe dargestellt:

$$f(x) = \frac{A}{2} + \frac{2A}{\pi} \sum_{n=1}^{\infty} \frac{(-1)^{n+1}}{2n-1} \cdot \cos(2n-1)x$$

2. Dreieckpuls

Man setze die Funktion $f(x) = 1 - |x|$, $-1 \le x \le 1$ periodisch fort und entwickle sie in eine Fourier-Reihe.

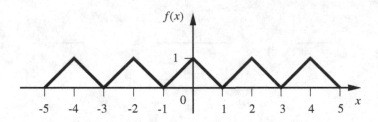

Abb. 8.24 Graph der periodisch fortgesetzten Funktion von Beispiel 2

Die periodisch fortgesetzte Funktion hat die Periode 2, in den Formeln muss deshalb $2p = 2$, also $p = 1$, gesetzt werden (Abb. 8.24).

Da $f(x)$ eine gerade Funktion ist, folgt $b_k = 0$ für $k = 1, 2, 3, \ldots$.

Berechnung der a_k:

$$k = 0: \quad a_0 = 2 \int_0^1 (1 - x)\, dx = -(1 - x)^2 \Big|_0^1 = 1,$$

denn im Intervall $[0, 1]$ gilt $1 - |x| = 1 - x$.

$$k \neq 0: \quad a_k = 2 \int_0^1 (1 - x) \cos \pi k x\, dx$$

$$= 2 \left(\int_0^1 \cos \pi k x\, dx - \int_0^1 x \cos \pi k x\, dx \right)$$

$$= 2 \left(\frac{1}{\pi k} \sin \pi k x \Big|_0^1 - \left(\frac{x}{\pi k} \sin \pi k x + \frac{1}{(\pi k)^2} \cos \pi k x \right) \Big|_0^1 \right)$$

$$= 2 \left(-\frac{1}{(\pi k)^2} (\cos \pi k - 1) \right)$$

$$= \frac{2}{(\pi k)^2} \left(1 - (-1)^k \right)$$

$$= \begin{cases} \dfrac{4}{(\pi k)^2} & \text{für kungerade}, \ k = 2n - 1 \\ 0 & \text{für k gerade}, \ k = 2n \end{cases}$$

Das zweite Integral berechnet man mit zweimaliger partieller Integration.

Fourier-Reihe von $f(x)$:

$$f(x) \sim \frac{1}{2} + \sum_{n=1}^{\infty} a_{2n-1} \cos \pi (2n - 1) x = \frac{1}{2} + \sum_{n=1}^{\infty} \frac{4}{\pi^2 (2n - 1)^2} \cos(2n - 1)\pi x$$

Darstellbarkeit:

(1) Die Funktion $f(x) = 1 - |x|$ ist im Intervall $[-1, 1]$ überall stetig.

(2) Zerlegt man das Periodenintervall $[-1, 1]$ in die zwei Teilintervalle $[-1, 0]$ und $[0, 1]$, so ist $f(x)$ in $[-1, 0]$ monoton wachsend und in $[0, 1]$ monoton fallend.

Nach dem Satz von Dirichlet wird die Funktion $f(x)$ somit durch ihre Fourier-Reihe dargestellt:

$$f(x) = \frac{1}{2} + \sum_{n=1}^{\infty} \frac{4}{\pi^2 (2n-1)^2} \cos(2n-1)\pi x$$

3. Man setze die Funktion $y = \sin x$, $0 \le x \le \pi$ periodisch fort und entwickle sie in eine Fourier-Reihe.

Die fortgesetzte Funktion ist die Funktion $f(x) = |\sin x|$, sie hat die Periode π, es folgt also $p = \dfrac{\pi}{2}$ (Abb. 8.25).

Wegen $|\sin(-x)| = |-\sin x| = |\sin x|$ ist $f(x)$ gerade, es folgt $b_k = 0$ für alle k.

Berechnung der a_k:

$$k = 0: \quad a_0 = \frac{2}{\pi} \int_0^{\pi} \sin x \, dx = \frac{2}{\pi}(-\cos x)\Big|_0^{\pi} = \frac{2}{\pi}(1+1) = \frac{4}{\pi},$$

denn im Intervall $[0, \pi]$ gilt $|\sin x| = \sin x$.

$$\begin{aligned}
k \neq 0: a_k &= \frac{2}{\pi} \int_0^{\pi} \sin x \cos 2kx \, dx \\
&= \frac{2}{\pi}\left(\frac{1}{2k} \sin x \sin 2kx\Big|_0^{\pi} - \frac{1}{2k} \int_0^{\pi} \cos x \sin 2kx \, dx\right) \\
&= \frac{2}{\pi}\left(\frac{1}{4k^2} \cos x \cos 2kx\Big|_0^{\pi} + \frac{1}{4k^2} \int_0^{\pi} \sin x \cos 2kx \, dx\right)
\end{aligned}$$

Bei beiden Umformungen wurde die Methode der partiellen Integration angewandt. Es folgt

$$a_k = \frac{2}{\pi} \cdot \frac{4k^2}{4k^2-1}\left(\frac{1}{4k^2} \cos x \cos 2kx\right)\Big|_0^{\pi} = \frac{2}{\pi(4k^2-1)}(-1-1) = -\frac{4}{\pi(4k^2-1)}$$

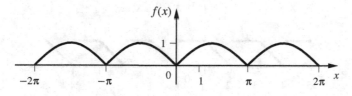

$f(x)$

1

-2π $-\pi$ 0   1 π 2π x

Abb. 8.25 Graph der periodisch fortgesetzten Funktion von Beispiel 3

Fourier-Reihe von $f(x)$:

$$f(x) \sim \frac{2}{\pi} - \frac{4}{\pi} \sum_{k=1}^{\infty} \frac{\cos 2kx}{4k^2 - 1}$$

Darstellbarkeit:

(1) Die Funktion $f(x) = |\sin x|$ ist im Intervall $[0, \pi]$ stetig.

(2) Die Funktion $f(x)$ ist in $\left[0, \dfrac{\pi}{2}\right]$ monoton steigend und in $\left[\dfrac{\pi}{2}, \pi\right]$ monoton fallend.

Nach dem Satz von Dirichlet gilt somit Gleichheit:

$$f(x) = \frac{2}{\pi} - \frac{4}{\pi} \sum_{k=1}^{\infty} \frac{\cos 2kx}{4k^2 - 1}$$

4. Man setze die Funktion

$$f(x) = \begin{cases} x & \text{für } 0 < x \le 1 \\ 1 & \text{für } 1 \le x < 2 \end{cases}$$

periodisch fort und berechne die zugehörige Fourier-Reihe.

Die fortgesetzte Funktion hat die Periode 2, es folgt $p = 1$ (Abb. 8.26).

Die Funktion ist weder gerade noch ungerade, es müssen also sowohl die Fourier-Koeffizienten a_k als auch b_k berechnet werden.

Berechnung der a_k:

$$k = 0 : a_0 = \int_0^2 f(x)\,dx = \int_0^1 x\,dx + \int_1^2 1 dx = \frac{1}{2} x^2 \Big|_0^1 + x \Big|_1^2 = \frac{3}{2}$$

$$k \neq 0 : a_k = \int_0^2 f(x) \cos \pi kx\,dx = \int_0^1 x \cos \pi kx\,dx + \int_1^2 \cos \pi kx\,dx$$

$$= \left(\frac{\cos \pi kx}{k^2 \pi^2} + \frac{x \sin \pi kx}{k\pi} \right) \Big|_0^1 + \frac{\sin \pi kx}{k\pi} \Big|_1^2 = \frac{\cos \pi k}{k^2 \pi^2} - \frac{1}{k^2 \pi^2}$$

$$= \frac{1}{k^2 \pi^2} \left((-1)^k - 1 \right) = \begin{cases} 0 & \text{für } k \text{ gerade} \\ -\dfrac{2}{k^2 \pi^2} & \text{für } k \text{ ungerade} \end{cases}$$

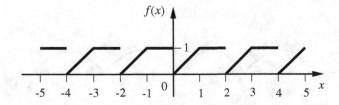

Abb. 8.26 Graph der periodisch fortgesetzten Funktion von Beispiel 4

Berechnung der b_k:

$$b_k = \int_0^2 f(x) \sin \pi kx \, dx = \int_0^1 x \sin \pi kx \, dx + \int_1^2 \sin \pi kx \, dx$$

$$= \left(\frac{\sin \pi kx}{k^2 \pi^2} - \frac{x \cos \pi kx}{k\pi} \right) \Big|_0^1 + \frac{(-\cos \pi kx)}{k\pi} \Big|_1^2$$

$$= -\frac{\cos \pi k}{k\pi} - \frac{\cos \pi 2k}{k\pi} + \frac{\cos \pi k}{k\pi} = -\frac{1}{k\pi}$$

Sowohl bei der Berechnung von a_k als auch von b_k wurde zur Lösung des ersten Integrals zweimalige partielle Integration durchgeführt.

Fourier-Reihe von $f(x)$:

$$f(x) \sim \frac{3}{4} + \sum_{k=1}^{\infty} \left(\frac{(-1)^k - 1}{k^2 \pi^2} \cos \pi kx - \frac{1}{k\pi} \sin \pi kx \right)$$

Darstellbarkeit:

Die Funktion ist im Intervall $(0, 2)$ stetig und monoton. Mit der Definition

$f(0) = f(2) = \frac{1}{2}(1 + 0) = \frac{1}{2}$ sind die Bedingungen des Satzes von Dirichlet erfüllt, die Funktion $f(x)$ wird somit durch ihre Fourier-Reihe dargestellt:

$$f(x) = \frac{3}{4} + \sum_{k=1}^{\infty} \left(\frac{(-1)^k - 1}{k^2 \pi^2} \cos \pi kx - \frac{1}{k\pi} \sin \pi kx \right)$$

Gewöhnliche Differentialgleichungen $\quad$ 9

9.1 $\quad$ Grundbegriffe

Eine Differentialgleichung ist eine Gleichung, in der unabhängige Variablen, Funktionen und Ableitungen von Funktionen vorkommen.

▶ **Beispiele:**

1. $y' + 3x^2 y = 0$
2. $y'' - y' + xy = 4$

Hierin ist x jeweils die unabhängige Variable und y die gesuchte Funktion.

Die Beispielgleichungen beschreiben gewöhnliche Differentialgleichungen, da nur eine unabhängige Variable (nämlich x) auftritt.

Treten in einer Differentialgleichung mehrere unabhängige Variablen und damit sogenannte partielle Ableitungen auf, dann nennt man die Gleichung partielle Differentialgleichung.

▶ **Beispiel:**

$u_x + u_y = x + y$

Hierin sind x und y unabhängige Variablen und $u(x, y)$ die gesuchte Funktion.

Im Folgenden werden ausschließlich gewöhnliche Differentialgleichungen betrachtet.

Eine Gleichung mit einer unabhängigen Variablen x, in der Ableitungen einer gesuchten Funktion $y = y(x)$ bis zur n-ten Ordnung auftreten, heißt gewöhnliche Differentialgleichung n-ter Ordnung. Eine solche Gleichung kann auch Ableitungen niedrigerer Ordnung und die

© Springer Fachmedien Wiesbaden GmbH, ein Teil von Springer Nature 2019
A. Kemnitz, *Mathematik zum Studienbeginn*,
https://doi.org/10.1007/978-3-658-26604-2_9

Funktion $y = y(x)$ sowie die unabhängige Variable x und eine additive Konstante enthalten. Eine gewöhnliche Differentialgleichung n-ter Ordnung ist also eine Gleichung der Form

$$F\left(x, y, y', y'', \ldots, y^{(n-1)}, y^{(n)}\right) = 0$$

Man nennt dies implizite Form der Differentialgleichung. Lässt sich diese Gleichung nach der höchsten Ableitung $y^{(n)}$ auflösen, dann heißt die aufgelöste Form

$$y^{(n)} = f\left(x, y, y', y'', \ldots, y^{(n-1)}\right)$$

explizite Form der gewöhnlichen Differentialgleichung n-ter Ordnung.

▶ **Beispiele:**

1. $2yy' - x = 0$ (implizite Differentialgleichung 1.Ordnung)

2. $y' = x^2$ (explizite Differentialgleichung 1.Ordnung)

3. $yy' + y'' = 0$ (implizite Differentialgleichung 2. Ordnung)

4. $y'' = y + y'$ (explizite Differentialgleichung 2. Ordnung)

5. $y^{(5)} + y^{(3)} + y = \sin x$ (implizite Differentialgleichung 5. Ordnung)

Eine Funktion $y = y(x)$ heißt eine Lösung oder ein Integral der gewöhnlichen Differentialgleichung $F\left(x, y, y', y'', \ldots, y^{(n-1)}, y^{(n)}\right) = 0$ oder $y^{(n)} = f\left(x, y, y', y'', \ldots, y^{(n-1)}\right)$ in einem Intervall I der unabhängigen Variablen x, wenn $y(x)$ n-mal in dem Intervall I differenzierbar ist und die Funktion mit ihren Ableitungen die Differentialgleichung identisch erfüllt, also für alle x aus dem Intervall I richtig ist.

▶ **Beispiele:**

1. $y' + 2xy = 0$ hat auf $\mathbb{R}$ eine Lösung $y = e^{-x^2}$, denn $(e^{-x^2})' + 2xe^{-x^2} = -2xe^{-x^2} + 2xe^{-x^2} = 0$ für alle reellen Zahlen x.

2. $y'' + y = 0$ hat auf $\mathbb{R}$ eine Lösung $y = \sin x$, denn $(\sin x)'' + \sin x = -\sin x + \sin x = 0$ für alle reellen Zahlen x. Weitere Lösungen der Differentialgleichung sind zum Beispiel $y = \cos x$ und $y = 2\sin x - 3\cos x$.

Man nennt eine Lösung auch Integral einer gewöhnlichen Differentialgleichung, weil die Lösung mitunter durch (mehrmalige) unbestimmte Integration der Differentialgleichung bestimmt werden kann. Als Integration einer gewöhnlichen Differentialgleichung bezeichnet man deshalb die Bestimmung aller ihrer Lösungen.

Bei den Lösungen einer gewöhnlichen Differentialgleichung wird zwischen allgemeiner und spezieller oder partikulärer Lösung unterschieden.

Die allgemeine Lösung einer gewöhnlichen Differentialgleichung n-ter Ordnung enthält n voneinander unabhängige Parameter (Integrationskonstanten).

Eine spezielle oder partikuläre Lösung ergibt sich aus der allgemeinen Lösung dadurch, dass durch zusätzliche Bedingungen die n Parameter feste Werte annehmen. Diese zusätzlichen Bedingungen können etwa Anfangsbedingungen oder Randbedingungen sein.

Die allgemeine Lösung einer gewöhnlichen Differentialgleichung n-ter Ordnung ist also eine Kurvenschar mit n Parametern. Jede spezielle Wahl der Parameter ergibt eine spezielle oder partikuläre Lösung, also eine einzelne Lösungskurve aus der Kurvenschar.

▶ **Beispiel:**

$y' = 2x$

Die allgemeine Lösung dieser gewöhnlichen Differentialgleichung 1. Ordnung ergibt sich durch unbestimmte Integration zu

$y = \int y'\,dx = \int 2x\,dx = x^2 + C \quad (C \in \mathbb{R})$

Die Lösungsfunktionen $x^2 + C$ sind eine Schar von nach oben geöffneten Normalparabeln, deren Scheitelpunkte auf der x-Achse liegen (Abb. 9.1). Durch jeden Punkt

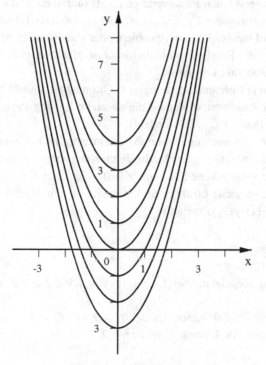

Abb. 9.1 Lösungsschar $y = x^2 + C$ der gewöhnlichen Differentialgleichung $y' = 2x$

der Ebene verläuft genau eine Lösungskurve. So verläuft etwa durch den Nullpunkt des Koordinatensystems die Parabel mit der Gleichung $y = x^2$ (also $C = 0$). Alle anderen Parabeln der Lösungsschar $y = x^2 + C$ gehen aus der Normalparabel durch Parallelverschiebung längs der y-Achse hervor. Der Parameter C legt also die Lage des Scheitelpunkts der Parabel auf der y-Achse fest.

Um die Parameter (Integrationskonstanten) der allgemeinen Lösung einer gewöhnlichen Differentialgleichung festlegen zu können, werden zusätzliche Informationen über die gesuchte Lösung benötigt. Zur Bestimmung der n Parameter der allgemeinen Lösung einer Gleichung n-ter Ordnung benötigt man n Bedingungen, die abhängig von ihrer Art Anfangsbedingungen oder Randbedingungen genannt werden.

Anfangsbedingungen für eine gewöhnliche Differentialgleichung n-ter Ordnung sind n vorgeschriebene Werte für die Lösungsfunktion, nämlich der Funktionswert sowie die Werte der ersten $n - 1$ Ableitungen an einer festen Stelle x_0, also $y(x_0)$, $y'(x_0)$, $y''(x_0)$, ..., $y^{(n-1)}(x_0)$. Solche Anfangsbedingungen (auch Anfangswerte genannt) führen zu n Bestimmungsgleichungen für die n Parameter $C_1, C_2, ..., C_n$ der allgemeinen Lösung. Die Bestimmung dieser Parameter wird hierbei Anfangswertproblem oder Anfangswertaufgabe genannt.

Randbedingungen für eine gewöhnliche Differentialgleichung n-ter Ordnung sind hingegen n vorgeschriebene Funktionswerte $y(x_1), y(x_2), ..., y(x_n)$ für die Lösungsfunktion $y(x)$. Solche Randbedingungen (auch Randwerte genannt) führen ebenfalls zu n Bestimmungsgleichungen für die n Parameter $C_1, C_2, ..., C_n$ der allgemeinen Lösung. Die Bestimmung dieser Parameter wird hierbei Randwertproblem oder Randwertaufgabe genannt. Es ist zu beachten, dass nicht jedes Randwertproblem lösbar ist oder dass im Falle der Existenz einer Lösung diese nicht eindeutig sein muss.

Bei gewöhnlichen Differentialgleichungen 1. Ordnung ist sowohl bei Anfangswertproblemen als auch bei Randwertproblemen die spezielle Lösungskurve gesucht, die durch einen vorgegebenen Punkt $P(x|y(x))$ verläuft.

Bei gewöhnlichen Differentialgleichungen 2. Ordnung ist bei einem Anfangswertproblem die spezielle Lösungskurve gesucht, die durch einen vorgegebenen Punkt $P(x_0|y(x_0))$ verläuft und dort die vorgegebene Steigung $y'(x_0) = m$ besitzt. Bei einem Randwertproblem ist dagegen die spezielle Lösungskurve gesucht, die durch zwei vorgegebene Punkte $P_1(x_1|y(x_1))$ und $P_2(x_2|y(x_2))$ verläuft.

▶ **Beispiele:**

1. $y' = 2x$, $y(0) = 2$
   Berechnung der allgemeinen Lösung: $\quad y = \int y' \, dx = \int 2x \, dx = x^2 + C$
   ($C \in \mathbb{R}$)
   Bestimmung des Parameters C: $\quad y(0) = 2 \Longrightarrow C = 2$
   Gesuchte spezielle Lösung: $\quad y = x^2 + 2$

2. Freier Fall:

   Wird ein Körper in einer gewissen Höhe losgelassen, dann bewegt er sich unter dem Einfluss der Schwerkraft senkrecht nach unten. Dieser Vorgang wird mathematisch durch eine Funktion $s = s(t)$ beschrieben, die angibt, welchen Weg s der Schwerpunkt des Körpers zur Zeit t zurückgelegt hat. Dabei interessieren außerdem die aktuelle Geschwindigkeit $v(t) = \frac{d}{dt} s(t) = \dot{s}$ und die Beschleunigung $b(t) = \frac{d}{dt} v(t) = \ddot{s}$ zu der Zeit t.

   Achtung: Bei der Beschreibung von Vorgängen, bei denen die unabhängige Variable die Zeit darstellt, nimmt man üblicherweise t und nicht x zur Bezeichnung dieser Variablen. Ableitungen werden dann nicht durch Striche, sondern durch Punkte beschrieben.

   Da im obigen Beispiel die Beschleunigung konstant ist, und zwar gleich der Erdbeschleunigung g, ergibt sich für die Weg-Zeit-Funktion $s(t)$ die gewöhnliche Differentialgleichung

$$\ddot{s} = g$$

Hieraus folgt

$$\dot{s} = \int \ddot{s}\, dt = \int g\, dt = gt + C_1$$

und damit die allgemeine Lösung

$$s(t) = \int \dot{s}\, dt = \int (gt + C_1)\, dt = g\frac{t^2}{2} + C_1 t + C_2 \quad (C \in \mathbb{R}).$$

Nimmt man an, dass der Körper zu der Zeit $t = 0$ losgelassen wird, dann lauten die entsprechenden Anfangsbedingungen $s(0) = 0$ und $\dot{s}(0) = v(0) = 0$. Aus der ersten Bedingung ergibt sich $C_2 = 0$ und aus der zweiten $C_1 = 0$. Somit erhält man die Lösung

$$s(t) = \frac{1}{2} gt^2.$$

Andere Anfangsbedingungen führen offenbar zu anderen Lösungen.

9.2   Explizite gewöhnliche Differentialgleichungen 1. Ordnung

Eine gewöhnliche Differentialgleichung 1. Ordnung in expliziter Form oder explizite gewöhnliche Differentialgleichung 1. Ordnung hat die Form

$$y' = f(x, y)$$

Lassen sich dabei die unabhängige Variable x und die abhängige Variable y trennen, so ergibt sich eine Gleichung der Form

$$y' = f(x)\,g(y)$$

Eine solche Differentialgleichung heißt separabel, und sie lässt sich durch die Methode der Trennung der Variablen lösen. Dabei formt man die Gleichung so um, dass auf einer Seite des Gleichheitszeichens nur noch die Variable x und ihr Differential dx vorkommt und auf der anderen Seite des Gleichheitszeichens ausschließlich y und dy. Anschließend werden beide Seiten unbestimmt integriert.

$$y' = \frac{dy}{dx} = f(x)\,g(y) \quad \Longrightarrow \quad \frac{dy}{g(y)} = f(x)\,dx \quad (g(y) \neq 0)$$

$$\Longrightarrow \quad \int \frac{dy}{g(y)} = \int f(x)\,dx$$

▶ **Beispiel:**

$y' = 2y$

Trennung der Variablen und unbestimmte Integration beider Gleichungsseiten ergibt (für $y \neq 0$)

$$y' = \frac{dy}{dx} = 2y \quad \Longrightarrow \quad \frac{dy}{y} = 2\,dx \quad \Longrightarrow \quad \int \frac{dy}{y} = \int 2\,dx$$

$$\Longrightarrow \quad \ln|y| = 2x + C \quad (C \in \mathbb{R})$$

Exponenzieren ergibt

$$|y| = e^{2x+C} = e^C\,e^{2x} \quad \Longrightarrow \quad y = \pm e^C\,e^{2x}$$

Da $\pm e^C$ mit $C \in \mathbb{R}$ alle von Null verschiedenen reellen Zahlen durchläuft und da $y = 0$ eine weitere Lösung der Differentialgleichung ist, kann man die Gesamtheit der Lösungen darstellen in der Form

$$y = D\,e^{2x} \quad (D \in \mathbb{R})$$

In bestimmten Fällen ist es möglich, eine explizite gewöhnliche Differentialgleichung 1. Ordnung $y' = f(x, y)$ mit Hilfe einer geeigneten Substitution in eine separable Differentialgleichung zu überführen. Dieses ist zum Beispiel möglich, wenn die Ausgangsdifferentialgleichung die Form

$$y' = f(ax + by + c)$$

hat. Wählt man in diesem Fall $u = ax + by + c$ mit $u = u(x)$, so erhält man $y' = f(u)$ und durch Differentiation

$$u' = a + by' = a + b\,f(u),$$

woraus sich durch Trennung der Variablen

$$\frac{du}{a + b\,f(u)} = dx$$

ergibt. Integration beider Seiten und anschließende Rücksubstitution sowie Auflösung nach y ergibt die Lösung der Ausgangsdifferentialgleichung.

▶ **Beispiel:**

$y' = x + y$

Die Substitution $u = x + y$ ergibt $u' = 1 + y' = 1 + u$, also

$$\frac{du}{1 + u} = dx \quad\Longrightarrow\quad \int \frac{du}{1 + u} = \int dx \quad\Longrightarrow\quad \ln|1 + u| = x + C$$

Exponenzieren ergibt

$$|1 + u| = e^{x+C} = e^C e^x \quad\Longrightarrow\quad 1 + u = \pm e^C e^x$$

Hieraus folgt wie im letzten Beispiel für die substituierte Gleichung die allgemeine Lösung

$$1 + u = D\,e^x \quad\Longrightarrow\quad u = D\,e^x - 1 \quad (D \in \mathbb{R})$$

Durch Rücksubstitution ergibt sich

$$u = x + y = D\,e^x - 1,$$

woraus schließlich

$$y = D\,e^x - x - 1 \quad (D \in \mathbb{R})$$

als allgemeine Lösung der Ausgangsdifferentialgleichung $y' = x + y$ folgt.

9.3   Lineare gewöhnliche Differentialgleichungen 1. Ordnung

Man nennt eine gewöhnliche Differentialgleichungen 1. Ordnung linear, wenn sie darstellbar ist in der Form

$$y' + f(x)\,y = g(x)$$

Es treten dabei also zwei Funktionen $f(x)$ und $g(x)$ auf, wobei die Funktion $g(x)$ Störfunktion oder Störglied genannt wird. Ist $g(x)$ identisch gleich Null, so spricht man von einer homogenen linearen Differentialgleichung, andernfalls von einer inhomogenen.

Linear bedeutet, dass in der Differentialgleichung sowohl y als auch y' in 1. Potenz und auch nicht als Produkt auftreten.

▶   **Beispiele:**

1. $y' - 3x^2 y + 2xy = 0$ (homogene lineare Differentialgleichung 1. Ordnung)

2. $xy' - y = x^2$ (inhomogene lineare Differentialgleichung 1. Ordnung)

3. $y' + y \cot x = \cos x$ (inhomogene lineare Differentialgleichung 1. Ordnung)

Eine homogene lineare Differentialgleichung 1. Ordnung

$$y' + f(x)\,y = 0$$

lässt sich durch Trennung der Variablen lösen:

$$y' + f(x)\,y = \frac{dy}{dx} + f(x)\,y = 0 \quad \Longrightarrow \quad \frac{dy}{y} = -f(x)\,dx \quad \Longrightarrow \quad \int \frac{dy}{y} = -\int f(x)\,dx$$

Hieraus ergibt sich

$$\ln|y| = -\int f(x)\,dx + C,$$

woraus man durch Exponenzieren

$$y = D\,e^{-\int f(x)\,dx} \quad (D \in \mathbb{R})$$

die allgemeine Lösung der homogenen linearen Differentialgleichung 1. Ordnung erhält ($D = \pm e^C$ gesetzt und berücksichtigt, dass $y = 0$ eine weitere Lösung ist, was $D = 0$ entspricht; vergleiche die Beispiele im vorhergehenden Abschnitt).

► **Beispiel:**

$y' - 3x^2 y + 2xy = 0$

Ausklammern von y und anschließende Trennung der Variablen ergibt

$$y' - 3x^2 y + 2xy = y' - \left(3x^2 - 2x\right) y = 0 \quad \Longrightarrow \quad \frac{dy}{y} = \left(3x^2 - 2x\right) dx$$

Durch Integration beider Seiten erhält man

$$\int \frac{dy}{y} = \int (3x^2 - 2x)\, dx \quad \Longrightarrow \quad \ln|y| = x^3 - x^2 + C,$$

woraus sich durch Exponenzieren die allgemeine Lösung dieser homogenen linearen Differentialgleichung 1. Ordnung ergibt:

$$y = D\, e^{x^3 - x^2}$$

Um die allgemeine Lösung einer inhomogenen linearen Differentialgleichung 1. Ordnung $y' + f(x)\, y = g(x)$ zu bestimmen, gibt es verschiedene Ansätze.

Eine Methode ist die sogenannte Variation der Konstanten. Dabei wird zunächst die zugehörige homogene Differentialgleichung $y' + f(x)\, y = 0$ durch Trennung der Variablen gelöst (siehe oben): $y = D\, e^{-\int f(x)\, dx}$. Die Integrationskonstante D wird nun durch eine Funktion $D(x)$ ersetzt:

$$y = D(x)\, e^{-\int f(x)\, dx}$$

Man versucht, durch passende Wahl von $D(x)$ eine Lösung der inhomogenen Differentialgleichung zu finden. Dazu differenziert man diese Gleichung und erhält unter Verwendung von Produktregel und Kettenregel

$$y' = D'(x)\, e^{-\int f(x)\, dx} - D(x)\, f(x)\, e^{-\int f(x)\, dx}.$$

Einsetzen der Ausdrücke für y und y' in die Ausgangsgleichung $y' + f(x)\, y = g(x)$ ergibt

$$D'(x)\, e^{-\int f(x)\, dx} - D(x)\, f(x)\, e^{-\int f(x)\, dx} + f(x)\, D(x)\, e^{-\int f(x)\, dx} = g(x),$$

woraus folgt, da sich der zweite und der dritte Term auf der linken Seite vom Gleichheitszeichen gegenseitig aufheben,

$$D'(x)\, e^{-\int f(x)\, dx} = g(x) \quad \Longrightarrow \quad D'(x) = g(x)\, e^{\int f(x)\, dx}$$

und durch Integration

$$D(x) = \int g(x)\, e^{\int f(x)\,dx}\, dx + C$$

Setzt man diesen Ausdruck in den obigen Ansatz ein, so ergibt sich schließlich

$$y = \left(\int g(x)\, e^{\int f(x)\,dx}\, dx + C \right) e^{-\int f(x)\,dx}$$

als allgemeine Lösung der inhomogenen linearen Differentialgleichung 1. Ordnung.

▶ **Beispiel:**

$xy' - y = x^2$

Hieraus ergibt sich

$$y' - \frac{y}{x} = x.$$

Die zugehörige homogene Differentialgleichung

$$y' - \frac{y}{x} = 0$$

wird durch Trennung der Variablen gelöst:

$$y' - \frac{y}{x} = \frac{dy}{dx} - \frac{y}{x} = 0 \quad \Longrightarrow \quad \frac{dy}{y} = \frac{dx}{x},$$

woraus sich durch Integration ergibt

$$\int \frac{dy}{y} = \int \frac{dx}{x} \quad \Longrightarrow \quad \ln|y| = \ln|x| + C \quad (C \in \mathbb{R})$$

und daraus schließlich durch Exponenzieren

$$y = D\,x \quad (D \in \mathbb{R})$$

als allgemeine Lösung der zugehörigen homogenen Differentialgleichung.
Zur Bestimmung der Lösung der inhomogenen Differentialgleichung wird die Methode der Variation der Konstanten angewandt. Es wird

$$y = D(x)\,x$$

gesetzt, woraus sich durch Differentiation mit Hilfe der Produktregel

$$y' = D'(x)\,x + D(x)$$

ergibt. Setzt man sowohl y als auch y' in die inhomogene Differentialgleichung ein, so erhält man

$$y' - \frac{y}{x} = D'(x)\,x + D(x) - \frac{D(x)\,x}{x} = D'(x)\,x = x,$$

also

$$D'(x) = 1,$$

woraus sich durch unbestimmte Integration

$$D(x) = x + C \quad (C \in \mathbb{R})$$

ergibt. Somit lautet die allgemeine Lösung dieser inhomogenen linearen Differentialgleichung

$$y = (x + C)\,x = x^2 + C\,x \quad (C \in \mathbb{R}).$$

Eine weitere Möglichkeit zur Bestimmung der allgemeinen Lösung einer inhomogenen linearen Differentialgleichung 1. Ordnung $y' + f(x)\,y = g(x)$ ergibt sich wie folgt. Zunächst berechnet man die allgemeine Lösung $y = y_h$ der zugehörigen homogenen Differentialgleichung $y' + f(x)\,y = 0$ und dann eine beliebige spezielle (partikuläre) Lösung y_p der inhomogenen Differentialgleichung $y' + f(x)\,y = g(x)$. Dann ergibt sich die allgemeine Lösung der inhomogenen linearen Differentialgleichung als Summe von y_h und y_p:

$$y = y_h + y_p$$

Diese Methode lässt sich nicht nur auf lineare Differentialgleichungen 1. Ordnung anwenden, sondern generell auf lineare Differentialgleichungen (beliebiger Ordnung).

Die allgemeine Lösung $y = y_h$ der zugehörigen homogenen Differentialgleichung $y' + f(x)\,y = 0$ lässt sich durch Trennung der Variablen berechnen (siehe oben):

$$y_h = D\,e^{-\int f(x)\,dx} \quad (D \in \mathbb{R})$$

Der Ansatz zur Bestimmung einer partikulären Lösung hängt ganz wesentlich von der Funktion $f(x)$ und der Störfunktion $g(x)$ ab.

▶ **Beispiel:**

$y' + y \cot x = \cos x$

Die zugehörige homogene Differentialgleichung

$$y' + y \cot x = 0$$

wird wieder durch Trennung der Variablen gelöst:

$$y' + y \cot x = \frac{dy}{dx} + y \cot x = 0 \quad \Longrightarrow \quad \frac{dy}{y} = -\cot x \, dx$$

Unbestimmte Integration ergibt

$$\int \frac{dy}{y} = -\int \cot x \, dx \quad \Longrightarrow \quad \ln|y| = -\ln|\sin x| + C \quad (C \in \mathbb{R}),$$

woraus man durch Exponenzieren die allgemeine Lösung y_h der homogenen Differentialgleichung erhält:

$$y_h = \frac{D}{\sin x} \quad (D \in \mathbb{R})$$

Zur Bestimmung einer partikulären Lösung y_p wird der Ansatz

$$y_p = K \sin x$$

mit dem Parameter K gewählt. Durch Einsetzen von y_p und $y_p' = K \cos x$ in die inhomogene Differentialgleichung erhält man

$$\begin{aligned}
y_p' + y_p \cot x &= K \cos x + K \sin x \cot x \\
&= K \cos x + K \sin x \frac{\cos x}{\sin x} \\
&= K \cos x + K \cos x = 2K \cos x = \cos x
\end{aligned}$$

Daraus ergibt sich $K = \frac{1}{2}$, und somit ist

$$y_p = \frac{1}{2} \sin x$$

eine partikuläre Lösung der inhomogenen Differentialgleichung.
Die allgemeine Lösung der inhomogenen linearen Differentialgleichung
$y' + y \cot x = \cos x$ lautet damit

$$y = y_h + y_p = \frac{D}{\sin x} + \frac{1}{2} \sin x = \frac{2D + \sin^2 x}{2 \sin x} = \frac{E + \sin^2 x}{2 \sin x} \quad (E \in \mathbb{R})$$

Kombinatorik

10

Die Kombinatorik ist ein mathematisches Teilgebiet, in dem man sich mit endlichen Mengen beschäftigt. Dabei werden Anordnungen (Konfigurationen) von Objekten (Elementen) endlicher Mengen untersucht, so dass bestimmte Bedingungen erfüllt sind. Man unterscheidet Fragen nach der Existenz bestimmter Konfigurationen (sogenannte Existenzprobleme), Fragen nach der Anzahl bestimmter Konfigurationen (Anzahlprobleme) sowie Fragen nach der Konstruierbarkeit von Lösungen (Konstruktionsprobleme). Der Name Kombinatorik kommt von dem aus dem Lateinischen abgeleiteten Wort „kombinieren", was „zusammenstellen" oder „verknüpfen" bedeutet.

Jeder hat schon mit kombinatorischen Problemen zu tun gehabt, etwa beim Lotto (Wie viele verschiedene Möglichkeiten gibt es, 4 Richtige zu haben?), beim Toto (Wie viel verschiedene Möglichkeiten gibt es insgesamt?), beim Skat (Was ist die Anzahl der verschiedenen Kartenverteilungen?) oder beim Weg zur Arbeit/Ausbildungsstätte (Was ist die Anzahl der Wege von der Wohnung zur Arbeit/Ausbildungsstätte, wenn man auf jedem Weg dem Ziel immer näher kommt?).

Historisch hat sich die Kombinatorik aus unterhaltungsmathematischen und spieltheoretischen Fragestellungen entwickelt. Kombinatorik war zunächst ein Teil der Wahrscheinlichkeitstheorie und ist seit etwa Mitte des 20. Jahrhunderts eine eigene mathematische Disziplin, deren Bedeutung immer mehr wächst, nicht zuletzt aufgrund computertechnischer Anwendungen.

10.1 Kombinatorische Grundprinzipien

Häufig verwandte Methoden in der Kombinatorik sind vollständige Induktion (vgl. Kap. 1), Summen- und Produktregel sowie das Schubfachprinzip und Erweiterungen davon.

© Springer Fachmedien Wiesbaden GmbH, ein Teil von Springer Nature 2019   451
A. Kemnitz, *Mathematik zum Studienbeginn*,
https://doi.org/10.1007/978-3-658-26604-2_10

Summenregel (Additionsprinzip)
Lässt sich ein Objekt a aus einer Menge A auf m Arten auswählen und ein Objekt b aus einer anderen Menge B auf n Arten, so lässt sich a oder b (entweder a oder b) auf $m + n$ Arten auswählen.

Produktregel (Multiplikationsprinzip)
Lässt sich ein Objekt a aus einer Menge A auf m Arten auswählen und ein Objekt b aus einer anderen Menge B auf n Arten, so lassen sich a und b (sowohl a als auch b) auf $m \cdot n$ Arten auswählen.

▶ **Beispiele:**

1. Aus vier Frauen und drei Männern lassen sich zwölf verschiedene Paare und sieben verschiedene Einzelpersonen auswählen, denn es gibt $4 \cdot 3 = 12$ Möglichkeiten, sowohl eine Frau als auch einen Mann auszuwählen, und $4+3 = 7$ Möglichkeiten, entweder eine Frau oder einen Mann auszuwählen.

2. In einem Schachturnier treffen drei Mannschaften A, B, C aufeinander, wobei Mannschaft A aus vier Spielern, Mannschaft B aus fünf und Mannschaft C aus sechs Spielern besteht. Wie viel Spiele gibt es insgesamt, wenn jeder Spieler einer Mannschaft gegen jeden Spieler der anderen Mannschaften antreten soll?
    Nach der Produktregel gibt es $4 \cdot 5$ Spiele zwischen den Mannschaften A und B, $4 \cdot 6$ Spiele zwischen A und C und $5 \cdot 6$ Spiele zwischen B und C. Nach der Summenregel ist somit die Gesamtzahl der Spiele gleich $4 \cdot 5 + 4 \cdot 6 + 5 \cdot 6 = 74$.

3. Zwischen den Städten A und B gibt es zwei Verbindungsstraßen, zwischen den Städten B und C fünf und zwischen den Städten C und D drei Verbindungsstraßen. Auf wie viele verschiedene Arten kann man von A über B und C nach D fahren?
    Nach der Produktregel ist diese Anzahl gleich $2 \cdot 5 \cdot 3 = 30$.
    Wie viele Rundreisen $A - B - C - D - C - B - A$ gibt es?
    Diese Anzahl ist 30^2 ($= 2 \cdot 5 \cdot 3 \cdot 3 \cdot 5 \cdot 2) = 900$.
    Wie viele Rundreisen $A - B - C - D - C - B - A$ gibt es, wenn jede Straße maximal einmal befahren werden soll?
    Für diese Anzahl berechnet man nach der Produktregel $2 \cdot 5 \cdot 3 \cdot 2 \cdot 4 \cdot 1 = 240$.

4. Wie viel ungerade Zahlen zwischen 1000 und 9999 haben lauter verschiedene Ziffern (wie 2347 oder 5013)?
    Für die Tausenderstelle kommen die Ziffern $1, 2, \ldots, 9$ in Frage, für die Hunderterstelle die Ziffern $0, 1, \ldots, 9$, für die Zehnerstelle ebenfalls die Ziffern $0, 1, \ldots, 9$ und für die Einerstelle die Ziffern $1, 3, 5, 7, 9$ (ungerade Zahlen). Wählt man zunächst die Einerstelle aus, so gibt es dafür 5 Möglichkeiten. Wählt man anschließend die Tausenderstelle aus, so gibt es dafür $9 - 1$ Möglichkeiten (von den 9 Möglichkeiten $1, 2, \ldots, 9$ fällt eine weg, da Tausender- und Einerstelle

verschieden sein sollen). Für die Hunderterstelle gibt es danach $10 - 2$ Möglichkeiten und für die Zehnerstelle dann $10 - 3$ Möglichkeiten.

Für die gesuchte Anzahl ergibt sich somit nach der Produktregel $5 \cdot (9 - 1) \cdot (10 - 2) \cdot (10 - 3) = 5 \cdot 8 \cdot 8 \cdot 7 = 2240$.

Schubfachprinzip

Verteilt man n Objekte auf k Schubfächer, $n > k$, so gibt es (mindestens) ein Fach, das mindestens zwei Objekte enthält.

Verallgemeinerung

Verteilt man $q_1 + q_2 + \cdots + q_k - k + 1$ Objekte auf k Schubfächer S_i ($q_i \in \mathbb{N}$, $i = 1, 2, \ldots, k$), dann gibt es ein Schubfach S_j, $1 \leq j \leq k$, das mindestens q_j Objekte enthält.

Dieses einfache kombinatorische Prinzip, das erstmals von dem deutschen Mathematiker Peter Gustav Lejeune Dirichlet (1805–1859) explizit formuliert wurde und deshalb mitunter auch dirichletsches Prinzip genannt wird (oder Taubenschlagprinzip), hat viele zum Teil überraschende Anwendungen in verschiedenen Bereichen der Mathematik.

▶   **Beispiele:**

5. Von acht Personen haben mindestens zwei am gleichen Wochentag Geburtstag.

6. Es gibt in Hannover mindestens zwei Menschen mit derselben Anzahl von Haaren auf dem Kopf.
    Begründung: Die Maximalanzahl von Kopfhaaren ist 500 000 (es gibt also 500 001 Schubfächer), in Hannover leben mehr als 500 001 Menschen.

7. In einem Kino sitzen n Personen ($n \geq 2$). Darunter gibt es immer zwei, die dieselbe Anzahl von Bekannten im Kino haben.
    Begründung: Man wählt n Schubfächer mit den Bezeichnungen $0, 1, 2, \ldots, n - 1$. In das Schubfach i ($0 \leq i \leq n - 1$) kommen Karten mit den Namen aller derjenigen Kinobesucher, die genau i Bekannte unter den anderen Kinobesuchern haben. „Kennen" bzw. „Bekanntsein" ist symmetrisch (zwei Personen kennen sich gegenseitig), das heißt, die Schubfächer S_0 („niemand kennen") und S_{n-1} („$n - 1$, also alle anderen kennen") können nicht gleichzeitig belegt sein. Somit sind höchstens $n - 1$ Schubfächer belegt, das heißt, mindestens ein Schubfach ist doppelt belegt.

10.2   Fakultäten, Binomialkoeffizienten und Pascalsches Dreieck

Für eine natürliche Zahl $n \in \mathbb{N}$ ist $n!$ (gesprochen: n Fakultät) definiert als das Produkt der ersten n natürlichen Zahlen.

$$n! = 1 \cdot 2 \cdot 3 \cdot \ldots \cdot n$$

Außerdem wird $0! = 1$ für $n = 0$ gesetzt.

Die Fakultät lässt sich mit der Formel $n! = n \cdot (n - 1)!$, $n \in \mathbb{N}$, berechnen (Rekursionsformel).

▶ **Beispiele:**

$0! = 1$, $1! = 1$, $2! = 1 \cdot 2 = 2$, $3! = 1 \cdot 2 \cdot 3 = 6$, $4! = 1 \cdot 2 \cdot 3 \cdot 4 = 24$,

$5! = 1 \cdot 2 \cdot 3 \cdot 4 \cdot 5 = 120$, $6! = 1 \cdot 2 \cdot 3 \cdot 4 \cdot 5 \cdot 6 = 720$

Für alle natürlichen Zahlen n, k mit $1 \leq k \leq n$ ist der Binomialkoeffizient $\binom{n}{k}$ (gesprochen: n über k) definiert durch

$$\binom{n}{k} = \frac{n!}{k!(n - k)!}$$

Man setzt außerdem $\binom{n}{0} = 1$ und $\binom{0}{0} = 1$.

Für die praktische Rechnung eignet sich die folgende Formel, die man durch Kürzen aus der Definitionsgleichung erhält.

$$\binom{n}{k} = \frac{n(n - 1)(n - 2) \cdot \ldots \cdot (n - k + 1)}{1 \cdot 2 \cdot 3 \cdot \ldots \cdot k}$$

Zähler und Nenner bestehen jeweils aus k Faktoren. Dabei sind die k Faktoren im Nenner von 1 an um jeweils 1 aufsteigend und im Zähler von n an um jeweils 1 fallend.

Für die Binomialkoeffizienten gibt es eine Reihe von Rechenregeln. Für die praktische Berechnung sind wichtig:

$$\binom{n}{k} = \binom{n}{n - k} \qquad \text{Symmetrie}$$

$$\binom{n - 1}{k - 1} + \binom{n - 1}{k} = \binom{n}{k} \qquad \text{Additionssatz}$$

Beweis der Symmetrie:

$$\binom{n}{k} = \frac{n!}{k!(n-k)!}$$

$$\binom{n}{n-k} = \frac{n!}{(n-k)!(n-(n-k))!} = \frac{n!}{(n-k)!k!} = \frac{n!}{k!(n-k)!}$$

Beweis des Additionssatzes:

$$\binom{n-1}{k} + \binom{n-1}{k-1} = \frac{(n-1)!}{k!(n-1-k)!} + \frac{(n-1)!}{(k-1)!(n-k)!} = \frac{(n-1)!(n-k+k)}{k!(n-k)!}$$

$$= \frac{n!}{k!(n-k)!} = \binom{n}{k}$$

▶ **Beispiele:**

$$\binom{8}{3} = \frac{8!}{3!\,5!} = \frac{8 \cdot 7 \cdot 6}{1 \cdot 2 \cdot 3} = 56; \quad \binom{8}{3} = \binom{8}{5}$$

$$\binom{n}{n} = 1, \quad \binom{n}{1} = n, \quad \binom{n}{2} = \frac{n \cdot (n-1)}{2}$$

Für jede natürliche Zahl n lassen sich die Binomialkoeffizienten $\binom{n}{k}$, $k = 0, 1, \ldots, n$, im pascalschen Dreieck darstellen (Name nach dem französischen Mathematiker Blaise Pascal, 1623–1662). Wegen $\binom{n}{0} = \binom{n}{n} = 1$ sind die Zahlen der Ränder des Dreiecks gleich Eins. Jede nicht am Rand stehende Zahl des Dreiecks ist wegen des Additionssatzes gleich der Summe der beiden unmittelbar darüberstehenden Zahlen.

Pascalsches Dreieck:

$$
\begin{array}{ccccccccccccc}
 & & & & & & \binom{0}{0} & & & & & & \\
 & & & & & \binom{1}{0} & & \binom{1}{1} & & & & & \\
 & & & & \binom{2}{0} & & \binom{2}{1} & & \binom{2}{2} & & & & \\
 & & & \binom{3}{0} & & \binom{3}{1} & & \binom{3}{2} & & \binom{3}{3} & & & \\
 & & \binom{4}{0} & & \binom{4}{1} & & \binom{4}{2} & & \binom{4}{3} & & \binom{4}{4} & & \\
 & \binom{5}{0} & & \binom{5}{1} & & \binom{5}{2} & & \binom{5}{3} & & \binom{5}{4} & & \binom{5}{5} & \\
\binom{6}{0} & & \binom{6}{1} & & \binom{6}{2} & & \binom{6}{3} & & \binom{6}{4} & & \binom{6}{5} & & \binom{6}{6}
\end{array}
$$

....

Rechnet man die Binomialkoeffizienten aus, so lauten die ersten Zeilen des pascalschen Dreiecks:

$$
\begin{array}{ccccccccccccc}
 & & & & & & 1 & & & & & & \\
 & & & & & 1 & & 1 & & & & & \\
 & & & & 1 & & 2 & & 1 & & & & \\
 & & & 1 & & 3 & & 3 & & 1 & & & \\
 & & 1 & & 4 & & 6 & & 4 & & 1 & & \\
 & 1 & & 5 & & 10 & & 10 & & 5 & & 1 & \\
1 & & 6 & & 15 & & 20 & & 15 & & 6 & & 1
\end{array}
$$

Am pascalschen Dreieck erkennt man die Symmetrie der Binomialkoeffizienten.

Oftmals ist es einfacher, die Binomialkoeffizienten nicht direkt, sondern mit Hilfe des pascalschen Dreiecks zu berechnen.

10.3   Binomischer Lehrsatz

Für beliebige reelle Zahlen a, $b \neq 0$ und jede natürliche Zahl n gilt der binomische Lehrsatz (binomische Gleichung n-ten Grades)

$$
(a+b)^n = a^n + \binom{n}{1}a^{n-1}b + \binom{n}{2}a^{n-2}b^2 + \binom{n}{3}a^{n-3}b^3 + \cdots + \binom{n}{k}a^{n-k}b^k + \cdots
$$

$$
+ \binom{n}{n-1}ab^{n-1} + b^n
$$

$$
= \sum_{k=0}^{n} \binom{n}{k}a^{n-k}b^k
$$

Die untere Form ist die abgekürzte Summenschreibweise (gesprochen: Summe über $\binom{n}{k}a^{n-k}b^k$ von $k = 0$ bis $k = n$). Man erhält also alle Summanden der Summe, wenn man für den Index k zunächst 0, dann 1, dann 2 usw. und schließlich n setzt. Die so erhaltenen Glieder werden dann addiert.

Man beachte, dass $\binom{n}{0} = \binom{n}{n} = 1$, $a^0 = b^0 = 1$ und $a^1 = a, b^1 = b$ gilt.

Für $n = 2$ ergeben sich die beiden ersten binomischen Formeln.

Spezialfälle:

$$
a = b = 1 : \binom{n}{0} + \binom{n}{1} + \binom{n}{2} + \cdots + \binom{n}{n} = \sum_{k=0}^{n}\binom{n}{k} = (1+1)^n = 2^n
$$

Die Summe der Binomialkoeffizienten der n-ten Zeile des pascalschen Dreiecks ist also 2^n.

$$a = 1, b = -1 : \binom{n}{0} - \binom{n}{1} + \binom{n}{2} - + \cdots + (-1)^n \binom{n}{n}$$

$$= \sum_{k=0}^{n} (-1)^k \binom{n}{k} = (1-1)^n = 0$$

Die alternierende Summe (das heißt, abwechselnde Vorzeichen $+$ und $-$) der Binomialkoeffizienten der n-ten Zeile des pascalschen Dreiecks ist also 0.

▶ **Beispiele:**

1. $(a+b)^3 = \binom{3}{0}a^3 + \binom{3}{1}a^2b + \binom{3}{2}ab^2 + \binom{3}{3}b^3$

   $= a^3 + 3a^2b + 3ab^2 + b^3$

2. $(a-b)^6 = \binom{6}{0}a^6 - \binom{6}{1}a^5b + \binom{6}{2}a^4b^2 - \binom{6}{3}a^3b^3 + \binom{6}{4}a^2b^4 - \binom{6}{5}ab^5 + \binom{6}{6}b^6$

   $= a^6 - 6a^5b + 15a^4b^2 - 20a^3b^3 + 15a^2b^4 - 6ab^5 + b^6$

   Man vergleiche die Koeffizienten mit der letzten hingeschriebenen Zeile des pascalschen Dreiecks!

3. $(x-3)^5 = \binom{5}{0}x^5 + \binom{5}{1}x^4(-3) + \binom{5}{2}x^3(-3)^2 + \binom{5}{3}x^2(-3)^3 + \binom{5}{4}x(-3)^4 + \binom{5}{5}(-3)^5$

   $= x^5 - 15x^4 + 90x^3 - 270x^2 + 405x - 243$

10.4 Permutationen und Variationen

Gegeben ist eine Menge mit endlich vielen (etwa n) verschiedenen Elementen. Aus dieser Menge soll eine feste Anzahl von Elementen (etwa k) ausgewählt werden. Auf wie viele verschiedene Arten ist dies möglich?

So allgemein lässt sich diese Frage nicht beantworten, denn man muss unterscheiden zwischen

• geordneten und ungeordneten Auswahlen (Sollen nicht nur die Elemente unterschieden werden, sondern auch die Reihenfolge, in der sie ausgewählt werden?)

und zwischen

• Auswahlen mit und ohne Wiederholung (Darf ein Element mehrfach ausgewählt werden oder nicht?).

Es gibt auf die obige Frage also (mindestens) vier verschiedene Antworten.

Permutationen und Variationen sind geordnete Auswahlen, das heißt, die Reihenfolge, in der die Elemente ausgewählt werden, wird unterschieden. Ungeordnete Auswahlen heißen Kombinationen.

Ist S_n eine endliche Menge mit n Elementen, dann ist eine k-Permutation von S_n ein geordnetes k-Tupel von Elementen aus S_n ohne Wiederholung der Elemente. Eine k-Variation von S_n ist ein geordnetes k-Tupel von Elementen aus S_n mit möglicher Wiederholung der Elemente.

Die Anzahl der verschiedenen k-Permutationen von S_n wird mit $P(n, k)$ bezeichnet, die Anzahl der verschiedenen k-Variationen von S_n mit $V(n, k)$.

Für die Anzahl $P(n, k)$ der verschiedenen k-Permutationen einer n-elementigen Menge gilt

$$P(n, k) = \frac{n!}{(n - k)!}$$

Beweis:
Für das erste der k auszuwählenden Elemente gibt es n Möglichkeiten, für das zweite Element gibt es $n - 1$ Möglichkeiten, für das dritte Element gibt es $n - 2$ Möglichkeiten, und so weiter, und für das k-te Element gibt es $n - k + 1$ Möglichkeiten. Mehrfache Anwendung der Produktregel ergibt somit

$$P(n, k) = n \cdot (n - 1) \cdot (n - 2) \cdot \ldots \cdot (n - k + 1) = \frac{n!}{(n - k)!}.$$

▶ **Beispiel:**

$n = 3, \quad k = 2; \quad S_3 = \{a, b, c\}$

$P(3, 2) = \dfrac{3!}{(3 - 2)!} = 6 : \quad ab, \ ac, \ ba, \ bc, \ ca, \ cb$

Eine n-Permutation einer n-elementigen Menge S_n, also eine geordnete Auswahl aller Elemente der Menge und damit eine Anordnung der Elemente von S_n, heißt einfach Permutation von S_n (lateinisch permutare = vertauschen). Wegen $(n - n)! = 0! = 1$ gilt dann

$P(n, n) = \dfrac{n!}{(n - n)!} = n!$

▶ **Beispiel:**

$n = 3; \quad S_3 = \{a, b, c\}$

$P(3, 3) = 3! = 6 : \quad abc, \ acb, \ bac, \ bca, \ cab, \ cba$

Für die Anzahl $V(n, k)$ der verschiedenen k-Variationen einer n-elementigen Menge gilt

$$V(n, k) = n^k$$

Beweis:
Für jedes der k auszuwählenden Elemente gibt es n Möglichkeiten. Somit folgt mit mehrfacher Anwendung der Produktregel
$V(n, k) = n \cdot n \cdot n \cdot \ldots \cdot n = n^k.$

▶ **Beispiel:**

$n = 3, \quad k = 2; \quad S_3 = \{a, b, c\}$

$V(3, 2) = 3^2 = 9 : \quad aa, \; ab, \; ac, \; ba, \; bb, \; bc, \; ca, \; cb, \; cc$

▶ **Weitere Beispiele:**

1. Wie groß ist die Anzahl der 4-stelligen Dualzahlen?

   Es ist $n = 2$ und $k = 3$ (denn die erste Ziffer ist eine 1 und liegt damit fest), und daher ist die Anzahl der 4-stelligen Dualzahlen gleich $V(2, 3) = 2^3 = 8$.

   Die Anzahl der unterscheidbaren Bytes ist $V(2, 8) = 2^8 = 256$.

2. In wie viel verschiedenen Reihenfolgen können sich zehn Studenten in eine Liste eintragen?

   Lösung: $P(10, 10) = 10! = 3\,628\,800$

3. An einem runden Tisch sitzen fünf Damen. Später kommen drei Männer dazu. Auf wie viele Arten können sich die Männer zwischen die Damen setzen, wenn keine Männer nebeneinander sitzen sollen?

   Für die drei Männer gibt es fünf freie Plätze zwischen den Damen, also ist die gesuchte Anzahl $P(5, 3) = \dfrac{5!}{(5-3)!} = \dfrac{5!}{2} = 60$.

4. Wie groß ist die Anzahl der möglichen Tippreihen beim Fußballtoto (Elferwette)?

   Lösung: $V(3, 11) = 3^{11} = 177\,147$

5. Wie viel verschiedene „Wörter" der Länge 4 (also vier Buchstaben lang) kann man aus den Buchstaben a, b, c, d, e bilden, wenn jeder der Buchstaben
   a) beliebig oft vorkommen darf,
   b) höchstens einmal benutzt wird?

   Lösungen:
   a) $V(5, 4) = 5^4 = 625$,
   b) $P(5, 4) = \dfrac{5!}{(5-4)!} = 120$.

   Die Anzahl der verschiedenen „Wörter" der Länge 5 mit unterschiedlichen Buchstaben ist offensichtlich ebenfalls 120.

6. Ich habe Zeit, an jedem Abend einer gegebenen Woche einen Freund zu besuchen. Es gibt zwölf Freunde, die ich gern besuchen möchte. Auf wie viele Arten kann ich die Woche planen, wenn
   a) ich jeden Freund mehr als einmal besuchen kann,
   b) wenn ich jeden Freund höchstens einmal besuchen möchte?

   Lösungen:
   a) $V(12, 7) = 12^7 = 35\,831\,808$,
   b) $P(12, 7) = \dfrac{12!}{(12-7)!} = \dfrac{12!}{5!} = 3\,991\,680$.

10.5   Kombinationen

Ist S_n eine endliche Menge mit n Elementen, dann ist eine k-Kombination von S_n eine ungeordnete Auswahl von k Elementen aus S_n ohne Wiederholung der Elemente. Eine k-Kombination von S_n mit Wiederholung ist eine ungeordnete Auswahl von k Elementen aus S_n mit möglicher (uneingeschränkter) Wiederholung der Elemente. Statt k-Kombination mit Wiederholung sagt man auch k-Kombination mit Zurücklegen.

Die Anzahl der verschiedenen k-Kombinationen von S_n wird mit $C(n, k)$ bezeichnet, die Anzahl der verschiedenen k-Kombinationen von S_n mit Wiederholung mit $W(n, k)$.

Für die Anzahl $C(n, k)$ der verschiedenen k-Kombinationen einer n-elementigen Menge gilt

$$C(n, k) = \frac{n!}{k!(n-k)!} = \binom{n}{k}$$

Beweis:

Die Anzahl der k-Permutationen einer n-elementigen Menge S_n ist $P(n, k) = \frac{n!}{(n-k)!}$ (vgl. Abschn. 10.4). Die Auswahlen davon, die nur durch Permutation (Vertauschung der Elemente) fester k Elemente auseinander hervorgehen, dürfen insgesamt nur einmal gezählt werden. Da es $k!$ Permutationen von k festen Elementen gibt (siehe Abschn. 10.4) gibt, folgt

$$C(n, k) = \frac{P(n, k)}{k!} = \frac{n!}{(n-k)!k!} = \binom{n}{k}.$$

▶   **Beispiel:**

$n = 3, \quad k = 2; \quad S_3 = \{a, b, c\}$

$C(3, 2) = \binom{3}{2} = 3 : \quad ab, \ ac, \ bc$

Für die Anzahl $W(n, k)$ der verschiedenen k-Kombinationen einer n-elementigen Menge mit Wiederholung gilt

$$W(n, k) = \binom{n+k-1}{k}$$

Beweis:

Zu einer festen Auswahl von k Elementen aus den n verschiedenen Elementen von S_n werden alle n Elemente hinzugenommen. Anschließend werden diese $n + k$ Elemente so sortiert, dass gleiche Elemente nebeneinander stehen. Verschiedene Elemente werden dann jeweils durch einen senkrechten Strich getrennt. Zu jeder Auswahl gehört eindeutig eine solche Strichfolge und umgekehrt.

Die Anzahl der Striche ist gerade $n - 1$ (denn es gibt n verschiedene Elemente), und die Anzahl der Plätze, wo die Striche stehen können, ist $n + k - 1$ (denn zwischen $n + k$ Elementen gibt es $n + k - 1$ Zwischenräume).

Nach dem Ergebnis oben gibt es $C(n + k - 1, n - 1) = \binom{n+k-1}{n-1}$ verschiedene Möglichkeiten, $n - 1$ Striche auf $n + k - 1$ Plätze zu setzen. Wegen der eineindeutigen Zuordnung zu diesem Problem ist somit die gesuchte Anzahl

$$W(n,k) = \binom{n+k-1}{n-1} = \frac{(n+k-1)!}{(n-1)!(n+k-1-(n-1))!} = \frac{(n+k-1)!}{(n-1)!k!} = \binom{n+k-1}{k}.$$

▶ **Beispiel:**

$n = 3, \quad k = 2; \quad S_3 = \{a, b, c\}$

$$W(3, 2) = \binom{3 + 2 - 1}{2} = \binom{4}{2} = 6: \quad aa, \ ab, \ ac, \ bb, \ bc, \ cc$$

Alle Beweise in diesem und im vorigen Abschnitt lassen sich auch mit vollständiger Induktion (vgl. Abschn. 1.13.4) führen, die Beweise sind dann allerdings länger (und man muss das Ergebnis vorher kennen).

Die folgende Tabelle enthält eine zusammenfassende Übersicht der Anzahl der Möglichkeiten der verschiedenen Auswahlen von k Elementen aus einer Menge von n Elementen.

Anzahl verschiedener Auswahlen von k Elementen aus n Elementen	mit Berücksichtigung der Reihenfolge	ohne Berücksichtigung der Reihenfolge
mit Wiederholung	$V(n, k) = n^k$	$W(n, k) = \binom{n+k-1}{k}$
ohne Wiederholung	$P(n, k) = \dfrac{n!}{(n-k)!}$	$C(n, k) = \binom{n}{k}$

▶ **Weitere Beispiele:**

1. Auf wie viele Möglichkeiten kann man mit vier verschiedenen 10-Cent-Münztypen einen Euro zusammenstellen?

   Wegen $n = 4$ und $k = 10$ ist die gesuchte Anzahl

   $$W(4, 10) = \binom{4 + 10 - 1}{10} = \binom{13}{10} = 286.$$

2. Ein 8-köpfiges Komitee soll aus einer Gruppe von 10 Franzosen und 15 Deutschen gebildet werden. Auf wie viele verschiedene Arten kann das Komitee zusammengesetzt werden, wenn

a) es vier Mitglieder jeder der beiden Nationalitäten enthalten soll,

b) es mehr Franzosen als Deutsche enthalten soll,

c) es mindestens zwei Franzosen haben soll?

Lösungen:

a) Es gibt $C(10, 4) = \binom{10}{4}$ Möglichkeiten, vier Franzosen auszuwählen, und $C(15, 4) = \binom{15}{4}$ Möglichkeiten, vier Deutsche auszuwählen. Da sowohl Franzosen als auch Deutsche ausgewählt werden, ergibt sich nach der Produktregel für die gesuchte Anzahl

$$C(10, 4) \cdot C(15, 4) = \binom{10}{4} \cdot \binom{15}{4} = 210 \cdot 1365 = 286\,650.$$

b) Mehr Franzosen als Deutsche im Komitee bedeutet, entweder 5 Franzosen (und damit 3 Deutsche) oder 6 Franzosen oder 7 Franzosen oder 8 Franzosen auszuwählen. Mit Anwendung von Produktregel und Summenregel folgt für die gesuchte Anzahl somit

$$C(10, 5) \cdot C(15, 3) + C(10, 6) \cdot C(15, 2) + C(10, 7) \cdot C(15, 1)$$
$$+ C(10, 8) \cdot C(15, 0) = \binom{10}{5} \cdot \binom{15}{3} + \binom{10}{6} \cdot \binom{15}{2} + \binom{10}{7} \cdot \binom{15}{1}$$
$$+ \binom{10}{8} \cdot \binom{15}{0} = 252 \cdot 455 + 210 \cdot 105 + 120 \cdot 15 + 45 \cdot 1 = 114\,660 + 22\,050$$
$$+ 1800 + 45 = 138\,555.$$

c) Die gesuchte Anzahl erhält man, wenn man von der Gesamtanzahl der Möglichkeiten, das Komitee zu besetzen ($= C(10 + 15, 4 + 4) = \binom{25}{8}$), die Anzahl der Möglichkeiten abzieht, dass kein Franzose enthalten ist ($= C(15, 8) \cdot C(10, 0) = \binom{15}{8}$) oder dass nur ein Franzose enthalten ist ($= C(15, 7) \cdot C(10, 1) = \binom{15}{7} \cdot \binom{10}{1}$):

$$C(25, 8) - C(15, 8) \cdot C(10, 0) - C(15, 7) \cdot C(10, 1) = \binom{25}{8} - \binom{15}{8}$$
$$- \binom{15}{7} \cdot \binom{10}{1} = 1\,081\,575 - 6435 - 6435 \cdot 10 = 1\,010\,790.$$

3. a) Wie groß ist beim Zahlenlotto „6 aus 49" die Anzahl der möglichen Einzeltipps?

b) Wie viel verschiedene Möglichkeiten gibt es, genau 3 Richtige zu erzielen?

c) Wie groß ist die Wahrscheinlichkeit, genau 3 Richtige zu erzielen?

d) Wie groß ist die Wahrscheinlichkeit, überhaupt einen Gewinn zu erzielen?

Lösungen:

a) Es gibt $C(49, 6) = \binom{49}{6} = 13\,983\,816$ verschiedene Einzeltipps.

b) Genau 3 Richtige bedeutet, sowohl drei der sechs richtigen Zahlen als auch drei der 43 nicht richtigen Zahlen zu haben. Somit folgt für die gesuchte Anzahl nach der Produktregel

$$C(6,3) \cdot C(43,3) = \binom{6}{3} \cdot \binom{43}{3} = 246\,820.$$

c) Die klassische Definition von Laplace der Wahrscheinlichkeit P ist die Anzahl der günstigen Fälle dividiert durch die Anzahl der möglichen Fälle (vgl. Abschn. 11.5). Es gilt somit für die Wahrscheinlichkeit P, 3 Richtige zu erzielen,

$$P = \frac{\binom{6}{3} \cdot \binom{43}{3}}{\binom{49}{6}} = \frac{246\,820}{13\,983\,816} = 0,017650\ldots$$

d) Überhaupt einen Gewinn zu erzielen bedeutet, dass man entweder genau 3 Richtige oder genau 4 Richtige oder genau 5 Richtige oder genau 6 Richtige hat. Mit Anwendung von Produkt- und Summenregel folgt für diese Wahrscheinlichkeit P damit

$$P = \frac{\binom{6}{3} \cdot \binom{43}{3} + \binom{6}{4} \cdot \binom{43}{2} + \binom{6}{5} \cdot \binom{43}{1} + \binom{6}{6} \cdot \binom{43}{0}}{\binom{49}{6}}$$

$$= \frac{246\,820 + 13\,545 + 258 + 1}{13\,983\,816} = 0,018637\ldots,$$

also weniger als zwei Prozent.

4. Wie viele verschiedene „Wörter" der Länge 8 kann man aus den 26 Buchstaben unseres Alphabets bilden, wenn
   a) jeder Buchstabe beliebig oft vorkommen kann,
   b) das Wort genau drei Vokale enthalten soll?

Lösungen:
a) $V(26,8) = 26^8 = 208\,827\,064\,576,$
b) Es gibt $C(8,3)$ Möglichkeiten für die drei Stellen der Vokale in dem Wort der Länge 8. Außerdem gibt es $V(5,3) \cdot V(21,5)$ Möglichkeiten, sowohl aus den fünf möglichen Vokalen drei als auch aus den 21 Konsonanten fünf auszuwählen. Mit der Produktregel ist die gesuchte Anzahl somit

$$C(8,3) \cdot V(5,3) \cdot V(21,5) = \binom{8}{3} \cdot 5^3 \cdot 21^5 = 28\,588\,707\,000.$$

10.6 Permutationen mit eingeschränkter Wiederholung

Es sei $S = \{a_1, a_2, \ldots, a_k\}$ eine Menge mit endlicher Wiederholungszahl $n_1, n_2, \ldots, n_k$ der Elemente $a_1, a_2, \ldots, a_k$ (n_1 ist die Wiederholungszahl von a_1, n_2 von a_2, und so weiter). Eine n-Permutation von S mit eingeschränkter Wiederholung ist ein geordnetes n-Tupel von Elementen aus S, das das Element a_i genau n_i-mal enthält ($1 \le i \le k$, $n = n_1 + n_2 + \ldots + n_k$).

Die Anzahl der verschiedenen n-Permutationen von S mit eingeschränkter Wiederholung wird mit $P_n(n_1, n_2, \ldots, n_k)$ bezeichnet. Es gilt

$$P_n(n_1, n_2, \ldots, n_k) = \frac{n!}{n_1! n_2! \ldots n_k!}$$

Beweis:

Da das Element a_1 genau n_1-mal vorkommt, a_2 genau n_2-mal, und so weiter, muss die Gesamtzahl $P(n, n)$ der Permutationen von S durch das Produkt der Fakultäten der Wiederholungszahlen n_i, $i = 1, \ldots, k$, dividiert werden:

$$P_n(n_1, n_2, \ldots, n_k) = \frac{P(n, n)}{n_1! n_2! \ldots n_k!} = \frac{n!}{n_1! n_2! \ldots n_k!}$$

▶   **Beispiele:**

1. $S = \{a, b\}$, die Wiederholungszahl von a sei gleich 1 und die Wiederholungszahl von b gleich 2.
    $$P_3(1, 2) = \frac{3!}{1! 2!} = 3 : \quad abb, \; bab, \; bba$$

2. $S = \{a, b\}$, die Wiederholungszahl von a sei gleich 3 und die Wiederholungszahl von b gleich 2.
    $$P_5(3, 2) = \frac{5!}{3! 2!} = 10:$$
    aaabb, aabab, aabba, abaab, ababa, abbaa, baaab, baaba, babaa, bbaaa

3. $S = \{a, b, c\}$, die Wiederholungszahl von a sei gleich 2, die Wiederholungszahl von b gleich 1 und die Wiederholungszahl von c gleich 2.
    $$P_5(2, 1, 2) = \frac{5!}{2! 1! 2!} = 30 :$$
    aabcc, aacbc, aaccb, abacc, abcac, abcca, acabc, acacb, acbac, acbca, accab, accba, baacc, bacac, bacca, bcaac, bcaca, bccaa, caabc, caacb, cabac, cabca, cacab, cacba, cbaac, cbaca, cbcaa, ccaab, ccaba, ccbaa

4. Die Anzahl der Permutationen der Buchstaben in dem Wort „MISSISSIPPI" ist
    $$P_{11}(1, 4, 4, 2) = \frac{11!}{1! 4! 4! 2!} = 34\,650,$$
    denn das Wort enthält den Buchstaben M einmal, I viermal, S viermal und den Buchstaben P zweimal.

5. Was ist die Anzahl der verschiedenen Kartenverteilungen beim Skat?
    Lösung: $P_{32}(10, 10, 10, 2) = \dfrac{32!}{10! 10! 10! 2!} \approx 2{,}753294 \cdot 10^{15}$

10.7   **Multinomialsatz**

Die Multinomialkoeffizienten sind Verallgemeinerungen der Binomialkoeffizienten (vgl. Abschn. 10.2). Für eine natürliche Zahl n und nichtnegative ganze Zahlen $n_1, n_2, \ldots, n_k$ mit $n = n_1 + n_2 + \cdots + n_k$ ist der Multinomialkoeffizient $\binom{n}{n_1, n_2, \ldots, n_k}$ (gesprochen: n über $n_1, n_2, \ldots, n_k$) definiert durch

$$\binom{n}{n_1, n_2, \ldots, n_k} = \frac{n!}{n_1! n_2! \ldots n_k!}, \quad n = n_1 + n_2 + \cdots + n_k$$

Der binomische Lehrsatz (vgl. Abschn. 10.3) gibt eine Summendarstellung der n-ten Potenz einer Summe aus zwei Summanden. Der Multinomialsatz verallgemeinert den binomischen Lehrsatz.

Für natürliche Zahlen k und n sowie beliebige reelle Zahlen $x_1, x_2, \ldots, x_k$ gilt der Multinomialsatz

$$(x_1 + x_2 + \cdots + x_k)^n = \sum_{\substack{(n_1, \ldots, n_k) \\ n_1 + \ldots + n_k = n \\ n_i \in \mathbb{Z},\, n_i \geq 0}} \binom{n}{n_1, n_2, \ldots, n_k} x_1^{n_1} x_2^{n_2} \ldots x_k^{n_k}$$

Dabei erstreckt sich die Summation über alle Folgen $(n_1, n_2, \ldots, n_k)$ von nichtnegativen ganzen Zahlen $n_i, i = 1, 2, \ldots, k$ ($n_i \in \mathbb{Z}$, $n_i \geq 0$), die die Bedingung $n_1 + n_2 + \cdots + n_k = n$ erfüllen.

Der Multinomialsatz beschreibt also die Summenentwicklung der n-ten Potenz einer Summe aus k Summanden, wobei k eine beliebige natürliche Zahl ist.

▶   **Beispiel:**

1. $(x_1 + x_2 + x_3)^3 = \binom{3}{3,0,0} x_1^3 + \binom{3}{2,1,0} x_1^2 x_2 + \binom{3}{2,0,1} x_1^2 x_3 + \binom{3}{1,2,0} x_1 x_2^2$

    $+ \binom{3}{1,1,1} x_1 x_2 x_3 + \binom{3}{1,0,2} x_1 x_3^2 + \binom{3}{0,3,0} x_2^3$

    $+ \binom{3}{0,2,1} x_2^2 x_3 + \binom{3}{0,1,2} x_2 x_3^2 + \binom{3}{0,0,3} x_3^3$

    $= x_1^3 + 3 x_1^2 x_2 + 3 x_1^2 x_3 + 3 x_1 x_2^2 + 6 x_1 x_2 x_3 + 3 x_1 x_3^2 + x_2^3$

    $+ 3 x_2^2 x_3 + 3 x_2 x_3^2 + x_3^3$

2. $(a-b+c-d)^2 = \binom{2}{2,0,0,0} a^2 + \binom{2}{1,1,0,0} a(-b) + \binom{2}{1,0,1,0} ac + \binom{2}{1,0,0,1} a(-d)$

$\qquad + \binom{2}{0,2,0,0} (-b)^2 + \binom{2}{0,1,1,0} (-b)c + \binom{2}{0,1,0,1} (-b)(-d)$

$\qquad + \binom{2}{0,0,2,0} c^2 + \binom{2}{0,0,1,1} c(-d) + \binom{2}{0,0,0,2} (-d)^2$

$\qquad = a^2 - 2ab + 2ac - 2ad + b^2 - 2bc + 2bd + c^2 - 2cd + d^2$

10.8　Prinzip der Inklusion und Exklusion

Bei Abzählproblemen ist es oftmals einfacher, die Zahl der Objekte einer Menge mit einer gegebenen Eigenschaft nicht direkt, sondern indirekt zu bestimmen.

Will man zum Beispiel die Anzahl der natürlichen Zahlen zwischen 1 und einschließlich 600 bestimmen, die nicht durch 6 teilbar sind, so kann man dies indirekt folgendermaßen tun: Die Anzahl der natürlichen Zahlen zwischen 1 und 600, die durch 6 teilbar sind, ist $600 : 6 = 100$, denn jede sechste ganze Zahl ist durch 6 teilbar. Somit sind $600 - 100 = 500$ der natürlichen Zahlen zwischen 1 und 600 nicht durch 6 teilbar.

Das Prinzip, das in dieser indirekten Anzahlbestimmung benutzt wurde, ist das folgende. Ist A eine Teilmenge einer endlichen Menge S, $A \subseteq S$, dann ist die Anzahl der Objekte (Elemente) in A gleich der Anzahl der Objekte in S vermindert um die Anzahl der Objekte, die nicht in A liegen.

Für $A \subseteq S$ bezeichnet $\overline{A}$ das Komplement von A bezogen auf die Menge S. Das Komplement $\overline{A}$ enthält alle Elemente von S, die nicht in A liegen. Für die Mächtigkeiten (also die Anzahl der Elemente, vgl. Abschn. 1.1) der Mengen S, A, $\overline{A}$ gilt dann $|A| = |S| - |\overline{A}|$ beziehungsweise $|S| = |A| + |\overline{A}|$.

▶　**Beispiel:**

$\qquad S = \{1, 2, \ldots, 10\}$, $A = \{1, 3, 5, 7, 9\}$, $\overline{A} = \{2, 4, 6, 8, 10\}$;
$\qquad |S| = 10$, $|A| = 5$, $|\overline{A}| = 5$

Das Prinzip der Inklusion und Exklusion ist eine wichtige Verallgemeinerung dieser einfachen Regel. Viele Anzahlprobleme lassen sich mit diesem Prinzip lösen.

Es sei S eine endliche Menge von Objekten, und E_1 und E_2 seien zwei Eigenschaften, die jedes Element von S entweder besitzt oder nicht besitzt. Es soll die Anzahl der Objekte in S bestimmt werden, die weder Eigenschaft E_1 noch Eigenschaft E_2 haben.

Dazu subtrahiert man von der Gesamtanzahl $|S|$ aller Objekte in S die Anzahl der Objekte, die Eigenschaft E_1 besitzen, sowie die Anzahl der Objekte, die Eigenschaft E_2 besitzen (Exklusion). Objekte, die beide Eigenschaften E_1 und E_2 besitzen, werden zweimal abgezogen und müssen deshalb wieder einmal addiert werden (Inklusion).

Bezeichnet man mit A_1 die Teilmenge der Objekte von S, die die Eigenschaft E_1 haben, und mit A_2 die Teilmenge der Objekte von S, die die Eigenschaft E_2 besitzen, dann besteht $\overline{A_1} \subseteq S$ aus den Objekten von S, die die Eigenschaft E_1 nicht haben, und $\overline{A_2} \subseteq S$ aus den

Objekten, die die Eigenschaft E_2 nicht besitzen. Die Objekte der Teilmenge $\overline{A_1} \cap \overline{A_2}$ von S sind dann diejenigen Elemente, die weder Eigenschaft E_1 noch Eigenschaft E_2 besitzen.

Nach dem oben beschriebenen Prinzip der Inklusion und Exklusion für diesen Fall gilt dann für die gesuchte Anzahl $|\overline{A_1} \cap \overline{A_2}|$

$$|\overline{A_1} \cap \overline{A_2}| = |S| - |A_1| - |A_2| + |A_1 \cap A_2|,$$

denn $|A_1 \cap A_2|$ ist die Anzahl der Objekte in S, die sowohl Eigenschaft E_1 als auch Eigenschaft E_2 haben.

Dieses Prinzip lässt sich auf mehr als zwei Eigenschaften verallgemeinern. Es sei S eine endliche Menge, und $E_1, E_2, \ldots, E_m$ seien m Eigenschaften, die jedes Objekt von S entweder besitzt oder nicht besitzt. Für $i = 1, 2, \ldots, m$ wird mit A_i die Teilmenge von Objekten von S bezeichnet, die die Eigenschaft E_i haben (möglicherweise auch noch andere). Dann ist $A_i \cap A_j$ die Teilmenge von Objekten, die die Eigenschaften E_i und E_j (und möglicherweise noch andere) besitzen, $A_i \cap A_j \cap A_k$ ist die Teilmenge von Objekten von S, die die Eigenschaften E_i, E_j und E_k haben, und so weiter. Die Teilmenge der Objekte, die keine der Eigenschaften besitzt, ist $\overline{A_1} \cap \overline{A_2} \cap \ldots \cap \overline{A_m}$. Das Prinzip der Inklusion und Exklusion bestimmt die Anzahl der Objekte in dieser Menge durch das Zählen der Objekte von S, die bestimmte der vorgegebenen Eigenschaften haben.

Prinzip der Inklusion und Exklusion
Die Anzahl der Objekte einer endlichen Menge S, die keine der Eigenschaften $E_1, E_2, \ldots, E_m$ besitzen, ist gegeben durch

$$
\begin{aligned}
|\overline{A_1} \cap \overline{A_2} \cap \ldots \cap \overline{A_m}| = |S| &- \sum_{i=1}^{m} |A_i| + \sum_{1 \le i < j \le m} |A_i \cap A_j| \\
&- \sum_{1 \le i < j < k \le m} |A_i \cap A_j \cap A_k| + \ldots \\
&+ (-1)^m |A_1 \cap A_2 \cap \ldots \cap A_m|
\end{aligned}
$$

Dabei bedeutet $1 \le i < j \le m$, dass über alle 2-Kombinationen $\{i, j\}$ der m-elementigen Menge $\{1, 2, \ldots, m\}$ addiert wird, und $1 \le i < j < k \le m$ entsprechend, dass über alle 3-Kombinationen $\{i, j, k\}$ von $\{1, 2, \ldots, m\}$ addiert wird, und so weiter.

▶ **Beispiele:**

1. Wie groß ist die Anzahl der natürlichen Zahlen zwischen 10 und 100 (jeweils ausschließlich), die weder durch 3 noch durch 5 teilbar sind?

Lösung:

Mit $S = \{11, 12, 13, \ldots, 99\}$ und $A_1 = \{x \mid x \in S, \ x \text{ ist teilbar durch } 3\} = \{12, 15, \ldots, 99\}$, $A_2 = \{x \mid x \in S, \ x \text{ ist teilbar durch } 5\} = \{15, 20, \ldots, 95\}$ folgt $A_1 \cap A_2 = \{x \mid x \in S, \ x \text{ ist teilbar durch } 3 \text{ und durch } 5, \text{ also durch } 15\} = \{15, 30, 45, 60, 75, 90\}$. Für die Mächtigkeiten dieser Mengen gilt $|S| = 89$, $|A_1| = 30$, $|A_2| = 17$, $|A_1 \cap A_2| = 6$. Nach dem Prinzip der Inklusion und Exklusion erhält man somit für die gesuchte Anzahl

$$|\overline{A_1} \cap \overline{A_2}| = 89 - 30 - 17 + 6 = 48.$$

2. Man bestimme die Anzahl der natürlichen Zahlen unter 100, die weder durch 2 noch durch 3 noch durch 7 teilbar sind.

Lösung:

Es wird $S = \{1, 2, 3, \ldots, 99\}$ und $A_1 = \{x \mid x \in S, \ x \text{ ist teilbar durch } 2\} = \{2, 4, 6, \ldots, 98\}$, $A_2 = \{x \mid x \in S, \ x \text{ ist teilbar durch } 3\} = \{3, 6, 9, \ldots, 99\}$, $A_3 = \{x \mid x \in S, \ x \text{ ist teilbar durch } 7\} = \{7, 14, 21, \ldots, 98\}$ gesetzt.

Für die Schnittmengen ergibt sich:

$A_1 \cap A_2 = \{x \mid x \in S, \ x \text{ ist teilbar durch } 2 \text{ und durch } 3, \text{ also durch } 6\} = \{6, 12, 18, \ldots, 96\}$,

$A_1 \cap A_3 = \{x \mid x \in S, \ x \text{ ist teilbar durch } 2 \text{ und durch } 7, \text{ also durch } 14\} = \{14, 28, 42, \ldots, 98\}$,

$A_2 \cap A_3 = \{x \mid x \in S, \ x \text{ ist teilbar durch } 3 \text{ und durch } 7, \text{ also durch } 21\} = \{21, 42, 63, 84\}$,

$A_1 \cap A_2 \cap A_3 = \{x \mid x \in S, \ x \text{ ist teilbar durch } 2, \text{ durch } 3 \text{ und durch } 7, \text{ also durch } 42\} = \{42, 84\}$.

Die entsprechenden Mächtigkeiten sind:

$|S| = 99$, $|A_1| = 49$, $|A_2| = 33$, $|A_3| = 14$, $|A_1 \cap A_2| = 16$, $|A_1 \cap A_3| = 7$, $|A_2 \cap A_3| = 4$, $|A_1 \cap A_2 \cap A_3| = 2$.

Damit ergibt sich nach dem Prinzip der Inklusion und Exklusion für die zu bestimmende Anzahl

$$|\overline{A_1} \cap \overline{A_2} \cap \overline{A_3}| = 99 - (49 + 33 + 14) + (16 + 7 + 4) - 2 = 28.$$

3. Auf wie viele Arten kann man s verschiedene Bücher auf 3 Personen verteilen, wenn keine der Personen leer ausgehen soll (das heißt, wenn jede der Personen mindestens ein Buch erhalten soll)?

Lösung:

Zur Lösung des Problems mit Hilfe des Prinzips der Inklusion und Exklusion werden folgende Mengen eingeführt:

S sei die Menge aller möglichen Verteilungen der s Bücher auf die 3 Personen (ohne irgendwelche Einschränkungen; es werden also auch Verteilungen berücksichtigt, bei denen eine Person oder zwei Personen kein Buch erhalten),

A_1 sei die Menge der Verteilungen, bei denen die Person P_1 kein Buch erhält,

A_2 sei die Menge der Verteilungen, bei denen die Person P_2 kein Buch erhält,

A_3 sei die Menge der Verteilungen, bei denen die Person P_3 kein Buch erhält.

Für die Mächtigkeiten dieser Mengen errechnet man:

$|S| = V(3, s) = 3^s$ (denn die Anzahl aller möglichen Verteilungen ist eine 3-Variation der s-Menge der Bücher),

$|A_1| = |A_2| = |A_3| = V(2, s) = 2^s$ (denn wenn eine bestimmte Person leer ausgeht, dann kann jedes der s Bücher noch auf zwei Arten verteilt werden).

Für die Mächtigkeiten der Schnittmengen ergibt sich entsprechend:

$|A_1 \cap A_2| = |A_1 \cap A_3| = |A_2 \cap A_3| = V(1, s) = 1^s = 1$,

$|A_1 \cap A_2 \cap A_3| = 0$ (denn es gibt keine Verteilung, bei der alle Personen leer ausgehen).

Somit ergibt sich für die Anzahl der Verteilungen von s verschiedenen Büchern auf 3 Personen, bei denen keiner leer ausgeht,

$$a_s = |\overline{A_1} \cap \overline{A_2} \cap \overline{A_3}| = 3^s - 3 \cdot 2^s + 3 \cdot 1.$$

Zum Beispiel für $s = 3$, $s = 4$ beziehungsweise $s = 5$ (also 3 Bücher, 4 Bücher beziehungsweise 5 Bücher) ergeben sich die Anzahlen

$a_3 = 27 - 3 \cdot 8 + 3 = 6$, $a_4 = 81 - 3 \cdot 16 + 3 = 36$, $a_5 = 243 - 3 \cdot 32 + 3 = 150$.

Wahrscheinlichkeitsrechnung

11

In der Wahrscheinlichkeitsrechnung befasst man sich mit den Gesetzmäßigkeiten des zufälligen Eintretens bestimmter Ereignisse aus einer vorgegebenen Ereignismenge bei Versuchen allgemeiner Art. Dabei wird vorausgesetzt, dass diese Versuche unter unveränderten Bedingungen beliebig oft wiederholt werden können.

Mit der mathematischen Statistik fasst man heute die Wahrscheinlichkeitsrechnung zur Stochastik zusammen, der „Mathematik des Zufalls".

Die Wahrscheinlichkeitsrechnung besitzt viele Anwendungen in anderen mathematischen Disziplinen, aber auch in vielen Bereichen der Naturwissenschaften, der Technik und der Ökonomie.

11.1 Zufällige Ereignisse

Ein Zufallsexperiment ist ein Experiment, das als Ergebnis eins von mehreren möglichen Ergebnissen hat. Das Ergebnis lässt sich nicht eindeutig vorhersagen.

Die Menge aller möglichen Ergebnisse heißt Ergebnismenge, bezeichnet mit dem griechischen Buchstaben Ω („Omega"). Ein beliebiges einzelnes Ergebnis eines Zufallsexperiments wird mit ω (kleines „Omega") bezeichnet.

▶ **Beispiele:**

1. Beim Werfen einer Münze kennt man den Versuchsausgang vorher nicht. Man kennt aber alle möglichen Ergebnisse dieses Versuchs, nämlich Wappen W und Zahl Z, also $\Omega = \{W, Z\}$.

2. Beim Werfen eines Würfels kann als Ergebnis eine der Zahlen 1, 2, 3, 4, 5 oder 6 auftreten. Die Ergebnismenge lautet also $\Omega = \{1, 2, 3, 4, 5, 6\}$.

© Springer Fachmedien Wiesbaden GmbH, ein Teil von Springer Nature 2019
A. Kemnitz, *Mathematik zum Studienbeginn*,
https://doi.org/10.1007/978-3-658-26604-2_11

3. Beim Zahlenlotto „6 aus 49" werden sechs Zahlen aus den Zahlen $1, 2, \ldots, 49$
    zufällig ausgewählt. Ein Ergebnis dieses Zufallsexperiments besteht aus 6 gezo-
    genen Zahlen, die man der Größe nach geordnet angibt (denn die Reihenfolge, in
    der die Zahlen gezogen werden, ist für einen Gewinn uninteressant). Ein belie-
    biges Ergebnis ω wird also durch ein 6-Tupel $(n_1, n_2, n_3, n_4, n_5, n_6)$ von Zahlen
    n_i beschrieben, die der Bedingung $1 \le n_1 < n_2 < n_3 < n_4 < n_5 < n_6 \le 49$
    genügen. Die Ergebnismenge ist dann
    $$\Omega = \{(n_1, n_2, \ldots, n_6) \mid 1 \le n_1 < n_2 < \ldots < n_6 \le 49\}.$$

Ein zufälliges Ereignis oder kurz Ereignis A ist eine Teilmenge von Ω: $A \subseteq \Omega$. Ein Ereignis
ist also eine Menge von möglichen Versuchsausgängen (Ergebnissen) eines Zufallsexperi-
ments. Ereignisse werden mit großen lateinischen Buchstaben bezeichnet: $A, B, C, \ldots$

▶ **Beispiele:**

1. W ist beim Werfen einer Münze das Ereignis „Wappen".

2. $U = \{1, 3, 5\}$ ist beim Werfen eines Würfels das Ereignis „Eine ungerade Augen-
    zahl wird gewürfelt".

3. $A = \{(n_1, n_2, \ldots, n_6) \mid 1 \le n_1 < n_2 < \ldots < n_6 \le 10\}$ ist beim Zahlenlotto das
    Ereignis „Alle gezogenen Zahlen sind kleiner oder gleich 10".

Ein Ereignis A tritt genau dann ein, wenn das Ergebnis ω des Zufallsexperiments ein Element
von A ist:
$$\omega \in A \iff A \text{ ist eingetreten}; \quad \omega \notin A \iff A \text{ ist nicht eingetreten}.$$

▶ **Beispiele:**

1. Münzwurf: $\omega = Z$: W ist nicht eingetreten.

2. Würfeln: $\omega = 3$: U ist eingetreten.

3. Zahlenlotto: $\omega = (3, 5, 6, 23, 35, 41)$: A ist nicht eingetreten.

Besondere Ereignisse:

Einelementige Ereignisse heißen Elementarereignisse.
Das Ereignis Ω selbst heißt sicheres Ereignis, denn für jedes Ergebnis ω eines Zufallsexpe-
riments tritt Ω ein.
Das unmögliche Ereignis $\emptyset$ (leere Menge) ist ein Ereignis, das nie eintreten kann.

▶ **Beispiele:**

1. W beim Werfen einer Münze ist ein Elementarereignis. Das sichere Ereignis ist
    $\Omega = \{W, Z\}$.

2. 3 ist beim Würfeln ein Elementarereignis. Das sichere Ereignis ist
    $\Omega = \{1, 2, 3, 4, 5, 6\}$.

3. Beim Zahlenlotto ist zum Beispiel $(5, 6, 12, 34, 37, 48)$ das Elementarereignis, dass genau die Zahlen 5, 6, 12, 34, 37, 48 gezogen werden. Das sichere Ereignis ist $\Omega = \{(n_1, n_2, \ldots, n_6) \mid 1 \leq n_1 < n_2 < \ldots < n_6 \leq 49\}$.

Man kann Ereignisse A und B zu neuen Ereignissen kombinieren.

Vereinigung:
$A \cup B = \{\omega \mid \omega \in A \text{ oder } \omega \in B\}$ ist das Ereignis „A oder B".

Durchschnitt:
$A \cap B = AB = \{\omega \mid \omega \in A \text{ und } \omega \in B\}$ ist das Ereignis „A und B".

Komplementärereignis:
Das Komplementärereignis oder entgegengesetzte Ereignis zu A ist das Ereignis $\bar{A} = \{\omega \mid \omega \notin A\}$.

Disjunkte Ereignisse:
Zwei Ereignisse A und B heißen disjunkte oder unvereinbare Ereignisse, wenn $A \cap B = \emptyset$ gilt. Die Ereignisse A und B können also nicht gleichzeitig eintreten.

Differenz:
$A \setminus B = \{\omega \mid \omega \in A \text{ und } \omega \notin B\}$ heißt Differenz. Es gilt $A \setminus B = A \cap \bar{B}$.

Teilmenge:
$A \subseteq B$ bedeutet, dass mit dem Ereignis A auch das Ereignis B eintritt. Man sagt, dass A das Ereignis B nachzieht.

Summe:
Für zwei disjunkte (unvereinbare) Ereignisse A und B schreibt man statt $A \cup B$ auch $A + B$ und nennt $A + B$ Summe von A und B.

▶ **Beispiele:**

1. Münzwurf: $A = \{W\}$, $B = \{Z\}$:

   $A \cup B = A + B = \{W, Z\} = \Omega$, $A \cap B = \{\} = \emptyset$, $\bar{A} = \{Z\} = B$, $A \setminus B = \{W\}$

2. Würfeln: $A = \{1, 3, 4\}$, $B = \{1, 2, 3\}$:

   $A \cup B = \{1, 2, 3, 4\}$, $A \cap B = \{1, 3\}$, $\bar{A} = \{2, 5, 6\}$, $\bar{B} = \{4, 5, 6\}$, $A \setminus B = \{4\}$,
   $B \setminus A = \{2\}$, $A \nsubseteq B$, $B \nsubseteq A$, $A \cap B \neq \emptyset$, also sind A und B nicht disjunkt,
   $A \cap \bar{B} = \{4\}$, $\bar{A} \cap B = \{2\}$, $\bar{A} \cup \bar{B} = \{2, 4, 5, 6\}$

3. Zahlenlotto:
   $A = \{(n_1, n_2, \ldots, n_6) \mid 1 \leq n_1 < n_2 < \ldots < n_6 \leq 10\}$,

$B = \{(n_1, n_2, \ldots, n_6) \mid 5 \leq n_1 < n_2 < \ldots < n_6 \leq 20\}$:

$A \cup B = \{(n_1, n_2, \ldots, n_6) \mid 1 \leq n_1 < n_2 < \ldots < n_6 \leq 20$ und falls $n_1 < 5$, dann $n_6 \leq 10\}$,

$A \cap B = \{(n_1, n_2, \ldots, n_6) \mid 5 \leq n_1 < n_2 < \ldots < n_6 \leq 10\}$
$= \{(5, 6, 7, 8, 9, 10)\}$,

$\bar{A} = \{(n_1, n_2, \ldots, n_6) \mid 1 \leq n_1 < n_2 < \ldots < n_6 \leq 49$ und $n_6 > 10\}$,

$A \setminus B = \{(n_1, n_2, \ldots, n_6) \mid 1 \leq n_1 < n_2 < \ldots < n_6 \leq 10$ und
$(n_1, \ldots, n_6) \neq (5, 6, 7, 8, 9, 10)\}$,

$A \nsubseteq B$, $B \nsubseteq A$, $A \cap B \neq \emptyset$, also sind A und B nicht disjunkt.

11.2 Absolute und relative Häufigkeit von Ereignissen

Es sei A ein bestimmtes Ereignis eines beliebigen Zufallsexperiments, das n-mal unter denselben Bedingungen durchgeführt wird. Die Anzahl derjenigen Versuche, bei denen das Ereignis A eintritt, heißt die absolute Häufigkeit des Ereignisses A, bezeichnet mit $h_n(A)$. Der Quotient

$$r_n(A) = \frac{h_n(A)}{n}$$

heißt relative Häufigkeit des Ereignisses A. Die relative Häufigkeit des Ereignisses A ist also die Anzahl der Versuche, bei denen A eintritt, dividiert durch die Gesamtanzahl der Versuche. Man beachte, dass die absolute und die relative Häufigkeit nicht nur von n, also der Anzahl der Versuche, abhängen, sondern auch von den Versuchsausgängen (Versuchsergebnissen).

Eigenschaften der absoluten Häufigkeit:

1. $0 \leq h_n(A) \leq n$ für jedes n und jedes $A \subseteq \Omega$,

2. $h_n(\Omega) = n$,

3. $h_n(\emptyset) = 0$,

4. $h_n(A \cup B) = h_n(A) + h_n(B)$, falls $A \cap B = \emptyset$,

5. $h_n(A \cup B) = h_n(A) + h_n(B) - h_n(A \cap B)$, falls $A \cap B \neq \emptyset$.

Für die relative Häufigkeit gilt entsprechend

1. $0 \leq r_n(A) \leq 1$ für jedes n und jedes $A \subseteq \Omega$,

2. $r_n(\Omega) = 1$,

3. $r_n(\emptyset) = 0$,

4. $r_n(A \cup B) = r_n(A) + r_n(B)$, falls $A \cap B = \emptyset$,

5. $r_n(A \cup B) = r_n(A) + r_n(B) - r_n(A \cap B)$, falls $A \cap B \neq \emptyset$.

▶ **Beispiel:**

In der folgenden Tabelle sind die Augenzahlen eines Versuchs notiert, bei dem 17-mal ein Würfel geworfen wurde. In der dritten Zeile sind die Versuche mit einem A gekennzeichnet, bei denen das Ereignis $A = \{1, 2\}$ eingetreten ist, und in der vierten Zeile entsprechend die Versuche mit einem B, bei denen das Ereignis $B = \{4, 5\}$ eingetreten ist.

Versuchsnummer	1	2	3	4	5	6	7	8	9	10	11	12	13	14	15	16	17
Augenzahl	2	6	3	3	5	1	5	4	6	4	1	4	1	2	3	6	4
$A = \{1, 2\}$	A					A					A		A	A			
$B = \{4, 5\}$				B			B	B		B		B					B

In der Versuchsreihe ist 5-mal das Ereignis A und 6-mal das Ereignis B eingetreten. Somit gilt für diese Versuchsreihe

$h_{17}(A) = 5$, $h_{17}(B) = 6$, $r_{17}(A) = \frac{5}{17} \approx 0{,}29$, $r_{17}(B) = \frac{6}{17} \approx 0{,}35$.

Die Zahlen $r_n(A)$ für ein Ereignis A sind Ergebnisse von Zufallsexperimenten. Es kann daher vorkommen, dass sie stark schwanken, auch wenn n noch so groß gewählt wird. Oftmals ist es jedoch so, dass die relativen Häufigkeiten für große n relativ wenig um einen festen Zahlenwert schwanken.

Solche Stabilisierungseffekte treten fast immer ein, wenn die einzelnen Versuche unabhängig voneinander durchgeführt werden, wenn also der Ausgang eines jeden Einzelexperiments von denen der übrigen Versuche nicht beeinflußt wird. Solche Versuchsserien werden oft als Bernoulli-Ketten der Länge n und das einzelne Experiment als Bernoulli-Experiment bezeichnet (nach dem Schweizer Mathematiker Jakob Bernoulli, 1654–1705).

11.3 Stichproben

Bei statistischen Erhebungen oder Untersuchungen werden an ausgewählten Versuchs- oder Untersuchungseinheiten die Werte bestimmter Merkmale festgestellt. Dabei ist ein Merkmal eine Größe der Versuchseinheit, die untersucht wird. Ein Wert, der von Merkmalen angenommen werden kann, heißt Merkmalswert oder auch Merkmalsausprägung.

▶ **Beispiel:**

Versuchseinheit: Klasse 5 c der Gaußschule
Merkmal: Zensur der Mathematik-Klassenarbeit vom 05.06.2019
Merkmalsausprägung: 1, 2, 3, 4, 5, 6

Bei Merkmalen wird zwischen quantitativen und qualitativen Merkmalen unterschieden. Quantitative Merkmale sind zahlenmäßig erfassbar. Man unterteilt sie in diskrete und stetige

Merkmale. Diskrete Merkmale haben isolierte Zahlenwerte als Ausprägungen, wohingegen die Ausprägungen eines stetigen Merkmals jeden Wert in einem Intervall annehmen können.

▶ **Beispiel:**

Diskrete Merkmale: Zensur in Noten oder Punkten, Alter in Jahren, Einkommen pro Jahr
Stetige Merkmale: Länge, Gewicht, Größe

Die Menge der Versuchs- oder Untersuchungseinheiten, über die bezüglich eines oder mehrerer Merkmale eine Aussage gemacht werden soll, wird Grundgesamtheit genannt. Eine Stichprobe ist eine endliche Teilmenge aus einer Grundgesamtheit, die zufällig gewonnen wird. Hat diese Teilmenge n Elemente, so spricht man von einer Stichprobe vom Umfang n.

▶ **Beispiel:**

Grundgesamtheit: Alle Schüler einer Schule
Stichprobe: Menge aller Schüler in 10 zufällig ausgewählten Klassen, die in Woche 23 Geburtstag haben

Besteht eine Stichprobe eines Merkmals X aus den Elementen $x_1, x_2, \ldots, x_n$, dann schreibt man $(x_1, x_2, \ldots, x_n)$ für diese Stichprobe vom Umfang n.

Besitzt das Merkmal X genau s mögliche verschiedene Ausprägungen $a_1, a_2, \ldots, a_s$, so ergeben sich die absoluten Häufigkeiten h_j, $j = 1, \ldots, s$, der Ausprägungen $a_1, a_2, \ldots, a_s$ des Merkmals X in der Stichprobe $(x_1, x_2, \ldots, x_n)$ zu

$$h_j = \sum_{\substack{i=1 \\ x_i=a_j}}^{n} 1 \quad (j = 1, \ldots, s, \; h_1 + \ldots h_s = n).$$

Die relativen Häufigkeiten r_j, $j = 1, \ldots, s$, der Ausprägungen $a_1, a_2, \ldots, a_s$ des Merkmals X in der Stichprobe $(x_1, x_2, \ldots, x_n)$ ergeben sich entsprechend zu

$$r_j = \frac{h_j}{n} = \frac{1}{n} \cdot \sum_{\substack{i=1 \\ x_i=a_j}}^{n} 1 \quad (j = 1, \ldots, s, \; r_1 + \ldots r_s = 1).$$

Dabei liefert in der Summe ein i genau dann den Beitrag 1, wenn $x_i = a_j$ gilt.

Durch Bildung dieser absoluten bzw. relativen Häufigkeiten erhält man die sogenannte empirische Häufigkeitsverteilung des Merkmals X in der Stichprobe $(x_1, x_2, \ldots, x_n)$.

▶ **Beispiel:**

In einer Mathematikarbeit erreichten die Schüler eines Kurses der Sekundarstufe II in alpabetischer Reihenfolge die folgenden Punktzahlen:

12, 3, 5, 1, 6, 8, 13, 14, 8, 8, 7, 11, 10, 9, 3, 2, 12, 11, 6, 11, 15, 10, 4, 8, 3.

Die Stichprobe besteht aus den 25 Schülern $(x_1, x_2, \ldots, x_{25})$ des Kurses, die die Arbeit mitgeschrieben haben. Das Merkmal X ist die Punktzahl der Mathematikarbeit mit den Ausprägungen $0, 1, 2, \ldots, 15$. Berechnet man die absoluten und relativen Häufigkeiten dieser Ausprägungen in der Stichprobe, so kann man das Ergebnis in einer Tabelle (Häufigkeitstabelle) darstellen.

Punktzahl	15	14	13	12	11	10	9	8
absolute Häufigkeiten	1	1	1	2	3	2	1	4
relative Häufigkeiten	0,04	0,04	0,04	0,08	0,12	0,08	0,04	0,16

Punktzahl	7	6	5	4	3	2	1	0
absolute Häufigkeiten	1	2	1	1	3	1	1	0
relative Häufigkeiten	0,04	0,08	0,04	0,04	0,12	0,04	0,04	0,00

Die Summe der absoluten Häufigkeiten ist gleich dem Umfang der Stichprobe, also gleich 25, die Summe der relativen Häufigkeiten beträgt 1.

Es gibt verschiedene Möglichkeiten der Darstellung empirischer Häufigkeitsverteilungen sowohl für absolute als auch für relative Häufigkeiten. Übliche Darstellungsformen sind Tabellen, Stabdiagramme, Kreisdiagramme und Histogramme.

In einer Tabelle sind den Ausprägungen eines Merkmals, also den Merkmalswerten, die zugehörigen absoluten bzw. relativen Häufigkeiten zugeordnet (vgl. obiges Beispiel). In einem Stabdiagramm sind die absoluten bzw. relativen Häufigkeiten als Stäbe über den entsprechenden Merkmalswerten aufgetragen. In einem Kreisdiagramm werden in einem Kreis mit der Fläche 1 den relativen Häufigkeiten der Ausprägungen des Merkmals Kreissektoren zugeordnet, deren Flächeninhalt der relativen Häufigkeit entspricht. In einem Histogramm werden die absoluten bzw. relativen Häufigkeiten als Rechteckflächen über den einzelnen Merkmalswerten eingezeichnet (Abb. 11.1, 11.2, 11.3).

Ist der Umfang n einer Stichprobe im Vergleich zur Anzahl s der möglichen Merkmalsausprägungen klein, so teilt man für Darstellungen empirischer Häufigkeitsverteilungen die Stichprobenwerte $x_1, x_2, \ldots, x_n$ in disjunkte Klassen ein.

▶ **Beispiel:**

Bei der Bundestagswahl im September 2009 wurden die Parteien SPD, CDU/CSU, FDP, Grüne und Die Linke in den Bundestag gewählt. Dabei entfielen auf die SPD 23,0 % der Stimmen, auf die CDU/CSU 33,8 %, auf die FDP 14,6 %, auf die Grünen 10,7 % und auf Die Linke 11,9 % der Stimmen.

Tabellarische Darstellung der Ergebnisse:

Partei	Stimmen (in Prozent)
SPD	23,0
CDU/CSU	33,8
FDP	14,6
Grüne	10,7
Die Linke	11,9
Sonstige	6,0

Stabdiagramm:

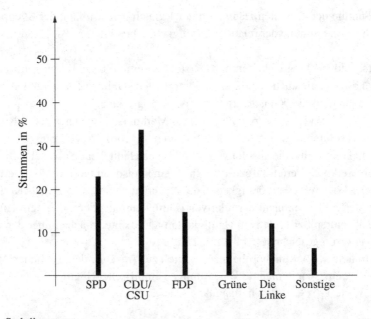

Abb. 11.1 Stabdiagramm

Kreisdiagramm:

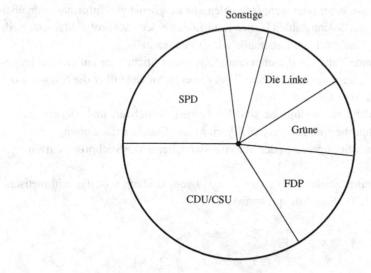

Abb. 11.2 Kreisdiagramm

Histogramm:

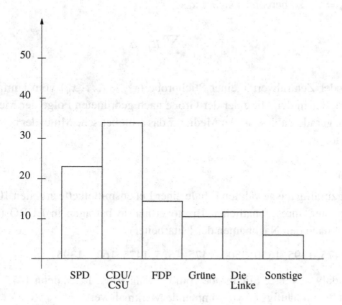

Abb. 11.3 Histogramm

Empirische Häufigkeitsverteilungen beinhalten ausführliche Informationen über das Ergebnis einer statistischen Erhebung. Oftmals sind so ausführliche Informationen nicht notwendig, es reicht die Angabe einer oder weniger Zahlen, die möglichst viel Informationen über die Stichprobe enthalten. Solche Zahlen heißen Kennzahlen einer Stichprobe. Man unterteilt die Kennzahlen einer Stichprobe in Lagemaße und Streuungsmaße.

Ein Lagemaß ist eine Zahl, die die ungefähre Lage einer Stichprobe auf der Zahlengeraden beschreibt. Ein Streuungsmaß ist eine Zahl, die eine Aussage über die Streuung der Stichprobenwerte um das Lagemaß liefert.

Typische Lagemaße einer Stichprobe sind Modalwert, Mittelwert und Median, Streuungsmaße einer Stichprobe sind zum Beispiel Varianz und Standardabweichung.

Der Modalwert einer Stichprobe ist der Merkmalswert, der in der Stichprobe am häufigsten vorkommt.

Der Mittelwert $\bar{x}$ einer Stichprobe $(x_1, x_2, \ldots, x_n)$ vom Umfang n ist das arithmetische Mittel (vgl. Abschn. 1.10.1) der Stichprobenwerte

$$\bar{x} = \frac{1}{n} \cdot (x_1 + x_2 + \ldots + x_n) = \frac{1}{n} \cdot \sum_{i=1}^{n} x_i$$

Tritt in der Stichprobe $(x_1, x_2, \ldots, x_n)$ der Wert a_j genau h_j-mal auf ($j = 1, 2, \ldots, s$; $h_1 + h_2 + \ldots + h_s = n$), so berechnet sich $\bar{x}$ aus

$$\bar{x} = \frac{1}{n} \cdot \sum_{j=1}^{s} h_j \cdot a_j.$$

Der Median oder Zentralwert $\tilde{x}$ einer Stichprobe $(x_1, x_2, \ldots, x_n)$ vom Umfang n ist der Merkmalswert, der in der Mitte der der Größe nach geordneten Folge der Merkmalswerte steht. Ist n eine gerade Zahl, so ist der Median $\tilde{x}$ das arithmetische Mittel der beiden mittleren Merkmalswerte.

► **Beispiel:**

In einer zufällig ausgewählten Filiale einer Lebensmittelkette arbeiten 10 Angestellte und Arbeiter. Ihre monatlichen Bruttoverdienste betragen in EURO (alphabetisch geordnet nach den Nachnamen der Mitarbeiter)

1675, 1475, 1395, 1550, 3500, 1475, 1625, 1475, 1625, 1395.

Der Modalwert dieser Stichprobe vom Umfang 10 ist 1475, denn 1475 ist der in der Stichprobe am häufigsten vorkommende Merkmalswert.

Der Mittelwert $\bar{x}$ berechnet sich zu

$$\bar{x} = \frac{1}{10} \cdot (1675 + 1475 + 1395 + 1550 + 3500 + 1475 + 1625$$
$$+ 1475 + 1625 + 1395)$$
$$= \frac{17190}{10} = 1719.$$

Sortiert man die Verdienste der Größe nach, also

1395, 1395, 1475, 1475, 1475, 1550, 1625, 1625, 1675, 3500,

so ergibt sich der Median $\tilde{x}$ dieser Stichprobe aus dem arithmetischen Mittel der beiden mittleren Merkmalswerte: $\tilde{x} = \frac{1}{2} \cdot (1475 + 1550) = 1512{,}5$.

Der im Vergleich zu Modalwert und Median relativ hohe Mittelwert beruht auf dem „Ausreißer" 3500 (Verdienst des Filialleiters).

Modalwert, Mittelwert und Median liefern zwar gewisse grobe Informationen über eine Stichprobe, sie sind jedoch in vielen Fällen nicht ausreichend für eine Charakterisierung, da sie nichts über die Lage der Merkmalswerte bezüglich dieser Parameter, also über die sogenannte Streuung, aussagen. Aussagen über diese Streuung liefern Streuungsmaße wie Varianz und Standardabweichung.

Das klassische Streuungsmaß ist die durch

$$s^2 = \frac{1}{n-1} \cdot \sum_{i=1}^{n} (x_i - \bar{x})^2$$

definierte Varianz oder Stichprobenvarianz von $(x_1, x_2, \ldots, x_n)$. Dabei ist $\bar{x}$ der Mittelwert der Stichprobe. Die Quadratwurzel aus s^2

$$s = \sqrt{s^2} = \sqrt{\frac{1}{n-1} \cdot \sum_{i=1}^{n} (x_i - \bar{x})^2}$$

heißt Standardabweichung oder Stichprobenstandardabweichung von $(x_1, x_2, \ldots, x_n)$.

Sind die Stichprobenwerte x_i ganzzahlig, der Mittelwert $\bar{x}$ dagegen nicht, so ist die Berechnung von s^2 (und damit auch von s) nach der Definitionsgleichung mühsam. In solchen Fällen lässt sich die folgende umgeformte Gleichung einfacher anwenden:

$$s^2 = \frac{1}{n-1} \cdot \sum_{i=1}^{n}(x_i - \bar{x})^2 = \frac{1}{n-1} \cdot \sum_{i=1}^{n}(x_i^2 - 2x_i \cdot \bar{x} + \bar{x}^2)$$

$$= \frac{1}{n-1} \cdot \left(\sum_{i=1}^{n}x_i^2 - 2\bar{x}\sum_{i=1}^{n}x_i + n \cdot \bar{x}^2\right) = \frac{1}{n-1} \cdot \left(\sum_{i=1}^{n}x_i^2 - 2n\bar{x}^2 + n\bar{x}^2\right)$$

$$= \frac{1}{n-1} \cdot \left(\sum_{i=1}^{n}x_i^2 - n \cdot \bar{x}^2\right)$$

Formel zur praktischen Berechnung der Varianz einer Stichprobe

$$s^2 = \frac{1}{n-1} \cdot \left(\sum_{i=1}^{n}x_i^2 - n \cdot \bar{x}^2\right)$$

▶   **Beispiel:**

Für die Stichprobe vom Umfang $n = 10$ des letzten Beispiels errechnet sich

$$s^2 = \frac{1}{9} \cdot (2 \cdot 1395^2 + 3 \cdot 1475^2 + 1550^2 + 2 \cdot 1625^2 + 1675^2 + 3500^2 - 10 \cdot 1719^2)$$

$$= \frac{1}{9} \cdot (33\,158\,300 - 29\,549\,610) = \frac{1}{9} \cdot 3\,608\,690$$

$$\approx 400\,966$$

als Varianz und $s = \sqrt{s^2} \approx 633$ als Standardabweichung.

11.4   Axiomatische Definition der Wahrscheinlichkeit

Ein Wahrscheinlichkeitsbegriff muss auf beliebige Zufallsexperimente, die unter denselben
äußeren Bedingungen beliebig oft wiederholbar sind, anwendbar sein. Die relative Häufigkeit eines Ereignisses (vgl. Abschn. 11.2) genügt gewissen einfachen Gesetzmäßigkeiten,
die man als Grundlage für eine axiomatische Definition der Wahrscheinlichkeit $P(A)$ eines
Ereignisses A benutzt. Axiome sind nicht beweisbare Grundpostulate. Die Axiome der
Definition der Wahrscheinlichkeit $P(A)$ orientieren sich an den Eigenschaften 1, 2 und 4
relativer Häufigkeiten. Diese Axiome legen zwar die Wahrscheinlichkeit eines Ereignisses selbst nicht fest, man kann jedoch mit ihnen eine allgemeine Wahrscheinlichkeitstheorie
ableiten. Diese Definition stammt von dem russischen Mathematiker Andrej Nikollajewitsch
Kolmogorov (1903–1987). Der Buchstabe P steht für probabilitas, das lateinische Wort für
Wahrscheinlichkeit (englisch: probability).

Es sei $\Omega \neq \emptyset$ eine endliche Ergebnismenge und P eine auf den Teilmengen von Ω (also auf den Ereignissen A) definierte reellwertige Funktion. Die Funktion P heißt Wahrscheinlichkeit, wenn sie folgende drei Eigenschaften besitzt:

> (A1)   Für jedes Ereignis A gilt $0 \leq P(A) \leq 1$,
>
> (A2) $P(\Omega) = 1$ für das sichere Ereignis Ω (Normierung),
>
> (A3) $P(A \cup B) = P(A) + P(B)$, falls $A \cap B = \emptyset$ (Additivität).

Man nennt das Paar (Ω, P) auch (endlichen) Wahrscheinlichkeitsraum und P Wahrscheinlichkeitsverteilung oder Wahrscheinlichkeitsmaß auf Ω (genauer: auf den Teilmengen A von Ω).

Ist Ω endlich oder abzählbar unendlich (eine Menge heißt abzählbar unendlich, wenn sie die gleiche Mächtigkeit wie die Menge der natürlichen Zahlen besitzt), so nennt man das Paar (Ω, P) diskreten Wahrscheinlichkeitsraum.

Aus den geforderten drei Eigenschaften einer Wahrscheinlichkeit lassen sich unmittelbar weitere Eigenschaften als Folgerungen ableiten.

$$P(\bar{A}) = 1 - P(A) \text{ für das Komplementärereignis } \bar{A}$$

Beweis:
Wegen $A \cup \bar{A} = \Omega$ und $A \cap \bar{A} = \emptyset$ folgt aus (A2) und (A3) die Identität $1 = P(\Omega) = P(A \cup \bar{A}) = P(A) + P(\bar{A})$ und daraus die Behauptung $P(\bar{A}) = 1 - P(A)$.

$$P(\emptyset) = 0$$

Beweis:
Da das unmögliche Ereignis $\emptyset$ das Komplementärereignis des sicheren Ereignisses Ω ist, gilt nach der eben bewiesenen Eigenschaft $P(\emptyset) = 1 - P(\Omega) = 1 - 1 = 0$.

$$A \subseteq B \Longrightarrow P(A) \leq P(B) \quad \text{für zwei Ereignisse } A \text{ und } B$$

Beweis:
Wegen der Darstellung $B = A + (B \setminus A)$ (A und $B \setminus A$ sind disjunkt) folgt $P(B) = P(A) + P(B \setminus A)$ und aus $P(B \setminus A) \geq 0$ damit die Behauptung $P(B) \geq P(A)$.

$$P\left(\sum_{i=1}^{n} A_i \right) = \sum_{i=1}^{n} P(A_i), \quad \text{falls } A_1, A_2, \ldots, A_n \text{ paarweise disjunkt sind}$$

Beweis:
Diese Eigenschaft ergibt sich durch mehrfache Anwendung der Additivität (A3).

$$P(A \cup B) = P(A) + P(B) - P(A \cap B) \quad \text{für zwei beliebige Ereignisse } A \text{ und } B$$

Beweis:
Zerlegt man die Menge $A \cup B$ in die disjunkten Teile $A \setminus B$, $A \cap B$ und $B \setminus A$, dann folgt nach der zuvor bewiesenen Eigenschaft $P(A \cup B) = P(A \setminus B) + P(A \cap B) + P(B \setminus A)$. Da $A = A \cap B + A \setminus B$ und entsprechend $B = B \cap A + B \setminus A$ und deshalb $P(A) = P(A \cap B) + P(A \setminus B)$ sowie $P(B) = P(A \cap B) + P(B \setminus A)$ nach Axiom (A3) gelten, folgt durch Einsetzen $P(A \cup B) = (P(A) - P(A \cap B)) + P(A \cap B) + (P(B) - P(A \cap B)) = P(A) + P(B) - P(A \cap B)$, also die Behauptung.

Da ein Ereignis A die Vereinigung von endlich vielen disjunkten Elementarereignissen $\{\omega\}$ ist, also

$$A = \sum_{\omega \in A} \{\omega\}$$

nach der Schreibweise von Abschn. 11.2, so folgt aus der Additivität der Wahrscheinlichkeit

$$P(A) = \sum_{\omega \in A} P(\{\omega\}) = \sum_{\omega \in A} p(\omega).$$

Für ein Elementarereignis wird abkürzend $p(\omega)$ für $P(\{\omega\})$ geschrieben.

Gilt für die Ergebnismenge $\Omega = \{\omega_1, \omega_2, \ldots, \omega_s\}$, dann folgt aus den Axiomen (A1) und (A2) sowie aus den hergeleiteten Eigenschaften

$$0 \le p(\omega_j) \le 1 \quad (j = 1, 2, \ldots, s)$$
$$p(\omega_1) + p(\omega_2) + \ldots + p(\omega_s) = 1$$

Durch die Wahrscheinlichkeiten $p(\omega_j)$ der Elementarereignisse ω_j sind somit die Wahrscheinlichkeiten aller Ereignisse eindeutig bestimmt.

▶ **Beispiel:**

In einem Holzwürfel aus homogenem Material sei an der Seite, auf der die Zahl 1 steht, eine Stahlplatte eingearbeitet. In diesem Modell besitzen die Elementarereignisse $\{1\}$, $\{2\}$, $\{3\}$, $\{4\}$, $\{5\}$, $\{6\}$ nicht alle die gleiche Wahrscheinlichkeit. Es gilt etwa $p(2) = p(3) = p(4) = p(5) = 0,15$. Die beiden Wahrscheinlichkeiten $p(1)$ und $p(6)$ hängen von der Stärke der Stahlplatte ab, zum Beispiel $p(1) = 0,1$ und $p(6) = 0,3$. Die Summe der Wahrscheinlichkeiten der sechs Elementarereignisse ist 1: $p(1) + p(2) + p(3) + p(4) + p(5) + p(6) = 1$.

Das Ereignis G („die gewürfelte Augenzahl ist gerade") besitzt die Wahrscheinlichkeit $P(G) = p(2) + p(4) + p(6) = 0,15 + 0,15 + 0,3 = 0,6$. Das Ereignis U („die gewürfelte Augenzahl ist ungerade") besitzt die Wahrscheinlichkeit $P(U) = P(\bar{G}) = 1 - P(G) = 0,4$.

11.5 Klassische Definition der Wahrscheinlichkeit

Es gibt viele Zufallsexperimente mit endlich vielen Ausgängen (Ergebnissen), bei denen alle Ausgänge gleich wahrscheinlich sind. Solche speziellen Zufallsexperimente wurden von dem französischen Mathematiker Pierre Simon Laplace (1749–1827) bereits untersucht, lange bevor Kolmogorov sein Axiomensystem zur Definition der Wahrscheinlichkeit aufstellte. Daher nennt man solche Zufallsexperimente Laplace-Experimente, die zugehörige Wahrscheinlichkeit auch Laplace-Wahrscheinlichkeit oder klassisch definierte Wahrscheinlichkeit.

Klassische Definition der Wahrscheinlichkeit:

(K 1) Die Ergebnismenge $\Omega = \{\omega_1, \omega_2 \ldots, \omega_s\}$ ist endlich.

(K 2) Alle s Elementarereignisse $\omega_1, \ldots, \omega_s$ besitzen die gleiche

Wahrscheinlichkeit: $p(\omega_j) = \dfrac{1}{s} = \dfrac{1}{|\Omega|}$ $(j = 1, 2, \ldots s)$.

Dabei bedeutet $|\Omega|$ die Mächtigkeit von Ω, also die Anzahl s der Elemente der Menge Ω (vgl. Abschn. 1.1).

Aufgrund der Additivität der Wahrscheinlichkeit gilt somit für ein beliebiges Ereignis $A \subseteq \Omega$

$$P(A) = \frac{|A|}{s} = \frac{|A|}{|\Omega|} = \frac{\text{Anzahl der Elemente in } A}{\text{Anzahl der Elemente in } \Omega}$$

Man sagt auch, $P(A)$ ist die Anzahl der günstigen Fälle (also Anzahl der Fälle, in denen A eintritt) dividiert durch die Anzahl der möglichen Fälle (Anzahl aller möglichen Ergebnisse).

▶ **Beispiele:**

1. Wie groß ist die Wahrscheinlichkeit, mit einem echten (unverfälschten) Würfel eine ungerade Zahl zu würfeln?

   Lösung: Mit $\Omega = \{1, 2, 3, 4, 5, 6\}$ und $A = \{1, 3, 5\}$ folgt
   $P(A) = \dfrac{|A|}{|\Omega|} = \dfrac{3}{6} = 0{,}5$.

2. Es werden ein roter und ein weißer Würfel nach gutem Schütteln des Knobelbechers geworfen. Mit welcher Wahrscheinlichkeit tritt die Augensumme 10 auf?

   Lösung:
   Die Versuchsergebnisse sind Zahlenpaare (i, j), wobei i die Augenzahl des roten und j die Augenzahl des weißen Würfels angibt. Die Ergebnismenge Ω ist somit
   $\Omega = \{(i, j) \mid 1 \le i, j \le 6\} = \{(1, 1), (1, 2), \ldots, (1, 6), (2, 1), (2, 2) \ldots, (2, 6), (3, 1), \ldots, (6, 6)\}$.
   Bedeutet A_k das Ereignis „Augensumme gleich k", so gilt $A_{10} = \{(4, 6), (5, 5), (6, 4)\}$, denn die Augensumme ist genau für die drei Elementarereignisse $(4, 6)$, $(5, 5)$, $(6, 4)$ gleich 10. Es folgt

$$P(A_{10}) = \frac{|A_{10}|}{|\Omega|} = \frac{3}{36} = \frac{1}{12}.$$

Schreibt man die 36 Elemente von Ω in Form einer quadratischen Matrix auf, so erkennt man, dass die Augensumme bei allen Elementen auf der Nebendiagonalen (vgl. Abschn. 2.9.4) und jeweils bei allen Elementen auf den Parallelen zur Nebendiagonale konstant sind.

$$(1,1)\ (1,2)\ (1,3)\ (1,4)\ (1,5)\ (1,6)$$
$$(2,1)\ (2,2)\ (2,3)\ (2,4)\ (2,5)\ (2,6)$$
$$(3,1)\ (3,2)\ (3,3)\ (3,4)\ (3,5)\ (3,6)$$
$$(4,1)\ (4,2)\ (4,3)\ (4,4)\ (4,5)\ (4,6)$$
$$(5,1)\ (5,2)\ (5,3)\ (5,4)\ (5,5)\ (5,6)$$
$$(6,1)\ (6,2)\ (6,3)\ (6,4)\ (6,5)\ (6,6)$$

Man erhält also folgende Werte für die Wahrscheinlichkeiten $P(A_k), k = 2, 3, \ldots,$ 12:

k	2	3	4	5	6	7	8	9	10	11	12
$P(A_k)$	$\frac{1}{36}$	$\frac{2}{36}$	$\frac{3}{36}$	$\frac{4}{36}$	$\frac{5}{36}$	$\frac{6}{36}$	$\frac{5}{36}$	$\frac{4}{36}$	$\frac{3}{36}$	$\frac{2}{36}$	$\frac{1}{36}$

3. Es werden zwei nicht unterscheidbare Würfel (also zum Beispiel zwei weiße Würfel) gleichzeitig geworfen. Mit welcher Wahrscheinlichkeit tritt die Augensumme 10 auf?

Lösung:
Offenbar ist bei diesem Zufallsexperiment die Zahl unterscheidbarer Elementarereignisse kleiner als im vorangegangenen Beispiel. Für die Ergebnismenge Ω gilt nämlich

$$\Omega = \{(1,1), (1,2), (1,3), (1,4), (1,5), (1,6), (2,2), (2,3), (2,4), (2,5), (2,6),$$
$$(3,3), (3,4), (3,5), (3,6), (4,4), (4,5), (4,6), (5,5), (5,6), (6,6)\},$$

also $|\Omega| = 21$. Hier bedeutet ein Versuchsergebnis (i, j), dass einer der Würfel i zeigt und der andere j.
Bei diesem Zufallsexperiment handelt es sich nicht um ein Laplace-Experiment, denn zum Beispiel treten die Augensummen 11 und 12 nicht mit der gleichen Wahrscheinlichkeit auf. Das Ergebnis $(5, 6)$ hat die doppelte Wahrscheinlichkeit wie das Ergebnis $(6, 6)$, nämlich $\frac{2}{36}$ im Vergleich zu $\frac{1}{36}$. Denn wäre einer der Würfel rot und der andere grün gefärbt, dann würde eine farbenblinde Person diesen Unterschied nicht wahrnehmen und wäre in der Situation dieses Beispiels. Eine

nicht farbenblinde Person würde das Ergebnis des roten vom Ergebnis des grünen Würfels unterscheiden können und wäre in der Situation des vorangegangenen Beispiels 2.
Die gefragte Wahrscheinlichkeit lässt sich also nicht als Laplace-Wahrscheinlichkeit berechnen.

Bei vielen Zufallsexperimenten kann man davon ausgehen, dass es sich um Laplace-Experimente handelt. Oftmals ist es jedoch schwierig, die Anzahl der Elemente eines Ereignisses A, also die Mächtigkeit $|A|$ zu bestimmen. Mit Hilfe der kombinatorischen Methoden der Abschn. 10.4, 10.5, 10.6 lassen sich solche Anzahlprobleme jedoch in einer Reihe von Fällen lösen.

Urnenmodell I (Ziehen unnummerierter Kugeln ohne Zurücklegen):

Aus einer Urne mit N nicht nummerierten Kugeln, von denen M rot und die übrigen $N - M$ weiß sind ($1 \leq M < N$), werden zufällig und ohne Zurücklegen n Kugeln gezogen. Bedeutet A_k das Ereignis „Unter den n Kugeln sind genau k rote Kugeln", so gilt für die Wahrscheinlichkeit $P(A_k)$:

$$P(A_k) = \frac{\binom{M}{k} \cdot \binom{N-M}{n-k}}{\binom{N}{n}}, \quad k = 0, 1, \ldots, \min\{M, n\}, \ n \leq N$$

Beweis:
Nach Abschn. 10.5 ist $C(N, n) = \binom{N}{n}$ die Anzahl der Möglichkeiten, n verschiedene Kugeln aus der Urne mit N Kugeln zu entnehmen. Also gilt $|\Omega| = \binom{N}{n}$.
Die Anzahl der verschiedenen Möglichkeiten, k Kugeln aus den M roten Kugeln zu ziehen, ist $C(M, k) = \binom{M}{k}$, und die Anzahl der verschiedenen Möglichkeiten, die noch fehlenden $n - k$ Kugeln aus den $N - M$ weißen Kugeln zu ziehen, ist $C(N - M, n - k) = \binom{N-M}{n-k}$.
Nach der Produktregel (vgl. Abschn. 10.1) folgt $|A_k| = \binom{M}{k} \cdot \binom{N-M}{n-k}$.
Somit ergibt sich für die Wahrscheinlichkeit des Ereignisses A_k

$$P(A_k) = \frac{|A_k|}{|\Omega|} = \frac{\binom{M}{k} \cdot \binom{N-M}{n-k}}{\binom{N}{n}}.$$

▶   **Beispiel:**

Eine Warenlieferung von 200 Stück enthält versehentlich 6 fehlerhafte Stücke. Wie groß ist die Wahrscheinlichkeit, dass

a) von 4 zufällig ausgewählten Stücken genau eins fehlerhaft ist,

b) von 4 zufällig ausgewählten Stücken nicht alle fehlerfrei sind?

Lösungen:

a) Ist A_1 das Ereignis, dass sich genau ein fehlerhaftes unter den $n = 4$ ausgewählten Stücken befindet, dann folgt mit $N = 200$, $M = 6$, $k = 1$ aus dem Urnenmodell I

$$P(A_1) = \frac{\binom{6}{1} \cdot \binom{200-6}{4-1}}{\binom{200}{4}} = \frac{\binom{6}{1} \cdot \binom{194}{3}}{\binom{200}{4}} = \frac{6 \cdot 194 \cdot 193 \cdot 192 \cdot 2 \cdot 3 \cdot 4}{2 \cdot 3 \cdot 200 \cdot 199 \cdot 198 \cdot 197}$$

$$\approx 0,11113658.$$

b) Sind nicht alle vier ausgewählten Stücke fehlerfrei, so sind entweder eins oder zwei oder drei oder alle vier Stücke fehlerhaft. Bezeichnet B das Ereignis „Nicht alle vier Stücke sind fehlerfrei" und A_i das Ereignis „Genau i der vier Stücke sind fehlerhaft", $i = 1, 2, 3, 4$, so gilt also $B = A_1 \cup A_2 \cup A_3 \cup A_4$. Da die Ereignisse A_1, A_2, A_3, A_4 paarweise unvereinbar (disjunkt) sind, gilt $P(B) = P(A_1) + P(A_2) + P(A_3) + P(A_4)$.
Berechnung von $P(A_j)$, $j = 2, 3, 4$, nach dem Urnenmodell I:

$$P(A_2) = \frac{\binom{6}{2} \cdot \binom{194}{2}}{\binom{200}{4}} = \frac{6 \cdot 5 \cdot 194 \cdot 193 \cdot 2 \cdot 3 \cdot 4}{2 \cdot 2 \cdot 200 \cdot 199 \cdot 198 \cdot 197} \approx 0,00434127$$

$$P(A_3) = \frac{\binom{6}{3} \cdot \binom{194}{1}}{\binom{200}{4}} = \frac{6 \cdot 5 \cdot 4 \cdot 194 \cdot 2 \cdot 3 \cdot 4}{2 \cdot 3 \cdot 200 \cdot 199 \cdot 198 \cdot 197} \approx 0,00005998$$

$$P(A_4) = \frac{\binom{6}{4} \cdot \binom{194}{10}}{\binom{200}{4}} = \frac{6 \cdot 5 \cdot 2 \cdot 3 \cdot 4}{2 \cdot 200 \cdot 199 \cdot 198 \cdot 197} \approx 0,00000023$$

Für die gesuchte Wahrscheinlichkeit des Ereignisses B ergibt sich somit

$$P(B) = P(A_1) + P(A_2) + P(A_3) + P(A_4)$$
$$\approx 0,11113658 + 0,00434127 + 0,00005998 + 0,00000023$$
$$= 0,11553806.$$

Urnenmodell II (Ziehen nummerierter Kugeln mit Zurücklegen):

Eine Urne enthalte N Kugeln, von denen M rot und die übrigen $N - M$ weiß sind $(1 \leq M < N)$. Die Kugeln sind durchnummeriert, die roten Kugeln haben etwa die Nummern von 1 bis M und die weißen die Nummern von $M + 1$ bis N. Es werden aus der Urne zufällig und mit Zurücklegen n Kugeln gezogen. Jede gezogene Kugel wird also vor dem nächsten Zug in die Urne zurückgelegt. Bedeutet A_k das Ereignis, dass sich unter den n Kugeln genau k rote Kugeln befinden, so gilt für die Wahrscheinlichkeit $P(A_k)$:

$$P(A_k) = \binom{n}{k}\left(\frac{M}{N}\right)^k\left(1 - \frac{M}{N}\right)^{n-k}, \quad k = 0, 1, 2, \ldots, n$$

Beweis:
Nach Abschn. 10.4 ist $V(N, n) = N^n$ die Anzahl der verschiedenen Möglichkeiten, n nummerierte Kugeln (also mit Berücksichtigung der Reihenfolge) aus der Urne mit N Kugeln zu entnehmen, wobei nach jedem Zug die entnommene Kugel zurückgelegt wird (also mit Wiederholung). Somit gilt $|\Omega| = N^n$.
Die Anzahl der Möglichkeiten, mit Berücksichtigung der Reihenfolge und mit Wiederholung aus den M roten Kugeln k auszuwählen, ist $V(M, k) = M^k$, und die entsprechende Anzahl, aus den restlichen $N - M$ weißen Kugeln $n - k$ auszuwählen, ist $V(N - M, n - k) = (N - M)^{n-k}$. Die Anzahl der Möglichkeiten, an welchen Positionen die k roten Kugeln unter allen n gezogenen Kugeln stehen, ist $C(n, k) = \binom{n}{k}$ (vgl. Abschn. 10.5). Nach der Produktregel folgt somit $|A_k| = \binom{n}{k} \cdot M^k \cdot (N - M)^{n-k}$.
Für die Wahrscheinlichkeit des Ereignisses A_k gilt damit

$$P(A_k) = \frac{|A_k|}{|\Omega|} = \frac{\binom{n}{k} \cdot M^k \cdot (N - M)^{n-k}}{N^n} = \binom{n}{k}\left(\frac{M}{N}\right)^k\left(1 - \frac{M}{N}\right)^{n-k}.$$

▶ **Beispiel:**

Bei einem Einstellungstest wird dem Bewerber ein Fragebogen mit 10 Fragen vorgelegt. Zu jeder Frage sind drei Antworten vorgegeben, von denen jeweils genau eine richtig ist. Wie groß ist die Wahrscheinlichkeit, bei dem Test mindestens die Hälfte der Fragen richtig zu beantworten, wenn bei jeder Frage eine Antwort zufällig angekreuzt wird?

Lösung:
Bei jeder der zehn Fragen steht der Kandidat vor der gleichen Situation: Eine Urne enthält drei Kugeln, eine rote Kugel (für „richtig") und zwei weiße Kugeln (für „falsch"). Nach jedem Zug wird die Kugel zurückgelegt.
Bedeutet A_i das Ereignis, dass unter den 10 ausgewählten Kugeln genau i rote sind, und B das Ereignis, dass unter den 10 ausgewählten Kugeln mindestens 5 rote (also mindestens die Hälfte) sind, so gilt $B = A_5 \cup A_6 \cup A_7 \cup A_8 \cup A_9 \cup A_{10}$. Berechnung von $P(A_j)$, $j = 5, 6, \ldots, 10$, nach dem Urnenmodell II:

$$P(A_5) = \binom{10}{5}\left(\frac{1}{3}\right)^5\left(\frac{2}{3}\right)^5 = \frac{10\cdot 9\cdot 8\cdot 7\cdot 6\cdot 2^5}{2\cdot 3\cdot 4\cdot 5\cdot 3^{10}} \approx 0,13656455$$

$$P(A_6) = \binom{10}{6}\left(\frac{1}{3}\right)^6\left(\frac{2}{3}\right)^4 = \frac{10\cdot 9\cdot 8\cdot 7\cdot 2^4}{2\cdot 3\cdot 4\cdot 3^{10}} \approx 0,05690190$$

$$P(A_7) = \binom{10}{7}\left(\frac{1}{3}\right)^7\left(\frac{2}{3}\right)^3 = \frac{10\cdot 9\cdot 8\cdot 2^3}{2\cdot 3\cdot 3^{10}} \approx 0,01625768$$

$$P(A_8) = \binom{10}{8}\left(\frac{1}{3}\right)^8\left(\frac{2}{3}\right)^2 = \frac{10\cdot 9\cdot 2^2}{2\cdot 3^{10}} \approx 0,00304832$$

$$P(A_9) = \binom{10}{9}\left(\frac{1}{3}\right)^9\left(\frac{2}{3}\right)^1 = \frac{10\cdot 2}{3^{10}} \approx 0,00033870$$

$$P(A_{10}) = \binom{10}{10}\left(\frac{1}{3}\right)^{10}\left(\frac{2}{3}\right)^0 = \frac{1}{3^{10}} \approx 0,00001694$$

Da die Ereignisse A_j paarweise disjunkt sind, gilt somit für die gesuchte Wahrscheinlichkeit des Ereignisses B

$$P(B) = P(A_5) + P(A_6) + P(A_7) + P(A_8) + P(A_9) + P(A_{10})$$
$$\approx 0,13656455 + 0,05690190 + 0,01625768 + 0,00304832 + 0,00033870$$
$$+ 0,00001694$$
$$= 0,21312809$$

Die Chance des Bewerbers, mit der gewählten Zufallsmethode bei dem Test mindestens die Hälfte der Fragen richtig zu beantworten, liegt also bei mehr als 21 %.

▶   **Weitere Beispiele:**

1. Beim sogenannten Geburtstagsproblem werden n Personen zufällig ausgewählt. Wie groß ist die Wahrscheinlichkeit, dass mindestens zwei der ausgesuchten n Personen am gleichen Tag Geburtstag haben?

   Lösung:
   Zur Berechnung der gesuchten Wahrscheinlichkeit wird angenommen, dass das Jahr 365 Tage hat, die als Geburtstage für jede der n Personen gleich wahrscheinlich sind.
   Werden die n Personen durchnummeriert, dann gilt $|\Omega| = V(365, n) = 365^n$, denn für jede der n nummerierten (und damit unterscheidbaren) Personen sind 365 Tage im Jahr möglich.
   Ist A_n das Ereignis „Mindestens zwei der n Personen haben am gleichen Tag Geburtstag", so gilt $P(A_n) = 1$ für $n \geq 366$.

Für $n \leq 365$ wird zunächst das Komplementärereignis $\bar{A}_n$ „Alle n Personen haben an lauter verschiedenen Tagen Geburtstag" betrachtet. Damit $\bar{A}_n$ eintritt, sind für die erste Person 365, für die zweite 364, für die dritte 363, …, für die n−te Person $365 - (n - 1)$ Tage möglich. Es folgt also $|\bar{A}_n| = 365 \cdot 364 \cdot \ldots \cdot (365 - n + 1)$ und damit

$$P(\bar{A}_n) = \frac{365 \cdot 364 \cdot \ldots \cdot (365 - n + 1)}{365^n}.$$

Wegen $P(A) + P(\bar{A}) = 1$ für ein Ereignis A und das Komplementärereignis $\bar{A}$ (vgl. Abschn. 11.4) ergibt sich somit für die gesuchte Wahrscheinlichkeit

$$P(A_n) = 1 - P(\bar{A}_n) = 1 - \frac{365 \cdot 364 \cdot \ldots \cdot (365 - n + 1)}{365^n}.$$

Wählt man etwa $n = 23$, so erhält man $P(A_{23}) \approx 0,50729723$. Unter 23 zufällig ausgewählten Personen ist es also wahrscheinlicher, dass zwei von ihnen am gleichen Tag Geburtstag haben, als dass alle an verschiedenen Tagen Geburtstag haben.

Weitere Werte sind zum Beispiel $P(A_{10}) \approx 0,11694818$, $P(A_{50}) \approx 0,97037358$, $P(A_{100}) \approx 0,99999969$.

2. Wie groß ist die Wahrscheinlichkeit dafür, dass beim Skatspielen
   a) Kreuz- und Pikbube im Skat liegen,
   b) genau ein Bube im Skat liegt?

Lösungen:
a) Für den Skat gibt es $C(32, 2) = \binom{32}{2}$ Möglichkeiten, also $|\Omega| = \binom{32}{2}$.
   Für das Ereignis $A_{Kb,Pb}$, dass sowohl der Kreuz- als auch der Pikbube im Skat liegen, gibt es genau eine Möglichkeit. Es folgt

$$P(A_{Kb,Pb}) = \frac{1}{\binom{32}{2}} = \frac{1}{496} \approx 0,00201613.$$

b) Im Skat soll genau ein Bube liegen, das heißt, ein Bube und eine Karte, die kein Bube ist. Da es 4 Buben gibt und 28 Karten, die keine Buben sind, folgt somit für das Ereignis A_B („Genau ein Bube im Skat") nach der Produktregel $|A_B| = 4 \cdot 28$ und somit für die gesuchte Wahrscheinlichkeit

$$P(A_B) = \frac{|A_B|}{|\Omega|} = \frac{4 \cdot 28}{\binom{32}{2}} = \frac{7}{31} \approx 0,22580645.$$

11.6 Bedingte Wahrscheinlichkeiten

Bei manchen Zufallsexperimenten gibt es im Vorfeld die Information, dass das Ergebnis zu einer bestimmten Teilmenge der Ergebnismenge Ω gehört. Interessiert sich zum Beispiel

Spieler S beim Skatspielen für die Wahrscheinlichkeit des Ereignisses A, dass Mitspieler M zwei Asse hat, so wird Spieler S zunächst seine eigenen Asse zählen. Hat S drei oder vier Asse, so ist für ihn die Wahrscheinlichkeit des Ereignisses A natürlich 0, hat er jedoch maximal zwei Asse, so ist diese Wahrscheinlichkeit positiv. Bei bedingten Wahrscheinlichkeiten sind solche Teilinformationen über stochastische Vorgänge verwertet.

Für beliebige Wahrscheinlichkeitsräume (Ω, P) und Ereignisse $A, B \in \Omega$ mit $P(B) > 0$ ist die bedingte Wahrscheinlichkeit $P(A|B)$ von A bei gegebenem B beziehungsweise unter der Bedingung B definiert durch:

$$P(A|B) = \frac{P(A \cap B)}{P(B)}$$

Man schreibt auch $P_B(A)$ statt $P(A|B)$.

Für die bedingte Wahrscheinlichkeit $P_B(A)$ gilt bei festem bedingenden Ereignis B

1. $0 \leq P_B(A) \leq 1$ für jedes Ereignis $A \subseteq \Omega$,

2. $P_B(A) = 1$, falls $B \subseteq A$,
   also unter anderem $P_B(\Omega) = 1$ und $P_B(B) = 1$,

3. $P_B(A_1 \cup A_2) = P_B(A_1) + P_B(A_2)$ für $A_1, A_2 \subseteq \Omega$ mit $A_1 \cap A_2 = \emptyset$, denn

$$P_B(A_1 \cup A_2) = \frac{P((A_1 \cup A_2) \cap B)}{P(B)} = \frac{P((A_1 \cap B) \cup (A_2 \cap B))}{P(B)} = \frac{P(A_1 \cap B)}{P(B)} + \frac{P(A_2 \cap B)}{P(B)}$$
$$= P_B(A_1) + P_B(A_2).$$

Man nennt Ereignisse $A_1, A_2 \subseteq \Omega$ mit $A_1 \cap A_2 = \emptyset$ disjunkt oder unvereinbar.

Somit gelten für $P_B(A)$ die Eigenschaften (A1)–(A3) (siehe Abschn. 11.4), das heißt, die Funktion P_B ist bei einem festen bedingenden Ereignis B eine Wahrscheinlichkeitsverteilung auf Ω.

Für Elementarereignisse ω folgt aus der Definition $p_B(\omega) = P_B(\{\omega\}) = \frac{p(\omega)}{P(B)}$, falls $\omega \in B$, und $p_B(\omega) = 0$, falls $\omega \notin B$.

▶ **Beispiel:**

Aus einer Urne mit 3 roten und 7 weißen Kugeln werden zufällig und ohne Zurücklegen nacheinander zwei Kugeln gezogen. Gesucht ist die Wahrscheinlichkeit dafür, dass beide gezogene Kugeln rot sind. Ist B das Ereignis „Die zuerst gezogene Kugel ist rot" und A das Ereignis „Die zweite gezogene Kugel ist rot", dann ist $P(A \cap B)$ die gesuchte Wahrscheinlichkeit. Offenbar gilt $P(B) = \frac{3}{10}$. Ist das Ereignis B eingetreten, so bleiben in der Urne noch 2 rote und 7 weiße Kugeln übrig. Somit ergibt sich für die bedingte Wahrscheinlichkeit $P(A|B) = \frac{2}{9}$ und damit für die gesuchte Wahrscheinlichkeit $P(A \cap B) = P(A|B) \cdot P(B) = \frac{2}{9} \cdot \frac{3}{10} = \frac{1}{15}$.

Zur Berechnung dieser Wahrscheinlichkeit hätte man auch das Urnenmodell I (vgl. Abschn. 11.5) mit $M = 3$, $N = 10$, $n = k = 2$ verwenden können.

Wie in diesem Beispiel wird in der Praxis meist nicht $P(A|B)$ aus $P(B)$ und $P(A \cap B)$ berechnet, sondern umgekehrt $P(A \cap B)$ aus $P(B)$ und $P(A|B)$. Man verwendet dazu wie oben die Definitionsgleichung in der umgeschriebenen Form

$$P(A \cap B) = P(B)\, P(A|B)$$

Diese Formel lässt sich induktiv verallgemeinern. Sind $A_1, A_2, \ldots, A_n$ Ereignisse mit $P(A_1 \cap A_2 \cap \ldots \cap A_{n-1}) > 0$, so gilt

$$P(A_1 \cap A_2 \cap \ldots A_n) = P(A_1) \cdot P(A_2|A_1) \cdot P(A_3|A_1 \cap A_2) \cdot \ldots \cdot$$
$$P(A_n|A_1 \cap A_2 \cap \ldots \cap A_{n-1})$$

Die Formel lässt sich einfach mit vollständiger Induktion beweisen. Man beachte dabei, dass aus $P(A_1 \cap A_2 \cap \ldots \cap A_{n-1}) > 0$ auch $P(A_1 \cap A_2 \cap \ldots \cap A_{k-1}) > 0$ für alle k mit $1 \leq k \leq n - 1$ folgt, so dass die auftretenden bedingten Wahrscheinlichkeiten definiert sind.

▶ **Beispiel:**

Wie groß ist die Wahrscheinlichkeit dafür, dass beim Skat jeder der drei Spieler nach dem Kartenverteilen genau ein Ass hat?

Aus Symmetriegründen kann man annehmen, dass Spieler S_1 die ersten 10 ausgeteilten Karten erhält, Spieler A_2 die nächsten 10, dann Spieler A_3 ebenfalls 10 und die letzten 2 Karten schließlich den Skat bilden. Es sei A_i das Ereignis, dass Spieler S_i genau ein Ass erhält ($i = 1, 2, 3$). Dann ist die gesuchte Wahrscheinlichkeit

$$P(A_1 \cap A_2 \cap A_3) = P(A_1) \cdot P(A_2|A_1) \cdot P(A_3|A_1 \cap A_2).$$

Es gilt $P(A_1) = \dfrac{\binom{4}{1}\binom{28}{9}}{\binom{32}{10}}$ (vgl. Abschn. 11.5) und $P(A_2|A_1) = \dfrac{\binom{3}{1}\binom{19}{9}}{\binom{22}{10}}$, denn nachdem Spieler S_1 zehn Karten und darunter genau ein Ass erhalten hat, sind noch 3 Asse unter den 22 verbliebenen Karten. Analog ergibt sich $P(A_3|A_1 \cap A_2) = \dfrac{\binom{2}{1}\binom{10}{9}}{\binom{12}{10}}$. Damit erhält man für die gesuchte Wahrscheinlichkeit

$$P(A_1 \cap A_2 \cap A_3) = \frac{\binom{4}{1}\binom{28}{9}}{\binom{32}{10}} \cdot \frac{\binom{3}{1}\binom{19}{9}}{\binom{22}{10}} \cdot \frac{\binom{2}{1}\binom{10}{9}}{\binom{12}{10}}$$

$$= \frac{5 \cdot 7 \cdot 11}{19 \cdot 31} \cdot \frac{3}{7} \cdot \frac{2 \cdot 5}{3 \cdot 11} = \frac{2 \cdot 5^2}{29 \cdot 31} \approx 0,0556.$$

In einem Wahrscheinlichkeitsraum (Ω, P) heißt eine Menge $\{B_1, B_2, \ldots, B_n\}$ von Ereignissen eine Zerlegung oder Partition von Ω, wenn die B_i paarweise disjunkt (unvereinbar) sind und ihre Vereinigung Ω ist, also

$$B_i \cap B_j = \emptyset \text{ für } i, j = 1, \ldots, n, i \neq j, \text{ und } B_1 \cup B_2 \cup \ldots B_n = \Omega.$$

Für jedes Ereignis $A \subseteq \Omega$ und jede Zerlegung $\{B_1, B_2, \ldots, B_n\}$ von Ω mit $P(B_i) > 0$ für $i = 1, 2, \ldots, n$ gilt die sogenannte Formel von der totalen Wahrscheinlichkeit:

$$P(A) = \sum_{i=1}^{n} P(B_i) \, P(A|B_i)$$

Beweis:
Mit den gegebenen Voraussetzungen ergibt sich wegen der Additivität der Wahrscheinlichkeit (vgl. (A3) in Abschn. 11.4) und der Definition der bedingten Wahrscheinlichkeit

$$P(A) = P(A \cap \Omega) = P(A \cap (B_1 \cup B_2 \cup \ldots B_n))$$
$$= P((A \cap B_1) \cup (A \cap B_2) \cup \ldots \cup (A \cap B_n))$$
$$= \sum_{i=1}^{n} P(A \cap B_i) = \sum_{i=1}^{n} P(B_i) \, P(A|B_i),$$

denn A ist die disjunkte Vereinigung der $A \cap B_i$.

Für jede Zerlegung $\{B_1, B_2, \ldots, B_n\}$ von Ω mit $P(B_i) > 0$ für $i = 1, 2, \ldots, n$ und jedes Ereignis $A \subseteq \Omega$ mit $P(A) > 0$ gilt die sogenannte Formel von Bayes[1]:

$$P(B_k|A) = \frac{P(B_k) \, P(A|B_k)}{\displaystyle\sum_{i=1}^{n} P(B_i) \, P(A|R_i)}$$

---

[1]Thomas Bayes (1702?–1761).

Beweis:

Mit der Formel von der totalen Wahrscheinlichkeit ergibt sich

$$P(B_k|A) = \frac{P(B_k \cap A)}{P(A)} = \frac{P(A \cap B_k)}{P(A)} = \frac{P(B_k)\,P(A|B_k)}{\displaystyle\sum_{i=1}^{n} P(B_i)\,P(A|B_i)}.$$

▶ **Beispiel:**

In einem Land sind 55 % der Bevölkerung weiblich und 45 % männlich. Von dem weiblichen Teil der Bevölkerung leidet 1 % an einer bestimmten Krankheit und von dem männlichen Teil 5 %.

Wie groß ist die Wahrscheinlichkeit dafür, dass eine zufällig ausgewälte Person an dieser Krankheit leidet?

Das Ereignis „Die ausgewälte Person ist männlich" sei mit M bezeichnet und das Ereignis „Die ausgewälte Person leidet an der Krankheit" mit K. Dann ergibt sich für die entsprechenden Wahrscheinlichkeiten

$$P(M) = 0,45; \quad P(\bar{M}) = 0,55; \quad P(K|M) = 0,05; \quad P(K|\bar{M}) = 0,01,$$

woraus mit der Formel von der totalen Wahrscheinlichkeit folgt

$$P(K) = P(K|M)\,P(M) + P(K|\bar{M})\,P(\bar{M}) = 0,05 \cdot 0,45 + 0,01 \cdot 0,55 = 0,028.$$

Eine zufällig ausgewälte Person leidet an dieser Krankheit. Wie groß ist die Wahrscheinlichkeit dafür, dass es sich dabei um eine männliche Person beziehungsweise um eine weibliche Person handelt?

Mit der Formel von Bayes ergibt sich

$$P(M|K) = \frac{P(M)\,P(K|M)}{P(K)} = \frac{0,45 \cdot 0,05}{0,028} \approx 0,804$$

$$P(\bar{M}|K) = 1 - P(M|K) \approx 0,196.$$

11.7 Zufallsvariablen

Ereignisse eines Zufallsexperiments sind Teilmengen der Ergebnismenge Ω (vgl. Abschn. 11.1). Ordnet man jedem Elementarereignis ω des Zufallsexperiments eine reelle Zahl zu, so nennt man diese Zuordnung eine Zufallsvariable X auf Ω. Eine Funktion

$$X : \Omega \to \mathbb{R}$$

von Ω in die Menge $\mathbb{R}$ der reellen Zahlen heißt (reellwertige) Zufallsvariable (auf Ω).[2] Man beachte, dass Variablen in diesem Zusammenhang nicht die sonst in der Mathematik übliche Bedeutung haben: Eine Zufallsvariable ist eine Funktion. Zufallsvariablen werden mitunter auch Zufallsgrößen genannt.

Steht etwa Ω für die Menge der möglichen Ausgänge eines Glücksspiels, so könnte $X(\omega)$ der Gewinn sein, den ein Spieler beim Ausgang ω des Spiels erhält (wobei ein negativer Wert einen Verlust darstellt).

Eine Zufallsvariable X heißt diskret, wenn die Bildmenge $X(\Omega)$ endlich oder abzählbar unendlich ist.

▶ **Beispiel:**

Es wird mit einem Knobelbecher gewürfelt, in dem sich ein roter und ein weißer Würfel befindet (vgl. Beispiel 2 im Abschn. 11.5). Die Ergebnismenge Ω dieses Zufallsexperiments ist $\Omega = \{(i, j) \mid 1 \leq i, j \leq 6\}$. Bezeichnet i das Ergebnis des roten Würfels und j das Ergebnis des weißen Würfels, und definiert man

$X(\omega) = i + j, \omega = (i, j),$

so steht die Zufallsvariable X für die Augensumme aus beiden Würfeln. Die Bildmenge von X ist $\{2, 3, 4, \ldots, 11, 12\}$ (X ist somit eine diskrete Zufallsvariable). Schreibt man abkürzend $\{X = k\} = \{\omega \in \Omega \mid X(\omega) = k\}$ für das Ereignis „X nimmt den Wert k an", so kann man die Ereignisse $\{X = k\}$ als Elementarereignisse eines Experiments ansehen, bei dem $X(\omega)$ (anstelle von ω selbst) als Ausgang beobachtet wird. Jedes durch die Zufallsvariable X beschreibbare Ereignis ist dann eine Vereinigung der für verschiedene Werte von k disjunkten Elementarereignisse.

▶ **Beispiel:**

Bei dem Würfeln mit einem roten und einem weißen Würfel (siehe obiges Beispiel) gilt etwa $\{X = 4\} = \{(3, 1), (2, 2), (1, 3)\}$. Das Ereignis „Die Augensumme ist mindestens 9" lässt sich mit Hilfe der Zufallsvariablen X in der Form $\{X \geq 9\} = \{X = 9\} + \{X = 10\} + \{X = 11\} + \{X = 12\}$ darstellen, und das Ereignis „Die Augensumme liegt zwischen 4 und 10" zum Beispiel durch $\{4 \leq X \leq 10\} = \sum_{k=4}^{10} \{X = k\}$.

Ist X eine endliche Menge, so kann die Zufallsvariable X offenbar auch nur endlich viele verschiedene Werte $X(\omega)$ annehmen. Häufig besitzt die Bildmenge $X(\Omega) = \{X(\omega) \mid \omega \in \Omega\}$ von X jedoch deutlich weniger Elemente als Ω.

---

[2]In der Wahrscheinlichkeitstheorie werden Funktionen nicht wie üblich mit f oder g bezeichnet, sondern mit großen lateinischen Buchstaben aus dem hinteren Teil des Alphabets.

Ist (Ω, P) ein endlicher Wahrscheinlichkeitsraum, also Ω eine endliche Ergebnismenge und P eine Wahrscheinlichkeitsverteilung auf Ω (vgl. Abschn. 11.4), und $X : \Omega \to \mathbb{R}$ eine Zufallsvariable, so schreibt man abkürzend

$$P(X = x) = P(\{X = x\}) = P(\{\omega \in \Omega \,|\, X(\omega) = x\})$$

und entsprechend $P(X \leq x) = P(\{X \leq x\})$ oder $P(a \leq X \leq b) = P(\{a \leq X \leq b\})$ und so weiter.

Nimmt die Zufallsvariable X die Werte $x_1, x_2, \ldots, x_s$ an, gilt also $X(\Omega) = \{x_1, x_2, \ldots, x_s\}$, so folgt für alle x mit $x \notin \{x_1, x_2, \ldots, x_s\}$, dass $\{X = x\} = \emptyset$ und somit $P(X = x) = 0$ gilt. Fasst man $X(\Omega)$ als Ergebnismenge eines Zufallsexperiments auf, bei dem der Wert $X(\omega)$ beobachtet wird, so sind $\{x_1\}, \{x_2\}, \ldots, \{x_s\}$ gerade die Elementarereignisse dieses Experiments. Die Gesamtheit der Paare (x_k, p_k) mit $p_k = P(X = x_k)$, $k = 1, 2, \ldots, s$, heißt Wahrscheinlichkeitsverteilung der Zufallsvariablen X. Aus der Wahrscheinlichkeitsverteilung von X kann wegen der Additivität von P die Wahrscheinlichkeit jedes durch X beschreibbaren Ereignisses durch $P(X \leq x) = \displaystyle\sum_{x_k \leq x} P(X = x_k)$, $P(a \leq X \leq b)$

$= \displaystyle\sum_{a \leq x_k \leq b} P(X = x_k)$ und so weiter berechnet werden.

Die Funktion $F(x) = P(X \leq x)$ heißt Verteilungsfunktion der Zufallsvariablen X. Sie gibt an, mit welcher Wahrscheinlichkeit die Zufallsvariable X einen Wert zwischen $-\infty$ und x (einschließlich) annimmt. Die Verteilungsfunktion einer diskreten Zufallsvariablen ist eine monoton wachsende Funktion (eine sogenannte Treppenfunktion, eine stückweise konstante Funktion).

Eine diskrete Zufallsvariable X, die die Werte x_k mit den Wahrscheinlichkeiten $P(X = x_k) = p_k$, $k = 1, 2, \ldots$, annimmt, hat die Verteilungsfunktion

$$F(x) = P(X \leq x) = \sum_{x_k \leq x} P(X = x_k) = \sum_{x_k \leq k} p_k.$$

▶ **Beispiel:**

Bei dem Würfeln mit einem roten und einem weißen Würfel (vgl. obiges Beispiel) sei die Zufallsvariable X definiert durch $X(\omega) = \max\{i, j\}$ („maximale Augenzahl eines Würfels"). Da alle $\omega = (i, j) \in \Omega$, $1 \leq i, j \leq 6$ gleich wahrscheinlich sind, gilt $p(\omega) = \frac{1}{36}$ (vgl. Abschn. 11.5). Es folgt

$$P(X = 1) = p_1 = P(\{(1, 1)\}) = \frac{1}{36},$$

$$P(X = 2) = p_2 = P(\{(2, 1), (2, 2), (1, 2)\}) = \frac{3}{36}$$

und entsprechend

$$P(X = 3) = p_3 = \frac{5}{36}, \ P(X = 4) = p_4 = \frac{7}{36}, \ P(X = 5) = p_5 = \frac{9}{36},$$

$$P(X = 6) = p_6 = \frac{11}{36}.$$

Die Wahrscheinlichkeitsverteilung dieser Zufallsvariablen X ist somit

$$\left(1, \frac{1}{36}\right), \left(2, \frac{3}{36}\right), \left(3, \frac{5}{36}\right), \left(4, \frac{7}{36}\right), \left(5, \frac{9}{36}\right), \left(6, \frac{11}{36}\right).$$

Für das Ereignis $2 \leq X \leq 4$ („maximale Augenzahl mindestens 2 und höchstens 4")
berechnet man die Wahrscheinlichkeit zu

$$\begin{aligned} P(2 \leq X \leq 4) &= P(X = 2) + P(X = 3) + P(X = 4) = p_2 + p_3 + p_4 \\ &= \frac{3}{36} + \frac{5}{36} + \frac{7}{36} \\ &= \frac{15}{36} = \frac{5}{12}, \end{aligned}$$

das Ereignis $X \leq 2$ („maximale Augenzahl höchstens 2") hat die Wahrscheinlichkeit

$$P(X \leq 2) = P(X = 1) + P(X = 2) = p_1 + p_2 = \frac{1}{36} + \frac{3}{36} = \frac{4}{36} = \frac{1}{9}.$$

Für die Verteilungsfunktion $F(x) = P(X \leq x)$ gilt etwa für $x = 4$

$$F(4) = P(X \leq 4) = p_1 + p_2 + p_3 + p_4 = \frac{1}{36} + \frac{3}{36} + \frac{5}{36} + \frac{7}{36} = \frac{16}{36} = \frac{4}{9}.$$

Mit den Zufallsvariablen X und Y auf Ω ist auch die durch $(X + Y)(\omega) = X(\omega) + Y(\omega)$ mit
$\omega \in \Omega$ definierte Summe von X und Y eine Zufallsvariable auf Ω (definiert als elementweise
Summe von Funktionen). In analoger Weise lassen sich etwa auch die Differenz $(X - Y)(\omega)$
und das Produkt $(X \cdot Y)(\omega)$ zweier Zufallsvariablen X und Y definieren.

▶   **Beispiel:**

Bei dem zweifachen Würfeln mit einem Würfel sei die Zufallsvariable X definiert
durch $X(\omega) = i$ und die Zufallsvariable Y durch $Y(\omega) = j$, $\omega = (i, j)$ (X beschreibt
also das Ergebnis des ersten Wurfs und Y das des zweiten). Dann beschreibt die
Zufallsvariable $Z = X + Y$ die Augensumme aus beiden Würfen.

Will man für eine reellwertige Zufallsvariable $X : \Omega \to \mathbb{R}$ einen „mittleren Wert" angeben, so gewichtet man die Werte $X(\omega)$ mit den zugehörigen Wahrscheinlichkeiten $p(\omega)$
und addiert sie anschließend, also $\sum_{\omega \in \Omega} X(\omega)\, p(\omega)$. Diese Summe ist auf einem endlichen

Wahrscheinlichkeitsraum (Ω, P) wohldefiniert. Man nennt diese Summe den Erwartungswert $E(X)$ von X:

$$E(X) = \sum_{\omega \in \Omega} X(\omega)\, p(\omega).$$

▶ **Beispiel:**

Bei dem Würfeln mit einem roten und einem weißen Würfel mit der Zufallsvariablen
X für die Augensumme aus beiden Würfeln, also $X(\omega) = i + j, \omega = (i, j)$, ist
$\{2, 3, 4, \ldots, 11, 12\}$ die Bildmenge von X (siehe oben). Es gilt offenbar $P(X = 2) = \frac{1}{36}$, $P(X = 3) = \frac{2}{36}$, $P(X = 4) = \frac{3}{36}$, $P(X = 5) = \frac{4}{36}$, $P(X = 6) = \frac{5}{36}$, $P(X = 7) = \frac{6}{36}$, $P(X = 8) = \frac{5}{36}$, $P(X = 9) = \frac{4}{36}$, $P(X = 10) = \frac{3}{36}$, $P(X = 11) = \frac{2}{36}$ und
$P(X = 12) = \frac{1}{36}$. Damit errechnet sich der Erwartungswert von X zu

$$E(X) = 2 \cdot \frac{1}{36} + 3 \cdot \frac{2}{36} + 4 \cdot \frac{3}{36} + 5 \cdot \frac{4}{36} + 6 \cdot \frac{5}{36} + 7 \cdot \frac{6}{36} + 8 \cdot \frac{5}{36} + 9 \cdot \frac{4}{36}$$
$$+ 10 \cdot \frac{3}{36} + 11 \cdot \frac{2}{36} + 12 \cdot \frac{1}{36} = \frac{252}{36} = 7.$$

Sind X und Y Zufallsvariablen auf Ω und $a \in \mathbb{R}$, so gilt für den Erwartungswert:

(E1) $E(X + Y) = E(X) + E(Y)$,
(E2) $E(a \cdot X) = a \cdot E(X)$,
(E3) $X(\omega) \leq Y(\omega)$ für alle $\omega \in \Omega \implies E(X) \leq E(Y)$.

Mit vollständiger Induktion ergibt sich aus (E1) die wichtige Regel

$$E\left(\sum_{i=1}^{n} X_i\right) = \sum_{i=1}^{n} E(X_i)$$

für beliebige Zufallsvariablen $X_1, X_2, \ldots, X_n$.

Anhang A: Symbole und Bezeichnungsweisen

$=$	gleich
$\neq$	ungleich
$\approx$	ungefähr gleich
$<$	kleiner als
$\leq$	kleiner oder gleich
$>$	größer als
$\geq$	größer oder gleich
$\ll$	sehr viel kleiner als
$\gg$	sehr viel größer als
$\sim$	proportional
$\pm$	plus oder minus
$\mp$	minus oder plus
$\displaystyle\sum_{k=1}^{n} a_k$	$= a_1 + a_2 + a_3 + \ldots + a_n;$ Summe über a_k von $k = 1$ bis $k = n$
$\displaystyle\prod_{k=1}^{n} a_k$	$= a_1 \cdot a_2 \cdot a_3 \cdot \ldots \cdot a_n;$ Produkt über a_k von $k = 1$ bis $k = n$
$\{a, b, c\}$	Menge aus den Elementen a, b, c
$\{x \mid E(x)\}$	Menge aller x, die die Eigenschaft $E(x)$ haben
$\in$	Element von
$\notin$	nicht Element von
$\subseteq$	Teilmenge
$\emptyset$	leere Menge
$\cup$	Vereinigung von Mengen
$\cap$	Durchschnitt von Mengen
$|M|$	Mächtigkeit der Menge M
$A \wedge B$	A und B

© Springer Fachmedien Wiesbaden GmbH, ein Teil von Springer Nature 2019
A. Kemnitz, *Mathematik zum Studienbeginn*,
https://doi.org/10.1007/978-3-658-26604-2

$A \vee B$	A oder B
$\neg A$	nicht A (Negation von A)
$A \Rightarrow B$	aus A folgt B
$A \Leftrightarrow B$	A und B sind äquivalent (gleichwertig)
(a, b)	geordnetes Paar
(a, b, c)	geordnetes Tripel
$\parallel$	parallel
AB	Gerade durch die Punkte A und B
$\overline{AB}$	Strecke AB
$|\overline{AB}|$	Länge (Betrag) der Strecke AB
$\vec{a}$	Vektor a
$\overrightarrow{PQ}$	Vektor PQ
$|\vec{a}|, \ |\overrightarrow{PQ}|$	Länge des Vektors
$\sim$	ähnlich
$\cong$	kongruent
$\mathbb{N}$	$= \{1, 2, 3, \ldots\}$; Menge der natürlichen Zahlen
$\mathbb{Z}$	$= \{\ldots, -3, -2, -1, 0, 1, 2, 3, \ldots\}$; Menge der ganzen Zahlen
$\mathbb{Q}$	$= \{\frac{m}{n} | m, n \in \mathbb{Z}, \ n \neq 0\}$; Menge der rationalen Zahlen
$\mathbb{R}$	Menge der reellen Zahlen
$\mathbb{C}$	$= \{z = a + bj | a, b \in \mathbb{R}, \ j = \sqrt{-1}\}$; Menge der komplexen Zahlen
$\mathbb{Z}^*$	$= \{\ldots, -3, -2, -1, 1, 2, 3, \ldots\} = \{x | x \in \mathbb{Z}, \ x \neq 0\}$;
	Menge der ganzen Zahlen ohne die Null
$\mathbb{Q}^*$	$= \{\frac{m}{n} | m, n \in \mathbb{Z}^*\} = \{x | x \in \mathbb{Q}, \ x \neq 0\}$;
	Menge der rationalen Zahlen ohne die Null
$\mathbb{R}^*$	$= \{x | x \in \mathbb{R}, \ x \neq 0\}$; Menge der reellen Zahlen ohne die Null
$\mathbb{Z}^+$	$= \mathbb{N} = \{1, 2, 3, \ldots\} = \{x | x \in \mathbb{Z}, \ x > 0\}$;
	Menge der positiven ganzen Zahlen
$\mathbb{Q}^+$	$= \{\frac{m}{n} | m, n \in \mathbb{N}\} = \{x | x \in \mathbb{Q}, \ x > 0\}$;
	Menge der positiven rationalen Zahlen
$\mathbb{R}^+$	$= \{x | x \in \mathbb{R}, \ x > 0\}$; Menge der positiven reellen Zahlen
$\mathbb{P}$	$= \{2, 3, 5, 7, 11, 13, 17, 19, 23, 29, \ldots\}$; Menge der Primzahlen
i	$= \sqrt{-1}$; imaginäre Einheit
∞	unendlich (größer als jede reelle Zahl)
$-\infty$	minus unendlich (kleiner als jede reelle Zahl)
$n!$	$= 1 \cdot 2 \cdot 3 \cdot \ldots \cdot n$; n Fakultät
$\binom{n}{k}$	$= \dfrac{n!}{k!(n-k)!} = \dfrac{n(n-1)(n-2) \cdot \ldots \cdot (n-k+1)}{1 \cdot 2 \cdot 3 \cdot \ldots \cdot k}$;
	Binomialkoeffizient „n über k"
$|a|$	Betrag oder Absolutbetrag einer Zahl a
a^n	a hoch n, n-te Potenz von a
$\sqrt{a}$	Wurzel aus a

$\sqrt[n]{a}$	n-te Wurzel aus a
$\log_a b$	Logarithmus b zur Basis a
$\lg b$	dekadischer Logarithmus (Zehnerlogarithmus), Logarithmus zur Basis $a = 10$
$\ln b$	natürlicher Logarithmus, Logarithmus zur Basis $a = e = 2,71828182\ldots$
$\operatorname{ld} b$	binärer Logarithmus (Zweierlogarithmus), Logarithmus zur Basis $a = 2$
$[a, b]$	$= \{x \mid x \in \mathbb{R} \text{ und } a \le x \le b\}$; abgeschlossenes beschränktes Intervall
(a, b)	$= \{x \mid x \in \mathbb{R} \text{ und } a < x < b\}$; offenes beschränktes Intervall
$[a, b)$	$= \{x \mid x \in \mathbb{R} \text{ und } a \le x < b\}$; halboffenes beschränktes Intervall
$(a, b]$	$= \{x \mid x \in \mathbb{R} \text{ und } a < x \le b\}$; halboffenes beschränktes Intervall
$[a, \infty)$	$= \{x \mid x \in \mathbb{R} \text{ und } x \ge a\}$; halboffenes Intervall, nach rechts unbeschränkt
(a, ∞)	$= \{x \mid x \in \mathbb{R} \text{ und } x > a\}$; offenes Intervall, nach rechts unbeschränkt
$(-\infty, a]$	$= \{x \mid x \in \mathbb{R} \text{ und } x \le a\}$; halboffenes Intervall, nach links unbeschränkt
$(-\infty, a)$	$= \{x \mid x \in \mathbb{R} \text{ und } x < a\}$; offenes Intervall, nach links unbeschränkt
$(-\infty, \infty)$	$= \{x \mid x \in \mathbb{R}\}$; offenes Intervall, nach links und nach rechts unbeschränkt
(a_n)	$= (a_1, a_2, a_3, \ldots)$; Folge, Zahlenfolge
$\displaystyle\sum_{k=1}^{n} a_k$	endliche Reihe
$\displaystyle\sum_{k=1}^{\infty} a_k$	unendliche Reihe
$\displaystyle\lim_{n \to \infty} a_n$	Limes, Grenzwert der Folge (a_n)
$\displaystyle\lim_{x \to a} f(x)$	Grenzwert (Limes) der Funktion $f(x)$ für x gegen a
$\displaystyle\lim_{x \to a-0} f(x)$	linksseitiger Grenzwert der Funktion $y = f(x)$ an der Stelle $x = a$
$\displaystyle\lim_{x \to a+0} f(x)$	rechtsseitiger Grenzwert der Funktion $y = f(x)$ an der Stelle $x = a$
$f'(x_0)$	Ableitung von $f(x)$ an der Stelle $x = x_0$
$\dfrac{df}{dx}(x_0)$	Ableitung von $f(x)$ an der Stelle $x = x_0$
$f'(x)$	Ableitung der Funktion $f(x)$
$f''(x)$	zweite Ableitung der Funktion $f(x)$
$f'''(x)$	dritte Ableitung der Funktion $f(x)$

$f^{(n)}(x)$ $\qquad\qquad$ n-te Ableitung der Funktion $f(x)$

$\displaystyle\int f(x)\,dx$ $\qquad\qquad$ unbestimmtes Integral der Funktion $y = f(x)$

$\displaystyle\int_a^b f(x)\,dx$ $\qquad\qquad$ bestimmtes Integral der Funktion $y = f(x)$ von $x = a$ bis $x = b$

$(f_n(x))$ $\qquad\qquad$ $= (f_1(x),\, f_2(x),\, f_3(x), \ldots);\quad$ Funktionenfolge

$\displaystyle\sum_{k=0}^{\infty} f_k(x)$ $\qquad\qquad$ Funktionenreihe

$\displaystyle\sum_{k=0}^{\infty} a_k(x - x_0)^k$ $\qquad$ Potenzreihe

$P(n, k)$ $\qquad\qquad$ Anzahl verschiedener k-Permutationen einer n-elementigen Menge

$V(n, k)$ $\qquad\qquad$ Anzahl verschiedener k-Variationen einer n-elementigen Menge

$C(n, k)$ $\qquad\qquad$ Anzahl verschiedener k-Kombinationen einer n-elementigen Menge

$W(n, k)$ $\qquad\qquad$ Anzahl verschiedener k-Kombinationen einer n-elementigen Menge mit Wiederholung

$P_n(n_1, n_2, \ldots, n_k)$ $\quad$ Anzahl verschiedener n-Permutationen mit eingeschränkter Wiederholung

$h_n(A)$ $\qquad\qquad$ absolute Häufigkeit des Ereignisses A

$r_n(A)$ $\qquad\qquad$ relative Häufigkeit des Ereignisses A

$P(A)$ $\qquad\qquad$ Wahrscheinlichkeit des Ereignisses A

$p(\omega)$ $\qquad\qquad$ Wahrscheinlichkeit des Elementarereignisses ω

Anhang B: Mathematische Konstanten

$\sqrt{2} = 1{,}414213562373095$	$\dfrac{1}{\sqrt{2}} = 0{,}70710678118654\underline{3}$
$\sqrt{3} = 1{,}732050807568877$	$\dfrac{1}{\sqrt{3}} = 0{,}57735026918962\underline{6}$
$\sqrt{10} = 3{,}162277660168379$	$\dfrac{1}{\sqrt{10}} = 0{,}31622776601683\underline{8}$
$\pi = 3{,}141592653589793$	$\dfrac{1}{\pi} = 0{,}31830988618379\underline{1}$
$\pi^2 = 9{,}86960440108935\underline{9}$	$\dfrac{1}{\pi^2} = 0{,}10132118364233\underline{8}$
$\sqrt{\pi} = 1{,}772453850905516$	$\dfrac{1}{\sqrt{\pi}} = 0{,}564189583547756$
$e = 2{,}718281828459045$	$\dfrac{1}{e} = 0{,}367879441171442$
$e^2 = 7{,}389056098930650$	$\dfrac{1}{e^2} = 0{,}13533528323661\underline{3}$
$\sqrt{e} = 1{,}648721270700128$	$\dfrac{1}{\sqrt{e}} = 0{,}606530659712633$
$\lg e = 0{,}43429448190325\underline{2}$	$\dfrac{1}{\lg e} = \ln 10 = 2{,}30258509299404\underline{6}$
$\lg 2 = 0{,}301029995663981$	$\dfrac{1}{\lg 2} = \log_2 10 = 3{,}321928094887362$

Ist die letzte Ziffer unterstrichen, dann ist die Konstante aufgerundet, im anderen Fall abgerundet.

© Springer Fachmedien Wiesbaden GmbH, ein Teil von Springer Nature 2019
A. Kemnitz, *Mathematik zum Studienbeginn*,
https://doi.org/10.1007/978-3-658-26604-2

Anhang C: Das griechische Alphabet

Alpha	A	α	Jota	I	ι	Rho	P	ρ
Beta	B	β	Kappa	K	κ	Sigma	Σ	σ
Gamma	Γ	γ	Lambda	Λ	λ	Tau	T	τ
Delta	Δ	δ	My	M	μ	Ypsilon	Υ	υ
Epsilon	E	ϵ	Ny	N	ν	Phi	Φ	φ
Zeta	Z	ζ	Xi	Ξ	ξ	Chi	X	χ
Eta	H	η	Omikron	O	o	Psi	Ψ	ψ
Theta	Θ	ϑ	Pi	Π	π	Omega	Ω	ω

© Springer Fachmedien Wiesbaden GmbH, ein Teil von Springer Nature 2019
A. Kemnitz, *Mathematik zum Studienbeginn*,
https://doi.org/10.1007/978-3-658-26604-2

Literatur

1. Beutelspacher, A.: Das ist o. B. d. A. trivial!, 9. Aufl. Vieweg+Teubner, Wiesbaden (2009)

2. Beutelspacher, A.: Lineare Algebra, 8. Aufl. Springer Spektrum, Wiesbaden (2014)

3. Bosch, K.: Mathematik-Taschenbuch, 5. Aufl. Oldenbourg, München (1998)

4. Bronstein, I.N., Semendjajew, K.A., Musiol, G., Mühlig, H.: Taschenbuch der Mathematik, 10. Aufl. Harri Deutsch, Frankfurt a. M. (2016)

5. Fischer, G.: Analytische Geometrie, 7. Aufl. Vieweg, Braunschweig (2001)

6. Fischer, G.: Lineare Algebra, 18. Aufl. Springer Spektrum, Wiesbaden (2014)

7. Forster, O.: Analysis 1, 12. Aufl. Springer Spektrum, Wiesbaden (2016)

8. Gellert, W., Küstner, H., Hellwich, M., Kästner, H.: Handbuch der Mathematik. Buch und Zeit, Köln (o. J.)

9. Gellert, W., Kästner, H., Ziegler, D.: Fachlexikon ABC Mathematik. Harri Deutsch, Frankfurt a. M. (1978)

10. Henze, N.: Stochastik für Einsteiger, 12. Aufl. Springer Spektrum, Wiesbaden (2018)

11. Kemnitz, F., Engelhard, R.: Mathematische Formelsammlung. Vieweg, Braunschweig (1977)

12. Papula, L.: Mathematik für Ingenieure und Naturwissenschaftler, 3 Bände. Springer Vieweg, Wiesbaden (2015–2018)

13. Schäfer, W., Georgi, K., Trippler, G.: Mathematik-Vorkurs, 6. Aufl. Vieweg+Teubner, Wiesbaden (2006)

14. Scharlau, W.: Schulwissen Mathematik: Ein Überblick, 3. Aufl. Vieweg, Braunschweig (2001)

15. Tietze, J.: Einführung in die angewandte Wirtschaftsmathematik, 17. Aufl. Springer Spektrum, Wiesbaden (2013)

16. Tittmann, P.: Einführung in die Kombinatorik, 3. Aufl. Springer Spektrum, Wiesbaden (2019)

17. Wendeler, J.: Vorkurs der Ingenieurmathematik, 4. Aufl. Harri Deutsch, Frankfurt a. M. (2016)

© Springer Fachmedien Wiesbaden GmbH, ein Teil von Springer Nature 2019
A. Kemnitz, *Mathematik zum Studienbeginn,*
https://doi.org/10.1007/978-3-658-26604-2

Stichwortverzeichnis

A

Abbildung, *siehe* Funktion
Ableitung, 379, 387, 390, 391
  höhere, 386
Ableitungsfunktion, 380
Abrunden, 41
Absolutbetrag, 52
Absolutglied, 109
Abstand
  Gerade - Gerade, 304
  Punkt - Gerade, 304
  Punkt - Punkt, 303
Abszisse, 214
Abszissenachse, 56, 214, 290
Achsenabschnitt, 229, 298
Achsenabschnittsform, 301
Achsensymmetrie, 183
Addition, 12
  korrespondierende, 80
Additionsprinzip, *siehe* Summenregel
Additionssystem, 39
Additionstheoreme, 274
Additionsverfahren, 110, 112, 115
Adjunkte, 124
ähnliche Figuren, 186
Ähnlichkeit, 186
Äquatorebene, 295
äquivalente Gleichungen, 76
äquivalente Umformung, 76
Äquivalenz, 5
äußeres Produkt, 353
Algebraische Form einer komplexen Zahl, 57

Algebraische Gleichung, 10
Algebraische irrationale Zahl, 10
Allquantor, 8
Amplitude, 221
Analyse
  harmonische, 432
Analytische Geometrie, 289
Ankathete, 265
Antisymmetrie, 51
Apollonios
  Satz von, 164
  von Perge (~262–190 v. u. Z.), 164
Arcus, 182
Argument, 57, 212
Arkusfunktion, 283
  Hauptwert, 285
Arkuskosinus, 284
Arkuskosinusfunktion, 285
Arkuskotangens, 284
Arkuskotangensfunktion, 286
Arkussinus, 283
Arkussinusfunktion, 284
Arkustangens, 284
Arkustangensfunktion, 285
Assoziativgesetz, 15, 348
Asymptote, 248, 262, 324
Aufrunden, 41
Ausdruck, boolescher, 7
Ausdrücke
  unbestimmte, 375
Ausprägung, 475
Aussage, 5

© Springer Fachmedien Wiesbaden GmbH, ein Teil von Springer Nature 2019
A. Kemnitz, *Mathematik zum Studienbeginn*,
https://doi.org/10.1007/978-3-658-26604-2

Printed in the United States
By Bookmasters